TOPOLOGIE

UND

FUNKTIONALANALYSIS

REPETITORIUM

Steffen Timmann, Hannover

Verlag: **Binomi Verlag, Am Bergfelde 28, 31832 Springe**

           Tel: (05045) 528
           Fax: (05045) 9110160

           email: binomi@t–online.de
           http://www.binomi.de

Druck: BWH Druck & Kommunikation
           Buchdruckwerkstätten Hannover GmbH, Beckstraße 10, 30457 Hannover

Zu beziehen beim Verlag oder im Buchhandel

ISBN 3–923 923–58–9

Hannover 4/04

Vorwort

Dies *Repetitorium der Topologie und Funktionalanalysis* ist für Physik- und Mathematikstudenten gedacht zum Gebrauch während des Studiums und zur Prüfungsvorbereitung. Es deckt den Stoff einer Einführungsvorlesung in die Topologie und Funktionalanalysis ab und geht in einigen Bereichen darüber hinaus.

Die ersten 150 Seiten liefern eine Zusammenstellung der wichtigsten Definitionen und Sätze ergänzt durch Beispiele. Ca 400 Aufgaben mit Lösungen stehen auf den nächsten 170 Seiten. Im Anhang findet man Grundlagen aus Mengenlehre und Integrationstheorie sowie eine Sammlung klassischer Beispiele von topologischen und funktionalanalytischen Räumen.

Ich habe versucht, das Buch so unabhängig wie möglich zu schreiben, ohne seinen Umfang zu sprengen. Aus Platzgründen wird z.b. nicht auf *uniforme Räume* und *algebraische Topologie* eingegangen. Grundbegriffe der Linearen Algebra setze ich voraus (siehe z.b. [RLA]).

Das Repetitorium schließt sich in Gestaltung und Inhalt an die Repetitorien der Analysis, Differentialgleichungen und Funktionentheorie an, die seit 1991 vom gleichen Verfasser und im gleichen Verlag erscheinen. Die dort im Vorwort gemachten Bemerkungen gelten auch für dies Repetitorium, insbesondere der Hinweis, dass ein Repetitorium keine systematische Einführung in das betreffende Teilgebiet der Mathematik ist, sondern eine komprimierte Zusammenfassung von Ergebnissen und Definitionen. Manche Beweise finden sich auch unter den Übungsaufgaben, ansonsten verweise ich auf die Lehrbücher im Literaturverzeichnis.

Hannover, März 2004

Inhaltsverzeichnis

Teil I: Topologie

Zu mengentheoretischen Schreibweisen und Grundlagen siehe Anhang A.1.

1   Topologische Räume

Topologische Räume kann man als Verallgemeinerung metrischer Räume auffassen. In topologischen Räumen werden Begriffe wie z.b. *Umgebung* und *Grenzwert* nicht durch Abstände, sondern mit Hilfe offener Mengen definiert. Die Menge der offenen Mengen nennt man eine *Topologie*. Zu metrischen Räumen siehe Abschnitt 4.

1.1   Topologien

1.1-1   Definition

Eine *Topologie* auf einer Menge $X \neq \emptyset$ ist eine Menge $\mathcal{T} \subset \mathcal{P}(X)$ von Teilmengen von X, die die folgenden Bedingungen erfüllt:

(i)   Die leere Menge $\emptyset$ und der ganze Raum X gehören zu $\mathcal{T}$.

(ii)   *Beliebige* Vereinigungen von Mengen aus $\mathcal{T}$ gehören ebenfalls zu $\mathcal{T}$.

(iii)   *Endliche* Durchschnitte von Mengen aus $\mathcal{T}$ gehören auch zu $\mathcal{T}$,

Die letzten beiden Bedingungen fasst man zusammen in dem Satz:
Topologien sind abgeschlossen gegenüber beliebigen Vereinigungen und endlichen Durchschnitten.

Ein *topologischer Raum* $(X, \mathcal{T})$ ist eine nichtleere Menge X zusammen mit einer Topologie $\mathcal{T}$ auf X.

Die Elemente $G \in \mathcal{T}$ heißen *offen*, ihre Komplemente $X \backslash G$ *abgeschlossen*.

Zur Definition von Topologien mit Hilfe von Umgebungen, Hüllenoperatoren usw siehe Abschnitt 1.1-A.

1.1-2   Beispiele

(a)   Auf jeder Menge $X \neq \emptyset$ gibt es die diskrete (A.6-1) und die indiskrete Topologie (A.6-2).

(b)   Metrische Räume sind spezielle topologische Räume (siehe Abschnitt 4.1).

(c)   Ist $(X, \mathcal{T})$ ein topologischer Raum und $\emptyset \neq Y \subset X$, so ist

$$\mathcal{T}_Y := \{\, G \cap Y \mid G \in \mathcal{T} \,\} \tag{1}$$

eine Topologie auf Y. Sie heißt die von $\mathcal{T}$ auf Y erzeugte *Relativtopologie*

(Spurtopologie), und $(Y, \mathcal{T}_Y)$ heißt *Teilraum* oder *Unterraum* von $(X, \mathcal{T})$. Siehe dazu auch 1.3-3.

Zu Final- und Initialtopologien, insbesondere zur Produkttopologie siehe Abschnitt 1.3-A. In Abschnitt A.6 findet man eine Sammlung von Beispielen.

1.1-A   Definition von Topologien durch andere Grundbegriffe

Zur Erzeugung von Topologien durch Funktionen siehe Kapitel 1.3-A.

In Definition 1.1-1 einer Topologie wurden offene Mengen als topologischer Grundbegriff gewählt. Man kann aber auch von abgeschlossenen Mengen, Umgebungen oder anderen Objekten ausgehen.

Wichtig ist die Definition von Topologien durch Umgebungsfilter bzw -basen:

1.1-3   Einführung durch Umgebungen

Für jeden Punkt x einer nichtleeren Menge X sei $\emptyset \neq \mathcal{U}(x) \subset \mathcal{P}(X)$ ein nichtleeres Mengensystem derart, dass

(i) $U \in \mathcal{U}(x),\ U \subset V \subset X \implies V \in \mathcal{U}(x)$,

(ii) $U_1, U_2 \in \mathcal{U}(x) \implies U_1 \cap U_2 \in \mathcal{U}(x)$,

(iii) $U \in \mathcal{U}(x) \implies x \in U$,

(iv) $U \in \mathcal{U}(x) \implies \exists V \in \mathcal{U}(x)\ \forall y \in V : U \in \mathcal{U}(y)$.

Forderung (iv) ist zusammen mit den anderen Bedingungen äquivalent zu

(iv') $U \in \mathcal{U}(x) \implies \exists V \in \mathcal{U}(x) : V \subset U$ und $\forall y \in V : V \in \mathcal{U}(y)$.

Dann ist
$$\mathcal{T} := \big\{\, G \in \mathcal{P}(X) \mid G \in \mathcal{U}(x) \text{ für alle } x \in G \,\big\} \tag{2}$$

eine Topologie auf X, und zwar die einzige, bzgl der die $\mathcal{U}(x)$ gerade die Umgebungsfilter der Punkte $x \in X$ sind.

Auf diese Weise wird jede Topologie durch ihre Umgebungsfilter erzeugt.

1.1-4   Einführung durch Umgebungsbasen

Für jeden Punkt $x \in X \neq \emptyset$ sei $\emptyset \neq \mathcal{B}(x) \subset \mathcal{P}(X)$ ein nichtleeres Mengensystem derart, dass

(i) $U_1, U_2 \in \mathcal{B}(x) \implies \exists V \in \mathcal{B}(x) : V \subset U_1 \cap U_2$,

(ii) $U \in \mathcal{B}(x) \implies x \in U$,

(iii) $U \in \mathcal{B}(x) \implies \exists V \in \mathcal{B}(x)\ \forall y \in V\ \exists W \in \mathcal{B}(y) : W \subset U$.

Dann ist
$$\mathcal{T} := \big\{\, G \in \mathcal{P}(X) \mid \forall x \in G\ \exists U \in \mathcal{B}(x) : U \subset G \,\big\} \tag{3}$$

eine Topologie auf X, und zwar die einzige, bzgl der die $\mathcal{B}(x)$ Umgebungsbasen der Punkte $x \in X$ sind (1.2-3).

1.1-5 Einführung durch den Abschluss-Operator

Sei X eine nichtleere Menge und $h\colon \mathcal{P}(X) \to \mathcal{P}(X)$ eine Abbildung derart, dass für alle $A, B \subset X$ die sog. *Kuratowskischen Hüllenaxiome* gelten:

(i) $h(\emptyset) = \emptyset$,

(ii) $A \subset h(A)$,

(iii) $h(h(A)) = h(A)$ *(Idempotenz)*,

(iv) $h(A \cup B) = h(A) \cup h(B)$.

Dann ist

$$\mathcal{T} := \left\{\, G \in \mathcal{P}(X) \mid h(X \backslash G) = X \backslash G \,\right\} \tag{4}$$

eine Topologie auf X und zwar die einzige, für die der Abschluss-Operator gerade h ist (1.2-11).

Auf diese Weise wird jede Topologie durch ihren Abschluss-Operator erzeugt. Siehe dazu Aufgabe 9.1.B.

Völlig analog bzw dual dazu kann man Topologien auch durch den Kern-Operator $int\colon \mathcal{P}(X) \to \mathcal{P}(X)$ definieren. Auch der Rand- und der Derivations-Operator reichen dafür aus. Siehe dazu Abschnitt 1.2-C.

1.1-6 Einführung durch konvergente Folgen, Filter oder Netze

Achtung!   Konvergente Folgen reichen nicht zur Definition einer Topologie aus. Es gibt eine Menge X und auf ihr zwei verschiedene Topologien, die dieselben konvergenten Folgen besitzen. Ein Beispiel finden Sie in Aufgabe 9.3.B.

Dagegen sind zwei Topologien auf einer Menge genau dann gleich, wenn sie die gleichen konvergenten Filter bzw Netze haben (9.3.J).

Zu Filtern und Netzen siehe Abschnitt 2.2 bzw 2.3.

1.1-B Basen und Subbasen einer Topologie

Zu Umgebungsbasen siehe Abschnitt 1.2-A.

1.1-7 Basis einer Topologie

Sei $\mathcal{T}$ eine Topologie auf einer Menge $X \neq \emptyset$. Eine Teilmenge $\mathcal{B} \subset \mathcal{T}$ heißt *Basis* von $\mathcal{T}$, wenn jede offene Menge $G \in \mathcal{T}$ Vereinigung von Mengen aus $\mathcal{B}$ ist, d.h.

$$
\begin{aligned}
\mathcal{B} \subset \mathcal{T} \ \textit{Basis} \ \text{von} \ \mathcal{T} \quad &\Longleftrightarrow \quad \forall G \in \mathcal{T} \ \exists \mathcal{B}' \subset \mathcal{B} \ : \ \textstyle\bigcup \mathcal{B}' = G \\
&\Longleftrightarrow \quad \forall G \in \mathcal{T} \ \forall x \in G \ \exists B \in \mathcal{B} \ : \ x \in B \subset G .
\end{aligned}
\tag{5}
$$

Eine Basis $\mathcal{B}$ von $\mathcal{T}$ ist eine spezielle Subbasis von $\mathcal{T}$ (siehe 1.1-9).

Jede Topologie $\mathcal{T}$ ist trivialerweise Basis von sich selbst.

Die Menge der einelementigen Mengen ist die einzige Basis der diskreten Topologie.

Die Vereinigung von Basen von $\mathcal{T}$ ist ebenfalls eine Basis von $\mathcal{T}$, aber i.a. nicht der Durchschnitt. Man finde dafür ein Beispiel in $(\mathbb{R}, \mathcal{T}_{eu})$.

Man sagt, dass $(X, \mathcal{T})$ das *2. Abzählbarkeitsaxiom* erfüllt, wenn $\mathcal{T}$ eine abzählbare Basis besitzt. Zu den Abzählbarkeitsaxiomen siehe 3.3-1.

1.1-8 Satz (Charakterisierung von Basen)

Ein System $\mathcal{B} \subset \mathcal{P}(X)$ ist genau dann Basis einer Topologie auf X, wenn

(i) $\bigcup \mathcal{B} = X$, d.h. $\mathcal{B}$ überdeckt X,

(ii) $\forall\, B, B' \in \mathcal{B}\ \forall\, x \in B \cap B'\ \exists\, B'' \in \mathcal{B}\ :\ x \in B'' \subset B \cap B'$.

In diesem Fall ist $\mathcal{T} := \{ \bigcup \mathcal{B}' \mid \mathcal{B}' \subset \mathcal{B} \}$ eine Topologie auf X, und $\mathcal{B}$ ist Basis von $\mathcal{T}$. Hier braucht man übrigens die Vereinbarung $\emptyset = \bigcup \emptyset$.

1.1-9 Subbasis einer Topologie

Sei $\mathcal{T}$ eine Topologie auf einer Menge $X \neq \emptyset$. Eine Teilmenge $\mathcal{S} \subset \mathcal{T}$ heißt *Subbasis* der Topologie $\mathcal{T}$, wenn die Menge

$$\mathcal{B} := \{ S_1 \cap \ldots \cap S_n \mid n \in \mathbb{N},\ S_i \in \mathcal{S} \} \tag{6}$$

aller endlichen Durchschnitte von Mengen aus $\mathcal{S}$ eine Basis von $\mathcal{T}$ ist.

Eine Basis einer Topologie $\mathcal{T}$ ist stets auch eine Subbasis von $\mathcal{T}$. Aber nicht jede Subbasis ist auch eine Basis. Man gebe dafür ein Beispiel.

1.1-10 Satz (Charakterisierung von Subbasen)

Jedes Mengensystem $\mathcal{S} \subset \mathcal{P}(X)$ ist Subbasis einer Topologie auf X. Es ist

$$\mathcal{T}(\mathcal{S}) := \bigcap \{ \mathcal{T} \mid \mathcal{T} \text{ ist Topologie auf } X \text{ und } \mathcal{S} \subset \mathcal{T} \} \tag{7}$$

eine Topologie auf X und $\mathcal{S}$ ist Subbasis von $\mathcal{T}(\mathcal{S})$.

$\mathcal{T}(\mathcal{S})$ heißt die von $\mathcal{S}$ erzeugte Topologie. Sie ist die gröbste Topologie auf X, die $\mathcal{S}$ enthält, d.h. $\mathcal{T}(\mathcal{S})$ ist Topologie auf X und für alle Topologien $\mathcal{T}$ auf X gilt

$$\mathcal{S} \subset \mathcal{T} \implies \mathcal{T}(\mathcal{S}) \subset \mathcal{T} . \tag{8}$$

Die Menge $\mathcal{B}$ der endlichen Durchschnitte von $\mathcal{S}$ ist eine Basis von $\mathcal{T}(\mathcal{S})$, d.h. $\mathcal{T}(\mathcal{S})$ besteht aus beliebigen Vereinigungen von endlichen Durchschnitten von Elementen von S. Anders ausgedrückt:

$$\mathcal{T}(\mathcal{S}) = \{ \bigcup \mathcal{G} \mid \mathcal{G} \subset \mathcal{B} \} \quad \text{mit} \quad \mathcal{B} := \{ S_1 \cap \ldots \cap S_n \mid n \in \mathbb{N},\ S_k \in \mathcal{S} \} . \tag{9}$$

Hier braucht man übrigens die Vereinbarung $X = \bigcap \emptyset$.

1.1-C Vergleich von Topologien

1.1-11 Gröbere und feinere Topologien

Seien $\mathfrak{T}_1$ und $\mathfrak{T}_2$ zwei Topologien auf X.

Man sagt, $\mathfrak{T}_1$ ist *feiner* als $\mathfrak{T}_2$ bzw $\mathfrak{T}_2$ ist *gröber* als $\mathfrak{T}_1$, wenn $\mathfrak{T}_2 \subset \mathfrak{T}_1$. Die folgenden Bedingungen sind äquivalent:

(i) $\mathfrak{T}_1$ ist feiner als $\mathfrak{T}_2$, d.h. $\mathfrak{T}_2 \subset \mathfrak{T}_1$.

(ii) Die Identität id: $(X, \mathfrak{T}_1) \to (X, \mathfrak{T}_2)$ ist stetig.

(iii) Jede bzgl $\mathfrak{T}_2$ abgeschlossene Menge ist auch abgeschlossen bzgl $\mathfrak{T}_1$.

(iv) Jede Umgebung bzgl $\mathfrak{T}_2$ ist auch eine Umgebung bzgl $\mathfrak{T}_1$

(v)   Die abgeschlossene Hülle einer Menge bzgl $\mathfrak{T}_1$ ist in der bzgl $\mathfrak{T}_2$ enthalten.

(vi) Jeder bzgl $\mathfrak{T}_1$ gegen ein $x \in X$ konvergente Filter auf X konvergiert auch bzgl $\mathfrak{T}_2$ gegen x. Entsprechend für Netze.

1.1-12 Auswirkungen einer Topologie-Verfeinerung

Ändert man die Topologie des Raums, so ändern sich natürlich auch topologische Eigenschaften von Punkten und Teilmengen.

Seien $\mathfrak{T}_2$ und $\mathfrak{T}_1$ zwei Topologien auf X. $\mathfrak{T}_1$ sei feiner als $\mathfrak{T}_2$. Dann gilt:

Ist X bzgl $\mathfrak{T}_2$ ein T_0-, T_1- bzw T_2-Raum, dann auch bzgl der feineren Topologie $\mathfrak{T}_1$. Für die Trennungsaxiome T_3 und T_4 ist dies i.a. falsch.

Ist X bzgl $\mathfrak{T}_1$ kompakt, dann auch bzgl der gröberen Topologie $\mathfrak{T}_2$.

Ist X bzgl $\mathfrak{T}_1$ zusammenhängend, dann auch bzgl der gröberen Topologie $\mathfrak{T}_2$.

Hülle und Rand einer Teilmenge $A \subset X$ werden durch Topologie-Verfeinerung höchstens kleiner, der innere Kern höchstens größer:

$$\mathfrak{T}_2 \subset \mathfrak{T}_1 \quad \Longrightarrow \quad \overline{A}^{\mathfrak{T}_1} \subset \overline{A}^{\mathfrak{T}_2} \ , \quad \partial^{\mathfrak{T}_1} A \subset \partial^{\mathfrak{T}_2} A \ , \quad A^{\circ \mathfrak{T}_1} \supset A^{\circ \mathfrak{T}_2} \ . \tag{10}$$

1.1-13 Verband der Topologien auf einer Menge X

Die Topologien auf einer festen Menge $X \neq \emptyset$ bilden bzgl der Gröber-Feiner-Relation, also bzgl der Inklusion einen *vollständigen Verband*, d.h.:

Die Menge $\mathfrak{T}(X)$ aller Topologien auf X ist bzgl der Inklusion partiell geordnet und jede Teilmenge $\emptyset \neq \mathfrak{S} \subset \mathfrak{T}(X)$ hat ein Infimum und Supremum in $\mathfrak{T}(X)$.

$\inf \mathfrak{S} = \bigcap \mathfrak{S}$ ist die feinste Topologie, die gröber als jede Topologie $\mathfrak{T} \in \mathfrak{S}$ ist.

$\sup \mathfrak{S}$ ist die von $\bigcup \mathfrak{S}$ als Subbasis erzeugte Topologie $\mathfrak{T}\left(\bigcup \mathfrak{S} \right)$ (siehe 1.1-10), die gröbste Topologie, die feiner als jede Topologie $\mathfrak{T} \in \mathfrak{S}$ ist.

Das kleinste Element von $\mathfrak{T}(X)$ (die gröbste Topologie auf X) ist die indiskrete Topologie $\mathfrak{T}_{ind} = \{\emptyset, X\} = \bigcap \mathfrak{T}(X)$.

Das größte Element von $\mathfrak{T}(X)$ (die feinste Topologie auf X) ist die diskrete Topologie $\mathfrak{T}_{dis} = \mathcal{P}(X) = \bigcup \mathfrak{T}(X)$.

1.2   Topologische Grundbegriffe

1.2-A   Umgebungen

1.2-1   Definition

Sei $(X, \mathcal{T})$ ein topologischer Raum. $U \subset X$ heißt *Umgebung* von $x \in X$ genau dann, wenn es ein $G \in \mathcal{T}$ gibt mit $x \in G \subset U$.

$U \subset X$ heißt *Umgebung* einer Teilmenge $A \subset X$, wenn U eine offene Obermenge von A enthält.

1.2-2   Umgebungsfilter

$\mathcal{U}(x) := \big\{ \, U \subset X \mid U \text{ Umgebung von } x \, \big\}$ ist ein *Filter* (2.2-1), insbesondere ist er abgeschlossen bzgl der Obermengen- und endlicher Durchschnittsbildung. Für $\mathcal{U}(x)$ gilt:

(i) $\mathcal{U}(x) \neq \emptyset$, $\emptyset \notin \mathcal{U}(x)$,

(ii) $U \in \mathcal{U}(x)$, $U \subset V \implies V \in \mathcal{U}(x)$,

(iii) $U_1, \ldots, U_n \in \mathcal{U}(x) \implies U_1 \cap \ldots \cap U_n \in \mathcal{U}(x)$.

(iv) $U \in \mathcal{U}(x) \implies x \in U$,

(v) $U \in \mathcal{U}(x) \implies \exists V \in \mathcal{U}(x) \, \forall y \in V : \, U \in \mathcal{U}(y)$.

Forderung (v) ist zusammen mit den anderen Bedingungen äquivalent zu

(v') $U \in \mathcal{U}(x) \implies \exists V \in \mathcal{U}(x) : \, V \subset U \text{ und } \forall y \in V : \, V \in \mathcal{U}(y)$.

Ist umgekehrt für jeden Punkt $x \in X \neq \emptyset$ ein Mengensystem $\mathcal{U}(x) \subset \mathcal{P}(X)$ mit den Eigenschaften (i) - (v) gegeben, so gibt es genau eine Topologie auf X derart, dass die $\mathcal{U}(x)$ die Umgebungsfilter der Punkte $x \in X$ sind (1.1-3).

Oft sind *Umgebungsbasen* handlicher als die vollen Umgebungsfilter.

1.2-3   Umgebungsbasen

Ein System $\mathcal{B}$ von Umgebungen eines Punktes $x \in X$ heißt *Umgebungsbasis* von x, wenn jede Umgebung U von x eine Umgebung aus $\mathcal{B}$ enthält.

$$\mathcal{B} \subset \mathcal{U}(x) \text{ Umgebungsbasis von } x :\Longleftrightarrow \forall U \in \mathcal{U}(x) \, \exists B \in \mathcal{B} : \, B \subset U. \quad (1)$$

Z.B. bilden die offenen Umgebungen eines Punktes eine Umgebungsbasis dieses Punktes, denn jede Umgebung enthält eine offene Umgebung. Dagegen bilden die abgeschlossenen Umgebungen i.a. keine Umgebungsbasis (vgl 3.1-9).

Für alle $x \in X$ sei $\mathcal{B}(x)$ eine Umgebungsbasis. Dann gilt

(i) $U_1, U_2 \in \mathcal{B}(x) \implies \exists V \in \mathcal{B}(x) : \, V \subset U_1 \cap U_2$,

(ii) $U \in \mathcal{B}(x) \implies x \in U$,

(iii) $U \in \mathcal{B}(x) \implies \exists V \in \mathcal{B}(x) : V \subset U \text{ und } \forall y \in V \, \exists W \in \mathcal{B}(y) : W \subset U.$

Umgekehrt definieren nichtleere Mengensysteme $\mathcal{B}(x)$ mit diesen Eigenschaften eindeutig eine Topologie auf X derart, dass die $\mathcal{B}(x)$ gerade Umgebungsbasen der Punkte $x \in X$ sind. Siehe dazu Satz 1.1-4.

Besitzt jeder Punkt $x \in X$ eine abzählbare Umgebungsbasis, so sagt man, der Raum $(X, \mathcal{T})$ erfüllt das *1. Abzählbarkeitsaxiom*. Z.B. gilt dies in metrischen Räumen (X, d). Weiteres zu den Abzählbarkeitsaxiomen siehe Abschnitt 3.3.

1.2-4 Lokale Subbasen, Umgebungssubbasen

Ein System S von Umgebungen eines Punktes $x \in X$ heißt *lokale Subbasis* in x (auch *Umgebungssubbasis* von x), wenn die endlichen Durchschnitte von Elementen aus S eine Umgebungsbasis von x bilden.

1.2-B   Offene und abgeschlossene Mengen

1.2-5 Offene Mengen

Ist $(X, \mathcal{T})$ ein topologischer Raum und $G \subset X$, so sind äquivalent:

(a) G ist offen, d.h. $G \in \mathcal{T}$.

(b) Das Komplement $X \backslash G$ ist abgeschlossen.

(c) G enthält nur innere Punkte, d.h. es ist $G = G^{\circ}$.

(d) G ist Umgebung jedes Elementes von G.

(e) G enthält keine Randpunkte von G, d.h. $G \cap \partial G = \emptyset$.

Endliche Durchschnitte und beliebige Vereinigungen offener Mengen sind wieder offen.

1.2-6 Abgeschlossene Mengen

Ist $(X, \mathcal{T})$ ein topologischer Raum und $F \subset X$, so sind äquivalent:

(a) F ist abgeschlossen, d.h. $X \backslash F$ ist offen.

(b) F enthält alle Berührungspunkte von F, d.h. es ist $\overline{F} \subset F$ und damit $\overline{F} = F$.

(c) F enthält alle Häufungspunkte von F, d.h. es ist $F' \subset F$.

(d) F enthält alle Randpunkte von F, d.h. es ist $\partial F \subset F$.

(e) Kein Netz in F konvergiert gegen einen Punkt in $X \backslash F$.

Endliche Vereinigungen und beliebige Durchschnitte abgeschlossener Mengen sind wieder abgeschlossen.

1.2-7 Mengen, die offen und abgeschlossen sind

Die leere Menge $\emptyset$ und der ganze Raum X sind sowohl offen, als auch abgeschlossen. In zusammenhängenden Räumen sind dies die einzigen offen und abgeschlossenen Mengen.

Natürlich gibt es (außer in speziellen Räumen) Mengen, die weder offen noch abgeschlossen sind.

Unendliche Vereinigungen abgeschlossener Mengen sind i.a. nicht wieder abgeschlossen, ebenso wie unendliche Durchschnitte offener Mengen i.a. nicht wieder offen sind. Dies führt zu

1.2-8 G_δ- und F_σ-Mengen

Sei $(X, \mathfrak{T})$ ein topologischer Raum. Eine Teilmenge $A \subset X$ heißt G_δ-Menge, wenn sie abzählbarer Durchschnitt offener Mengen ist, d.h. wenn es höchstens abzählbar viele offene Mengen G_i $(i \in \mathbb{N})$ gibt mit $A = \bigcap G_i$.

Eine Teilmenge $B \subset X$ heißt F_σ-Menge, wenn sie abzählbare Vereinigung abgeschlossener Mengen ist, d.h. wenn es abzählbar viele abgeschlossene Mengen $F_i \subset X$ $(i \in \mathbb{N})$ gibt mit $B = \bigcup F_i$.

Es ist genau dann $A \subset X$ eine G_δ-Menge, wenn $X \backslash A$ eine F_σ-Menge ist.

Z.B. ist $\mathbb{Q} \subset \mathbb{R}$ eine F_σ-Menge, die weder offen noch abgeschlossen ist. $\mathbb{Q}$ ist keine G_δ-Menge (10.3.I). Infolgedessen ist $\mathbb{R} \backslash \mathbb{Q}$ eine G_δ- und keine F_σ-Menge (alles bzgl der euklidischen Topologie).

Analog kann man weitere Mengenklassen $G_{\delta\sigma}$, $F_{\sigma\delta}$, $G_{\delta\sigma\delta}$ usw einführen. In $\mathbb{R}$ mit der euklidischen Topologie $\mathfrak{T}_{eu}$ sind all diese Klassen voneinander verschieden. Sie liegen sämtlich in der sog. *Borel-Algebra*, der von den offenen, bzw den abgeschlossenen Mengen erzeugten σ-Algebra (siehe Anhang A.3-4).

1.2-C   Kern, Hülle, Rand, Ableitung

Beziehungen zwischen diesen Mengen siehe 1.2-17.

1.2-9   Innerer Kern

Sei $(X, \mathfrak{T})$ ein topologischer Raum. Der *innere Kern* (das *Innere*) A° einer Teilmenge $A \subset X$ ist die Vereinigung aller offenen Teilmengen von A.

$$A^\circ := \bigcup \{ \, G \subset X \mid G \subset A, \ G \text{ offen} \, \}$$
$$= \{ \, x \mid x \text{ ist innerer Punkt von } A \, \} \ = \ X \setminus \overline{X \backslash A} \ . \tag{2}$$

Der Kern A° ist die größte offene Teilmenge von A, d.h. A° ist eine offene Teilmenge von A und enthält jede andere offene Teilmenge.

1.2-10   Eigenschaften des Kernoperators

Für den Kernoperator $^\circ : \mathcal{P}(X) \to \mathcal{P}(X)$ und alle $A, B \subset X$ gilt

  (i) $\emptyset^\circ = \emptyset$, $X^\circ = X$,

  (ii) $A^\circ \subset A$,

  (iii) $A \subset B \implies A^\circ \subset B^\circ$,

(iv) $(A^\circ)^\circ = A^\circ$,

(v) $(A \cap B)^\circ = A^\circ \cap B^\circ$,

(vi) $(A \cup B)^\circ \supset A^\circ \cup B^\circ$.

Ist umgekehrt ein Operator $^\circ : \mathcal{P}(X) \to \mathcal{P}(X)$ mit den Eigenschaften (i) - (v) gegeben, so gibt es genau eine Topologie auf X, für die $^\circ$ der Kernoperator ist.

1.2-11   Abgeschlossene Hülle

Sei $(X, \mathcal{T})$ ein topologischer Raum. Die *abgeschlossene Hülle* oder einfach *Hülle* oder *Abschluss* $\overline{A}$ einer Teilmenge $A \subset X$ ist der Durchschnitt aller abgeschlossenen Obermengen von A. Es gilt:

$$\overline{A} := A^- := \bigcap \{\, F \subset X \mid A \subset F, \ F \text{ abgeschlossen} \,\}$$
$$= \{\, x \mid x \text{ ist Berührungspunkt von } A \,\} = X \setminus (X \setminus A)^\circ . \tag{3}$$

Die Hülle $\overline{A}$ ist die kleinste abgeschlossene Obermenge von A, d.h. $\overline{A}$ ist abgeschlossene Obermenge von A und in jeder anderen abgeschlossenen Obermenge enthalten.

1.2-12   Eigenschaften des Abschluss-Operators

Für den Abschluss-Operator $^- : \mathcal{P}(X) \to \mathcal{P}(X)$ und alle $A, B \subset X$ gilt

(i) $\overline{\emptyset} = \emptyset$, $\overline{X} = X$,

(ii) $A \subset \overline{A}$,

(iii) $\overline{\overline{A}} = \overline{A}$,

(iv) $\overline{A \cup B} = \overline{A} \cup \overline{B}$,

(v) $A \subset B \implies \overline{A} \subset \overline{B}$,

(vi) $\overline{A \cap B} \subset \overline{A} \cap \overline{B}$.

Ist umgekehrt ein derartiger Operator $^- : \mathcal{P}(X) \to \mathcal{P}(X)$ mit den Eigenschaften (i) - (v) gegeben, so gibt es genau eine Topologie auf X, für die $^-$ der Abschluss-Operator ist. Siehe dazu Satz 1.1-5.

1.2-13   Rand

Sei $(X, \mathcal{T})$ ein topologischer Raum. Der *Rand* von $A \subset X$ ist definiert als

$$\partial A := \overline{A} \cap \overline{X \setminus A} = \{\, x \mid x \text{ Randpunkt von } A \,\} . \tag{4}$$

Der Rand einer Menge A ist stets abgeschlossen und enthält keine inneren Punkte von A. Es kann aber $(\partial A)^\circ \neq \emptyset$ sein. Z.B. ist in der üblichen Metrik $\partial \mathbb{Q} = \mathbb{R}$ (siehe auch Aufgabe 9.1.G). Es ist

$$\partial A = \emptyset \iff A \text{ ist offen und abgeschlossen.} \tag{5}$$

1.2-14 Eigenschaften des Randoperators

Für den Randoperator $\partial\colon \mathcal{P}(X) \to \mathcal{P}(X)$ und alle $A, B \subset X$ gilt

(i) $\partial\emptyset = \emptyset = \partial X$,

(ii) $\partial A = \partial(X\backslash A)$,

(iii) $\partial\partial A \subset \partial A$,

(iv) $A \cap B \cap \partial(A \cap B) = A \cap B \cap (\partial A \cup \partial B)$,

(v) $\partial(A \cap B) \subset \partial A \cup \partial B$,

(vi) $\partial(A \cup B) \subset \partial A \cup \partial B$.

Ist umgekehrt ein derartiger Operator $\partial\colon \mathcal{P}(X) \to \mathcal{P}(X)$ mit den Eigenschaften (i) - (iv) gegeben, so gibt es genau eine Topologie auf X, für die ∂ der Rand-Operator ist.

1.2-15 Ableitung

Sei $(X, \mathcal{T})$ ein topologischer Raum. Die sog. *Ableitung* oder *derivierte Menge* von $A \subset X$ ist

$$A' := \{\, x \mid x \text{ Häufungspunkt von } A \,\} \ . \tag{6}$$

Die Menge A' der Häufungspunkte von A ist stets abgeschlossen (der Beweis aus [RA1, 1.8.2.B] lässt sich übertragen).

1.2-16 Eigenschaften des Ableitungsoperators

Für die Ableitung $'\colon \mathcal{P}(X) \to \mathcal{P}(X)$ und alle $A, B \subset X$, $x \in X$ gilt

(i) $\emptyset' = \emptyset$,

(ii) $(A')' \subset A \cup A'$,

(iii) $(A \cup B)' = A' \cup B'$,

(iv) $x \notin \{x\}'$,

(v) $(A \cap B)' \subset A' \cap B'$.

Ist umgekehrt ein derartiger Operator $'\colon \mathcal{P}(X) \to \mathcal{P}(X)$ mit den Eigenschaften (i) - (iv) gegeben, so gibt es genau eine Topologie auf X, für die $'$ der Ableitungsoperator ist.

1.2-17 Beziehungen zwischen Kern, Hülle, Rand ...

Für alle $A \subset X$ gilt:

(a) Die abgeschlossene Hülle $\overline{A}$ von A ist die disjunkte Vereinigung des inneren Kerns und des Randes von A :

$$\overline{A} = A^\circ \cup \partial A \ , \quad A^\circ = \overline{A}\backslash\partial A \ , \quad \partial A = \overline{A}\backslash A^\circ \ , \quad A^\circ \cap \partial A = \emptyset \ . \tag{7}$$

Die Hülle $\overline{A}$ ist auch disjunkte Vereinigung der Menge der isolierten und der Menge A' der Häufungspunkte von A .

(b) $\overline{A} = A \cup A'$,

(c) $A° = X \backslash \overline{X \backslash A}$,

(d) $\partial A = \overline{A} \cap \overline{X \backslash A}$,

(e) $\partial A° \subset \partial A$, $\partial \overline{A} \subset \partial A$,   (9.1.H)

(f) Ist A offen, so gilt $\partial A = \overline{A} \backslash A$.

1.2-D   Spezielle Punkte

Zu den entsprechenden Punkten in metrischen Räumen siehe 4.2-5.

1.2-18   *Innere Punkte*

Sei $(X, \mathcal{T})$ ein topologischer Raum, $x \in X$ und $A \subset X$.
x heißt *innerer Punkt* von A, wenn es eine offene Menge G gibt mit $x \in G \subset A$, also wenn A Umgebung von x ist.

Die Menge der inneren Punkte von A ist der innere Kern $A°$ von A (1.2-9).

Eine Teilmenge $A \subset X$ ist genau dann offen, wenn sie nur innere Punkte enthält, also genau dann, wenn sie Umgebung jedes ihrer Elemente ist.

x heißt *äußerer Punkt* von A, wenn x innerer Punkt von $X \backslash A$ ist.

Man beachte, dass sogar in metrischen Räumen innere Punkte von A nicht notwendig Häufungspunkte von A sein müssen (z.B. nicht in diskreten metrischen Räumen A.6-1). In normierten linearen Räumen ist dies aber richtig.

1.2-19   *Berührungspunkte*

Sei $(X, \mathcal{T})$ ein topologischer Raum, $x \in X$ und $A \subset X$. x heißt *Berührungspunkt (Berührpunkt)* von A, wenn jede Umgebung von x die Menge A trifft:

$$x \text{ ist Berührungspunkt von } A \quad :\Longleftrightarrow \quad \forall U \in \mathfrak{U}(x) \; : \; A \cap U \neq \emptyset \,. \quad (8)$$

Die abgeschlossene Hülle $\overline{A}$ von A ist genau die Menge der Berührungspunkte von A (1.2-11).

1.2-20   *Häufungspunkte*

Sei $(X, \mathcal{T})$ ein topologischer Raum, $x \in X$ und $A \subset X$.
x heißt *Häufungspunkt* von A, wenn jede Umgebung von x einen von x verschiedenen Punkt aus A enthält. x ist also genau dann Häufungspunkt von A, wenn x Berührungspunkt von $A \backslash \{x\}$ ist.

$$
\begin{aligned}
x \text{ Häufungspunkt von } A \quad &\Longleftrightarrow \quad x \in \overline{A \backslash \{x\}} \\
&\Longleftrightarrow \quad \forall U \in \mathfrak{U}(x) \; : \; U \cap \big(A \backslash \{x\}\big) \neq \emptyset \,.
\end{aligned} \quad (9)
$$

Die Ableitung A' (1.2-15) ist genau die Menge der Häufungspunkte von A.

Man unterscheide gut zwischen dem Häufungspunkt einer Menge und dem Häufungswert einer Folge oder eines Filters (siehe dazu 2.1 und 2.2).

1.2-21 Häufungs- und Berührungspunkte als Grenzwerte

Ein Punkt $x \in X$ ist genau dann Häufungspunkt von $A \subset X$, wenn er Grenzwert eines Netzes (Filters) in $A \backslash \{x\}$ ist.

Ein Punkt $x \in X$ ist genau dann Berührungspunkt von $A \subset X$, wenn er Grenzwert eines Netzes (Filters) in A ist.

Für Folgen statt Netzen sind die entsprechenden Aussagen falsch. Es gilt zwar:

Ist x Grenzwert einer Folge in $A \backslash \{x\}$ bzw A, so ist x Häufungs- bzw Berührungspunkt von A. Die Umkehrung ist aber falsch (9.3.D.2).

Besitzt x eine abzählbare Umgebungsbasis, so ist auch die Umkehrung richtig. Insbesondere gilt sie in metrischen Räumen. Siehe dazu auch 2.1-6.

In metrischen Räumen enthält jede (ε-) Umgebung eines Häufungspunktes von A auch unendlich viele Elemente von A. In allgemeinen topologischen Räumen (auch in A_1-Räumen) ist dies i.a. falsch (9.1.K).

1.2-22 Perfekte und in-sich-dichte Mengen

Sei $(X, \mathcal{T})$ ein topologischer Raum und $A \subset X$. A heißt *in-sich-dicht*, wenn $A \subset A'$ ist, wenn also jeder Punkt von A Häufungspunkt von A ist.

$A \subset X$ heißt *perfekt*, wenn A in-sich-dicht und abgeschlossen ist, wenn also $A' = A$. Also ist A genau dann perfekt, wenn A abgeschlossen ist und keine isolierten Punkte besitzt (9.1.J).

1.2-23 Isolierte Punkte

Sei $(X, \mathcal{T})$ ein topologischer Raum und $A \subset X$. Ein Punkt $x \in A$ heißt *isolierter Punkt* von A, wenn es eine Umgebung von x gibt, die außer x keinen Punkt aus A enthält. Also

$$x \text{ ist isolierter Punkt von } A \quad :\Longleftrightarrow \quad \exists U \in \mathcal{U}(x) \ : \ A \cap U = \{x\} \ . \quad (10)$$

Die abgeschlossene Hülle einer Menge A ist die disjunkte Vereinigung der Häufungspunkte und der isolierten Punkte von A.

Nicht jeder isolierte Punkt von A ist Randpunkt von A. In diskreten metrischen Räumen X ist z.B. jeder Punkt $x \in A \subset X$ sowohl innerer als auch isolierter Punkt von A, und kein Punkt von A ist Häufungs- oder Randpunkt von A. Derartiges kann in normierten linearen Räumen nicht auftreten.

1.2-24 Randpunkte

Sei weiterhin $(X, \mathcal{T})$ ein topologischer Raum und $x \in X$. x heißt *Randpunkt* von $A \subset X$, wenn jede Umgebung von x sowohl A als auch $X \backslash A$ trifft.

$$\begin{aligned} &x \text{ ist Randpunkt von } A \\ &\quad :\Longleftrightarrow \ \forall U \in \mathcal{U}(x) \ : \ A \cap U \neq \emptyset \ \text{ und } \ (X \backslash A) \cap U \neq \emptyset \ . \end{aligned} \quad (11)$$

Die Menge der Randpunkte von A ist gerade der *Rand* ∂A (siehe 1.2-13).

1.3 Initial- und Finaltopologien

Abbildungen erzeugen *Initialtopologien* auf der Ausgangs- und *Finaltopologien* auf der Zielmenge.

1.3-A Initialtopologien

1.3-1 Definition

Seien $I, Y \neq \emptyset$ beliebige Mengen. Für $i \in I$ seien $(X_i, \mathcal{T}_i)$ topologische Räume und $f_i \colon Y \to X_i$ Abbildungen von Y in X_i.

Dann gibt es eine (eindeutig bestimmte) gröbste Topologie $\mathcal{T}_{ini}$ auf Y bzgl der alle Abbildungen f_i stetig sind. $\mathcal{T}_{ini}$ heißt die von den Abbildungen f_i erzeugte *Initialtopologie*. Eine Subbasis für $\mathcal{T}_{ini}$ ist die Menge

$$\mathcal{S} := \left\{\, f_i^{-1}(G) \mid G \in \mathcal{T}_i,\ i \in I \,\right\} \tag{1}$$

der Urbilder von offenen Mengen $G \subset Y_i$. Endliche Durchschnitte von Subbasiselementen bilden eine Basis $\mathcal{B}$ von $\mathcal{T}_{ini}$:

$$\mathcal{B} := \left\{\, \bigcap_{i \in J} f_i^{-1}(G_i) \mid J \subset I \text{ endlich, } G_i \in \mathcal{T}_i \text{ für alle } i \in J \,\right\}. \tag{2}$$

Die von einer einzigen Abbildung $f \colon Y \to (X, \mathcal{T})$ auf Y erzeugte Initialtopologie ist genau die Menge der Urbilder $\{\, f^{-1}(G) \mid G \in \mathcal{T} \,\}$.

Wichtige Beispiele von Initialtopologien sind die *Relativ-* und *Produkttopologie*, sowie die von Linearformen auf einem Vektorraum erzeugten *schwachen Topologien* (siehe 7.4).

Initialtopologien besitzen die folgende universelle Eigenschaft:

1.3-2 Satz

Y und Z seien topologische Räume und Y trage die von den Abbildungen $f_i \colon Y \to X_i$ erzeugte Initialtopologie. Dann ist eine Abbildung $g \colon Z \to Y$ genau dann stetig, wenn alle Abbildungen $f_i \circ g \colon Z \to X_i$ stetig sind.

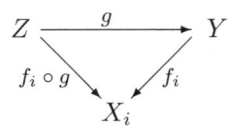

1.3-B Relativ- oder Spurtopologie

1.3-3 Definition

Sei $(X, \mathcal{T})$ ein topologischer Raum, $\emptyset \neq Y \subset X$ und

$$\mathcal{T}_Y := \left\{\, G \cap Y \mid G \in \mathcal{T} \,\right\} \tag{3}$$

die *Relativ-* oder *Spurtopologie* auf Y (1.1-2(c)). Sie ist gleich der von der Einbettung $\beta \colon Y \to X$, $\beta(y) = y$ erzeugten Initialtopologie und daher die gröbste Topologie auf Y, für die die Einbettung β stetig ist.

1.3-4   Vererbung topologischer Eigenschaften auf Unterräume:

Topologische Eigenschaften, die sich von Räumen X auf Unterräume $Y \subset X$ vererben, nennt man *erblich*.

(a) *Trennungseigenschaften*

Die Trennungseigenschaften T_1 bis T_{3a} sind erblich. Dagegen braucht ein Unterraum eines normalen Raumes nicht normal zu sein. Ein Beispiel liefert die Tychonoff-Planke (A.6-11).

Aber die Normalität vererbt sich wenigstens auf abgeschlossene Unterräume.

Unterräume vollständig normaler Räume sind wieder vollständig normal.

(b) *Abzählbarkeitseigenschaften*

Erfüllt ein topologischer Raum das 1. oder 2. Abzählbarkeitsaxiom, dann auch jeder Teilraum. Teilräume separabler Räume sind i.a. nicht separabel (3.3-11(b)), offene sind es.

(c) *Kompaktheit* und *Zusammenhang* sind trivialerweise *nicht erblich*.

Die Kompaktheit vererbt sich wenigstens auf abgeschlossene Unterräume.

1.3-C   Produkttopologie

1.3-5   Cartesisches Produkt

Sei $I \neq \emptyset$ eine beliebige Indexmenge. Für alle $i \in I$ sei X_i eine nichtleere Menge. Das cartesische Produkt der X_i ist definiert als

$$\prod_{i \in I} X_i \;:=\; \left\{ \varphi \colon I \to \bigcup_{i \in I} X_i \;\middle|\; \varphi(i) \in X_i \text{ für alle } i \in I \right\} . \tag{4}$$

Die Elemente des cartesischen Produkts sind also spezielle auf der Indexmenge definierte Abbildungen. Für sie schreibt man z.B. $\varphi = (\varphi(i))$ oder $x = (x_i)_{i \in I}$. Sind alle X_i gleich X, so schreibt man

$$X^I \;:=\; \prod_{i \in I} X \;:=\; \left\{ \varphi \mid \varphi \colon I \to X \right\} . \tag{5}$$

Ist $k \in I$, so heißt die Abbildung

$$\pi_k \colon \prod_{i \in I} X_i \to X_k \quad ; \qquad \pi_k(\varphi) := \varphi(k) . \tag{6}$$

die *Projektion* von $\prod X_i$ auf X_k, auch die k-te Projektion von $\prod X_i$.

Z.B. ist $[0,1]^{[0,1]}$ die Menge alle Abbildungen $\varphi \colon [0,1] \to [0,1]$. Für $t \in [0,1]$ ist $\pi_t \colon [0,1]^{[0,1]} \to [0,1]$ die sog. *Punktauswertung* $\pi_t(\varphi) = \varphi(t)$.

1.3-6 Produkttopologie

Für alle $i \in I$ seien $(X_i, \mathcal{T}_i)$ topologische Räume.

Die Produkttopologie $\mathcal{T}_P$ auf dem cartesischen Produkt $X := \prod X_i$ ist die von den Projektionen $\pi_k \colon X \to X_k$ erzeugte Initialtopologie (1.3-1), also die gröbste Topologie auf X, für die alle Projektionen π_k stetig sind.

$(X, \mathcal{T}_P)$ heißt *Produktraum* mit den *Koordinaten-* oder *Faktorräumen* X_i.

Eine Subbasis der Produkttopologie bilden die *Streifen*

$$\pi_k^{-1}(G_k) = \{ x \in \prod X_i \mid x_k \in G_k \} . \tag{7}$$

für $k \in I$, $G_k \in \mathcal{T}_k$. Eine Basis der Produkttopologie ist

$$\{ \prod_{i \in I} G_i \mid \forall i \; G_i \in \mathcal{T}_i , \quad G_i \neq X_i \text{ für höchstens endlich viele } i \} \tag{8}$$

1.3-7 Bemerkungen

(a) Ein Netz Φ in einem Produktraum $X = \prod X_i$ konvergiert genau dann in der Produkttopologie gegen $x = (x_i) \in X$, wenn es *koordinatenweise konvergiert*, d.h. wenn alle Projektionen $\pi_i \circ \Phi$ gegen x_i konvergieren. Folgen sind spezielle Netze, also gilt dies auch für Folgen.

Aus diesem Grund heißt die Produkttopologie auf $\prod X_i$ auch die *Topologie der koordinatenweisen* bzw *punktweisen Konvergenz* (9.2.B).

(b) Ist $\emptyset \neq G \subset \prod X_i$ offen, so ist $\pi_k(G) = X_k$ für fast alle k, also für alle bis auf endlich viele $k \in I$.

(c) Sei $k \in I$. Für $i \in I$, $i \neq k$ seien Elemente $x_i \in X_i$ beliebig, aber fest gewählt. Dann ist die durch

$$\beta_k \colon X_k \to \prod X_i \quad ; \qquad \beta_k(\xi)(i) := \begin{cases} x_i & \text{falls } i \neq k, \\ \xi & \text{falls } i = k \end{cases} \tag{9}$$

definierte Abbildung eine Einbettung von X_k in den Produktraum $\prod X_i$.

(d) Die Projektionen $\pi_k \colon \prod X_i \to X_k$ sind nicht nur stetig, sondern auch *offen*, d.h. sie bilden offene Mengen auf offene Mengen ab.

Dagegen bilden die Projektionen i.a. *nicht* abgeschlossene Mengen auf abgeschlossene ab. Z.B. ist die Hyperbel $\{ (x, y) \in \mathbb{R}^2 \mid xy = 1 \}$ abgeschlossen in der euklidischen Ebene $\mathbb{R}^2$. Ihre Projektion auf die x- oder y-Achse ist aber $\mathbb{R} \backslash \{0\}$, also nicht abgeschlossen in $\mathbb{R}$.

(e) Eine Abbildung $g \colon Y \to \prod X_i$ des topologischen Raumes Y in den Produktraum $\prod X_i$ ist genau dann stetig, wenn alle *Koordinatenabbildungen*, also die Abbildungen $g_k := \pi_k \circ g \colon Y \to X_k$ stetig sind. Dies folgt direkt aus Satz 1.3-2 und Definition 1.3-6.

(f) Die *Quader* $\prod G_i$ mit $G_i \in \mathcal{T}_i$ für alle i bilden ebenfalls die Basis einer Topologie, der sog. *Box-Topologie* auf $\prod X_i$ (9.2.C).

Diese ist i.a. echt feiner als die Produkttopologie auf $\prod X_i$.

1.3-8   Übertragung topologischer Eigenschaften auf Produkträume

Seien weiterhin $(X_i, \mathcal{T}_i)$ $(i \in I \neq \emptyset)$ topologische Räume, $X = \prod X_i$ der Produktraum und $\pi_k \colon X \to X_k$ die k-te Projektion.
Beweise der folgenden Aussagen finden Sie z.T. in 9.2.A.

(a) *Trennungseigenschaften*
Für $j = 0, 1, 2, 3, 3a$ gilt: Das Produkt $\prod X_i$ ist genau dann ein T_j-Raum, wenn alle X_i T_j-Räume sind.

Dagegen braucht ein Produkt (vollständig) normaler Räume nicht (vollständig) normal zu sein. Z.B. ist $\mathbb{R}$ mit der Sorgenfrey-Topologie $\mathcal{T}_{hI}$ (A.6-12) vollständig normal. Der Produktraum ist die Ebene $\mathbb{R}^2$ mit der halboffenen Rechteckstopologie $\mathcal{T}_{hR}$ (A.6-13) und die ist nicht normal.

(b) *Abzählbarkeitseigenschaften*
Ist das Produkt $\prod X_i$ ein A_1- bzw A_2-Raum, so auch jeder Faktorraum.

Ist umgekehrt jeder Koordinatenraum X_i ein A_1- bzw A_2-Raum, so ist der Produktraum genau dann ein A_1- bzw A_2-Raum, wenn alle bis auf höchstens abzählbar viele der X_i die indiskrete Topologie $\{\emptyset, X_i\}$ tragen.

(c) *Zusammenhang*
Ein Produkt $\prod X_i$ topologischer Räume ist genau dann zusammenhängend, wenn alle X_i zusammenhängend sind.

$\prod X_i$ ist wegzusammenhängend $\iff$ alle X_i sind wegzusammenhängend.

$\prod X_i$ ist genau dann lokal zusammenhängend, wenn alle X_i lokal zusammenhängend und fast alle zusammenhängend sind.

(d) *Kompaktheit*
Das Produkt kompakter Räume ist kompakt. (Satz von Tychonoff, 3.4-15).

(e) *Metrisierbarkeit*
Sind die Koordinatenräume X_i metrisierbar und mindestens zweielementig, so ist die Produkttopologie genau dann metrisierbar, wenn die Indexmenge I höchstens abzählbar ist.

1.3-D   Finaltopologien

Analog bzw dual zu den Initialtopologien sind die Finaltopologien definiert:

1.3-9   Finaltopologie

Sei $Y \neq \emptyset$ eine beliebige Menge. Für $i \in I \neq \emptyset$ seien $(X_i, \mathcal{T}_i)$ topologische Räume und $f_i \colon X_i \to Y$ Abbildungen von X_i in Y.

Dann gibt es eine (eindeutig bestimmte) feinste Topologie $\mathcal{T}_{fin}$ auf Y bzgl der alle Abbildungen f_i stetig sind. Beweis siehe 9.1.C. Es ist

$$\mathcal{T}_{fin} = \left\{ G \subset Y \mid f_i^{-1}(G) \in \mathcal{T}_i \text{ für alle } i \in I \right\} . \tag{10}$$

$\mathcal{T}_{fin}$ heißt die von den Abbildungen f_i erzeugte *Finaltopologie*. Auf dem Unterraum $Y \setminus \bigcup_{i \in I} f_i(X_i)$ von Y ist die Finaltopologie diskret.

Wichtige Beispiele von Finaltopologien sind die *Summentopologie* (1.3-17) und die von einer einzigen Abbildung $f : X \to Y$ erzeugte sog. *Identifizierungs-* oder *Quotiententopologie* (1.3-11).

Analog wie Satz 1.3-2 für die Initialtopologie gilt

1.3-10 Universelle Eigenschaft der Finaltopologie
Y trage die von den Abbildungen $f_i : X_i \to Y$ erzeugte Finaltopologie.
Dann ist eine Abbildung $g : Y \to Z$ von Y in einen topologischen Raumes Z genau dann stetig, wenn alle Abbildungen $g \circ f_i : X_i \to Z$ stetig sind.

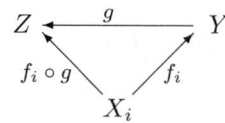

1.3-11 Quotiententopologie
Sei X ein topologischer Raum und $\sim$ eine Äquivalenzrelation auf X.

$$\pi : X \to X_\sim \quad ; \quad \pi(x) := [x] = \left\{ y \in X \mid y \sim x \right\} \tag{11}$$

sei die kanonische Projektion auf den Quotientenraum $X_\sim = \left\{ [x] \mid x \in X \right\}$.

Die von π auf $X_\sim$ erzeugte finale Topologie $\mathcal{T}_\sim$ heißt *Quotiententopologie* auf $X_\sim$ und $(X_\sim, \mathcal{T}_\sim)$ heißt *Quotientenraum*.

$\mathcal{T}_\sim$ ist die feinste Topologie auf $X_\sim$ bzgl der die Projektion π stetig ist.

Eine Menge $A \subset X_\sim$ ist genau dann offen (abgeschlossen) in $\mathcal{T}_\sim$, wenn $\pi^{-1}(A)$ offen (abgeschlossen) in X ist.

1.3-12 Bemerkung
Sei $(X, \mathcal{T})$ ein topologischer Raum, $Y \neq \emptyset$ und $f : X \to Y$ surjektiv.

$$x_1 \overset{f}{\sim} x_2 \quad :\Longleftrightarrow \quad f(x_1) = f(x_2) \tag{12}$$

definiert eine Äquivalenzrelation $\overset{f}{\sim}$ auf X. Die zugehörigen Äquivalenzklassen heißen auch die *Fasern* von f.

Ist f surjektiv, so ist Y mit der durch f erzeugten Finaltopologie $\mathcal{T}_{fin}$ homöomorph zum Quotientenraum $X_{\underset{\sim}{f}}$ mit der Quotiententopologie $\mathcal{T}_{\underset{\sim}{f}}$.

Man nennt daher auch die durch eine surjektive Abbildung $f : X \to Y$ auf Y erzeugte Finaltopologie eine Quotiententopologie.

1.3-13 Beispiele

(a) Durch $x \sim y :\Longleftrightarrow x - y \in \mathbb{Z}$ wird eine Äquivalenzrelation auf $\mathbb{R}$ definiert. Der Quotientenraum $\mathbb{R}_\sim$ ist homöomorph zum Einheitskreisrand $\partial \mathbb{E} \subset \mathbb{R}^2$.

(b) *Zusammenziehen von Teilräumen*

Sei X ein topologischer Raum und $A \subset X$ eine nichtleere Teilmenge.
X/A sei der Quotientenraum von X nach der Äquivalenzrelation

$$x \overset{A}{\sim} y \quad :\Longleftrightarrow \quad x = y \text{ oder } x, y \in A . \tag{13}$$

Die kanonische Projektion $\pi \colon X \to X/A$ bildet die gesamte Teilmenge
$A \subset X$ auf den Punkt $A \in X/A$ ab. Das Komplement $X \backslash A$ wird durch π
homöomorph auf $X/A \backslash \{A\}$ abgebildet.

Man sagt daher, dass X/A aus X dadurch entsteht, dass A *auf einen Punkt*
zusammengezogen wird.

Z.B. ist $[0,1]/\{0,1\}$ homöomorph zum Einheitskreisrand $\partial \mathbb{E} \subset \mathbb{R}^2$.

Die kanonische Projektion eines topologischen Raums auf einen Quotientenraum ist i.a. weder offen noch abgeschlossen (9.2.F). Es gilt aber

1.3-14 Satz

Seien X, Y topologische Räume und $f \colon X \to Y$ stetig, surjektiv und offen
(abgeschlossen). Dann trägt Y die von f erzeugte Quotiententopologie.

Zum Beweis siehe Aufgabe 9.2.F.

1.3-15 Übertragung topologischer Eigenschaften auf Quotientenräume

Topologische Eigenschaften, die auf Quotientenräume vererben, nennt man
auch *divisibel*.

(a) Trennungseigenschaften eines topologischen Raumes vererben sich i.a. nicht
auf seine Quotientenräume. Für ein abschreckendes Beispiel siehe Aufgabe
9.2.D.3, für positive Aussagen siehe Aufgabe 9.2.E.

(b) Stetige Bilder (weg-) zusammenhängender Mengen sind (weg-) zusammenhängend. Also gilt:

Zusammenhang und Wegzusammenhang sind divisible Eigenschaften.

(c) Stetige Bilder kompakter Mengen sind kompakt. Also gilt:

Quotientenräume kompakter Räume sind kompakt.

Man beachte aber, dass das stetige Bild eines kompakten T_2-Raums zwar
kompakt, aber i.a. kein T_2-Raum ist.

(d) Quotientenräume von separablen Räumen sind separabel (9.2.D.1).

Die Abzählbarkeitsaxiome übertragen sich dagegen i.a. *nicht* auf Quotientenräume (9.2.D.2, 10.3.C).

Ist die kanonische Projektion $\pi \colon X \to X_\sim$ offen, so ist mit X auch $X_\sim$ ein
A_1- bzw A_2-Raum.

1.3-16   Disjunkte Vereinigung von Mengen

Für $i \in I$ seien X_i nicht notwendig disjunkte Mengen. Die *Summe* oder *disjunkte Vereinigung* der X_i ist definiert durch

$$\textstyle\sum_{i \in I} X_i := \bigcup_{i \in I} (X_i \times \{i\}) \ . \tag{14}$$

Man verschafft sich also durch *Anhängen des Index* disjunkte Exemplare der X_i und bildet dann die Vereinigung. Wenn keine Missverständnisse zu befürchten sind, werden die Mengen $X_i \times \{i\}$ mit den Ausgangsmengen X_i identifiziert. Man beachte aber, dass z.B. $X \cup X = X \neq X + X$.

1.3-17   Topologische Summe

Für $i \in I$ seien $(X_i, \mathcal{T}_i)$ topologische Räume. $X := \sum_{i \in I} X_i$ sei die disjunkte Vereinigung der X_i. Die Summentopologie $\mathcal{T}_\Sigma$ auf X ist die durch die kanonischen Einbettungen $\beta_i \colon X_i \to X$ erzeugte Finaltopologie, also die feinste Topologie auf X, bzgl der alle diese Einbettungen stetig sind. Es ist

$$\mathcal{T}_\Sigma = \{ \ \textstyle\sum_{i \in I} G_i \mid G_i \in \mathcal{T}_i \ \} \ . \tag{15}$$

$(X, \mathcal{T}_\Sigma)$ heißt die *topologische Summe* der X_i.

Für alle $i \in I$ ist der Teilraum $X_i \times \{i\}$ von $\sum X_i$ homöomorph zu X_i. Werden $X_i \times \{i\}$ und X_i identifiziert, so ist eine Teilmenge $G \subset X = \sum_{i \in I} X_i$ genau dann offen, wenn alle Durchschnitte $G \cap X_i$ in X_i offen sind.

1.3-18   Bemerkungen und Beispiele

(a) Ein topologischer Raum ist genau dann zusammenhängend, wenn er nicht die topologische Summe zweier nichtleerer Teilräume ist (3.2).

(b) Ein lokal zusammenhängender Raum ist die topologische Summe seiner Zusammenhangskomponenten.
     Aber $\mathbb{Q}$ mit der euklidischen Topologie ist nicht die topologische Summe seiner (einelementigen) Zusammenhangskomponenten.

(c) Diskrete Räume sind die topologische Summe ihrer einelementigen Teilmengen.

1.3-19   Übertragung topologischer Eigenschaften auf Summenräume

(a) Eine topologische Summe $\sum X_i$ ist genau dann ein T_0- bis T_5-Raum, wenn jedes X_i ein T_0- bis T_5-Raum ist.

(b) Endliche Summen kompakter Räume sind kompakt, unendliche nicht.

(c) Summen von mindestens zwei topologischen Räumen sind nicht zusammenhängend.
     Summen lokal-zusammenhängender Räume sind lokal-zusammenhängend.

(d) Summen von A_1-Räumen sind A_1-Räume.
     Abzählbare Summen von A_2-Räumen sind A_2-Räume, überabzählbare nicht.

2   Konvergenz und Stetigkeit

Bei Konvergenz- und Stetigkeitsuntersuchungen arbeitet man oft mit *Folgen*, obwohl sie nicht optimal geeignet sind, allgemeine topologische Begriffe zu beschreiben (siehe 2.1-5 und 2.1-6). *Filter* (2.2) und *Netze* (2.3) leisten dafür bessere Dienste.

Z.B. können konvergente Folgen allein eine Topologie i.a. nicht eindeutig festlegen. In Aufgabe 9.3.B finden Sie eine Menge X mit zwei verschiedenen Topologien, die dieselben konvergenten Folgen besitzen.

Dagegen sind zwei Topologien auf einer Menge genau dann gleich, wenn sie die gleichen konvergenten Filter bzw Netze haben (9.3.J).

2.1   Folgen

2.1-1   Folgen

Sei X eine beliebige Menge. Eine *Folge* in X ist eine Abbildung $\varphi \colon \mathbb{N} \to X$, also ein Element $\varphi \in X^{\mathbb{N}}$. Für die *Folgenglieder* schreibt man oft x_n statt $\varphi(n)$ und bezeichnet Folgen mit $(x_n) = (x_n)_{n \in \mathbb{N}}$. Schlampig, aber weit verbreitet ist die Schreibweise von der Folge x_n statt (x_n).

Folgen sind spezielle Netze mit der gerichteten Menge $(\mathbb{N}, \leq)$ als Indexmenge. Zu Netzen siehe Abschnitt 2.3.

$\{\, x_n \mid n \geq k \,\}$ heißt ein *Endstück* der Folge (x_n). Die Endstücke einer Folge bilden eine Filterbasis und der von ihr erzeugte Filter heißt der *Endenfilter* von (x_n). Siehe dazu Abschnitt 2.2-3(b).

2.1-2   Teilfolgen

Sei $\varphi \colon \mathbb{N} \to X$ eine Folge in X und $\omega \colon \mathbb{N} \to \mathbb{N}$ streng monoton wachsend. Dann heißt $\psi := \varphi \circ \omega \colon \mathbb{N} \to X$ eine *Teilfolge* von φ.

Schreibweise: $(x_{\omega(k)})_k = (x_{n_k})_k$ mit $\omega(k) = n_k$.

Z.B. ist $(2k)_k$ eine Teilfolge von $(n)_n$. Hier ist $\omega(k) = 2k$.

2.1-3   Grenzwerte einer Folge

Sei (x_n) eine Folge in einem topologischen Raum X. Ein Punkt $\xi \in X$ heißt *Grenzwert* von (x_n), wenn es zu jeder Umgebung $U \in \mathfrak{U}(\xi)$ einen Index n_0 gibt mit $x_n \in U$ für alle $n \geq n_0$.

$$\xi = \lim_{n \to \infty} x_n \quad :\Longleftrightarrow \quad \forall U \in \mathfrak{U}(\xi)\ \exists n_0 \in \mathbb{N}\ \forall n \geq n_0 \ : \ x_n \in U \ . \qquad (1)$$

Eine Folge heißt *konvergent* in X, wenn sie einen Grenzwert in X hat. Andernfalls heißt sie *divergent* (in X).

Z.B. ist die Folge $x_n := (1 + \frac{1}{n})^n$ bzgl der euklidischen Topologie konvergent in $\mathbb{R}$, aber divergent in $\mathbb{Q}$.

Eine Folge (x_n) konvergiert genau dann gegen ξ, wenn ihr Endenfilter gegen ξ konvergiert.

In manchen Räumen können Folgen mehrere Grenzwerte besitzen. Z.B. konvergiert in einem indiskreten Raum jede Folge gegen jeden Punkt.

In T_2-Räumen, also insbesondere in metrischen Räumen besitzt eine Folge höchstens einen Grenzwert.

2.1-4 Häufungswerte einer Folge

Seien $(X, \mathcal{T})$ ein topologischer Raum, (x_n) eine Folge und ξ ein Punkt aus X. Dann heißt ξ *Häufungswert (Berührungspunkt)* von (x_n), wenn

$$\forall U \in \mathcal{U}(\xi) \; \forall n_0 \in \mathbb{N} \; \exists n \geq n_0 \; : \; x_n \in U \; . \tag{2}$$

Z.B. sind 1 und -1 Häufungswerte der Folge $(-1)^n$.

Jeder Grenzwert der Folge (x_n) ist auch Häufungswert, aber nicht umgekehrt.

ξ ist genau dann Häufungswert der Folge (x_n), wenn ξ Berührungspunkt des Endenfilters von (x_n) ist.

2.1-5 Häufungswerte und Teilfolgen

Konvergiert eine Teilfolge $(x_{n_k})_k$ von (x_n) gegen ξ, so ist ξ ein Häufungswert von (x_n). Die Umkehrung ist i.a. falsch (siehe Aufgabe 9.3.C).

Besitzt $\xi \in X$ eine abzählbare Umgebungsbasis (z.B. falls X ein metrischer Raum ist), so ist ξ genau dann Häufungswert von (x_n), wenn ξ Grenzwert einer Teilfolge $(x_{n_k})_k$ ist.

2.1-6 Berührungspunkte und Folgen

Sei X ein topologischer Raum, $A \subset X$ und $x \in X$. Gibt es eine Folge in A, die gegen x konvergiert, so ist x ein Berührungspunkt von A, d.h. $x \in \overline{A}$.

Die Umkehrung ist i.a. falsch. Ein Beispiel dafür liefert der Ordinalzahlraum $\Omega = [0, \omega_1]$ mit dem Berührungspunkt ω_1 von $[0, \omega_1[$ (siehe A.6-10). Es gibt aber keine Folge in $[0, \omega_1[$, die gegen ω_1 konvergiert.

Für ein anderes Beispiel siehe 9.3.D.2 (Arens-Topologie).

In metrischen Räumen und allgemeiner in A_1-Räumen, also in Räumen, in denen jeder Punkt eine abzählbare Umgebungsbasis besitzt, gilt auch die Umkehrung. In solchen Räumen ist also jeder Berührungspunkt einer Teilmenge A auch Grenzwert einer Folge aus A.

2.2   Filter

2.2-1   Definition

Ein *Filter* $\mathcal{F}$ auf einer Menge X ist ein System von Teilmengen von X mit folgenden Eigenschaften:

(i) $\emptyset \notin \mathcal{F}$, $X \in \mathcal{F}$,

(ii) $A, B \in \mathcal{F} \implies A \cap B \in \mathcal{F}$,

(iii) $A \in \mathcal{F}$, $A \subset B \subset X \implies B \in \mathcal{F}$.

Filter sind also abgeschlossen bzgl endlicher Durchschnitts- und Obermengenbildung.

Ein Filter $\mathcal{F}$ heißt *frei*, wenn $\bigcap \mathcal{F} = \emptyset$. Ansonsten heißt er *fixiert*.

2.2-2   Filterbasen

Eine *Filterbasis* auf einer Menge $X \neq \emptyset$ ist eine nichtleere Menge $\mathcal{B} \subset \mathcal{P}(X)$ von Teilmengen von X mit

(i) $\emptyset \notin \mathcal{B}$,

(ii)   Für alle $B_1, B_2 \in \mathcal{B}$ gibt es ein $B_3 \in \mathcal{B}$ mit $B_3 \subset B_1 \cap B_2$.

Ist $\mathcal{B}$ eine Filterbasis auf X, so ist

$$[\mathcal{B}] := \{\, A \subset X \mid \exists B \in \mathcal{B} : B \subset A \,\} \tag{1}$$

ein Filter. $[\mathcal{B}]$ heißt der *von $\mathcal{B}$ erzeugte* Filter.

Ist $\mathcal{F}$ ein Filter, so heißt eine Teilmenge $\mathcal{B} \subset \mathcal{F}$ *Filterbasis* von $\mathcal{F}$, wenn $[\mathcal{B}] = \mathcal{F}$, also wenn jedes Element von $\mathcal{F}$ ein Element aus $\mathcal{B}$ enthält.

Jeder Filter ist natürlich eine Filterbasis von sich selbst.

2.2-3   Beispiele

(a)   Ist X ein topologischer Raum und $x \in X$, so bilden die Umgebungen von x einen fixierten Filter, den sog. *Umgebungsfilter* $\mathcal{U}(x)$ von x.

   Jede Umgebungsbasis von x ist eine Filterbasis von $\mathcal{U}(x)$.

(b)   Ist (x_n) eine Folge in X, so bildet die Menge der *Endstücke*

$$E_k := \{\, x_n \mid n \geq k \,\} \tag{2}$$

von (x_n) eine Filterbasis auf X. Sie erzeugt den sog. *Enden-Filter* von (x_n):

$$\mathcal{E}(x_n) := \{\, A \subset X \mid \exists n_0 \, \forall n \geq n_0 : x_n \in A \,\} . \tag{3}$$

Entsprechend für Netze (siehe Abschnitt 2.3-11).

(c)   Die Intervalle $[a, \infty[\subset \mathbb{R}$ $(a \in \mathbb{R})$ bilden eine Filterbasis in $\mathbb{R}$. Der von ihr erzeugte Filter ist frei. Er heißt auch *Fréchet-Filter*.

2.2-4   Bemerkungen

(a) Filter und Filterbasen besitzen die sog. *endliche Durchschnittseigenschaft*, d.h. jede endliche Teilfamilie hat nichtleeren Durchschnitt. Dies folgt sofort aus Bedingung 2.2-1(ii).

(b) Der Durchschnitt zweier Filter auf X ist wieder ein Filter auf X.

(c) Ist $\mathcal{F}$ ein Filter auf einer Menge X und $f\colon X \to Y$ eine Funktion, so ist $f(\mathcal{F}) = \{\, f(A)\,|\,A \in \mathcal{F}\,\}$ eine Filterbasis auf Y.

Der von ihr erzeugte Filter auf Y heißt der *Bildfilter* $[f(\mathcal{F})]$ von $\mathcal{F}$ unter f.

$f(\mathcal{F})$ ist genau dann ein Filter, wenn f surjektiv ist.

(d) Ist $\mathcal{F}$ ein Filter auf einer Menge Y und $f\colon X \to Y$ eine Funktion, so ist $f^{-1}(\mathcal{F}) := \{\, f^{-1}(B)\,|\,B \in \mathcal{F}\,\}$ genau dann eine Filterbasis auf X, wenn für alle $B \in \mathcal{F}$ das Urbild $f^{-1}(B) \neq \emptyset$ ist.

In diesem Fall heißt der von ihr erzeugte Filter $[f^{-1}(\mathcal{F})]$ auf X der *Urbildfilter* von $\mathcal{F}$ unter f.

2.2-5   Feinere und gröbere Filter

Sind $\mathcal{F}_1$ und $\mathcal{F}_2$ zwei Filter auf X, so heißt $\mathcal{F}_1$ *feiner* als $\mathcal{F}_2$ bzw. $\mathcal{F}_2$ *gröber* als $\mathcal{F}_1$, wenn $\mathcal{F}_2 \subset \mathcal{F}_1$.

Der von einer Filterbasis $\mathcal{B}_1$ erzeugte Filter $\mathcal{F}_1$ ist genau dann feiner als der von der Basis $\mathcal{B}_2$ erzeugte Filter $\mathcal{F}_2$, wenn jede Menge $B_2 \in \mathcal{B}_2$ eine Menge $B_1 \in \mathcal{B}_1$ enthält.

2.2-6   Ultrafilter

Ein Filter $\mathcal{F}$ heißt *Ultrafilter*, wenn es keinen Filter auf X gibt, der echt feiner als $\mathcal{F}$ ist.

Für $\xi \in X$ ist z.B. $\{\, A \subset X\,|\,\xi \in A\,\}$ ein fixierter Ultrafilter in X. Die Existenz freier Ultrafilter folgt aus dem Zornschen Lemma bzw (i).

Es gilt

   (i)   Jeder Filter ist in einem Ultrafilter enthalten.

   (ii) Ein Filter $\mathcal{F}$ auf X ist genau dann ein Ultrafilter, wenn für jedes $A \subset X$ entweder $A \in \mathcal{F}$ oder $X\backslash A \in \mathcal{F}$ gilt.

2.2-7   Konvergenz von Filtern

$\xi \in X$ heißt *Grenzwert* des Filters $\mathcal{F}$ auf einem topologischen Raum X, wenn $\mathcal{F}$ feiner als der Umgebungsfilter von ξ ist, also wenn $\mathcal{U}(\xi) \subset \mathcal{F}$. In diesem Fall sagt man auch, $\mathcal{F}$ *konvergiert gegen* ξ. Insbesondere konvergiert der Umgebungsfilter $\mathcal{U}(\xi)$ gegen ξ.

$\mathcal{U}(\xi)$ ist der Durchschnitt aller gegen ξ konvergenten Filter.

2.2-8   Berührungspunkte von Filtern

$\xi \in X$ heißt *Berührungspunkt* des Filters $\mathcal{F}$, wenn $A \cap U \neq \emptyset$ für alle $U \in \mathcal{U}(\xi)$ und $A \in \mathcal{F}$. Es gilt also

$$\xi \text{ Berührungspunkt von } \mathcal{F} \quad \Longleftrightarrow \quad \forall A \in \mathcal{F} : \xi \in \overline{A} . \qquad (4)$$

$\xi \in X$ heißt *Berührungspunkt* einer Filterbasis $\mathcal{B}$, wenn ξ Berührungspunkt des erzeugten Filters $\mathcal{F}_{\mathcal{B}}$ ist, bzw wenn $\overline{B} \cap U \neq \emptyset$ für alle $U \in \mathcal{U}(\xi)$ und $B \in \mathcal{B}$.

Ein Grenzwert eines Filters $\mathcal{F}$ ist auch Berührungspunkt (9.3.F.1). Die Umkehrung ist natürlich falsch. Z.B. ist 0 Berührungspunkt, aber nicht Grenzwert des von $\{0, 1\} \subset \mathbb{R}$ erzeugten Filters.

Die Berührungspunkte eines Ultrafilters sind genau seine Grenzwerte (9.3.F.3).

Beispiel: Sei $\mathcal{F}$ der von der Filterbasis $\mathcal{B} := \{ \,]0, a[\mid a > 0 \, \}$ erzeugte Filter auf $\mathbb{R}$. Bzgl. der euklidischen Topologie ist 0 Grenzwert und einziger Berührungspunkt von $\mathcal{F}$. $\mathcal{F}$ ist kein Ultrafilter, da z.B. weder $\mathbb{Q} \in \mathcal{F}$ noch $\mathbb{R} \backslash \mathbb{Q} \in \mathcal{F}$.

Sei $\mathcal{F}^*$ der von der Filterbasis $\mathcal{B}^* := \{ \,]0, a[\mid a > 1 \, \}$ erzeugte Filter auf $\mathbb{R}$. Bzgl. der euklidischen Topologie sind alle $\xi \in [0, 1]$ Berührungspunkte aber keine Grenzwerte von $\mathcal{F}^*$.

2.2-9   Bemerkungen

(a) Der von der Basis $\mathcal{B}$ erzeugte Filter konvergiert genau dann gegen ξ, wenn es für alle Umgebungen U von ξ ein $B \in \mathcal{B}$ gibt mit $B \subset U$.

(b) Konvergiert ein Filter gegen ξ, so erst recht jeder feinere Filter.

(c) Ist ξ Berührungspunkt eines Filters $\mathcal{F}$, dann erst recht auch jedes gröberen Filters.

(d) Der Durchschnitt aller gegen ein $\xi \in X$ konvergenten Filter ist der Umgebungsfilter $\mathcal{U}(\xi)$ von ξ.

(e) $\xi \in X$ ist genau dann Berührungspunkt eines Filters auf X, wenn es einen feineren Filter auf X gibt, der gegen ξ konvergiert.
Beweis siehe Aufgabe 9.3.F.2.

(f) Ein topologischer Raum ist genau dann ein Hausdorff-Raum, wenn kein Filter auf X gegen zwei verschiedene Punkte konvergiert (vgl 3.1-8).

(g) Zwei Topologien auf einer Menge X sind genau dann gleich, wenn sie die gleichen konvergenten Filter besitzen.

2.3 Netze

Man kann eine Konvergenztheorie in topologischen Räumen statt mit Filtern auch mit *Netzen* entwickeln. Netze sind verallgemeinerte Folgen. Die Rolle der Indexmenge übernimmt bei Netzen eine beliebige gerichtete Menge.

2.3-1 Gerichtete Mengen

Sei $\leq$ eine *reflexive* und *transitive* Relation auf einer Menge $I \neq \emptyset$ (vgl. A.1-3). Gilt außerdem

$$\forall i_1, i_2 \in I \; \exists i_3 \in I \; : \; i_1 \leq i_3 \text{ und } i_2 \leq i_3 \; . \tag{1}$$

so heißt $\leq$ eine *Richtung* und $(I, \leq)$ oder auch kurz I eine *gerichtete Menge*.

(a) Eine totale Ordnung ist eine spezielle Richtung. Insbesondere ist $\mathbb{N}$ mit der natürlichen Ordnung gerichtet.

(b) Filter, insbesondere Umgebungsfilter $\mathfrak{U}(x)$ von Punkten x eines topologischen Raums X, sind gerichtete Mengen mit der Relation

$$U \leq V \qquad :\Longleftrightarrow \qquad V \subset U \; . \tag{2}$$

(c) Die Menge der Zerlegungen $Z = (a = x_0 < x_1 < \ldots < x_n = b)$ eines Intervalles $[a, b] \subset \mathbb{R}$ wird durch die *Feiner-Relation (Inklusion)* gerichtet:

$$Z_1 \leq Z_2 \qquad :\Longleftrightarrow \qquad Z_2 \text{ enthält die Teilungspunkte von } Z_1 \; . \tag{3}$$

2.3-2 Endstücke und Cofinale Mengen

Eine Teilmenge $J \subset I$ einer gerichteten Menge $(I, \leq)$ heißt *cofinal*, wenn es zu jedem $i \in I$ ein $j \in J$ gibt mit $i \leq j$.

Eine cofinale Teilmenge J der gerichteten Menge $(I, \leq)$ ist mit der induzierten Ordnung ebenfalls gerichtet, aber natürlich nicht jede Teilmenge von I.

Ist $(I, \leq)$ gerichtet und $i_0 \in I$, so heißt $\{\, i \in I \mid i_0 \leq i \,\}$ ein *Endstück* von $(I, \leq)$. Endstücke sind cofinal, aber nicht umgekehrt.

2.3-3 Netze

Sei X eine beliebige Menge und $(I, \leq)$ eine gerichtete Menge.
Ein *Netz* oder *Moore-Smith-Folge* in X mit Indexmenge I ist eine Abbildung von I in X, also ein Element $\Phi \in X^I$. Die Werte $\Phi(i) \in X$ heißen *Netzpunkte*.
Oft schreibt man x_i statt $\Phi(i)$ und bezeichnet Netze mit $\{x_i\} = \{x_i\}_{i \in I}$.

2.3-4 Beispiele

(a) Sei $f \colon [a, b] \to \mathbb{R}$ beschränkt. Ordnet man jeder Zerlegung Z von $[a, b]$ die Obersumme von f bzgl Z zu, so erhält man ein reelles Netz mit der Menge der Zerlegungen als gerichtete Indexmenge.

(b) Jede Folge ist ein Netz mit der Indexmenge $\mathbb{N}$. In diesem Zusammenhang ist $\mathbb{N}$ stets mit der natürlichen Ordnung gerichtet.

(c) Sei I eine beliebige, evt auch überabzählbare Indexmenge und $\mathcal{E}(I)$ die Menge aller endlichen Teilmengen von I. Ferner sei $\{x_i\} = \{x_i\}_{i\in I}$ eine Familie von Elementen aus dem normierten Vektorraum E.

$\mathcal{E}(I)$ ist mit der Inklusion eine gerichtete Menge und $\Sigma := \{H \mapsto \sum_{i\in H} x_i\}$ ein Netz in E. Die Familie $\{x_i\}_{i\in I}$ ist genau dann summierbar mit der Summe x, wenn das Netz Σ gegen x konvergiert (6.2-7).

2.3-5 *Endstücke, schließlich, häufig*

Ist $\Phi\colon I \to X$ ein Netz und $i_0 \in I$, so heißt $\{\, \Phi(i) \mid i \geq i_0 \,\}$ ein Endstück von Φ. Man sagt, ein Netz $\Phi\colon I \to X$ *liegt schließlich* in einer Teilmenge $A \subset X$, wenn A ein Endstück von Φ enthält.

$$\Phi \text{ liegt schließlich in } A \quad :\Longleftrightarrow \quad \exists i_0 \in I \; \forall i \geq i_0 \; : \; \Phi(i) \in A \; . \tag{4}$$

Man sagt, ein Netz $\Phi\colon I \to X$ liegt *häufig* oder *immer wieder* in einer Teilmenge $A \subset X$, wenn die Menge $J := \{\, i \in I \mid \Phi(i) \in A \,\}$ cofinal in I ist, also:

$$\Phi \text{ liegt häufig in } A \quad :\Longleftrightarrow \quad \forall i \in I \; \exists j \geq i \; : \; \Phi(j) \in A \; . \tag{5}$$

2.3-6 *Teilnetze*

Seien I, J gerichtet und $\Phi\colon I \to X$ und $\Psi\colon J \to X$ Netze auf einer Menge X. Ψ heißt *Teilnetz* von Φ, wenn es eine Funktion $\Omega\colon J \to I$ gibt mit

(i) $\Psi = \Phi \circ \Omega$ und

(ii) $\forall i_0 \in I \; \exists j_0 \in J \; \forall j \in J \; : \; j \geq j_0 \implies \Omega(j) \geq i_0 \; .$

Ist speziell J eine cofinale Teilmenge von $(I, \leq)$ und $\Phi\colon I \to X$ ein Netz auf X, so ist die Einschränkung $\Phi\!\restriction_J$ von Φ auf J ein Teilnetz von Φ.

Eine Teilfolge einer Folge $\varphi\colon \mathbb{N} \to X$ ist ein Teilnetz von φ. Eine Folge kann aber Teilnetze haben, die keine Teilfolgen sind. Z.B. ist die "Echternacher Springfolge" $(a_2, a_1, a_4, a_3, a_6, a_5, \dots)$ ein Teilnetz, aber keine Teilfolge von (a_n).

2.3-7 *Grenzwert eines Netzes*

Ein Punkt $\xi \in X$ heißt *Grenzwert* eines Netzes $\Phi\colon I \to X$ in einem topologischen Raum X genau dann, wenn für alle Umgebungen $U \in \mathcal{U}(\xi)$ das Netz schließlich in U liegt, bzw wenn jede Umgebung von ξ ein Endstück von Φ enthält. Also

$$\Phi(i) \to \xi \quad \Longleftrightarrow \quad \forall U \in \mathcal{U}(\xi) \; \exists i_0 \in I \; \forall i \geq i_0 \; : \; \Phi(i) \in U \; . \tag{6}$$

In diesem Fall sagt man auch, das Netz Φ konvergiert gegen x.

In einem indiskreten Raum konvergiert jedes Netz gegen jeden Punkt.

In einem diskreten Raum konvergiert ein Netz $\Phi\colon I \to X$ gegen $\xi \in X$ genau dann, wenn Φ schließlich konstant ist. d.h. wenn es ein $i_0 \in I$ gibt derart, dass $\Phi(i) = \xi$ für alle $i \geq i_0$.

2.3-8 Häufungswert eines Netzes

Ein Punkt $\xi \in X$ heißt *Häufungswert* eines Netzes $\Phi\colon I \to X$ in X genau dann, wenn für alle Umgebungen $U \in \mathfrak{U}(\xi)$ das Netz häufig in U liegt. Also

$$\xi \text{ Häufungswert von } \Phi \iff \forall U \in \mathfrak{U}(\xi) \; \forall i_0 \in I \; \exists i \geq i_0 \; : \; \Phi(i) \in U \; . \quad (7)$$

Ein Grenzwert ein Netzes ist auch Häufungswert, aber nicht umgekehrt.

2.3-9 Satz

Äquivalente Bedingungen sind:

(i) $\xi \in X$ ist Häufungswert eines Netzes Φ in X.

(ii) Es gibt ein Teilnetz von Φ gibt, das gegen ξ konvergiert.

(iii) ξ liegt in der Hülle jedes Endstückes $E_i = \{\, \Phi(j) \mid j \geq i \,\}$ von Φ.

2.3-10 Universelle Netze

Sei Φ ein Netz in X. Φ heißt universell, wenn Φ für jede Teilmenge $A \subset X$ schließlich in A oder schließlich im Komplement $X \backslash A$ liegt.

Universelle Netze konvergieren gegen jeden ihrer Häufungswerte.

Ist Φ universell, so auch jedes Teilnetz von Φ.

Ist Φ ein universelles Netz in X und $f\colon X \to Y$, so ist $f \circ \Phi$ universell in Y.

Jedes Netz enthält ein universelles Teilnetz (Beweis mit Zornschem Lemma).

2.3-11 Zusammenhang von Filtern und Netzen

Ein Filter $\mathfrak{F}$ auf einer Menge X ist mit der Inklusion

$$A \leq B \quad :\iff \quad B \subset A \; . \quad (8)$$

eine gerichtete Menge. Abbildungen

$$\Phi\colon \mathfrak{F} \to X \quad \text{mit} \quad \Phi(A) \in A \quad \text{für alle } A \in \mathfrak{F} \; , \quad (9)$$

sind daher Netze. Sie heißen zum Filter $\mathfrak{F}$ *gehörende Netze*. Zu einem Filter gehören i.a. viele verschiedene Netze. Eine Möglichkeit, einem Filter $\mathfrak{F}$ auf X ein spezielles Netz zuzuordnen, ist die folgende. Sei

$$I_{\mathfrak{F}} := \{\, (x, A) \mid x \in A \in \mathfrak{F} \,\} \quad \text{und} \quad (x, A) \leq (y, B) \quad :\iff \quad B \subset A \; . \quad (10)$$

Dann ist $\leq$ eine Richtung auf $I_{\mathfrak{F}}$. Das durch $\Psi_{\mathfrak{F}}(x, A) := x$ definierte Netz $\Psi_{\mathfrak{F}}\colon I_{\mathfrak{F}} \to X$ heißt das *kanonische Netz* von $\mathfrak{F}$.

Sei umgekehrt I eine gerichtete Menge und $\Phi\colon I \to X$ ein Netz. Die Endstücke von Φ erzeugen den Filter

$$\begin{aligned}
\mathcal{F}_\Phi &:= \left\{\, A \subset X \mid \Phi \text{ liegt schließlich in } A \,\right\}\\
&= \left\{\, A \subset X \mid \exists\, i_0 \in I \ \forall\, i \geq i_0 \ : \ \Phi(i) \in A \,\right\}.
\end{aligned} \tag{11}$$

Er heißt der vom Netz Φ *erzeugte Filter*.

Zu dem Filter $\mathcal{F}_\Phi$ wiederum gehören i.a. mehrere Netze. Das Ausgangsnetz Φ ist nur eins davon.

Gehört ein Netz Φ zu einem Filter $\mathcal{F}$, so ist der zu Φ gehörende Filter $\mathcal{F}_\Phi$ eine Verfeinerung von $\mathcal{F}$, d.h. es ist $\mathcal{F} \subset \mathcal{F}_\Phi$.

Das kanonische Netz $\Psi_\mathcal{F}$ eines Filters $\mathcal{F}$ erzeugt den Ausgangsfilter.

Ein Netz, das zu einem Ultrafilter gehört, ist universell. Der zu einem universellen Netz gehörende Filter ist ein Ultrafilter. Siehe Aufgabe 9.3.H.

Beispiel: Sei $\mathcal{F}$ der Umgebungsfilter von $[0,1] \subset \mathbb{R}$.
Alle konstanten Netze $\Phi_x := \{B \mapsto x\}$ mit $x \in [0,1]$ gehören zu $\mathcal{F}$.
Ihre Endstücke erzeugen die Filter $\mathcal{F}_x := \{\, A \subset \mathbb{R} \mid x \in A \,\}$.
Zu den Filtern $\mathcal{F}_x$ gehören auch nicht konstante Netze.

2.3-12   Zusammenhang von Filter- und Netzkonvergenz

(a) Ein Filter $\mathcal{F}$ konvergiert genau dann gegen einen Punkt $\xi \in X$, wenn jedes zu $\mathcal{F}$ gehörende Netz gegen ξ konvergiert.

Dagegen folgt aus der Konvergenz *eines* zu $\mathcal{F}$ gehörenden Netzes natürlich nicht die Konvergenz von $\mathcal{F}$.

Die Grenzwerte eines Filters $\mathcal{F}$ sind genau die Grenzwerte des zugehörigen kanonischen Netzes $\Psi_\mathcal{F}$.

(b) Die Grenzwerte eines Netzes Φ sind genau die Grenzwerte des erzeugten Filters $\mathcal{F}_\Phi$.

(c) Die Häufungswerte eines Netzes Φ sind genau die Berührungspunkte des erzeugten Filters $\mathcal{F}_\Phi$.

(d) Ist Φ ein zu dem Filter $\mathcal{F}$ gehörendes Netz und ξ Berührungspunkt von $\mathcal{F}$, so muss ξ nicht Häufungswert von Φ sein.

Beweise siehe Aufgabe 9.3.I.

2.4 Stetige Funktionen

Zur Stetigkeit in metrischen Räumen siehe 4.5.

Zur Stetigkeit linearer Abbildungen in normierten Räume siehe 8.1.

Im folgenden seien $(X, \mathcal{T})$, $(Y, \mathcal{T}')$ topologische Räume, $\xi \in X$ und $f\colon X \to Y$. Häufig betrachtet man auch Funktionen $f\colon D \to Y$, die nur auf einer Teilmenge $D \subset X$ definiert sind. In diesem Fall wird D stets mit der von X induzierten Relativtopologie versehen. Offene Mengen in D sind also Schnitte offener Mengen in X mit D usw.

2.4-A Stetigkeit in einem Punkt

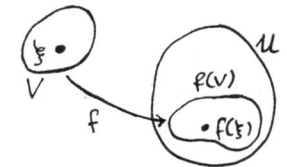

2.4-1 Definition

$f\colon X \to Y$ heißt *stetig* in $\xi \in X$, wenn es zu jeder Umgebung U von $f(\xi)$ eine Umgebung V von ξ gibt mit $f(V) \subset U$. Formal:

$$f \text{ ist stetig in } \xi \iff \forall U \in \mathcal{U}(f(\xi))\ \exists V \in \mathcal{U}(\xi) : f(V) \subset U. \qquad (1)$$

2.4-2 Äquivalente Bedingungen

Die folgenden Aussagen sind äquivalent:

  (i) f ist stetig in ξ (siehe (1)).

 (ii)   Das Urbild jeder Umgebung von $f(\xi)$ ist eine Umgebung von ξ.

(iii)   Ist $\mathcal{B}$ eine Umgebungsbasis von $\xi \in X$ und $\mathcal{B}'$ eine von $f(\xi) \in Y$, so gibt es zu jeder Umgebung $U \in \mathcal{B}'$ eine Umgebung $V \in \mathcal{B}$ mit $f(V) \subset U$.

 (iv)   Ist Φ ein beliebiges Netz in X, das gegen ξ konvergiert, so konvergiert das Bildnetz $f \circ \Phi$ gegen $f(\xi)$.

  (v)   Ist $\mathcal{F}$ ein beliebiger Filter in X, der gegen ξ konvergiert, so konvergiert der Bildfilter $f(\mathcal{F})$ gegen $f(\xi)$.

Achtung: Folgenstetigkeit ist *nicht* äquivalent zur Stetigkeit (2.4-3).

Ist $\xi \in X$ Häufungspunkt von X, so ist f genau dann stetig in ξ, wenn der Grenzwert $\lim\limits_{x \to \xi} f(x)$ existiert und gleich $f(\xi)$ ist.

Zu Funktionsgrenzwerten siehe Abschnitt 2.4-D.

2.4-3 Folgenkriterium, Folgenstetigkeit

Ist eine Funktion $f\colon X \to Y$ stetig in $\xi \in X$, so ist sie *folgenstetig* in ξ, d.h. für alle Folgen (x_n) aus X gilt

$$x_n \to \xi \implies f(x_n) \to f(\xi). \qquad (2)$$

Die Folgenstetigkeit ist aber nicht hinreichend für die Stetigkeit (9.4.B).
Es gilt jedoch:

Besitzt $\xi \in X$ eine abzählbare Umgebungsbasis, so ist $f \colon X \to Y$ genau
dann stetig in ξ, wenn f in ξ folgenstetig ist.

Metrische Räume erfüllen das 1. Abzählbarkeitsaxiom. In ihnen besitzt jeder
Punkt eine abzählbare Umgebungsbasis. Also gilt:

Eine Funktion $f \colon X \to Y$ zwischen zwei metrischen Räumen X und Y ist
genau dann stetig, wenn sie folgenstetig ist.

2.4-B   Stetigkeit auf Punktmengen

2.4-4   Definition

Eine Funktion $f \colon X \to Y$ heißt stetig auf $D \subset X$, wenn sie in jedem Punkt
$\xi \in D$ stetig ist.

2.4-5   Äquivalente Bedingungen

Für Funktionen $f \colon X \to Y$ sind äquivalent (siehe 9.4.A):

(i) f ist stetig auf X, d.h. f ist in jedem Punkt $\xi \in X$ stetig.

(ii) *Urbilder offener (abgeschlossener) Mengen sind offen (abgeschlossen).*

Genauer: Für alle offenen (abgeschlossenen) Mengen $A \subset Y$ ist $f^{-1}(A)$
offen (abgeschlossen) in X.

Dagegen sind die Bilder offener oder abgeschlossener Mengen unter einer
stetigen Abbildung i.a. nicht offen bzw abgeschlossen. Z.B. ist

$$f \colon \mathbb{R} \to \mathbb{R} \ ; \quad f(x) := \tfrac{1}{1+x^2} \tag{3}$$

stetig, aber das Bild $f(\mathbb{R}) =]0,1]$ der offen und abgeschlossenen Menge
$\mathbb{R}$ ist weder offen noch abgeschlossen.

Zu sog. *offenen* und *abgeschlossenen Abbildungen* siehe Abschnitt 2.5.

(iii) Ist $\mathcal{S}$ eine Subbasis von $\mathcal{T}'$, so sind die Urbilder $f^{-1}(S)$ für alle $S \in \mathcal{S}$
offen in X.

(iv) Für jede Teilmenge $A \subset X$ ist das Bild der Hülle enthalten in der Hülle
des Bildes, d.h. es gilt $f(\overline{A}) \subset \overline{f(A)}$.

(v)   Für jede Teilmenge $B \subset Y$ ist die Hülle des Urbildes enthalten im
Urbild der Hülle, d.h. es gilt $\overline{f^{-1}(B)} \subset f^{-1}(\overline{B})$.

(vi) Für jede Teilmenge $B \subset Y$ ist das Urbild des Kerns im Kern des
Urbildes enthalten, d.h. es gilt $f^{-1}(B^{\circ}) \subset \left[f^{-1}(B) \right]^{\circ}$.

(vii) Für alle Netze $\Phi \colon J \to X$ und $\xi \in X$ gilt:

$$\Phi \to \xi \quad \Longrightarrow \quad f \circ \Phi \to f(\xi) \ . \tag{4}$$

(viii) Für alle Filter $\mathcal{F}$ in X und $\xi \in X$ gilt:

$$\mathcal{F} \to \xi \quad \Longrightarrow \quad [f(\mathcal{F})] \to f(\xi) \ . \tag{5}$$

(ix) Die Projektion $\pi \colon X \times Y \to X$ bildet graph $f \subset X \times Y$ bzgl der Produkttopologie homöomorph auf X ab.

2.4-6 Stetigkeit von Einschränkungen

Man muss zwischen der Stetigkeit einer Funktion f auf D und der Stetigkeit der Einschränkung von $f \restriction_D$ unterscheiden:

Ist $\xi \in D \subset X$ und $f \colon X \to Y$ stetig in ξ, so ist auch die Einschränkung $f \restriction_D \colon D \to Y$ stetig in ξ.

Dagegen kann die Einschränkung $f \restriction_D$ in D stetig sein, obwohl $f \colon X \to Y$ in jedem Punkt von D unstetig ist.

Sei z.B. $X = Y = \mathbb{R}$ mit der euklidischen Topologie und $f := \chi_{\mathbb{Q}} \colon \mathbb{R} \to \mathbb{R}$ die charakteristische Funktion von $\mathbb{Q}$. Dann ist f in jedem Punkt $\xi \in \mathbb{Q}$ unstetig. Die Einschränkung $f \restriction_{\mathbb{Q}} \colon \mathbb{Q} \to \mathbb{R}$ ist aber konstant, also stetig auf $\mathbb{Q}$.

2.4-7 Beispiele:

(a) *Homöomorphismen*

Eine bijektive Abbildung $f \colon X \to Y$ zwischen zwei topologischen Räumen heißt *topologisch* (oder ein *Homöomorphismus*), wenn f und die Umkehrfunktion $f^{-1} \colon Y \to X$ stetig sind.

Z.B. wird durch $f(x) := \arctan x$ ein Homöomorphismus von $\mathbb{R}$ auf das offene Intervall $\,]-\frac{\pi}{2}, \frac{\pi}{2}[\,$ definiert.

(b) *Einbettungen*

$f \colon X \to Y$ heißt *Einbettung* von X in Y, wenn f ein Homöomorphismus von X auf den Unterraum $f(X) \subset Y$ (mit der Relativtopologie) ist.

Z.B. wird durch $f(x) := (x, x)$ eine Einbettung von $\mathbb{R}$ in den $\mathbb{R}^2$ (beide mit der euklidischen Topologie) definiert.

(c) Auch die Hausdorff-Eigenschaft von X garantiert noch nicht, dass es nicht-triviale stetige Funktionen auf X gibt. Urysohn (Math.Ann. 94; 1925) konstruierte einen (nicht-trivialen) T_2-Raum X, auf dem jede stetige Funktion $f \colon X \to \mathbb{R}$ konstant ist.

Es gibt auch unendliche reguläre, aber keine vollständig regulären Räume X, auf denen jede stetige Funktion $f \colon X \to \mathbb{R}$ konstant ist.

2.4-C   Sätze über stetige Funktionen

Zu Fixpunktsätzen siehe Abschnitt 4.5-A.

Für stetige Funktionen zwischen topologischen Räumen X, Y bzw Z gilt u.a.:

2.4-8   Die Verkettung stetiger Funktionen ist stetig

Genauer: Ist $f\colon X \to Y$ in $\xi \in X$ und $g\colon Y \to Z$ in $f(\xi)$ stetig, so ist auch $g \circ f$ in ξ stetig.

Insbesondere ist die Verknüpfung zweier Homöomorphismen wieder ein Homöomorphismus.

2.4-9   Stetigkeit der Umkehrfunktion

Seien Y hausdorffsch, $D \subset X$ kompakt und $f\colon D \to Y$ stetig und injektiv. Dann ist die Umkehrfunktion $f^{-1}\colon f(D) \to X$ stetig.

Siehe dazu auch 3.4-12 und 10.4.G.

2.4-10   Fortsetzung stetiger Funktionen

Sei $D \subset X$ und $f\colon D \to Y$ stetig. Dann gibt es höchstens eine stetige Fortsetzung von f auf $\overline{D}$.

$f\colon \mathbb{R}\backslash\{0\} \to \mathbb{R}$ mit $f(x) = 1/x$ ist ein Beispiel einer stetigen Funktion auf $D := \mathbb{R}\backslash\{0\}$, die nicht stetig auf $\overline{D} = \mathbb{R}$ fortgesetzt werden kann.

In T_4-Räumen lassen sich stetige reellwertige Funktionen von abgeschlossenen Mengen auf den ganzen Raum fortsetzen (3.1-14, Fortsetzungssatz von Tietze).

2.4-11   Stetige Bilder kompakter Mengen sind kompakt.

Siehe dazu 3.4-11. Für reellwertige Funktionen $f\colon X \to \mathbb{R}$ folgt daraus der

2.4-12   Satz vom Maximum

Reellwertige stetige Funktionen nehmen auf kompakten Mengen ihr Maximum und Minimum an.

2.4-13   Stetige Bilder zusammenhängender Mengen sind zusammenhängend.

Siehe dazu 3.2-5. Für stetige Funktionen $f\colon \mathbb{R} \to \mathbb{R}$ ist das der *Zwischenwertsatz* aus Analysis I.

2.4-14   Bemerkungen:

(a) Konstante Funktionen sind stetig.

(b) Bzgl der diskreten Topologie auf X ist jede Abbildung $f\colon X \to Y$ stetig.

(c) Bzgl der indiskreten Topologie auf Y ist jede Abbildung $f\colon X \to Y$ stetig.

(d) Jede Funktion ist in den isolierten Punkten ihres Definitionsbereichs stetig.

(e) Sind $\mathcal{T}_1$ und $\mathcal{T}_2$ zwei Topologien auf derselben Menge X, so ist die Identität $\mathrm{id}_X\colon (X, \mathcal{T}_1) \to (X, \mathcal{T}_2)$ genau dann stetig, wenn die Topologie $\mathcal{T}_2$ gröber als die Topologie $\mathcal{T}_1$ ist, also genau dann, wenn $\mathcal{T}_2 \subset \mathcal{T}_1$.

2.4-D   Funktionsgrenzwerte

Seien weiterhin $(X, \mathfrak{T})$, $(Y, \mathfrak{T}')$ topologische Räume, $\xi \in X$ und $f\colon X \to Y$.

2.4-15   Funktionsgrenzwert in einem Punkt

Sei $\xi \in X$ ein Häufungspunkt von X und $\eta \in Y$. Man definiert:

$$\eta = \lim_{x \to \xi} f(x) \quad (\text{bzw } f(x) \to \eta \text{ für } x \to \xi)$$
$$:\Longleftrightarrow \quad \forall\, U \in \mathfrak{U}(\eta)\ \exists\, V \in \mathfrak{U}(\xi)\ :\ f\big(V\backslash\{\xi\}\big) \subset U . \tag{1}$$

Ist ξ ein Häufungspunkt von X, so ist $\dot{\mathfrak{U}} := \{\, U\backslash\{\xi\} \mid U \in \mathfrak{U}(\xi) \,\}$ ein Filter in X. In diesem Fall ist $\lim_{x \to \xi} f(x) = \eta$ genau dann, wenn f den Grenzwert η längs des Filters $\dot{\mathfrak{U}}$ hat.

Ist $\xi \in X$ Häufungspunkt von X, so ist f genau dann stetig in ξ, wenn der Grenzwert $\lim_{x \to \xi} f(x)$ existiert und gleich $f(\xi)$ ist.

Eine Funktion kann in einem Punkt ξ mehrere Grenzwerte besitzen. Ist der Zielraum aber ein T_2-Raum, so hat f höchstens einen Funktionsgrenzwert in ξ.

Existenz und Größe des Grenzwerts einer Funktion f in einem Punkt ξ haben *nichts* damit zu tun hat, ob oder wie f in ξ definiert ist.
(Aber auch das ist in der Literatur nicht einheitlich: siehe z.B. [DIX].)

Zu Funktionsgrenzwerten in metrischen Räumen siehe 4.5-8.

Folgen reichen zur Definition von Funktionsgrenzwerten nicht aus. Es gilt aber

2.4-16   Folgenkriterium für Funktionsgrenzwerte

Seien f, X, Y wie oben, $\eta \in Y$ und $\xi \in X$ ein Häufungspunkt von X, der eine abzählbare Umgebungsbasis besitzt.

Dann gilt $\lim_{x \to \xi} f(x) = \eta$ genau dann, wenn

$$\lim_{n \to \infty} f(x_n) = \eta \quad \text{für alle Folgen } x_n \to \xi,\ x_n \in X\backslash\{\xi\} . \tag{2}$$

Dies gilt insbesondere, wenn X ein metrischer Raum ist.
In allgemeinen toplogischen Räumen X ist die Bedingung (2) nur notwendig für $\lim_{x \to \xi} f(x) = \eta$ (9.4.B).

Für ein *Cauchy-Kriterium* für Funktionsgrenzwerte braucht man einen vollständigen metrischen (oder allgemeiner uniformen) Zielraum (siehe 4.5-9).

2.4-17   Funktionsgrenzwert längs eines Filters

Man sagt, dass f den Grenzwert $\eta \in Y$ längs des Filters $\mathfrak{F}$ in X hat, wenn η ein Grenzwert des Bildfilters $[f(\mathfrak{F})]$ ist. Also

$$\eta \text{ ist Grenzwert von } f \text{ längs } \mathfrak{F} \iff \forall\, U \in \mathfrak{U}(\eta)\ \exists\, B \in \mathfrak{B}\ :\ f(B) \subset U . \tag{3}$$

Natürlich kann f mehrere Grenzwerte längs eines Filters haben, z.B. wenn der Zielraum indiskret ist.

2.5   Offene und abgeschlossene Abbildungen

2.5-1   Offene Abbildungen

Seien X, Y topologische Räume. Eine Funktion $f\colon X \to Y$ heißt *offen* bzw *abgeschlossen*, wenn das Bild jeder offenen bzw abgeschlossenen Menge aus X offen bzw abgeschlossen in Y ist.

Eine bijektive Abbildung $f\colon X \to Y$ ist daher genau dann ein Homöomorphismus, wenn f stetig und offen ist, oder auch genau dann, wenn f stetig und abgeschlossen ist.

Achtung: Abgeschlossene Abbildungen und Funktionen mit abgeschlossenem Graphen (2.5-2) sind etwas Verschiedenes!

Die Eigenschaften *stetig*, *offen* und *abgeschlossen* sind unabhängig voneinander. Es gibt Funktionen, die genau eine dieser Eigenschaften haben bzw nicht haben. Beispiele siehe Aufgabe 9.4.C.

Achtung: Ist f nicht surjektiv, so muss man zwischen der Offenheit von $f\colon X \to Y$ und der von $f\colon X \to f(X)$ unterscheiden. Die zweite ist schwächer als die erste!

Ist z.B. $\beta\colon X \to Y$, $\beta(x) := x$ die kanonische Einbettung eines Teilraums $X \subset Y$ in Y, so ist β genau dann offen, wenn X in Y offen ist.

Dagegen ist $\beta\colon X \to \beta(X) = X$ immer offen.

2.5-2   Funktionen mit abgeschlossenem Graphen

Seien X, Y topologische Räume und $D \subset X$. $f\colon D \to Y$ ist eine *Funktion mit abgeschlossenem Graphen*, wenn der Graph

$$\operatorname{graph} f := \big\{ (x, f(x)) \mid x \in D \big\} \subset X \times Y \tag{1}$$

abgeschlossen im Produktraum $X \times Y$ (bzgl der Produkttopologie) ist.

Lineare Operatoren mit abgeschlossenem Graphen heißen in der Funktionalanalysis auch *abgeschlossene Operatoren*. Siehe Abschnitt 8.2-8.

2.5-3   Beispiele

(a) Die Projektion $\pi_1\colon \mathbb{R}^2 \to \mathbb{R}$; $\pi_1(x,y) := x$ hat den abgeschlossenen Graphen $\big\{ (x,y,x) \mid x \in \mathbb{R} \big\} \subset \mathbb{R}^3$.

Sie ist eine stetige und offene Abbildung von $\mathbb{R}^2$
auf $\mathbb{R}$, jeweils mit der euklidischen Topologie.
π_1 ist aber nicht abgeschlossen, da z.B. das Bild
der abgeschlossenen Menge

$$\big\{ (x,y) \mid x > 0 \text{ und } y = 1/x \big\}$$

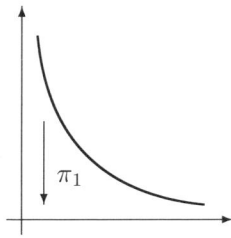

das Intervall $]0, \infty] \subset \mathbb{R}$ ist. Dieses ist nicht abgeschlossen in $\mathbb{R}$.

(b) sgn: $\mathbb{R} \to \mathbb{R}$ ist abgeschlossen, d.h. bildet abgeschlossene Mengen in $\mathbb{R}$ auf abgeschlossene Mengen ab. Der Graph der Signum-Funktion ist aber nicht abgeschlossen in $\mathbb{R}^2$.

2.5-4   *Kriterium für abgeschlossene Graphen*

Seien X, Y metrische Räume, $D \subset X$ und $f: X \to Y$. Dann ist graph f abgeschlossen genau dann, wenn für alle Folgen (x_n) in X gilt:

$$x_n \to \xi \in X, \; f(x_n) \to \eta \in Y \qquad \Longrightarrow \qquad \xi \in D, \; f(\xi) = \eta \, . \qquad (2)$$

2.5-5   *Stetige Funktionen und abgeschlossene Graphen*

Sind X, Y topologische Räume, Y hausdorffsch, $D \subset X$ abgeschlossen und $f: D \to Y$ stetig. Dann ist graph f abgeschlossen im Produktraum $X \times Y$.

2.5-6   *Bemerkung*

Ist graph f abgeschlossen und existiert die Umkehrabbildung f^{-1}, so ist auch graph f^{-1} abgeschlossen.

3　Topologische Eigenschaften

3.1　Trennungsaxiome

Achtung: Die Bezeichnung der Trennungseigenschaften topologischer Räume ist in der Literatur nicht einheitlich. Insbesondere sind die Bedeutungen von *regulär* und *normal* oft mit denen von T_3 und T_4 vertauscht.
Wir verwenden die folgenden:

3.1-1　Trennungsaxiome

Sei $(X, \mathfrak{T})$ ein topologischer Raum.

X ist ein T_0-*Raum*, wenn von je zwei Punkten $x \neq y \in X$ mindestens einer eine Umgebung besitzt, die den anderen nicht enthält.

X ist ein T_1-*Raum*, wenn je zwei Punkte $x \neq y \in X$ Umgebungen besitzen, die den anderen Punkt nicht enthalten.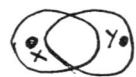

X ist ein T_2-*Raum* bzw *Hausdorff-Raum*, wenn je zwei Punkte $x \neq y \in X$ disjunkte Umgebungen besitzen.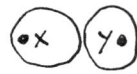

X ist ein T_3-*Raum*, wenn es zu jeder abgeschlossenen Menge $F \subset X$ und jedem $x \in X \backslash F$ disjunkte Umgebungen gibt.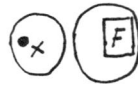

X heißt *regulär*, wenn er ein T_0- und ein T_3-Raum ist.

X ist ein T_{3a}-*Raum*, wenn es zu jeder abgeschlossenen Menge $F \subset X$ und jedem Punkt $x \in X \backslash F$ eine stetige Funktion $f \colon X \to [0,1]$ gibt mit $f(x) = 1$ und $f \upharpoonright_F \equiv 0$.

X heißt *vollständig regulär* oder *Tychonoff-Raum*, wenn er ein T_0- und ein T_{3a}-Raum ist.

X ist ein T_4-*Raum*, wenn je zwei disjunkte abgeschlossene Mengen disjunkte Umgebungen besitzen.

X heißt *normal*, wenn er ein T_1- und ein T_4-Raum ist.

X ist ein T_5-*Raum*, wenn je zwei Teilmengen $A, B \subset X$ mit $A \cap \overline{B} = \overline{A} \cap B = \emptyset$ disjunkte Umgebungen besitzen.

X heißt *vollständig normal* (manchmal auch *erblich normal*), wenn er ein T_1- und ein T_5-Raum ist.

Metrische Räume erfüllen alle obigen Trennungsaxiome (10.6.D).

Weitere Trennungseigenschaften finden Sie z.B. in [STS].

Es gelten die folgenden Implikationen (10.1.D):

vollst. normal	$\Rightarrow$	normal	$\Rightarrow$	vollst. regulär	$\Rightarrow$	regulär	$\Rightarrow$	T_2	$\Rightarrow$	T_1
$\Downarrow$		$\Downarrow$		$\Downarrow$		$\Downarrow$				$\Downarrow$
T_5	$\Rightarrow$	T_4		T_{3a}	$\Rightarrow$	T_3				T_0

Es gelten keine weiteren Implikationen zwischen ihnen, insbesondere sind die obigen nicht umkehrbar. Dies ergibt sich aus den folgenden Beispielen

3.1-2 *Beispiele*

(a) Jeder indiskrete Raum ist ein T_3-, T_{3a}-, T_4- und T_5-Raum, da er keine nicht trivialen abgeschlossenen Mengen besitzt. Andererseits ist er weder T_2-, noch T_1-, noch T_0-Raum (wenn er mindestens zwei Elemente besitzt).

(b) Der Sierpinski-Raum $\{a, b\}$ mit der Topologie $\{\emptyset, \{a\}, \{a, b\}\}$ ist ein T_0-, aber kein T_1-Raum. Er ist außerdem ein T_4- und T_5-, aber kein T_{3a}-Raum.

(c) Eine unendliche Menge X mit der cofiniten Topologie $\mathcal{T}_{cf}$ (A.6-6) ist ein T_1-Raum, der kein T_2-Raum ist.

(d) Die obere Halbebene mit der Halbkreistopologie $\mathcal{T}_{Hk}$ (10.1.E) ist ein T_2-, aber kein T_3-Raum, also nicht regulär.

(e) *Tychonoff's Korkenzieher* ist regulär, aber nicht vollständig regulär (siehe [STS] Bsp 90). Für ein anderes Beispiel siehe [HEI, 2.5,4].

(f) Die obere Halbebene mit der Tangentialkreistopologie $\mathcal{T}_{Tk}$ ist ein hausdorffscher T_{3a}-Raum, aber kein T_4-Raum. Also ist sie vollständig regulär, aber nicht normal (10.1.F).

Ein anderes Beispiel ist das überabzählbare Produkt $\mathbb{N}^{[0,1]}$ des diskreten Raums $\mathbb{N}$ mit sich selbst (10.1.G).

(g) $[0, 1]^{[0,1]}$ mit der Produkttopologie der punktweisen Konvergenz ist normal, aber nicht vollständig normal (10.1.H).

3.1-3 *Vererbung der Trennungseigenschaften auf Unterräume:*

Jeder Unterraum eines T_0- bis T_{3a}-Raums ist wieder ein T_0- bis T_{3a}-Raum. Man sagt, diese Eigenschaften sind *erblich.*

Dagegen braucht ein Unterraum eines normalen Raumes (T_4-Raums) nicht normal (kein T_4-Raum) zu sein. Z.B. enthält der normale Produktraum $[0, 1]^{[0,1]}$ einen nicht normalen Teilraum (10.1.H).
Die Tychonoff-Planke liefert ein weiteres Beispiel (10.1.I).

Die offene Erweiterung X_∞ (A.6-3) eines nicht-T_4-Raums $(X, \mathcal{T})$ ist ein T_4-Raum (aber kein T_2-Raum). X_∞ enthält den nicht-T_4-Raum X als Teilraum.

Die Normalität vererbt sich aber auf abgeschlossene Unterräume (10.1.M.3).

Unterräume vollständig normaler Räume sind vollständig normal (10.1.M.1).

3.1-4 Übertragung der Trennungseigenschaften auf Produkträume

Ein Produkt $\prod X_i$ ist genau dann ein T_0- bis T_{3a}-Raum, wenn jedes X_i ein T_0-bis T_{3a}-Raum ist. Beweis siehe 9.2.A.

Dagegen braucht ein Produkt vollständig normaler Räume nicht normal zu sein. Z.B. ist $\mathbb{R}$ mit der halboffenen Intervall-Topologie vollständig normal. Der Produktraum ist der nicht normale $\mathbb{R}^2$ mit der halboffenen-Rechteckstopologie. Siehe Aufgabe 10.1.K.

3.1-5 Übertragung der Trennungseigenschaften auf Summenräume

Eine topologische Summe $\sum X_i$ ist genau dann ein T_0- bis T_5-Raum, wenn jedes X_i ein T_0- bis T_5-Raum ist.

3.1-A T_0-, T_1- und Hausdorff-Räume

3.1-6 T_0-Räume

Die folgenden Bedingungen sind äquivalent:

(i) X ist ein T_0-Raum, d.h. von je zwei Punkten $x \neq y \in X$ besitzt mindestens einer eine Umgebung, die den anderen nicht enthält.

(ii) Für je zwei Punkte $x \neq y \in X$ gilt $x \notin \overline{\{y\}}$ oder $y \notin \overline{\{x\}}$.

3.1-7 T_1-Räume

Die folgenden Bedingungen sind äquivalent (10.1.A):

(i) X ist ein T_1-Raum, d.h. von je zwei Punkten $x \neq y \in X$ besitzt jeder eine Umgebung, die den anderen nicht enthält.

(ii) Einpunktige Mengen $\{x\} \subset X$ sind abgeschlossen.

(iii) Jede Teilmenge $A \subset X$ ist gleich dem Durchschnitt ihrer Umgebungen.

(iv) Jeder endliche Unterraum von X ist diskret.

(v)   Die Topologie von X ist feiner als die cofinite Topologie $\mathcal{T}_{cf}$.

3.1-8 T_2-Räume

Die folgenden Bedingungen sind äquivalent:

(i) X ist hausdorffsch, d.h. je zwei Punkte $x \neq y \in X$ besitzen disjunkte Umgebungen.

(ii) Jede einelementige Teilmenge $\{x\} \subset X$ ist der Durchschnitt ihrer abgeschlossenen Umgebungen.

(iii) Die Diagonale $\Delta = \big\{ (x,x) \mid x \in X \big\}$ ist abgeschlossen im Produktraum $X \times X$.

(iv) Jeder Filter auf X konvergiert gegen höchstens einen Punkt in X.

(v)   Jedes Netz auf X konvergiert gegen höchstens einen Punkt in X.

In einem Hausdorff-Raum hat jede Folge höchstens einen Grenzwert. Die Umkehrung ist jedoch falsch: es gibt nicht-hausdorffsche Räume, in denen jede Folge höchstens einen Grenzwert hat. $(\mathbb{R}, \mathfrak{T}_{ca})$ ist ein Beispiel (siehe 10.1.J).

3.1-B   Reguläre und vollständig reguläre Räume

3.1-9 T_3-Räume

Die folgenden Bedingungen sind äquivalent:

(i) X ist ein T_3-Raum, d.h. abgeschlossene Mengen $F \subset X$ und Punkte $x \in X \backslash F$ besitzen disjunkte Umgebungen.

(ii) Für jeden Punkt $x \in X$ bilden die abgeschlossenen Umgebungen eine Umgebungsbasis von x.

(iii) Jede abgeschlossene Teilmenge $F \subset X$ ist Durchschnitt ihrer abgeschlossenen Umgebungen.

X heißt *regulär*, wenn er ein T_0-Raum ist und eine der obigen äquivalenten Bedingungen erfüllt. Reguläre Räume sind auch T_1- und T_2-Räume.

3.1-10 T_{3a}-Räume

Die folgenden Bedingungen sind äquivalent:

(i) X ist ein T_{3a}-Raum, d.h. zu jeder abgeschlossenen Menge $F \subset X$ und jedem Punkt $x \in X \backslash F$ gibt es eine stetige Funktion $f \colon X \to [0,1]$ mit $f(x) = 1$ und $f\!\restriction_F \equiv 0$.

(ii) Die Topologie von X besitzt als Basis das Mengensystem

$$\{\, f^{-1}(G) \mid f \colon X \to \mathbb{R} \text{ stetig }, \ G \subset \mathbb{R}, \ G \text{ offen }\,\}. \tag{1}$$

(iii) Jede abgeschlossene Menge $F \subset X$ ist Durchschnitt von Nullstellenmengen stetiger Funktionen $f \colon X \to \mathbb{R}$.

(iv) *verallgemeinertes Urysohn'sches Lemma*
Für alle disjunkten $A, K \subset X$, A abgeschlossen, K kompakt, gibt es eine stetige Funktion $f \colon X \to [0,1]$ mit $f\!\restriction_A \equiv 1$ und $f\!\restriction_K \equiv 0$.

X heißt *vollständig regulär (Tychonoff-Raum)*, wenn er ein T_0- und ein T_{3a}-Raum ist.

Zu äquivalenten Charakterisierungen mit Hilfe von Einbettungen und Kompaktifizierungen siehe 3.4-22.

Vollständig reguläre Räume sind auch regulär und hausdorffsch.

Wegen (ii) ist die Topologie eines T_{3a}-Raums X gleich der von den stetigen Funktionen $f \colon X \to [0,1]$ erzeugten Initialtopologie. Ferner gilt:

3.1-11   Einbettungssatz von Tychonoff

Vollständig reguläre Räume X können in Produkte $[0,1]^I$ des euklidischen Einheitsintervalls $[0,1]$ mit geeignetem I eingebettet werden.

Also ist X genau dann ein Tychonoff-Raum, wenn X Unterraum eines kompakten T_2-Raums ist (3.4-22).

Zur *Stone-Čech-Kompaktifizierung* vollständig regulärer Räume siehe 3.4-21.

3.1-C   Normale und vollständig normale Räume

3.1-12 T_4-Räume

Die folgenden Bedingungen sind äquivalent:

(i) X ist ein T_4-Raum, d.h. je zwei disjunkte abgeschlossene Mengen besitzen disjunkte Umgebungen.

(ii) Jede abgeschlossene Teilmenge von X besitzt eine Umgebungsbasis aus abgeschlossenen Umgebungen.

(iii) Jede auf einer abgeschlossenen Teilmenge von X definierte stetige reellwertige Funktion lässt sich auf ganz X stetig fortsetzen.

(iv) Zu je zwei disjunkten abgeschlossenen Mengen $\emptyset \neq A, B \subset X$ gibt es eine stetige Funktion $f : X \to [0,1]$ mit $f \restriction_A \equiv 1$ und $f \restriction_B \equiv 0$.

Die Äquivalenz von (i) und (iv) ist das *Lemma von Urysohn*.

Die Äquivalenz von (i) und (iii) ist der *Fortsetzungssatz von Tietze* (3.1-14).

X ist *normal*, wenn er ein T_1-Raum ist und eine der obigen äquivalenten Bedingungen erfüllt.

3.1-13   Bemerkungen

(a) Normale Räume sind vollständig regulär, regulär und hausdorffsch.

(b) Parakompakte, insbesondere kompakte T_2-Räume sind normal (10.5.M, 10.4.D.2).

(c) Reguläre Lindelöf-Räume sind normal (10.3.H).

Insbesondere sind reguläre A_2-Räume normal.

(d) Ein Unterraum eines normalen Raumes braucht nicht normal zu sein. Beispiele finden Sie in Aufgabe 10.1.H und 10.1.I.

(e) $X := \{a, b, c, d\}$ mit der Topologie
$\mathcal{T} := \{\emptyset, \{a\}, \{a, b\}, \{a, c\}, \{a, b, c\}, X\}$
ist ein T_4-Raum. Der Unterraum $Y := \{a, b, c\}$ mit der Relativtopologie ist kein T_4-Raum.
Die in Y abgeschlossenen Teilmengen $\{b\}$ und $\{c\}$ lassen sich nicht trennen.

(f) Abgeschlossene Unterräume von normalen (bzw T_4-) Räumen sind normal (bzw T_4-) Räume.

(g)   Das Produkt normaler Räume ist i.a. nicht normal. Z.B. ist die Sorgenfrey-
      Gerade (A.6-12) $(\mathbb{R}, \mathfrak{T}_{hl})$ normal (10.1.K). Ihr Produkt mit sich selbst ist
      die Ebene $\mathbb{R}^2$ mit der halboffenen-Rechteckstopologie $\mathfrak{T}_{hR}$ und die ist nicht
      normal.

(h)   Der Sierpinski-Raum $\{a, b\}$ mit der Topologie $\{\emptyset, \{a\}, \{a, b\}\}$ ist ein T_0-,
      T_4- und T_5-Raum, aber weder normal noch vollständig normal.

3.1-14   Fortsetzungssatz von Tietze

Ein T_1-Raum X ist genau dann normal, wenn es zu jeder abgeschlossenen Teilmenge $F \subset X$ und jeder stetigen Funktion $f \colon F \to \mathbb{R}$ eine stetige Fortsetzung
$\hat{f} \colon X \to \mathbb{R}$ gibt mit $\sup_{x \in X} |\hat{f}(x)| = \sup_{x \in F} |f(x)|$. Beweis siehe 10.1.C.

Ein wichtiges Hilfsmittel in der Funktionalanalysis und der Theorie der Mannigfaltigkeiten bilden die *Zerlegungen* oder *Partitionen der Eins*:

3.1-15   Zerlegung der Eins

Sei X ein topologischer Raum, $\mathfrak{U} = (U_i)_{i \in I}$ eine offene Überdeckung von X
und $(f_i)_{i \in I}$ eine Familie stetiger Funktionen $f_i \colon X \to \mathbb{R}$. Man sagt (f_i) ist
eine *der Überdeckung (U_i) untergeordnete Zerlegung der Eins*, wenn

(i)   für alle $i \in I$ ist der *Träger* $\operatorname{supp}(f_i) := \overline{\{\, x \in X \mid f_i(x) \neq 0 \,\}} \subset U_i$,

(ii)   für jedes $x \in X$ gibt es eine Umgebung, die nur endlich viele Träger
       $\operatorname{supp}(f_i)$ trifft und

(iii) für alle $x \in X$ ist $\sum_{i \in I} f_i(x) = 1$.

Mit Hilfe des Urysohn-Lemmas kann man zeigen:

3.1-16   Satz

Zu jeder lokal-endlichen offenen Überdeckung $\mathfrak{U}$ eines normalen Raums X gibt
es eine untergeordnete Zerlegung der Eins.

Dabei heißt $\mathfrak{U}$ lokal-endlich, wenn jeder Punkt $x \in X$ eine Umgebung V besitzt,
die nur endlich viele $U \in \mathfrak{U}$ trifft.

Zu Zerlegungen der Eins in lokalkompakten Räumen siehe 3.4-36.

3.1-17 T_5-Räume

Die folgenden Bedingungen sind äquivalent: (Beweis siehe 10.1.M)

(i)   Je zwei Mengen $A, B \subset X$ mit $A \cap \overline{B} = \overline{A} \cap B = \emptyset$ besitzen disjunkte
       Umgebungen, d.h. X ist ein T_5-Raum.

(ii)   Jeder Unterraum von X ist ein T_5-Raum.

(iii) Jeder Unterraum von X ist ein T_4-Raum.

X heißt *vollständig normal* (wegen dieser Äquivalenzen manchmal auch *erblich
normal*), wenn er ein T_1- und ein T_5-Raum ist.

3.2   Zusammenhang

3.2-A   Zusammenhängende Räume

3.2-1   Definition

Ein topologischer Raum $(X, \mathcal{T})$ ist genau dann *zusammenhängend*, wenn $\emptyset$ und X die einzigen Teilmengen von X sind, die sowohl offen als auch abgeschlossen sind. Dies ist genau dann der Fall, wenn für alle $G_1, G_2 \in \mathcal{T}$ gilt:

$$G_1 \neq \emptyset , \quad X = G_1 \cup G_2 , \quad G_1 \cap G_2 = \emptyset \quad \Longrightarrow \quad G_2 = \emptyset . \qquad (1)$$

Eine Teilmenge $A \subset X$ eines topologischen Raumes X heißt *zusammenhängend*, wenn sie als Teilraum in der Relativtopologie zusammenhängend ist.

Dies ist genau dann der Fall, wenn für alle offenen $G_1, G_2 \subset X$ gilt:

$$A \cap G_1 \neq \emptyset , \quad A \subset G_1 \cup G_2 , \quad A \cap G_1 \cap G_2 = \emptyset \quad \Longrightarrow \quad A \cap G_2 = \emptyset . \qquad (2)$$

In (1) und (2) kann man die offenen G_j durch abgeschlossenene F_j ersetzen.

3.2-2   Äquivalente Bedingungen

Für einen topologischen Raum $(X, \mathcal{T})$ sind äquivalent (10.2.A):

(i) X ist zusammenhängend.

(ii) X ist nicht topologische Summe zweier Teilräume $Y_j \neq \emptyset$.

(iii)   Es gibt keine stetige, surjektive Abbildung von X auf den diskreten Raum $\{0, 1\}$.

3.2-3   Beispiele

(a)   In einem diskreten Raum sind nur die leere und die einelementigen Mengen zusammenhängend.

(b)   Zusammenhängende Mengen in $\mathbb{R}$ (euklidisch) sind genau die Intervalle.

   In $\mathbb{Q}$ sind nur die einelementigen Mengen zusammenhängend.
   Man sagt, $\mathbb{Q}$ ist *total unzusammenhängend* (3.2-8).

(c)   Indiskrete Räume und unendliche Räume mit der cofiniten Topologie sind zusammenhängend.

3.2-4   Folgerungen

(a)   Sind $A, B \subset X$ zusammenhängend und $A \cap B \neq \emptyset$, so ist auch $A \cup B$ zusammenhängend. Beweis siehe 10.2.C.

(b)   Für $B \subset X$ und zusammenhängendes $A \subset X$ gilt (10.2.D):

$$A \cap B \neq \emptyset , \quad A \cap (X \backslash B) \neq \emptyset \quad \Longrightarrow \quad A \cap \partial B \neq \emptyset . \qquad (3)$$

(c) Mit A ist auch die Hülle $\overline{A}$ und jede Menge B mit
     $A \subset B \subset \overline{A}$ zusammenhängend ([RA2 6.4.2.C]).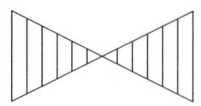
(d) Das Innere einer zusammenhängenden Menge ist i.a.
     nicht zusammenhängend. Beispiel siehe Skizze.

Eine Verallgemeinerung des *Zwischenwertsatzes* aus Analysis I ist der folgende

3.2-5 Satz

Stetige Bilder zusammenhängender Mengen sind zusammenhängend.

Genauer: Seien X und Y topologische Räume, $A \subset X$ zusammenhängend und
$f : X \to Y$ stetig. Dann ist $f(A) \subset Y$ zusammenhängend ([RA2 6.4.2.A]).

3.2-6 Zusammenhangskomponenten

Sei X ein topologischer Raum und $x \in X$. Dann heißt

$$K(x) := \bigcup \{\, A \subset X \mid x \in A, \ A \text{ zusammenhängend} \,\} \tag{4}$$

die *Zusammenhangskomponente* (oder auch kurz *Komponente*) von x bzw eine
Komponente des Raumes X.

$K(x)$ ist die maximale zusammenhängende Teilmenge von X, die x enthält.
D.h. $K(x)$ ist zusammenhängend, $x \in K(x)$ und für alle zusammenhängenden
$A \subset X$ mit $x \in A$ gilt $A \subset K(x)$.

Die Zusammenhangskomponenten einer Teilmenge $A \subset X$ sind definiert als
die Komponenten des Teilraums A mit der Relativtopologie.

3.2-7 Bemerkungen

(a) Die Komponenten sind die Äquivalenzklassen der Äquivalenzrelation

$$x \sim y \quad :\Longleftrightarrow \quad \exists \text{ zusammenhängendes } A \subset X \text{ mit } x, y \in A \,, \tag{5}$$

   d.h. es gilt $K(x) = K(y)$ genau dann, wenn x und y in einer zusammenhängenden Menge $A \subset X$ liegen.

(b) Die Zusammenhangskomponenten eines topologischen Raumes sind zusam-
     menhängend. Sie sind abgeschlossen (3.2-4(c)), aber i.a. nicht offen.
     In $\mathbb{Q}$ (euklidisch) sind sie z.B. einelementig.

(c) Die Komponente $K(x)$ liegt im Durchschnitt aller gleichzeitig offenen und
     abgeschlossenen Teilmengen von X, die x enthalten.
     I.a. ist $K(x)$ nicht gleich diesem Durchschnitt (10.2.H).

(d) X ist genau dann zusammenhängend, wenn $K(x) = X$ für ein und damit
     für alle $x \in X$.

3.2-8 Total unzusammenhängende Räume

Ein topologischer Raum X heißt *total unzusammenhängend*, wenn seine Zusammenhangskomponenten sämtlich einelementig sind.
Z.B. ist $\mathbb{Q}$ mit der euklidischen Topologie total unzusammenhängend.

3.2-B   Wegzusammenhang

3.2-9   Definition

Eine Teilmenge $A \subset X$ eines topologischen Raumes heißt *wegzusammenhängend* (*bogenweise* oder *kurvenzusammenhängend*), wenn sich je zwei Punkte $x, y \in A$ in A durch eine Kurve verbinden lassen.

Dabei ist eine Kurve von x nach y eine stetige Abbildung $\gamma\colon [0, 1] \to X$ mit $\gamma(0) = x$ und $\gamma(1) = y$.

Wegzusammenhängende Räume sind zusammenhängend, aber nicht umgekehrt.

Z.B. ist $A := \{ (0,0) \} \cup \{ (x, \sin \frac{1}{x}) \mid 0 < x < 1 \}$ im $\mathbb{R}^2$ zusammenhängend, aber nicht wegzusammenhängend [RA2 6.4.2.E].
Konvexe und sternförmige Teilmengen des $\mathbb{R}^n$ sind wegzusammenhängend.

Analog wie in 3.2-6 kann man *Wegzusammenhangs-Komponenten* definieren.

3.2-10   Bemerkungen

(a) Stetige Bilder wegzusammenhängender Mengen sind wegzusammenhängend. Vgl. 3.2-5.

(b) Die abgeschlossene Hülle einer wegzusammenhängenden Menge ist i.a. nicht wegzusammenhängend. Beispiel s.o.

(c) In topologischen Vektorräumen sind offene Mengen genau dann zusammenhängend, wenn sie wegzusammenhängend sind. In diesem Fall kann man je zwei Punkte sogar durch einen Streckenzug verbinden.

Der Beweis z.B. in [RA2 6.4.2.B] kann übertragen werden.

3.2-C   Lokaler Zusammenhang

3.2-11   Definition

Ein topologischer Raum X heißt *lokal zusammenhängend*, wenn seine Topologie eine Basis aus zusammenhängenden Mengen besitzt.

Dies ist genau dann der Fall, wenn jeder Punkt $x \in X$ eine Umgebungsbasis aus zusammenhängenden Mengen besitzt.

3.2-12   Bemerkungen

(a) Ein topologischer Raum X ist genau dann lokal zusammenhängend, wenn die Zusammenhangskomponenten offener Teilmengen offen sind.

(b) Der lokale Zusammenhang eines Raumes ist weder notwendig, noch hinreichend für den Zusammenhang (10.2.G).

aber nicht zusammenhängend. Die in 3.2-9 skizzierte Menge A ist zusammenhängend, aber nicht lokal zusammenhängend.

(c) Das stetige Bild eines lokal zusammenhängenden Raumes ist i.a. nicht lokal zusammenhängend (10.2.G).

(d) Ein lokal zusammenhängender Raum ist die topologische Summe seiner Komponenten.

Aber $(\mathbb{Q}, \mathcal{T}_{eu})$ ist nicht die topologische Summe seiner einelementigen Komponenten.

3.2-D Übertragung auf Produkt-, Summen-, Unterräume usw

3.2-13 Teilräume

Einfache Beispiele zeigen, dass sich die Zusammenhangseigenschaften i.a. nicht auf Unterräume übertragen.

Aber beliebige Teilräume total unzusammenhängender Räume sind total unzusammenhängend.

3.2-14 Produkträume

Ein Produktraum $X = \prod X_i$ ist genau dann zusammenhängend, wenn jeder Koordinatenraum X_i zusammenhängend ist.
Entsprechend für wegzusammenhängend. Beweis siehe 9.2.A.

Sei $x = (x_i) \in X = \prod X_i$. Dann ist die Komponente $K(x) = \prod K(x_i)$ von x gleich dem Produkt der Komponenten $K(x_i)$.

Ein Produktraum $X = \prod X_i$ ist genau dann lokal zusammenhängend, wenn jeder Koordinatenraum X_i lokal zusammenhängend ist und außerdem fast alle X_i (d.h. alle bis auf höchstens endlich viele) zusammenhängend sind.

Produkte total unzusammenhängender Räume sind total unzusammenhängend.

3.2-15 Summen

Topologische Summen von mindestens zwei nichtleeren Räumen sind unzusammenhängend.

Topologische Summen total unzusammenhängender Räume sind total unzusammenhängend.

Eine topologische Summe ist genau dann lokal zusammenhängend, wenn es die einzelnen Summanden sind.

3.2-16 Quotienten

Stetige Bilder zusammenhängender Räume sind zusammenhängend. Also gilt:

Ist X ein zusammenhängender topologischer Raum und $\sim$ eine Äquivalenzrelation auf X, so ist der Quotientenraum $X_\sim$ zusammenhängend.

3.3   Abzählbarkeitseigenschaften und Kategorien

In diesem Abschnitt betrachten wir die beiden Abzählbarkeitsaxiome, separable und Lindelöf-Räume, sowie Räume 1. und 2. Kategorie.

Für Beziehungen zwischen diesen Begriffen siehe Abschnitt 3.3-D.

Zur Übertragung auf Produkt-, Summen-, Unterräume usw siehe 3.3-E.

3.3-A   Abzählbarkeitsaxiome

3.3-1   Definition

Ein topologischer Raum ist ein A_1-*Raum* bzw er erfüllt das *1. Abzählbarkeitsaxiom*, wenn jeder Punkt eine abzählbare Umgebungsbasis besitzt.

Er ist ein A_2-*Raum* bzw er erfüllt das *2. Abzählbarkeitsaxiom*, wenn seine Topologie eine abzählbare Basis besitzt.

Jeder A_2-Raum ist auch ein A_1-Raum, aber nicht umgekehrt.

Von topologischen und differenzierbaren *Mannigfaltigkeiten* wird fast immer gefordert, dass sie das 2. Abzählbarkeitsaxiom erfüllen.

3.3-2   Bemerkungen

(a)   In einem A_1-Raum enthält jede Umgebungsbasis eines Punktes eine abzählbare Umgebungsbasis.

(b)   Abzählbare Umgebungsbasen kann man o.B.d.A. geschachtelt annehmen. Ist nämlich (U_n) eine Umgebungsbasis von $x \in X$, so bilden auch die Mengen $U_n^* := U_1 \cap \ldots \cap U_n$ eine abzählbare Umgebungsbasis von x und es gilt $U_1^* \supset U_2^* \supset U_3^* \supset \ldots$.

3.3-3   Beispiele

(a)   (Pseudo-) Metrische Räume (X, d) erfüllen das erste Abzählbarkeitsaxiom. Die Kugeln $B_{1/n}(x)$ um x mit Radius $\frac{1}{n}$ $(n \in \mathbb{N})$ bilden eine abzählbare Umgebungsbasis von x.

Insbesondere sind alle diskreten und indiskreten Räume A_1-Räume.

(b)   Überabzählbare diskrete Räume sind metrische Räume, die das erste, aber nicht das 2. Abzählbarkeitsaxiom erfüllen.

Ein interessanteres Beispiel ist der Banachraum der beschränkten stetigen Funktionen $f \colon \mathbb{R} \to \mathbb{R}$ mit der Supremumsnorm (11.4.A).

(c)   Die euklidischen Räume $\mathbb{R}^n$ sind A_2-Räume, ebenso der Folgenraum $\mathbb{R}^{\mathbb{N}}$ mit der Produkttopologie. Dagegen ist der Funktionenraum $\mathbb{R}^{\mathbb{R}}$ mit der Produkttopologie nicht einmal ein A_1-Raum (10.3.A).

3.3-4 A_1-Räume und Folgen

In A_1-Räumen reicht es oft, mit Folgen statt mit den allgemeineren Netzen bzw Filtern zu arbeiten. Beispiele dafür sind:

(a) Eine Abbildung $f\colon X \to Y$ von einem A_1-Raum X in einen topologischen Raum Y ist genau dann stetig, wenn sie folgenstetig ist (9.4.B).

(b) Ein Punkt ξ in einem A_1-Raum X ist genau dann Berührungspunkt einer Teilmenge $A \subset X$, wenn es eine gegen ξ konvergente Folge (x_n) aus A gibt.

(c) Ein Punkt ξ in einem A_1-Raum X ist genau dann Häufungswert einer Folge (x_n) in X, wenn es eine gegen ξ konvergente Teilfolge $(x_{n_k})_k$ von (x_n) gibt.

(d) Kompakte A_1-Räume sind folgenkompakt (10.5.C).

3.3-B   Separable Räume

3.3-5   Definition

Ein topologischer Raum heißt *separabel*, wenn er eine abzählbare dichte Teilmenge enthält. Also

$$(X, \mathcal{T}) \text{ separabel} \quad :\Longleftrightarrow \quad \exists\, A \subset X \; : \; A \text{ abzählbar und } \overline{A} = X \; . \qquad (1)$$

3.3-6   Beispiele

(a) $(\mathbb{R}, \mathcal{T}_{eu})$ ist separabel, $\mathbb{Q}$ ist eine abzählbare dichte Teilmenge.

Der $\mathbb{R}^n$ ist mit jeder Norm-Topologie separabel.

Ein normierter Raum ist genau dann separabel, wenn er eine abzählbare Fundamentalmenge enthält (11.4.F).

Hilberträume sind genau dann separabel, wenn sie eine abzählbare Hilbert-Basis besitzen (vgl 6.4-11).

(b) Der Raum $C[a, b]$ der stetigen Funktionen $f\colon [a, b] \to \mathbb{R}$ mit der Sup-Norm ist separabel.

Dies folgt aus dem *Weierstraß'schen Approximationssatz* (6.3-13). Er sagt aus, dass die Polynome in $C[a, b]$ dicht liegen. Dabei kann man sich auf Polynome mit rationalen Koeffizienten beschränken und die sind abzählbar.

Der Raum $C_b(\mathbb{R})$ der beschränkten stetigen reell- oder komplexwertigen Funktionen auf $\mathbb{R}$ mit der Sup-Norm ist nicht separabel (11.4.B).

(c) Diskrete Räume $(X, \mathcal{T}_{dis})$ sind genau dann separabel, wenn X abzählbar ist. Indiskrete Räume $(X, \mathcal{T}_{ind})$ sind stets separabel. Jede nichtleere Teilmenge liegt dicht in X.

3.3-C   Lindelöf-Räume

3.3-7   Definition

Ein topologischer Raum X heißt *Lindelöf-Raum*, wenn jede offene Überdeckung von X eine abzählbare Teilüberdeckung enthält.

Man kann die Lindelöf-Eigenschaft auch als Abschwächung der Überdeckungs-kompaktheit interpretieren. Zum Zusammenhang mit den Kompaktheitsbegriffen siehe 3.4-D.

Jeder A_2-Raum ist ein Lindelöf-Raum. Insbesondere ist jeder Teilraum des $\mathbb{R}^n$ ein Lindelöf-Raum.

Reguläre Lindelöf-Räume sind normal und damit parakompakt (10.3.H).

3.3-D   Beziehungen zwischen den Abzählbarkeitseigenschaften

3.3-8   Satz

Es gelten die folgenden Implikationen (10.3.E):

$$\text{separabel} \quad \Longleftarrow \quad A_2 \quad \Longrightarrow \quad \text{Lindelöf}$$
$$\Downarrow$$
$$A_1$$

(a) Jeder A_2-Raum ist ein A_1-Raum.

Ist $\mathcal{B} = \{G_n\}_{n \in \mathbb{N}}$ eine abzählbare Basis der Topologie $\mathcal{T}$ und $x_0 \in X$, so ist $\{\, G_n \in \mathcal{B} \mid x_0 \in G_n \,\}$ eine abzählbare Umgebungsbasis von x_0.

(b) Jeder A_2-Raum ist ein Lindelöf-Raum (10.3.E.1). Also ist z.B. jeder Unterraum des $\mathbb{R}^n$ ein Lindelöf-Raum.

In einem A_2-Raum $(X, \mathcal{T})$ enthält jede Basis von $\mathcal{T}$ eine abzählbare Basis.

(c) Jeder A_2-Raum ist separabel.

Sei etwa $\mathcal{B} = \{G_n\}_{n \in \mathbb{N}}$ eine abzählbare Basis der Topologie. Wählt man aus jedem $G_n \neq \emptyset$ ein x_n, so erhält man eine abzählbare dichte Teilmenge.

(d) In (pseudo-) metrischen Räumen sind 2. Abzählbarkeitsaxiom, Lindelöf-Eigenschaft und Separabilität äquivalent (10.3.E.3).

Es gelten keine weiteren Implikationen zwischen den vier Begriffen, insbesondere sind die obigen nicht umkehrbar. Zum Beweis folgende

3.3-9   Beispiele

(a) Ein überabzählbarer Raum X mit der coendlichen Topologie ist kein A_1-, also erst recht kein A_2-Raum. In ihm liegt jede unendliche Teilmenge dicht, also ist er separabel. Er ist kompakt, also auch ein Lindelöf-Raum (10.3.E).

(b) $\mathbb{R}$ mit der halboffenen Intervall Topologie $\mathcal{T}_{hI}$ ist ein separabler A_1- und Lindelöf-Raum, aber kein A_2-Raum (10.5.G).

(c) Die abgeschlossene Erweiterung $\mathcal{T}_\infty$ von $(\mathbb{R}, \mathcal{T}_{dis})$ ist ein separabler A_1-Raum, aber kein Lindelöf-Raum (siehe A.6-4, 10.3.B).

(d) Die offene Erweiterung $\mathcal{T}_{c\infty}$ von $(\mathbb{R}, \mathcal{T}_{dis})$ ist ein A_1- und Lindelöf-Raum, aber nicht separabel (siehe A.6-3, 10.3.B).

3.3-E   Übertragung auf Produkt-, Summen-, Unterräume usw

3.3-10   Stetige Bilder

(a) Stetige Bilder von A_1- und A_2-Räumen brauchen nicht A_1- bzw A_2-Räume zu sein (10.3.C).

(b) Das stetige Bild eines separablen Raumes ist separabel (10.3.F).

(c) Stetige Bilder von Lindelöf-Räumen sind Lindelöf-Räume (10.3.G.2).

3.3-11   Unterräume

(a) Ist $(X, \mathcal{T})$ ein A_1- bzw A_2-Raum, dann ist dies auch jeder Teilraum.

(b) Offene Unterräume separabler Räume sind separabel.

Für beliebige Unterräume ist dies i.a. falsch. Beispiele dafür sind: der $\mathbb{R}^2$ mit der halboffenen Rechteckstopologie (10.1.K) oder die obere Halbebene H mit der Tangentialkreis- (A.6-15) oder der Halbkreis-Topologie (A.6-14).

Unterräume separabler metrischer Räume sind separabel (vgl 3.3-8(d)).

(c) Abgeschlossene Unterräume von Lindelöf-Räumen sind Lindelöf-Räume. Für offene Unterräume ist dies i.a. falsch (10.3.G.1).

3.3-12   Produkträume

(a) Ist der Produktraum $\prod X_i$ ein A_1- bzw A_2-Raum, so auch jeder Faktorraum X_i.

Ist umgekehrt jeder Faktorraum X_i ein A_1- bzw A_2-Raum, so ist der Produktraum $\prod X_i$ genau dann ein A_1- bzw A_2-Raum, wenn alle bis auf abzählbar viele der X_i indiskret sind (9.2.A).

(b) Ist ein Produktraum $\prod X_i$ separabel, so auch jeder Faktorraum X_i.

Ist umgekehrt jeder Faktorraum X_i separabel und die Indexmenge I nicht mächtiger als $\mathbb{R}$, also $\operatorname{card} I \le \operatorname{card} \mathbb{R}$, so ist $\prod X_i$ separabel.

(c) Das Produkt von Lindelöf-Räumen braucht kein Lindelöf-Raum zu sein. Ist dagegen ein Produkt $\prod X_i$ ein Lindelöf-Raum, so muss jedes X_i ein Lindelöf-Raum sein (10.3.G.3).

3.3-13   Quotientenräume

(a) Das 1. und 2. Abzählbarkeitsaxiom überträgt sich i.a. nicht auf Quotientenräume. Für Beispiele siehe 9.2.D.2.

(b) Quotientenräume separabler Räume sind separabel. Folgt aus 3.3-10(b).

(c) Quotientenräume von Lindelöf-Räumen sind Lindelöf-Räume (3.3-10(c)).

3.3-14   Summenräume

(a) Eine topologische Summe $\sum_{i \in I} X_i$ ist genau dann ein A_1-Raum, wenn alle X_i A_1-Räume sind.

Eine topologische Summe $\sum_{i \in I} X_i$ ist ein A_2-Raum genau dann, wenn I abzählbar ist und alle Summanden A_2-Räume sind.

(b) Eine topologische Summe $\sum_{i \in I} X_i$ ist genau dann separabel, wenn I abzählbar ist und alle X_i separabel sind.

(c) Eine topologische Summe $\sum_{i \in I} X_i$ ist genau dann ein Lindelöf-Raum, wenn I abzählbar ist und alle Summanden Lindelöf-Räume sind.

3.3-F   Kategorien, dichte und magere Teilmengen

3.3-15   Dichte und nirgends dichte Mengen

Sei $(X, \mathfrak{T})$ ein topologischer Raum und $A \subset B \subset X$. Dann heißt A *dicht* in B, wenn $B \subset \overline{A}$ ist. Insbesondere heißt A dicht in X, wenn $\overline{A} = X$ ist.

Eine Teilmenge $A \subset X$ heißt *nirgends dicht in X* oder auch *dünn*, wenn die abgeschlossene Hülle $\overline{A}$ keine inneren Punkte besitzt.

Man vergleiche dies mit der Definition *in-sich-dichter* Mengen in 1.2-22.

Abzählbare Vereinigungen nirgends dichter Mengen heißen *mager* oder auch *von 1. Kategorie*. Siehe dazu 3.3-17.

3.3-16   Beispiele und Bemerkungen

(a) $\mathbb{Q}$ ist dicht und $\mathbb{Z}$ nirgends dicht in $\mathbb{R}$ mit der euklidischen Topologie.

(b) Der Rand ∂A jeder offenen oder abgeschlossenen Menge $A \subset X$ ist nirgends dicht. Beweis siehe 9.1.I.

(c) Trivialerweise liegt eine Menge stets dicht in ihrer abgeschlossenen Hülle.

Der innere Kern A° liegt i.a. nicht dicht in A. Z.B. ist $\overline{\mathbb{Q}^\circ} = \emptyset \neq \mathbb{Q}$.

3.3-17   Mengen von 1., 2. Kategorie, magere Mengen

Sei $(X, \mathfrak{T})$ ein topologischer Raum. Eine Teilmenge $A \subset X$ heißt *mager* oder auch *von 1. Kategorie* in X, wenn A abzählbare Vereinigung nirgends dichter Mengen $A_n \subset X$ ist.

Anderenfalls heißt A *von 2. Kategorie* oder auch *nicht-mager*.

3.3-18 Bemerkungen

(a) Endliche und abzählbare Teilmengen von Hausdorff-Räumen sind mager, z.b. ist $\mathbb{Q}$ mager in $\mathbb{R}$. Dagegen ist $\mathbb{R} \backslash \mathbb{Q}$ von 2. Kategorie in $\mathbb{R}$. Insbesondere können magere Teilmengen dicht sein.

(b) Ist $B \subset A \subset X$ und A mager in X, so ist auch B mager in X.

(c) Abzählbare Vereinigungen magerer Mengen sind mager.

(d) Der Rand ∂A einer offenen oder abgeschlossenen Menge $A \subset X$ ist nirgends dicht und daher mager (9.1.I).

3.3-19 Bairesche Räume

Ein topologischer Raum $(X, \mathfrak{T})$ heißt *Bairescher Raum*, wenn jede nichtleere offene Teilmenge von X von 2. Kategorie ist.

Die folgenden Bedingungen sind äquivalent:

(i) X ist Bairescher Raum, d.h. offene nichtleere Teilmengen von X sind nicht-mager.

(ii) Komplemente magerer Teilmengen von X sind dicht in X.

(iii) Abzählbare Durchschnitte offener dichter Teilmengen von X sind wieder dicht in X.

(iv) Abzählbare Vereinigungen nirgends-dichter abgeschlossener Teilmengen von X besitzen keine inneren Punkte.

Folgende Schlussweise wird häufig benutzt:
Ist $X = \bigcup A_n$ bairesch und abzählbare Vereinigung von Teilmengen A_n, so hat mindestens ein $\overline{A_n}$ einen inneren Punkt.

3.3-20 Baire'scher Kategoriensatz

Ein vollständiger metrischer Raum ist ein Bairescher Raum.

Weiteres zum Baireschen Kategoriensatz siehe Abschnitt 4.4.

3.3-21 Bemerkungen

(a) Offene Unterräume Bairescher Räume sind ebenfalls Bairesche Räume.

(b) Lokalkompakte T_2-Räume sind Bairesche Räume (10.5.L).

3.4 Kompaktheit

3.4-A Kompakte Räume

Zu kompakten metrischen Räumen siehe auch Abschnitt 4.3-4.

3.4-1 Offene Überdeckungen

Sei $(X, \mathcal{T})$ ein topologischer Raum und $A \subset X$.

Eine Menge $\mathfrak{U} \subset \mathcal{P}(X)$ von Teilmengen von X heißt

– *Überdeckung* von A, wenn $A \subset \bigcup \{ G \mid G \in \mathfrak{U} \}$;

– *offene Überdeckung* von A, wenn zusätzlich alle $G \in \mathfrak{U}$ offen sind;

– *endlich*, wenn $\mathfrak{U}$ nur endlich viele Elemente besitzt;

– *lokal-endlich*, wenn jeder Punkt $a \in A$ eine Umgebung besitzt, die nur endlich viele Elemente von $\mathfrak{U}$ trifft.

Sind $\mathfrak{U}$ und $\mathfrak{U}'$ Überdeckungen von $A \subset X$, so heißt $\mathfrak{U}$

– *Teilüberdeckung* von $\mathfrak{U}'$, wenn $\mathfrak{U} \subset \mathfrak{U}'$;

– *Verfeinerung* von $\mathfrak{U}'$, wenn jedes Element von $\mathfrak{U}$ in einem Element von $\mathfrak{U}'$ enthalten ist, also:

$$\mathfrak{U} \text{ Verfeinerung von } \mathfrak{U}' \quad :\Longleftrightarrow \quad \forall U \in \mathfrak{U} \; \exists U' \in \mathfrak{U}' : U \subset U' . \qquad (1)$$

Z.B. ist $\{ B_1(n) \mid n \in \mathbb{Z} \}$ Verfeinerung der offenen Überdeckung $\mathcal{T}_{eu}$ von $\mathbb{R}$.

3.4-2 Kompakte und relativ kompakte Mengen

Eine Teilmenge $A \subset X$ heißt *kompakt (überdeckungskompakt)*, wenn jede offene Überdeckung von A eine endliche Teilüberdeckung enthält.

Sie heißt *relativ kompakt*, wenn die abgeschlossene Hülle $\overline{A}$ kompakt ist.

Achtung: In der Literatur werden kompakte Räume oft als T_2-Räume mit der obigen Überdeckungseigenschaft definiert. Nicht-notwendig hausdorffsche kompakte Räume heißen dann *quasikompakt*.

Wir setzen von kompakten Räumen nur die Überdeckungseigenschaft voraus und werden die T_2-Eigenschaft dort, wo sie nötig ist, extra erwähnen.

3.4-3 Beispiele

(a) Räume mit nur endlich vielen offenen Mengen und Mengen mit nur endlich vielen Elementen sind trivialerweise kompakt.

(b) Im $\mathbb{R}^n$ sind genau die abgeschlossenen und beschränkten Teilmengen kompakt (Heine Borel, 6.1-15). In allgemeinen topologischen Räumen ist dies falsch.

(c) Bzgl der cofiniten Topologie $\mathcal{T}_{cf}$ auf einer Menge X sind alle Teilmengen von X kompakt (10.4.J).

3.4-4   Äquivalente Bedingungen

Sei $(X, \mathcal{T})$ ein topologischer Raum. Dann sind äquivalent (10.4.A):

  (i) X ist kompakt

 (ii) Jede Familie abgeschlossener Teilmengen von X mit der endlichen Durchschnittseigenschaft besitzt nichtleeren Durchschnitt.

      (Man sagt, eine Mengenfamilie $\mathcal{F}$ besitzt die *endliche Durchschnittseigenschaft*, wenn jede endliche Teilfamilie von $\mathcal{F}$ nichtleeren Durchschnitt hat, also wenn $\quad \forall \mathcal{E} \subset \mathcal{F} \; : \; |\mathcal{E}| < \infty \;\Rightarrow\; \bigcap \mathcal{E} \neq \emptyset$.)

 (iii) Jede Filterbasis abgeschlossener Teilmengen von X hat nichtleeren Durchschnitt.

 (iv) Jeder Filter auf X besitzt einen Berührungspunkt in X.

  (v) Jedes Netz in X besitzt einen Häufungswert in X.

 (vi) Jeder Ultrafilter auf X besitzt einen Grenzwert in X.

(vii) Jede Schachtelung abgeschlossener nichtleerer Teilmengen von X hat nichtleeren Durchschnitt.

Achtung!   Kompakt ist *nicht* äquivalent zu beschränkt und abgeschlossen!

Dies gilt zwar in *endlich* dimensionalen normierten Räumen (Satz von Heine-Borel 6.1-15). Für *unendlich* dimensionale normierte Räume ist es falsch.

In allgemeinen topologischen Räumen ist *beschränkt* gar nicht definiert und in nicht-T_2-Räumen müssen kompakte Mengen nicht abgeschlossen sein.

Achtung!   Kompakt ist *nicht* äquivalent zu folgenkompakt!

Dies gilt zwar in *metrischen* Räumen (4.3-4). In allgemeinen topologischen Räumen ist es falsch (10.5.B). Zur Folgenkompaktheit siehe 3.4-D.

Als Hilfssatz wird manchmal gebraucht:

3.4-5   Satz von Alexander

Sei $\mathcal{S}$ eine Subbasis des topologischen Raumes X. Dann ist X genau dann kompakt, wenn jede Überdeckung von X mit Mengen aus $\mathcal{S}$ eine endliche Teilüberdeckung enthält.

Endliche Vereinigungen kompakter Mengen sind kompakt, aber i.a. nicht beliebige Vereinigungen. Für Durchschnitte gilt:

3.4-6   Durchschnitte kompakter Mengen

Der Durchschnitt kompakter Mengen ist i.a. nicht kompakt (10.4.B).

Aber Durchschnitte kompakter T_2-Räume sind kompakt (und hausdorffsch).

Auch Durchschnitte abgeschlossener kompakter Mengen sind abgeschlossen und kompakt.

3.4-B   Topologische Eigenschaften kompakter Räume

3.4-7   Zusammenhang von kompakt und abgeschlossen

Abgeschlossene Teilmengen eines kompakten Raumes sind kompakt.

Kompakte Teilmengen eines Hausdorff-Raums sind abgeschlossen (10.4.C).

Also sind Teilmengen eines kompakten T_2-Raums genau dann kompakt, wenn sie abgeschlossen sind.

Die T_2-Eigenschaft ist dabei wesentlich. Der Sierpinski-Raum $\{a, b\}$ mit der Topologie $\{\emptyset, \{a\}, \{a, b\}\}$ ist ein kompakter T_0-Raum. Die Teilmenge $\{a\}$ ist kompakt, aber nicht abgeschlossen. Für ein anderes Beispiel siehe 10.4.J.

3.4-8   Hülle einer kompakten Menge

Die abgeschlossene Hülle einer kompakten Teilmenge eines topologischen Raums ist i.a. nicht kompakt (10.4.C.3). In T_2- und T_3-Räumen ist dies der Fall.

3.4-9   Abzählbarkeitseigenschaften

Kompakte Mengen in metrischen Räumen sind *separabel* (10.4.E). Für allgemeine topologische Räume ist dies falsch. Zum Beispiel ist die offene Erweiterung (A.6-3) eines überabzählbaren diskreten Raums kompakt, aber nicht separabel.

3.4-10   Trennungseigenschaften

Aus der Kompaktheit folgt keins der Trennungsaxiome T_0 bis T_5. Es gilt aber:

Kompakte T_2-Räume sind normal und damit vollständig regulär und regulär (Beweis 10.4.D.2).

Kompakte T_3-Räume sind auch T_4-Räume (10.4.D.3).

3.4-11   Kompaktheit und Stetigkeit

Stetige Bilder kompakter Mengen sind kompakt.

Genauer: Seien X, Y topologische Räume und $f \colon X \to Y$ stetig. Dann ist mit $A \subset X$ auch $f(A)$ kompakt.

Der Beweis von [RA1, 3.3.10.A] lässt sich auf topologische Räume übertragen.

Für reellwertige Funktionen folgt daraus der *Satz vom Maximum*:
Stetige Funktionen $f \colon X \to \mathbb{R}$ nehmen auf kompakten Mengen ihr Maximum und Minimum an.

In metrischen Räumen sind stetige Funktionen auf kompakten Mengen gleichmäßig stetig (4.3-6(c)).

3.4-12   Stetigkeit der Umkehrfunktion

Seien X und Y topologische Räume, $A \subset X$ kompakt, Y hausdorffsch und $f \colon A \to Y$ stetig und injektiv.
Dann ist die Umkehrfunktion $f^{-1} \colon f(D) \to X$ stetig, also $f \colon A \to f(A)$ ein Homöomorphismus (10.4.G).

Die Kompaktheit von A ist wesentlich! Zum Beispiel ist die durch

$$f\colon [0,2\pi[\to \mathbb{C} \quad ; \qquad f(t) := \cos t + i\sin t \tag{2}$$

definierte Funktion stetig und injektiv, der Zielraum ist hausdorffsch, aber die Umkehrfunktion ist im Punkt $w_0 := 1$ unstetig.

3.4-13 Korollar

Seien $\mathcal{T}_1$ und $\mathcal{T}_2$ zwei Topologien auf einer Menge $X \neq \emptyset$ derart, dass $(X,\mathcal{T}_1)$ hausdorffsch, $(X,\mathcal{T}_2)$ kompakt und $\mathcal{T}_1 \subset \mathcal{T}_2$ ist. Dann ist $\mathcal{T}_1 = \mathcal{T}_2$.

3.4-14 Kompaktheit und Folgen

Ist X kompakt, so besitzt jede Folge (x_n) in X einen Häufungswert in X.

Die Umkehrung ist falsch! Sie ist richtig in metrischen Räumen (Satz 4.3-4).

Zur sog. Folgenkompaktheit siehe 3.4-29. Vgl auch 3.4-4.

3.4-15 Produkte kompakter Räume sind kompakt (Satz von Tychonoff)

Ein Produkt $X = \prod X_i$ topologischer Räume $(X_i, \mathcal{T}_i)$ ist mit der Produkttopologie (1.3-6) genau dann kompakt, wenn alle X_i kompakt sind.

Beweisidee: Ist X kompakt, so müssen wegen der Stetigkeit der Projektionen $\pi_i\colon X \to X_i$ alle X_i kompakt sein (siehe 3.4-11).

Für die andere Richtung reicht es nach dem Satz von Alexander (3.4-5) zu zeigen, dass jede Überdeckung von X durch Mengen der Form $\pi_i^{-1}(G)$, $G \in \mathcal{T}_i$, eine endliche Teilüberdeckung besitzt. Angenommen $\mathfrak{A} \subset \mathcal{P}(X)$ ist ein System derartiger Mengen mit der Eigenschaft, dass kein endliches Teilsystem X überdeckt. Zu jedem Index $i \in I$ sei $\mathfrak{A}_i := \big\{\, G \in \mathcal{T}_i \mid \pi_i^{-1}(G) \in \mathfrak{A} \,\big\}$.

Nach Annahme besitzt $\mathfrak{A}_i$ keine endliche Teilüberdeckung von X_i. Wegen der Kompaktheit von X_i gibt es ein $x_i \in X_i \backslash \bigcup \mathfrak{A}_i$.

Dann ist $x := (x_i) \in X \backslash \bigcup \mathfrak{A}$. Widerspruch.

Die Existenz von $(x_i) \in \prod X_i$ beruht auf dem Auswahlaxiom (A.1-14). Man kann zeigen, dass der Satz von Tychonoff äquivalent zum Auswahlaxiom ist.

Über das Produkt nicht-kompakter Räume gilt der

3.4-16 Satz

Sind unendlich viele X_i nicht kompakt, so ist jede kompakte Teilmenge von $X = \prod X_i$ nirgends dicht. Oder andersrum:

Sind unendlich viele X_i nicht kompakt und enthält $\overline{A} \subset \prod X_i$ einen inneren Punkt, so ist A nicht kompakt (10.4.K).

3.4-17 Summen kompakter Räume

Eine Summe $\sum_{i\in I} X_i$ topologischer Räume ist genau dann kompakt, wenn die Indexmenge I endlich und jeder Raum X_i kompakt ist.

3.4-C Kompaktifizierungen

Anschaulich stellt man sich eine Kompaktifizierung eines Raumes X als einen kompakten Raum $\widehat{X}$ vor, der X als dichte Teilmenge enthält. Klassische Beispiele sind die Standardkompaktifizierungen $\widehat{\mathbb{C}} = \mathbb{C} \cup \{\infty\}$ und $\widehat{\mathbb{R}} = \mathbb{R} \cup \{\pm\infty\}$ von $\mathbb{C}$ bzw. $\mathbb{R}$ (siehe z.B. [RA1 1.7.7]).

Jeder topologische Raum $(X, \mathfrak{T})$ besitzt eine triviale Kompaktifizierung, die offene Erweiterung (A.6-3) von $(X, \mathfrak{T})$:
Ist $\infty \notin X$, $X_\infty := X \cup \{\infty\}$ und $\mathfrak{T}_{c\infty} := \mathfrak{T} \cup \{X_\infty\}$, so liegt X dicht in dem kompakten Raum $(X_\infty, \mathfrak{T}_{c\infty})$.

Diese offene Erweiterung ist aber nicht hausdorffsch. Man betrachtet oft nur T_2-Kompaktifizierungen und definiert abstrakter:

3.4-18 Definition
Ein Paar $\big(f, (\widehat{X}, \widehat{\mathfrak{T}})\big)$ heißt *Kompaktifizierung* eines topologischen Raums $(X, \mathfrak{T})$, wenn $(\widehat{X}, \widehat{\mathfrak{T}})$ ein kompakter topologischer Raum und $f \colon X \to \widehat{X}$ eine Einbettung ist mit $\overline{f(X)} = \widehat{X}$. Man nennt auch $(\widehat{X}, \widehat{\mathfrak{T}})$ eine Kompaktifizierung, wenn klar ist, welche Einbettung f gemeint ist.

Es ist klar, wann $(\widehat{X}, \widehat{\mathfrak{T}})$ eine T_2-Kompaktifizierung ist.

Nur T_2-Räume können T_2-Kompaktifizierungen besitzen.

Im allgemeinen gibt es verschiedene, nicht homöomorphe Kompaktifizierungen eines Raumes. In gewisser Hinsicht (3.4-24) ist die Alexandroff-Kompaktifizierung (3.4-19) minimal und die Stone-Čech-Kompaktifizierung (3.4-21) maximal.

3.4-19 Alexandroff-Kompaktifizierung
Sei $(X, \mathfrak{T})$ ein topologischer Raum, $\infty \notin X$ und $X_\infty := X \cup \{\infty\}$. Dann ist

$$\mathfrak{T}_{cc} := \mathfrak{T} \cup \big\{\ X_\infty \backslash A \ \big|\ A \subset X \text{ kompakt} \big\} \tag{3}$$

eine Topologie auf X_∞ derart, dass $(X_\infty, \mathfrak{T}_{cc})$ kompakt ist.

Ist $(X, \mathfrak{T})$ nicht kompakt, so ist $(X_\infty, \mathfrak{T}_{cc})$ eine Kompaktifizierung von $(X, \mathfrak{T})$. Sie heißt *Alexandroffsche Ein-Punkt-Kompaktifizierung.*

$(X_\infty, \mathfrak{T}_{cc})$ ist genau dann eine T_2-Kompaktifizierung, wenn $(X, \mathfrak{T})$ ein nichtkompakter, lokalkompakter T_2-Raum ist. Insbesondere gilt

3.4-20 Satz
Lokalkompakte T_2-Räume sind genau die Räume, die entweder schon selbst kompakt sind oder eine einpunktige T_2-Kompaktifizierung besitzen.

3.4-21 Stone-Čech-Kompaktifizierung
Eine T_2-Kompaktifizierung $(\beta, \widehat{X})$ heißt *Stone-Čech-Kompaktifizierung* von X, wenn sie die folgende universelle Eigenschaft besitzt:

Zu jedem kompakten T_2-Raum Y und jeder stetigen
Abbildung $f: X \to Y$ gibt es genau eine stetige
Abbildung $\widehat{f}: \widehat{X} \to Y$ mit $f = \widehat{f} \circ \beta$.

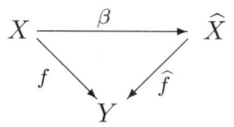

Je zwei Stone-Čech-Kompaktifizierungen sind zueinander homöomorph.

Vollständig reguläre Räume besitzen eine Stone-Čech-Kompaktifizierung. Dies kann man u.a. mit Hilfe des Einbettungssatzes 3.1-11 beweisen. Es gilt sogar:

3.4-22   Satz

Sei X ein topologischer Raum. Dann sind äquivalent:

  (i) X ist vollständig regulär (Tychonoff-Raum),

  (ii) X besitzt eine Stone-Čech-Kompaktifizierung,

 (iii) X besitzt eine T_2-Kompaktifizierung,

 (iv) X ist Unterraum eines kompakten T_2-Raums,

  (v) X ist Unterraum eines normalen Raums.

3.4-23   Konstruktion einer Stone-Čech-Kompaktifizierung

Sei X ein vollständig regulärer Raum und

$$C_b(X) := \{\, f: X \to \mathbb{R} \mid f \text{ stetig und beschränkt} \,\} . \tag{4}$$

Für jedes $f \in C_b(X)$ liegt $f(X)$ in einem kompakten Intervall $I_f \subset \mathbb{R}$.
Dann ist $\prod_{f \in C(X)} I_f$ mit der Produkttopologie nach Tychonoff kompakt.
Die Auswertung

$$\beta: X \to \prod_{f \in C_b(X)} I_f \qquad \text{def. durch} \qquad \beta(x)(f) := f(x) \tag{5}$$

ist eine Einbettung und $\widehat{X} := \overline{\beta(X)}$ eine Stone-Čech-Kompaktifizierung.

Variante: Für $x \in X$ sind die Punktauswertungen $\delta_x(f) := f(x)$ Elemente des Dualraums $(C_b(X))^*$ und $\Delta := \{x \mapsto \delta_x\}$ ist injektiv. Die w^*-abgeschlossene Hülle $\overline{\Delta(X)}^{w^*}$ ist eine Stone-Čech-Kompaktifizierung.

Es gibt auch andere Konstruktionen, z.B. mit Hilfe von Ultrafiltern.

3.4-24   Vergleich von Kompaktifizierungen

Auf der Menge der T_2-Kompaktifizierungen eines vollständig regulären Raumes X wird durch

$$
\begin{aligned}
(f, Y) \geq (g, Z) \;:\Longleftrightarrow \\
\exists h: Y \to Z \text{ stetig und surjektiv mit } h \circ f = g
\end{aligned}
\tag{6}
$$

eine transitive Relation definiert - eine Halbordnung, wenn man topologisch äquivalente Kompaktifizierungen identifiziert.

Die *Stone-Čech-Kompaktifizierung* ist bzgl dieser Relation die größte,
die *Alexandroff-Kompaktifizierung* die kleinste.

3.4-D   Andere Kompaktheitseigenschaften

Es gibt viele Abschwächungen, Verschärfungen und Varianten zur Überdeckungs-Kompaktheit. Es folgen einige Beispiele, für weitere siehe z.b. [STS].

Zusammenhänge zwischen diesen Begriffen siehe 3.4-37.

3.4-25   σ-kompakte Räume

Ein topologischer Raum heißt σ-kompakt, wenn er abzählbare Vereinigung kompakter Teilmengen ist.

Zum Beispiel ist der $\mathbb{R}^n$ σ-kompakt, aber nicht kompakt.

3.4-26   Abzählbar kompakte Räume

Ein topologischer Raum X heißt abzählbar kompakt, wenn jede abzählbare offene Überdeckung eine endliche Teilüberdeckung enthält.

Dies ist äquivalent zu der Bedingung, dass jede Folge in X einen Häufungswert in X besitzt (10.5.E).

Der offene Ordinalzahlraum $\Omega_0 := [0, \omega_1[$ (A.6-10) ist abzählbar kompakt, aber nicht kompakt. Ein weiteres Beispiel finden Sie in Aufgabe 10.5.F.

3.4-27   Lindelöf-Räume

Ein topologischer Raum heißt Lindelöf-Raum, wenn jede offene Überdeckung von X eine abzählbare Teilüberdeckung enthält.

3.4-28   Bemerkungen

(a) Jeder σ-kompakte und damit auch jeder kompakte Raum ist ein Lindelöf-Raum. Mit der halboffenen Intervall-Topologie $\mathcal{T}_{hI}$ ist $\mathbb{R}$ ein nicht-σ-kompakter Lindelöf-Raum.

(b) Ein Lindelöf-Raum ist genau dann kompakt, wenn er abzählbar kompakt ist (10.5.H).

Weiteres zur Lindelöf-Eigenschaft siehe 3.3-C.

3.4-29   Folgenkompakte Räume

Ein topologischer Raum X heißt folgenkompakt, wenn jede Folge in X eine konvergente Teilfolge mit Grenzwert in X besitzt.

Achtung! Dies ist i.a. nicht äquivalent zu der Bedingung, dass jede Folge in X einen Häufungswert in X besitzt. Siehe dazu 3.4-26 und 10.5.F.

3.4-30   Bemerkungen

(a) Die Folgenkompaktheit ist weder stärker noch schwächer als die Kompaktheit, d.h. es gibt kompakte Räume, die nicht folgenkompakt sind und umgekehrt auch folgenkompakte Räume, die nicht kompakt sind (10.5.B).

(b) Folgenkompakte Räume sind abzählbar kompakt.
    Die Umkehrung ist falsch (10.5.D).

A_1-Räume sind genau dann folgenkompakt, wenn sie abzählbar kompakt sind.

(c) In metrischen Räumen sind die Eigenschaften *kompakt*, *folgenkompakt* und *abzählbar kompakt* äquivalent. Beweis siehe [RA2 6.4.4.A-C] oder 10.5.C.

3.4-31 Parakompakte Räume

Ein topologischer Raum X heißt *parakompakt*, wenn jede offene Überdeckung von X eine lokal-endliche Verfeinerung besitzt. Auch hier wird häufig zusätzlich die T_2-Eigenschaft gefordert.

Direkt aus der Definition folgt, dass kompakte Räume parakompakt sind.

Jeder diskrete Raum mit unendlich vielen Elementen ist parakompakt, aber nicht kompakt. (Klar, da die einelementigen offenen Mengen eine lokal-endliche Verfeinerung bilden.)

3.4-32 Bemerkungen

(a) Ein topologischer Raum ist genau dann kompakt, wenn er sowohl parakompakt als auch abzählbar kompakt ist.

(b) Parakompakte T_2-Räume sind normal.

Jeder parakompakte T_3-Raum ist ein T_4-Raum.

Also gibt es zu jeder offenen Überdeckung eines parakompakten T_3-Raums eine untergeordnete Partition der Eins (3.1-16). (Gilt für alle T_4-Räume.)

(c) Jeder (pseudo-) metrisierbare Raum ist parakompakt.

(d) T_3-Räume mit abzählbarer Basis sind parakompakt. Insbesondere sind T_3-Lindelöf-Räume parakompakt.

(e) Produkte, stetige Bilder und Unterräume parakompakter Räume sind i.a. nicht parakompakt.

Abgeschlossene Teilmengen parakompakter Räume sind parakompakt, aber nicht beliebige Teilmengen.

Das Produkt eines parakompakten und eines kompakten Raums ist parakompakt.

(f) Eine Summe topologischer Räume ist genau dann parakompakt, wenn jeder Summand parakompakt ist.

3.4-33 Lokalkompakte Räume

Ein topologischer Raum heißt *lokalkompakt*, wenn jeder Punkt eine kompakte Umgebung besitzt.

Auch hier wird häufig zusätzlich die T_2-Eigenschaft gefordert oder wenigstens, dass jeder Punkt sogar eine Umgebungsbasis aus kompakten Mengen besitzt.

Der $\mathbb{R}^n$, aber nicht jeder metrische Raum ist lokalkompakt.

3.4-34   Bemerkungen

(a) In lokalkompakten T_2- und T_3-Räumen bilden die kompakten Umgebungen eines Punktes eine Umgebungsbasis (10.5.J). Also sind lokalkompakte T_2-Räume regulär. In beliebigen lokalkompakten Räumen ist dies i.a. falsch.

(b) Lokalkompakte T_2-Räume sind auch vollständig regulär, aber nicht notwendig normal (10.5.K.1).

(c) Lokalkompakte T_3-Räume sind T_{3a}-Räume (10.5.K.2).

(d) Lokalkompakte T_2-Räume sind Bairesche Räume (10.5.L).

(e) Das stetige Bild eines lokalkompakten Raumes ist i.a. nicht lokalkompakt. Beispiel siehe 10.2.G.

(f) Ein Produkt $X = \prod X_i$ topologischer Räume $(X_i, \mathcal{T}_i)$ ist genau dann lokalkompakt, wenn alle X_i lokalkompakt und alle bis auf endlich viele kompakt sind.

(g) Lokalkompakte T_2-Räume sind genau die Räume, die entweder selbst kompakt sind oder eine einpunktige T_2-Kompaktifizierung besitzen (3.4-20).

Mit Hilfe der Alexandroff-Kompaktifizierung kann man den Fortsetzungssatz von Tietze (3.1-14) auf lokalkompakte T_2-Räume verallgemeinern:

3.4-35   Fortsetzungssatz von Tietze, verallgemeinert

Sei X ein lokalkompakter T_2-Raum, $\emptyset \neq K \subset X$ kompakt, $f\colon K \to \mathbb{R}$ stetig und U eine beliebige Umgebung von K.

Dann gibt es eine stetige Fortsetzung $\hat{f}\colon X \to \mathbb{R}$ von f mit $\operatorname{supp} \hat{f} \subset U$ und $\sup_{x \in X} |\hat{f}(x)| = \sup_{x \in K} |f(x)|$.

Daraus ergibt sich wiederum der

3.4-36   Satz

Zu jeder endlichen offenen Überdeckung eines lokalkompakten T_2-Raums X gibt es eine untergeordnete Zerlegung der Eins (vgl mit 3.1-16).

3.4-37   Zusammenhänge zwischen den Kompaktheitsbegriffen

Es gelten die folgenden Implikationen:

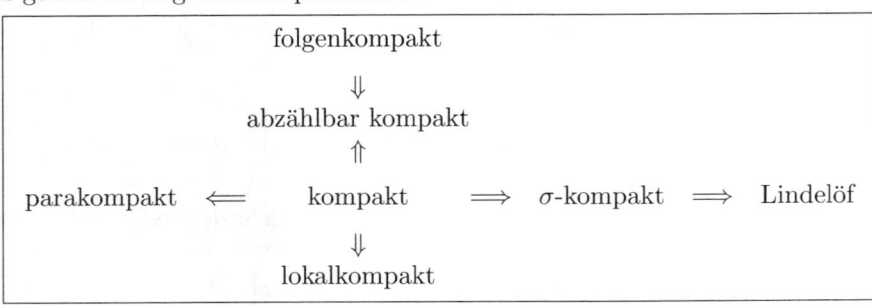

Weitere Implikationen zwischen den angegebenen Eigenschaften gelten nicht. Insbesondere sind die angegebenen Implikationen nicht umkehrbar! Dies zeigen die folgenden

3.4-38 Beispiele

(a) Die Sorgenfrey-Gerade $(\mathbb{R}, \mathcal{T}_{hl})$ (A.6-12) ist ein regulärer Lindelöf-Raum, also auch normal und damit parakompakt. Sie ist weder σ-kompakt, noch lokalkompakt oder abzählbar kompakt. Also ist sie auch nicht kompakt oder folgenkompakt (10.5.G).

(b) Der euklidische $\mathbb{R}^n$ ist parakompakt, lokalkompakt, σ-kompakt, aber weder kompakt, noch folgenkompakt oder abzählbar kompakt.

(c) Sei $\Omega_0 := [0, \omega_1[$ der offene Ordinalzahlraum (A.6-10).

Der Produktraum $X := \Omega_0 \times [0, 1]^{[0,1]}$ ist abzählbar kompakt und lokalkompakt. Er ist weder kompakt, noch folgenkompakt.

X ist kein Lindelöf-Raum also auch nicht σ-kompakt (vgl 10.5.A, 10.5.B).

(d) Mit Hilfe des Ordinalzahlraums kann man einen Raum konstruieren, der abzählbar kompakt, aber nicht lokalkompakt ist ([STS, Bsp 47]).

3.4-39 Bemerkungen

(a) Ein abzählbar kompakter und parakompakter Raum ist kompakt.

(b) Ein abzählbar kompakter Lindelöf-Raum ist kompakt.

(c) Ein abzählbar kompakter A_1-Raum ist folgenkompakt.

(d) In metrischen Räumen sind die Eigenschaften *kompakt*, *folgenkompakt* und *abzählbar kompakt* äquivalent.

(e) Metrische Räume sind parakompakt.

4   Metrische Räume

In *metrischen* und allgemeiner in *uniformen* Räumen kann man Umgebungen
verschiedener Punkte in gewisser Weise der Größe nach vergleichen. Anders als
in allgemeinen topologischen Räumen sind hier Begriffe wie z.b. *gleichmäßige
Stetigkeit, Cauchyfolgen* und *Vollständigkeit* sinnvoll.
Auf uniforme Räume gehen wir aus Platzgründen nicht weiter ein.

4.1   Metriken und Pseudometriken

4.1-1   Definition

Eine *Metrik* auf einer Menge $X \neq \emptyset$ ist eine Abbildung $d \colon X \times X \to \mathbb{R}$
derart, dass für alle $x, y, z \in X$ gilt

$$d(x,y) \;=\; d(y,x) \qquad\qquad \textit{(Symmetrie)} \qquad\qquad (1)$$

$$d(x,z) \;\leq\; d(x,y) + d(y,z) \qquad \textit{(Dreiecksungleichung)} \qquad (2)$$

$$d(x,y) \;\geq\; 0 \ \text{ und } \ d(x,x) = 0 \qquad\qquad\qquad\qquad (3)$$

$$d(x,y) \;=\; 0 \;\Longrightarrow\; x = y \qquad \textit{(Definitheit)} \qquad\qquad (4)$$

Die Eigenschaft $d(x,y) \geq 0$ folgt übrigens aus (1), (2) und $d(x,x) = 0$.

Ein *metrischer Raum* (X, d) ist eine nichtleere Menge X zusammen mit einer
Metrik d auf X.

Eine Abbildung $d \colon X \times X \to \mathbb{R}$ heißt *Pseudometrik* auf X, wenn sie die
Bedingungen (1), (2) und (3) erfüllt.

Metrische und pseudometrische Räume sind mit der erzeugten Topologie (4.2-3)
spezielle topologische Räume.

4.1-2   Zusammenhang von Metriken und Pseudometriken

Jede Metrik ist eine Pseudometrik.

Ist umgekehrt d eine Pseudometrik auf X, so wird durch

$$x \sim y \quad :\Longleftrightarrow \quad d(x,y) = 0 \qquad\qquad\qquad (5)$$

eine Äquivalenzrelation auf X erklärt. Auf dem Faktorraum $X_\sim$ wird durch

$$d_\sim(x_\sim, y_\sim) \;:=\; d(x,y) \qquad\qquad\qquad\qquad (6)$$

eine Metrik $d_\sim$ definiert. Sie erzeugt auf $X_\sim$ die Quotiententopologie (10.6.N).

4.1-3   Beispiele

(a) Zur diskreten Metrik und indiskreten Pseudometrik siehe A.6-1 und A.6-2.

(b) Ist $\|.\|$ eine Norm auf dem Vektorraum X, so ist $d(x,y) := \|x - y\|$ eine Metrik (6.1-2). Entsprechend erzeugt eine Halbnorm eine Pseudo-Metrik.

In diesem Sinn sind der $\mathbb{R}^n$ und $\mathbb{C}$ mit der euklidischen Norm metrische Räume. Wenn nichts anderes gesagt wird, verwenden wir im $\mathbb{R}^n$ und $\mathbb{C}$ immer den euklidischen Abstand.

(c) Ist (X,d) ein metrischer Raum und $\emptyset \neq Y \subset X$, so ist auch Y zusammen mit der Einschränkung $d_Y := d\lceil_{Y \times Y}$ ein metrischer Raum. (Y, d_Y) heißt *Teilraum* von (X, d).

(d) In einigen Beispielen erhält man eine Metrik als kürzeste Länge verbindender Wege. Z.B. ist ein sinnvoller Abstand zweier Punkte P, Q auf einer Kugel die Länge des (kürzeren) Großkreisbogens von P nach Q. Auch die *Igel-Metrik* (10.6.L) ist dafür ein Beispiel.

4.1-4   Abstand zwischen Mengen

Der Abstand zweier nichtleerer Teilmengen A, B eines metrischen Raumes (X, d) und der Abstand eines Punktes zu einer Menge werden definiert durch

$$d(A, B) := \inf \big\{ \, d(a, b) \mid a \in A, b \in B \, \big\} \, , \quad d(a, B) := d(\{a\}, B) \, . \qquad (7)$$

Für den Abstand zwischen Mengen gilt u.a.

(i) $d(A, B) = d(B, A)$,

(ii) $d(A, B) = 0$, falls $A \cap B \neq \emptyset$,

(iii) $d(a, B) = 0 \iff a \in \overline{B}$ (10.6.C).

Der Abstand zweier disjunkter, auch zweier abgeschlossener disjunkter Mengen kann Null sein. Dagegen ist der Abstand einer kompakten und einer dazu disjunkten abgeschlossenen Menge stets positiv (siehe z.B. [RA2 6.4.1.B]).

4.1-5   Durchmesser einer Menge

Sei (X, d) ein metrischer Raum und $\emptyset \neq A \subset X$. Dann heißt

$$\operatorname{diam} A := \sup \big\{ \, d(x, y) \mid x, y \in A \, \big\} \qquad (8)$$

der *Durchmesser* von A.

Evt ist $\operatorname{diam} A = \infty$. Für die leere Menge setzt man $\operatorname{diam} \emptyset := 0$.

4.1-6   Beschränkte Mengen

Eine Teilmenge A eines metrischen Raumes X heißt *beschränkt*, wenn ihr Durchmesser $\operatorname{diam} A < \infty$ ist, andernfalls heißt A *unbeschränkt*.

$A \subset X$ ist genau dann beschränkt, wenn A in einer ε-Kugel $B_r(x)$ (4.2-1) enthalten ist, also:

$$A \subset X \text{ ist beschränkt} \quad \Longleftrightarrow \quad \exists\, x \in X\; \exists\, r \;:\; A \subset B_r(x)$$
$$\Longleftrightarrow \quad \forall\, x \in X\; \exists\, r \;:\; A \subset B_r(x) \tag{9}$$

Eine Menge kann bzgl einer Metrik d beschränkt sein, bzgl einer zu d äquivalenten Metrik (4.2-4) d' aber nicht. Man sagt: Die Beschränktheit einer Menge ist eine *metrische* und keine *topologische Eigenschaft*. Es gilt sogar

4.1-7 Satz

In *jedem* metrischen Raum (X,d) gibt es eine zu d äquivalente Metrik, bzgl der X beschränkt ist. Anders ausgedrückt:

Jeder metrische Raum ist homöomorph zu einem beschränkten Raum.

Ist nämlich d eine Metrik auf X, so auch

$$d'(x,y) := \min\{1, d(x,y)\} \,. \tag{10}$$

Die beiden Metriken sind äquivalent und X ist bzgl d' beschränkt.

4.1-8 Total beschränkte Mengen

Eine Teilmenge A eines metrischen Raumes X heißt *total beschränkt*, wenn

$$\forall\, \varepsilon > 0\; \exists\, n \in \mathbb{N}\; \exists\, x_1, x_2, \ldots, x_n \in A \;:\; A \subset \bigcup_{k=1}^{n} B_\varepsilon(x_k) \,. \tag{11}$$

Total beschränkte Mengen sind beschränkt, aber nicht umgekehrt.

Z.B. ist ein unendlicher Raum X mit der diskreten Metrik beschränkt, aber nicht total-beschränkt.

Ist A total beschränkt, so ist auch $\overline{A}$ und jede Teilmenge von A total beschränkt.

Total beschränkte Räume sind separabel (10.6.I).

Zur Beschränktheit in topologischen Vektorräumen siehe 5.2-6.

4.2 Topologische Grundbegriffe in metrischen Räumen

In allgemeinen topologischen Räumen werden Begriffe wie *Kern, Rand-* und *Häufungspunkt* mit Hilfe offener Mengen und Umgebungen definiert. In metrischen Räumen benutzt man dafür gerne die Metrik und ε-Umgebungen.

Es kann eine gute Übungsaufgabe zur Prüfungsvorbereitung sein, die Definitionen aus Abschnitt 1.2 auf metrische Räume zu spezialisieren. Wir tun dies hier nur in gebotener Knappheit.

4.2-1 ε-Umgebungen

Sei (X, d) ein metrischer Raum, $x \in X$ und $\varepsilon > 0$. Dann heißt

$$B_\varepsilon(x) := \{ y \in X \mid d(x, y) < \varepsilon \} \tag{1}$$

ε-Umgebung von x oder auch *(offene) ε-Kugel um x.*

Die ε-Umgebungen bilden eine Basis der Topologie (4.2-3) des metrischen Raumes (X, d). Für jeden festen Punkt bilden sie eine Umgebungsbasis.

Achtung: I.a. ist $\overline{B_\varepsilon(x)} \neq \{ y \in X \mid d(x, y) \leq \varepsilon \}$. Z.B. gilt in nicht-trivialen diskreten Räumen $B_1(x) = \overline{B_1(x)} = \{x\} \neq X = \{ y \mid d(x, y) \leq 1 \}$.

4.2-2 ε-Umgebung einer Menge

Sei (X, d) ein metrischer Raum, $A \subset X$ und $\varepsilon > 0$. Dann heißt

$$\begin{aligned} B_\varepsilon(A) &:= \{ y \in X \mid \exists x \in A : d(x, y) < \varepsilon \} \\ &= \{ y \in X \mid d(y, A) < \varepsilon \} = \bigcup \{ B_\varepsilon(x) \mid x \in A \} \end{aligned} \tag{2}$$

ε-Umgebung von A.

Achtung: Umgebungen von Punkten enthalten stets eine ε-Umgebung. Für Umgebungen von Mengen gilt dies i.a. nicht. Z.B. ist

$$U := \bigcup \{ B_{1/n}(n) \mid n \in \mathbb{N} \} \tag{3}$$

eine Umgebung von $\mathbb{N}$ in $\mathbb{R}$, die keine ε-Umgebung von $\mathbb{N}$ enthält.

4.2-3 Topologie eines (pseudo-) metrischen Raumes

Sei (X, d) ein (pseudo-) metrischer Raum. Das Mengensystem

$$\mathcal{T}_d := \{ G \subset X \mid \forall x \in G \ \exists \varepsilon > 0 : B_\varepsilon(x) \subset G \} \tag{4}$$

ist eine Topologie auf X, die sog. *von der Metrik d erzeugte Topologie.*

Z.B. erzeugt die diskrete Metrik (A.6-1) die diskrete Topologie, und die euklidische Metrik $d(x, y) = |x - y|$ erzeugt auf $\mathbb{R}$ die euklidische Topologie $\mathcal{T}_{eu}$.

Wenn nichts anderes gesagt wird, wird auf einem metrischen Raum (X, d) immer die von d erzeugte Topologie betrachtet. In diesem Sinn sind metrische Räume spezielle topologische Räume.

Zu der Frage, welche Topologien von einer Metrik erzeugt werden, also zur *Metrisierbarkeit* topologischer Räume siehe Abschnitt 4.7.

4.2-4   Äquivalente Metriken

Zwei Metriken d und d' auf derselben Menge heißen *(topologisch) äquivalent*, wenn sie dieselbe Topologie erzeugen.

Dies ist genau dann der Fall, wenn für alle Punkte jede ε-Umgebung bzgl d eine bzgl d' enthält und umgekehrt.

4.2-5   Spezielle Punkte in (pseudo-) metrischen Räumen

Zu den entsprechenden Definitionen in topologischen Räumen siehe 1.2-D.

Seien (X, d) ein (pseudo-) metrischer Raum, $A \subset X$ und $x \in X$. Dann ist

$$x \text{ innerer Punkt von } A \iff \exists\, \varepsilon > 0 \; : \; B_\varepsilon(x) \subset A \,, \tag{5}$$

$$x \text{ Berührungspunkt von } A \iff \forall\, \varepsilon > 0 \; : \; B_\varepsilon(x) \cap A \neq \emptyset \,, \tag{6}$$

$$x \text{ Häufungspunkt von } A \iff \forall\, \varepsilon > 0 \; : \; B_\varepsilon(x) \cap \big(A \backslash \{x\}\big) \neq \emptyset \,,$$
$$\iff \forall\, \varepsilon > 0 \; \exists\, a \in A \; : \; 0 < d(a, x) < \varepsilon \,. \tag{7}$$

$$x \text{ isolierter Punkt von } A \iff \exists\, \varepsilon > 0 \; : \; B_\varepsilon(x) \cap A = \{x\} \,, \tag{8}$$

$$x \text{ Randpunkt von } A \iff$$
$$\forall\, \varepsilon > 0 \; : \; B_\varepsilon(x) \cap A \neq \emptyset \text{ und } B_\varepsilon(x) \cap (X \backslash A) \neq \emptyset. \tag{9}$$

Kern A°, Hülle $\overline{A}$, Rand ∂A und Ableitung A' sind in metrischen Räumen natürlich genauso definiert wie in allgemeinen topologischen Räumen (1.2-C).

In (pseudo-) metrischen Räumen, aber nicht in jedem topologischen Raum gilt:

4.2-6   Bemerkung

Ist x Häufungspunkt von $A \subset X$, so enthält jede ε-Umgebung von x unendlich viele Elemente von A und x ist Häufungswert (sogar Grenzwert) einer Folge von Elementen aus $A \backslash \{x\}$.

4.2-7   Folgen in (pseudo-) metrischen Räumen

(Pseudo-) metrische Räume sind A_1-Räume. Daher spielen Folgen in metrischen Räumen eine größere Rolle als in allgemeinen topologischen Räumen.

Für (pseudo-) metrische Räume (X, d), $\xi \in X$ und Folgen (x_n) aus X gilt:

$$\xi = \lim_{n \to \infty} x_n \iff \forall\, \varepsilon > 0 \; \exists\, n_0 \in \mathbb{N} \; \forall\, n \geq n_0 \; : \; d(x_n, \xi) < \varepsilon \tag{10}$$

ξ ist Häufungswert von (x_n)
$$\iff \forall\, \varepsilon > 0 \; \forall\, n_0 \in \mathbb{N} \; \exists\, n \geq n_0 \; : \; d(x_n, \xi) < \varepsilon \,. \tag{11}$$
$$\iff \exists\, \text{Teilfolge } (x_{n_k})_k \text{ von } (x_n) \; : \; x_{n_k} \to \xi \,.$$

(x_n) heißt *beschränkt*, wenn die Menge $\{\, x_n \mid n \in \mathbb{N} \,\}$ beschränkt ist.

Konvergente Folgen sind beschränkt, unbeschränkte Folgen sind divergent.
Zu Cauchy-Folgen siehe 4.4-1.

4.3 Topologische Eigenschaften metrischer Räume

Im folgenden gehen wir auf spezielle Eigenschaften metrischer Räume ein, die nicht alle topologischen Räume besitzen.

Zu der Frage, welche Topologien von einer Metrik erzeugt werden, also zur Metrisierbarkeit topologischer Räume siehe Abschnitt 4.7.

4.3-1 Abzählbarkeitseigenschaften metrischer Räume

Jeder (pseudo-) metrische Räume erfüllt das 1. Abzählbarkeitsaxiom, d.h. jeder Punkt besitzt eine abzählbare Umgebungsbasis, z.B. die Menge der Kugelumgebungen mit den Radien $1/n$.

Das 2. Abzählbarkeitsaxiom gilt nicht in jedem metrischen Raum. Z.B. besitzt eine überabzählbare Menge mit der diskreten Metrik keine abzählbare Basis.

In (pseudo-) metrischen Räumen sind 2. Abzählbarkeitsaxiom, Lindelöf-Eigenschaft und Separabilität äquivalent (10.3.E).

Infolgedessen ist auch jeder Unterraum eines separablen metrischen Raumes separabel (in allgemeinen topologischen Räumen falsch!).

4.3-2 Trennungseigenschaften metrischer Räume

Metrische Räume erfüllen jedes T_i-Trennungsaxiom für $i = 0, \ldots, 5$. Sie sind insbesondere vollständig normal und vollständig regulär (10.6.D).

In metrischen Räumen besitzt jeder Punkt eine Umgebungsbasis aus abgeschlossenen Umgebungen. Dies gilt in jedem T_3-Raum (3.1-9).

Aber i.a. gibt es keine Umgebungsbasis aus kompakten Umgebungen, z.B. in jedem unendlich-dimensionalen normierten linearen Raum.

4.3-3 Trennungseigenschaften pseudo-metrischer Räume

Ein pseudo-metrischer Raum, der kein metrischer ist, ist kein Hausdorff- und damit kein T_0- oder T_1-Raum. Es gilt jedoch:

Jeder pseudo-metrische Raum ist ein T_3-, T_{3a}-, T_4- und T_5-Raum (10.6.D).

4.3-4 Kompaktheit in metrischen Räume

Für metrische Räume X sind äquivalent (vgl Abschnitt 3.4) :

  (i) X ist *kompakt*,

  (ii) X ist *folgenkompakt*,

  (iii) X ist *abzählbar kompakt*,

  (iv) X ist *total-beschränkt* und *vollständig*.

In beliebigen topologischen Räumen sind diese Bedingungen nicht äquivalent und Bedingung (iv) gar nicht sinnvoll.

Eine Teilmenge $A \subset X$ ist kompakt, wenn A mit der Relativtopologie bzw mit der relativen Metrik (4.1-3(c)) kompakt ist.

4.3-5   Relativ kompakte Teilmengen

Für eine Teilmenge A eines metrischen Raum X sind äquivalent:

(i) A ist *relativ kompakt*, d.h. $\overline{A}$ ist kompakt,

(ii) A ist *relativ folgenkompakt*, d.h. $\overline{A}$ ist folgenkompakt.

Ist X vollständig, so sind (i) und (ii) äquivalent zu

(iii) A ist *total-beschränkt* und *abgeschlossen*.

4.3-6   Folgerungen aus der Kompaktheit

Für topologische Räume siehe 3.4-B. Für metrische Räume gilt speziell:

(a)   Kompakte Mengen sind abgeschlossen und beschränkt. Die Umkehrung gilt im $\mathbb{R}^n$ (Satz von Heine-Borel 6.1-15), aber nicht in allgemeineren Räumen.

(b)   Kompakte metrische Räume sind *separabel* (10.4.E).

(c)   Stetige Funktionen sind auf kompakten Mengen gleichmäßig stetig (Beweis direkt mit Hilfe der Überdeckungseigenschaft).

Ein nützliches Hilfsmittel ist das

4.3-7   Überdeckungslemma von Lebesgue

Sei $\mathfrak{U}$ eine offene Überdeckung einer kompakten Teilmenge eines metrischen Raumes (X, d). Dann gibt es ein $\varepsilon > 0$ derart, dass jede ε-Umgebung eines Punktes $a \in A$ in einer Überdeckungsmenge $U \in \mathfrak{U}$ enthalten ist (10.4.F).

4.3-8   Parakompaktheit metrischer Räume

Jeder metrische Raum X ist parakompakt, d.h. jede offene Überdeckung von X besitzt eine lokal-endliche Verfeinerung.

4.4 Vollständige metrische Räume

Die Vollständigkeit ist ein metrischer und kein allgemeiner topologischer Begriff. Sie garantiert die Existenz der Grenzwerte von Cauchy-Folgen und für die Definition von Cauchy-Folgen braucht man so etwas wie eine *Metrik*.

Zu *topologisch vollständigen Räumen* siehe 4.4-4.

Wichtige Sätze, die die Vollständigkeit wesentlich benutzen, sind u.a.
- *der Cantorsche Durchschnittssatz* 4.4-5,
- *der Bairesche Kategoriensatz* 4.4-6 und
- *der Banachsche Fixpunktsatz* 4.5-10.

Man beachte aber, dass jeder metrische Raum *vervollständigt* werden kann, d.h. er kann in einen vollständigen Raum isometrisch eingebettet werden (4.4-8).

Meist wird die Vollständigkeit mit Hilfe von Cauchy-Folgen definiert:

4.4-1 Cauchy-Folgen

Sei (X, d) ein metrischer Raum. Eine Folge (x_n) in X heißt *Cauchy-Folge*, wenn

$$\forall \varepsilon > 0 \; \exists n_0 \in \mathbb{N} \; \forall n, m \geq n_0 \; : \; d(x_n, x_m) < \varepsilon \, . \qquad (1)$$

Cauchy-Folgen sind beschränkt.

Konvergente Folgen sind Cauchy-Folgen. Die Umkehrung gilt nur in *vollständigen* Räumen.

4.4-2 Vollständige metrische Räume

Ein metrischer Raum (X, d) heißt *vollständig*, wenn jede Cauchy-Folge in X einen Grenzwert in X besitzt.

4.4-3 Beispiele und Bemerkungen

(a) Endlich dimensionale normierte Räume sind vollständig.
Insbesondere sind $\mathbb{C}$ und der $\mathbb{R}^n$ mit der euklidischen Metrik vollständig.

Unendlich dimensionale normierte Räume sind i.a. nicht vollständig.

(b) $\mathbb{Q}$ mit der euklidischen Metrik ist nicht vollständig.

(c) Der Raum $C[a, b]$ der auf $[a, b] \subset \mathbb{R}$ stetigen Funktionen ist mit der Supremumsnorm vollständig, mit der Integralnorm nicht (11.3.B).

(d) Ein Teilraum eines vollständigen metrischen Raumes ist genau dann vollständig, wenn er abgeschlossen ist. Beweis z.B. [RA2 6.4.3.A].

(e) Kompakte Teilräume beliebiger metrischer Räume sind vollständig.

4.4-4 Topologisch vollständige Räume

Ein topologischer Raum heißt *topologisch vollständig*, wenn seine Topologie durch eine vollständige Metrik erzeugt wird.

Man beachte aber, dass man die Vollständigkeit einer Metrik nicht allein an der erzeugten Topologie ablesen kann. Z.B. ist $\mathbb{R}$ mit der euklidischen Metrik vollständig, mit der äquivalenten Metrik $\varrho(x, y) := \left| \frac{x}{1+|x|} - \frac{y}{1+|y|} \right|$ nicht (10.6.F).

4.4-5   Cantorscher Durchschnittssatz

Sei X ein *vollständiger* metrischer Raum. Sei (F_n) eine Folge nichtleerer abgeschlossener Teilmengen von X derart, dass $F_0 \supset F_1 \supset \ldots \supset F_n \supset \ldots$ und $\operatorname{diam} F_n \to 0$. Dann ist der Gesamtdurchschnitt $\bigcap_{n \in \mathbb{N}} F_n \neq \emptyset$ nichtleer. (Beweis siehe Aufgabe 6.4.3.C in [RA2])

4.4-6   Bairescher Kategoriensatz

Ein *vollständiger* metrischer Raum X ist nicht darstellbar als abzählbare Vereinigung nirgends-dichter Mengen.
Ist also $X = \bigcup_{k \in \mathbb{N}} A_k$, so besitzt mindestens eine Hülle $\overline{A_k}$ innere Punkte.

Eine andere Formulierung ist:

Ist A magere Teilmenge eines vollständigen metrischen Raumes X, d.h. ist A abzählbare Vereinigung nirgends dichter Mengen, so ist ihr Komplement $X \backslash A$ dicht in X.

Weiteres zum Baireschen Kategoriensatz siehe 3.3-20.

4.4-7   Vervollständigung metrischer Räume

Ein metrischer Raum $(\widehat{X}, \widehat{d})$ heißt *Vervollständigung* eines metrischen Raums (X, d), wenn $X \subset \widehat{X}$, $\overline{X} = \widehat{X}$, $\widehat{d} \restriction_{X \times X} = d$ und $(\widehat{X}, \widehat{d})$ vollständig ist.

Zum Beispiel ist $\mathbb{R}$ eine Vervollständigung von $\mathbb{Q}$ bzgl. der euklidischen Metrik.

Manchmal definiert man allgemeiner, dass (Y, d') eine Vervollständigung von (X, d) ist, wenn X isometrisch auf eine dichte Teilmenge $X^* \subset Y$ abgebildet werden kann.

4.4-8   Existenz- und Eindeutigkeitssatz

Jeder metrische Raum (X, d) besitzt eine Vervollständigung.

Sind $(\widehat{X}_j, \widehat{d}_j)$ zwei Vervollständigungen von (X, d), so gibt es eine bijektive Isometrie $\varphi \colon \widehat{X}_1 \to \widehat{X}_2$ derart, dass $\varphi \restriction_X = \operatorname{id}_X$ ist.

Konstruktions-Idee: Auf $C := \{ (x_n) \in X^{\mathbb{N}} \mid (x_n) \text{ ist Cauchy-Folge} \}$ definiert $(x_n) \sim (y_n) :\Leftrightarrow \lim_{n \to \infty} d(x_n, y_n) = 0$ eine Äquivalenzrelation.

Auf dem Quotientenraum $C_\sim$ wird durch $\widehat{d}((x_n)_\sim, (y_n)_\sim) := \lim_{n \to \infty} d(x_n, y_n)$ eine Metrik erklärt.

Schließlich wird X durch $\beta \colon X \to C_\sim$; $\beta(x) := \big[(x)_{n \in \mathbb{N}} \big]_\sim$ isometrisch auf eine dichte Teilmenge $X^* \subset C_\sim$ abgebildet und kann dadurch als dichte Teilmenge in $C_\sim$ eingebettet werden.

Einen anderen Beweis finden Sie in Aufgabe 10.6.M.

4.5 Stetigkeit und gleichmäßige Stetigkeit

Die Definitionen und Ergebnisse aus Abschnitt 2.4 für stetige Funktionen zwischen topologischen Räumen gelten natürlich auch in metrischen Räumen. In diesen bilden die $\varepsilon-$Umgebungen spezielle Umgebungsbasen. Für metrische Räume ist die Stetigkeitsdefinition 2.4-1 daher äquivalent zu

4.5-1 ε-δ-Definition der Stetigkeit

Seien (X,d) und (Y,d') metrische Räume, $D \subset X$, $f: D \to Y$ und $\xi \in D$.

f ist stetig in ξ $\;:\Longleftrightarrow$
$$\forall \varepsilon > 0 \; \exists \delta > 0 \; \forall x \in D \; : \; d(x,\xi) < \delta \implies d'\big(f(x), f(\xi)\big) < \varepsilon . \tag{2}$$

Im Gegensatz zur *Stetigkeit* ist die *gleichmäßige* Stetigkeit kein allgemeiner topologischer Begriff. Sie ist nur in metrischen bzw uniformen Räumen sinnvoll.

4.5-2 Gleichmäßig stetige Funktionen

Seien (X,d), (Y,d') metrische Räume, $D \subset X$ und $f: D \to Y$.

f ist gleichmäßig stetig auf D $\;:\Longleftrightarrow$
$$\forall \varepsilon > 0 \; \exists \delta > 0 \; \forall x,y \in D \; : \; d(x,y) < \delta \implies d'\big(f(x), f(y)\big) < \varepsilon . \tag{3}$$

4.5-3 Bemerkungen

Seien X, Y, Z metrische Räume und $D \subset X$. Dann gilt u.a.

(a) Auf D gleichmäßig stetige Funktionen sind in jedem Punkt $x_0 \in D$ stetig.

(b) Stetige Funktionen sind auf kompakten Mengen gleichmäßig stetig.

(c) Sind $f: X \to Y$ und $g: Y \to Z$ gleichmäßig stetig, so auch $g \circ f$.

(d) Ist X ein diskreter und Y ein beliebiger metrischer Raum, so ist jede Abbildung $f: X \to Y$ gleichmäßig stetig. (Wähle $0 < \delta < 1$!)

(e) Seien X, Y metrische Räume, $D \subset X$ kompakt und $f: D \to Y$ gleichmäßig stetig. Dann ist $f(D)$ beschränkt (10.6.H).

(f) Für festes $\emptyset \neq A \subset X$ definiert $\delta(x) := d(x, A)$ eine gleichmäßig stetige Funktion $\delta: X \to \mathbb{R}$ (10.6.B).

Spezielle gleichmäßig stetige Funktionen sind

4.5-4 Lipschitz-stetige Funktionen

$f: D \subset X \to Y$ ist auf D *Lipschitz-stetig*, wenn es ein $L \in \mathbb{R}$ gibt mit
$$\forall x,y \in D \; : \; d'(f(x), f(y)) \leq L \cdot d(x,y) . \tag{4}$$

Eine solche Konstante L heißt auch *Lipschitz-Konstante* für f. Isometrien und Kontraktionen sind spezielle Lipschitz-stetige Funktionen:

4.5-5   Isometrien

Eine Abbildung $f\colon X \to Y$ zwischen zwei metrischen Räumen (X, d) und (Y, d') heißt *isometrisch* oder eine *Isometrie*, wenn $d'\big(f(x), f(y)\big) = d(x, y)$ für alle $x, y \in X$.

4.5-6   Kontraktionen

Eine Abbildung $f\colon X \to Y$ zwischen zwei metrischen Räumen (X, d) und (Y, d') heißt *kontrahierend* oder eine *Kontraktion*, wenn f Lipschitz-stetig ist mit einer Lipschitz-Konstanten $0 \le L < 1$.

Sie heißt *schwach kontrahierend*, wenn $d'\big(f(x), f(y)\big) < d(x, y)$ $\forall x, y \in X$.

Kontrahierende Abbildungen sind schwach kontrahierend, aber nicht umgekehrt. Z.B. ist $f(x) := x + \frac{1}{x}$ eine schwach kontrahierende, aber nicht kontrahierende Abbildung des Intervalls $[1, \infty[$ auf sich.

4.5-7   Fortsetzung gleichmäßig stetiger Funktionen

Seien X, Y metrische Räume, $D \subset X$ und $f\colon D \to Y$ gleichmäßig stetig. Ist Y *vollständig*, so existiert eine gleichmäßig stetige Fortsetzung $\widehat{f}\colon \overline{D} \to Y$.

Ist f Lipschitz-stetig auf D, so ist auch die Fortsetzung $\widehat{f}$ Lipschitz-stetig auf $\overline{D}$ (und zwar mit derselben Lipschitz-Konstanten).
Die Beweise aus [RA2 6.4.7.G] lassen sich übertragen.
Zur Fortsetzbarkeit stetiger Funktionen in topologischen Räumen siehe 2.4-10.

4.5-8   Definition

Seien (X, d) und (Y, d') metrische Räume, $D \subset X$, $f\colon D \to Y$, $\xi \in X$ ein Häufungspunkt von D und $\eta \in Y$. Dann ist Definition 2.4-15 äquivalent zu

$$\eta = \lim_{x \to \xi} f(x) \quad \Longleftrightarrow$$
$$\forall \varepsilon > 0\ \exists \delta > 0\ \forall x \in D \backslash \{\xi\}\ :\ d(x, \xi) < \delta \ \Rightarrow\ d'\big(f(x), \eta\big) < \varepsilon . \tag{5}$$

4.5-9   Cauchy-Kriterium für Funktionsgrenzwerte

Seien X, Y, D, f, ξ wie oben. Der Zielraum Y sei *vollständig*. Dann existiert der Grenzwert $\lim_{x \to \xi} f(x)$ genau dann, wenn

$$\forall \varepsilon > 0\ \exists U \in \mathfrak{U}(\xi)\ \forall x, y \in X\ :\ x, y \in U \backslash \{\xi\} \ \Rightarrow\ d'\big(f(x), f(y)\big) < \varepsilon . \tag{6}$$

Dies gilt auch, wenn der Ausgangsraum X nur ein topologischer Raum ist.

4.5-A   Fixpunktsätze

$\xi \in X$ ist ein *Fixpunkt* einer Funktion $f\colon X \to X$, wenn $f(\xi) = \xi$.

Kontraktionen eines vollständigen metrischen Raumes besitzen einen Fixpunkt. Das besagt der

4.5-10   Banachscher Fixpunktsatz (1922)

Sei X ein *vollständiger* metrischer Raum und $f\colon X \to X$ eine Kontraktion, d.h. es ist $d\big(f(x), f(y)\big) \leq L \cdot d(x,y)$ für eine Lipschitz-Konstante $0 \leq L < 1$ und alle $x, y \in X$.
Dann besitzt f genau einen Fixpunkt $\xi \in X$.

Ist $x_0 \in X$ ein beliebiger Startwert, so konvergiert die rekursiv definierte Folge $x_{n+1} := f(x_n)$ gegen den Fixpunkt ξ und es gilt die Abschätzung

$$d(x_k, \xi) \ \leq \ \tfrac{1}{1-L}\, d(x_k, x_{k+1}) \ \leq \ \tfrac{L^k}{1-L}\, d(x_1, x_0) \ . \tag{7}$$

Der Beweis aus [RA1 3.3.6.B] lässt sich übertragen.

Stetige Abbildungen topologischer Räume X in sich besitzen i.a. keine Fixpunkte. Betrachte dafür z.b. Drehungen von Kreisringen, Translationen normierter Räume oder die durch $f(x) := x/2$ definierte Abbildung des offenen Einheitsintervalls $]0, 1[$ in sich.

Setzt man E als kompakt und konvex voraus, so sind zumindest diese Beispiele ausgeschlossen. Ein klassisches Ergebnis ist:

4.5-11   Brouwerscher Fixpunktsatz (1912)

Sei B die abgeschlossene Einheitskugel im $\mathbb{R}^n$ und $f\colon B \to B$ stetig. Dann besitzt f einen Fixpunkt.

Dies ist im Gegensatz zum metrischen Fixpunktsatz von Banach ein rein topologischer Satz. Er gilt auch für jeden topologischen Raum X, der homöomorph zu B ist. Zum Beweis (siehe z.b. Lefschetz: *Algebraic Topology*) benutzt man meist Hilfsmittel der algebraischen Topologie.

Für unendlich dimensionale Räume ist er in dieser Form falsch (11.2.F). Man muss an die Grundmenge oder an die Funktion stärkere Forderungen stellen.

4.5-12   Schauderscher Fixpunktsatz (1930)

Sei E ein normierter oder allgemeiner ein hausdorffscher lokalkonvexer Raum, $K \subset E$ eine nichtleere, kompakte konvexe Teilmenge und $f\colon K \to K$ stetig. Dann besitzt f mindestens einen Fixpunkt.

Beweis mit Benutzung des Brouwerschen Fixpunktsatzes 4.5-11 und eines analogen Resultats für den Hilbert-Würfel (11.2.G) siehe [EDW, 3.6.1].

4.5-B   Gleichgradige Stetigkeit

4.5-13   Definition

Seien (X, d) und (Y, d') zwei metrische Räume und $D \subset X$. Eine Familie $\mathcal{F}$ von Funktionen $f \colon D \to Y$ heißt *gleichgradig stetig auf D*, wenn

$$\forall \varepsilon > 0 \; \exists \delta > 0 \; \forall x, y \in D \; \forall f \in \mathcal{F} \; : \; d(x, y) < \delta \implies d'(f(x), f(y)) < \varepsilon \; . \quad (8)$$

Das zu ε existierende δ hängt also weder von f noch von x, y ab. Deshalb sprechen manche Autoren auch von *gleichgradig gleichmäßiger* Stetigkeit.

Genügen die Funktionen $f \in \mathcal{F}$ einer Lipschitz-Bedingung mit einer *einheitlichen* Lipschitz-Konstanten, so sind sie gleichgradig stetig.

4.5-14   Satz von Arzela-Ascoli, 1. Fassung

Sei X ein metrischer Raum mit einer abzählbaren dichten Teilmenge A (also separabel) und $\mathcal{F}$ eine gleichgradig stetige und punktweise beschränkte Familie von Funktionen $f \colon X \to \mathbb{R}^n$. Dann besitzt jede Folge aus $\mathcal{F}$ eine in X lokal gleichmäßig konvergente Teilfolge.

Dabei heißt $\mathcal{F}$ *punktweise beschränkt*, wenn es zu jedem $x \in X$ eine Schranke $C_x \in \mathbb{R}$ gibt, so dass $\|f(x)\| < C_x$ für alle $f \in \mathcal{F}$.

Zum Beweis (siehe [RA2 6.4.7.I-J]) kann man den folgenden Hilfssatz über gleichgradig stetige Funktionenfolgen benutzen:

4.5-15   Hilfssatz

Sind die $f_k \colon X \to Y$ $(k \in \mathbb{N})$ auf X gleichgradig stetig und konvergieren die Zahlenfolgen $\big(f_k(\xi)\big)$ für alle ξ aus einer dichten Teilmenge D von X, so konvergiert die Funktionenfolge (f_k) in ganz X und zwar lokal gleichmäßig.

Kompakte metrische Raum sind separabel (10.4.E). Also gilt der Satz von Arzela-Ascoli insbesondere für kompakte metrische Räume.

Hier gilt auch folgende Umkehrung:

4.5-16   Satz

Sei X ein kompakter metrischer Raum und $\mathcal{F}$ eine Familie stetiger Funktionen $f \colon X \to \mathbb{R}^n$ derart, dass jede Folge aus $\mathcal{F}$ eine in X gleichmäßig konvergente Teilfolge besitzt. Dann ist $\mathcal{F}$ gleichgradig stetig und global beschänkt.

Für kompakte X ist der Raum $C(X, \mathbb{R}^n)$ der stetigen Funktionen $f \colon X \to \mathbb{R}^n$ mit der Sup-Norm ein vollständiger normierter Raum (11.3.A).

Man kann daher die Sätze 4.5-14 und 4.5-16 zusammenfassen zu

4.5-17   Satz von Arzela-Ascoli, 2. Fassung

Sei X ein kompakter metrischer Raum. Dann ist eine Teilmenge $\mathcal{F} \subset C(X, \mathbb{R}^n)$ genau dann relativ kompakt bzgl der Sup-Norm, wenn sie punktweise beschränkt und gleichgradig stetig ist.

4.6 Punktweise und gleichmäßige Konvergenz

Um die punktweise Konvergenz einer Funktionenfolge definieren zu können, kommt man mit einer Topologie auf dem Zielraum aus, für die gleichmäßige Konvergenz braucht man eine Metrik oder wenigstens allgemeiner eine uniforme Struktur.

Sei im folgenden (f_n) eine Folge von Funktionen $f_n \colon D \to X$ von einer beliebigen Menge D in einen topologischen Raum $(X, \mathfrak{T})$.

4.6-1 Punktweise Konvergenz

(f_n) konvergiert *punktweise* auf D gegen eine Funktion $f \colon D \to X$, wenn für alle $x \in D$ die Folgen $(f_n(x))$ in X gegen $f(x)$ konvergieren.

Dies ist genau dann der Fall, wenn (f_n) bzgl der Produkttopologie auf X^D gegen f konvergiert.

4.6-2 Gleichmäßige Konvergenz

Ist (X, d) speziell ein metrischer Raum, so konvergiert (f_n) auf D *gleichmäßig* gegen f, wenn es für jedes $\varepsilon > 0$ einen Index $n_0 > 0$ gibt, so dass für alle $x \in D$ und alle $n > n_0$ gilt $d\big(f_n(x), f(x)\big) < \varepsilon$.

Formal geschrieben:

(f_n) konvergiert auf D gleichmäßig gegen f

$$:\Longleftrightarrow \quad \forall \varepsilon > 0 \; \exists n_0 \in \mathbb{N} \; \forall x \in D \; \forall n \geq n_0 \; : \; d(f_n(x), f(x)) < \varepsilon \tag{9}$$

$$:\Longleftrightarrow \quad \|f_n - f\|_\infty := \sup \big\{ \, |f_n(x) - f(x)| \; \big| \; x \in D \, \big\} \to 0 \quad (n \to \infty) \; .$$

Jede gleichmäßig konvergente Folge ist punktweise konvergent, aber natürlich nicht umgekehrt.

4.6-3 Stetigkeit der Grenzfunktion

Die Grenzfunktion einer gleichmäßig konvergenten Folge stetiger Funktionen ist stetig.

Auf diesem Satz beruht die Vollständigkeit der Räume $C_b(X)$ (A.7-22).

Übrigens ist auch die Grenzfunktion einer gleichmäßig konvergenten Folge gleichmäßig stetiger Funktionen gleichmäßig stetig.

Der Beweis aus Analysis I [RA1 3.3.8.B] läßt sich wörtlich übertragen.

Ein Beispiel einer unstetigen Grenzfunktion liefert die Folge $f_n(x) := x^n$ auf dem Intervall $[0, 1] \subset \mathbb{R}$ (siehe [RA1 3.2.7]).

4.7   Metrisierbarkeit topologischer Räume

4.7-1   Definition

Ein topologischer Raum $(X, \mathcal{T})$ heißt *metrisierbar*, wenn es eine Metrik d auf X gibt, die die Topologie $\mathcal{T}$ erzeugt, also für die gilt:

$$G \in \mathcal{T} \quad \Longleftrightarrow \quad \forall\, x \in G \; \exists\, \varepsilon > 0 \; : \; B_\varepsilon(x) \subset G \;. \tag{1}$$

Topologische Eigenschaften, die alle metrischen Räume besitzen, liefern notwendige Bedingungen für die Metrisierbarkeit topologischer Räume. Z.B. gilt: Jeder metrisierbare Raum ist parakompakt, hausdorffsch und erfüllt das 1. Abzählbarkeitsaxiom.

Interessanter sind hinreichende Bedingungen für die Metrisierbarkeit.

4.7-2   Metrisations-Satz von Bing, Nagata, Smirnow

Ein topologischer Raum ist genau dann metrisierbar, wenn er regulär ist und seine Topologie eine σ-lokal-endliche Basis besitzt.

Dabei heißt eine Mengenfamilie $\mathcal{B} \subset \mathcal{P}(X)$ *σ-lokal-endlich*, wenn $\mathcal{B}$ abzählbare Vereinigung lokal-endlicher Familien $\mathcal{B}_n$ ist.

4.7-3   1. Metrisationssatz von Urysohn

Folgende Aussagen sind äquivalent

(i) X ist regulär und besitzt eine abzählbare Basis.

(ii) X ist metrisierbar und separabel.

(iii) X kann in den Produktraum $[0, 1]^{\mathbb{N}}$ eingebettet werden.

4.7-4   2. Metrisationssatz von Urysohn

Ein kompakter T_2-Raum ist genau dann metrisierbar, wenn er eine abzählbare Basis besitzt.

Folgt aus 4.7-2, da lokal-endliche Mengenfamilien in einem kompakten Raum höchstens endlich viele Mengen enthalten.

4.7-5   Metrisierbarkeit von Produkten

Für alle $i \in I$ sei X_i ein mindestens zweielementiger metrischer Raum. Dann ist das Produkt $\prod X_i$ genau dann metrisierbar, wenn I abzählbar ist.

Zum Beweis siehe 9.2.A. Eine Richtung folgt aus 4.7-3.

Teil II: Funktionalanalysis

In der Funktionalanalysis werden Begriffe und Methoden der Linearen Algebra auf Probleme der Analysis angewendet. Funktionen bilden in natürlicher Weise unendlich dimensionale Vektorräume, Lösungen von Differential- und Integralgleichungen kann man als Urbilder linearer Operatoren interpretieren usw.

In unendlich dimensionalen Räumen braucht man Grenzübergänge und hierfür Abstände oder allgemeiner Topologien. Für die Funktionalanalysis sind daher die folgenden Klassen von Vektorräumen interessant:
- am allgemeinsten die *topologischen Vektorräume*;
- spezieller die *lokalkonvexen* und die *normierten Räume*, deren Topologie von einer Schar von Halbnormen bzw einer Norm induziert wird;
- am speziellsten die *Innenprodukt-Räume*. Ihre Norm wird von einem Skalarprodukt erzeugt.

Banach- und *Hilberträume* sind vollständige normierte bzw Innenprodukt-Räume.

5   Topologische Vektorräume

5.1   Vektorraum-Topologien

Im folgenden sei E ein Vektorraum über $\mathbb{K} = \mathbb{R}$ oder $\mathbb{K} = \mathbb{C}$.

Grundbegriffe der Linearen Algebra wie z.B. *Vektorraum* und *lineare Abbildung* werden vorausgesetzt (siehe z.B. [RLA]).

5.1-1 Definition

Eine Topologie $\mathcal{T}$ auf E heißt *Vektorraum-Topologie* auf E, wenn die Addition $E \times E \to E$ und die Multiplikation $\mathbb{K} \times E \to E$ stetig sind, und zwar bzgl der euklidischen Topologie auf $\mathbb{K}$ und der Produkttopologie auf $E \times E$ bzw $\mathbb{K} \times E$.

In diesem Fall heißt $(E, \mathcal{T})$, kurz E, *topologischer Vektorraum*.

Achtung: In manchen Büchern wird zusätzlich die T_2-Eigenschaft gefordert.

Formuliert mit den Umgebungsfiltern $\mathfrak{U}(x)$ lauten die Stetigkeitsbedingungen

$$+ : E \times E \to E \text{ stetig} \quad \Longleftrightarrow$$
$$\forall\, x, y \in E\ \forall W \in \mathfrak{U}(x+y)\ \exists U \in \mathfrak{U}(x)\ \exists V \in \mathfrak{U}(y)\ :\ U + V \subset W\ . \tag{1}$$

$$\cdot : \mathbb{K} \times E \to E \text{ stetig} \quad \Longleftrightarrow$$
$$\forall\, x \in E\ \forall \lambda \in \mathbb{K}\ \forall\, W \in \mathfrak{U}(\lambda x)\ \exists \delta > 0\ \exists U \in \mathfrak{U}(x)\ \forall \mu \in \mathbb{K}\ : \tag{2}$$
$$|\mu - \lambda| < \delta \implies \mu U \subset W\ .$$

Dabei sind die Vektormengen $U + V$ und μU wie üblich definiert:

$$U + V := \{\, y + z \mid y \in U,\ z \in V \,\} \quad ; \quad \mu U := \{\, \mu y \mid y \in U \,\}. \qquad (3)$$

5.1-2   Beispiele

(a) Die indiskrete Topologie $\{\emptyset, E\}$ ist eine Vektorraum-Topologie auf E.

Dagegen ist für $\dim E > 0$ die diskrete Topologie $\mathcal{P}(E)$ *keine* Vektorraum-Topologie. Bedingung (2) ist für $\lambda = 0$ und $W = \{0\}$ verletzt (11.6.A).

(b) Normierte Räume sind spezielle topologische Vektorräume, d.h. die von einer Norm erzeugte Topologie ist eine Vektorraum-Topologie.

Zur Normierbarkeit topologischer Vektorräume siehe 5.4.

(c) Ist $(E, \|.\|)$ ein normierter Raum, so ist außer der Norm-Topologie auch die *schwache Topologie* $\sigma(E, E^*)$ (7.4-1) eine Vektorraum-Topologie auf E.

Sie ist i.a. echt schwächer als die Norm-Topologie und nicht normierbar.

Weitere Beispiele siehe Anhang A.7.

5.1-3   Umgebungen

Eine Vektorraumtopologie auf E wird bereits durch die Umgebungen bzw eine *Umgebungsbasis* eines einzigen Punktes, z.B. des Nullpunkts 0 eindeutig festgelegt.

Translationen sind Homöomorphismen. Daher gilt:

Sind E ein topologischer Vektorraum, $x, y \in E$ und $\mathcal{B}$ eine Umgebungsbasis (der Umgebungsfilter) von x, so ist $\mathcal{B}' := \{\, y - x + U \mid U \in \mathcal{B} \,\}$ eine Umgebungsbasis (der Umgebungsfilter) von y.

Infolgedessen ist eine lineare Abbildung $\varphi \colon E \to F$ zwischen topologischen Vektorräumen genau dann stetig, wenn sie in einem Punkt stetig ist.

5.1-4   Spezielle Nullumgebungsbasen

Sei E ein topologischer Vektorraum. Dann gibt es eine 0-Umgebungsbasis $\mathcal{V}$ aus offenen und eine aus abgeschlossenen Umgebungen derart, dass

(i)   jedes $V \in \mathcal{V}$ ist absorbierend und kreisförmig,

(ii) für alle $V \in \mathcal{V}$ gibt es ein $U \in \mathcal{V}$ mit $U + U \subset V$.

Ist umgekehrt $\mathcal{B}$ eine Filterbasis auf E, die (i) und (ii) erfüllt, so gibt es genau eine Vektorraum-Topologie auf E, bzgl der $\mathcal{B}$ eine 0-Umgebungsbasis ist.

Insbesondere besitzt jeder Punkt eine Umgebungsbasis aus abgeschlossenen Mengen, d.h. topologische Vektorräume sind T_3-Räume (vgl. 3.1-9).

Die geometrischen Eigenschaften *kreisförmig* und *absorbierend* sind ebenso wie die *Konvexität* (7.5-1) unabhängig von irgendeiner Topologie und daher in beliebigen Vektorräumen E über $\mathbb{K} = \mathbb{R}$ oder $\mathbb{C}$ sinnvoll:

5.1-5 Absorbierende Mengen

Eine Teilmenge $A \subset E$ heißt *absorbierend*, wenn für alle $x \in E$ gilt

$$\exists\, \alpha > 0 \ \forall |\lambda| \geq \alpha \ : \ x \in \lambda A \qquad \text{bzw} \qquad \exists\, \beta > 0 \ \forall |\mu| \leq \beta \ : \ \mu x \in A \ . \qquad (4)$$

Für $\mathbb{K} = \mathbb{R}$ besagt dies anschaulich: A ist absorbierend, wenn von jedem Strahl $\overrightarrow{0,x} = \{\, \lambda x \mid \lambda \geq 0 \,\}$ ein echtes Anfangsstück in A liegt. Insbesondere liegt der Nullvektor in jeder absorbierenden Menge.

Aus der Stetigkeit der skalaren Multiplikation folgt, dass jede Null-Umgebung U in einem topologischen Vektorraum *absorbierend* ist.

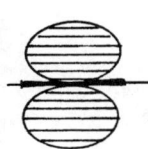

Für $\mathbb{K} = \mathbb{R}$ absorbierend
nicht kreisförmig

Für $\mathbb{K} = \mathbb{C}$:
weder kreisförmig,
noch absorbierend

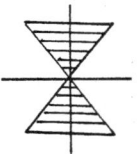

Für $\mathbb{K} = \mathbb{R}$ kreisförmig,
nicht absorbierend

Für $\mathbb{K} = \mathbb{C}$:
weder kreisförmig,
noch absorbierend

5.1-6 Kreisförmige Mengen

Eine Teilmenge $A \subset E$ heißt *kreisförmig (balanced, circled)*, wenn $\lambda A \subset A$ für alle $\lambda \in \mathbb{K}$ mit $|\lambda| \leq 1$.

Ist A kreisförmig, so gilt $\lambda A = A$ für alle $|\lambda| = 1$, insbesondere $-A = A$.

Es ist $0 \in A$, falls die kreisförmige Menge $A \neq \emptyset$ ist.

$\{0\}$ ist triviales Beispiel einer kreisförmigen Menge.

5.1-7 Bemerkungen

(a) Obermengen, endliche Durchschnitte und beliebige Vereinigungen absorbierender Mengen sind absorbierend.

(b) Beliebige Durchschnitte und beliebige Vereinigungen kreisförmiger Mengen sind kreisförmig.

(c) Für $A \subset E$ heißt $b(A) := \bigcup\{\, \lambda A \mid |\lambda| \leq 1 \,\}$ *kreisförmige Hülle* von A.

$b(A)$ ist die kleinste kreisförmige Menge, die A enthält, d.h. $b(A)$ ist kreisförmig, $A \subset b(A)$ und ist B irgendeine kreisförmige Obermenge von A, so ist $b(A) \subset B$.

(d) Sei $A \subset E$. Dann ist $\bigcap\{\, \lambda A \mid |\lambda| \geq 1 \,\}$ die größte kreisförmige Menge, die in A enthalten ist. Sie heißt *kreisförmiger Kern* von A.

5.2 Grundlegende Eigenschaften

5.2-1 Unter- und Quotientenräume

Unterräume topologischer Vektorräume sind mit der Relativtopologie ebenfalls topologische Vektorräume.

Unterräume sind i.a. nicht (topologisch) abgeschlossen, endlich dimensionale sind es.

Die abgeschlossene Hülle $\overline{F}$ eines Unterraums $F \subset E$ ist ein Unterraum.

Ist $F \subset E$ ein abgeschlossener Unterraum, so ist E/F mit der Quotiententopologie ebenfalls ein topologischer Vektorraum. Die kanonische Surjektion $\pi\colon E \to E/F$ ist stetig und offen.

5.2-2 Trennungseigenschaften

(a) Topologische Vektorräume sind T_{3a}-Räume. Hausdorffsche topologische Vektorräume sind also vollständig regulär (11.6.D).

(b) Ein topologischer Vektorraum E ist genau dann hausdorffsch, wenn die Einermenge $\{0\} \subset E$ abgeschlossen ist.

In diesem Fall ist jede einelementige Menge abgeschlossen.

In beliebigen topologischen Räumen folgt daraus nur die T_1-Eigenschaft.

5.2-3 Zusammenhang

Topologische Vektorräume sind stets zusammenhängend. Infolgedessen sind in topologischen Vektorräumen die leere Menge $\emptyset$ und der ganze Raum E die einzigen Mengen, die sowohl offen als auch abgeschlossen sind.

Eine offene Teilmenge eines topologischen Vektorraums ist genau dann zusammenhängend, wenn sich je zwei Punkte aus ihr durch einen Polygonzug verbinden lassen. Beweisidee siehe [RA2 6.4.2.B].

5.2-4 Topologische Isomorphismen

Ein (algebraischer) Isomorphismus zwischen zwei topologischen Vektorräumen heißt *topologischer Isomorphismus*, wenn er ein Homöomorphismus, also zusammen mit seiner Umkehrabbildung stetig ist.

Ist $\lambda \in \mathbb{K}$, $\lambda \neq 0$, so ist die Streckung $y \mapsto \lambda y$ ein topologischer Isomorphismus von E auf sich.

Dagegen ist für festes $x \in E\backslash\{0\}$ die Translation $y \mapsto x + y$ zwar ein Homöomorphismus von E auf sich, aber kein Isomorphismus.

5.2-5 Endlich dimensionale topologische Vektorräume

Bekanntlich sind je zwei n-dimensionale Vektorräume über $\mathbb{K}$ algebraisch isomorph. Insbesondere sind sie isomorph zum Raum $\mathbb{K}^n$. Für topologische Vektorräume gilt analog:

Je zwei endlich dimensionale hausdorffsche topologische Vektorräume gleicher Dimension über dem gleichen Grundkörper sind topologisch isomorph.

Insbesondere ist jeder n-dimensionale hausdorffsche topologische Vektorraum über $\mathbb{K}$ topologisch isomorph zum $\mathbb{K}^n$ mit der euklidischen Topologie.

Beweis siehe 11.6.G, für den Fall normierter Räume auch in [RA2 6.4.5.F].

Ferner gilt:

Ein topologischer Vektorraum $(E, \mathcal{T})$ ist endlich dimensional genau dann, wenn $\mathcal{T}$ lokalkompakt ist.

5.2-6   Topologisch beschränkte Mengen

Sei E ein topologischer Vektorraum. $A \subset E$ heißt *(topologisch) beschränkt*, wenn es zu jeder Null-Umgebung U ein reelles $\beta \in \mathbb{R}$ gibt mit $A \subset \beta U$.

In normierten Räumen ist eine Teilmenge genau dann norm-beschränkt, wenn sie topologisch beschränkt ist.

Aber: In metrischen Vektorräumen sind die Begriffe *metrisch beschränkt* und *topologisch beschränkt* i.a. nicht äquivalent (vgl 11.6.F).

Sei E ein lokalkonvexer Raum mit erzeugender Halbnormenschar P. Dann ist $A \subset E$ genau dann beschränkt, wenn alle $p \in P$ auf A beschränkt sind.

In einem Produkt $E = \prod E_i$ topologischer Vektorräume E_i ist $A \subset E$ genau dann beschränkt, wenn alle Projektionen $\pi_i(A) \subset E_i$ beschränkt sind.

5.2-7   Bemerkungen

Sei E ein topologischer Vektorraum. Dann gilt

(a) Ist $A \subset E$ beschränkt, $\lambda \in \mathbb{K}$ und $B \subset A$, so sind auch λA und B beschränkt.

(b) Endliche Vereinigungen beschränkter Mengen sind beschränkt.

(c) Ist $A \subset E$ beschränkt, so sind auch die abgeschlossene Hülle $\overline{A}$ und die kreisförmige Hülle $b(A)$ beschränkt.

(d) Die konvexe Hülle beschränkter Mengen ist i.a. nicht beschränkt (11.6.J). Sie ist es in lokalkonvexen Räumen.

5.2-8   Topologische Vektorräume als uniforme Räume

Topologische Vektorräume sind uniforme Räume. Ist $(E, \mathcal{T})$ ein topologischer Vektorraum und $\mathcal{U}(0)$ der Null-Umgebungsfilter von $\mathcal{T}$, so wird durch

$$\mathcal{N}_{\mathcal{T}} := \left\{ M \subset E \times E \mid \exists U \in \mathcal{U}(0) : N_U \subset M \right\}, \quad \text{wobei}$$
$$N_U := \left\{ (x, y) \in E \times E \mid x - y \in U \right\} \tag{1}$$

eine Uniformität $\mathcal{N}_{\mathcal{T}}$ auf E definiert. Die Uniformität $\mathcal{N}_{\mathcal{T}}$ induziert wiederum die Ausgangs-Topologie $\mathcal{T}$.

Wir gehen in diesem Repetitorium nicht weiter auf uniforme Räume ein.

5.3   Lokalkonvexe Räume

Der Begriff des topologischen Vektorraums ist manchmal zu allgemein. Z.B. gibt es hausdorffsche topologische Vektorräume $E \neq \{0\}$, auf denen jede stetige Linearform $\equiv 0$ ist (12.1.G).

Für lokalkonvexe Räume kann so etwas nicht passieren. Ihre Topologie wird von einer Schar von Halbnormen erzeugt. Auf sie kann man viele Resultate über normierte Räume verallgemeinern.

5.3-1   Definition

Ein topologischer Vektorraum $(E, \mathcal{T})$ bzw. die Vektorraum-Topologie $\mathcal{T}$ heißt *lokalkonvex*, wenn 0 (und damit jedes $x \in E$) eine Umgebungsbasis aus konvexen Mengen besitzt.

5.3-2   Satz

• Ist E lokalkonvexer Raum, so gibt es eine 0-Umgebungsbasis aus absorbierenden, abgeschlossenen (offenen) und absolut konvexen Mengen.

Dabei heißt $U \subset E$ *absolut konvex*, wenn U kreisförmig und konvex ist.

• Sei umgekehrt E ein Vektorraum über $\mathbb{K}$ und $\mathcal{V}$ eine Filterbasis auf E mit

(i)   Jedes $V \in \mathcal{V}$ ist absorbierend und absolut konvex.

(ii)   Für alle $V \in \mathcal{V}$ gilt $\frac{1}{2}V \in \mathcal{V}$.

Dann gibt es genau eine lokalkonvexe Topologie $\mathcal{T}$ auf E, die $\mathcal{V}$ als Null-Umgebungsbasis besitzt.

5.3-3   Bemerkungen

(a)   Unterräume lokalkonvexer Räume sind lokalkonvex.

(b)   Produkträume lokalkonvexer Räume sind lokalkonvex (11.6.I).

(c)   Der Quotientenraum eines lokalkonvexen Raums nach einem abgeschlossenen Unterraum ist lokalkonvex.

(d)   Die Vervollständigung eines lokalkonvexen Raums ist lokalkonvex.

5.3-4   Erzeugung lokalkonvexer Topologien durch Halbnormen

Eine Vektorraum-Topologie ist genau dann lokalkonvex, wenn sie von Halbnormen erzeugt wird.

Sei E ein Vektorraum über $\mathbb{K}$ und P eine Familie von Halbnormen auf E. Für $p \in P$ sei $V_p := \left\{ x \in E \mid p(x) \leq 1 \right\}$.   Die Filterbasis

$$\mathcal{V} := \left\{ \bigcap_{i=1}^{n} \varepsilon_i V_{p_i} \;\middle|\; n \in \mathbb{N},\; \varepsilon_i > 0,\; p_i \in P \right\} \tag{1}$$

der endlichen Durchschnitte der Mengen εV_p ($\varepsilon > 0$, $p \in P$) erfüllt die Bedingungen von Satz 5.3-2.

Also gibt es genau eine lokalkonvexe Topologie $\mathcal{T}_P$ auf E, bzgl der $\mathcal{V}$ eine Null-Umgebungsbasis ist. Sie heißt *die von der Schar P erzeugte Topologie*. Jede der Halbnormen $p \in P$ ist stetig bzgl $\mathcal{T}_P$.

$\mathcal{T}_P$ ist die gröbste *Vektorraum*-Topologie auf E bzgl der alle $p \in P$ stetig sind. Es ist jedoch i.a. nicht die Initialtopologie für die Familie P, also nicht die gröbste Topologie, für die alle $p \in P$ stetig sind.

Umgekehrt gilt

5.3-5 Satz

Ist $(E, \mathcal{T})$ ein lokalkonvexer Raum, so gibt es eine Schar stetiger Halbnormen auf E, die $\mathcal{T}$ erzeugt. Eine solche Halbnormenschar ist z.B. die Familie der Minkowski-Funktionale aller absolut konvexen abgeschlossenen 0-Umgebungen. Dies ist genau die Menge aller Halbnormen, die bzgl $\mathcal{T}$ stetig sind.

5.3-6 Minkowski-Funktionale

Sei E ein Vektorraum und $A \subset E$. Das *Minkowski-Funktional* p_A von A ist definiert durch

$$p_A : E \to [0, \infty] \quad ; \qquad p_A(x) := \inf\{\, \varrho > 0 \mid x \in \varrho A \,\} \, . \tag{2}$$

Ist A absorbierend, so ist $p_A(x) < \infty$ für alle $x \in E$.

Ist A konvex und $0 \in A^\circ$, so ist p_A sublinear (7.2-2).

Ist A absorbierend und absolut konvex, so ist p_A eine Halbnorm auf E und

$$\{\, x \in E \mid p_A(x) < 1 \,\} \ \subset \ A \ \subset \ \{\, x \in E \mid p_A(x) \le 1 \,\} \, . \tag{3}$$

5.3-7 Beispiele

(a) Sei $G \subset \mathbb{R}^n$ offen und $C(G) = \{\, f : G \to \mathbb{K} \mid f \text{ stetig} \,\}$. Die Halbnormen

$$p_K(f) := \sup\{\, |f(x)| \mid x \in K \,\} \, ; \quad K \subset G \text{ kompakt} \tag{4}$$

erzeugen die lokalkonvexe *Topologie der kompakten Konvergenz* auf $C(G)$ (siehe 11.6.L).

(b) Sei $X \ne \emptyset$ eine beliebige nichtleere Menge und $E = \mathbb{K}^X$ der Vektorraum aller $\mathbb{K}$-wertigen Funktionen $f : X \to \mathbb{K}$. Für $x \in X$ ist $p_x(f) := |f(t)|$ eine Halbnorm auf E. Die von der Schar dieser Halbnormen erzeugte lokalkonvexe Topologie ist die Produkttopologie bzw die *Topologie der punktweisen Konvergenz* auf $\mathbb{K}^X$. Bzgl dieser Topologie gilt (siehe 11.6.K):

$$f_n \to f \quad \Longleftrightarrow \quad f_n(x) \to f(x) \ \text{ für alle } x \in X \, . \tag{5}$$

(c) Die von Linearformen auf einem Vektorraum erzeugten schwachen Topologien (7.4-1) sind lokalkonvex.

(d) $\ell^p := \big\{\, x = (x_k) \in \mathbb{K}^{\mathbb{N}} \mid \sum |x_k|^p < \infty \,\big\}$ ist für $0 < p < 1$ mit der Metrik $d(x,y) := \sum_{k=1}^{\infty} |x_k - y_k|^p$ ein vollständiger metrischer Vektorraum, der nicht lokalkonvex, also nicht normierbar ist (vgl 11.6.J).

Zu den ℓ^p-Räumen für $p \geq 1$ und Beispielen normierter Räume siehe A.7.

5.3-8 Stetige Funktionale auf lokalkonvexen Räumen

Sei E ein lokalkonvexer Raum, dessen Topologie von der Halbnormenschar P erzeugt wird. Lineare Funktionale $\varphi \colon E \to \mathbb{K}$ sind genau dann stetig, wenn

$$\exists\, M > 0 \; \exists\, p_1, \ldots, p_n \in P \; \forall\, x \in E \;\; : \;\; \big|\varphi(x)\big| \leq M \max_{i=1,\ldots,n} p_i(x) \,. \tag{6}$$

5.3-9 Beschränktheit in lokalkonvexen Räumen

Sei E ein lokalkonvexer Raum, dessen Topologie von der Halbnormenschar P erzeugt wird. Eine Teilmenge $A \subset E$ ist genau dann beschränkt, wenn alle erzeugenden Halbnormen auf A beschränkt sind, d.h. wenn

$$\forall\, p \in P \; \exists\, c_p \in \mathbb{R} \; \forall\, a \in A \;\; : \;\; p(a) \leq c_p \,. \tag{7}$$

5.3-10 Saturierte und totale Halbnormenscharen

Eine Familie P von Halbnormen auf E heißt *saturiert*, wenn für je endlich viele Halbnormen aus P gilt

$$p_1, \ldots, p_n \in P \quad \Longrightarrow \quad \max\big\{\, p_j \mid j = 1, \ldots, n \,\big\} \in P \,. \tag{8}$$

Zu jeder Halbnormenschar auf E gibt es eine saturierte Halbnormenschar, die dieselbe lokalkonvexe Topologie erzeugt.

Eine Familie P von Halbnormen auf E heißt *total*, wenn es zu jedem $x \in E \backslash \{0\}$ ein $p \in P$ gibt mit $p(x) \neq 0$.

Die von P erzeugte Topologie ist genau dann hausdorffsch, wenn P total ist.

5.4   Metrisierbarkeit und Normierbarkeit

5.4-1 Definition

Ein topologischer Vektorraum $(E, \mathfrak{T})$ heißt *(pseudo-) metrisierbar*, wenn seine Topologie von einer (Pseudo-) Metrik d erzeugt wird. (E, d) heißt dann auch *(pseudo-) metrischer Vektorraum.*

$(E, \mathfrak{T})$ heißt *normierbar*, wenn seine Topologie von einer Norm erzeugt wird.

Achtung: Nicht jede Metrik auf einem Vektorraum erzeugt eine Vektorraum-Topologie. Z.B. ist die diskrete Topologie keine Vektorraum-Topologie (11.6.A).

Ein topologischer Vektorraum, der nicht hausdorffsch ist, ist natürlich weder normierbar noch metrisierbar. Seine Topologie wird aber evt von einer Halbnorm oder einer Pseudo-Metrik erzeugt.

5.4-2   Normierbarkeit topologischer Vektorräume

Sei $(E, \mathfrak{T})$ ein topologischer Vektorraum.

(i)   Seine Topologie wird genau dann von einer Halbnorm erzeugt, wenn er eine beschränkte konvexe 0-Umgebung besitzt.

(ii) Er ist genau dann normierbar, wenn er zusätzlich hausdorffsch ist.

(iii) Seine Topologie wird genau dann von einer Familie von Halbnormen erzeugt, wenn er lokalkonvex ist (5.3-4 und 5.3-5).

5.4-3   Metrisierbarkeit topologischer Vektorräume

Ein topologischer Vektorraum $(E, \mathfrak{T})$ ist genau dann pseudometrisierbar, wenn er eine abzählbare Null-Umgebungsbasis besitzt. Er ist genau dann metrisierbar, wenn er zusätzlich hausdorffsch ist.

Ist $(E, \mathfrak{T})$ (pseudo-) metrisierbar, so gibt es auch eine translations-invariante (Pseudo-) Metrik, die $\mathfrak{T}$ erzeugt. Dabei heißt d *translations-invariant*, wenn

$$d(x + z, y + z) \; = \; d(x, y) \quad \text{für alle} \;\; x, y, z \in E \; . \tag{1}$$

Eine direkte Folgerung aus 5.4-2(iii) und 5.4-3 ist

5.4-4   Satz

Ein lokalkonvexer Raum $(E, \mathfrak{T})$ ist genau dann (pseudo-) metrisierbar, wenn seine Topologie von abzählbar vielen Halbnormen p_k erzeugt wird. In diesem Fall wird $\mathfrak{T}$ induziert durch die translations-invariante (Pseudo-) Metrik

$$d(x, y) \; := \; \sum_{k=1}^{\infty} \frac{1}{2^k} \frac{p_k(x - y)}{1 + p_k(x - y)} \; . \tag{2}$$

5.4-5   Fréchet-Räume

Ein lokalkonvexer Raum $(E, \mathfrak{T})$ heißt *Fréchet-Raum*, wenn es eine translations-invariante Metrik d auf E gibt, die $\mathfrak{T}$ erzeugt und für die (E, d) vollständig ist.

Achtung: Es gibt Metriken d und d' auf einem topologischen Vektorraum E, die dieselbe Vektorraum-Topologie erzeugen, und für die (E, d), aber nicht (E, d') vollständig ist (10.6.F).

Sind d und d' beide translations-invariant, so haben sie dieselben Cauchy-Folgen, also sind (E, d) und (E, d') entweder beide vollständig oder beide nicht.

5.4-6   Beispiele

(a) Ist $G \subset \mathbb{R}^n$ offen, so ist $C(G)$ mit der Topologie der kompakten Konvergenz ein Fréchet-Raum. Insbesondere ist die Topologie der kompakten Konvergenz metrisierbar. Sie ist aber nicht normierbar (11.6.L).

(b) Ist I irgendeine Indexmenge, so ist die Topologie der punktweisen Konvergenz auf dem Produktraum $\mathbb{K}^I$ genau dann metrisierbar, wenn I abzählbar ist (9.2.A, 11.6.K).

6 Normierte lineare Räume

6.1 Grundlagen

6.1-1 Normen und Halbnormen

Sei E ein Vektorraum über $\mathbb{K} = \mathbb{R}$ oder $\mathbb{C}$. Eine Abbildung $\|.\| : E \to \mathbb{R}$ heißt *Norm* auf E, falls für alle $x, y \in E$ und $\lambda \in \mathbb{K}$ gilt

$$\|x\| \geq 0 \qquad\qquad Positivität \qquad\qquad (1)$$

$$\|x\| = 0 \iff x = 0 \qquad\qquad Definitheit \qquad\qquad (2)$$

$$\|\lambda x\| = |\lambda| \, \|x\| \qquad\qquad Homogenität \qquad\qquad (3)$$

$$\|x + y\| \leq \|x\| + \|y\| \qquad\qquad Dreiecksungleichung \qquad\qquad (4)$$

Ein *normierter linearer Raum* oder auch einfach *normierter Raum* $(E, \|.\|)$ ist ein Vektorraum zusammen mit einer Norm auf E.

Eine *Halbnorm* auf E ist eine Abbildung $\|.\| : E \to \mathbb{R}$ mit den Eigenschaften (1), (3) und (4), also allen Eigenschaften einer Norm bis auf die Definitheit.

Wegen $\big| \|x\| - \|y\| \big| \leq \|x - y\|$ *(Dreiecksungleichung nach unten)* sind Normen und Halbnormen bzgl der erzeugten Topologien Lipschitz- und damit gleichmäßig stetige Abbildungen von E in $\mathbb{R}$.

Normen und Halbnormen sind spezielle sublineare Funktionale (7.2-2).

Banachräume (6.1-17) und Hilberträume (6.4-7) sind spezielle normierte Räume. Weitere Beispiele siehe Anhang A.7.

6.1-2 Metrik und Topologie eines normierten Raumes

Ist $\|.\|$ eine Norm auf E, so wird durch $d(x, y) := \|x - y\|$ eine *Metrik* und damit eine Topologie auf E, die sogenannte *Normtopologie* erklärt. Ebenso erzeugt eine Halbnorm eine Semimetrik und damit ebenfalls eine Topologie. Wenn nichts anderes gesagt wird, beziehen sich topologische Begriffe in normierten Räumen stets auf diese Topologie bzw Metrik.

Die von einer (Halb-) Norm erzeugte (Semi-) Metrik ist *(translations-) invariant*, d.h. es gilt

$$d(x + z, y + z) = d(x, y) \qquad \text{für alle } x, y, z \in E . \qquad (5)$$

Die Normtopologie ist eine Vektorraum-Topologie auf E (siehe 5.1-1). Mit ihr sind normierte Räume lokal-konvexe topologische (metrische) Vektorräume. Die in Kapitel 5 gemachten Aussagen über diese Räume gelten natürlich auch in normierten Räumen.

Insbesondere sind die Addition von Elementen aus E und die Multiplikation mit Skalaren stetige Abbildungen von $E \times E$ bzw $\mathbb{K} \times E$ nach E (bzgl der euklidischen Topologie auf $\mathbb{K}$ und der jeweiligen Produkttopologien).

6.1-3 Bemerkungen

(a) Die Normfunktion $x \mapsto \|x\|$ ist eine Lipschitz- und damit gleichmäßig stetige Abbildung von E in $\mathbb{R}$.

(b) Wie in allen metrischen Räumen bilden die ε-*Kugeln*

$$B_\varepsilon(x) := \{ y \in E \mid \|x - y\| < \varepsilon \} \tag{6}$$

Umgebungsbasen der Punkte $x \in E$. In normierten Räumen gilt für ihre Hülle und Rand:

$$\overline{B_\varepsilon(x)} = \{ y \mid \|x - y\| \leq \varepsilon \} \quad \text{und} \quad \partial B_\varepsilon(x) = \{ y \mid \|x - y\| = \varepsilon \} . \tag{7}$$

Zu weiteren topologischen Eigenschaften normierter Räume siehe 6.1-D.

Ein wichtiges Hilfsmittel ist das

6.1-4 Lemma von Riesz

Sei E normiert, $F \subsetneq E$ ein abgeschlossener echter Unterraum und $0 < \delta < 1$. Dann existiert ein $x \in E$ mit $\|x\| = 1$ und $\inf_{y \in F} \|x - y\| \geq 1 - \delta$.

6.1-5 Äquivalenz von Normen

Zwei Normen $\|.\|_1$ und $\|.\|_2$ auf einem Vektorraum E heißen *äquivalent*, wenn sie dieselbe Topologie erzeugen. Dies ist genau dann der Fall, wenn

$$\exists\, M, m > 0 \,\, \forall x \in E \; : \; m\,\|x\|_1 \; \leq \; \|x\|_2 \; \leq \; M\,\|x\|_1 . \tag{8}$$

Vgl damit den Zwei-Normen-Satz 8.2-6.

$\|.\|_1$ und $\|.\|_2$ sind genau dann äquivalent, wenn die Identität $\mathrm{id}(x) = x$ ein topologischer Isomorphismus von $(E, \|.\|_1)$ auf $(E, \|.\|_2)$ ist.

Jedoch können $(E, \|.\|_1)$ und $(E, \|.\|_2)$ topologisch isomorph sein, obwohl die Normen $\|.\|_1$ und $\|.\|_2$ nicht äquivalent sind. Für ein Beispiel siehe 11.1.E.

Sind zwei Normen äquivalent, so bilden die ε-Kugeln bzgl der einen Norm eine Umgebungsbasis bzgl der anderen und umgekehrt. Eigenschaften wie *Kompaktheit, Konvergenz, Stetigkeit* usw hängen nur von der Topologie ab. Gelten sie bzgl einer Norm, dann auch bzgl jeder dazu äquivalenten.

Wegen der Ungleichungen (8) stimmen aber auch die Cauchy-Folgen bzgl äquivalenter Normen überein. Ist also ein normierter Raum bzgl einer Norm vollständig, dann auch bzgl jeder äquivalenten Norm.

Auf endlich dimensionalen Vektorräumen sind alle Normen äquivalent. Beweis siehe z.B. [RA2, 6.4.5.F], für topologische Vektorräume 11.6.G.

Auf dem unendlich dimensionalen Vektorraum $C[a, b]$ sind z.B. die Supremumsnorm $\|.\|_\infty$ und die Integralnorm $\|.\|_1$ nicht äquivalent (11.3.B).

6.1-A   Isomorphismen normierter Räume

In der Linearen Algebra ist ein Isomorphismus zwischen Vektorräumen eine bijektive lineare Abbildung. In der Funktionalanalysis wird meist zusätzlich die Homöomorphie oder sogar die Isometrie erwartet.

6.1-6   Norm-Isomorphismen

Zwei normierte Räume $(E, \|.\|_1)$ und $(F, \|.\|_2)$ heißen *norm-isomorph*, wenn es einen algebraischen Isomorphismus $T\colon E \to F$ gibt mit

$$\|Tx\|_2 \;=\; \|x\|_1 \qquad \text{für alle} \quad x \in E \;. \tag{9}$$

Ein Norm-Isomorphismus erhält die Abstände, ist also eine *Isometrie*. Er ist ein spezieller topologischer Isomorphismus.

6.1-7   Topologische Isomorphismen

Ein *topologischer Isomorphismus* $T\colon E \to F$ zwischen zwei normierten Räumen ist wie bei topologischen Vektorräumen ein Isomorphismus, der gleichzeitig ein Homöomorphismus ist.

Für normierte Räume ist ein Isomorphismus T genau dann ein Homöomorphismus, wenn es Konstanten $m, M > 0$ gibt derart, dass

$$m\,\|Tx\| \;\leq\; \|x\| \;\leq\; M\,\|Tx\| \qquad \text{für alle} \quad x \in E \;. \tag{10}$$

Auf Grund dieser Abschätzung bildet ein topologischer Isomorphismus Cauchy-Folgen auf Cauchy-Folgen ab. Infolgedessen sind zwei topologisch isomorphe normierte Räume E und F entweder beide vollständig oder beide nicht.

6.1-8   Bemerkungen

(a) Sind die Normen $\|.\|_1$ und $\|.\|_2$ auf E äquivalent, so sind $(E, \|.\|_1)$ und $(E, \|.\|_2)$ topologisch isomorph. Die Umkehrung ist falsch (11.1.E).

(b) Je zwei endlich dimensionale normierte Räume gleicher Dimension über dem gleichen Grundkörper $\mathbb{K}$ sind topologisch isomorph (5.2-5), aber nicht notwendig norm-isomorph.

Z.B. ist der $\mathbb{R}^2$ mit der Summennorm nicht norm-isomorph zum $\mathbb{R}^2$ mit der euklidischen Norm (11.1.F).

6.1-B   Unter-, Quotienten- und Produkträume

6.1-9   Unterräume

Sei $(E, \|.\|)$ ein normierter Raum über $\mathbb{K}$ und F ein Unterraum von E. F ist mit der eingeschränkten Norm $\|.\| \restriction_F$ ebenfalls normiert. $\|.\| \restriction_F$ erzeugt die relative Metrik $d \restriction_{F \times F}$ bzw die Spurtopologie auf F.

Unterräume sind i.a. nicht (topologisch) abgeschlossen (12.1.A), endlich dimensionale sind es [RA2 6.4.5.F].

Selbst in Hilberträumen muss die Summe zweier abgeschlossener Unterräume nicht abgeschlossen sein (11.7.A).

6.1-10   *Quotientenräume*

Sei $(E, \|\,.\,\|)$ ein normierter Raum über $\mathbb{K}$ und F ein *abgeschlossener* Unterraum von E. Auf dem Quotientenraum $E/F = \{\, x + F \mid x \in E \,\}$ wird durch

$$\|x + F\| \;:=\; \inf \{\, \|y\| \mid y \in [x] \,\} \;=\; \inf \{\, \|z + x\| \mid z \in F \,\} \tag{11}$$

eine Norm definiert. Ist F nicht abgeschlossen in E, so definiert (11) eine Halbnorm auf E/F. Vgl Aufgabe 11.6.H.

Die Norm (11) erzeugt die Quotiententopologie (1.3-11) auf E/F. Ist E ein Banachraum, so auch E/F mit der Norm (11).

Die Quotientenabbildung $\{x \mapsto [x]\}$ ist stetig und offen.

6.1-11   *Produkte*

Das Produkt *unendlich vieler* normierter Räume ist nicht normierbar, d.h. die Produkttopologie wird von keiner Norm erzeugt. Normkugeln sind beschränkt, Nullumgebungen in unendlichen Produkten unbeschränkt (siehe auch 11.1.C).

$$\|(x_k)\| \;:=\; \sum_{k=1}^{n} \|x_k\|_k \tag{12}$$

definiert eine Norm auf dem *endlichen* Produkt $E := \prod_{k=1}^{n} E_k$ von normierten Räumen $(E_k, \|.\|_k)$. Diese Norm (12) erzeugt die Produkttopologie auf E.

6.1-C   Endlich dimensionale Räume

Wie für hausdorffsche topologische Vektorräume (5.2-5) gilt :

Je zwei endlich dimensionale normierte Räume gleicher Dimension über dem gleichen Grundkörper sind topologisch isomorph.

Insbesondere ist jeder n-dimensionale normierte Raum über $\mathbb{K}$ topologisch isomorph zum $\mathbb{K}^n$ mit der euklidischen Norm.

6.1-12   *Satz*

Seien E und F zwei normierte Räume über dem gleichen Grundkörper. Ist E endlich dimensional, so ist jede lineare Abbildung $T \colon E \to F$ stetig.

Insbesondere ist jeder (Vektorraum-) Isomorphismus $T \colon E \to F$ zwischen zwei n-dimensionalen normierten Räumen über dem gleichen Grundkörper ein topologischer Isomorphismus. d.h. T und die Umkehrung T^{-1} sind stetig.

Oder: *Alle Normen auf einem endlich dimensionalen Raum sind äquivalent.*

Z.B. sind die p-Norm $\|x\|_p = (\sum_{k=1}^{n} |x|^p)^{1/p}$ und die euklidische Norm auf dem $\mathbb{K}^n$ äquivalent. Den $\mathbb{K}^n$ mit der p-Norm bezeichnen wir mit $\ell_n^p = \ell_n^p(\mathbb{K})$.

6.1-13   Bemerkung

Unterräume normierter Räume sind i.a. nicht abgeschlossen (7.1-5), endlich
dimensionale sind es [RA2 6.4.5.F].

6.1-14   Satz von Bolzano-Weierstrass

Sei E ein *endlich* dimensionaler normierter Raum. Dann besitzt jede unendliche
beschränkte Teilmenge M von E mindestens einen Häufungspunkt in E.

Oder: *Jede beschränkte Folge in E besitzt eine konvergente Teilfolge.*

6.1-15   Satz von Heine-Borel

Eine Teilmenge A eines *endlich* dimensionalen normierten Raumes ist genau
dann kompakt, wenn sie beschränkt und abgeschlossen ist.

Achtung:
Die letzten beiden Sätze gelten *nur in endlich dimensionalen Räumen.*
Sie sind in jedem unendlich dimensionalen normierten Raum falsch.
Insbesondere gilt:

6.1-16   Satz

Für einen normierten Raum E sind äquivalent:

   (i) $\dim E < \infty$.

   (ii)   die Einheitskugel $B := \{\, \|x\| \leq 1 \,\}$ ist in der Normtopologie kompakt.

   (iii) Jede beschränkte Folge in E besitzt eine konvergente Teilfolge.

Beweis mit Hilfe des Lemmas von Riesz (6.1-4) siehe z.B. [RA2, 6.4.4.F].

6.1-D   Topologische Eigenschaften normierter Räume

Auf jedem normierten Raum $(E, \|.\|)$ wird durch $d(x,y) := \|x-y\|$ eine Metrik
definiert (6.1-2). Wenn nichts anderes gesagt wird, beziehen sich topologische
Begriffe in normierten Räumen stets auf diese sog. *Normtopologie* bzw Metrik.
Die in den vorhergehenden Kapiteln gemachten Aussagen über beliebige topologische bzw metrische Räume gelten speziell in allen normierten Räumen.

6.1-17   Vollständigkeit bzw Banachräume

Alle endlich dimensionalen normierten Räume sind vollständig, unendlich dimensionale i.a. nicht. Z.B. ist der Raum der Polynome auf $[0,1]$ nicht vollständig
bzgl der Sup-Norm.

Vollständige normierte Räume heißen *Banachräume.*

Der stetige Dualraum eines beliebigen normierten Raumes ist ein Banachraum.
Endomorphismenräume von Banachräumen sind Banachräume (8.1-A).

Jeder normierte Raum E läßt sich *vervollständigen*, d.h. isometrisch isomorph
in einen Banachraum F derart einbetten, dass sein Bild dicht in F liegt.

Das besagt der Satz von der

6.1-18   Vervollständigung normierter Räume

Ist E ein normierter Raum über $\mathbb{K}$, so gibt es einen Banachraum F über $\mathbb{K}$ und einen injektiven Homomorphismus $\beta \colon E \to F$ mit $\overline{\beta(E)} = F$ und

$$\|\beta x\| \;=\; \|x\| \qquad \text{für alle } x \in E \,. \tag{13}$$

F ist bis auf Norm-Isomorphie eindeutig bestimmt und heißt die *Vervollständigung* von E. Für ein Beispiel siehe 11.3.G.

Man kann diesen Satz mit Hilfe des entsprechenden Satzes 4.4-8 über die Vervollständigung metrischer Räume beweisen.

6.1-19   Kompaktheit

Ist $E \neq \{0\}$ ein normierter Raum, so ist E natürlich nicht kompakt. (Warum?)

Ist E endlich dimensional, so ist $A \subset E$ genau dann kompakt, wenn A beschränkt und abgeschlossen ist. (Heine-Borel 6.1-15)

Ist $\dim E = \infty$ und $A \subset E$ kompakt, so ist A nirgends dicht, d.h. $A = \overline{A}$ enthält keine inneren Punkte. Dies folgt direkt aus:

Die abgeschlossene Einheitskugel B in einem normierten Raum E ist genau dann kompakt, wenn $\dim E < \infty$ (11.3.I).

Man beachte aber den Satz 7.3-5 zur Kompaktheit von B bzgl der *schwachen Topologie* in reflexiven Räumen.

6.1-20   Zusammenhang

Normierte Räume sind wie alle topologischen Vektorräume zusammenhängend. Siehe dazu Abschnitt 5.2-3.

6.1-21   Abzählbarkeitseigenschaften

Als metrische Räume erfüllen normierte Räume das 1. Abzählbarkeitsaxiom, d.h. jeder Punkt besitzt eine abzählbare Umgebungsbasis.

Ein normierter Raum besitzt genau dann einen dichten Unterraum abzählbarer Dimension, wenn er separabel ist, also eine abzählbare dichte Teilmenge besitzt. Dies wiederum ist genau dann der Fall, wenn seine Topologie eine abzählbare Basis besitzt, d.h. wenn er das 2. Abzählbarkeitsaxiom erfüllt.

6.1-22   Separabilität

Unendlich dimensionale normierte Räume sind i.a. nicht separabel. Es gilt aber:

Sei E normiert und der Dualraum E^* separabel. Dann ist E separabel. Die Umkehrung ist falsch. $(\ell^1)^* = \ell^\infty$ ist nicht separabel (11.4.B).

Reflexive Räume sind genau dann separabel, wenn es ihre Dualraum sind. Beweise siehe 12.2.E und 6.1-22.

6.2   Reihen und Basen in normierten Räumen

Sei weiterhin $(E, \|.\|)$ ein normierter oder allgemeiner $(E, \mathcal{T})$ ein topologischer Vektorraum über $\mathbb{K} = \mathbb{R}$ oder $\mathbb{C}$. Die Addition von Funktionen und Folgen mit Werten in E ist wie üblich definiert: $(f + g)(x) := f(x) + g(x)$, ebenso die Multiplikation mit Skalaren $\lambda \in \mathbb{K}$.

6.2-1   Folgen und Reihen

Folgen in E sind Funktionen $\varphi \colon \mathbb{N} \to E$. Eine Reihe $\sum a_k$ mit Summanden $a_k \in E$ ist die Folge ihrer Partialsummen.

Wichtige Beispiele sind die Potenzreihen $\sum a_k z^k$ mit Koeffizienten $a_k \in E$ und $z \in \mathbb{C}$ (6.2-16) und die Potenzreihen $\sum \lambda_k a^k$ mit Koeffizienten $\lambda_k \in \mathbb{K}$ und a aus einer Banachalgebra (6.3-A).

Die Konvergenz von Folgen und Reihen in E wird natürlich bzgl der in E gegebenen Toplogie $\mathcal{T}$ bzw der Norm $\|.\|$ untersucht.

6.2-2   Absolute und unbedingte Konvergenz von Reihen

Eine Reihe $\sum a_k$ mit $a_k \in E$ heißt *absolut konvergent*, wenn $\sum \|a_k\| < \infty$.

E ist genau dann vollständig, wenn jede absolut konvergente Reihe in E auch konvergiert.

Eine Reihe $\sum a_k$ in E heißt *unbedingt konvergent* gegen $x \in E$, wenn auch jede Umordnung $\sum a_{k_j}$ gegen x konvergiert. Dabei heißt $\sum a_{k_j}$ eine *Umordnung* von $\sum a_k$, wenn $j \mapsto k_j$ eine bijektive Abbildung von $\mathbb{N}$ auf $\mathbb{N}$ ist.

In Banachräumen folgt aus der absoluten auch die unbedingte Konvergenz. In endlich dimensionalen Räumen gilt auch die Umkehrung.

In jedem unendlich dimensionalen Banachraum gibt es Reihen, die unbedingt, aber nicht absolut konvergieren. Für ein Beispiel siehe 11.2.H.

6.2-3   Rechenregeln

Für $a_n, b_n, a, b \in E$ und $\lambda_n, \lambda, \mu \in \mathbb{K}$ gilt

(i) $a_n \to a$, $b_n \to b$, $\lambda, \mu \in \mathbb{K}$ $\implies$ $\lambda a_n + \mu b_n \to \lambda a + \mu b$
   Also bilden die konvergenten Folgen in E einen Vektorraum V und die Zuordnung $\{(a_n) \mapsto \lim a_n\}$ ist eine lineare Abbildung von V nach E.

   Entsprechendes gilt für konvergente Reihen.

(ii) $a_n \to a$, $\lambda_n \to \lambda$ $\implies$ $\lambda_n a_n \to \lambda a$.

(iii) $a_n \to a$ $\implies$ $\|a_n\| \to \|a\|$, $\quad a_n \to 0 \iff \|a_n\| \to 0$.

(iv) Sind von der Vektorfolge (a_n) und der Zahlenfolge (λ_n) die eine beschränkt und die andere eine Nullfolge, so geht auch $\lambda_n a_n \to 0$.

(v) Ist die Reihe $\sum a_k$ konvergent, so gehen die Summanden $a_k \to 0$.
   Bzw: Streben die Summanden nicht gegen Null, so divergiert die Reihe. (Die Umkehrung ist falsch!)

Im wesentlichen steckt hinter diesen Regeln die Stetigkeit von Norm, Addition und Multiplikation mit Skalaren.

6.2-4 Konvergenzkriterien für Reihen

Achtung: Etliche Konvergenzkriterien für Zahlenreihen (z. B. Majoranten und Cauchy-Kriterium) brauchen die *Vollständigkeit* von $\mathbb{K}$. Infolgedessen gelten ihre Verallgemeinerungen nur in Banachräumen !

(i) *Cauchy-Kriterium*

Sei $(E, \|.\|)$ ein Banachraum, also vollständig. Dann ist eine Reihe $\sum a_k$ in E genau dann konvergent, wenn

$$\forall \varepsilon > 0 \; \exists n_0 \; \forall m \geq n \geq n_0 \; : \; \left\| \sum_{k=n}^{m} a_k \right\| < \varepsilon \; . \tag{1}$$

(ii) *Majorantenkriterium*

Sei $(E, \|.\|)$ vollständig, also ein Banachraum. Seien $a_k \in E$, $\lambda_k \in \mathbb{R}$ und ab einem Index n_0 gelte $0 \leq \|a_k\| \leq \lambda_k$. Dann gilt:
Ist $\sum \lambda_k$ konvergent in $\mathbb{R}$, so konvergiert $\sum a_k$ in E.

(iii) *Wurzel- und Quotientenkriterium*
folgen aus dem Majorantenkriterium durch Vergleich mit der geometrischen Reihe. Sie gelten daher ebenfalls nur in Banachräumen.

Sei $\sum a_k$ eine Reihe in dem Banachraum E mit $a_k \neq 0$. Ferner gebe es ein (festes!) $q < 1$ und einen Index n_0 derart, dass $\frac{\|a_{k+1}\|}{\|a_k\|} \leq q$ bzw $\sqrt[k]{\|a_k\|} \leq q$ für alle $k \geq n_0$. Dann ist $\sum a_k$ konvergent.

6.2-5 Punktweise und gleichmäßige Konvergenz von Funktionenreihen

Zur Konvergenz von Funktionenfolgen siehe Abschnitt 4.6.
Seien f_k Funktionen von einer Menge X in einen normierten Raum $(E, \|.\|)$. Dann ist die Reihe $\sum f_k$ in X *punktweise konvergent*, wenn für alle $x \in X$ die Reihe $\sum f_k(x)$ in E konvergiert.

$\sum f_k$ *konvergiert gleichmäßig* auf X gegen $f \colon X \to E$, wenn

$$\forall \varepsilon > 0 \; \exists n_0 \in \mathbb{N} \; \forall x \in X \; \forall n > n_0 \; : \; \left\| f(x) - \sum_{k=1}^{n} f_k(x) \right\| < \varepsilon \; . \tag{2}$$

Das Cauchy Kriterium braucht wieder die Vollständigkeit des Zielraums:

6.2-6 Cauchy Kriterium für gleichmäßige Reihenkonvergenz

Seien $f_k \colon X \to E$ Funktionen von X in einen Banachraum E. Dann gilt

$$\begin{aligned} &\sum_{k=1}^{\infty} f_k \text{ konvergiert gleichmäßig auf } X \\ &\Longleftrightarrow \; \forall \varepsilon > 0 \; \exists n_0 \in \mathbb{N} \; \forall x \in X \; \forall n \geq m > n_0 \; : \; \left\| \sum_{k=m}^{n} f_k(x) \right\| < \varepsilon \; . \end{aligned} \tag{3}$$

Eine Verallgemeinerung konvergenter Reihen bilden

6.2-7 Summierbare Familien

Sei I eine (evt überabzählbare) Indexmenge und $\{x_i\} = \{x_i\}_{i \in I}$ eine Familie von Elementen aus dem normierten Raum $(E, \|.\|)$. Sei $\mathcal{E}(I)$ die Menge aller endlichen Teilmengen von I.

Die Familie $\{x_i\}_{i \in I}$ heißt *summierbar* mit der *Summe* x, wenn es zu jedem $\varepsilon > 0$ eine endliche Teilmenge $H_0 \subset I$ derart gibt, dass $\|x - \sum_{i \in H} x_i\| < \varepsilon$ für alle endlichen Teilmengen $H \subset I$ mit $H_0 \subset H$. Formal:

$$x = \sum_{i \in I} x_i \quad :\Longleftrightarrow \quad \forall \varepsilon > 0 \, \exists H_0 \in \mathcal{E}(I) \, \forall H \in \mathcal{E}(I) :$$
$$H_0 \subset H \quad \Longrightarrow \quad \|x - \sum_{i \in H} x_i\| < \varepsilon . \tag{4}$$

Mit dem Netzbegriff kann man dies auch so ausdrücken:

$\mathcal{E}(I)$ ist mit der Inklusion eine gerichtete Menge und $\Sigma := \{\sum_H x_i\}_{H \in \mathcal{E}(I)}$ ein Netz in E. Die Familie $\{x_i\}_{i \in I}$ ist genau dann summierbar mit der Summe x, wenn das Netz Σ gegen x konvergiert.

6.2-A   Basen normierter Räume

Zu Basen in Innenprodukt- und Hilberträumen siehe 6.4-18.

6.2-8 Hamel-Basen

Normierte Räume besitzen wie alle Vektorräume eine Basis, also ein linear unabhängiges Erzeugendensystem, eine sog. *Hamel-Basis*.

Ist $\mathcal{B} = \{e_i\}_{i \in I}$ eine Hamel-Basis von E, so läßt sich jedes $x \in E$ als eine *endliche* Linearkombination von Elementen $e_i \in \mathcal{B}$ darstellen.

Z.B. bilden die Monome x^k eine (Hamel-) Basis des Vektorraums der Polynome.

Für praktische Zwecke sind Hamelbasen in unendlich dimensionalen Räumen wenig geeignet. Z.B. besitzt kein unendlich dimensionaler Banachraum eine abzählbare Hamel-Basis. Man wird daher i.a. auch die Darstellung der Elemente $x \in E$ durch *unendliche Reihen* zulassen.

6.2-9 Fundamentalmengen

Sei E ein normierter Raum. Eine Teilmenge $A \subset E$ heißt *Fundamentalmenge* von E, wenn die lineare Hülle von A dicht in E liegt, also wenn $\overline{\text{lin} \, A} = E$.

Jedes Erzeugendensystem, insbesondere jede Hamelbasis ist eine Fundamentalmenge. Spezielle abzählbare Fundamentalmengen sind die sogenannten

6.2-10 Schauder-Basen

Sei E ein normierter Raum. Eine abzählbare Teilmenge $\mathcal{B} = \{e_n \mid n \in \mathbb{N}\}$ heißt *Schauder-Basis* von E, wenn sich jedes $x \in E$ auf eine und nur eine Weise darstellen läßt in der Form

$$x = \sum_{n \in \mathbb{N}} \lambda_n e_n ; \quad \lambda_n \in \mathbb{K}, \, e_n \in \mathcal{B} . \tag{5}$$

In endlich dimensionalen Räumen ist jede Schauder-Basis auch eine Hamel-Basis und umgekehrt.

6.2-11 Beispiel

Die Folgen

$$e^{(n)} := (\delta_n^k)_k \; ; \quad \delta_n^k = \begin{cases} 0 & \text{falls } k \neq n, \\ 1 & \text{sonst.} \end{cases} \tag{6}$$

bilden eine Schauder-Basis in c_0 und ℓ^p $(1 \leq p < \infty)$, aber nicht in ℓ^∞ (11.4.E). Sie bilden keine Hamel-Basen dieser Räume, denn ihre lineare Hülle enthält nur abbrechende Folgen.

Eine Schauder-Basis von $C[0,1]$ finden Sie in Aufgabe 11.4.I.

6.2-12 Separable Räume und Fundamentalmengen

Ein normierter Raum ist genau dann separabel, wenn er eine abzählbare Fundamentalmenge enthält (11.4.F).

Räume mit einer Schauder-Basis sind notwendig separabel. Die Umkehrung ist falsch (Enflo 1973). Es gibt Unterräume von c_0 ohne Schauder-Basen.

6.2-B   Vektorwertige analytische Funktionen

Die Funktionentheorie, also die Theorie komplexwertiger Funktionen einer komplexen Variablen lässt sich weitgehend auf Funktionen mit Werten in komplexen Banachräumen übertragen. Dies leistet in der Spektraltheorie gute Dienste.

Im folgenden seien E ein Banachraum über $\mathbb{C}$, $G \subset \mathbb{C}$ offen und $f: G \to E$.

6.2-13 Ableitung vektorwertiger Funktionen

f heißt *differenzierbar* in $z_0 \in G$, wenn es ein $f'(z_0) \in E$ gibt mit

$$\left\| \frac{f(z) - f(z_0)}{z - z_0} - f'(z_0) \right\| \to 0 \quad \text{für } z \to z_0 \,. \tag{7}$$

In diesem Fall ist $f'(z_0)$ eindeutig bestimmt und heißt Ableitung von f in z_0.

f heißt *(lokal) analytisch* oder *holomorph* in G, wenn f in G differenzierbar ist.

$f: G \to E$ ist genau dann analytisch, wenn für alle Funktionale $x^* \in E^*$ die Abbildung $x^* \circ f: G \to \mathbb{C}$ in G holomorph im klassischen Sinne ist.

Um die Cauchytheorie auf Funktionen $f: \mathbb{C} \to E$ zu übertragen, braucht man

6.2-14 Kurvenintegrale

Ist γ eine rektifizierbare Kurve in $G \subset \mathbb{C}$ und E ein Banachraum, so kann man das Kurvenintegral von f längs γ wie in Analysis II [RA2 8.3.1.a] als Grenzwert Riemannscher Summen definieren:

$$\int_\gamma f(z)\, dz := \lim \sum f\big(z(\tau_j)\big) \big(z(t_j) - z(t_{j-1})\big) \in E \,. \tag{8}$$

Für die Existenz dieses Grenzwerts für zulässige Folgen von Zerlegungen $t_0 <$ $\dots < t_m$ des Parameterintervalls braucht man die Vollständigkeit von E.

Mit Hilfe der Kurvenintegrale kann man die Cauchy-Integralformeln für banachraumwertige Funktionen formulieren und beweisen:

6.2-15 Cauchy-Integralformeln

Sei E ein komplexer Banachraum, $G \subset \mathbb{C}$ ein einfach zusammenhängendes Gebiet, $z \in G$ und γ ein einfach geschlossener Integrationsweg in G, der z positiv umläuft. Ist $f \colon G \to E$ holomorph in G, so ist f beliebig oft differenzierbar in G und für die Ableitungen $f^{(k)}$ gelten die *Cauchyschen Integralformeln:*

$$f^{(k)}(z) \ = \ \frac{k!}{2\pi i} \int_\gamma \frac{f(\zeta)}{(\zeta - z)^{k+1}}\, d\zeta \quad (k \in \mathbb{N}_0)\,. \tag{9}$$

6.2-16 Potenzreihenentwicklung analytischer Funktionen

Sei E ein komplexer Banachraum, $G \subset \mathbb{C}$ ein Gebiet und $f \colon G \to E$ holomorph in G. Dann kann f um jeden Punkt $z_0 \in G$ in eine Potenzreihe

$$f(z) \ = \ \textstyle\sum_{k=0}^{\infty} a_k\, (z - z_0)^k \tag{10}$$

mit $a_k \in E$ entwickelt werden. Diese Potenzreihe konvergiert mindestens in der größten offenen Kreisscheibe, die ganz in G liegt.

Umgekehrt stellt auch jede konvergente Potenzreihe im Konvergenzkreis eine analytische Funktion dar.

6.2-17 Satz von Liouville

Eine in ganz $\mathbb{C}$ holomorphe und beschränkte Funktion $f \colon \mathbb{C} \to E$ ist konstant.

6.2-18 Laurententwicklung analytischer Funktionen

Eine in der gelochten Kreisscheibe $K := \{0 < |z - z_0| < r\}$ holomorphe Funktion f mit Werten in dem komplexen Banachraum E kann in der Form

$$f(z) \ = \ \textstyle\sum_{k=0}^{\infty} a_k\, (z - z_0)^k + \sum_{k=1}^{\infty} \frac{b_k}{(z - z_0)^k} \tag{11}$$

mit $a_k, b_k \in E$ entwickelt werden. Diese sog. *Laurentreihe* von f um z_0 konvergiert mindestens in K.

Wie in der klassischen Funktionentheorie heißt z_0

(i)   *hebbare Singularität,* wenn alle b_k verschwinden.

(ii) *Pol der Ordnung $n > 0$,* wenn $b_n \neq 0$ und alle $b_k = 0$ für $k > n$.

(iii) *wesentliche Singularität,* wenn unendlich viele $b_k \neq 0$ sind.

6.3   Normierte Algebren

Sei weiterhin $\mathbb{K} = \mathbb{R}$ oder $\mathbb{K} = \mathbb{C}$.

6.3-1   Algebren

Eine *Algebra A* über $\mathbb{K}$ ist ein Vektorraum über $\mathbb{K}$, in dem außer der Addition eine Multiplikation $\cdot : A \times A \to A$ derart erklärt ist, dass $(A, +, \cdot)$ ein Ring ist und dass

$$\lambda(x \cdot y) \; = \; (\lambda x) \cdot y \; = \; x \cdot (\lambda y) \qquad \text{für alle } x, y \in A, \; \lambda \in \mathbb{K} . \tag{1}$$

A heißt *kommutativ*, wenn die Multiplikation kommutativ ist. *A* heißt *Algebra mit Einselement*, wenn der Ring $(A, +, \cdot)$ ein Einselement besitzt usw.

Zwei Elemente $x, y \in A$ heißen *vertauschbar*, wenn $x \cdot y = y \cdot x$.

Es ist klar, wie *Algebra-Homomorphismen* und *Ideale* definiert sind, ebenso *inverse Elemente* in einer Algebra mit Einselement.

6.3-2   Normierte Algebren

Eine *Algebra A* heißt *normierte Algebra*, wenn auf ihr eine (Vektorraum-) Norm derart definiert ist, dass gilt

$$\|x \cdot y\| \; \leq \; \|x\| \cdot \|y\| \qquad \text{für alle } x, y \in A . \tag{2}$$

Eine normierte Algebra heißt *Banachalgebra*, wenn sie als normierter Vektorraum vollständig, also ein Banachraum ist.

Ein Einselement einer normierten Algebra hat wegen (2) die Norm $\|e\| \geq 1$. Man kann zeigen, dass man in einer normierten Algebra $(A, \|.\|)$ mit Einselement stets eine äquivalente Norm $\|.\|_1$ derart definieren kann, dass $\|e\|_1 = 1$. Man fordert daher oft o.B.d.A., dass $\|e\| = 1$.

6.3-3   Beispiele

(a) $\mathbb{R}$ und $\mathbb{C}$ sind mit der euklidischen Norm und den üblichen Verknüpfungen selber Banachalgebren über $\mathbb{R}$ bzw $\mathbb{C}$.

(b)   *Matrixalgebren*
   Der Ring der quadratischen Matrizen ist mit den üblichen Verknüpfungen eine Algebra über $\mathbb{K}$ mit der Einheitsmatrix als Einselement. Für $n > 1$ ist $\mathbb{K}^{n \times n}$ nicht kommutativ.

   Für $1 \leq p \leq 2$ ist der $\mathbb{K}^{n \times n}$ mit der p-Norm $\|(a_{i,j})\|_p := \left(\sum_{i,j} |a_{i,j}|^p \right)^{1/p}$ eine vollständige normierte Algebra, also eine Banachalgebra.

   Für $2 < p \leq \infty$ ist $\|(a_{i,j})\|_p$ keine Algebra-Norm auf $\mathbb{K}^{n \times n}$, da Bedingung (2) verletzt ist. $\begin{pmatrix} 1 & 1 \\ 0 & 0 \end{pmatrix} \cdot \begin{pmatrix} 1 & 0 \\ 1 & 0 \end{pmatrix} = \begin{pmatrix} 2 & 0 \\ 0 & 0 \end{pmatrix}$ liefert ein Beispiel.

(c)   *Endomorphismenalgebren*
   Die Menge End E der Endomorphismen eines $\mathbb{K}$-Vektorraums E bildet mit

den üblichen Verküpfungen einen $\mathbb{K}$-Vektorraum. Zusammen mit der Hintereinanderausführung $\circ$ als Multiplikation ist sie eine i.a. nicht-kommutative Algebra mit dem Einselement id_E.

Ist E ein normierter Raum, so bildet die Menge $\mathcal{L}(E)$ der stetigen Endomorphismen $T\colon E \to E$ mit der Operatornorm (8.1-8) eine normierte Algebra. Sie ist vollständig, wenn E vollständig ist.

Ist $\dim E = n < \infty$, so ist $\operatorname{End} E = \mathcal{L}(E)$ isomorph zu $\mathbb{K}^{n \times n}$.

(d) *Funktionenalgebren*

Sei $X \neq \emptyset$ beliebig aber fest gewählt. Die Menge $\mathbb{K}^X$ der Funktionen $f\colon X \to \mathbb{K}$ bildet mit den punktweise definierten Verknüpfungen eine kommutative Algebra mit der Einsfunktion $e(x) \equiv 1$ als Einselement.

Die beschränkten Funktionen aus $\mathbb{K}^X$ bilden mit der Supremumsnorm die Banachalgebra $B(X, \mathbb{K})$.

Ist X ein kompakter topologischer Raum, so bilden die stetigen Funktionen aus $\mathbb{K}^X$ mit der Supremumsnorm die Banachalgebra $C(X, \mathbb{K})$. Sie ist eine abgeschlossene Unteralgebra von $B(X, \mathbb{K})$.

Weiteres zu Algebren stetiger Funktionen siehe Abschnitt 6.3-B.

(e) *Faltungsalgebren*

Der Raum $L^1(\mathbb{R}^n)$ der Lebesgue-integrierbaren Funktionen $f\colon \mathbb{R}^n \to \mathbb{K}$ ist mit der durch

$$(f * g)(x) := \int_{\mathbb{R}^n} f(x - y)\, g(y)\, dy \tag{3}$$

definierten Multiplikation *(Faltung)* und der L^1-Norm eine kommutative Banachalgebra ohne Einselement (11.5.E).

Ein diskretes Analogon zu $L^1(\mathbb{R}^n)$ bilden die "doppelt-unendlichen" Folgen $x\colon \mathbb{Z} \to \mathbb{K}$, für die die Reihe $\sum_{k \in \mathbb{Z}} |x_k|$ konvergiert. Mit der Faltung

$$(x * y)(k) := \sum_{k \in \mathbb{Z}} x_{k-n}\, y_n \tag{4}$$

und der Norm $\|x\|_1 := \sum_{k \in \mathbb{Z}} |x_i|$ bilden sie die kommutative Banachalgebra $\ell^1(\mathbb{Z})$ mit dem Einselement

$$e = (e_k)\,; \quad e_k := 0 \ \text{für} \ k \neq 0 \quad \text{und} \quad e_0 := 1\,. \tag{5}$$

6.3-4 Adjunktion eines Einselementes

Ist A eine Algebra ohne Einselement, so gibt es eine Algebra $\widehat{A}$ mit Einselement derart, dass $A \subset \widehat{A}$ und $\dim \widehat{A}/A = 1$.

Analog für normierte Algebren und für Banachalgebren. Beweis siehe 11.5.B.

6.3-5 *Invertierbare Elemente*

Sei A eine Banachalgebra mit Einselement e. Ein Element $a \in A$ heißt *invertierbar*, wenn es ein $b \in A$ gibt mit $ab = ba = e$.

Die Menge $E(A)$ der invertierbaren Elemente einer Algebra bildet mit der Multiplikation in A eine Gruppe.

Ist A eine Banachalgebra, so ist $E(A)$ offen. Dies besagt u.a. der folgende Satz (Beweis mit der Neumannschen Reihe 6.3-10):

6.3-6 *Satz*

Seien A eine Banachalgebra mit Einselement e und $x_0, x \in A$. Ist x_0 invertierbar und $\|x - x_0\| < \frac{1}{\|x_0^{-1}\|}$, so ist auch x invertierbar und es gilt

$$\|x^{-1} - x_0^{-1}\| \leq \frac{\|x_0 - x\|}{1 - \|x_0^{-1}\| \, \|x_0 - x\|} \, \|x_0^{-1}\|^2 \ . \tag{6}$$

Infolgedessen ist die Gruppe $E(A)$ der invertierbaren Elemente offen in A und die Abbildung $E(A) \to E(A)$; $x \mapsto x^{-1}$ ist stetig. Zum Beweis siehe 11.5.C.

Dies Resultat ist für nicht vollständige Algebren falsch (11.5.C).

6.3-7 *Satz*

Sei A eine komplexe Banachalgebra mit Einselement e, in der jedes Element $x \in A \backslash \{0\}$ invertierbar ist. Dann ist A eindimensional, d.h. $A = \mathbb{C}e \cong \mathbb{C}$.

6.3-A Potenzreihen in Banachalgebren

Im folgenden sei A eine Banachalgebra über $\mathbb{K}$ mit Einselement e. Für $a \in A$ setzt man $a^0 := e$. Wir betrachten Potenzreihen der Form

$$\sum_{k=0}^{\infty} \lambda_k a^k \qquad \text{mit} \ \ \lambda_k \in \mathbb{K}, \ a \in A \ . \tag{7}$$

Die entsprechende komplexe Potenzreihe $\sum_{k=0}^{\infty} \lambda_k z^k$ konvergiert nach *Cauchy-Hadamard* für alle $z \in \mathbb{C}$ mit

$$|z| < \varrho := \left(\limsup |\lambda_k|^{1/k} \right)^{-1} \ . \tag{8}$$

ϱ heißt *Konvergenzradius* der Reihe $\sum_{k=0}^{\infty} \lambda_k z^k$. Die A-wertige Reihe (7) konvergiert für alle $a \in A$, für die der *Spektralradius* $r(a) < \varrho$ ist (6.3-9).

6.3-8 *Spektralradius*

Für alle $a \in A$ konvergiert die reelle Folge $\|a^n\|^{1/n}$ und es gilt

$$r(a) := \lim_{n \to \infty} \|a^n\|^{1/n} = \inf \left\{ \|a^n\|^{1/n} \mid n \in \mathbb{N} \right\} \leq \|a\| \ . \tag{9}$$

Beweis z.B. mit (2) und [RA2, 2.2.7.C].

$r(a)$ heißt *Spektralradius* von a. Der Name kommt daher, dass $r(a)$ der Radius des kleinsten Kreises um 0 ist, der das Spektrum $\sigma(a)$ (8.5-1) enthält, also

$$r(a) \;=\; \sup\left\{\, |\lambda| \mid \lambda \in \sigma(a) \,\right\}. \tag{10}$$

Zum Spektralradius siehe auch 8.5-3.

Für vertauschbare Elemente $a, b \in A$ gilt

$$r(a+b) \le r(a) + r(b) \;;\quad r(a \cdot b) \le r(a) \cdot r(b) \;;\quad r(a^m) = \bigl(r(a)\bigr)^m. \tag{11}$$

Aus dem Wurzelkriterium 6.2-4(iii) folgt

6.3-9   Satz

Seien A eine Banachalgebra, $a \in A$ und $r(a)$ der Spektralradius von a. Dann konvergiert die Potenzreihe $\sum_{k=0}^{\infty} \lambda_k a^k$ für $r(a) < \varrho = \bigl(\limsup |\lambda_k|^{1/k}\bigr)^{-1}$ und divergiert für $r(a) > \varrho$. Im Fall $r(a) = \varrho$ kann Konvergenz und Divergenz vorliegen.

Aus dem letzten Satz ergibt sich speziell:

6.3-10   Neumannsche Reihe

Seien A eine Banachalgebra über $\mathbb{K}$ mit Einselement e und $a \in A$. Dann ist $e - a$ sicher dann invertierbar, wenn die *Neumannsche Reihe* $\sum a^n$ konvergiert. In diesem Fall ist

$$(e - a)^{-1} \;=\; \sum_{n=0}^{\infty} a^n. \tag{12}$$

Man beachte die Analogie zur geometrischen Reihe.

Die Neumannsche Reihe konvergiert genau dann, wenn $\lim \sqrt[n]{\|a^n\|} < 1$. Insbesondere konvergiert sie für alle $\|a\| < 1$.

Für nicht vollständige Algebren ist dies i.a. falsch (11.5.C).

Analog wie in der reellen und komplexen Analysis definiert man die

6.3-11   Exponentialfunktion

Seien A eine Banachalgebra mit Einselement und $a \in A$. Die Reihe

$$\exp(a) \;:=\; \mathrm{e}^a \;:=\; \sum_{k=0}^{\infty} \tfrac{1}{k!}\, a^k \tag{13}$$

konvergiert für alle $a \in A$. Die durch sie dargestellte Funktion $\exp\colon A \to A$ heißt *Exponentialfunktion in A*.

Für vertauschbare Elemente $a, b \in A$ gilt die Funktionalgleichung

$$\mathrm{e}^{a+b} \;=\; \mathrm{e}^a \cdot \mathrm{e}^b \;=\; \mathrm{e}^b \cdot \mathrm{e}^a. \tag{14}$$

6.3-B Algebren stetiger Funktionen

Ist X ein kompakter Hausdorff-Raum, so ist

$$C(X, \mathbb{K}) := C(X) := \{ f \colon X \to \mathbb{K} \mid f \text{ stetig} \} \qquad (15)$$

mit der Sup-Norm und den wie üblich definierten Verküpfungen eine Banach-Algebra (mit Einselement), insbesondere ein Banachraum.

In der Funktionalanalysis interessiert man sich für die Frage, welche Teilalgebren $A \subset C(X)$ dicht in $C(X)$ liegen, also wann man jede stetige Funktion auf X gleichmäßig durch Funktionen aus A approximieren kann.

6.3-12 Punkte trennen

Man sagt, eine Teilalgebra $A \subset C(X)$ *trennt die Punkte* von X, wenn es für alle $x \neq y \in X$ eine Funktion $f \in A$ gibt mit $f(x) \neq f(y)$.

Ist X normal, so trennt die Gesamtalgebra $C(X)$ die Punkte (Lemma von Urysohn). Daher ist in diesem Fall eine notwendige Bedingung für $\overline{A} = C(X)$, dass A die Punkte von X trennt.

Dass diese Bedingung auch schon beinahe hinreicht, besagen die folgenden Approximationssätze:

6.3-13 Satz von Stone-Weierstraß, reelle Form

Sei X ein kompakter Hausdorff-Raum (also normal) und $A \subset C(X, \mathbb{R})$ eine Algebra. A trenne die Punkte von X und enthalte die konstante Funktion $e(x) \equiv 1$. Dann ist $\overline{A} = C(X, \mathbb{R})$, d.h. die Funktionen aus A liegen dicht in $C(X, \mathbb{R})$ (bzgl. der Sup-Norm).

Insbesondere kann man jede stetige Funktion auf einem kompakten Intervall $[a, b] \subset \mathbb{R}$ gleichmäßig durch reelle Polynome approximieren.

Die Bedingung $e \in A$ kann man ersetzen durch die Forderung, dass es kein $x \in X$ gibt mit $f(x) = 0$ für alle $f \in A$.

Aus der reellen Form des Satzes von Stone-Weierstraß erhält man leicht die komplexe:

6.3-14 Satz von Stone-Weierstraß, komplexe Form

Sei X ein kompakter Hausdorff-Raum und $A \subset C(X, \mathbb{C})$ eine Algebra, die die Punkte trennt und die konstante Funktion $e(x) \equiv 1$ enthält. Ist A zusätzlich *selbst-konjugiert*, d.h. gilt $f \in A \implies \overline{f} \in A$, so ist $\overline{A} = C(X, \mathbb{C})$.

Erfüllt nämlich A die Voraussetzungen von Satz 6.3-14, so erfüllt

$$A_{\mathbb{R}} := \{ f \colon X \to \mathbb{R} \mid f \in A \} \qquad (16)$$

die Voraussetzungen von Satz 6.3-13.

Also liegt $A_{\mathbb{R}}$ dicht in $C(X, \mathbb{R})$ und damit A dicht in $C(X, \mathbb{C})$.

6.4   Hilberträume

6.4-A   Innere Produkte

Im folgenden sei H ein Vektorraum über $\mathbb{K} = \mathbb{R}$ oder $\mathbb{C}$.

6.4-1   Sesquilinearformen, innere Produkte

Eine Abbildung $\langle .,. \rangle \colon H \times H \to \mathbb{K}$ heißt *Sesquilinearform*, wenn für alle $x, y, z \in H$ und alle $\lambda, \mu \in \mathbb{K}$ gilt:

$$\langle \lambda x + \mu y, z \rangle = \lambda \langle x, z \rangle + \mu \langle y, z \rangle \, , \tag{1}$$

$$\langle x, \lambda y + \mu z \rangle = \overline{\lambda} \langle x, y \rangle + \overline{\mu} \langle x, z \rangle \, . \tag{2}$$

Eine Sesquilinearform heißt *symmetrisch* oder *hermitesch*, wenn zusätzlich

$$\langle x, y \rangle = \overline{\langle y, x \rangle} \qquad \text{für alle } x, y \in H \, . \tag{3}$$

Aus (1) und (3) folgt (2). Für eine hermitesche Form ist stets $\langle x, x \rangle \in \mathbb{R}$. Sie heißt *positiv semidefinit*, wenn

$$\langle x, x \rangle \geq 0 \qquad \text{für alle } x \in H \, , \tag{4}$$

und *positiv definit*, wenn zusätzlich gilt

$$\langle x, x \rangle = 0 \quad \Longleftrightarrow \quad x = 0 \, . \tag{5}$$

Eine positiv definite hermitesche Form heißt *Skalarprodukt (inneres Produkt)*. Ein Raum mit innerem Produkt heißt *Prähilbert-* oder *Innenprodukt-Raum*.

6.4-2   Skalarprodukt und Norm

Ist $\langle .,. \rangle$ ein inneres Produkt auf H, so wird durch

$$\|x\| := \sqrt{\langle x, x \rangle} \tag{6}$$

eine Norm auf H definiert. Wenn nichts anderes gesagt ist, werden Räume mit innerem Produkt stets mit der Norm (6) versehen. Sie sind also spezielle normierte und damit topologische Vektorräume.

Analog definiert eine positiv semidefinite hermitesche Form durch (6) eine Halbnorm auf H.

6.4-3   Bemerkung

Man erhält das innere Produkt aus der Norm (6) zurück mit den Formeln

$$\langle x, y \rangle = \tfrac{1}{4} \left[\|x + y\|^2 - \|x - y\|^2 \right] \qquad \text{für } \mathbb{K} = \mathbb{R} \, ; \tag{7}$$

$$\mathsf{Re}\, \langle x, y \rangle = \tfrac{1}{4} \left[\|x + y\|^2 - \|x - y\|^2 \right] \qquad \text{und}$$

$$\mathsf{Im}\, \langle x, y \rangle = -\tfrac{1}{4} \left[\|ix + y\|^2 - \|ix - y\|^2 \right] \qquad \text{für } \mathbb{K} = \mathbb{C} \, . \tag{8}$$

Die Dreiecksungleichung für die Norm (6) folgt aus der

6.4-4   Cauchy-Schwarz-Ungleichung

$$|\langle x, y\rangle| \;\leq\; \|x\| \cdot \|y\| \;. \tag{9}$$

Ist $\|.\|$ eine Norm, so gilt Gleichheit in (9) genau dann, wenn x und y linear abhängig sind. Für eine Verallgemeinerung siehe 8.4-14.

Das Skalarprodukt ist stetig bzgl der Norm (6) (genauer: bzgl der Produkttopologie auf dem Produktraum $H \times H$). Insbesondere gilt

$$x_k \to x \,, \; y_k \to y \quad \Longrightarrow \quad \langle x_k, y_k\rangle \to \langle x, y\rangle \;. \tag{10}$$

6.4-5   Parallelogramm-Regel
Eine Norm auf H wird genau dann von einem inneren Produkt erzeugt, wenn für alle $x, y \in H$ die sogenannte *Parallelogramm-Regel* gilt:

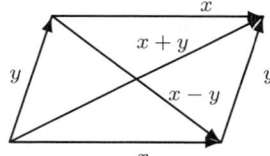

$$\|x + y\|^2 + \|x - y\|^2 \;=\; 2\|x\|^2 + 2\|y\|^2 \;. \tag{11}$$

Zum Beweis siehe [RA2 6.4.6.B], für eine Anwendung siehe (11.7.D).

6.4-6   Norm-Isomorphismen
Seien H_1, H_2 Prähilberträume über $\mathbb{K}$ und $T\colon H_1 \to H_2$ ein (algebraischer) Isomorphismus. Dann sind äquivalent:

(i) $\langle Tx, Ty\rangle = \langle x, y\rangle$ für alle $x, y \in H_1$,

(ii) $\|Tx\| = \|x\|$ für alle $x \in H_1$.

'Längenerhaltende Isomorphismen sind winkeltreu.'
Der Schluss von (i) auf (ii) ist trivial. Für die Umkehrung braucht man 6.4-3. T heißt *Norm-Isomorphismus*, wenn er eine dieser Eigenschaften hat.

6.4-B   Hilberträume

6.4-7   Definition
Ein *Hilbertraum* ist ein vollständiger Innenproduktraum, also ein Vektorraum mit einem inneren Produkt $\langle ., .\rangle$, der bzgl der Norm (6) vollständig ist.

Ebenso wie metrische und normierte Räume kann man auch Praehilberträume vervollständigen. Es gilt

6.4-8   Vervollständigung von Prähilberträumen
Jeder Vektorraum H mit innerem Produkt lässt sich isometrisch isomorph in einen Hilbertraum $\widehat{H}$ derart einbetten, dass er dicht in $\widehat{H}$ liegt. $\widehat{H}$ ist bis auf Normisomorphie eindeutig bestimmt und heißt die *Vervollständigung* von H.

6.4-9 Beispiele

(a) Der $\mathbb{R}^n$ bzw $\mathbb{C}^n$ mit dem euklidischen bzw hermiteschen Skalarprodukt

$$\langle x, y \rangle := \sum_{k=1}^{n} x_k \overline{y_k} \tag{12}$$

ist ein vollständiger Innenproduktraum, also ein Hilbertraum.

(b) Der Raum $C[a, b]$ der stetigen Funktionen auf $[a, b]$ ist mit

$$\langle x, y \rangle := \int_a^b x(t) \cdot \overline{y(t)} \, dt . \tag{13}$$

ein unvollständiger Innenproduktraum, also kein Hilbertraum. Seine Vervollständigung ist der Lebesgue-Raum $L_2[a, b]$.

(c) Der Folgenraum $\ell^2 = \{ (x_k) \in \mathbb{K}^{\mathbb{N}} \mid \sum_{k=0}^{\infty} |x_k|^2 < \infty \}$ ist ein Hilbertraum mit dem Skalarprodukt

$$\langle x, y \rangle := \sum_{k=1}^{\infty} x_k \overline{y_k} . \tag{14}$$

(d) Das Konstruktionsprinzip von ℓ^2 kann man verallgemeinern: Sei $I \neq \emptyset$ eine beliebige Indexmenge und $\ell^2(I)$ die Menge aller quadrat-summierbaren komplexen bzw reellen Familien

$$x \colon I \to \mathbb{K} \quad ; \quad \sum_{i \in I} \big| x(i) \big|^2 < \infty . \tag{15}$$

$\ell^2(I)$ ist mit den üblichen Operationen und dem Skalarprodukt

$$\langle x, y \rangle := \sum_{i \in I} x(i) \overline{y(i)} \tag{16}$$

ein Hilbertraum. Ist I überabzählbar, so ist $\ell^2(I)$ nicht separabel.

Weitere Beispiele siehe Abschnitt 11.7.

6.4-10 Isomorphieklassen von Hilberträumen

(i) Jeder Hilbertraum ist normisomorph zu einem $\ell^2(I)$.

(ii) Jeder separable Hilbertraum ist normisomorph zu $\ell^2(\mathbb{N}) = \ell^2$. Insbesondere ist $L^2[0, 1] \cong \ell^2$.

(iii) Zwei Hilberträume $\ell^2(I)$ und $\ell^2(J)$ sind normisomorph genau dann, wenn die Indexmengen I und J gleichmächtig sind.

6.4-11 Spezielle Eigenschaften von Hilberträumen

Innenprodukt- und Hilberträume sind spezielle normierte bzw Banachräume. Sie haben daher alle Eigenschaften, die bereits die allgemeineren Räume besitzen (siehe 6.1-D).

Eigenschaften, die Innenprodukträume, aber i.a. nicht die allgemeineren Räume besitzen, sind z.B.:

(i)   Hilberträume können auf kanonische Weise mit ihrem Dualraum identifiziert werden (Darstellungssatz von Fréchet-Riesz 6.4-14).

(ii) Innenprodukträume sind gleichmäßig konvex (12.4.I).
      Gleichmäßig konvexe Banachräume sind reflexiv (Milman-Pettis 7.3-8), also sind Hilberträume reflexiv.

(iii) Jede beschränkte Folge in einem Hilbertraum besitzt eine schwach konvergente Teilfolge. (Gilt in jedem reflexiven Banachraum.)

(iv) Separable Hilbert-Räume besitzen eine *Schauder-Basis*, jede Orthonormalbasis ist eine solche.

      Es gibt separable Banachräume ohne Schauder-Basis (Enflo 1973).

6.4-12   Unterräume

Ein Unterraum eines Prähilbertraums H ist mit der Einschränkung des Skalarprodukts ebenfalls ein Prähilbertraum.

Ein abgeschlossener Unterraum eines Hilbertraums H ist mit dem eingeschränkten Skalarprodukt ein Hilbertraum.

Sind G_1, G_2 zwei abgeschlossene orthogonale Unterräume eines Hilbertraums H, so ist die Summe $G_1 + G_2 = \{\, y + z \mid y \in G_1,\ z \in G_2 \,\}$ abgeschlossen.

Ohne die Bedingung $G_1 \perp G_2$ ist dies i.a. falsch (11.7.A).

Zu Produkten von Prähilberträumen siehe Aufgabe 11.7.E.

6.4-13   Linearformen eines Hilbertraumes

Mit Hilfe des Skalarprodukts erzeugt jedes Element eines Praehilbertraums ein stetiges Funktional, genauer: Ist H ein Praehilbertraum, so wird durch

$$\Phi\colon H \to H^* \qquad \text{mit} \qquad (\Phi y)(x) := \langle x, y \rangle \tag{17}$$

eine injektive, normerhaltende, konjugiert-lineare Abbildung von H in seinen Dualraum H^* definiert (12.1.I). Dabei bedeutet *konjugiert-linear* u.a., dass $\Phi(\alpha x) = \overline{\alpha}\,\Phi(x)$ für alle $x \in H$ und $\alpha \in \mathbb{K}$.

Die Abbildung (17) ist i.a. nicht surjektiv. Sie ist es, wenn H vollständig, also ein Hilbertraum ist. Das besagt der

6.4-14   Darstellungssatz von Fréchet-Riesz

Ist H ein Hilbertraum, so ist die Abbildung (17) ein normerhaltender, konjugiertlinearer Isomorphismus von H auf seinen Dualraum H^*. Beweis siehe 12.1.I.

Hilberträume können also auf kanonische Weise mit ihrem Dualraum identifiziert werden. Insbesondere ist jedes stetige Funktional $x^* \in H^*$ von der Form $x^* = \Phi y$. Es gilt also

$$\forall\, x^* \in H^* \ \exists!\, y \in H \ \forall\, x \in H \ :\ x^*(x) = \langle x, y \rangle \,. \tag{18}$$

Zu linearen Operatoren in Hilberträumen siehe Abschnitt 8.4.

6.4-C   Orthogonalität

Sei weiterhin H ein $\mathbb{K}$-Vektorraum mit innerem Produkt $\langle .,. \rangle$, also ein Praehilbertraum.

6.4-15 Definition

$x, y \in H$ heißen *orthogonal* (geschrieben $x \perp y$), wenn $\langle x, y \rangle = 0$.

Es ist klar, wie man $x \perp A$ und $A \perp B$ für Teilmengen $A, B \subset H$ definiert.

Das *orthogonale Komplement* $A^\perp$ einer Teilmenge $\emptyset \neq A \subset H$ ist

$$A^\perp := \{ x \in H \mid x \perp A \} . \tag{19}$$

6.4-16 Rechenregeln

Sei $\emptyset \neq A \subset H$ und $\text{lin}\, A$ die lineare Hülle von A. Dann gilt:

(a) $A^\perp$ ist ein abgeschlossener Untervektorraum von H.

(b) $A \subset \left(A^\perp \right)^\perp =: A^{\perp\perp} = \overline{\text{lin}\, A}$.

(c) $A \cap A^\perp \subset \{0\}$.

(d) $A^\perp = \text{lin}\, A^\perp = \overline{\text{lin}\, A}^\perp$.

(e) Ein Unterraum $A \subset H$ liegt genau dann dicht in H, wenn $A^\perp = \{0\}$.

Durch Nachrechnen im endlichen Fall und Grenzübergang beweist man:

6.4-17 Pythagoras

Seien $x_n \in H$ und $x_n \perp x_m$ für $n \neq m$. Ist $\sum x_k$ konvergent, so gilt

$$\left\| \sum_{k=1}^\infty x_k \right\|^2 = \sum_{k=1}^\infty \| x_k \|^2 . \tag{20}$$

6.4-18 Orthonormalsysteme und -basen

Eine Teilmenge $S \subset H$ heißt *Orthonormalsystem (ONS)* genau dann, wenn

$$\forall x, y \in S : \| x \|^2 = 1 \quad \text{und} \quad x \neq y \implies x \perp y . \tag{21}$$

Ein ONS heißt *maximal (vollständig)*, wenn es kein echt größeres ONS gibt.

Ein Orthonormalsystem S heißt *Orthonormalbasis (ONB)* von H, wenn sich jedes Element $x \in H$ in der Form

$$x = \sum_{u \in S} x_u u \quad \text{mit} \quad x_u \in \mathbb{K} \tag{22}$$

schreiben läßt.

6.4-19   Bemerkungen

(a) Die Konvergenz der Reihe in (22) ist als *Netzkonvergenz* zu interpretieren, d.h. die Familie $\{x_u u\}_{u \in S}$ ist *summierbar* mit der Summe x (siehe 6.2-7).

(b) Jedes Orthonormalsystem $S \subset H$ ist linear unabhängig.

(c) Ist S ein ONS in H und $x = \sum_{u \in S} x_u u$ mit $x_u \in \mathbb{K}$, so gilt $x_u = \langle x, u \rangle$ für alle $u \in S$. Insbesondere ist die sog. *Fourierentwicklung* von x eindeutig. Die Skalarprodukte $\langle x, u \rangle$ heißen auch die *Fourierkoeffizienten* von x bzgl des Orthonormalsystems S.

(d) Eine ONB S von H ist i.a. keine Basis im algebraischen Sinn, d.h. i.a. ist nicht jedes $x \in H$ (endliche!) Linearkombination von Elementen aus S. Es gilt zwar $H = \overline{\lin S}$, aber i.a. ist $H \neq \lin S$.

(e) Ist H separabel, so ist jedes ONS in H endlich oder abzählbar.

6.4-20   Besselsche Ungleichung

Seien H ein Praehilbertraum, S ein ONS in H und $x, y \in H$. Dann gibt es höchstens abzählbar viele $u \in S$ mit $\langle x, u \rangle \langle y, u \rangle \neq 0$ und es gilt

$$\sum_{u \in S} \left| \langle x, u \rangle \overline{\langle y, u \rangle} \right| \leq \|x\| \cdot \|y\| \; , \quad \text{speziell} \quad \sum_{u \in S} \left| \langle x, u \rangle \right|^2 \leq \|x\|^2 \; ; \qquad (23)$$

$$\sum_{u \in S} \left| \langle x, u \rangle \right|^2 = \|x\|^2 \quad \Longleftrightarrow \quad \sum_{u \in S} \langle x, u \rangle u = x \; . \qquad (24)$$

6.4-21   Orthonormalsysteme in Hilbert- und Praehilberträumen

Sei S ein ONS in einem Hilbertraum H. Dann sind äquivalent:

(i) S ist eine ONB,

(ii) S ist maximales ONS,

(iii) S ist eine *Fundamentalmenge*, d.h. $\overline{\lin S} = H$,

(iv) $\forall x \in H : \quad x \perp S \implies x = 0$,

(v) $\forall x \in H : \quad x = \sum_{u \in S} \langle x, u \rangle u$,

(vi) $\forall x \in H : \quad \|x\|^2 = \sum_{u \in S} \left| \langle x, u \rangle \right|^2$,   *(Parsevalsche Gleichung)*

(vii) $\forall x, y \in H : \quad \langle x, y \rangle = \sum_{u \in S} \langle x, u \rangle \langle u, y \rangle$.

Ist S ein ONS in einem Praehilbertraum H, so gilt :

(a) $(i) \iff (iii) \iff (v) \iff (vi) \iff (vii)$

(b) $(ii) \iff (iv)$

(c) $(i) \implies (ii)$ Die Umkehrung ist i.a. falsch.

(d) Ist H vollständig oder separabel, so gilt $(ii) \implies (i)$.

6.4-22   *Existenz von Orthonormalbasen und maximalen ONS*

Jedes ONS eines Praehilbertraums $H \neq \{0\}$ kann zu einem maximalen ONS ergänzt werden. Beweis z.B. mit dem Zornschen Lemma (A.1-10).

Insbesondere besitzt jeder Praehilbertraum $H \neq \{0\}$ ein maximales ONS. Maximale Orthonormalsysteme in Hilberträumen sind Orthonormalbasen. Also besitzt jeder Hilbertraum eine ONB.

Je zwei maximale ONS eines Praehilbertraums sind gleichmächtig.

Die Mächtigkeit eines maximalen ONS von H heißt auch *Dimension* von H.

Es gibt einen Praehilbertraum H ohne ONB, also derart, dass $\overline{\mathsf{lin}\, S} \neq H$ für alle Orthonormalsysteme $S \subset H$. (Dixmier 1953)

Ist H separabel, so erhält man eine ONB durch das

6.4-23   *Orthogonalisierungsverfahren von Gram-Schmidt*

Sei H ein Praehilbertraum und $A = \{\, x_k \,|\, k \in \mathbb{N} \,\}$ eine abzählbare linear unabhängige Teilmenge von H. Das induktive Verfahren

$$
\begin{aligned}
y_1 &:= x_1 \quad ; & u_1 &:= \tfrac{1}{\|y_1\|}\, y_1 \quad ; \\
y_n &:= x_n - \sum_{j=1}^{n-1} \langle x_j, u_j \rangle u_j \quad ; & u_n &:= \tfrac{1}{\|y_n\|}\, y_n
\end{aligned}
\tag{25}
$$

liefert ein Orthonormalsystem $S = \{\, u_k \,|\, k \in \mathbb{N} \,\}$ derart, dass

$$
\mathsf{lin}\,\{x_1, \dots, x_n\} = \mathsf{lin}\,\{u_1, \dots, u_n\} \qquad \text{für alle } n \ . \tag{26}
$$

S ist eine ONB von $\overline{\mathsf{lin}\, A}$.   Ist $S' = \{\, u'_k \,|\, k \in \mathbb{N} \,\}$ ein weiteres ONS mit (26), so gibt es $\alpha_k \in \mathbb{K}\backslash\{0\}$ mit $u_k = \alpha_k u'_k$.

Ist A endlich, so bricht das Verfahren natürlich ab.

6.4-24   *Beispiele maximaler Orthonormalsysteme*

(a) Die Legendre Polynome $P_n := \frac{1}{2^k\, k!} \frac{d^n}{dx^n}(x^2 - 1)^n$ bilden eine ONB des Praehilbertraums $C[-1, 1]$ und eine ONB des Hilbertraums $L^2[-1, 1]$.

(b) Die Funktionen $(2\pi)^{-1/2}\, e^{int}$ $(n \in \mathbb{Z})$ bilden eine ONB des komplexen Hilbertraums $L^2([0, 2\pi], \mathbb{C})$.

Eine ONB des reellen Hilbertraums $L^2([0, 2\pi], \mathbb{R})$ bilden die trigonometrischen Funktionen $(2\pi)^{-1/2}$, $\pi^{-1/2} \cos nt$, $\pi^{-1/2} \sin nt$ $(n \in \mathbb{N})$.

(c) Die Einheits-Folgen $e^{(n)} := (\delta_k^n)_k$ bilden eine ONB von ℓ^2.

(d) Sei allgemeiner $I \neq \emptyset$ eine beliebige Indexmenge. Dann bilden die Funktionen $x_i\colon I \to \mathbb{C}$ mit $x_i(i) := 1$ und $x_i(j) := 0$ für $i \neq j$ eine ONB des Hilbertraums $\ell^2(I)$ (6.4-9(d)).

Weitere Beispiele siehe 11.7.H.2 und 11.7.J.

6.4-D Approximation in Hilberträumen

Sei weiterhin H ein Hilbert- oder zumindest ein Praehilbertraum. Zur Approximation in normierten Räumen siehe Abschnitt 7.5-15.

Die Approximationsaufgabe besteht darin, zu einem gegebenem Punkt $x \in H$ den nächst gelegenen Punkt aus einer Teilmenge $A \subset H$ zu finden. Einfache Beispiele zeigen, dass ohne Zusatzbedingungen an A so ein nächst gelegener Punkt nicht notwendig existieren muss.

6.4-25 Beste Approximierende

Seien $x \in H$ und $A \subset H$. $y_0 \in A$ heißt beste Approximation von x in A, wenn $\|x - y_0\| = d(x, A) = \inf_{y \in A} \|x - y\|$.

Ist $A \subset H$ konvex, so ist dies äquivalent zu $\operatorname{Re} \langle x - y_0, y - y_0 \rangle \leq 0$ für alle $y \in A$. Anschaulich: 'der Winkel zwischen $x - y_0$ und $y - y_0$ ist nicht spitz.'

Ist A ein affiner Unterraum von H, so ist $y_0 \in A$ genau dann beste Approximation von $x \in H$, wenn $x - y_0 \perp A$.

Vollständige konvexe Mengen sind Existenzmengen bester Approximation. Das besagt der

6.4-26 Satz

Sei $A \neq \emptyset$ eine vollständige und konvexe Teilmenge eines Praehilbertraumes H. Dann besitzt jedes $x \in H$ genau eine beste Approximation in A.

Speziell gilt dies für abgeschlossene konvexe Teilmengen von Hilberträumen.

In Banachräumen ist dieser Satz i.a. falsch (12.4.N), ebenso, wenn A nicht vollständig ist (11.7.C).

6.4-27 Projektions- oder Zerlegungssatz

Sei G ein vollständiger Unterraum eines Praehilbertraumes H, z.B. ein abgeschlossener Unterraum eines Hilbertraums. Dann ist H die direkte Summe $G \oplus G^\perp$ von G und seinem orthogonalen Komplement. Insbesondere läßt sich jedes $x \in H$ eindeutig darstellen in der Form

$$x = y + z \quad \text{mit } y \in G \text{ und } z \in G^\perp . \tag{27}$$

Dabei ist y die beste Approximation von x in G.

Die durch die Zerlegung (27) definierte Abbildung $P: H \to H$; $x = y + z \mapsto y$ heißt orthogonale Projektion von H auf G (siehe auch 8.3-16).

Wegen $\|Px\|^2 = \|y\|^2 \leq \|y\|^2 + \|z\|^2 = \|x\|^2$ (Pythagoras!) haben orthogonale Projektionen $P \neq 0$ die Norm $\|P\| = 1$.

Ist S eine Orthonormalbasis von G, so ist $Px = \sum_{u \in S} \langle x, u \rangle u$ die beste Approximation von x in G, also

$$d(x, G) = \inf \left\{ \|x - y\| \mid y \in G \right\} = \left\| x - \sum_{u \in S} \langle x, u \rangle u \right\| . \tag{28}$$

7   Lineare Funktionale

Lineare Funktionale (Linearformen) sind spezielle lineare Operatoren, nämlich
solche, deren Zielbereich der eindimensionale $\mathbb{K}$-Vektorraum $\mathbb{K}$ ist.
Viele Sätze über Funktionale sind Spezialfälle von Sätzen über Operatoren.
Zu linearen Operatoren siehe Kapitel 8.

7.1   Stetige lineare Funktionale und Dualräume

7.1-1   Linearformen

Sei E ein beliebiger Vektorraum über einem Körper $\mathbb{K}$.

Eine *Linearform* bzw ein *lineares Funktional* auf E ist eine lineare Abbildung
von E in den Grundkörper $\mathbb{K}$.

Die Linearformen bilden mit den üblichen Operationen selber wieder einen
Vektorraum über $\mathbb{K}$, den sog. algebraischen Dualraum E' (siehe 7.1-6).

Ist $\varphi \neq 0$ eine Linearform auf E, so ist der *Kern* von φ

$$\mathsf{Ker}\,\varphi := \{\, x \in E \mid \varphi(x) = 0 \,\} \tag{1}$$

eine *Hyperebene* durch 0, also ein 1-codimensionaler Unterraum von E.

7.1-2   Stetige lineare Funktionale

Sei E ein topologischer oder speziell ein normierter Vektorraum über $\mathbb{K} = \mathbb{R}$
oder $\mathbb{C}$. Ein *stetiges lineares Funktional* ist eine lineare Abbildung $E \to \mathbb{K}$,
die bzgl der Topologie auf E und der euklidischen Topologie auf $\mathbb{K}$ stetig ist.

Wegen (2) heißen stetige Funktionale auch *beschränkt*.

Die stetigen Linearformen bilden den sog. *stetigen Dualraum* E^* (7.1-6).

Wie alle Operatoren sind Linearformen $\varphi \in E'$ genau dann auf ganz E stetig,
wenn sie in einem Punkt $x_0 \in E$, z.B. im Nullpunkt stetig sind.

Für Linearformen $\varphi\colon E \to \mathbb{K}$ auf einem topologischen Vektorraum E gilt

$$\varphi \text{ stetig} \quad \Longleftrightarrow \quad \varphi \text{ beschränkt.} \tag{2}$$

7.1-3   Beschränkte Funktionale

Eine Linearform auf einem topologischen Vektorraum E heißt *beschränkt*, wenn
sie auf einer Nullumgebung von E beschränkt ist. Linearformen $\varphi \neq 0$ sind
natürlich nie auf dem ganzen Vektorraum beschränkt.

Eine Linearform φ auf einem normierten Raum E ist *beschränkt*, wenn

$$\exists\, L \in \mathbb{R} \; \forall\, x \in E \; : \quad |\varphi(x)| \leq L\,\|x\|\,. \tag{3}$$

7.1-4   Beispiele und Bemerkungen

(a) Sei E ein hausdorffscher topologischer oder speziell normierter Vektorraum. Ist $\dim E < \infty$, so ist $E' = E^*$, d.h. jede Linearform auf E ist stetig.

(b) Ist $\varphi \in E'$ stetig, so muss der Kern von φ abgeschlossen sein. Also ist auf einem indiskreten topologischen Vektorraum nur die Nullform stetig.

(c) Ist $x \in [a,b]$, so ist die Punktauswertung $\pi_x(f) := f(x)$ eine Linearform auf $C[a,b]$, die bzgl der Sup-Norm stetig, bzgl der Integral-Norm unstetig ist (12.1.C).

(d) Es gibt hausdorffsche topologische Vektorräume $E \neq \{0\}$, auf denen nur die Nullform stetig ist (12.1.G).

7.1-5   Stetigkeitskriterien

Sei $\varphi \in E'$, $\varphi \neq 0$ eine Linearform auf dem topologischen oder speziell normierten Vektorraum E. Dann sind äquivalent (Beweis siehe 12.1.A):

(i) φ ist stetig,

(ii)   Ker φ ist abgeschlossen,

(iii) Ker φ ist nicht dicht in E,

(iv) φ ist auf einer Null-Umgebung beschränkt,

(v)   Re φ ist stetig,

(vi)   Es gibt eine offene Menge $\emptyset \neq G \subset E$ mit $\varphi(G) \neq \mathbb{K}$.

7.1-6   Algebraischer und stetiger Dualraum

Sei $E = (E, \mathcal{T})$ ein topologischer oder speziell ein normierter Vektorraum über $\mathbb{K} = \mathbb{R}$ oder $\mathbb{K} = \mathbb{C}$.

Die Linearformen auf E bilden mit kanonisch erklärten Operationen ebenfalls einen Vektorraum über $\mathbb{K}$, den sog. *algebraischen Dualraum von E*:

$$E' := \{\, \varphi \colon E \to \mathbb{K} \mid \varphi \text{ linear} \,\} = \operatorname{Hom}(E, \mathbb{K}). \tag{4}$$

Der Untervektorraum der stetigen Funktionale auf E

$$(E, \mathcal{T})^* = E^* := \{\, \varphi \colon E \to \mathbb{K} \mid \varphi \text{ linear und stetig} \,\} = \mathcal{L}(E, \mathbb{K}) \tag{5}$$

heißt der *stetige Dualraum von E*.

Mit der durch die Punktauswertungen $\pi_x(x^*) := x^*(x)$ erzeugten w^*-Topologie (7.4-10) ist E^* ein lokalkonvexer topologischer Vektorraum.

7.1-7   Stetiger Dualer eines normierten Raumes

Ist E normiert, so ist der stetige Dualraum E^* mit der *Operatornorm* (8.1-8)

$$\|x^*\| = \sup_{\|x\| \leq 1} |x^*(x)| \tag{6}$$

ebenfalls ein normierter Raum. Da $\mathbb{K}$ vollständig ist, ist $E^* = \mathcal{L}(E, \mathbb{K})$ mit der Norm (6) nach Satz 8.1-9 ebenfalls vollständig, also ein Banachraum.

Die Normtopologie auf E^* ist i.a. echt stärker als die w^*-Topologie (12.3.C).

Für einige klassische Räume kann man die stetigen Linearformen kanonisch beschreiben. Eine Sammlung derartiger Darstellungssätze finden Sie in A.8.

7.1-8   *Bemerkungen*

(a)   Auch für nicht-triviale topologische Vektorräume E kann $E^* = \{0\}$ sein. Für ein Beispiel siehe 12.1.G.

In lokalkonvexen Räumen, insbesondere in normierten Räumen kann so etwas nicht passieren (12.1.H).

(b)   Es gibt nicht isomorphe Banachräume, deren Dualräume isomorph sind. Z.B. ist $c^* \cong c_0^* \cong \ell^1$, aber c und c_0 sind (bzgl der Sup-Norm) nicht isometrisch isomorph (11.2.E). Allerdings sind c und c_0 topologisch isomorph.

Komplizierter ist das folgende Beispiel: ℓ^1 und $L^1[0,1]$ sind nicht topologisch isomorph. Andererseits sind $(\ell^1)^* \cong \ell^\infty$ und $(L^1[0,1])^* \cong L^\infty[0,1]$ topologisch isomorph (Pelczynski 1958).

(c)   Sei E normiert und E^* separabel. Dann ist auch E separabel. Die Umkehrung ist falsch. (Beweis siehe 12.2.E.)

Daraus folgt z.B., dass ℓ^1 nicht topologisch isomorph zu $(\ell^\infty)^*$ ist.

Eine Verallgemeinerung des orthogonalen Komplements in Hilberträumen ist der Annulator im Fall normierter oder topologischer Vektorräume:

7.1-9   *Annulator*

Sei E ein normierter oder topologischer Vektorraum und E^* sein stetiger Dualraum. Seien $\emptyset \neq A \subset E$ und $\emptyset \neq B \subset E^*$ nichtleere Teilmengen von E bzw E^*. Dann heißt

$$
\begin{aligned}
A^\perp &:= \left\{ x^* \in E^* \mid \forall x \in A : x^*(x) = 0 \right\} \subset E^* \qquad \text{bzw} \\
B_\perp &:= \left\{ x \in E \mid \forall x^* \in B : x^*(x) = 0 \right\} \subset E
\end{aligned}
\tag{7}
$$

der *Annulator* von A bzw von B.

Mit Hilfe des Annulators kann man u.a. die Dualräume von Unter- und Quotientenräumen beschreiben:

7.1-10   *Dualer eines Unterraums*

Sei E ein lokalkonvexer Raum, F ein Unterraum und $F^\perp \subset E^*$ der Annulator von F. Dann wird durch

$$
\Phi: E^*/F^\perp \to F^* \quad ; \qquad \Phi(x^* + F^\perp) := x^* \restriction_F
\tag{8}
$$

ein algebraischer Isomorphismus definiert. Ist F abgeschlossen, so ist (8) ein topologischer Isomorphismus bzgl der von der w^*-Topologie auf $E^*/F^\perp$ erzeugten Quotiententopologie und der w^*-Topologie auf F^*.

Ist E normiert, so ist (8) eine Isometrie bzgl der auf $E^*/F^\perp$ und F^* kanonisch erklärten Normen (6.1-10).

Für beliebige topologische Vektorräume E ist (8) i.a. nur ein injektiver Homomorphismus. Z.B. in dem Fall, dass F ein endlichdimensionaler Unterraum eines hausdorffschen Raumes E ist, in dem es keine nicht-trivialen stetigen Funktionale gibt (12.1.G).

7.1-11   Dualer eines Quotientenraums

Sei E ein topologischer Vektorraum, F ein Unterraum, $F^\perp \subset E^*$ der Annulator von F und $\pi\colon E \to E/F$ die kanonische Projektion. Dann wird durch

$$\Psi\colon (E/F)^* \to F^\perp \quad ; \qquad \Psi(z^*) := z^* \circ \pi \qquad (9)$$

ein algebraischer Isomorphismus von $(E/F)^*$ auf $F^\perp$ definiert.

Ψ ist topologisch bzgl der w^*-Topologie auf $(E/F)^*$ und der von der w^*-Topologie auf E^* induzierten Relativtopologie auf $F^\perp$.

Ist E normiert und F abgeschlossen, so ist (9) ein isometrischer Isomorphismus zwischen den normierten Räumen $(E/F)^*$ und $F^\perp$.

7.1-12   Reell- und komplex-lineare Funktionale

Ein Vektorraum E über $\mathbb{C}$ ist auch ein Vektorraum über $\mathbb{R}$.

(a) Ist $\varphi\colon E \to \mathbb{C}$ $\mathbb{C}$-linear, so ist $\varphi_1 := \mathsf{Re}\,\varphi\colon E \to \mathbb{R}$ $\mathbb{R}$-linear und es gilt $\varphi(x) = \varphi_1(x) - i\varphi_1(ix)$ für alle $x \in E$.

(b) Ist umgekehrt $\varphi_1\colon E \to \mathbb{R}$ $\mathbb{R}$-linear, so ist $\varphi(x) := \varphi_1(x) - i\varphi_1(ix)$ $\mathbb{C}$-linear.

(c) Ist $p\colon E \to \mathbb{R}$ eine Halbnorm und $\varphi\colon E \to \mathbb{C}$ $\mathbb{C}$-linear, so gilt

$$\forall\, x \in E \;:\; |\varphi(x)| \le p(x) \quad \Longleftrightarrow \quad \forall\, x \in E \;:\; |\mathsf{Re}\,(\varphi(x))| \le p(x) \,. \qquad (10)$$

(d) Ist E normiert und $\varphi\colon E \to \mathbb{C}$ $\mathbb{C}$-linear und stetig, so ist $\|\varphi\| = \|\mathsf{Re}\,\varphi\|$.

(e) Also ist $\varphi \mapsto \mathsf{Re}\,\varphi$ eine bijektive $\mathbb{R}$-lineare Abbildung der $\mathbb{C}$-linearen auf die reellwertigen $\mathbb{R}$-linearen Funktionale.

Für normierte E ist diese Zuordnung isometrisch.

7.2   Fortsetzungssatz von Hahn-Banach

Der Fortsetzungssatz von Hahn-Banach ist ein unverzichtbares Hilfsmittel der
Funktionalanalysis. Er besagt in Kurzform, dass man stetige Funktionale von
Teilräumen auf den ganzen Raum stetig fortsetzen kann.

Wie von fast allen wichtigen Sätzen gibt es verschiedene Versionen. Zur geometrischen Variante siehe 7.2-9ff.

7.2-1   Hahn-Banach algebraisch

Jede Linearform auf einem Unterraum F des Vektorraums E läßt sich zu einer
Linearform auf ganz E fortsetzen.

Aber ist die Fortsetzung beschränkter Funktionale auch beschränkt?
Zunächst eine Definition:

7.2-2   Sublineare Funktionale

Sei E ein Vektorraum über $\mathbb{K} = \mathbb{R}$ oder $\mathbb{C}$.

Ein *sublineares Funktional* auf E ist eine Abbildung $q\colon E \to \mathbb{R}$ derart, dass

(i) $q(\alpha x) = \alpha\, q(x)$ für alle $x \in E$, $\alpha \in \mathbb{R}$, $\alpha \geq 0$,

(ii) $q(x + y) \leq q(x) + q(y)$ für alle $x, y \in E$.

Normen und Halbnormen sind spezielle sublineare Funktionale. Jedes lineare
Funktional ist auch sublinear.

Sei $A \in E$ konvex und $0 \in A^\circ$. Dann ist das Minkowski-Funktional p_A (5.3-6)
von A sublinear.

7.2-3   Hahn-Banach für reelle Vektorräume und sublineare Schranken

Sei E ein reeller Vektorraum, q ein sublineares Funktional auf E und F ein
Unterraum von E. Sei $\varphi \in F'$ mit $\varphi(y) \leq q(y)$ für alle $y \in F$.

Dann gibt es ein $\widehat{\varphi} \in E'$ mit $\widehat{\varphi}\!\restriction_F = \varphi$ und $\widehat{\varphi}(x) \leq q(x)$ für alle $x \in E$.

7.2-4   Hahn-Banach für Vektorräume über $\mathbb{C}$ (oder $\mathbb{R}$) und Halbnormen

Sei E ein Vektorraum über $\mathbb{K} = \mathbb{C}$ oder $\mathbb{R}$, q eine Halbnorm auf E und F ein
Unterraum von E. Sei $\varphi \in F'$ mit $\big|\varphi(y)\big| \leq q(y)$ für alle $y \in F$.

Dann gibt es ein $\widehat{\varphi} \in E'$ mit $\widehat{\varphi}\!\restriction_F = \varphi$ und $\big|\widehat{\varphi}(x)\big| \leq q(x) \; \forall\, x \in E$.

Der Beweis wird meist mit Hilfe des Zornschen Lemmas (A.1-10) geführt.

Satz 7.2-4 angewendet auf die Halbnorm $q(x) := \|\varphi\| \cdot \|x\|$ liefert:

7.2-5   Hahn-Banach für normierte Räume

Ist F Teilraum des normierten Vektorraums E, so kann jede stetige Linearform
$\varphi \in F^*$ stetig und linear auf E fortgesetzt werden, ohne die Norm zu vergrößern,
d.h. es gibt ein $\widehat{\varphi} \in E^*$ mit $\widehat{\varphi}\!\restriction_F = \varphi$ und $\|\widehat{\varphi}\| = \|\varphi\|$.

7.2-6   Hahn-Banach für lokalkonvexe Vektorräume

Ist F Teilraum des lokalkonvexen Vektorraums E, so kann jede stetige Linearform $\varphi \in F^*$ stetig und linear auf E fortgesetzt werden.

Für nicht lokalkonvexe Räume ist dies i.a. falsch! Z.B. ist $E = L^p[0,1]$ für $0 < p < 1$ ein hausdorffscher topologischer Vektorraum mit $E^* = \{0\}$ (12.1.G). Auf endlichdimensionalen Teilräumen $F \subset E$ gibt es aber nicht-triviale stetige Linearformen φ.

Achtung: Man kann den Satz von Hahn-Banach nicht auf stetige Operatoren verallgemeinern. Z.B. kann der stetige Operator id: $c_0 \to c_0$ nicht zu einem stetigen Operator $\ell^\infty \to c_0$ fortgesetzt werden. Es gibt nämlich keine stetige Projektion von ℓ^∞ auf den abgeschlossenen Unterraum c_0 (13.2.J).

7.2-7   Folgerungen

(a) Für alle $x \in E\backslash\{0\}$ gibt es $x^* \in E^*$ mit $\|x^*\| = 1$ und $x^*(x) = \|x\|$.

Zum Beweis setze man das Funktional x^*: lin $\{x\} \to \mathbb{K}$, $x^*(\lambda x) := \lambda\|x\|$ stetig und normerhaltend auf ganz E fort.

(b) Aus (a) folgt: Für alle $x \in E\backslash\{0\}$ ist

$$\|x\| \;=\; \max \left\{\, |x^*(x)| \;\big|\; x^* \in E^*,\; \|x^*\| \leq 1 \,\right\} . \tag{11}$$

(c) Sei E ein normierter Raum, F ein Unterraum von E und $x_0 \in E\backslash F$ derart, dass $d(x_0, F) > 0$. (Für abgeschlossenes F gilt das immer.)

Dann gibt es ein Funktional $x^* \in E^*$ mit $x^* \restriction_F \equiv 0$, $x^*(x_0) \neq 0$.

Zum Beweis sei $\omega: E \to E/\overline{F}$ die kanonische Quotientenabbildung. Aus (a) folgt die Existenz eines Funktionals $\varphi: E/\overline{F} \to \mathbb{K}$ mit $\varphi(\omega(x)) \neq 0$. $\varphi \circ \omega$ leistet das Gewünschte.

7.2-8   Trennende Hyperebenen

Ist $\varphi \neq 0$ eine Linearform auf dem Vektorraum E über $\mathbb{K}$ und $\alpha \in \mathbb{K}$, so ist $H(\varphi, \gamma) := \{\, x \in E \,|\, \varphi(x) = \gamma \,\}$ eine *Hyperebene* in E, also ein 1-codimensionaler affiner Unterraum von E. Ist $\mathbb{K} = \mathbb{C}$ und $\alpha \in \mathbb{R}$, so nennt man $H_{\mathbb{R}}(\varphi, \alpha) := \{\, x \in E \,|\, \mathrm{Re}\,\varphi(x) = \alpha \,\}$ auch *reelle Hyperebene* in E.

Ist E ein topologischer Vektorraum, so sind diese Hyperebenen genau dann abgeschlossen, wenn φ stetig ist.

Die Mengen $\{\, x \in E \,|\, \mathrm{Re}\,\varphi(x) < \alpha \,\}$ und $\{\, x \in E \,|\, \mathrm{Re}\,\varphi(x) > \alpha \,\}$ heißen die von der reellen Hyperebene $H_{\mathbb{R}}(\varphi, \alpha)$ bestimmten *offenen Halbräume* in E. Es ist klar, wie die abgeschlossenen Halbräume definiert sind.

Seien $A, B \subset E$. Man sagt, die reelle Hyperebene $H_{\mathbb{R}}(\varphi, \alpha)$ bzw die Linearform φ *trennt A und B*, wenn $\mathrm{Re}\,\varphi(a) \leq \alpha \leq \mathrm{Re}\,\varphi(b)$ für alle $(a, b) \in A \times B$.

Man sagt, $H_{\mathbb{R}}(\varphi, \alpha)$ bzw φ *trennt A und B streng*, wenn $\mathrm{Re}\,\varphi(a) < \alpha < \mathrm{Re}\,\varphi(b)$ für alle $(a, b) \in A \times B$.

Man sagt, $H_{\mathbb{R}}(\varphi,\alpha)$ ist eine *Stützhyperebene von A*, wenn $H_{\mathbb{R}}(\varphi,\alpha) \cap A \neq \emptyset$ und $\operatorname{Re}\varphi(a) \leq \alpha$ für alle $a \in A$ oder $A \subset \{\, x \in E \mid \operatorname{Re}\varphi(x) \geq \alpha \,\}$.

In diesem Fall heißen die Punkte $x_0 \in H_{\mathbb{R}}(\varphi,\alpha) \cap A$ auch *Stützpunkte von A*.

Die folgenden Trennungssätze werden auch als geometrische Varianten des Satzes von Hahn-Banach bezeichnet:

7.2-9 Trennungssatz von Eidelheit

Seien E ein topologischer Vektorraum, $\emptyset \neq A, B \subset E$ konvex und disjunkt. Ist A offen, so gibt es eine stetige Linearform $\varphi \in E^*$ und ein $\alpha \in \mathbb{R}$ derart, dass $\operatorname{Re}\varphi(a) < \alpha \leq \operatorname{Re}\varphi(b)$ für alle $(a,b) \in A \times B$. Insbesondere gibt es dann eine abgeschlossene reelle Hyperebene, die A und B trennt.

Ist auch B offen, so können A und B streng getrennt werden.

Die Offenheit von A ist wesentlich. Für ein Beispiel siehe 12.4.L.

7.2-10 Trennungssatz von Mazur

Seien E ein topologischer Vektorraum, $A \subset E$ konvex und offen, sowie M ein affiner Teilraum von E mit $A \cap M = \emptyset$.

Dann gibt es eine abgeschlossene Hyperebene H mit $M \subset H$ und $A \cap H = \emptyset$.

7.2-11 Strenger Trennungssatz

Seien E ein lokalkonvexer Raum, $\emptyset \neq A, B \subset E$ konvex und disjunkt. Sei A abgeschlossen und B kompakt. Dann gibt es eine abgeschlossene reelle Hyperebene, die A und B streng trennt, also eine stetige Linearform $\varphi \in E^*$ und ein $\alpha \in \mathbb{R}$ derart, dass $\operatorname{Re}\varphi(a) < \alpha < \operatorname{Re}\varphi(b)$ für alle $(a,b) \in A \times B$.

Die Kompaktheit von B ist wesentlich. B abgeschlossen reicht nicht! Finden Sie dafür ein Beispiel im $\mathbb{R}^2$!

7.2-12 Satz

Seien E ein topologischer Vektorraum und $\emptyset \neq A \subset E$ konvex und abgeschlossen mit $A^\circ \neq \emptyset$. Dann ist jeder Randpunkt von A in einer abgeschlossenen Stützhyperebene von A enthalten (ist also Stützpunkt von A).

Ferner ist A der Durchschnitt der abgeschlossenen Halbräume, die A enthalten und von den abgeschlossenen Stützhyperebenen von A bestimmt werden.

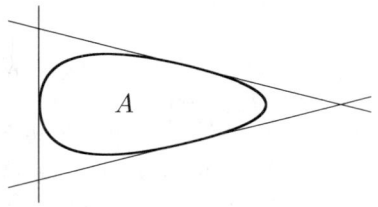

7.3   Bidualraum und Reflexivität

7.3-1   Kanonische Abbildung in den Bidualraum

Sei E ein topologischer Vektorraum über $\mathbb{K}$ und E^* sein stetiger Dualraum.
Ist $x \in E$, so ist

$$Jx \colon E^* \to \mathbb{K} \quad ; \qquad Jx(x^*) := \langle x, x^* \rangle := x^*(x) \tag{1}$$

ein lineares Funktional auf E^*. Jx heißt das von x erzeugte *Punktfunktional*.
Die durch (1) definierte Abbildung $J \colon E \to (E^*)'$ heißt *kanonische Abbildung*
von E in den algebraischen Dualraum $(E^*)'$ von E^*.

J ist linear. J ist injektiv genau dann, wenn E^* die Punkte trennt, insbesondere
dann, wenn E lokalkonvex oder gar normiert ist.

Zur Stetigkeit von J siehe 7.3-2 und 7.4-11(a).

7.3-2   Der Bidualraum eines normierten Raums

Ist E normiert, so ist der stetige Dualraum E^* von E mit der Operatornorm
7.1-7(6) ebenfalls normiert. Der stetige Dualraum des normierten Dualraums
heißt auch (stetiger) Bidualraum $E^{**} = (E^*)^*$ von E.

In diesem Fall ist die *kanonische Einbettung* $J \colon E \to E^{**}$ ein (i.a. nicht sur-
jektiver) Normisomorphismus, d.h. J ist linear und injektiv und es gilt

$$\|Jx\| = \sup \left\{ |Jx(x^*)| \mid \|x^*\| \le 1 \right\} = \|x\| . \tag{2}$$

Häufig identifiziert man E mit $J(E)$ und schreibt $E \subset E^{**}$.

7.3-3   Reflexive Räume

Ein normierter Raum E heißt *reflexiv*, wenn $J(E) = E^{**}$ bzw $E = E^{**}$, wenn
man E und $J(E)$ identifiziert.

Achtung: Aus der isometrischen Isomorphie von E und E^{**} folgt *nicht* die
Reflexivität von E. Es gibt nicht-reflexive Räume E, die isometrisch isomorph
zu ihrem Bidualraum sind (James, 1950).

7.3-4   Beispiele und Bemerkungen

(a) Endlich dimensionale normierte Räume sind reflexiv.

   Die Räume ℓ^p und L^p sind für $1 < p < \infty$ reflexiv, aber nicht für $p = 1, \infty$.

   Die Räume c_0, $C[a, b]$ und $BV[a, b]$ sind nicht reflexiv (siehe 12.2.I).

(b) Stetige Dualräume von normierten Räumen sind vollständig (7.1-7).
   Also ist jeder reflexive Raum ein Banachraum.

   Andersrum: Ist E nicht vollständig, so kann E nicht reflexiv sein.

(c) Abgeschlossene Unterräume von reflexiven Räumen sind reflexiv (12.2.F).

   Also sind z.B. die Folgenräume c und ℓ^∞ nicht reflexiv, da der abgeschlossene Teilraum c_0 nicht reflexiv ist (12.2.I.2).

(d) Reflexive Räume sind schwach vollständig (7.4-5, 12.3.K).

ℓ^1 ist ein schwach vollständiger Banachraum, der nicht reflexiv ist (12.3.G).

(e) Ist E reflexiv, dann auch der Dualraum E^*.

Ist E^* reflexiv und E ein Banachraum, so ist auch E reflexiv (12.2.G).

Z.B. kann ℓ^1 nicht reflexiv sein, weil $(\ell^1)^* \cong \ell^\infty$ nicht reflexiv ist.

(f) $J(E)$ ist genau dann abgeschlossen in E^{**}, wenn E vollständig ist.

Ist E vollständig, aber nicht reflexiv, so ist $J(E)$ von 1. Kategorie in E^{**}.

(g) Ein reflexiver Raum ist genau dann separabel, wenn es sein Dualraum ist. (Vgl. 6.1-22)

7.3-5   1. *Reflexivitätskriterium von James*

Sei E ein Banachraum und B die abgeschlossene Einheitskugel in E. Dann sind äquivalent:

(i) E ist reflexiv.

(ii) B ist schwach kompakt.

(iii) B ist schwach folgenkompakt.

Man vergleiche dies mit Satz 6.1-16 über die Norm-Kompaktheit von B und mit dem Satz von Alaoglu (7.4-13) über die w^*-Kompaktheit der Einheitskugel im Dualraum E^*.

Zusammen mit Aufgabe 12.3.I folgt z.B. daraus, dass $C[0,1]$ nicht reflexiv ist. Dies folgt auch aus dem nächsten Kriterium - siehe Aufgabe 12.2.H.

7.3-6   2. *Reflexivitätskriterium von James*

Ein Banachraum E ist genau dann reflexiv, wenn jedes stetige lineare Funktional $x^* \in E^*$ sein Supremum auf der abgeschlossenen Einheitskugel in E annimmt. Zum Beweis der elementaren Richtung siehe 12.2.H.

7.3-7   *Reflexivität und beste Approximation*

Ein Banachraum E ist genau dann reflexiv, wenn jede abgeschlossene konvexe Teilmenge von E eine Existenzmenge bester Approximation (7.5-15) ist.

In Aufgabe 12.4.N wird mit diesem Satz gezeigt, dass $C[0,1]$ nicht reflexiv ist.

7.3-8   *Satz von Milman - Pettis 1938/39*

Gleichmäßig konvexe Banachräume sind reflexiv.

Die Umkehrung ist falsch. Ein Beispiel dafür ist der Folgenraum $\ell^p(\ell_n^\infty)$ der Folgen $x = (x_n)$ mit $x_n \in \ell_n^\infty$, $\sum \|x_n\|_\infty^p < \infty$ für $p > 1$. Siehe Köthe, S. 364.

Zur *gleichmäßigen Konvexität* siehe Abschnitt 7.5-12.

Innenprodukträume sind gleichmäßig konvex, also sind Hilberträume reflexiv.

7.4   Schwache und schwach-∗-Topologien

7.4-1 $\sigma(E, F)$ - *die von F auf E erzeugte schwache Topologie*

Sei E ein Vektorraum über $\mathbb{K}$ und F ein linearer Teilraum des algebraischen Dualraums E'. Die von den Funktionalen $\varphi \in F$ erzeugte Initialtopologie $\sigma(E, F)$ heißt die von F erzeugte *schwache Topologie* auf E.
Sie ist die gröbste Topologie auf E bzgl der alle $\varphi \in F$ stetig sind (vgl. 1.3-1).

7.4-2   *Bemerkungen*

(a) $\sigma(E, F)$ ist gleich der von den Halbnormen $|\varphi|$ ($\varphi \in F$) erzeugten lokalkonvexen Topologie auf E (vgl. 5.3-4).

(b)   Eine Null-Umgebungsbasis für $\sigma(E, F)$ bilden die Mengen der Form

$$U_{\varphi_1,\ldots,\varphi_n} := \left\{ x \in E \mid |\varphi_j(x)| \leq 1 \text{ für } j = 1, \ldots, n \right\} \qquad (1)$$

mit $n \in \mathbb{N}$ und $\varphi_1, \ldots, \varphi_n \in F$.

(c) $\sigma(E, F)$ ist hausdorffsch genau dann, wenn F *total* ist, d.h. wenn es zu jedem $x \in E \backslash \{0\}$ ein $\varphi \in F$ gibt mit $\varphi(x) \neq 0$.

(d)   Ein $\varphi \in E'$ ist genau dann $\sigma(E, F)$-stetig, wenn $\varphi \in F$ ist. D.h. F ist der stetige Dualraum von $\left(E, \sigma(E, F)\right)$, also $\left(E, \sigma(E, F)\right)^* = F$.

7.4-3 $\sigma(E, E^*)$ - *die schwache Topologie eines topologischen Vektorraums*

Ist $(E, \mathcal{T})$ ein topologischer Vektorraum und E^* sein stetiger Dualraum, so heißt $\sigma(E, E^*)$ *die schwache* oder *w-Topologie* auf E. Oft nennt man $\mathcal{T}$ dann die *ursprüngliche* Topologie auf E. Insbesondere in normierten Räumen heißt die ursprüngliche Topologie, also die Norm-Topologie auch die *starke* Topologie.

Eigenschaften und Begriffe, die sich auf die schwache Topologie beziehen, werden meist durch den Zusatz *schwach* oder *w-* gekennzeichnet. Man redet also z.B. von *schwach-kompakten* Mengen, *w-konvergenten Folgen*, *schwachen Null-Umgebungen* usw.

7.4-4   *Bemerkungen*

Sei $(E, \mathcal{T})$ ein topologischer Vektorraum über $\mathbb{K}$. Dann gilt:

(a) $\sigma(E, E^*) \subset \mathcal{T}$, d.h. die schwache Topologie ist gröber oder gleich der ursprünglichen. Also ist
– jede $\mathcal{T}$-kompakte Teilmenge $A \subset E$ auch schwach-kompakt,
– jede schwach-abgeschlossene Menge $A \subset E$ auch $\mathcal{T}$-abgeschlossen,
– jedes schwach-stetige Funktional auf E auch $\mathcal{T}$-stetig usw.

(b)   Ist $(E, \mathcal{T})$ endlich dimensional und hausdorffsch, so ist $\sigma(E, E^*) = \mathcal{T}$.

(c)   Für unendlich dimensionale normierte Vektorräume ist die schwache Topologie echt gröber als die Normtopologie.

Ist nämlich $(E, \mathfrak{T})$ unendlich dimensional, so enthält jede schwache Null-Umgebung einen unendlich dimensionalen Teilraum von E.

(d) Ist E normiert und $\dim E = \infty$, so ist die Einheitskugel in E norm-offen, aber nicht schwach offen. Ihr Komplement $\{\, x \in E \mid \|x\| \geq 1 \,\}$ ist norm-abgeschlossen, aber nicht schwach abgeschlossen.

(e) Ist E lokal-konvex und hausdorffsch, so ist auch die schwache Topologie $\sigma(E, E^*)$ hausdorffsch.

(f) Direkt aus Bemerkung 7.4-2(d) folgt $\bigl(E, \sigma(E, E^*)\bigr)^* = E^*$.
    D.h. die bzgl der schwachen Topologie stetigen Funktionale auf E sind genau die bzgl der Ursprungstopologie stetigen.

7.4-5   Schwache Konvergenz und schwache Cauchyfolgen

Sei $(E, \mathfrak{T})$ ein topologischer Vektorraum über $\mathbb{K}$. Dann ist eine Folge x_n in E genau dann *schwach konvergent* gegen $x \in E$ - d.h. konvergent bzgl $\sigma(E, E^*)$, wenn $x^*(x_n) \to x^*(x)$ für alle $x^* \in E^*$. Schreibweise:

$$(x_n) \ w\text{-konvergent gegen } x \iff x_n \xrightarrow{w} x \iff w\text{-}\lim x_n = x \ . \quad (2)$$

Eine Folge (x_n) in E heißt *schwache Cauchyfolge*, wenn für alle $x^* \in E^*$ die Folge $\bigl(x^*(x_n)\bigr)$ eine Cauchyfolge in $\mathbb{K}$ ist.

E heißt *schwach vollständig*, wenn jede schwache Cauchy-Folge in E schwach konvergiert.

7.4-6   Bemerkungen und Beispiele

(a) Aus der Norm-Konvergenz folgt die schwache.
    Die Umkehrung ist falsch (12.3.C).

(b) In ℓ^1 sind Norm-Konvergenz und schwache Konvergenz äquivalent (12.3.G).

(c) Eine beschränkte Folge in $C[0,1]$ konvergiert genau dann schwach gegen 0, wenn sie punktweise gegen 0 konvergiert (12.3.H).

(d) Gilt $x_n \xrightarrow{w} x$, so ist (x_n) norm-beschränkt und es ist $\|x\| \leq \liminf\limits_{n\to\infty} \|x_n\|$
    .

7.4-7   Abgeschlossenheit konvexer Mengen

Sei $(E, \mathfrak{T})$ ein lokal-konvexer topologischer Vektorraum und $A \subset E$ konvex. Dann ist A genau dann w-abgeschlossen, wenn A $\mathfrak{T}$-abgeschlossen ist.

Insbesondere sind norm-abgeschlossene Kugeln in normierten Räumen auch schwach abgeschlossen (aber norm-offene Kugeln i.a. nicht schwach offen).

7.4-8   Schwache Beschränktheit (Satz von Mackey)

Sei $(E, \mathfrak{T})$ ein lokalkonvexer topologischer Vektorraum und $A \subset E$. Dann ist A genau dann $\mathfrak{T}$-beschränkt, wenn A schwach beschränkt ist.

Beweis für den Fall normierter Räume siehe 12.3.J.

7.4-9   Schwache Kompaktheit (Satz von Eberlein-Smulian)

Sei E Banachraum und $A \subset E$. Dann sind äquivalent:

(i)   Jede Folge in A besitzt eine in E schwach konvergente Teilfolge.

(ii)   Jede Folge in A besitzt einen schwachen Häufungspunkt in E.

(iii)   Die schwache Hülle von A ist schwach kompakt.

Insbesondere ist eine schwach-abgeschlossene Teilmenge eines Banachraums E genau dann schwach kompakt, wenn sie schwach folgenkompakt ist.

Zur schwachen Kompaktheit der Einheitskugel siehe Satz 7.3-5.

Zur schwachen Vollständigkeit siehe 7.3-4(d) und 7.4-5.

7.4-10 $\sigma(E^*, E)$ - die schwach-∗-Topologie   (w^*-Topologie)

Sei E ein topologischer Vektorraum über $\mathbb{K}$ und E^* sein stetiger Dualraum. Die von $J(E) \subset (E^*)'$ erzeugte schwache Topologie $\sigma(E^*, J(E))$ heißt die w^*- oder *schwach-∗-Topologie* auf E^* und wird mit $\sigma(E^*, E)$ bezeichnet.

Eine Null-Umgebungsbasis für $\sigma(E^*, E)$ bilden die Mengen der Form

$$U_{x_1,\ldots,x_n} := \left\{ \, x^* \in E^* \mid |x^*(x_j)| \leq 1 \text{ für } j = 1, \ldots, n \, \right\} \tag{3}$$

mit $n \in \mathbb{N}$ und $x_1, \ldots, x_n \in E$.

Eigenschaften und Begriffe, die sich auf die w^*-Topologie beziehen, werden oft durch den Zusatz w^* oder auch *schwach-∗* gekennzeichnet. Man redet also von w^*-*kompakten*, schwach-∗-beschränkten Mengen in E^* usw.

Ist E normiert, so ist auch E^* mit der Operatornorm normiert. Auf E^* gibt es daher u.a. die Normtopologie $\mathcal{T}_{\|.\|}$, die schwach-∗- und die von E^{**} erzeugte schwache Topologie. Es gilt (12.3.C)

$$\sigma(E^*, E) \subset \sigma(E^*, E^{**}) \subset \mathcal{T}_{\|.\|} \,. \tag{4}$$

Die Inklusionen sind i.a. echt. Ist E endlich dimensional, so stimmen die drei Topologien überein.

E ist genau dann reflexiv, wenn $\sigma(E^*, E) = \sigma(E^*, E^{**})$.

7.4-11   Bemerkungen

Sei E ein topologischer Vektorraum über $\mathbb{K}$, E^* sein stetiger Dualraum und $J \colon E \to (E^*)'$ die kanonische Einbettung von E in $(E^*)'$.

(a)   Ist E normiert, so liefert die kanonische Einbettung $J \colon E \to E^{**}$ einen topologischen Isomorphismus von $\big(E, \sigma(E, E^*)\big)$ auf $\big(J(E), \sigma(E^{**}, E^*)\big)$. Zur Normisomorphie von J siehe 7.3-2.

(b)   Die w^*-Topologie $\sigma(E^*, E)$ auf E^* ist stets hausdorffsch.

(c) $\big(E^*, \sigma(E^*, E)\big)^* = J(E)$. Folgt direkt aus 7.4-2(d).

(d)　Eine Folge (x_n^*) konvergiert genau dann auf E punktweise gegen $x^* \in E^*$, wenn sie schwach-$*$ gegen x^* konvergiert. Ist E normiert und gilt $x_n^* \xrightarrow{w^*} x^*$, so ist (x_n^*) norm-beschränkt und $\|x^*\| \leq \liminf_{n\to\infty} \|x_n^*\|$.

(e)　Für $\mathcal{F} \subset E^*$ gilt: $\mathcal{F}$ *punktweise beschränkt* $\Longleftrightarrow$ $\mathcal{F}$ w^*-beschränkt.

Ist E normiert, so ist $\mathcal{F} \subset E^*$ genau dann *gleichmäßig beschränkt*, wenn $\mathcal{F}$ norm-beschränkt ist.

Mit dem Kompaktheitssatz von Tychonoff (3.4-15) beweist man den

7.4-12　Satz von Alaoglu

Sei E ein topologischer Vektorraum und V eine Null-Umgebung in E. Dann ist die sog. *Polare*　$Pol(V) := \big\{ \, x^* \in E^* \mid |x^*(x)| \leq 1 \text{ für alle } x \in V \, \big\}$　von V schwach-$*$-kompakt.

Ist E ein normierter Raum, so ist die Polare der Einheitskugel in E gerade die Einheitskugel in E^*. Also ergibt sich:

7.4-13　Satz von Banach-Alaoglu

Sei E ein normierter Raum und E^* sein stetiger Dualer. Dann ist die abgeschlossene Einheitskugel in E^* w^*-kompakt.
(Natürlich ist dann auch jede abgeschlossene Kugel in E^* w^*-kompakt.)

Achtung: Daraus folgt nicht, dass jede beschränkte Folge von Funktionalen in E^* eine w^*-konvergente Teilfolge besitzt (vgl 7.4-15 und 12.3.M).

Eine direkte Folgerung ist das folgende Analogon zum Satz von Heine-Borel:
Sei E ein Banachraum und $A \subset E^*$. Dann gilt

$$A \; w^*\text{-kompakt} \; \Longleftrightarrow \; A \; w^*\text{-abgeschlossen und norm-beschränkt.} \qquad (5)$$

7.4-14　Dichte-Lemma (Goldstine-Weston)

Sei E normiert, $S := \{ \, x \in E \mid \|x\| = 1 \, \}$ die Einheitssphäre und $J \colon E \to E^{**}$ die kanonische Einbettung. Dann liegt $J(E)$ bzgl $\sigma(E^{**}, E^*)$ dicht in E^{**}.

Aber $J(E)$ ist bzgl der Normtopologie i.a. nicht dicht in E^{**}.

Z.B. gilt für nicht reflexive Banachräume $\overline{J(E)}^{\|\cdot\|} = J(E) \subsetneqq E^{**}$ und $J(E)$ ist in der Normtopologie von 1. Kategorie in E^{**}.

Für separable Räume gelten die folgenden beiden Resultate:

7.4-15　Satz

Sei E ein separabler Banachraum. Dann ist die abgeschlossene Einheitskugel in E^* w^*-folgenkompakt. Für nicht separable Räume ist dies i.a. falsch (12.3.L).

7.4-16　Satz

Sei E ein separabler topologischer Vektorraum und $A \subset E$ schwach-$*$-kompakt. Dann ist die schwach-$*$-Topologie auf A metrisierbar.

7.5   Konvexität und Extremalpunkte

Zu Trennungssätzen siehe Abschnitt 7.2-8 ff.

Konvexität ist ein algebraischer und kein topologischer Begriff. Sei also E ein beliebiger Vektorraum über $\mathbb{K} = \mathbb{R}$ oder $\mathbb{C}$.

7.5-1   Konvexe Mengen

Die *Verbindungsstrecke* zweier Punkte $x, y \in E$ ist die Menge

$$[x, y] := \{ \lambda x + (1 - \lambda)y \mid \lambda \in \mathbb{R},\ 0 \le \lambda \le 1 \} . \tag{1}$$

Eine Teilmenge $K \subset E$ heißt *konvex*, wenn mit je zwei Punkten $x, y \in K$ auch die Verbindungsstrecke $[x, y]$ in K liegt.

$$K \text{ konvex} \quad \Longleftrightarrow \quad \forall\, x, y \in K \ :\ [x, y] \subset K . \tag{2}$$

7.5-2   Bemerkungen

(a) Der Durchschnitt beliebig vieler konvexer Mengen ist konvex, die Vereinigung i.a. nicht.

(b) Affine Unterräume sind konvex.

(c) In normierten Räumen sind offene und abgeschlossene ε-Umgebungen konvex, aber nicht in beliebigen metrischen Vektorräumen (11.6.J).

(d) In topologischen Vektorräumen sind konvexe Mengen zusammenhängend.

(e) In topologischen Vektorräumen sind abgeschlossene Hüllen und innere Kerne konvexer Mengen ebenfalls konvex (12.4.B).

(f) Je zwei offene konvexe Teilmengen des $\mathbb{R}^n$ sind homöomorph (12.4.D).

7.5-3   Absolut konvexe Mengen

Kreisförmige (5.1-6) konvexe Teilmengen von E heißen *absolut konvex*. $A \subset E$ ist genau dann absolut konvex, wenn

$$\forall\, x, y \in A \ \forall\, \lambda, \mu \in \mathbb{K} \ :\ |\lambda| + |\mu| \le 1 \ \Longrightarrow\ \lambda x + \mu y \in A . \tag{3}$$

7.5-4   Konvexe Hülle

Seien weiterhin E ein Vektorraum über $\mathbb{K} = \mathbb{R}$ oder $\mathbb{C}$ und $A \subset E$.
Der Durchschnitt aller konvexen Obermengen von A ist konvex und natürlich in jeder konvexen Obermenge enthalten. Er ist die "kleinste konvexe Obermenge" von A und heißt *konvexe Hülle* von A. Bezeichnung:

$$\mathrm{co}\, A := \bigcap \{ K \mid A \subset K \subset E,\ K \text{ konvex} \} . \tag{4}$$

Sind $A \subset E$, $x_1, \ldots, x_n \in A$, $\lambda_1, \ldots, \lambda_n \in \mathbb{R}$ mit $\lambda_j \ge 0$ und $\sum_{j=1}^{n} \lambda_j = 1$, so heißt $\sum_{j=1}^{n} \lambda_j x_j$ *Konvexkombination* aus A.

Die konvexe Hülle von A ist die Menge aller Konvexkombinationen aus A, d.h.

$$\mathrm{co}\,A \;=\; \big\{\, \textstyle\sum_{j=1}^{n} \lambda_j\,x_j \;\big|\; n \in \mathbb{N},\ \lambda_j \geq 0,\ \sum_{j=1}^{n} \lambda_j = 1 \,\big\} \,. \tag{5}$$

Die konvexe Hülle zweier Punkte ist ihre Verbindungsstrecke.

Es ist $\mathrm{co}\,(\lambda A) = \lambda\,\mathrm{co}\,A$ und $\mathrm{co}\,(A + B) = \mathrm{co}\,A + \mathrm{co}\,B$.

In einem topologischen Vektorraum ist die konvexe Hülle einer offenen Menge offen, aber die konvexe Hülle einer abgeschlossenen Menge nicht notwendig abgeschlossen.

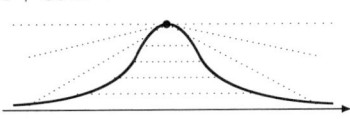

Z.B. ist $A := \big\{\,(x,y)\,|\,x \in \mathbb{R},\ y = (1 + x^2)^{-1}\,\big\} \subset \mathbb{R}^2$ abgeschlossen, aber $\mathrm{co}\,A = \big\{\,(x,y)\,|\,0 < y < 1\,\big\} \cup \{(0,1)\}$ ist nicht abgeschlossen.

7.5-5 Abgeschlossene konvexe Hülle

Sei E ein topologischer Vektorraum und $A \subset E$.

$$\overline{\mathrm{co}}\,A \;:=\; \bigcap \big\{\, B \;\big|\; A \subset B \subset E,\ B \text{ abgeschlossen und konvex} \,\big\} \tag{6}$$

ist die kleinste abgeschlossene konvexe Menge, die A enthält, und heißt *abgeschlossene konvexe Hülle* von A. Es ist $\overline{\mathrm{co}}\,A = \overline{\mathrm{co}\,A}$.

7.5-6 Rechenregeln

Seien E ein (topologischer) Vektorraum und $A, B \subset E$. Dann gilt (12.4.B)

(i) $\mathrm{co}\,(\lambda A) = \lambda\,\mathrm{co}\,A$, $\overline{\mathrm{co}}\,(\lambda A) = \lambda\,\overline{\mathrm{co}}\,A$,

(ii) $\mathrm{co}\,(A + B) = \mathrm{co}\,A + \mathrm{co}\,B$,

(iii) Ist $\overline{\mathrm{co}}\,A$ kompakt, so gilt $\overline{\mathrm{co}}\,(A + B) = \overline{\mathrm{co}}\,A + \overline{\mathrm{co}}\,B$.

7.5-7 Extremalpunkte

Sei $A \subset E$ konvex. Ein Punkt $x_0 \in A$ heißt *Extremalpunkt* von A, wenn x_0 nicht innerer Punkt einer Strecke in A ist, d.h. für alle $a, b \in A$, $0 < \lambda < 1$ gilt

$$x_0 = \lambda a + (1 - \lambda)b \qquad \Longrightarrow \qquad a = b = x_0 \,. \tag{7}$$

Mit $\mathrm{ext}\,A$ bezeichnen wir die Menge der Extremalpunkte von A.

Ist $A \subset E$ konvex, so heißt $B \subset A$ *extremale Menge* von A, wenn für alle $a, b \in A$, $0 < \lambda < 1$ gilt

$$\lambda a + (1 - \lambda)b \in B \qquad \Longrightarrow \qquad a, b \in B \,. \tag{8}$$

Trivialerweise ist A eine extremale Menge von sich selbst. Ecken, Kanten und Seitenflächen eines Quaders $Q \subset \mathbb{R}^3$ sind extremale Mengen von Q.

Es gilt: x_0 ist Extremalpunkt von $A \iff \{x_0\}$ ist extremale Menge von A.

Mit Hilfe des Zornschen Lemmas kann man zeigen, dass jede nichtleere abgeschlossene extremale Menge einer kompakten konvexen Menge $\emptyset \neq A$ einen Extremalpunkt von A enthält, insbesondere dass $\mathrm{ext}\,A \neq \emptyset$.

7.5-8 Bemerkungen

In topologischen Vektorräumen E gilt u.a.

(a) Für alle $A \subset E$ ist $\operatorname{ext} A \subset \partial A$.

(b) Die Menge $\operatorname{ext} A$ der Extremalpunkte einer kompakten konvexen Menge A ist nicht notwendig abgeschlossen (12.4.E).

(c) Eine kompakte konvexe Menge ist nicht notwendig die konvexe Hülle ihrer Extremalpunkte (12.4.F).

(d) Es gibt abgeschlossene konvexe Mengen ohne Extremalpunkte (12.4.H).

7.5-9 Satz von Krein-Milman

Sei E ein lokal-konvexer topologischer Vektorraum und $\emptyset \neq A \subset E$ eine kompakte konvexe Teilmenge. Dann ist A die abgeschlossene konvexe Hülle der Extremalpunkte von A, d.h. es ist $A = \overline{\operatorname{co}}(\operatorname{ext} A)$.

Beweisidee: Sei $C := \overline{\operatorname{co}}(\operatorname{ext} A)$. Angenommen, es ist $x_0 \in A \backslash C$. Dann gibt es nach Hahn-Banach ein stetiges Funktional φ mit $\inf \varphi(C) > \varphi(x_0)$.
$B := A \cap \varphi^{-1}(\inf \varphi(C)) \neq \emptyset$ ist eine extremale Menge von A. Sie muss einen Extremalpunkt von A enthalten. Widerspruch zu $B \cap \operatorname{ext} A \subset B \cap C = \emptyset$.

7.5-10 Extremalpunkte von Einheitskugeln

Manchmal interessiert man sich in normierten Räumen E für die Extremalpunkte der abgeschlossenen Einheitskugel $B := \{ x \in E \mid \|x\| \leq 1 \}$.
Beispielsweise gilt (12.4.G):

(a) In strikt konvexen Räumen ist $\operatorname{ext} B = \partial B = \{ x \in E \mid \|x\| = 1 \}$.
Speziell gilt dies in Hilberträumen, sowie in ℓ^p und $L^p(\mu)$ für $1 < p < \infty$.

(b) In $(c_0, \|.\|_\infty)$ ist $\operatorname{ext} B = \emptyset$.

(c) In $(c, \|.\|_\infty)$ ist $\operatorname{ext} B = \{ x \in c \mid \forall k : |x_k| = 1 \}$.

(d) In $(\ell^1, \|.\|_1)$ ist $\operatorname{ext} B = \{ \alpha e^{(n)} \mid n \in \mathbb{N}, |\alpha| = 1 \}$.

(e) In $(\ell^\infty, \|.\|_\infty)$ ist $\operatorname{ext} B = \{ z \in \ell^\infty \mid \forall k : |z_k| = 1 \}$.

(f) In $((C[0,1], \mathbb{R}), \|.\|_\infty)$ ist $\operatorname{ext} B = \{ f_1 :\equiv 1, f_2 :\equiv -1 \}$.

(g) In $((C[0,1], \mathbb{C}), \|.\|_\infty)$ ist $\operatorname{ext} B = \{ f \mid \forall 0 \leq t \leq 1 : |f(t)| = 1 \}$.

(h) In $C[0,1]^*, \|.\|_\infty)$ ist $\operatorname{ext} B = \{ \{f \mapsto f(t)\} \mid 0 \leq t \leq 1 \}$ bzw $\operatorname{ext} B = \{ \alpha \delta_t \mid |\alpha| = 1 \}$ wenn man $C[0,1]^* \cong rca[0,1]$ identifiziert.

(i) Sei X ein lokalkompakter, aber nicht kompakter T_2-Raum. Dann ist $\operatorname{ext} B = \emptyset$ in $((C_0(X), \|.\|_\infty)$.

(j) In $(L^1(\mathbb{R}), \|.\|_1)$ ist $\operatorname{ext} B = \emptyset$.

(k) In $(L^\infty[0,1], \|.\|_\infty)$ ist $\operatorname{ext} B = \{ f \in L^\infty[0,1] \mid |f(t)| = 1 \text{ f.ü.} \}$.

7.5-11   Bemerkung

c_0 ist nicht der stetige Duale eines Banachraums. Denn wäre E ein Banachraum mit $c_0 = E^*$, so wäre die abgeschlossene Einheitskugel B nach Alaoglu (7.4-13) w^*-kompakt und müsste nach Krein-Milman Extremalpunkte besitzen. Ebenfalls aus Krein-Milman folgt, dass $(C[0,1], \mathbb{R})$ nicht der stetige Duale eines Banachraums ist.

7.5-12   Gleichmäßig konvexe Räume

In allen normierten Räumen sind ε-Kugeln konvex. In *gleichmäßig* bzw *strikt konvexen* Räumen erfüllen sie eine stärkere geometrische Bedingung.

Ein normierter Raum E heißt *gleichmäßig konvex*, wenn

$$\forall \varepsilon > 0 \ \exists \delta > 0 \ \forall x, y \in E \ :$$
$$\|x\|, \|y\| \leq 1, \ \|x - y\| \geq \varepsilon \ \implies \ \left\|\tfrac{x+y}{2}\right\| \leq 1 - \delta \ . \tag{9}$$

Dies ist äquivalent zu der Bedingung

$$\|x_n\|, \|y_n\| \leq 1, \ \frac{\|x_n + y_n\|}{2} \to 1 \ \implies \ \|x_n - y_n\| \to 0 \ . \tag{10}$$

Eine Abschwächung der gleichmäßigen Konvexität ist die *strikte Konvexität*:

7.5-13   Strikt konvexe Räume

Ein normierter Raum E heißt *strikt konvex*, wenn

$$\forall x, y \in E \ : \ \|x\|, \|y\| = 1, \ x \neq y \ \implies \ \left\|\tfrac{1}{2}(x + y)\right\| < 1 \ . \tag{11}$$

Sei B die abgeschlossene Einheitskugel in E. Dann sind äquivalent:

  (i) E ist strikt konvex,

  (ii) der Rand von B enthält keine Strecken,

 (iii) jeder Randpunkt von B ist Extremalpunkt, d.h. $\operatorname{ext} B = \partial B$,

 (iv) jede Stützhyperebene von B trifft B in genau einem Punkt,

  (v) aus $\|x + y\| = \|x\| + \|y\|$ und $y \neq 0$ folgt $x = \lambda y$ für ein $\lambda \geq 0$.

7.5-14   Bemerkungen und Beispiele

  (a) Innere Produkträume - speziell Hilberträume - sind gleichmäßig konvex.

  (b) Die Lebesgue-Räume L^p und die Folgenräume ℓ^p sind für $1 < p < \infty$ gleichmäßig konvex.

      ℓ^1 und ℓ^∞ sind nicht strikt konvex, also auch nicht gleichmäßig konvex. Gleiches gilt für L^1 und L^∞.

  (c) Gleichmäßig konvexe Räume sind strikt konvex.

Jeder endlich dimensionale strikt konvexe Raum ist gleichmäßig konvex. Es gibt aber unendlich dimensionale strikt konvexe Räume, die nicht gleichmäßig konvex sind (12.4.K).

(d) Ist der Dualraum E^* strikt konvex, so auch E. Für reflexive Räume gilt auch die Umkehrung.

(e) Gleichmäßig konvexe Banachräume sind reflexiv (Milman-Pettis, 7.3-8). Die Umkehrung ist falsch.

7.5-15   Approximationsproblem

Sei weiterhin $(E, \|.\|)$ ein normierter Raum über $\mathbb{K}$. Zur Approximation in Hilberträumen siehe Abschnitt 6.4-D.

Seien $x \in E$ und $\emptyset \neq A \subset E$.

Das allgemeine Approximationsproblem besteht darin, zu x den nächstgelegenen Punkt *(beste Approximation)* $y_0 \in A$ zu bestimmen, also

$$\text{gesucht:}\quad y_0 \in A \ \text{mit}\ \|x - y_0\| = d(x, A) = \min\{\, \|x - y\| \mid y \in A \,\}\,. \qquad (12)$$

A heißt *Existenzmenge bester Approximation*, wenn zu jedem $x \in E$ eine beste Approximation in A existiert.

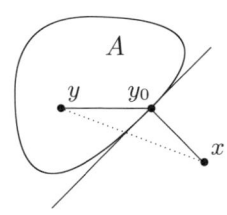

Einfache Beispiele zeigen, dass eine beste Approximation i.a. nicht existiert (A offen) und wenn, dann nicht eindeutig bestimmt ist ($\mathbb{R}^2$ mit der Sup-Norm). Natürliche Bedingungen, die man an A stellt, sind die *Konvexität* und die *Vollständigkeit*.

Ist A konvex, so ist die Menge der besten Approximationen von x in A konvex.

7.5-16   Satz

Ist $A \subset E$ ein endlich dimensionaler affiner Teilraum (insbesondere vollständig und konvex), so besitzt jedes $x \in E$ eine beste Approximation in A.

Beispiele ($\mathbb{R}^2$ mit der Sup-Norm) zeigen, dass die beste Approximation auch in dieser Situation i.a. nicht eindeutig bestimmt ist.

7.5-17   Satz

Sei E ein reflexiver Banachraum und $A \subset E$ konvex und vollständig. Dann besitzt jedes $x \in E$ eine beste Approximation in A.

Insbesondere gilt dies für gleichmäßig konvexe normierte Räume E.

7.5-18   Satz

Sei E strikt konvex und $A \subset E$ konvex und vollständig. Dann besitzt jedes $x \in E$ höchstens eine beste Approximation in A.

8   Lineare Operatoren

8.1   Stetige lineare Operatoren

Im folgenden seien E und F Vektorräume über dem gleichen Grundkörper $\mathbb{K} = \mathbb{R}$ oder $\mathbb{C}$.

8.1-1   Lineare Operatoren

Eine lineare Abbildung $T\colon E \to F$ heißt in der Funktionalanalysis auch (linearer) *Operator*. Zur Abkürzung schreibt man oft $Tx := T(x)$ usw.

Ist $T\colon E \to F$ linear so sind *Kern* und *Bild* von T

$$\operatorname{Ker} T := T^{-1}(0) \quad ; \quad \operatorname{Rg} T := T(E) \tag{1}$$

Untervektorräume von E bzw von F.

Die linearen Abbildungen von E in F bilden mit den wie üblich definierten Operationen ebenfalls einen Vektorraum über $\mathbb{K}$, den Raum

$$\operatorname{Hom}(E, F) := \{\, T\colon E \to F \mid T \text{ linear} \,\} . \tag{2}$$

Der Grundkörper $\mathbb{K}$ ist ein eindimensionaler Vektorraum über sich selbst. Die linearen Funktionale, also die linearen Abbildungen in den Grundkörper sind daher spezielle Operatoren. Zu linearen Funktionalen siehe 7.1.

8.1-2   Endomorphismenalgebra

Lineare Operatoren $T\colon E \to E$ heißen *Endomorphismen* von E.

Sie bilden mit der Hintereinanderausführung $(ST)x := (S \circ T)x := S(Tx)$ nicht nur einen Vektorraum, sondern auch eine *Algebra* mit dem *Einselement* $I = \operatorname{id}_E$, die *Endomorphismenalgebra* $\operatorname{End} E$.

Außer in trivialen Fällen ist $\operatorname{End} E$ nicht kommutativ.

Zur Definition von Algebren siehe Abschnitt 6.3.

8.1-3   Invertierbare Operatoren

Eine Abbildung $T\colon E \to F$ heißt *invertierbar*, wenn es ein $T^{-1}\colon F \to E$ gibt mit $T \circ T^{-1} = \operatorname{id}_F$ und $T^{-1} \circ T = \operatorname{id}_E$, also wenn T injektiv und surjektiv ist. Für lineare Operatoren ist dies genau dann der Fall, wenn $\operatorname{Ker} T = \{0\}$ und $\operatorname{Rg} T = F$. In diesem Fall ist

$$T^{-1}\colon F \to E \quad ; \quad T^{-1}y := \text{dasjenige } x \in E \text{ mit } Tx = y \tag{3}$$

linear, also $T^{-1} \in \operatorname{Hom}(F, E)$ und heißt der *inverse Operator* von T.

Achtung: In manchen Büchern verlangt man für die Invertierbarkeit nur die Injektivität! Bei stetigen Operatoren wird für die Invertierbarkeit oft zusätzlich verlangt, dass der inverse Operator ebenfalls stetig ist.

8.1-4 *Stetige lineare Operatoren*

Sind E und F topologische Vektorräume über $\mathbb{K}$, so bilden die stetigen linearen Operatoren von E in F einen Unterraum

$$\mathcal{L}(E, F) := \{ \, T\colon E \to F \mid T \text{ linear und stetig} \, \} \subset \mathrm{Hom}\,(E, F) \qquad (4)$$

und die stetigen Endomorphismen von E eine Unteralgebra

$$\mathcal{L}(E) := \{ \, T\colon E \to E \mid T \text{ linear und stetig} \, \} \subset \mathrm{End}\,E \; . \qquad (5)$$

Triviale Beispiele stetiger Operatoren sind die Identität $I = \mathrm{id}_E\colon E \to E$ und der Nulloperator 0.

8.1-5 *Bemerkungen*

(a) *"Stetigkeit in einem Punkt reicht."*
   Eine *lineare* Abbildung $T\colon E \to F$ ist genau dann stetig, wenn sie in einem Punkt, etwa in $0 \in E$ stetig ist.

(b) Ist F hausdorffsch und $T\colon E \to F$ linear und stetig, so ist $\mathsf{Ker}\,T = T^{-1}(0)$ abgeschlossen.

   Die Umkehrung ist falsch. Es gibt z.B. unstetige injektive Operatoren.

(c) *"Stetige Operatoren sind gleichmäßig stetig."*
   Eine *lineare* Abbildung $T\colon E \to F$ zwischen zwei topologischen Vektorräumen ist genau dann stetig, wenn sie *gleichmäßig stetig* ist, d.h. wenn es zu jeder Null-Umgebung $W \in \mathcal{U}_F(0)$ eine Null-Umgebung $V \in \mathcal{U}_E(0)$ derart gibt, dass

$$\forall\, x, y \in E \; : \; x - y \in V \quad \Longrightarrow \quad Tx - Ty \in W \; . \qquad (6)$$

   Für metrische Vektorräume, insbesondere für normierte Räume ist diese Definition der gleichmäßigen Stetigkeit äquivalent zu Def. 4.5-2 für Funktionen zwischen metrischen Räumen.

(d) *"Stetige Operatoren sind beschränkt."*
   Ein stetiger Operator $T\colon E \to F$ zwischen topologischen Vektorräumen ist *beschränkt*, d.h. er bildet beschränkte Mengen auf beschränkte Mengen ab.

   Für normierte Räume gilt auch die Umkehrung (siehe 8.1-7).

Besonders einfach ist wieder der endlich-dimensionale Fall:

8.1-6 *Satz*

Seien E, F topologische Vektorräume und $\dim E < \infty$. Dann ist jede lineare Abbildung $T\colon E \to F$ stetig.
Ist $\dim E = \infty$ und $F \neq \{0\}$, so gibt es unstetige Operatoren $T\colon E \to F$.

Sind E und F endlich dimensional, etwa $\dim E = n$ und $\dim F = m$, so ist $\mathcal{L}(E, F)$ isomorph zum $\mathbb{K}$-Vektorraum $\mathbb{K}^{m \times n}$ der $(m \times n)$-Matrizen mit m Zeilen und n Spalten. Dazu und auch zum Zusammenhang von Operator- und Matrizennormen siehe z.B. [RA2 6.2.9-10, 6.4.5.D].

Stetige Operatoren zwischen Folgenräumen lassen sich nur z.t. durch unendliche Matrizen beschreiben (siehe z.B. 13.2.F).

8.1-A   Stetige Operatoren zwischen normierten Räumen

Im folgenden seien $(E, \|.\|)$ und $(F, \|.\|)$ normierte lineare Räume über dem gleichen Grundkörper $\mathbb{K} = \mathbb{R}$ oder $\mathbb{C}$. Die Normen werden gleich bezeichnet.

8.1-7 Beschränkte Operatoren

Ein linearer Operator $T \colon E \to F$ heißt *beschränkt*, wenn

$$\sup \big\{ \, \|Tx\| \mid \|x\| = 1 \, \big\} \; < \; \infty \, . \tag{7}$$

Ein beschränkter Operator $T \neq 0$ ist natürlich nicht auf ganz E beschränkt, sondern nur auf beschränkten Mengen, z.B. auf der Einheitskugel.

Für Operatoren T zwischen normierten Räumen gilt:

$$T \text{ stetig} \quad \Longleftrightarrow \quad T \text{ beschränkt.} \tag{8}$$

Daher werden die Begriffe *stetig* und *beschränkt* für lineare Operatoren zwischen normierten Räumen auch synonym verwendet.

8.1-8 Operatornorm

Für stetige Operatoren $T \colon E \to F$ heißt

$$\begin{aligned}
\|T\| &:= \sup \big\{ \, \|Tx\| \mid \|x\| = 1 \, \big\} \; = \; \sup \big\{ \, \|Tx\| \mid \|x\| \le 1 \, \big\} \\
&= \sup \big\{ \, \tfrac{\|Tx\|}{\|x\|} \mid \|x\| \neq 0 \, \big\} \; = \; \inf \big\{ \, k \in \mathbb{R} \mid \forall\, x \in E \; : \; \|Tx\| \le k\,\|x\| \, \big\}
\end{aligned} \tag{9}$$

die *Norm* des Operators T. Sie hängt von den Normen in E und F ab.

Sei z.B. $T \colon \mathbb{K}^n \to \mathbb{K}^m$ linear und $A \in \mathbb{K}^{m \times n}$ die zugehörige Matrix. Ist $\|T\|$ die Operatornorm von T bzgl der euklidischen Norm in $\mathbb{K}^n$ und $\mathbb{K}^m$, so ist $\|T\| = \sqrt{\lambda_*}$. Dabei ist λ_* der größte Eigenwert der quadratischen Matrix $\overline{A}^\top A$. Weitere Beispiele siehe Abschnitt 13.2.

Mit der Operatornorm (9) ist $\mathcal{L}(E, F)$ ein normierter Raum. Es gilt:

8.1-9 Satz

$\mathcal{L}(E, F)$ ist vollständig (also ein Banachraum), wenn F vollständig ist.

8.1-10   Bemerkungen:

Seien E, F, G normierte Räume über $\mathbb{K}$ und $S, S_n \in \mathcal{L}(E, F)$, $T \in \mathcal{L}(F, G)$ stetige Operatoren. Dann gilt

(a) S ist Lipschitz-stetig mit der Lipschitzkonstanten $\|S\|$.

(b) $\|Sx\| \leq \|S\| \cdot \|x\|$ für alle $x \in E$ und $\|TS\| \leq \|T\| \cdot \|S\|$.

(c) Ist S bijektiv, so existiert S^{-1} in $\mathcal{L}(F, E)$ genau dann, wenn S offen ist. Dies gilt genau dann, wenn (vgl. 8.2-B)

$$\exists\, m > 0 \,\forall\, x \in E \ : \ m\|x\| \leq \|Sx\| . \tag{10}$$

(d) Es gilt $\|S_n - S\| \to 0$ genau dann, wenn die Operatoren S_n auf der Einheitskugel von E gleichmäßig gegen S konvergieren.

Daher nennt man die Konvergenz bzgl der Operatornorm auch manchmal gleichmäßige Konvergenz.

8.1-B   Adjungierte Operatoren

8.1-11   Adjungierte Operatoren

Ein Operator $T \in \mathrm{Hom}\,(E, F)$ induziert einen dualen Operator T' zwischen den (algebraischen) Dualräumen F' und E' :

$$T' \colon F' \to E' \quad ; \quad T'\varphi := \varphi \circ T . \tag{11}$$

Sind E und F normiert, so sind auch die stetigen Dualen E^* und F^* normiert. Ist T ein stetiger Operator, also $T \in \mathcal{L}(E, F)$, so ist

$$T^* \colon F^* \to E^* \quad ; \quad T^*y^* := y^*T . \tag{12}$$

ebenfalls stetig. $T^* \in \mathcal{L}(E^*, F^*)$ heißt der zu T *adjungierte Operator.*

T^* ist die Einschränkung von T' auf E^*.

Man beachte den Unterschied zur Definition des adjungierten Operators zwischen Hilberträumen (8.4).

Für normierte E und F ist der *Biadjungierte* $T^{**} = (T^*)^* \colon E^{**} \to F^{**}$ definiert. Mit Hilfe der kanonischen Einbettungen kann man E und F als Teilmengen der stetigen Bidualen E^{**} bzw F^{**} auffassen. Dann ist T^{**} eine Fortsetzung von T, d.h. $T^{**} \restriction_E = T$. Vgl dazu 8.1-13(d).

8.1-12   Beispiel

Für $1 \leq p < \infty$ ist $(\ell^p)^* = \ell^q$ mit $\frac{1}{p} + \frac{1}{q} = 1$. (A.8.7). Der Adjungierte des Links-Shifts $S_l \colon \ell^p \to \ell^p$, $S_l(x, , x_2, \ldots) = (x_2, x_3, \ldots)$ ist der Rechts-Shift

$$S_l^* = S_r \colon \ell^q \to \ell^q, \ S_r(x_1, x_2, x_3, \ldots) = (0, x_1, x_2, x_3, \ldots) . \tag{13}$$

Weitere Beispiele siehe 13.2.A.

8.1-13   Rechenregeln

Seien E, F und G normiert, E^*, F^* und G^* die stetigen Dualen mit der Operatornorm, $T \in \mathcal{L}(E, F)$ und $S \in \mathcal{L}(F, G)$. Dann gilt u.a.

(a) Die Abbildung $T \mapsto T^*$ von $\mathcal{L}(E, F)$ nach $\mathcal{L}(F^*, E^*)$ ist linear und isometrisch. Sie ist i.a. nicht surjektiv (13.1.C).

(b) $(S \circ T)^* = T^* \circ S^* \in \mathcal{L}(G^*, E^*)$,

(c) Ist T invertierbar mit $T^{-1} \in \mathcal{L}(F, E)$, so ist auch T^* invertierbar und es gilt $(T^*)^{-1} = (T^{-1})^* \in \mathcal{L}(E^*, F^*)$.

(d) Für $T \in L(E, F)$ ist $T^* \in \mathcal{L}(F^*, E^*)$ und $T^{**} = (T^*)^* \in \mathcal{L}(E^{**}, F^{**})$.

Seien $J_E \colon E \to E^{**}$ und $J_F \colon F \to F^{**}$ die kanonischen Einbettungen von E bzw F in die Bidualen. Dann gilt $J_F \circ T = (T^*)^* \circ J_E$.
D.h. T^{**} ist eine Fortsetzung von T, wenn man E und F mit den Bildern $J_E(E)$ bzw $J_F(F)$ identifiziert.

Insbesondere ist $S \in \mathcal{L}(F^*, E^*)$ genau dann ein adjungierter Operator, wenn $S^* J_E(E) \subset J_F(F)$. Siehe dazu auch Aufgabe 13.1.C.

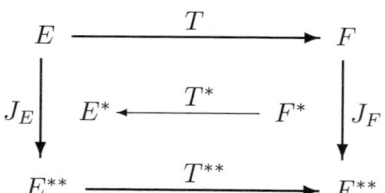

(e) Es ist $\overline{\operatorname{Rg} T} = (\operatorname{Ker} T^*)_\perp$. Zum Annulator $B_\perp$ siehe 7.1-9.

(f) Ist $T \colon E \to F$ kompakt, so auch der adjungierte Operator $T^* \colon F^* \to E^*$ (Satz von Schauder, 8.3-7) .

Die Umkehrung gilt für vollständige F (13.3.C).

8.2   Zentrale Sätze über stetige Operatoren

Die Sätze von der *Offenen Abbildung* (Open Mapping Theorem), vom *Abge-schlossenen Graphen* (Closed Graph Theorem) und von der *Gleichmäßigen Beschränktheit* (Uniform Boundedness Principle) gehören mit den Sätzen von *Hahn-Banach* (7.2-5) und *Krein-Milman* (7.5-9) zu den Hauptsätzen der Funktionalanalysis.

8.2-A   Satz von der gleichmäßigen Beschränktheit

Beinahe direkt aus dem Baireschen Kategoriensatz (4.4-6) folgt der

8.2-1   Satz von der gleichmäßigen Beschränktheit

Seien E, F normierte Räume, E ein Banachraum. $\mathcal{F} \subset \mathcal{L}(E, F)$ sei punktweise beschränkt, d.h.

$$\forall\, x \in E \; : \; \sup\big\{\; \|T(x)\| \;\big|\; T \in \mathcal{F} \;\big\} \; < \; \infty\,. \tag{1}$$

Dann ist $\mathcal{F}$ auf der Einheitskugel in E gleichmäßig beschränkt, bzw in $\mathcal{L}(E, F)$ bzgl der Operatornorm beschränkt.

Beweisidee: Mit dem Baireschen Kategoriensatz erhält man die gleichmäßige Beschränktheit von $\mathcal{F}$ auf einer Kugel (siehe Aufgabe 10.3.K). Aus der Linearität der $T \in \mathcal{F}$ folgt die gleichmäßige Beschränktheit auf der Einheitskugel.

Eine Folgerung ist der in der Analysis oft benutzte

8.2-2   Satz von Banach-Steinhaus

Seien E und F Banachräume und (T_n) eine Folge stetiger linearer Operatoren aus $\mathcal{L}(E, F)$. Dann konvergiert die Folge (T_n) genau dann punktweise gegen einen stetigen Operator $T \in \mathcal{L}(E, F)$, wenn die folgenden beiden Bedingungen erfüllt sind:

(i) (T_n) konvergiert punktweise auf einer dichten Teilmenge $A \subset E$ und

(ii) die Folge der Normen $\|T_n\|$ ist beschränkt.

Zum Beweis siehe Aufgabe 13.1.B. Dort finden Sie auch eine Folge stetiger Operatoren, die punktweise gegen einen unstetigen Operator konvergiert, sowie eine Folge, die zwar punktweise, aber nicht in der Operatornorm konvergiert.

8.2-B   Satz von der offenen Abbildung

Eine Abbildung zwischen topologischen Räumen heißt offen, wenn sie offene Mengen auf offene Mengen abbildet (2.5-1).

Eine bijektive Abbildung ist genau dann offen, wenn ihre Inverse stetig ist.

8.2-3   Bemerkungen und Beispiele

Seien E, F topologische Vektorräume und $T: E \to F$ linear. Dann gilt

(a) T ist genau dann offen, wenn T Nullumgebungen auf Nullumgebungen abbildet, für normierte Räume also genau dann, wenn

$$\exists \varepsilon > 0 \; : \; \{ \, y \in F \mid \|y\| < \varepsilon \, \} \subset T\big(\{ \, x \in F \mid \|x\| < 1 \, \} \big) \; . \tag{2}$$

(b) Ist T offen, so ist T surjektiv. Zur Umkehrung siehe 8.2-4.

(c) $T: \ell^\infty \to c_0$ definiert durch $T: (x_n) \mapsto (x_n/n)$ ist linear, stetig, nicht offen und nicht surjektiv (13.2.B).

(d) Ist $F \subset E$ ein abgeschlossener Unterraum des normierten Raums E, so ist auch E/F normiert und die kanonische Abbildung $\pi: E \to E/F$ ist offen.

Aus dem Kategoriensatz (4.4-6) folgt eine Umkehrung von 8.2-3(b):

8.2-4   Satz von der offenen Abbildung für Fréchet-Räume

Seien E ein Fréchet-Raum, F ein hausdorffscher topologischer Vektorraum und $T \in \mathcal{L}(E, F)$ derart, dass $T(E)$ von 2. Kategorie in F. (Dies gilt sicher dann, wenn F ein Fréchet-Raum und $T \in \mathcal{L}(E, F)$ surjektiv ist).

Dann ist T offen, F ebenfalls ein Fréchet-Raum und $T(E) = F$.

Speziell gilt

8.2-5   Satz von der offenen Abbildung für Banachräume

Seien E, F Banachräume und $T \in \mathcal{L}(E, F)$ surjektiv. Dann ist T offen.

Die Vollständigkeit von F ist wesentlich (siehe 13.2.D).

Beweisidee: Für surjektives T ist $\quad F = \bigcup_{k \in \mathbb{N}} \overline{T(B_k(0))}$.

Nach Baire gibt es ein $k \in \mathbb{N}$ und eine Kugel mit $B_\varepsilon(y) \subset \overline{T(B_k(0))}$.

Wegen der Linearität von T gibt es ein $\delta > 0$ mit $B_\delta(0) \subset \overline{T(B_1(0))}$.

Mit einem kleineren δ gilt dies auch ohne den Abschluss auf der rechten Seite.

Direkte Folgerungen aus dem Satz von der offenen Abbildung sind:

8.2-6   Der Zwei-Normen-Satz

Sind $\mathcal{T}_1, \mathcal{T}_2$ zwei Vektorraumtopologien auf E derart, dass $(E, \mathcal{T}_1)$ und $(E, \mathcal{T}_2)$ Fréchet-Räume sind und gilt $\mathcal{T}_1 \subset \mathcal{T}_2$, so ist $\mathcal{T}_1 = \mathcal{T}_2$.

Speziell für Banachräume $(E, \|.\|_1)$ und $(E, \|.\|_2)$ ergibt sich:

Gilt $\|x\|_1 \le M \|x\|_2$ für alle $x \in E$, so sind $\|.\|_1$ und $\|.\|_2$ äquivalent.

8.2-7   Satz von der inversen Abbildung

Seien E und F Banach-Räume. Dann gilt für alle $T \in \mathcal{L}(E, F)$:

$$T \text{ bijektiv} \quad \Longrightarrow \quad T^{-1} \text{ stetig} \; . \tag{3}$$

Beweisidee: T^{-1} ist stetig, da T offen ist, und linear sowieso.

8.2-C   Satz vom abgeschlossenen Graphen

8.2-8   Abgeschlossene Operatoren

Seien E, F topologische Vektorräume, $D \subset E$ ein Unterraum und $T \colon D \to F$ ein linearer Operator. Dann ist der Graph von T, also

$$\operatorname{graph} T \;=\; \big\{\, (x, Tx) \mid x \in D \,\big\} \;\subset\; E \times F \tag{4}$$

ein Unterraum des Produktraums $E \times F$. Ist er abgeschlossen in $E \times F$, so heißt T ein *Operator mit abgeschlossenem Graphen* oder auch *abgeschlossen*.

Man beachte, dass Operatoren mit abgeschlossenem Graphen i.a. *nicht* abgeschlossene Mengen auf abgeschlossene Mengen abbilden (2.5-3(a)).

8.2-9   Bemerkungen

(a) Operatoren mit abgeschlossenem Graphen sind i.a. nicht stetig (13.2.C).

Man beachte aber 8.2-10.

(b) Ist $T \colon D \to F$ stetig und $D \subset E$ ein abgeschlossener Unterraum, so ist $\operatorname{graph} T$ abgeschlossen in $E \times F$ (siehe Satz 2.5-5).

8.2-10   Satz vom abgeschlossenen Graphen

Seien E, F Fréchet- oder speziell Banachräume und $T \colon E \to F$ ein linearer Operator mit abgeschlossenem Graphen. Dann ist T stetig.
(Die Umkehrung gilt sowieso.)

Beweisidee: $E \times F$ ist mit einer Produktnorm ein Banachraum und damit auch $G := \operatorname{graph} T$ als abgeschlossener Unterraum von $E \times F$. Die Projektionen π_E und π_F von $E \times F$ auf E bzw F sind linear und stetig.

$\pi_E \colon G \to E$ ist bijektiv. Nach dem Satz von der inversen Abbildung (8.2-7) ist $\pi_E^{-1} \in \mathcal{L}(E, G)$ und damit $T = \pi_F \circ \pi_E^{-1} \in \mathcal{L}(E, F)$.

8.2-D   Satz vom abgeschlossenen Bild

8.2-11   Satz

Seien E, F Banachräume und $T \colon E \to F$ ein stetiger Operator.

Dann besitzt T genau dann eine stetige Inverse $T^{-1} \colon \operatorname{Rg} T \to E$, wenn T injektiv und der Bildraum $\operatorname{Rg} T \subset F$ abgeschlossen ist.

8.2-12   Satz vom Minimalmodul

Seien E, F Banachräume und $T \colon E \to F$ ein stetiger Operator.

Dann ist der Bildraum $\operatorname{Rg} T \subset F$ genau dann abgeschlossen, wenn der sog. *Minimalmodul* $\gamma(T) > 0$ ist. Dabei ist

$$\gamma(T) \;:=\; \inf \Big\{ \, \tfrac{\|Tx\|}{d(x, \operatorname{Ker} T)} \;\Big|\; x \in E,\; Tx \neq 0 \, \Big\}. \tag{5}$$

8.2-13 Satz (Kato)

Seien E, F Banachräume und $T\colon E \to F$ ein stetiger Operator.
Ist codim Rg $T < \infty$, so ist Rg $T \subset F$ abgeschlossen.

8.2-14 Satz vom abgeschlossenen Bild

Seien E, F Banachräume, $T\colon E \to F$ ein stetiger und $T^*\colon F^* \to E^*$ der
adjungierte Operator. Dann sind äquivalent:

(i)   Das Bild $T(E)$ ist abgeschlossen in F,

(ii) $T^*(F^*)$ ist $\|.\|$-abgeschlossen in E,

(iii) $T^*(F^*)$ ist schwach∗-abgeschlossen,

(iv) $T\colon E \to$ Rg T ist offen bzgl der Normtopologien,

(v) $T\colon E \to$ Rg T ist offen bzgl der schwachen Topologien,

(vi) $T(E) = (\text{Ker}\,T^*)_\perp$,

(vii) $T^*(F^*) = (\text{Ker}\,T)^\perp$.

8.2-15 Folgerungen

(i)   Für Operatoren mit abgeschlossenem Bild gilt:
      Die Operatorgleichung $Tx = y$ ist genau dann lösbar, wenn $y^*(y) = 0$
      für alle $y^* \in$ Ker T^*, also sicher dann, wenn T^* injektiv ist.

(ii) $T \in (E, F)$ ist genau dann surjektiv, wenn T^* eine stetige Inverse
      $T^{*-1}\colon T^*(F^*) \to F^*$ besitzt.

(iii) Umgekehrt kann man mit Hilfe der kanonischen Einbettungen zeigen:
      Ist T ein stetiger Operator zwischen den normierten Räumen E und F,
      so ist $T^*\colon F^* \to E^*$ genau dann surjektiv, wenn T eine stetige Inverse
      $T^{-1}\colon T(E) \to E$ besitzt.

Zum *Satz vom abgeschlossenen Komplement* siehe 8.3-20.

8.3   Kompakte und andere spezielle Operatoren

8.3-A   Kompakte Operatoren

Im folgenden seien E und F (normierte) lineare Räume über $\mathbb{K} = \mathbb{R}$ oder $\mathbb{C}$ und T ein Operator aus $\mathrm{Hom}\,(E, F)$.

8.3-1   Operatoren von endlichem Rang

T heißt *von endlichem Rang* oder *endlich-dimensional*, wenn der Bildraum $\mathrm{Rg}\,T = T(E)$ endlich-dimensional ist.

Die (stetigen) Endomorphismen von endlichem Rang bilden ein zweiseitiges Ideal in der Algebra der (stetigen) Endomorphismen von E.

Stetige Operatoren von endlichem Rang sind kompakt.

8.3-2   Kompakte Operatoren

T heißt *kompakt*, wenn das Bild (Tx_n) jeder beschränkten Folge (x_n) aus E eine konvergente Teilfolge enthält. Kompakte Operatoren sind stetig.

$$\mathcal{K}(E, F) := \{\, T \in \mathrm{Hom}\,(E, F)\,|\,T \text{ kompakt}\,\} \tag{1}$$

ist ein Untervektorraum von $\mathcal{L}(E, F)$ und $\mathcal{K}(E) := \mathcal{K}(E, E)$ ein Ideal in $\mathcal{L}(E)$.

8.3-3   Beispiele

(a) Stetige Operatoren von endlichem Rang (8.3-1) sind kompakt.
    Ist E endlich-dimensional, so ist jeder Operator $T \in \mathrm{Hom}\,(E, F)$ kompakt.

(b) Fredholm-Operatoren $T \colon C[a, b] \to C[a, b]$, $(Tf)(x) := \int_a^b k(x, t)\,f(t)\,dt$ mit stetigem Kern $k(x, t)$ sind kompakt (13.3.H).

(c) Für $1 \le q < p \le \infty$ ist jeder stetige Operator von ℓ^p nach ℓ^q kompakt, ebenso jeder stetige Operator von c_0 nach ℓ^q. (Satz von Pitt)

(d) Sei $(\alpha_k) \in \mathbb{K}^{\mathbb{N}}$ und $T \in \mathcal{L}(\ell^2)$ definiert durch $T(x_k) := (\alpha_k x_k)$.
    Dann ist T kompakt genau dann, wenn $\alpha_k \to 0$.

8.3-4   Bemerkungen

(a) Kompakte Operatoren sind stetig. Andernfalls würde es eine Folge (x_n) in E geben mit $\|x_n\| = 1$ und $\|Tx_n\| \to \infty$.

    Aber natürlich ist nicht jeder stetige Operator kompakt (8.3-4(c)).

(b) Ist T kompakt und S stetig, so sind $S \circ T$ und $T \circ S$ kompakt (wenn diese Verknüpfungen definiert sind).

    Also bilden die kompakten Endomorphismen ein (zweiseitiges) Ideal in der Algebra der (stetigen) Endomorphismen von E.

(c) Ein kompakter Operator $T \in \mathcal{K}(E, F)$ kann höchstens dann eine stetige Inverse $T^{-1} \colon \mathrm{Rg}\,T \to E$ besitzen, wenn E endlich-dimensional ist.
    Die Identität $I = \mathrm{id}_E$ ist genau dann kompakt, wenn $\dim E < \infty$.

8.3-5   Limes kompakter Operatoren

Sei (T_n) eine Folge kompakter Operatoren von E in den Banachraum F, die gleichmäßig (d.h. in der Operatornorm) gegen T konvergiert. Dann ist T kompakt.

Insbesondere sind $\mathcal{K}(E, F)$ ein abgeschlossener Unterraum von $\mathcal{L}(E, F)$ und $\mathcal{K}(E)$ ein abgeschlossenes Ideal in $\mathcal{L}(E)$, falls F bzw E vollständig sind.

8.3-6   Approximation kompakter Operatoren durch endlich-dimensionale

Ist E ein Hilbertraum oder allgemeiner ein Banachraum mit einer Schauderbasis, so liegen die stetigen Operatoren von endlichem Rang dicht in $\mathcal{K}(E, F)$.

Es gibt separable, reflexive Banachräume E derart, dass nicht jeder kompakte Endomorphismus $T \in \mathcal{K}(E)$ gleichmäßig durch stetige Endomorphismen von endlichem Rang approximiert werden kann (Enflo 1973).

8.3-7   Satz von Schauder

Ist $T\colon E \to F$ kompakt, so auch der adjungierte Operator $T^*\colon F^* \to E^*$.

Die Umkehrung gilt für vollständige F (13.3.C).

8.3-8   Satz

Ist $T\colon E \to F$ kompakt, so ist $I - T$ ein Fredholmoperator mit Index 0, d.h. $I - T$ ist defektendlich und $\mathsf{Rg}\,(I - T)$ ist abgeschlossen.

Aus 8.2-15(i) folgt:

8.3-9   Fredholm Alternative

Sei T kompakter Operator des Banachraums E und $0 \neq \lambda \in \mathbb{K}$. Dann gilt genau eine der folgenden beiden Aussagen:

  (i) Die homogene Gleichung $(\lambda - T)x = 0$ hat nur die triviale Lösung und die inhomogene Gleichung $(\lambda - T)x = y$ ist für jedes $y \in E$ eindeutig lösbar.

 (ii) Die homogene Gleichung $(\lambda - T)x = 0$ und die adjungierte Gleichung $(\lambda - T^*)x^* = 0$ haben genau $n = \dim \mathsf{Ker}\,(\lambda - T) < \infty$ linear unabhängige Lösungen. In diesem Fall ist die inhomogene Gleichung genau dann lösbar, wenn $y \in \big(\mathsf{Ker}\,(\lambda - T^*)\big)_\perp$.

8.3-B   Defekt- und kettenendliche Endomorphismen

Im folgenden seien E, F Vektorräume über $\mathbb{K} = \mathbb{R}$ oder $\mathbb{C}$ und S, T Operatoren aus $\mathcal{L}(E, F)$ bzw. $\mathcal{L}E$.

8.3-10   Defektendliche Operatoren

T heißt *defektendlich*, wenn sowohl der *Nulldefekt* $\alpha(T) := \dim \mathsf{Ker}\,T$, als auch der *Bilddefekt* $\beta(T) := \mathsf{codim}\,\mathsf{Rg}\,T$ endlich ist.

Ist T defektendlich, so heißt $\operatorname{ind}(T) := \alpha(T) - \beta(T)$ der *Index* von T.

Z.B. ist der Links-Shift $S_l \colon \ell^2 \to \ell^2$ defektendlich mit Index 1 und der Rechts-Shift mit Index -1.

Ist $T \in \operatorname{End} E$ endlich-dimensional, so ist $\alpha(I - T) = \beta(I - T) < \infty$, also ist $I - T \in \operatorname{End} E$ defektendlich. Weitere Beispiele siehe 13.2.G.

8.3-11 Bemerkungen:

Für Endomorphismen S und T von E gilt:

(a) Sind S und T defektendlich, so auch das Produkt ST.

(b) Ist ein Produkt zweier Operatoren ST defektendlich, so sind entweder beide oder keiner von ihnen defektendlich.

(c) Ist S defektendlich und $T(E)$ endlich-dimensional, so ist $S+T$ defektendlich und es gilt $\operatorname{ind}(S + T) = \operatorname{ind}(S)$.

(d) *Indextheorem von Atkinson*
Sind S und T defektendlich, so gilt $\operatorname{ind}(ST) = \operatorname{ind}(S) + \operatorname{ind}(T)$.

8.3-12 Fredholmoperatoren

Sei E ein Banachraum über $\mathbb{K} = \mathbb{R}$ oder $\mathbb{C}$. Ein stetiger Endomorphismus $T \in \operatorname{End} E$ heißt *Fredholmoperator*, wenn er defektendlich ist. Nach dem Satz von Kato (8.2-13) ist sein Bild $\operatorname{Rg} T \subset E$ abgeschlossen.

Ist T kompakt, so ist $I - T$ ein Fredholmoperator mit Index 0.

8.3-13 Nullkette

Sei E ein Vektorraum über $\mathbb{K} = \mathbb{R}$ oder $\mathbb{C}$ und T ein linearer Operator aus $\operatorname{End} E$. Die *Nullkette* von T besteht aus der aufsteigenden Folge

$$\{0\} \;=\; \operatorname{Ker} T^0 \;\subset\; \operatorname{Ker} T^1 \;\subset\; \operatorname{Ker} T^2 \;\subset\; \ldots \tag{2}$$

der Kerne der Potenzen T^n von T.

Gilt in dieser Kette einmal $\operatorname{Ker} T^n = \operatorname{Ker} T^{n+1}$, so gilt $\operatorname{Ker} T^n = \operatorname{Ker} T^m$ für alle $m \geq n$. Das kleinste solche n heißt die *Nullkettenlänge* $p(T)$ von T.

Gibt es kein solches $n \in \mathbb{N}$, so setzt man $p(T) := \infty$.

Es ist genau dann $p(T) = 0$, wenn T injektiv ist.

Ist $p(T) < \infty$, so ist $\dim \operatorname{Ker} T \leq \operatorname{codim} \operatorname{Rg} T$.

8.3-14 Bildkette

Die *Bildkette* von $T \in \operatorname{End} E$ besteht aus der absteigenden Folge

$$E \;=\; \operatorname{Rg} T^0 \;\supset\; \operatorname{Rg} T^1 \;\supset\; \operatorname{Rg} T^2 \;\supset\; \ldots \tag{3}$$

der Bildräume der Potenzen T^n von T.

Gilt in dieser Kette einmal $\operatorname{Rg} T^n = \operatorname{Rg} T^{n+1}$, so gilt $\operatorname{Rg} T^n = \operatorname{Rg} T^m$ für alle $m \geq n$. Das kleinste solche n heißt die *Bildkettenlänge* $q(T)$ von T.

Gibt es kein solches $n \in \mathbb{N}$, so setzt man $q(T) := \infty$.

Es ist genau dann $q(T) = 0$, wenn T surjektiv ist.

Ist $q(T) < \infty$, so ist $\dim \operatorname{Ker} T \geq \operatorname{codim} \operatorname{Rg} T$.

8.3-15 Kettenendliche Operatoren

$T \in \operatorname{End} E$ heißt *kettenendlich*, wenn sowohl die *Nullkettenlänge* $p(T)$, als auch die *Bildkettenlänge* $q(T)$ endlich ist. In diesem Fall sind beide Kettenlängen gleich und $p(T) = q(T)$ heißt die *Kettenlänge* von T.

Ist $T \in \operatorname{End} E$ kettenendlich, so ist $E = N_\infty \oplus R_\infty$ die direkte Summe von $N_\infty := \bigcup \operatorname{Ker} T^n$ und $R_\infty := \bigcap \operatorname{Rg} T^n$.

Ferner ist $T \restriction_{N_\infty}$ nilpotent und $T \restriction_{R_\infty}$ ein Automorphismus von R_∞.

Ist T kettenendlich und $\dim N_\infty < \infty$, so ist $\dim \operatorname{Ker} T = \operatorname{codim} \operatorname{Rg} T$.

Projektionen $0 \neq P \neq \operatorname{id}$ sind kettenendlich mit der Kettenlänge 1, aber i.a. nicht defektendlich.

Der Links-Shift $S_l \colon \ell^2 \to \ell^2$ ist defektendlich, aber nicht kettenendlich.

8.3-C Projektionen

Zu orthogonalen Projektionen in Hilberträumen siehe 6.4-27.

8.3-16 Projektionen von Vektorräumen

Sei E ein Vektorraum über $\mathbb{K}$ und $F \subset E$ ein Unterraum. $P \in \operatorname{End} E$ heißt *Projektion* von E auf F, wenn $\operatorname{Rg} P = P(E) = F$ und $P^2 = P \circ P = P$.
Dies ist äquivalent zu $P \in \operatorname{Hom}(E, F)$ und $P \restriction_F = \operatorname{id}_F$.

Aus dem Basisergänzungssatz folgt:
Zu jedem Unterraum F von E gibt es eine Projektion von E auf F.

Aber im Fall normierter oder allgemeiner topologischer Vektorräume muss es nicht immer eine stetige Projektion geben (siehe 8.3-20).

8.3-17 Bemerkungen

(a) Ist $P \in \operatorname{End} E$ und $P^2 = P$, so ist $E \cong \operatorname{Rg} P \times \operatorname{Ker} P$.

(b) Ist umgekehrt $E = F_1 \times F_2$ die direkte Summe der beiden Untervektorräume F_1 und F_2 , so lässt sich jedes Element $x \in E$ eindeutig als Summe $x = x_1 + x_2$ mit $x_i \in F_i$ darstellen. Die Abbildung

$$P \colon E \to F_1 \quad , \qquad P(x_1 + x_2) := x_1 \tag{4}$$

ist dann eine Projektion von E auf F_1 mit $\operatorname{Ker} P = F_2$.

(c) Sei $I := \mathrm{id}_E$. Mit $P \colon E \to E$ ist auch $I - P$ eine Projektion. Es ist

$$\mathsf{Ker}\,(I - P) \;=\; \mathsf{Rg}\,P \qquad \text{und} \qquad \mathsf{Rg}\,(I - P) \;=\; \mathsf{Ker}\,P \;. \qquad (5)$$

8.3-18   Projektionen in normierten Räumen

Sei E ein normierter Raum über $\mathbb{K}$ und $F \subset E$ ein Unterraum.

Eine Projektion P von E auf F hat wegen $P^2 = P$ stets die Norm $\|P\| \geq 1$. Für $\dim E = \infty$ ist evt $\|P\| = \infty$, d.h. Projektionen unendlich dimensionaler normierter Räume sind i.a. nicht stetig.

Ist $P \in \mathcal{L}(E)$ eine stetige Projektion, so auch $I - P$. Für stetige Projektionen sind also $\mathsf{Ker}\,P = P^{-1}(\{0\})$ und $\mathsf{Rg}\,P$ abgeschlossene Unterräume von E. In diesem Fall ist E topologisch isomorph zum Produktraum $\mathsf{Ker}\,P \times \mathsf{Rg}\,P$. Zur Umkehrung siehe 8.3-20.

8.3-19   Bemerkungen

(a) Ist $E = \prod E_j$ ein Produkt topologischer Vektorräume mit der Produkttopologie, so ist die Projektion $\pi_i \colon E \to E_i$ auf den i-ten Faktor stetig (1.3-6).

(b) Ist $F \subset E$ ein endlich-dimensionaler Unterraum des normierten Raums E, so existiert eine stetige Projektion P von E auf F mit $\|P\| \leq \dim F$.

(c) Ist $F \subset E$ abgeschlossen und $n := \mathrm{codim}\,F = \dim E/F < \infty$, so existiert eine stetige Projektion P von E auf F mit $\|P\| \leq 3^n$.

(d) Es gibt keine stetige Projektion des Folgenraums ℓ^∞ auf den abgeschlossenen Unterraum c_0 der Nullfolgen. (Beispiel von Phillips, 13.2.J)

Insbesondere kann der stetige Operator $\mathrm{id} \colon c_0 \to c_0$ nicht zu einem stetigen Operator $\ell^\infty \to c_0$ fortgesetzt werden. (Gegenbeispiel gegen einen Hahn-Banach-Fortsetzungssatz für Operatoren)

(e) In Hilberträumen wie z.B. L^2 oder ℓ^2 besitzen abgeschlossene Unterräume stets abgeschlossene Komplementärräume (6.4-27). Dagegen gilt:

8.3-20   Satz vom abgeschlossenen Komplement

Seien E ein Banachraum und F_1 ein abgeschlossener Unterraum. F_1 besitze einen *abgeschlossenen Komplementärraum* $F_2 \subset E$, d.h. es existiere ein abgeschlossener Unterraum F_2 von E derart, dass E algebraisch isomorph ist zu $F_1 \times F_2$. Dann gibt es eine stetige Projektion P von E auf F_1 mit $\mathsf{Ker}\,P = F_2$. In diesem Fall sind $E \cong F_1 \times F_2$ und $E/F_1 \cong F_2$ topologisch isomorph.

Beweis mit Hilfe des Satzes von der Inversen Abbildung (8.2-7) siehe 13.1.E.

Zusammen mit 8.3-18 ergibt sich daher:

Ein abgeschlossener Unterraum F eines Banachraums E besitzt genau dann ein abgeschlossenes Komplement, wenn es eine stetige Projektion von E auf F gibt.

8.4   Lineare Operatoren in Hilberträumen

Die allgemeinen Bemerkungen über lineare Operatoren zwischen normierten bzw topologischen Vektorräumen (Abschnitte 8.1 und 8.2) gelten natürlich auch für Hilberträume. Zu Isomorphismen von Hilberträumen siehe 6.4-6.

Etwas anders als im allgemeinen Fall definiert man den adjungierten Operator:

8.4-1   Hilbertraum-Adjungierter

Seien H_1 und H_2 Hilberträume. Das innere Produkt bezeichnen wir in beiden Räumen mit $\langle .,.\rangle$. Ist $T \in \mathcal{L}(H_1, H_2)$ ein stetiger Operator von H_1 in H_2, so gibt es genau einen stetigen linearen Operator

$$T^* \colon H_2 \to H_1 \quad \text{mit } \langle Tx, y\rangle = \langle x, T^*y\rangle \text{ für alle } x \in H_1, y \in H_2 \ . \quad (1)$$

T^* heißt *Hilbertraum-Adjungierter* oder auch *adjungierter Operator* von T.

Man beachte den Unterschied zur allgemeinen Definition des Adjungierten als Operator zwischen den Dualräumen (8.1-11).

8.4-2   Rechenregeln

Seien H_1, H_2, H_3 Hilberträume, $T \in \mathcal{L}(H_1, H_2)$, $S \in \mathcal{L}(H_2, H_3)$. Dann gilt:

(a) Wegen $\langle \alpha Tx, y\rangle = \alpha \langle Tx, y\rangle = \alpha \langle x, T^*y\rangle = \langle x, \overline{\alpha}\, T^*y\rangle$ ist $(\alpha T)^* = \overline{\alpha}\, T^*$.
     Die Abbildung $T \mapsto T^*$ von $\mathcal{L}(H_1, H_2)$ nach $\mathcal{L}(H_2, H_1)$ ist *konjugiert-linear*, surjektiv und isometrisch.

(b) $(S \circ T)^* = T^* \circ S^* \in \mathcal{L}(H_3, H_1)$,

(c) $\|T \circ T^*\| = \|T^* \circ T\| = \|T\|^2 = \|T^*\|^2$,

(d) $T^{**} = (T^*)^* = T$,

(e) $\mathsf{Ker}\, T = (\mathsf{Rg}\, T^*)^{\perp}$ und $\mathsf{Ker}\, T^* = (\mathsf{Rg}\, T)^{\perp}$. *(Kern-Bild-Satz)*
     Insbesondere ist T genau dann injektiv, wenn $\mathsf{Rg}\, T^*$ dicht in H_1 ist.

(f) Ist T invertierbar mit $T^{-1} \in \mathcal{L}(H_2, H_1)$, so ist auch T^* invertierbar und es gilt $(T^*)^{-1} = (T^{-1})^* \in \mathcal{L}(H_1, H_2)$.

(g) Sei $T \in \mathcal{L}(H)$ bijektiv. Nach dem Satz von der offenen Abbildung (8.2-5) ist dann $T^{-1} \in \mathcal{L}(H)$ und es gilt $(T^*)^{-1} = (T^{-1})^*$.

8.4-3   Definition

Sei $T \in \mathcal{L}(H)$ ein stetiger Operator eines Hilbertraumes H in sich. T heißt

• *normal*, wenn $TT^* = T^*T$, also wenn

$$\langle Tx, Ty\rangle = \langle T^*x, T^*y\rangle \quad \text{für alle } x, y \in H \ . \quad (2)$$

• *unitär*, wenn $TT^* = T^*T = I = \mathrm{id}_H$, also wenn T surjektiv ist und

$$\langle Tx, Ty\rangle = \langle x, y\rangle \quad \text{für alle } x, y \in H \ . \quad (3)$$

- *selbstadjungiert*, wenn $T^* = T$, also wenn

$$\langle Tx, y \rangle = \langle x, Ty \rangle \quad \text{für alle } x, y \in H \ . \tag{4}$$

In diesem Fall heißt T auch *symmetrisch* für $\mathbb{K} = \mathbb{R}$ bzw *hermitesch* für $\mathbb{K} = \mathbb{C}$.
Häufig nennt man auch allgemeiner Endomorphismen T eines Praehilbert-Raumes H *symmetrisch*, wenn sie Gleichung (4) erfüllen.

8.4-4   Bemerkungen und Beispiele

(a) Selbstadjungierte und unitäre Operatoren sind normal.

(b) Orthogonale Projektionen $P \neq \mathrm{id}$ sind selbstadjungiert und nicht unitär.

(c) Ist $T \in \mathcal{L}(H)$, so sind TT^* und T^*T selbstadjungiert.

(d) Seien $\alpha_k \in \mathbb{C}$ mit $m := \sup\{\, |\alpha_k| \,|\, k \in \mathbb{N}\,\} < \infty$. Sei $T \colon \ell^2 \to \ell^2$ definiert durch $T(x_k) := (\alpha_k x_k)$.

Dann ist T normal, $T^*(y_k) = (\overline{\alpha_k}\, y_k)$ und $\|T\| = m$.
T ist selbstadjungiert genau dann, wenn alle $\alpha_k \in \mathbb{R}$ und
T ist unitär genau dann, wenn alle $|\alpha_k| = 1$.

(e) Der *Rechts-Shift* $S_r \colon \ell^2 \to \ell^2$ ist nicht normal (13.4.E).

(f) Der Integraloperator $T \colon L^2[0,1] \to L^2[0,1]$, $Tf(s) := \int_0^1 k(s,t) f(t)\, dt$ ist selbstadjungiert genau dann, wenn der Kern symmetrisch ist, d.h. wenn $k(s,t) = \overline{k(t,s)}$.

(g) Zu jedem Operator $T \in \mathcal{L}(H)$ gibt es zwei eindeutig bestimmte selbstadjungierte Operatoren $R, S \in \mathcal{L}(H)$ mit $T = R + iS$.

Und zwar ist $R = \frac{1}{2}(T + T^*)$ und $S = \frac{1}{2i}(T - T^*)$.

Man nennt dies auch die *cartesische Form* des Operators T.

(h) Es gibt eine vage Analogie zwischen Operatoren und komplexen Zahlen. Dabei entsprechen die selbstadjungierten Operatoren den reellen Zahlen und die unitären Operatoren den komplexen Zahlen vom Betrag 1.
Die komplex Konjugierte wäre das Analogon zum adjungierten Operator.

Siehe dazu die letzte Bemerkung und auch die Cayley Transformation in Aufgabe 13.4.C.

8.4-5   Normale Operatoren

Für einen Operator $T \in \mathcal{L}(H)$ eines Hilbertraums H sind äquivalent:

(i) T ist normal, d.h. $TT^* = T^*T$.

(ii) T^* ist normal.

Ist H ein Hilbertraum über $\mathbb{C}$, so ist dies äquivalent zu

(iii) $\|T^*x\| = \|Tx\|$ für alle $x \in H$.

Ist $T = R + iS$ mit selbstadjungierten Operatoren R und S, so ist T genau dann normal, wenn R und S kommutieren, d.h. wenn $RS = SR$.

8.4-6 Bemerkungen über normale Operatoren

Für normale Endomorphismen $T \in \mathcal{L}(H)$ eines Hilbertraums H gilt

(i) $\mathsf{Ker}\, T = \mathsf{Ker}\, T^*$,

(ii) $\|Tx\|^2 \leq \|T^2 x\| \cdot \|x\|$ für alle $x \in H$,

(iii) $\|T^n\| = \|T\|^n$ für alle $n \in \mathbb{N}$,

(iv) die Nullkettenlänge von T ist höchstens 1,

(v) es gibt einen unitären Operator U derart, dass $T^* = UT$.

(vi) Eigenvektoren zu verschiedenen Eigenwerten normaler Operatoren sind zueinander orthogonal.

Zur Spektraltheorie normaler Operatoren siehe Abschnitt 8.5-11.

8.4-7 Selbstadjungierte Operatoren

Für einen Operator $T \in \mathcal{L}(H)$ eines Hilbertraums H sind äquivalent:

(i) T ist selbstadjungiert bzw hermitesch, d.h. $T = T^*$.

(ii) $\langle Tx, y \rangle = \langle x, Ty \rangle$ für alle $x, y \in H$.

(iii) $\langle Tx, x \rangle = \langle x, Tx \rangle$ für alle $x \in H$.

Ist H ein komplexer Vektorraum, so ist T genau dann selbstadjungiert, wenn $\langle Tx, x \rangle \in \mathbb{R}$ für alle $x \in H$.

8.4-8 Bemerkungen über selbstadjungierte Operatoren

(a) Reelle Vielfache, Summen und punktweise Grenzwerte selbstadjungierter Operatoren sind wieder selbstadjungiert.

(b) Die Verknüpfung selbstadjungierter Operatoren S und T ist genau dann selbstadjungiert, wenn $ST = TS$.

(c) Ist $S \in \mathcal{L}(H)$ beliebig, so sind S^*S und $S + S^*$ selbstadjungiert.

(d) Ist T selbstadjungiert und S irgendein Operator aus $\mathcal{L}(H)$, so ist S^*TS selbstadjungiert.

(e) Für selbstadjungierte Operatoren T auf H gilt

$$\|T\| = \sup_{\|x\|=1} \left| \langle Tx, x \rangle \right| . \tag{5}$$

(f) Das Spektrum eines selbstadjungierten Operators ist reell und Eigenvektoren zu verschiedenen Eigenwerten sind zueinander orthogonal. Die zweite Aussage gilt für beliebige normale Operatoren.

Weiteres zur Spektraltheorie selbstadjungierter Operatoren siehe 8.5-12.

Evt. überraschend ist der folgende Satz (Beweis siehe Aufgabe 13.4.B):

8.4-9   Satz von Hellinger-Toeplitz

Ist $T\colon H \to H$ linear und gilt $\langle Tx, y\rangle = \langle x, Ty\rangle$ für alle $x, y \in H$, so ist T stetig und damit selbstadjungiert.

8.4-10   Orthogonale Projektionen

Für Projektionen $0 \neq P \in \mathcal{L}(H)$ eines Hilbertraums H sind äquivalent:

(i) P ist orthogonal, d.h. $\operatorname{Rg} P \perp \operatorname{Ker} P$,

(ii) $\|P\| = 1$,

(iii) P ist selbstadjungiert,

(iv) P ist normal,

(v) P ist positiv, d.h. $\langle Px, x\rangle \geq 0$ für alle $x \in H$.

8.4-11   Vertauschbare Projektionen

Seien H ein Hilbertraum und P_1, P_2 die orthogonalen Projektionen von H auf die abgeschlossenen Unterräume F_1 bzw $F_2 \subset H$. Dann gilt

(a)   Ist $P_1 P_2 = P_2 P_1$, so ist $P_1 P_2$ die orthogonale Projektion auf $F_1 \cap F_2$.

(b)   Ist $P_1 P_2 = 0$, so ist auch $P_2 P_1 = 0$, es ist $F_1 \perp F_2$ und $P_1 + P_2$ ist die orthogonale Projektion auf den abgeschlosenen Unterraum $F_1 \oplus F_2$.

8.4-12   Invariante und reduzierende Unterräume

Ein Unterraum F eines Vektorraums E heißt *invariant* unter $T \in \operatorname{End} E$, wenn $T(F) \subset F$. Für alle $T \in \operatorname{End} E$ sind $\{0\}$ und E invariante Unterräume von E.

Ist $F \subset H$ ein abgeschlossener Unterraum eines Hilbertraums H, so sagt man dass F den Operator T *reduziert*, wenn F und $F^{\perp}$ unter T *invariant* sind, also wenn $T(F) \subset F$ und $T(F^{\perp}) \subset F^{\perp}$.

Dies ist äquivalent dazu, dass F invariant ist unter T und unter T^{*}.

Für ein Beispiel zu invarianten und reduzierenden Unterräumen siehe 13.4.E.

Sei P eine orthogonale Projektion des Hilbertraums H auf den abgeschlossenen Unterraum $F \subset H$ und $T \in \operatorname{End} H$. Dann ist F genau dann invariant unter T, wenn $TP = PTP$, und F reduziert T genau dann, wenn $TP = PT$.

8.4-13   Positive Operatoren

Ein Operator $T \in \mathcal{L}(H)$ eines Hilbertraumes H in sich heißt *positiv*, wenn $\langle Tx, x\rangle \geq 0$ für alle $x \in H$. Positive Operatoren komplexer Hilberträume sind selbstadjungiert (8.4-7).

T heißt *positiv definit*, wenn $\langle Tx, x\rangle > 0$ für alle $x \in H \setminus \{0\}$.

$$T \leq S \quad :\Longleftrightarrow \quad S - T \geq 0 \quad :\Longleftrightarrow \quad \langle Tx, x\rangle \leq \langle Sx, x\rangle \quad \text{für alle } x \in H \quad (6)$$

definiert eine Halbordnung auf der Menge der selbstadjungierten Operatoren. Für orthogonale Projektionen P gilt $0 \leq P \leq I$.

Für positive Operatoren $T \geq 0$ gilt die sog. (Beweis siehe 13.4.D)

8.4-14   Verallgemeinerte Schwarzsche Ungleichung

$$\left| \langle Tx, y \rangle \right|^2 \leq \langle Tx, x \rangle \langle Ty, y \rangle \quad \text{für alle } x, y \in H . \tag{7}$$

8.4-15   Halbordnung von Projektionen

Seien H ein Hilbertraum und P_1, P_2 die orthogonalen Projektionen von H auf die abgeschlossenen Unterräume F_1 bzw $F_2 \subset H$. Dann sind äquivalent:

  (i) $P_1 \leq P_2$,

  (ii) $\|P_1 x\| \leq \|P_2 x\|$ für alle $x \in H$,

  (iii) $P_1 P_2 = P_2 P_1 = P_1$,

  (iv) $F_1 \subset F_2$,

  (v) $P_2 - P_1$ ist orthogonale Projektion.

8.4-16   Monotone Folgen selbstadjungierter Operatoren

Jede monotone und beschränkte Folge selbstadjungierter Operatoren eines Hilbertraumes H konvergiert punktweise gegen einen selbstadjungierten Operator.

Dabei wird die Monotonie mit Hilfe von 8.4-13 definiert.

8.4-17   Unitäre Operatoren

Für einen Operator $T \in \mathcal{L}(H)$ eines Hilbertraums H sind äquivalent:

  (i) T ist unitär, d.h. $TT^* = T^*T = \mathrm{id}_H$.

  (ii) T^* ist unitär.

  (iii) T ist surjektiv und $\langle Tx, Ty \rangle = \langle x, y \rangle$ für alle $x, y \in H$.

  (iv) T und T^* sind isometrisch, d.h. es ist $\|Tx\| = \|x\| = \|T^*x\|$ für alle $x \in H$.

  (v) T ist ein Hilbertraum-Isomorphismus.

  (vi) T bildet eine ONB von H auf eine ONB von H ab.

Die unitären Operatoren von H bilden mit der Hintereinanderausführung eine Gruppe.

Das Spektrum eines unitären Operators liegt auf dem Kreisrand $\{ z \,|\, |z| = 1 \}$.

Zu jedem unitären Operator T gibt es einen selbstadjungierten Operator S mit $T = \mathrm{e}^{iS}$.

8.5 Spektraltheorie

Ein zentrales Problem der Spektraltheorie ist es, einen Operator $T \in \mathcal{L}(E)$ in einfachere Operatoren zu zerlegen. Ein Lösungsansatz hierfür ist die Bestimmung invarianter Unterräume von E, insbesondere von Eigenwerten und Eigenräumen. Entsprechend interessiert man sich für diejenigen $\lambda \in \mathbb{K}$, für die $\lambda - T$ nicht invertierbar ist.

Die Endomorphismenalgebra $\mathcal{L}(E)$ ist eine Algebra, eine Banachalgebra, wenn E ein Banachraum ist. Viele Grundbegriffe und Sätze der Spektraltheorie sind in allgemeinen (Banach-) Algebren sinnvoll und richtig.

8.5-A   Spektraltheorie in Banachalgebren

Zu (Banach-) Algebren siehe Abschnitt 6.3.

8.5-1   *Spektrum und Resolventenmenge*

Sei A eine Algebra über $\mathbb{K}$ mit Einselement e. Für $\lambda \in \mathbb{K}$ schreiben wir λ statt λe. Das *Spektrum von* $a \in A$ ist definiert als

$$\sigma(a) := \big\{ \lambda \in \mathbb{K} \mid a - \lambda \text{ ist nicht invertierbar in } A \big\} \tag{1}$$

und die *Resolventenmenge von* a als das Komplement $\varrho(a) := \mathbb{K} \backslash \sigma(a)$.
Die *Resolvente* ist die Abbildung

$$R \colon \varrho(a) \to A \quad ; \qquad R(\lambda) := R_\lambda := \big\{ a \mapsto (\lambda - a)^{-1} \big\} . \tag{2}$$

Für $\lambda, \mu \in \varrho(a)$ gilt u.a. $R_\lambda - R_\mu = (\mu - \lambda) R_\lambda R_\mu$ und $R_\lambda R_\mu = R_\mu R_\lambda$.

8.5-2   *Beispiel und Bemerkung*

(a) Sei X ein kompakter Hausdorff-Raum und $C(X)$ die Banachalgebra der stetigen $\mathbb{K}$-wertigen Funktionen auf X mit der Sup-Norm.
   Dann ist für alle $f \in C(X)$ das Spektrum $\sigma(f) = f(X)$.

(b) Das Spektrum kann leer sein. Z.B. gilt für die Matrix $\mathbf{M} := \left(\begin{smallmatrix} 0 & -1 \\ 1 & 0 \end{smallmatrix} \right)$ aus der reellen Banachalgebra $\mathbb{R}^{2 \times 2}$, dass $\sigma(\mathbf{M}) = \emptyset$.

   In komplexen Banachalgebren kann so etwas nicht passieren (8.5-3(c)).

8.5-3   *Satz*

Sei A eine Banachalgebra über $\mathbb{K}$ mit Einselement. Dann gilt für $a \in A$:

(a) Die Resolventenmenge $\varrho(a)$ ist offen und das Spektrum $\sigma(a)$ ist kompakt.

(b) $\sigma(a) \subset \big\{ z \mid |z| < \|a\| \big\}$.

(c) Ist $\mathbb{K} = \mathbb{C}$, so ist $\sigma(a) \neq \emptyset$.

(d) Für $\mathbb{K} = \mathbb{C}$ ist $\sup\{ |\lambda| \mid \lambda \in \sigma(a) \} = \lim_{n \to \infty} \|a^n\|^{1/n} =: r(a)$.

Zum *Spektralradius* $r(a)$ von a siehe auch 6.3-8.

8.5-4   Potenzreihenentwicklung der Resolvente

Sei A eine Banachalgebra über $\mathbb{C}$ mit Einselement und $a \in A$. Dann ist die Resolvente $R \colon \lambda \mapsto R_\lambda := (\lambda - a)^{-1}$ eine A-wertige holomorphe Funktion auf der Resolventenmenge $\varrho(a)$.

Es gilt $\quad \mu \in \varrho(a), \; |\mu - \lambda| < \frac{1}{\|R_\mu\|} \quad \Longrightarrow \quad \lambda \in \varrho(a) \quad$ und

$$R_\lambda \; = \; \sum_{n=0}^{\infty} (\mu - \lambda)^n \, R_\mu^{n+1} \; . \tag{3}$$

Insbesondere ist die Resolvente beliebig oft differenzierbar mit den Ableitungen

$$\tfrac{d^n}{d\lambda^n} \, R_\lambda \; = \; (-1)^n \, n! \, R_\lambda^{n+1} \; . \tag{4}$$

Beweis u.a. mit Hilfe der Neumannschen Reihe (6.3-10).
Zu holomorphen banachraum-wertigen Funktionen siehe 6.2-B.

8.5-B   Spektraltheorie von Endomorphismen

Im folgenden seien E ein normierter linearer Raum und T ein stetiger Endomorphismus von E, also ein Element der Algebra $\mathcal{L}(E) \subset \operatorname{End}(E)$.

Man betrachtet auch allgemeiner Operatoren T, deren Definitions- und Wertebereich Unterräume von E sind. Für ein Beispiel siehe 13.5.E.

Der Operator T heißt invertierbar, wenn er als Element von $\mathcal{L}(E)$ invertierbar ist, also wenn es ein $S \in \mathcal{L}(E)$ gibt mit $S \circ T = T \circ S = I := \operatorname{id}_E$.

8.5-5   Resolvente und Spektrum eines Endomorphismus

$$\varrho(T) := \big\{ \, \lambda \in \mathbb{K} \; \big| \; \lambda - T \text{ ist invertierbar in } \mathcal{L}(E) \, \big\} \tag{5}$$

ist die *Resolventenmenge* von T (8.5-1). Also ist $\lambda \in \varrho(T)$ genau dann, wenn $\operatorname{Rg}(\lambda - T) = E$ und $\lambda - T$ besitzt eine stetige Inverse $R_\lambda = (\lambda - T)^{-1} \in \mathcal{L}(E)$.

Das *Spektrum* $\sigma(T) := \mathbb{K} \backslash \varrho(T)$ von T zerfällt in die Teilmengen:

- $\sigma_p(T) \; := \; \big\{ \, \lambda \mid \operatorname{Ker}(\lambda - T) \neq \{0\} \, \big\}$,   *(Punktspektrum)*

- $\sigma_c(T) \; := \; \big\{ \, \lambda \mid \operatorname{Ker}(\lambda - T) = \{0\}, \; \operatorname{Rg}(\lambda - T) \neq E, \; \overline{\operatorname{Rg}(\lambda - T)} = E \, \big\}$

  (kontinuierliches Spektrum)

- $\sigma_r(T) \; := \; \big\{ \, \lambda \mid \operatorname{Ker}(\lambda - T) = \{0\}, \; \overline{\operatorname{Rg}(\lambda - T)} \neq E \, \big\}$ *(Residualspektrum)*

Für orthogonale Projektionen $P \neq 0, I$ eines Hilbertraums H ist z.B. $\sigma(P) = \sigma_p(P) = \{0, 1\}$. Weitere Beispiele siehe Abschnitt 13.5.

8.5-6   Eigenwerte und -vektoren

Die Elemente $\lambda \in \sigma_p(T)$ heißen *Eigenwerte* des Operators $T \in \operatorname{End} E$.

Ist $\lambda \in \sigma_p(T)$, so heißt der Kern $\operatorname{Ker}(\lambda - T) \neq \{0\}$ *Eigenraum*. Die Elemente $x \in \operatorname{Ker}(\lambda - T) \backslash \{0\}$ heißen *Eigenvektoren* von T zum Eigenwert λ.

Die Dimension dim Ker $(\lambda - T)$ heißt die *geometrische Vielfachheit* von λ.
Eigenräume von T sind invariant unter T.

8.5-7 *Approximative Eigenwerte*

$\lambda \in \mathbb{K}$ heißt *approximativer Eigenwert* von $T \in \mathcal{L}(E)$, wenn es eine Folge (x_n) aus E gibt mit $\|x_n\| = 1$ und $(\lambda - T)(x_n) \to 0$.

$$\sigma_{ap}(T) := \{ \lambda \in \mathbb{C} \mid \lambda \text{ approximativer Eigenwert von } T \} \tag{6}$$

heißt *approximatives Punktspektrum* von T.

8.5-8 *Bemerkungen*

Sei E vollständig, also $\mathcal{L}(E)$ eine Banachalgebra, und $T \in \mathcal{L}(E)$. Dann gilt

(a) Der Grundkörper ist die disjunkte Vereinigung

$$\mathbb{K} = \varrho(T) \cup \sigma(T) = \varrho(T) \cup \sigma_p(T) \cup \sigma_c(T) \cup \sigma_r(T) . \tag{7}$$

(b) Es ist $\sigma_c(T) \cup \sigma_p(T) \subset \sigma_{ap}(T)$ und $\partial\sigma(T) \subset \sigma_{ap}(T)$.

(c) Die Resolventenmenge ist offen, das Spektrum kompakt.

(d) Ist E *endlich dimensional*, so ist $\sigma_c(T) = \sigma_r(T) = \emptyset$ und das Spektrum $\sigma(T) = \sigma_p(T)$ enthält genau die endlich vielen Eigenwerte von T. Dies sind die Lösungen der Polynomgleichung $\det(\lambda - T) = 0$.

(e) Ist $\mathbb{K} = \mathbb{C}$, so ist $\sigma(T)$ nichtleer.

(f) Für $\lambda \in \sigma(T)$ gilt $|\lambda| \leq \lim_n \|T^n\|^{1/n} \leq \|T\|$.

(g) Die Resolvente $R \colon \varrho(T) \to \mathcal{L}(E)$ kann um jeden Punkt $\mu \in \varrho(T)$ in eine $\mathcal{L}(E)$-wertige Potenzreihe entwickelt werden.

(h) Zu jedem Kompaktum $K \subset \mathbb{C}$ existiert ein $T \in \mathcal{L}(\ell^2)$ mit $\sigma(T) = K$.

Dies sind z.T. Spezialfälle der Ergebnisse aus Abschnitt 8.5-A.

8.5-C Spektraltheorie kompakter Operatoren

Im folgenden sei E ein normierter Raum und $T \in \mathcal{L}(E)$ kompakt (8.3-A).

8.5-9 *Bemerkungen*

(a) Für alle $\lambda \in \mathbb{C}\backslash\{0\}$ ist dim Ker $(\lambda - T) < \infty$.

   Folgt z.B. aus der Kompaktheit der Einheitskugel in Ker $(\lambda - T)$.

(b) Für $\mathbb{K} = \mathbb{R}$ und dim $E < \infty$ kann das Spektrum leer sein.

   Ist dim $E = \infty$, so ist $0 \in \sigma(T)$.

(c) Ist $0 \neq \lambda \in \sigma(T)$, so ist λ Eigenwert von T, also $\sigma(T)\backslash\{0\} \subset \sigma_p(T)$.

(d) Sei $T^* \in \mathcal{L}(E^*)$ der adjungierte Operator zu T im Sinne von 8.1-11, also *nicht* der Hilbertraum-Adjungierte.

Dann ist $\sigma(T)\backslash\{0\} = \sigma(T^*)\backslash\{0\}$ und zu jedem $\lambda \in \sigma(T)\backslash\{0\}$ haben T und T^* dieselbe Anzahl linear unabhängiger Eigenvektoren.

(e) Ist E ein Hilbertraum über $\mathbb{C}$ und $T^* \in \mathcal{L}(E)$ der Hilbertraum-Adjungierte, so ist $\overline{\sigma(T)\backslash\{0\}} = \sigma(T^*)\backslash\{0\}$.

8.5-10 *Spektralsatz für kompakte Operatoren*

Sei E normiert, $\dim E = \infty$ und $T \in \mathcal{L}(E)$ kompakt.

Dann ist das Spektrum $\sigma(T)$ von T eine abzählbare kompakte Teilmenge von $\mathbb{K}$, die höchstens den Nullpunkt 0 als Häufungspunkt besitzt.

Ferner gilt genau eine der folgenden 3 Möglichkeiten:

(i) $\sigma(T) = \{0\}$,

(ii) $\sigma(T)$ enthält 0 und endlich viele weitere Eigenwerte $\lambda_k \neq 0$,

(iii) $\sigma(T)$ enthält 0 und eine Folge von Eigenwerten $\lambda_k \neq 0$ mit $\lambda_k \to 0$.

Beispiele für diese drei Fälle finden Sie in Aufgabe 13.5.A.

Zum Spektralsatz für kompakte symmetrische Operatoren siehe 8.5-14.

Zur Fredholm-Alternative für kompakte Operatoren siehe 8.3-9.

8.5-D   Spektraltheorie in Hilberträumen

Im folgenden sei H ein Hilbertraum über $\mathbb{C}$ und $T \in \mathcal{L}(H)$.

8.5-11 *Spektrum normaler Operatoren*

Sei T ein normaler Operator auf H, also $TT^* = T^*T$. Dann gilt

(a) Eigenvektoren zu verschiedenen Eigenwerten von T sind zueinander orthogonal.

(b) Ein isolierter Spektralpunkt λ_0 von T ist stets ein Eigenwert von T und ein Pol erster Ordnung der Resolvente.

(c) Das approximative Spektrum $\sigma_{ap}(T)$ (8.5-7) von T ist gleich $\sigma(T)$.

(d) Das Residualspektrum $\sigma_r(T)$ von T ist leer.

(e) Der Spektralradius (siehe 6.3-8) ist $r(T) = \lim_{n \to \infty} \|T^n\|^{1/n} = \|T\|$.

8.5-12 *Spektrum selbstadjungierter Operatoren*

Sei T ein selbstadjungierter Operator auf H, also $T = T^*$. Da T normal ist, gelten die Aussagen von Satz 8.5-11. Ferner gilt

(a) Das Spektrum von T ist reell.

(b) Es gibt ein $\lambda \in \sigma(T)$ mit $|\lambda| = \|T\|$.

(c) Nach 8.4-8(c) gilt $\langle Tx, x\rangle \in \mathbb{R}$ für alle $x \in H$.

$$m(T) := \inf \left\{ \langle Tx, x\rangle \mid \|x\| = 1 \right\} \quad \text{und}$$
$$M(T) := \sup \left\{ \langle Tx, x\rangle \mid \|x\| = 1 \right\} \tag{8}$$

heißen *untere* bzw *obere Schranke* von T. Es gilt

$$\sigma(T) \subset [m(T), M(T)] \subset \mathbb{R} \quad \text{und} \quad m(T), M(T) \in \sigma(T) . \tag{9}$$

(d) Ist λ nicht reell, so gilt für die Resolvente $R_\lambda = (\lambda - T)^{-1}$

$$\|R_\lambda\| \leq \frac{1}{|\mathsf{Im}\,\lambda|} . \tag{10}$$

8.5-13 Spektrum unitärer Operatoren

Sei T ein unitärer Operator auf H, also $TT^* = T^*T = I = \mathrm{id}_H$.
Da T normal ist, gelten die Aussagen von Satz 8.5-11. Zusätzlich gilt, dass das Spektrum von T auf dem Einheitskreisrand liegt.

8.5-14 Spektralsatz für kompakte selbstadjungierte Operatoren

Sei H ein Hilbertraum mit $\dim H = \infty$ und $T \in \mathcal{L}(H)$ ein kompakter selbstadjungierter Operator mit den (verschiedenen) Eigenwerten $0, \lambda_1, \lambda_2, \ldots$. Sei P_n die orthogonale Projektion von H auf den Eigenraum $E_n := \mathsf{Ker}\,(\lambda_n - T)$.
Dann ist

$$T = \sum_n \lambda_n P_n \tag{11}$$

und die Reihe konvergiert in der Operatornorm.

Wegen der Kompaktheit von T ist $\dim E_n < \infty$.

Wegen der Symmetrie von T sind die E_n paarweise orthogonal und es gilt $P_n P_m = P_m P_n = 0$ für alle $n \neq m \in \mathbb{N}$.

8.5-15 Entwicklungssatz für kompakte selbstadjungierte Operatoren

Sei H ein Hilbertraum mit $\dim H = \infty$ und $T \in \mathcal{L}(H)$ ein kompakter selbstadjungierter Operator. Seien $\lambda_1, \lambda_2, \ldots$ die von 0 verschiedenen Eigenwerte von T, wobei jeder Eigenwert so oft vorkommt, wie seine Vielfachheit angibt.
Dann gibt es eine Orthonormalbasis $\{u_1, u_2, \ldots\}$ von $(\mathsf{Ker}\,T)^\perp = \overline{T(H)}$ aus Eigenvektoren derart, dass

$$Tu_n = \lambda_n u_n \quad \text{und} \quad Tx = \sum_k \lambda_k \langle x, u_k\rangle u_k \quad \text{für alle } n \in \mathbb{N},\ x \in H . \tag{12}$$

Um den Spektralsatz auf beliebige normale Operatoren zu verallgemeinern braucht man *Spektralscharen* oder *Spektralmaße*. Die Reihendarstellung (11) wird dabei durch das Integral (14) ersetzt.

8.5-16   Spektralmaß

Sei X eine Menge, $\Sigma \subset \mathcal{P}(X)$ eine σ-Algebra auf X und H ein Hilbertraum. Eine Abbildung $\mu\colon \Sigma \to \mathcal{L}(H)$ heißt *Spektralmaß auf* X, wenn gilt:

(i)   Für alle $A \in \Sigma$ ist $\mu(A)$ eine Orthogonalprojektion.

(ii) $\mu(\emptyset) = 0$ und $\mu(X) = \mathrm{id}$.

(iii)   Für paarweise disjunkte $A_k \in \Sigma$ gilt

$$\sum_{k=1}^{\infty} \mu(A_k) \;=\; \mu\Big(\bigcup_{k=1}^{\infty} A_k\Big) \;. \tag{13}$$

Ist $\mu\colon \Sigma \to \mathcal{L}(H)$ ein Spektralmaß, so gilt $\mu(A)\mu(B) = \mu(B)\mu(A) = \mu(A \cap B)$ für alle $A, B \in \Sigma$.

Die Integration bzgl der banachraum-wertigen Spektralmaße μ wird analog wie in Abschnitt A.5-5 ff definiert.

8.5-17   Spektralsatz für normale Operatoren

Sei $T \in \mathcal{L}(H)$ normal. Dann existiert ein eindeutig bestimmtes Spektralmaß μ auf $\mathbb{C}$ bzw $\mathbb{R}$ derart, dass

$$T = \int_{\sigma(T)} \lambda \, d\mu \;. \tag{14}$$

Teil III: Aufgaben

9   Aufgaben zu topologischen Räumen

9.1   Topologische Grundbegriffe

(siehe auch 9.3.B, 9.3.D.2, 9.4.H, Kap. 10 und [RA1 1.8])

A] Wieviele Topologien gibt es auf einer ein-, zwei- oder drei-elementigen Menge?

B] Beweisen Sie Satz 1.1-5 zur Definition von Topologien durch den Abschluss-Operator.

C] Beweisen Sie Satz 1.3-9 von der Existenz der Finaltopologie.

D] Ist der Durchschnitt oder die Vereinigung von Topologien auf einer festen Menge $X \neq \emptyset$ ebenfalls eine Topologie?

E] Für alle $X \neq \emptyset$ ist $\mathcal{T}_{cf} := \{\, A \subset X \mid X \backslash A \text{ endlich} \,\} \cup \{\emptyset\}$ eine Topologie.

Im folgenden sei $(X, \mathcal{T})$ ein topologischer Raum und $A \subset X$.

F] Sei $A^- := \overline{A}$, $A^c := X \backslash A$ und A° der innere Kern von A. Man zeige:

1) Ist A offen, so ist $A^- = A^{-\circ-}$.

2) Es ist $A^\circ = A^{c-c}$, $A^{c-c-} = A^{c-c-c-c}$ und $A^{-c-} = A^{-c-c-c-}$.

3) Ausgehend von einer Menge $A \subset X$ kann man durch Komplement- und Hüllenbildung maximal 14 verschiedene Teilmengen von X konstruieren.

4) Finden Sie eine Menge A in $(\mathbb{R}, \mathcal{T}_{eu})$, die 14 verschiedene Mengen liefert.

G] Der Rand ∂A ist abgeschlossen.

H] Beweise oder widerlege: $\partial A \supset \partial A^\circ$, $\partial A \supset \partial \overline{A}$.

I] Ist A offen oder abgeschlossen, so ist ∂A nirgends dicht.
Es gibt Mengen $A \subset X$ mit $\partial A = \partial(X \backslash A) = X$.

J] Hat A keine isolierten Punkte, so ist $\overline{A}$ perfekt.

K] Enthält jede Umgebung eines Häufungspunktes von A auch unendlich viele Elemente von A ?

Lösungen:

$\boxed{\text{A}}$ Eine Topologie auf X ist eine Teilmenge der Potenzmenge $\mathcal{P}(X)$, die $\emptyset$ und X enthält und abgeschlossen ist gegenüber Vereinigungen und endlichen Durchschnitten. (Da X endlich ist, können hier natürlich nur endlich viele Mengen vereinigt oder geschnitten werden.)

- Die einzige Topologie auf einer einelementigen Menge $X = \{a\}$ ist die Potenzmenge $\mathcal{P}(X) = \{\emptyset, \{a\}\}$.

- Auf einer zweielementigen Menge $X = \{a, b\}$ gibt es bis auf Homöomorphie 3 Topologien, nämlich

$$\mathcal{T}_{ind} = \{\emptyset, X\} \ ; \quad \mathcal{T}_{dis} = \mathcal{P}(X) \quad \text{und} \quad \mathcal{T}_0 = \{\emptyset, \{a\}, X\} \ . \tag{1}$$

$(X, \mathcal{T}_0)$ heißt auch manchmal *Sierpinski-Raum* (A.6-5).

- Sei nun $X = \{a, b, c\}$ eine Menge mit drei Elementen. Die Potenzmenge ist

$$\mathcal{P}(X) \ = \ \{\emptyset, \{a\}, \{b\}, \{c\}, \{a, b\}, \{b, c\}, \{a, c\}, X\} \ . \tag{2}$$

Man prüft direkt nach, dass die folgenden Mengen Topologien auf X sind:

$$\begin{aligned}
&\mathcal{T}_1 := \mathcal{T}_{ind} = \{\emptyset, X\} \ ; &\qquad &\mathcal{T}_2 := \mathcal{T}_{dis} = \mathcal{P}(X) \ ; \\
&\mathcal{T}_3 := \{\emptyset, \{a\}, X\} \ ; &\qquad &\mathcal{T}_4 := \{\emptyset, \{a, b\}, X\} \ ; \\
&\mathcal{T}_5 := \{\emptyset, \{a\}, \{a, b\}, X\} \ ; &\qquad &\mathcal{T}_6 := \{\emptyset, \{a\}, \{b, c\}, X\} \ ; \\
&\mathcal{T}_7 := \{\emptyset, \{a\}, \{a, b\}, \{a, c\}, X\} \ ; &\qquad &\mathcal{T}_8 := \{\emptyset, \{a\}, \{b\}, \{a, b\}, X\} \ ; \\
&\mathcal{T}_9 := \{\emptyset, \{a\}, \{b\}, \{a, b\}, \{b, c\}, X\} \ .
\end{aligned} \tag{3}$$

Jeweils zwei von ihnen sind nicht zueinander homöomorph.
Alle anderen Topologien auf X sind zu einer von ihnen homöomorph, denn:

Eine dreielementige Topologie auf X enthält außer $\emptyset$ und X entweder ein Singleton oder eine Zweiermenge. Enthält sie ein Singleton, ist sie homöomorph zu $\mathcal{T}_3$, andernfalls ist sie homöomorph zu $\mathcal{T}_4$.

Eine vierelementige Topologie auf X, die genau ein Singleton enthält, ist vom Typ $\mathcal{T}_5$ oder $\mathcal{T}_6$.

Eine vierelementige Topologie auf X mit zwei Singletons gibt es nicht.
Sie müsste außerdem die Vereinigung der beiden Singletons, also mindestens fünf Elemente enthalten.

Eine fünfelementige Topologie auf X, die genau ein Singleton enthält, ist vom Typ $\mathcal{T}_7$, und eine mit zwei Singletons ist vom Typ $\mathcal{T}_8$.

$\mathcal{T}_9$ ist die bis auf Homöomorphie einzige sechselementige Topologie auf X.

Eine Topologie auf X mit genau sieben Elementen gibt es nicht. Sie müsste entweder alle drei Singletons oder alle drei Zweiermengen enthalten. In beiden Fällen ist sie die diskrete Topologie.

⟨B⟩ Sei X eine nichtleere Menge. Für $^{-}: \mathcal{P}(X) \to \mathcal{P}(X)$ gelte

$$(i) \quad \overline{\emptyset} = \emptyset \qquad\qquad (ii) \quad A \subset \overline{A} \tag{4}$$

$$(iii) \quad \overline{\overline{A}} = \overline{A} \qquad\qquad (iv) \quad \overline{A \cup B} = \overline{A} \cup \overline{B} \;. \tag{5}$$

Für einen solchen *(Kuratowskischen) Hüllenoperator*, gilt auch

$$(v) \quad A \subset B \implies \overline{A} \subset \overline{B} \qquad (vi) \quad \overline{\bigcap_{i \in I} \overline{A_i}} = \bigcap_{i \in I} \overline{A_i} \;. \tag{6}$$

• *Beweis von (v)*   Für $A \subset B$ gilt nach (iv) :

$$\overline{A} \subset \overline{A \cup (A \backslash B)} = \overline{A \cup (B \backslash A)} = \overline{B} \;. \tag{7}$$

• *Beweis von (vi)*   Für jedes $i_0 \in I$ gilt nach (ii), (v) und (iii) :

$$\bigcap_{i \in I} \overline{A_i} \subset \overline{\bigcap_{i \in I} \overline{A_i}} \subset \overline{\overline{A_{i_0}}} = \overline{A_{i_0}} \;, \tag{8}$$

also $\overline{\bigcap_{i \in I} \overline{A_i}} \subset \bigcap_{i \in I} \overline{A_i}$ und nach (v) folgt $\overline{\bigcap_{i \in I} \overline{A_i}} = \bigcap_{i \in I} \overline{A_i}$.

Sei nun $^{-}: \mathcal{P}(X) \to \mathcal{P}(X)$ ein Kuratowskischer Hüllenoperator und

$$\mathcal{T} := \left\{ G \subset X \mid \overline{X \backslash G} = X \backslash G \right\} \;. \tag{9}$$

Nachzuweisen sind die Topologie-Axiome aus 1.1-1.

• Wegen (iv) gilt

$$\overline{X \backslash X} = \overline{\emptyset} = \emptyset = X \backslash X \implies X \in \mathcal{T} \;. \tag{10}$$

$$\overline{X \backslash \emptyset} \supset X \backslash \emptyset = X \implies \overline{X \backslash \emptyset} = X \backslash \emptyset \implies \emptyset \in \mathcal{T} \;. \tag{11}$$

• Für $i \in I$ sei $G_i \in \mathcal{T}$. Dann gilt nach deMorgan und (vi)

$$\overline{X \backslash \bigcup G_i} = \overline{\bigcap X \backslash G_i} = \overline{\bigcap \overline{X \backslash G_i}} = \bigcap \overline{X \backslash G_i} = X \backslash \bigcup G_i \;, \tag{12}$$

also $\bigcup G_i \in \mathcal{T}$.

• Für $i = 1, \ldots, n$ seien $G_i \in \mathcal{T}$. Dann gilt nach deMorgan und (iv)

$$\overline{X \backslash \bigcap G_i} = \overline{\bigcup X \backslash G_i} = \bigcup \overline{X \backslash G_i} = \bigcup X \backslash G_i = X \backslash \bigcap G_i \;, \tag{13}$$

also $\bigcap_{i=1}^{n} G_i \in \mathcal{T}$.

$\mathcal{T}$ ist damit eine Topologie und nach Definition (9) sind die abgeschlossenen Mengen bzgl $\mathcal{T}$ gerade die $A \subset X$, für die $\overline{A} = A$ gilt.

Die Eindeutigkeit von $\mathcal{T}$ ist klar.

$\boxed{\text{C}}$ Seien $Y, I \neq \emptyset$ beliebig. Für $i \in I$ seien $(X_i, \mathcal{T}_i)$ topologische Räume und $f_i \colon X_i \to Y$ Abbildungen von X_i in Y . Dann ist

$$\mathcal{T}_{\mathit{fin}} := \bigcap_{i \in I} \{\, G \subset Y \mid f_i^{-1}(G) \in \mathcal{T}_i \,\} = \{\, G \subset Y \mid f_i^{-1}(G) \in \mathcal{T}_i \; \forall\, i \in I \,\} \quad (14)$$

eine Topologie auf Y . Sie heißt *die von den f_i erzeugte Finaltopologie.* (1.3-9).
Bew.: Es ist $\emptyset, Y \in \mathcal{T}_{\mathit{fin}}$, da $\emptyset = f_i^{-1}(\emptyset)$ und $X_i = f_i^{-1}(Y)$ für alle $i \in I$.
Für $G_1, \ldots, G_m \in \mathcal{T}_{\mathit{fin}}$ gilt

$$f_i^{-1}\!\left(\bigcap_{k=1}^m G_k\right) \;=\; \bigcap_{k=1}^m f_i^{-1}(G_k) \;\in\; \mathcal{T}_i \quad \text{für alle } i \in I \, . \quad (15)$$

Also ist $\mathcal{T}_{\mathit{fin}}$ abgeschlossen gegenüber endlichen Durchschnitten. Analog zeigt man die Abgeschlossenheit gegenüber beliebigen Vereinigungen. Also ist $\mathcal{T}_{\mathit{fin}}$ eine Topologie auf X .

Nach Konstruktion gilt $f_i^{-1}(G) \in \mathcal{T}_i$ für alle $G \in \mathcal{T}_{\mathit{fin}}$. Also sind die f_i stetig bzgl $\mathcal{T}_{\mathit{fin}}$ und $\mathcal{T}_i$.

Sei umgekehrt $\mathcal{T}$ eine beliebige Topologie auf Y bzgl der alle Abbildungen $f_i \colon X_i \to Y$ stetig sind. Da stetige Urbilder offener Mengen offen sind, muss $f_i^{-1}(G) \in \mathcal{T}_i$ sein für alle $G \in \mathcal{T}$. D.h. es muss $\mathcal{T} \subset \mathcal{T}_{\mathit{fin}}$ gelten.

Also ist $\mathcal{T}_{\mathit{fin}}$ die feinste Topologie auf X , bzgl der alle f_i stetig sind.

$\boxed{\text{D}}$ Sei $X \neq \emptyset$ eine beliebige nichtleere Menge. Für alle i aus einer nichtleeren Indexmenge sei $\mathcal{T}_i$ eine Topologie auf X . Dann ist der Durchschnitt

$$\mathcal{D} := \bigcap \{\, \mathcal{T}_i \mid i \in I \,\} \;=\; \{\, G \subset X \mid \forall\, i \in I \,:\, G \in \mathcal{T}_i \,\} \quad (16)$$

ebenfalls eine Topologie auf X . Für alle $i \in I$ gilt $\emptyset, X \in \mathcal{T}_i$. Also sind auch $\emptyset, X \in \mathcal{D}$. Ebenso ist mit allen $\mathcal{T}_i$ auch $\mathcal{D}$ abgeschlossen gegenüber endlichen Durchschnitten und beliebigen Vereinigungen.

Dagegen ist die Vereinigung

$$\mathcal{V} := \bigcup \{\, \mathcal{T}_i \mid i \in I \,\} \;=\; \{\, G \subset X \mid \exists\, i \in I \,:\, G \in \mathcal{T}_i \,\} \quad (17)$$

i.a. keine Topologie auf X . Ein Beispiel liefern die beiden Topologien

$$\mathcal{T}_1 := \{\emptyset, \{a\}, \{a,b,c\}\} \quad \text{und} \quad \mathcal{T}_2 := \{\emptyset, \{b\}, \{a,b,c\}\} \, . \quad (18)$$

auf der dreielementigen Menge $X := \{a, b, c\}$. Ihre Vereinigung $\mathcal{T}_1 \cup \mathcal{T}_2$ ist nicht abgeschlossen gegenüber der Vereinigungsbildung.

Es gibt aber stets eine gröbste Topologie auf X , die alle $\mathcal{T}_i$ enthält, nämlich die von der Vereinigung $\mathcal{V}$ als Subbasis erzeugte Topologie (siehe 1.1-9).

E] Nach Definition sind $\emptyset$ und X in $\mathcal{T}_{cf} = \{ A \subset X \mid X \backslash A$ endlich $\} \cup \{\emptyset\}$.

Seien $G_1, \ldots, G_m \in \mathcal{T}_{cf}$, also die Komplemente $X \backslash G_j$ endlich. Dann ist nach den de-Morganschen-Gesetzen auch das Komplement

$$X \backslash \bigcap_{j=1}^m G_j = \bigcup_{j=1}^m (X \backslash G_j) \tag{19}$$

endlich, also $\bigcap_{j=1}^m G_j \in \mathcal{T}_{cf}$. Wegen

$$X \backslash \bigcup G_j = \bigcap (X \backslash G_j) \tag{20}$$

ist $\mathcal{T}_{cf}$ auch abgeschlossen gegenüber beliebiger Vereinigungsbildung.

Zu topologischen Eigenschaften von $\mathcal{T}_{cf}$ siehe A.6-6.

F] **(F.1)** Ist $A \subset X$ offen, so ist $A = A^\circ$. Also gilt

$$A \subset A^- \implies A = A^\circ \subset A^{-\circ} \implies A^- \subset A^{-\circ-} . \tag{21}$$

Andererseits ist $A^{-\circ} \subset A^-$, also $A^{-\circ-} \subset A^{--} = A^-$.

(F.2) • Für alle $A \subset X$ gilt

$$\begin{aligned} A^\circ &= \bigcup \{ G \mid G \subset A, \ G \text{ offen} \} = X \backslash \bigcap \{ X \backslash G \mid G \subset A, \ G \text{ offen} \} \\ &= X \backslash \bigcap \{ F \mid F \supset X \backslash A, \ F \text{ abgeschlossen} \} = X \backslash \overline{X \backslash A} = A^{c-c} . \end{aligned} \tag{22}$$

• A^{c-} ist abgeschlossen, also ist A^{c-c} offen. Mit **(F.1)** und (22) folgt:

$$A^{c-c-} = (A^{c-c})^- = (A^{c-c})^{-\circ-} = A^{c-c-c-c-} . \tag{23}$$

• A^- ist abgeschlossen, also ist A^{-c} offen. Mit **(F.1)** und (22) folgt:

$$A^{-c-} = (A^{-c})^- = (A^{-c})^{-\circ-} = A^{-c-c-c-} . \tag{24}$$

(F.3) Es ist $A^{--} = A^-$ und $A^{cc} = A$. Um neue Mengen zu erhalten, muss man also Komplement- und Hüllenoperator abwechselnd anwenden.

Beginnt man mit der Komplementbildung, so ist nach Gleichung (23) die 8. Menge gleich der 4. Dies liefert höchstens 7 verschiedene Mengen.

Beginnt man mit der Hüllenbildung, so ist nach Gleichung (24) die 7. Menge gleich der 3. Zusammen mit der Ausgangsmenge erhält man also höchstens 14 verschiedene Mengen.

(F.4) Betrachte in $\mathbb{R}$ mit der euklidischen Topologie die Teilmenge

$$A := \{ \tfrac{1}{n} \mid n \in \mathbb{N} \} \cup \,]2, 3[\, \cup \,]3, 4[\, \cup \{5\} \cup [6, 7] \cup (\mathbb{Q} \cap [8, 9[) . \tag{25}$$

Durch Komplement- und Hüllenbildung erhält man daraus die folgenden 13 verschiedenen Mengen:

$$A^c = \,]-\infty, 0] \cup \left([0,1] \backslash \left\{ \tfrac{1}{n} \mid n \in \mathbb{N} \right\}\right) \cup \,]1,2] \cup \{3\} \cup [4,5[$$
$$\cup \,]5,6[\,\cup\,]7,8[\,\cup\, \left\{ x \notin \mathbb{Q} \mid 8 \le x < 9 \right\} \cup [9,\infty[\,, \tag{26}$$

$$A^{c-} = \,]-\infty, 2] \,\cup\, \{3\} \cup [4,6] \cup [7,\infty[\,, \tag{27}$$

$$A^{c-c} = \,]2,3[\,\cup\,]3,4[\,\cup\,]6,7[\; = \; A^\circ \tag{28}$$

$$A^{\circ-} = [2,4] \,\cup\, [6,7] \,, \tag{29}$$

$$A^{\circ-c} = \,]-\infty, 2[\,\cup\,]4,6[\,\cup\,]7,\infty[\,, \tag{30}$$

$$A^{\circ-c-} = \,]-\infty, 2] \,\cup\, [4,6] \,\cup\, [7,\infty[\,, \tag{31}$$

$$A^{\circ-c-c} = \,]2,4[\,\cup\,]6,7[\,, \tag{32}$$

$$A^- = \{0\} \,\cup\, \left\{ \tfrac{1}{n} \mid n \in \mathbb{N} \right\} \cup [2,4] \,\cup\, \{5\} \cup [6,7] \cup [8,9] \,, \tag{33}$$

$$A^{-c} = \,]-\infty, 0[\,\cup\,\left(]0,1]\backslash\left\{ \tfrac{1}{n} \mid n \in \mathbb{N} \right\}\right) \cup \,]1,2[$$
$$\cup \,]4,5[\,\cup\,]5,6[\,\cup\,]7,8[\,\cup\,]9,\infty[\,, \tag{34}$$

$$A^{-c-} = \,]-\infty, 2] \,\cup\, [4,6] \,\cup\, [7,8] \cup [9,\infty[\,, \tag{35}$$

$$A^{-c-c} = \,]2,4[\,\cup\,]6,7[\,\cup\,]8,9[\; = \; A^{-\circ} \,, \tag{36}$$

$$A^{-\circ-} = [2,4] \,\cup\, [6,7] \,\cup\, [8,9] \,, \tag{37}$$

$$A^{-\circ-c} = \,]-\infty, 2[\,\cup\,]4,6[\,\cup\,]7,8[\,\cup\,]9,\infty[\,. \tag{38}$$

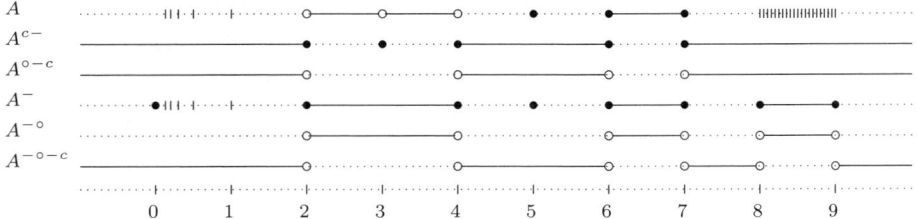

<table>
<tr><td>A</td></tr>
<tr><td>A^{c-}</td></tr>
<tr><td>$A^{\circ-c}$</td></tr>
<tr><td>A^-</td></tr>
<tr><td>$A^{-\circ}$</td></tr>
<tr><td>$A^{-\circ-c}$</td></tr>
</table>

0   1   2   3   4   5   6   7   8   9

G Nach Definition 1.2-24 ist $x \in X$ genau dann Randpunkt von $A \subset X$, wenn jede Umgebung von x sowohl A, als auch das Komplement $X\backslash A$ trifft.

Also ist der Rand $\partial A = \overline{A} \cap \overline{(X\backslash A)}$ Durchschnitt der abgeschlossenen Hüllen von A und $X\backslash A$, also selber abgeschlossen.

H Es gilt sowohl $\partial A \supset \partial A^\circ = \partial(A^\circ)$, als auch $\partial A \supset \partial \overline{A}$.

Beweis: • Sei zunächst $x \in \partial A^\circ$ und U eine offene Umgebung von x. Dann enthält U einen Punkt a aus $A^\circ \subset A$ und einen Punkt b aus $X\backslash A^\circ$.

U ist auch eine Umgebung von b und da b kein innerer Punkt von A ist, enthält U einen Punkt $c \in X\backslash A$. Also enthält jede Umgebung von x sowohl Punkte aus A, als auch aus dem Komplement $X\backslash A$, d.h. es ist $x \in \partial A$.

- Sei nun $x \in \partial \overline{A}$ und U eine offene Umgebung von x. Dann enthält U einen Punkt a aus $\overline{A}$ und einen Punkt b aus dem Komplement $(X \backslash \overline{A}) \subset (X \backslash A)$.
  U ist auch eine Umgebung von a und da a ein Berührpunkt von A ist, enthält U einen Punkt $c \in A$. Also enthält jede Umgebung von x sowohl Punkte aus A, als auch aus dem Komplement $X \backslash A$, d.h. es ist $x \in \partial A$.

- Beide Inklusionen sind i.a. echt. Für $A := \mathbb{Q} \subset \mathbb{R}$ gilt z.B. bzgl $\mathfrak{T}_{eu}$

$$\partial \mathbb{Q} = \mathbb{R} \underset{\neq}{\supsetneq} \partial \mathbb{Q}^{\circ} = \partial \emptyset = \emptyset. \tag{39}$$

Für $A := \mathbb{R} \backslash \{0\}$ gilt $\partial A = \{0\} \underset{\neq}{\supsetneq} \partial \overline{A} = \partial \mathbb{R} = \emptyset$.

$\boxed{\text{I}}$ Sei zunächst $G \subset X$ offen. $\partial G = \overline{G} \cap \overline{X \backslash G}$ ist abgeschlossen (9.1.G).

Annahme: ∂G ist nicht nirgends dicht. Dann gibt es einen inneren Punkt

$$x_0 \in \overline{\partial G}^{\circ} = (\partial G)^{\circ} \subset \partial G. \tag{40}$$

Sei U eine offene Umgebung von x_0 mit $U \subset \partial G$. Diese trifft G.

Sei $a \in V := G \cap U$. Aber G und U sind offen. Daher ist $V \subset G$ eine offene Umgebung von a, die das Komplement $X \backslash G$ nicht trifft. a kann also kein Randpunkt von G sein. Widerspruch.

Für eine abgeschlossene Teilmenge $F \subset X$ folgt die Behauptung nun wegen $G := X \backslash F$ offen und $\partial F = \partial (X \backslash F)$.

Als Beispiel betrachte man $\mathbb{Q} \subset \mathbb{R}$. Mit der üblichen euklidischen Metrik gilt $\partial \mathbb{Q} = \partial (\mathbb{R} \backslash \mathbb{Q}) = \mathbb{R}$.

$\boxed{\text{J}}$ Beweis indirekt. Angenommen $\overline{A}$ ist nicht perfekt. Dann ist $\overline{A}$ nicht in-sich-dicht, d.h. es ist $\overline{A} \not\subset \overline{A}'$. Sei $x_0 \in \overline{A} \backslash \overline{A}'$. Dann ist x_0 ein isolierter Punkt von $\overline{A}$ und damit von A.

$\boxed{\text{K}}$ I.a. enthält *nicht* jede Umgebung eines Häufungspunktes von A unendlich viele Elemente von A !

Als Beispiel kann man eine mindestens zweielementige endliche Menge X mit der indiskreten Pseudometrik $d(x, y) :\equiv 0$ wählen. Dann ist (X, d) ein pseudometrischer A_1-Raum. Jeder Punkt ist Häufungspunkt jeder nichtleeren Teilmenge von X und jede Umgebung enthält nur endlich viele Elemente.

- In metrischen Räumen (X, d) gilt die Aussage !

Sei nämlich $U \in \mathfrak{U}(\xi)$ eine beliebige Umgebung des Häufungspunktes ξ von $A \subset X$. Dann gibt es ein $\varepsilon_1 > 0$ mit $B_{\varepsilon_1}(\xi) \subset U$.

Da ξ Häufungspunkt von A ist, gibt es ein $x_1 \in A$ mit $0 < \varepsilon_2 := d(x_1, \xi) < \varepsilon_1$.

Zu ε_2 wiederum gibt es ein $x_2 \in A$ mit $0 < \varepsilon_3 := d(x_2, \xi) < \varepsilon_2$ usw.

Dieser Prozess liefert eine unendliche Teilmenge $\{x_j\}_{j \in \mathbb{N}} \subset A \cap U$.

9.2 Produkt- und Quotientenräume

(siehe auch 9.4.A, 9.4.D, 10.3.A, 10.3.G, 10.6.N)

Im folgenden seien $I \neq \emptyset$ eine beliebige Indexmenge und $(X_i, \mathcal{T}_i)$ für $i \in I$ topologische Räume.

A   Beweisen Sie Satz 1.3-8 über topologische Eigenschaften von $\prod X_i$.

B   Ist $(X, \mathcal{T})$ ein topologischer Raum, so heißt die Produkttopologie auf X^I auch die Topologie der punktweisen Konvergenz. Warum?

C   Die Mengen $\prod G_i$ mit $G_i \in \mathcal{T}_i$ für alle i bilden die Basis einer Topologie auf $X := \prod X_i$. Diese sog. *Box-Topologie* ist feiner als die Produkttopologie.

Im folgenden seien $(X, \mathcal{T})$ ein topologischer Raum, $\sim$ eine Äquivalenzrelation auf X und $\pi \colon x \mapsto [x]$ die kanonische Projektion von X auf die Menge $X_\sim$ der Äquivalenzklassen. Die *Quotiententopologie* $\mathcal{T}_\sim$ auf $X_\sim$ ist die feinste Topologie auf $X_\sim$, bzgl der die Projektion π stetig ist.

D   1) Ist X separabel, so auch $X_\sim = (X_\sim, \mathcal{T}_\sim)$.

2) Das 1. und 2. Abzählbarkeitsaxiom überträgt sich i.a. nicht auf $X_\sim$.

3) Die Trennungseigenschaften T_1 bis T_4 vererben sich i.a. nicht auf Quotientenräume.

E   1) $X_\sim$ ist genau dann ein T_1-Raum, wenn alle Äquivalenzklassen $[x]$ in X abgeschlossen sind.

2) Ist $X_\sim$ hausdorffsch, so ist $\sim \subset X \times X$ abgeschlossen.
Die Umkehrung gilt, wenn π offen ist.

3) Ist X regulär und π offen und abgeschlossen, so ist $X_\sim$ ein T_2-Raum.

4) Ist X normal und π abgeschlossen, so ist $X_\sim$ normal.

F   1) Beweisen Sie Satz 1.3-14 über die Finaltopologie.

2) Geben Sie ein Beispiel dafür, dass $f \colon X \to Y$ bzgl der von f auf Y erzeugten Finaltopologie weder offen noch abgeschlossen sein muss.

Lösungen:

A   **(A.1)** *Für* $j = 0, 1, 2, 3, 3a$ *gilt: Der Produktraum* $X = \prod X_i$ *ist genau dann ein* T_j-*Raum, wenn dies alle* X_i *sind !*

$\implies$: Sei zunächst X ein T_j-Raum, $x = (x_i) \in X$ und $k \in I$.
$Y_k := X_k \times \prod_{i \neq k} \{x_i\}$ ist ein zu X_k homöomorpher Unterraum von X.
Die T_j-Eigenschaft vererbt sich auf Teilräume. Also ist mit X auch Y_k und damit X_k ein T_j-Raum.

$\Longleftarrow$: (für T_2-Räume) Seien $x = (x_i) \neq y = (y_i) \in X$ und alle X_i hausdorffsch. Dann existiert ein $k \in I$ mit $x_k \neq y_k$. Seien U_k, V_k Umgebungen von x_k bzw y_k mit $U_k \cap V_k = \emptyset$. Für $i \neq k$ sei $U_i := V_i := X_i$. Dann sind $U := \prod U_i$ und $V := \prod V_i$ disjunkte Umgebungen von x bzw y.

Entsprechend für T_0- und T_1-Räume.

für T_3-Räume: Seien alle X_i T_3-Räume, $F \subset X$ abgeschlossen und $x \in X \backslash F$.

Sei $U := \prod U_i$ eine Basis-Umgebung von $x = (x_i)$, die F nicht trifft. Nach 3.1-9 enthalten die Umgebungen U_i von x_i abgeschlossene Umgebungen V_i. O.B.d.A. sind fast alle $V_i = X_i$. Dann ist $V := \prod V_i$ eine abgeschlossene Umgebung von x und $X \backslash V$ eine zu V disjunkte Umgebung von F.

für T_{3a}-Räume: Seien alle X_i T_{3a}-Räume, $F \subset X$ abgeschlossen und $x \in X \backslash F$. Sei $U := \prod U_i$ eine offene Umgebung von x, die F nicht trifft. $J := \{ i \in I \mid U_i \neq X_i \}$ ist endlich. Zu jedem $j \in J$ gibt es eine stetige Funktion $f_j \colon X_j \to [0,1]$ mit $f_j(x_j) = 1$ und $f \restriction_{X_j \backslash U_j} \equiv 0$. Dann ist

$$f \colon X \to [0,1] \quad ; \qquad (y_i) \mapsto \min \{ f_j(y_j) \mid j \in J \} \tag{1}$$

eine stetige Funktion mit $f(x) = 1$ und $f \restriction_F \equiv 0$.

(A.2) • *Ist der Produktraum* $X = \prod X_i$ *ein* A_1- *bzw* A_2-*Raum, so auch jeder Faktorraum* X_i *!*

Da mit X auch jeder Teilraum ein A_1- bzw A_2-Raum ist, kann man dies analog beweisen wie in Aufgabe **(A.1)** für die Trennungseigenschaften T_1 bis T_{3a}.

• *Ist jeder Faktor* $(X_i, \mathfrak{T}_i)$ *ein* A_1-*Raum und* $J \subset I$ *eine höchstens abzählbare Menge mit* $\mathfrak{T}_i = \{\emptyset, X_i\}$ *für alle* $i \in I \backslash J$ *, so ist* $X = \prod X_i$ *ein* A_1-*Raum !*

Sei $x = (x_i) \in X$ und für alle i sei $\mathcal{B}_i$ eine abzählbare Umgebungsbasis von x_i. Die Menge $\mathcal{E}$ der endlichen Teilmengen von J ist abzählbar. Für $E \in \mathcal{E}$ ist

$$\mathcal{B}_E := \{ \textstyle\prod_i U_i \mid U_i \in \mathcal{B}_i \text{ falls } i \in E,\ U_i = X_i \text{ falls } i \notin E \} . \tag{2}$$

abzählbar. Also ist $\mathcal{B} := \bigcup_{E \in \mathcal{E}} \mathcal{B}_E$ eine abzählbare Umgebungsbasis von x.

• $X = \prod X_i$ *ist kein* A_1-*Raum, wenn es eine überabzählbare Menge* $J \subset I$ *derart gibt, dass* $\mathfrak{T}_j \neq \{\emptyset, X_j\}$ *für alle* $j \in J$ *!*

Für $j \in J$ sei $U_j \in \mathfrak{T}_j$ und $x_j \in U_j \neq X_j$. Für $i \in I \backslash J$ sei $x_i \in X_i$.

Annahme: $x := (x_i)$ besitzt eine abzählbare Umgebungsbasis $\mathcal{B} = \{B_n\}$. O.B.d.A. seien die B_n von der Form $B_n = \prod_{i \in I} B_{i,n}$ mit $B_{i,n} = X_i$ für fast alle $i \in I$. Die Mengen $J_n := \{ i \in I \mid B_{i,n} \neq X_i \}$ sind also endlich.

Da $\bigcup J_n$ abzählbar ist, existiert ein $j \in J \backslash \bigcup J_n$. Dann ist $U_j \times \prod_{i \neq j} X_j$ eine Umgebung von x, die keine Umgebung von $\mathcal{B}$ enthält. Widerspruch.

• Entsprechend für das 2. Abzählbarkeitsaxiom.

(A.3)   *Ein Produkt $\prod X_i$ topologischer Räume ist genau dann zusammenhängend, wenn alle X_i zusammenhängend sind !*

• Sei zunächst $X = \prod X_i$ zusammenhängend. Die Projektionen $\pi_i \colon X \to X_i$ sind stetig. Also sind alle $X_i = \pi_i(X)$ zusammenhängend (3.2-5).

• Seien nun umgekehrt alle X_i zusammenhängend. Sei $\xi = (\xi_i) \in X$ beliebig aber fest gewählt und

$$E := \bigcup \{ A \subset X \mid \xi \in A, \ A \text{ zusammenhängend} \} . \tag{3}$$

Dann ist E zusammenhängend (10.2.C).

Bleibt zu zeigen, dass E dicht in X ist, denn dann ist auch $X = \overline{E}$ zusammenhängend (3.2-4(c)). Sei dafür $G := \prod G_i$ eine beliebige nichtleere Basismenge der Produkttopologie auf X, also $\emptyset \neq G_i \subset X_i$ offen für alle $i \in I$ und $G_i = X_i$ für alle $i \in I \setminus \{k_1, \dots, k_n\}$. Sei $\eta_i \in G_i$ für $i \in I$ und

$$
\begin{aligned}
E_1 &:= \big\{ (x_i) \in X \mid x_i = \xi_i \text{ für } i \neq k_1 \big\} , \\
E_2 &:= \big\{ (x_i) \in X \mid x_i = \xi_i \text{ für } i \neq k_1, k_2, \ x_{k_1} = \eta_{k_1} \big\} , \\
&\ \vdots \\
E_n &:= \left\{ (x_i) \in X \ \middle|\ x_i = \begin{cases} \xi_i & \text{für } i \neq k_1, \dots, k_n, \\ \eta_i & \text{für } i = k_1, \dots, k_{n-1} \end{cases} \right\}
\end{aligned}
\tag{4}
$$

Dann sind die E_j homöomorph zu X_{k_j}, also zusammenhängend.
Ferner ist $E_j \cap E_{j+1} \neq \emptyset$ für $j = 1, \dots, n-1$.
Also ist $A := \bigcup_{j=1}^{n} E_j$ zusammenhängend (10.2.C).

Es ist $\xi \in E_1 \subset A$, also ist $A \subset E$. Ferner ist $\eta := (\eta_i) \in E_n \cap G \subset A \cap G$.
Also trifft E jede nichtleere Basismenge G und wir sind fertig.

(A.4)   *Ein Produkt $\prod X_i$ mindestens zweielementiger topologischer Räume ist genau dann metrisierbar, wenn I höchstens abzählbar und alle X_i metrisierbar sind.*

$\Longleftarrow$:   Seien zunächst alle $(X_i, \mathcal{T}_i)$ metrisierbar und I höchstens abzählbar. Seien d_i Metriken auf X_i, die die Topologien $\mathcal{T}_i$ erzeugen.

O.B.d.A. seien $I = \mathbb{N}$ und die Metriken d_i beschränkt, etwa

$$d_i(x_i, y_i) < 1 \qquad \text{für alle } x_i, y_i \in X_i . \tag{5}$$

Sonst gehe man zur äquivalenten Metrik $d_i'(x_i, y_i) := \frac{d_i(x_i, y_i)}{1 + d_i(x_i, y_i)}$ über.
Man rechnet direkt nach, dass durch

$$d(x, y) := \sum_i \tfrac{1}{2^i} d_i(x_i, y_i) \qquad \text{für } x = (x_i), y = (y_i) \in X \tag{6}$$

eine Metrik auf $X = \prod X_i$ definiert wird. Noch zu zeigen ist, dass d die Produkttopologie erzeugt.

Dafür sei $x = (x_i) \in X$ und $U = \prod U_i$ eine Basisumgebung von x, also $x_i \in U_i \in \mathcal{T}_i$ für alle i und $U_i = X_i$ für alle $i > i_0$.

Für $i = 1, \ldots, i_0$ gibt es $\varepsilon_i > 0$ derart, dass $B_{\varepsilon_i}(x_i) \subset U_i$. Für

$$d(x,y) = \sum_i \tfrac{1}{2^i} d_i(x_i, y_i) < \varepsilon := \min\left\{ \varepsilon_i / 2^i \mid i = 1, \ldots, i_0 \right\} \qquad (7)$$

gilt dann $d_i(x_i, y_i) < \varepsilon_i$, also $B_\varepsilon(x) \subset U$. Fertig.

$\Longrightarrow$: Sei nun $X = \prod X_i$ metrisierbar. Teilräume metrisierbarer Räume sind metrisierbar. Die Faktorräume X_i können homöomorph in $\prod X_i$ eingebettet werden. Also sind alle $(X_i, \mathcal{T}_i)$ metrisierbar.

Wäre dann die Indexmenge I überabzählbar, so wäre X kein A_1-Raum (siehe 3. Teil von Aufgabe **(A.2)**). Widerspruch zur Metrisierbarkeit von X.

B | Die Produkttopologie $\mathcal{T}_P$ heißt *Topologie der punktweisen Konvergenz* auf X^I, weil für alle Netze $\{\Phi_j\}$ und für alle Folgen in X^I gilt

$$\Phi_j \to f \quad \text{bzgl } \mathcal{T}_P \qquad \Longleftrightarrow \qquad \Phi_j \to f \quad \text{punktweise auf } I . \qquad (8)$$

Beweis für Netze (für Folgen völlig analog): Zur Erinnerung: Ein Netz $\Phi = \{\Phi_j\}$ in X ist eine Abbildung $\Phi \colon J \to X$ einer gerichteten Menge J in X. Folgen sind spezielle Netze mit $J = \mathbb{N}$.

Eine Subbasis der Produkttopologie $\mathcal{T}_P$ auf X^I bilden die Mengen

$$\pi_i^{-1}(G) = \left\{ g \in X \mid g(i) \in G \right\} \qquad (i \in I,\ G \in \mathcal{T}) . \qquad (9)$$

$\mathcal{T}_P$ besteht aus beliebigen Vereinigungen endlicher Duchschnitte von Mengen dieser Bauart. Eine $\mathcal{T}_P$-Umgebungsbasis von $f \in X$ bilden die Mengen der Form

$$\bigcap_{k=1}^m \pi_{i_k}^{-1}\big(U(f(i_k))\big) = \left\{ g \in X \mid g(i_k) \in U(f(i_k)) \right\} . \qquad (10)$$

Dabei ist $m \in \mathbb{N}$, $i_k \in I$ und $U(f(i_k))$ eine Umgebung von $f(i_k) \in X$.

- Sei zunächst $\{\Phi_j\}$ ein Netz in X mit $\Phi_j \to f$ bzgl $\mathcal{T}_P$. Dann gilt

$$\forall i \in I \ \forall U \in \mathcal{U}(f(i)) \ \exists j_0 \ \forall j \geq j_0 \ : \ \Phi_j \in \pi_i^{-1}U , \qquad \text{also}$$
$$\forall i \in I \ : \ \Phi_j(i) \to f(i) . \qquad (11)$$

- Sei nun $\{\Phi_j\}$ ein Netz in X mit $\Phi_j(i) \to f(i)$ für alle $i \in I$. Es seien $i_1, \ldots, i_m \in I$ und $U_k \in \mathcal{U}(f(i_k))$. Dann gilt

$$\forall k = 1, \ldots, m \ \exists j_k \in J \ \forall j \geq j_k \ : \ \Phi_j(i_k) \in U_k . \qquad (12)$$

Sei $j_0 \geq j_1, \ldots, j_m$. Dann gilt

$$\forall j \geq j_0 \ : \ \Phi_j \in \bigcap_{k=1}^m \pi_{i_k}^{-1}(U_k) . \qquad (13)$$

Diese endlichen Schnitte bilden eine $\mathcal{T}_P$-Umgebungsbasis von f.
Also gilt $\Phi_j \to f$ bzgl $\mathcal{T}_P$.

$\boxed{\text{C}}$ Für alle $i \in I$ seien $(X_i, \mathcal{T}_i)$ topologische Räume und

$$\mathcal{B}_b := \left\{ \prod_{i \in I} G_i \mid \forall i \; G_i \in \mathcal{T}_i \right\} . \tag{14}$$

$\mathcal{B}_b$ ist abgeschlossen gegenüber endlicher Durchschnittsbildung. Also ist $\mathcal{B}_b$ die Basis einer Topologie, der sog. *Box-Topologie* $\mathcal{T}_b$ auf $X := \prod X_i$.

Eine Basis der Produkttopologie $\mathcal{T}_P$ auf X ist

$$\mathcal{B}_P := \left\{ \prod_{i \in I} G_i \mid \forall i \; G_i \in \mathcal{T}_i , \; G_i = X_i \text{ für fast alle } i \right\} . \tag{15}$$

Wegen $\mathcal{B}_P \subset \mathcal{B}_b$ ist die Box-Topologie feiner als die Produkttopologie.

Sind fast alle Räume X_i indiskret, d.h. ist $\mathcal{T}_i \neq \{\emptyset, X_i\}$ höchstens für endlich viele $i \in I$, so ist $\mathcal{B}_p = \mathcal{B}_b$. In diesem Fall - speziell für Produkte mit nur endlich vielen Faktoren - stimmen Box- und Produkttopologie überein.

Anderenfalls gibt es ein $G = \prod G_i \in \mathcal{B}_b$ mit $\emptyset \neq G_i \neq X_i$ für unendlich viele Indizes $i \in I$. So eine Menge G ist offen in der Box-, aber nicht in der Produkttopologie. Also ist in diesem Fall die Box-Topologie echt feiner.

$\boxed{\text{D}}$ **(D.1)** Da die kanonische Abbildung $\pi \colon X \to X_\sim$ von X auf den Quotientenraum stetig ist, ist dies ein Spezialfall von 10.3.F.

(D.2) $X := \mathbb{R}^2$ mit der euklidischen Topologie erfüllt das 1. und das 2. Abzählbarkeitsaxiom. Die Äquivalenzrelation $\sim$ sei definiert durch

$$(x, y) \sim (u, v) \quad :\Longleftrightarrow \quad (x, y) = (u, v) \text{ oder } y = v = 0 . \tag{16}$$

Die Äquivalenzklassen, also die Elemente des Quotientenraums $X_\sim$ sind dann

$$[(x, y)] = \begin{cases} \{(x, y)\} & \text{falls } y \neq 0 , \\ A := \{ (x, 0) \mid x \in \mathbb{R} \} & \text{sonst.} \end{cases} \tag{17}$$

Die x-Achse A wird *auf einen Punkt zusammengezogen.*

Beh. 1: Für festes $m \in \mathbb{N}$ konvergiert die Folge $[(m, \frac{1}{n})]$ in $X_\sim$ gegen A.

Sei $U \subset X_\sim$ eine Umgebung von $A \in X_\sim$. Dann ist $A \subset V := \pi^{-1}(U) \subset X$ eine Umgebung der x-Achse in $X = \mathbb{R}^2$. Also gibt es ein $\varepsilon > 0$ derart, dass $B_\varepsilon(m, 0) \subset V$ ist. Ab einem $n_0 \in \mathbb{N}$ liegen die Punkte $(m, \frac{1}{n}) \in B_\varepsilon(m, 0)$. Also liegen ab diesem n_0 die Äquivalenzklassen $[(m, \frac{1}{n})] \in \pi(V) = U$.

Beh. 2: Ist $(m_n)_n$ eine Folge natürlicher Zahlen, so konvergiert die Folge $[(n, \frac{1}{m_n})]$ in $X_\sim$ nicht gegen A.

Sei $(m_n)_n$ eine beliebige Folge natürlicher Zahlen. Dann gibt es eine stetige positive Funktion $f \colon \mathbb{R} \to \,]0, \infty[$ mit $f(n) < \frac{1}{m_n}$ für alle $n \in \mathbb{N}$. Dann ist

$$V := \{ (x, y) \mid |y| < f(x) \} \tag{18}$$

offen in X und $U := \pi(V)$ eine offene Umgebung von $A \in X_\sim$. Aber es ist $[(n, \frac{1}{m_n})] \notin U$ für alle n, also kann $[(n, \frac{1}{m_n})]$ in $X_\sim$ nicht gegen A konvergieren.

Beh. 3: $A \in X_\sim$ besitzt keine abzählbare Umgebungsbasis. Also erfüllt $X_\sim$ weder das erste, noch das 2. Abzählbarkeitsaxiom.

Angenommen $\mathcal{B} := \big\{ U_n \mid n \in \mathbb{N} \big\}$ ist eine abzählbare Umgebungsbasis von $A \in X_\sim$. Dann gibt es nach *Beh. 1* eine Folge (m_n) in $\mathbb{N}$ derart, dass

$$[(n, \tfrac{1}{m_n})] \in U_1 \cap \ldots \cap U_n \qquad \text{für alle } n \in \mathbb{N} . \tag{19}$$

Insbesondere gilt also $[(k, \frac{1}{m_k})] \in U_n$ für alle $k \geq n$. Da die U_n eine Umgebungsbasis von A bilden, müsste daher die Folge $[(n, \frac{1}{m_n})]$ gegen A konvergieren. Widerspruch zu *Beh. 2*.

(D.3) Sei z.B. $X := \mathbb{R}$ mit der euklidischen Topologie und die Äquivalenzrelation $\sim$ auf $\mathbb{R}$ definiert wie in (26). Als metrischer Raum ist $\mathbb{R}$ ein T_0- bis T_5-Raum.

Beh. 1: $\mathbb{R}_\sim$ ist kein T_1-Raum und damit auch kein T_2-Raum.
Es reicht zu zeigen, dass einelementige Mengen $\{[x]\} \subset X_\sim$ nicht notwendig abgeschlossen sind (3.1-7).

Die Projektion π ist stetig. Ist $\{[x]\} = \{\pi(x)\}$ abgeschlossen in $\mathbb{R}_\sim$, so muss auch $\pi^{-1}(\pi(x))$ abgeschlossen in $\mathbb{R}$ sein. Für $x \in \mathbb{Q}$ gilt aber

$$\pi(x) = [x] = \mathbb{Q} \in \mathbb{R}_\sim \qquad \text{und} \qquad \pi^{-1}(\pi(x)) = \mathbb{Q} \subset \mathbb{R} . \tag{20}$$

$\mathbb{Q}$ ist aber nicht abgeschlossen in $\mathbb{R}$.

Beh. 2: $\mathbb{R}_\sim$ ist kein T_3- und kein T_4-Raum.
Für $y \notin \mathbb{Q}$ ist $\pi(y) = \{y\} \in \mathbb{R}_\sim$.

Die einelementige Menge $\{\pi(y)\}$ ist abgeschlossen in $\mathbb{R}_\sim$, da ihr Urbild $\pi^{-1}(\{\pi(y)\}) = \{y\}$ in $\mathbb{R}$ abgeschlossen ist.

Sind nun $y_1 \neq y_2 \notin \mathbb{Q}$, so sind $\{\pi(y_1)\}$ und $\{\pi(y_2)\} \subset \mathbb{R}_\sim$ zwei disjunkte abgeschlossene Mengen, die keine disjunkten Umgebungen besitzen.
Wegen $\pi(x) = \mathbb{Q}$ für alle $x \in \mathbb{Q}$ liegt nämlich $\mathbb{Q}$ in jeder Umgebung von $\{\pi(y_1)\}$ und $\{\pi(y_1)\}$.

Ebenso besitzen die abgeschlossene Menge $\{\pi(y_1)\} \subset \mathbb{R}_\sim$ und der Punkt $\pi(y_2) \in \mathbb{R}_\sim \backslash \{\pi(y_1)\}$ keine disjunkten Umgebungen.

E   **(E.1)** Ist $X_\sim$ ein T_1-Raum, so sind die einelementigen Mengen $\{[x]\} \subset X_\sim$ abgeschlossen (3.1-7). Die kanonische Projektion $\pi \colon X \to X_\sim$ ist stetig, also ist $[x] = \pi^{-1}(\{[x]\} \subset X$ abgeschlossen.

Seien umgekehrt alle Äquivalenzklassen abgeschlossen in X. Für beliebiges $[x] \in X_\sim$ ist dann $\pi^{-1}\big(\{[x]\}\big) = [x] \subset X$ abgeschlossen in X. Nach Definition der Quotiententopologie sind also einelementige Teilmengen in $X_\sim$ abgeschlossen und daher $X_\sim$ ein T_1-Raum (3.1-7).

(E.2) Sei $X_\sim$ hausdorffsch. Dann ist die Diagonale Δ abgeschlossen im Produktraum $X_\sim \times X_\sim$. Mit π ist auch

$$\widehat{\pi}\colon X \times X \to X_\sim \times X_\sim \quad ; \qquad \widehat{\pi}(x,y) := \bigl(\pi(x),\pi(y)\bigr) \tag{21}$$

stetig. Also ist die Relation $\sim = \widehat{\pi}^{-1}(\Delta)$ abgeschlossen in $X \times X$.

Seien nun umgekehrt $\sim \subset X \times X$ abgeschlossen, π offen und $[x] \neq [y] \in X_\sim$. Dann ist das Paar $(x,y) \not\in \sim$, also gibt es offene Umgebungen U von x und V von y mit $U \times V \cap \sim = \emptyset$.

Es folgt $\pi(U) \cap \pi(V) = \emptyset$ und wegen der Offenheit von π sind $\pi(U)$ und $\pi(V)$ disjunkte offene Umgebungen von $[x]$ bzw $[y] \in X_\sim$.

Die Offenheit von π ist für diese Richtung wesentlich. Sei z.B.

$$F(x,y) := x \ \text{ falls } \ |x| \geq 1 \quad \text{und} \quad F(x,y) := y - \frac{1}{1-x^2} \ \text{ sonst,} \tag{22}$$

$$(x_1,y_1) \sim (x_2,y_2) \quad :\Longleftrightarrow \quad F(x_1,y_1) = F(x_2,y_2) \tag{23}$$

Die Äquivalenzklassen von $\sim$ sind die rechts skizzierten Niveaulinien von F. Sie sind abgeschlossene Teilmengen von $\mathbb{R}^2$.

Die Klassen $[1]$ und $[-1]$ besitzen keine disjunkten Umgebungen in $\mathbb{R}^2_\sim$.

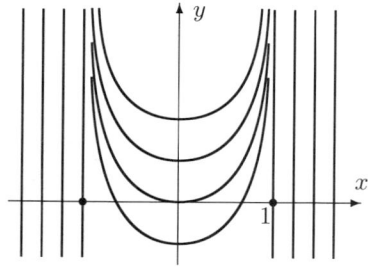

(E.3) Seien X regulär, $\pi\colon X \to X_\sim$ offen und abgeschlossen. Wegen **(E.2)** reicht es zu zeigen, dass die Relation $\sim = \widehat{\pi}^{-1}(\Delta)$ abgeschlossen in $X \times X$ ist.

Sei also $(x,y) \not\in \sim$, also $\pi(x) = [x] \neq \pi(y) = [y]$, bzw $x \not\in \pi^{-1}\bigl([y]\bigr)$.

Wegen der Regularität von X ist $\{y\} \subset X$ abgeschlossen. Wegen der Abgeschlossenheit von π und der Definition der Quotiententopologie ist $\pi^{-1}\bigl([y]\bigr)$ abgeschlossen.

Da X regulär ist, gibt es disjunkte offene Umgebungen U von x und V von $\pi^{-1}\bigl([y]\bigr)$.

Da π abgeschlossen ist, gibt es nach Aufgabe 9.4.G eine Umgebung W von $[y] \in X_\sim$ mit $\pi^{-1}\bigl([y]\bigr) \subset \pi^{-1}(W) \subset V$. Also ist $U \times \pi^{-1}(W)$ eine Umgebung von (x,y), die die Relation $\sim$ nicht trifft.

(E.4) Seien X normal, $\pi\colon X \to X_\sim$ abgeschlossen und A, B zwei disjunkte abgeschlossene Teilmengen von $X_\sim$.

Dann sind auch $\pi^{-1}(A)$ und $\pi^{-1}(B)$ disjunkt und abgeschlossen nach Definition der Quotiententopologie. Da X normal ist, gibt es disjunkte Umgebungen U von $\pi^{-1}(A)$ und V von $\pi^{-1}(B)$.

Da π abgeschlossen ist, gibt es nach Aufgabe 9.4.G Umgebungen U_A von A und V_B von B mit $\pi^{-1}(U_A) \subset U$ und $\pi^{-1}(V_B) \subset V$. Also sind U_A und V_B gesuchte disjunkte Umgebungen von A und B.

F

(F.1) Seien $(X, \mathcal{T}_X)$ und $(Y, \mathcal{T}_Y)$ topologische Räume und $f\colon X \to Y$ stetig, surjektiv und offen.

Dann ist $\mathcal{T}_Y$ gleich der von f auf Y erzeugten Finaltopologie $\mathcal{T}_f$.

Bew.: Es ist $\mathcal{T}_f = \{\, G \subset Y \mid f^{-1}(G) \in \mathcal{T}_X \,\}$.

Wegen der Surjektivität von f ist $f(f^{-1}(A)) = A$ für alle $A \subset Y$. Also gilt

$$\begin{aligned}
G \in \mathcal{T}_f &\implies f^{-1}(G) \in \mathcal{T}_X && \text{nach Definition von } \mathcal{T}_f, \\
&\implies G = f(f^{-1}(G)) \in \mathcal{T}_Y && \text{da } f \text{ offen .} && (24) \\
G \in \mathcal{T}_Y &\implies f^{-1}(G) \in \mathcal{T}_X && \text{da } f \text{ stetig,} \\
&\implies G \in \mathcal{T}_f && \text{nach Definition von } \mathcal{T}_f . && (25)
\end{aligned}$$

Der Beweis im Fall, dass f stetig, surjektiv und abgeschlossen ist, läuft analog.

(F.2) Betrachte z.B. auf $(\mathbb{R}, \mathcal{T}_{eu})$ die Äquivalenzrelation

$$x \sim y \iff x = y \text{ oder } x, y \in \mathbb{Q} . \tag{26}$$

$\mathbb{Q}$ wird auf einen Punkt zusammengezogen. Die Äquivalenzklassen sind $\mathbb{Q}$ und $\{x\}$ falls $x \notin \mathbb{Q}$. Sei $\pi\colon \mathbb{R} \to \mathbb{R}_\sim$ die kanonische Projektion auf den Quotientenraum $\mathbb{R}_\sim$.

Für die Intervalle $[0, 1], \,]0, 1[\subset \mathbb{R}$ gilt

$$\pi^{-1}\big(\pi\big([0, 1]\big)\big) = [0, 1] \cup \mathbb{Q} \quad \text{und} \quad \pi^{-1}\big(\pi\big(\,]0, 1[\big)\big) = \,]0, 1[\cup \mathbb{Q} . \tag{27}$$

Nach Definition der Quotiententopologie ist $\pi\big(\,]0, 1[\big)$ nicht offen und $\pi\big([0, 1]\big)$ nicht abgeschlossen in $\mathbb{R}_\sim$ und daher π weder eine offene noch eine abgeschlossene Abbildung.

9.3   Folgen, Filter und Netze

(siehe auch 9.2.B, 10.1.J)

A   Welche Folgen konvergieren bzgl der cofiniten bzw coabzählbaren Topologie?

B   Es gibt Mengen mit verschiedenen T_2-Topologien, die dieselben konvergenten Folgen besitzen.

C   Es gibt Folgen mit Häufungswerten, gegen die keine Teilfolge konvergiert.

D   1) Sei $(X, \mathcal{T})$ topologischer Raum, $\xi \in X$ und $A \subset X$.
      Dann ist $\xi \in \overline{A}$ genau dann, wenn es ein Netz (einen Filter) in A gibt, das (der) gegen ξ konvergiert.

   2) Evt gibt es Punkte $\xi \in \overline{A}$, gegen die keine Folge aus A konvergiert.

E   Sei X unendlich und $\mathcal{F} := \{ A \subset X \mid X \backslash A \text{ endlich} \}$.
   Zeigen Sie, dass $\mathcal{F}$ ein Filter auf X ist und bestimmen Sie seine Grenzwerte und Berührungspunkte bzgl der cofiniten Topologie $\mathcal{T}_{cf}$.

F   1) Konvergiert ein Filter $\mathcal{F}$ gegen x, so ist x Berührungspunkt von $\mathcal{F}$.

   2) $x \in X$ ist genau dann Berührungspunkt eines Filters $\mathcal{F}$ auf X, wenn es einen feineren Filter $\mathcal{G}$ auf X gibt, der gegen x konvergiert.

   3) Die Berührungspunkte eines Ultrafilters sind genau seine Grenzwerte.

G   Ist $\mathcal{U}$ ein Ultrafilter, und $A \cup B \in \mathcal{U}$, so ist $A \in \mathcal{U}$ oder $B \in \mathcal{U}$.

H   Ein Netz, das zu einem Ultrafilter gehört, ist universell. Der zu einem universellen Netz gehörende Filter ist ein Ultrafilter.

I   *Zusammenhang von Filter und Netzkonvergenz*

   1) Ist Φ ein zu dem Filter $\mathcal{F}$ gehörendes Netz und ξ Grenzwert von $\mathcal{F}$, so ist ξ auch Grenzwert von Φ. Die Umkehrung ist i.a. falsch.

   2) Ist Φ ein zu dem Filter $\mathcal{F}$ gehörendes Netz und ξ Berührungspunkt von $\mathcal{F}$, so muss ξ nicht Häufungswert von Φ sein.

   3) Ein Filter $\mathcal{F}$ konvergiert genau dann gegen einen Punkt $x \in X$, wenn jedes zu $\mathcal{F}$ gehörende Netz gegen x konvergiert.

   4) Die Grenzwerte bzw die Häufungswerte eines Netzes sind genau die Grenzwerte bzw die Berührungspunkte des erzeugten Filters.

J   Zwei Topologien auf einer Menge sind genau dann gleich, wenn sie die gleichen konvergenten Filter bzw Netze haben.

Lösungen:

(A.1) Seien $x_n, \xi \in X$ und $\mathcal{T}_{cf}$ die cofinite Topologie (A.6-6) auf X. Dann gilt

$$x_n \to \xi \iff \forall y \in X \backslash \{\xi\} \; : \; I(y) := \big\{ k \in \mathbb{N} \mid x_k = y \big\} \text{ ist endlich.} \quad (1)$$

Bew.: '$\Rightarrow$' : Ist $y \neq \xi$, so ist $U := X \backslash \{y\}$ eine Umgebung von ξ bzgl $\mathcal{T}_{cf}$. Ist $\xi = \lim x_k$, so liegt die Folge (x_k) ab einem k_0 in U, also ist die Menge $\big\{ k \in \mathbb{N} \mid x_k = y \big\}$ endlich.

'$\Leftarrow$' : Seien umgekehrt alle Mengen $I(y)$ endlich. Eine beliebige Umgebung von ξ bzgl $\mathcal{T}_{cf}$ ist von der Form $U = X \backslash \{x_1, \ldots, x_m\}$ mit gewissen $x_j \neq \xi$.

Dann ist $I := \big\{ k \in \mathbb{N} \mid x_k \notin U \big\} = \bigcup_{k=1}^{m} I(x_k)$ Vereinigung von endlichen Mengen, also auch endlich. Also liegt die Folge (x_k) ab einem k_0 in U.

(A.2) Seien $\mathcal{T}_{ca}$ die coabzählbare Topologie (A.6-6) auf einer Menge X und $x_n, \xi \in X$. Dann gilt

$$x_n \to \xi \iff \exists n_0 \in \mathbb{N} \; \forall n \geq n_0 \; : \; x_n = \xi \, . \quad (2)$$

Bew.: '$\Rightarrow$' : Angenommen (x_n) ist nicht ab einer Stelle konstant $= \xi$. Dann gibt es eine unendliche Teilmenge $M \subset \mathbb{N}$ mit $x_m \neq \xi$ für alle $m \in M$. Aber $U := X \backslash \big\{ x_m \mid m \in M \big\}$ ist eine $\mathcal{T}_{ca}$-Umgebung von ξ und (x_n) muss schließlich in U liegen. Widerspruch.

Die andere Richtung ist trivial.

Sei A eine überabzählbare Menge, $\infty \notin A$ und $X := A \cup \{\infty\}$. Durch

$$G \in \mathcal{T} \; :\iff \; \infty \notin G \text{ oder } X \backslash G \text{ ist abzählbar.} \quad (3)$$

wird eine Topologie $\mathcal{T}$ auf X definiert. Sie ist ebenso hausdorffsch wie die diskrete Topologie $\mathcal{P} := \mathcal{P}(X)$. Es ist $\mathcal{T} \subsetneq \mathcal{P}$.

Beh.: In beiden Topologien sind die konvergenten Folgen genau die, die schließlich - d.h. ab einer Stelle - konstant sind.

Ist $a \in A$, so ist $\{a\}$ eine Umgebung von a sowohl in $\mathcal{T}$, als auch in $\mathcal{P}$. Also sind in beiden Topologien die gegen ein $a \in A$ konvergenten Folgen genau diejenigen, die ab einer Stelle konstant gleich a sind.

Eine in $\mathcal{P}$ gegen ∞ konvergente Folge ist ebenfalls schließlich konstant.

Annahme, (x_n) ist eine in der Topologie $\mathcal{T}$ gegen ∞ konvergente Folge, die nicht schließlich konstant gleich ∞ ist. Dann besitzt sie eine Teilfolge $(x_{n_k})_k$ mit $x_{n_k} \in A$. Aber $U := X \backslash \big\{ x_{n_k} \mid k \in \mathbb{N} \big\}$ ist eine $\mathcal{T}$-Umgebung von ∞. Also müssten ab einer Stelle alle $x_n \in U$ liegen. Widerspruch!

Also besitzen $\mathcal{T}$ und $\mathcal{P}$ die gleichen konvergenten Folgen.

Bemerkung 1: Konvergente Folgen reichen daher i.a. nicht zur Definition einer Topologie aus. Dagegen sind zwei Topologien auf einer Menge genau dann gleich, wenn sie die gleichen konvergenten Filter bzw Netze haben (9.3.J).

Bemerkung 2: Auch bzgl der coabzählbaren Topologie $\mathcal{T}_{ca}$ auf X (A.6-6) sind die konvergenten Folgen genau die schließlich konstanten. Sie ist aber (für überabzählbares X) nicht hausdorffsch.

$\boxed{\text{C}}$ Die Arens-Topologie $\mathcal{T}$ (A.6-8) auf $X := \mathbb{N}_0 \times \mathbb{N}_0$ ist definiert durch

$$G \in \mathcal{T} \quad :\Longleftrightarrow \quad (0,0) \notin G \text{ oder}$$
$$\big\{\, n \in \mathbb{N}_0 \mid (n,m) \notin G \,\big\} \text{ ist endlich für fast alle } m \,. \tag{4}$$

$\mathcal{T}$ ist hausdorffsch. Die Relativtopologie auf $A := X \setminus \{(0,0)\}$ ist diskret.

Beh. 1: Keine Folge in A konvergiert gegen $(0,0)$.

Beweis: Sei $(x_i) = (n_i, m_i)$ irgendeine Folge in A.

1. Fall: Es gibt ein $m \in \mathbb{N}_0$ derart, dass $m_i = m$ für unendlich viele Indizes i. Für ein solches m ist $U := X \setminus \{\,(n,m) \mid n \in \mathbb{N}_0 \,\}$ eine Umgebung von $(0,0)$ derart, dass zu jedem $i_0 \in \mathbb{N}$ ein $i > i_0$ existiert mit $x_i = (n_i, m_i) \notin U$. Also konvergiert (x_i) nicht gegen $(0,0)$.

2. Fall: Für alle $m \in \mathbb{N}_0$ ist $m_i = m$ nur für endlich viele Indizes i. Dann ist $U := X \setminus \{\, x_i \mid i \in \mathbb{N} \,\}$ eine Umgebung von $(0,0)$, die kein Endstück der Folge (x_i) enthält.

Damit ist Beh. 1 bewiesen.

$A \subset \mathbb{N}_0 \times \mathbb{N}_0$ ist abzählbar. Sei $(x_i) = (n_i, m_i)$ irgendeine Abzählung von A, d.h. jedes Element von A kommt in der Folge (x_i) genau einmal vor.

Beh. 2: $(0,0)$ ist Häufungswert von (x_i) !

Beweis: Sei U eine beliebige Umgebung von $(0,0)$ und $i_0 \in \mathbb{N}$. Dann gibt es nur endlich viele Indizes $i \leq i_0$. Also ist für alle m die Menge $\{\, n \in \mathbb{N} \mid \exists i > i_0 \ : \ (n,m) = x_i \,\}$ unendlich.

Also gibt es ein $i > i_0$ mit $x_i \in U$. Fertig.

$\boxed{\text{D}}$ **(D.1)** Sei $\xi \in \overline{A}$. Dann ist $\mathcal{F} := \{\, U \cap A \mid U \in \mathcal{U}(\xi) \,\}$ ein Filter in A, der gegen ξ konvergiert. Genauer: $\mathcal{F}$ ist eine Filterbasis auf A derart, dass der von ihr auf X erzeugte Filter gegen ξ konvergiert. Insbesondere ist $\mathcal{F}$ eine bzgl der Inklusion gerichtete Menge.

Zu jedem $F = U \cap A \in \mathcal{F}$ gibt es ein $\Phi(F) \in F$. Dadurch wird ein Netz $\Phi \colon \mathcal{F} \to A$ definiert, das gegen ξ konvergiert.

Sei umgekehrt $\Phi \colon I \to A$ ein Netz in A, das gegen ξ konvergiert. Ist $U \in \mathcal{U}(\xi)$ eine beliebige Umgebung von x, so liegt Φ schließlich in U. Also ist $U \cap A \neq \emptyset$ für alle $U \in \mathcal{U}(\xi)$, d.h. $x \in \overline{A}$.

Ist $\mathcal{F}$ ein Filter in A, der gegen ξ konvergiert, so enthält jede Umgebung von x eine Filtermenge $B \in \mathcal{F}$, insbesondere auch ein $x \in A$. Also ist $x \in \overline{A}$.

(D.2) In dem Beispiel aus der letzten Aufgabe 9.3.C ist $(0,0) \in \overline{A}$, aber keine Folge aus A konvergiert gegen $(0,0)$.

Ein weiteres Beispiel liefert der Ordinalzahlraum $\Omega = [1, \omega_1]$ (A.6-10). ω_1 ist Häufungspunkt von $\Omega_0 := [1, \omega_1[$, also $\omega_1 \in \overline{\Omega_0}$. Es gibt aber keine Folge aus Ω_0, die gegen ω_1 konvergiert (10.5.A).

Sei X eine unendliche Menge und

$$\mathcal{F} := \{ A \subset X \mid X \backslash A \text{ ist endlich } \} = \mathcal{T}_{cf} \backslash \{\emptyset\} . \tag{5}$$

Dann erfüllt $\mathcal{F}$ die drei Bedingungen

$$\emptyset \notin \mathcal{F} \quad ; \quad X \in \mathcal{F} , \tag{6}$$

$$A, B \in \mathcal{F} \quad \Longrightarrow \quad A \cap B \in \mathcal{F} , \tag{7}$$

$$A \in \mathcal{F}, \ A \subset B \subset X \quad \Longrightarrow \quad B \in \mathcal{F} . \tag{8}$$

Nach Def. 2.2-1 ist $\mathcal{F}$ ein Filter auf X. Er ist frei, da $\bigcap \mathcal{F} = \emptyset$.

Nach Definition 2.2-7 konvergiert der Filter $\mathcal{F}$ genau dann gegen $x \in X$, wenn $\mathcal{U}(x) \subset \mathcal{F}$, also wenn $\mathcal{F}$ feiner als der Umgebungsfilter von x ist.

Da alle offenen Mengen coendlich sind, sind beliebige Umgebungen beliebiger Punkte coendlich und damit in $\mathcal{F}$. Also konvergiert $\mathcal{F}$ gegen jedes $x \in X$.

Also ist auch jedes $x \in X$ Berührungspunkt von $\mathcal{F}$.

(F.1) Konvergiert der Filter $\mathcal{F}$ gegen x, so ist $\mathcal{U}(x) \subset \mathcal{F}$ (2.2-7). Der Durchschnitt zweier Filtermengen ist aber nichtleer (2.2-1). Also ist $F \cap U \neq \emptyset$ für alle $U \in \mathcal{U}(x)$ und $F \in \mathcal{F}$. Nach Definition (2.2-8) ist x Berührungspunkt von $\mathcal{F}$.

(F.2) • Ist $x \in X$ ein Berührungspunkt des Filters $\mathcal{F}$ auf X, so ist

$$\mathcal{B} := \{ U \cap F \mid U \in \mathcal{U}(x), F \in \mathcal{F} \} \tag{9}$$

Filterbasis eines Filters $\mathcal{G}$ auf X mit $\mathcal{F} \cup \mathcal{U}(x) \subset \mathcal{G}$. $\mathcal{G}$ ist feiner als $\mathcal{F}$ und konvergiert gegen x.

• Ist $\mathcal{G}$ ein feinerer Filter als $\mathcal{F}$, der gegen x konvergiert, so ist x ein Berührungspunkt von $\mathcal{G}$ und damit auch des gröberen Filters $\mathcal{F} \subset \mathcal{G}$.

(F.3) Sei $\mathcal{F}$ ein Ultrafilter auf X und $x \in X$ ein Berührungspunkt von $\mathcal{F}$. Sei $U \in \mathcal{U}(x)$ eine beliebige Umgebung von x. Da $\mathcal{F}$ Ultrafilter ist, gilt $U \in \mathcal{F}$ oder $X \backslash U \in \mathcal{F}$. Da x Berührungspunkt von $\mathcal{F}$ ist, trifft U jede Filtermenge aus $\mathcal{F}$. Dann kann aber nicht $X \backslash U \in \mathcal{F}$ sein. Also ist $\mathcal{U}(x) \subset \mathcal{F}$, d.h. x ist Grenzwert von $\mathcal{F}$.

Die andere Richtung wurde in **(F.1)** gezeigt.

G Sei $\mathcal{U}$ ein Ultrafilter und $A \cup B \in \mathcal{U}$. Angenommen es ist weder $A \in \mathcal{U}$ noch $B \in \mathcal{U}$. Nach Bemerkung (ii) ist dann $X \backslash A \in \mathcal{U}$ und $X \backslash B \in \mathcal{U}$.
Dann ist aber auch

$$(X \backslash A) \cap (X \backslash B) \; = \; X \backslash (A \cup B) \; \in \; \mathcal{U} \, . \tag{10}$$

Widerspruch zu $A \cup B \in \mathcal{U}$.

H Sei $\mathcal{F}$ ein Ultrafilter auf X. Nach Bem. 2.2-6(ii) gilt für jedes $A \subset X$ entweder $A \in \mathcal{F}$ oder $X \backslash A \in \mathcal{F}$.

Sei $\Phi \colon \mathcal{F} \to X$ ein zu $\mathcal{F}$ gehörendes Netz, d.h. $\Phi(F) \in F$ für alle $F \in \mathcal{F}$.

Sei $A \subset X$ beliebig und o.B.d.A. sei $A \in \mathcal{F}$. Dann gilt $\Phi(F) \in A$ für alle $F \subset A$. Also liegt Φ schließlich in A. Also ist Φ universell.

Sei umgekehrt $(I, \leq)$ gerichtet und $\Phi \colon I \to X$ universell. Sei $\mathcal{F}$ der zu Φ gehörende Filter, d.h. es ist (siehe 2.3-11)

$$\mathcal{F} \; = \; \big\{ \, F \subset X \; \big| \; \exists i_0 \in I \; \forall i \geq i_0 \; : \; \Phi(i) \in F \, \big\} \, . \tag{11}$$

Sei $A \subset X$ beliebig und o.B.d.A. liege Φ schließlich in A, d.h. es gibt ein $i_0 \in I$ derart, dass $\Phi(i) \in F$ für alle $i \geq i_0$. Dann ist $A \in F$. Also ist $\mathcal{F}$ ein Ultrafilter.

I **(I.1)**   Sei $\mathcal{F}$ ein Filter auf X, ξ ein Grenzwert von $\mathcal{F}$ und $\Phi \colon \mathcal{F} \to X$ ein Netz, das zu $\mathcal{F}$ gehört, also $\Phi(F) \in F$ für alle $F \in \mathcal{F}$.

Sei U eine beliebige Umgebung von ξ. Da $\mathcal{F}$ gegen ξ konvergiert, ist $U \in \mathcal{F}$.
Es folgt $\Phi(F) \in U$ für alle $F \in \mathcal{F}$ mit $F \subset U$.
Nach Def. 2.3-7 konvergiert Φ gegen ξ.

• Dagegen folgt aus der Konvergenz *eines* zu $\mathcal{F}$ gehörenden Netzes nicht die Konvergenz von $\mathcal{F}$. Dafür ein triviales Beispiel:

Sei $\mathcal{F}$ der von der Filterbasis $\mathcal{B} := \big\{ \, [-1 - \frac{1}{n}, 1 + \frac{1}{n}] \mid n \in \mathbb{N} \, \big\}$ erzeugte Filter auf $\mathbb{R}$ mit der euklidischen Topologie.

Das konstante Netz $x_B = 0$ für alle $B \in \mathcal{F}$ gehört zu $\mathcal{F}$ und konvergiert gegen 0. Aber 0 ist kein Berührungspunkt, geschweige denn Grenzwert von $\mathcal{F}$. $\mathcal{F}$ besitzt überhaupt keine Grenzwerte.

(I.2)   Ist Φ ein zu dem Filter $\mathcal{F}$ gehörendes Netz und x Berührungspunkt von $\mathcal{F}$, so muss x nicht Häufungswert von Φ sein!

Z.B. ist 1 Berührungspunkt des Filters $\mathcal{F}$ aus Teil **(I.1)**. Aber 1 ist kein Häufungswert der $\mathcal{F}$ gehörenden Folge $x_n \equiv 0$.

(I.3)   Eine Richtung wurde bereits in Aufgabe **(I.1)** gezeigt.

Zum Beweis der anderen Richtung nehmen wir an, dass der Filter $\mathcal{F}$ nicht gegen $\xi \in X$ konvergiert. Dann gibt es eine Umgebung $U \in \mathcal{U}(\xi)$ mit $U \notin \mathcal{F}$.
Zu jeder Filtermenge $F \in \mathcal{F}$ gibt es daher ein $x_F \in F \backslash U$. Dann ist

$$\Phi \colon \mathcal{F} \to X \quad ; \qquad \Phi(F) := x_F \tag{12}$$

ein zu $\mathcal{F}$ gehörendes Netz mit $\Phi \not\to \xi$.

(I.4)   Das Ausgangsnetz Φ ist eins der Netze, die zum erzeugten Filter $\mathcal{F}_\Phi$ gehören. Nach Teil **(I.1)** ist jeder Grenzwert von $\mathcal{F}_\Phi$ auch Grenzwert von Φ. Zum Beweis der anderen Richtung sei $\xi \in X$ ein Grenzwert des Netzes Φ. Sei $U \in \mathcal{U}(\xi)$ eine beliebige Umgebung von ξ. Nach Definition der Netzkonvergenz 2.3-7 gibt es ein Endstück von Φ, das in U liegt. Die Endstücke von Φ erzeugen aber den Filter $\mathcal{F}_\Phi$, also ist $U \in \mathcal{F}_\Phi$. Fertig.

• Sei zunächst $\xi \in X$ Häufungswert eines Netzes Φ. Sei $U \in \mathcal{U}(\xi)$ eine beliebige Umgebung von ξ. Nach Def. 2.3-8 von Netz-Häufungswerten gibt es zu jedem $i_0 \in I$ ein $i \geq i_0$ mit $\Phi(i) \in U$. Also trifft jede Umgebung von ξ jedes Endstück von Φ und damit jede Menge des erzeugten Filters $\mathcal{F}_\Phi$. Nach Def. 2.2-8 ist ξ Berührungspunkt von $\mathcal{F}_\Phi$.

Diese Schlüsse sind alle umkehrbar.

Sind zwei Topologien $\mathcal{T}$ und $\mathcal{T}'$ auf einer Menge gleich, so haben sie sicher die gleichen konvergenten Filter bzw Netze.

Haben $\mathcal{T}$ und $\mathcal{T}'$ die gleichen konvergenten Filter bzw Netze, so stimmen wegen 9.3.D.1 für alle $A \subset X$ die Hüllen bzgl $\mathcal{T}$ und $\mathcal{T}'$ überein. Eine Topologie wird aber durch ihren Hüllenoperator eindeutig festgelegt (1.1-5). Also muss $\mathcal{T} = \mathcal{T}'$ sein.

9.4   Stetige Funktionen

(siehe auch 10.4.G, 10.6.B, 10.6.H)

Seien $(X, \mathcal{T})$, $(Y, \mathcal{T}')$ topologische Räume und $f \colon X \to Y$ eine Funktion.

A   Beweisen Sie die in Satz 2.4-5 angegebenen Äquivalenzen zur Stetigkeit von f.

B   Stetige Funktionen sind folgenstetig. Die Umkehrung ist i.a. falsch.

Ist X ein A_1-Raum, so gilt auch die Umkehrung.

C   Die Eigenschaften *stetig, offen* und *abgeschlossen* sind unabhängig voneinander. Es gibt Funktionen, die genau eine dieser Eigenschaften haben bzw nicht haben.

D   Seien X, Y, Z topologische Räume und $f \colon X \times Y \to Z$. Ist f stetig in der Produkttopologie, dann auch in beiden Variablen. Die Umkehrung ist falsch.

E   Die Menge der Unstetigkeitsstellen einer Funktion $f \colon X \to Y$ zwischen zwei metrischen Räumen ist eine F_σ-Menge.

F   Bestimmen Sie die stetigen Abbildungen $f \colon [0,1] \to (\mathbb{N}, \mathcal{T}_{dis})$ bzw $(\mathbb{N}, \mathcal{T}_{cf})$.

G   Seien $f \colon X \to Y$ abgeschlossen, $A \subset X$ offen und $S \subset Y$ derart, dass $f^{-1}(S) \subset A$. Dann gibt es eine offene Menge $B \subset Y$ mit $S \subset B$ und $f^{-1}(B) \subset A$.

Analog für offenes $f \colon X \to Y$ und abgeschlossenes $A \subset X$.

H   Es gibt Mengen X mit Topologien $\mathcal{T}_1$ und $\mathcal{T}_2$ derart, dass $(X, \mathcal{T}_1)$ und $(X, \mathcal{T}_1)$ homöomorph sind, aber weder $\mathcal{T}_1 \subset \mathcal{T}_2$ noch $\mathcal{T}_1 \supset \mathcal{T}_2$ gilt.

I   Warum gibt es keinen Homöomorphismus zwischen den euklidischen Intervallen $]0, 1[$ und $[0, 1]$?

Lösungen:

A   Zu zeigen ist die Äquivalenz der folgenden Aussagen:

(i) f ist stetig, d.h. f ist in jedem Punkt $\xi \in X$ stetig, d.h. (2.4-1):

$$\forall \xi \in X \; \forall U \in \mathcal{U}\big(f(\xi)\big) \; \exists V \in \mathcal{U}(\xi) \; : \; f(V) \subset U \; . \tag{1}$$

(ii)   Für alle offenen Mengen $B \subset Y$ ist $f^{-1}(B)$ offen in X.

(iii)   Für alle abgeschlossenen Mengen $B \subset Y$ ist $f^{-1}(B)$ abgeschlossen in X.

(iv)   Für alle Subbasen $\mathcal{S}$ von $\mathcal{T}'$ und alle $S \in \mathcal{S}$ ist $f^{-1}(S) \in \mathcal{T}$.

(v)   Für $A \subset X$ gilt $f\big(\overline{A}\big) \subset \overline{f(A)}$.

(vi)   Für alle $B \subset Y$ ist $\overline{f^{-1}(B)} \subset f^{-1}\big(\overline{B}\big)$.

(vii)   Für alle $B \subset Y$ gilt $f^{-1}(B^\circ) \subset \big[f^{-1}(B)\big]^\circ$.

(viii) Für alle $\xi \in X$ und Netze $\Phi \colon J \to X$ mit $\Phi \to \xi$ gilt $f \circ \Phi \to f(\xi)$.

(ix) Für alle $\xi \in X$ und Filter $\mathcal{F}$ in X mit $\mathcal{F} \to \xi$ gilt $[f(\mathcal{F})] \to f(\xi)$.

(x) Durch $\pi(x, y) := x$ wird $\operatorname{graph} f \subset X \times Y$ homöomorph auf X abgebildet.

• $(i) \Rightarrow (ii)$: Sei f in jedem Punkt $\xi \in X$ stetig, $B \subset Y$ eine beliebige offene Menge in Y und $x \in f^{-1}(B) \subset X$ ein beliebiger Punkt aus dem Urbild. Dann ist B eine Umgebung von $f(x)$, also gibt es eine Umgebung V von x mit $f(V) \subset B$ also $V \subset f^{-1}(B)$. Also ist $f^{-1}(B)$ offen.

• $(ii) \Rightarrow (i)$: Sei $f^{-1}(B) \in \mathcal{T}$ für alle $B \in \mathcal{T}'$. Sei $U \in \mathcal{U}\big(f(x)\big)$. Dann ist U° eine offene Umgebung von $f(x)$ und $V := f^{-1}(U^{\circ})$ eine offene Umgebung von x mit $f(V) \subset U$.

• $(ii) \Leftrightarrow (iii)$: Folgt wegen

$$f^{-1}(Y \backslash B) \;=\; X \backslash f^{-1}(B) \qquad \text{für alle } B \subset Y \tag{2}$$

durch Übergang zu den Komplementen.

• $(ii) \Rightarrow (iv)$: trivial, da Subbasiselemente offene Mengen sind.

• $(iv) \Rightarrow (ii)$: Sei $\mathcal{S}$ eine beliebige Subbasis der Topologie $\mathcal{T}'$ von Y und die Urbilder $f^{-1}(S)$ für alle $S \in \mathcal{S}$ in X offen.

Die Elemente von $\mathcal{T}'$ sind beliebige Vereinigungen endlicher Durchschnitte von Elementen von $\mathcal{S}$. Wegen

$$f^{-1}(A \cap B) = f^{-1}(A) \cap f^{-1}(B) \quad \text{und} \quad f^{-1}\big(\bigcup A_j\big) = \bigcup f^{-1}(A_j) \tag{3}$$

sind dann auch die Urbilder beliebiger offener Mengen von Y offen in X.

• $(i) \Rightarrow (viii)$: Sei $\Phi \colon J \to X$ ein Netz in X, das gegen $x \in X$ konvergiert. Sei $U \in \mathcal{U}(y)$ eine beliebige Umgebung von $y := f(x)$. Nach Voraussetzung ist $f^{-1}(U)$ eine Umgebung von x und das Netz Φ liegt schließlich in $f^{-1}(U)$.

Also liegt $f \circ \Phi$ schließlich in U.

• $(viii) \Rightarrow (v)$: Sei $A \subset X$ beliebig und $x \in \overline{A}$. Dann gibt es ein Netz $\Phi \colon J \to A \subset X$, das gegen x konvergiert (9.3.D.1).

Nach Voraussetzung konvergiert $f \circ \Phi$ gegen $f(x)$, also ist $f(x) \in \overline{f(A)}$.

Es folgt $f\big(\overline{A}\big) \subset \overline{f(A)}$.

• $(v) \Rightarrow (vi)$: Für $A := f^{-1}(B)$ gilt $f\big(\overline{A}\big) \subset \overline{f(A)} \subset \overline{B}$ nach (v).

Also ist $\overline{A} = \overline{f^{-1}(B)} \subset f^{-1}\big(\overline{B}\big)$.

• $(vi) \Rightarrow (iii)$: Sei $B \subset Y$ abgeschlossen. Dann folgt aus (vi) :

$$\overline{f^{-1}(B)} \;\subset\; f^{-1}\big(\overline{B}\big) \;=\; f^{-1}(B) \;. \tag{4}$$

Also ist $\overline{f^{-1}(B)} = f^{-1}(B)$, und damit $f^{-1}(B)$ abgeschlossen.

• $(vi) \Leftrightarrow (vii)$:   Folgt wegen (2) und $B^{\circ} = Y \backslash \overline{(Y \backslash B)}$ (1.2-17(c)) durch Übergang zu den Komplementen.

• $(i) \Leftrightarrow (ix)$:   Sei $f \colon X \to Y$ stetig in ξ und $\mathcal{F}$ ein Filter in X mit $\mathcal{F} \to \xi$, also mit $\mathcal{U}(\xi) \subset \mathcal{F}$. Für $U \in \mathcal{U}(f(\xi))$ gilt dann $f^{-1}(U) \in \mathcal{U}(\xi) \subset \mathcal{F}$. Wegen $f(f^{-1}(U)) \subset U$ folgt $U \in [f(\mathcal{F})]$. Also $\mathcal{U}(f(\xi)) \subset [f(\mathcal{F})]$, d.h. $[f(\mathcal{F})] \to f(\xi)$.

Sei umgekehrt $f \colon X \to Y$ eine Funktion mit (ix), $\xi \in X$ und $U \in \mathcal{U}(f(\xi))$. Wegen $\mathcal{U}(\xi) \to \xi$ gilt $[f(\mathcal{U}(\xi))] \to f(\xi)$, also $U \in [f(\mathcal{U}(\xi))]$. Also gibt es ein $V \in \mathcal{U}(\xi)$ mit $f(V) \subset U$. Fertig.

• $(i) \Leftrightarrow (x)$:   Sei $f \colon X \to Y$ stetig,

$$G := \big\{ (x, f(x)) \mid x \in X \big\} \qquad \text{und} \qquad \pi \colon G \to X, \ \pi(x, y) := x \ . \qquad (5)$$

Die Projektion π ist (da eingeschränkt auf G) bijektiv und stetig bzgl der Produkttopologie. Also bildet π den Graphen G genau dann topologisch auf X ab, wenn π^{-1} stetig ist.

Ist f stetig, so ist wegen $\pi^{-1}(x) = (x, f(x))$ auch π^{-1} stetig nach 1.3-7(e).

Sei umgekehrt π^{-1} stetig und U eine beliebige Umgebung von $\eta := f(\xi)$. Dann ist $W := G \cap (X \times U)$ eine Umgebung von (ξ, η). Nach Voraussetzung existiert ein $V \in \mathcal{U}(\xi)$ mit $\pi^{-1}(V) \subset W$. Dann ist $f(V) \subset U$.

$\boxed{\text{B}}$ **(B.1)** Seien $f \colon X \to Y$ stetig, $\xi \in X$ und (x_n) eine beliebige Folge in X mit $x_n \to \xi$. Zu zeigen ist $f(x_n) \to \eta := f(\xi)$.

Sei U eine beliebige Umgebung von η. Wegen der Stetigkeit von f in ξ gibt es eine Umgebung V von ξ mit $f(V) \subset U$. Wegen $x_n \to \xi$ liegt ein Endstück der Folge (x_n) in V. Das entsprechende Endstück der Folge $\big(f(x_n)\big)$ liegt in U.

• Nun sei X ein A_1-Raum und $f \colon X \to Y$ sei folgenstetig in $\xi \in X$. Sei U eine beliebige Umgebung von $f(\xi)$. Sei (V_n) eine abzählbare Umgebungsbasis des Umgebungsfilters $\mathcal{U}(\xi)$. O.B.d.A. gelte $V_1 \supset V_2 \supset \dots$.

Annahme: Für alle n gibt es ein $x_n \in V_n$ mit $f(x_n) \notin U$.
Für solche x_n gilt $x_n \to \xi$ und $f(x_n) \not\to f(\xi)$. Widerspruch zur Folgenstetigkeit. Also gibt es ein V_n mit $f(V_n) \subset U$. Also ist f stetig in ξ. Fertig.

(B.2) *Beispiel 1:*   Sei $X := \big\{ f \colon [0,1] \to [0,1] \mid f \text{ stetig} \big\} \subset [0,1]^{[0,1]}$ mit der Produkttopologie, also der Topologie der punktweisen Konvergenz.

Sei Y die gleiche Menge von Funktionen mit der L_2-Normtopologie.

Dann ist die Einbettung $\beta \colon X \to Y$; $\beta(f) = f$ folgenstetig, aber nicht stetig.

Beweis: Sei zunächst (f_n) eine Folge stetiger Funktionen aus X, die punktweise gegen die stetige Grenzfunktion $f \in X$ konvergiert. Dann konvergiert

$|f_n - f|^2$ punktweise gegen die Nullfunktion. Nach dem Satz von der beschränkten Konvergenz (siehe z.B. [RA2 9.4.4.b] oder [RA1 5.1.10.b]) gilt dann

$$\|f_n - f\|_2 = \left| \int_0^1 |f_n(x) - f(x)|^2 \, dx \right|^{1/2} \to 0 \ . \tag{6}$$

Also ist β folgenstetig.

• Sei nun $U := B_{1/2}(0)$ die $\frac{1}{2}$-Norm-Kugel um die Nullfunktion $0 \in Y$ und V eine beliebige Umgebung von $0 \in X$. Dann enthält V eine Basis-Umgebung von 0 der Form

$$V' := \{ f \in X \mid |f(x_i)| < \varepsilon \text{ für } i = 1,\ldots,n \} \ . \tag{7}$$

Dabei ist $\varepsilon > 0$ und die x_i sind endlich viele Punkte aus $[0,1]$.

In jeder solchen Umgebung V' gibt es aber Funktionen f mit

$$\|f\|_2 = \left(\int_0^1 |f(x)|^2 \, dx \right)^{1/2} > 1/2 \ . \tag{8}$$

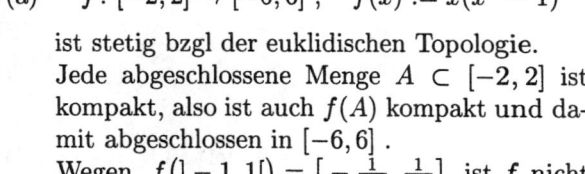

Beispiel 2:   Sei $\Omega = [1,\omega_1]$ der Ordinalzahlraum A.6-10 mit der Ordnungstopologie $\mathcal{T}_<$.

Sei $f \colon \Omega \to \Omega$ definiert durch $f(\omega_1) := 1$ und $f(\alpha) := 0$ für $\alpha < \omega_1$.
Dann ist f in ω_1 unstetig. Jede Folge (α_n) in Ω mit $\alpha_n \to \omega_1$ ist aber schließlich (d.h. ab einem n_0) konstant gleich ω_1. Daher ist f folgenstetig.

Die folgenden Beispiele (a),(b),(c) besitzen genau zwei, die Beispiele (d),(e),(f) genau eine der Eigenschaften *stetig*, *offen* und *abgeschlossen*:

(a) $f \colon [-2,2] \to [-6,6]$; $f(x) := x(x^2 - 1)$

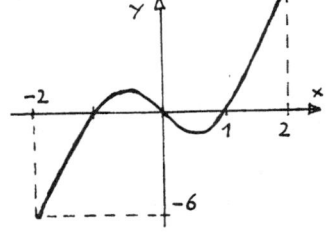

ist stetig bzgl der euklidischen Topologie.
Jede abgeschlossene Menge $A \subset [-2,2]$ ist kompakt, also ist auch $f(A)$ kompakt und damit abgeschlossen in $[-6,6]$.
Wegen $f(]-1,1[) = [-\frac{1}{\sqrt{3}}, \frac{1}{\sqrt{3}}]$ ist f nicht offen.

(b) Die Projektion $\pi \colon \mathbb{R}^2 \to \mathbb{R}$; $\pi(x,y) := x$ ist stetig, offen, aber nicht abgeschlossen bzgl der euklidischen Topologien (siehe 1.3-7(d)).
Übrigens ist graph $\pi = \{ (x,y,x) \mid x,y \in \mathbb{R} \} \subset \mathbb{R}^3$ abgeschlossen.

(c) Sei Y der diskrete Raum $\{-1,0,1\} \subset \mathbb{R}$.
Dann ist sgn $\colon \mathbb{R} \to Y$ offen und abgeschlossen, aber unstetig.

(d) $g \colon \mathbb{R} \to [0,\infty[$; $g(x) := (x-1)^2 \, e^x$

ist stetig und surjektiv. Wegen

$$g(]-\infty,0]) =]0, 4/e] = g(]-\infty, 0[)$$

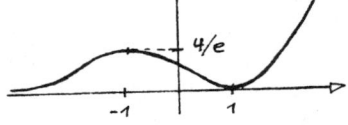

ist g weder offen noch abgeschlossen.

(e) $f\colon \mathbb{R}\backslash\{0\} \to \mathbb{R}$; $f(x) := x + \mathrm{sgn}\, x$

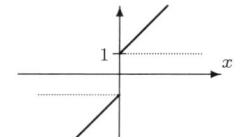

ist offen, aber weder abgeschlossen noch stetig.

(f) $\mathrm{sgn}\colon \mathbb{R} \to \mathbb{R}$ ist abgeschlossen, aber weder
offen noch stetig.

D   Seien X, Y, Z topologische Räume und $f\colon X \times Y \to Z$. Ist f stetig in der
Produkttopologie, dann auch in beiden Variablen.

Ist nämlich $y \in Y$ beliebig, aber fest gewählt, so wird X durch

$$\beta_y\colon X \to X \times Y ; \quad \beta_y(x) := (x, y) \tag{9}$$

homöomorph in den Produktraum $X \times Y$ eingebettet. Für stetiges f ist daher

$$F_y := f \circ \beta_y\colon X \to Z \quad ; \quad F_y(x) := f(x, y) \tag{10}$$

stetig, d.h. f ist für festes y als Funktion von x stetig. Für y analog.

Die Umkehrung ist falsch. Ein klassisches Beispiel ist

$$f\colon \mathbb{R}^2 \to \mathbb{R} \quad ; \quad f(x, y) := \begin{cases} 0 & \text{falls } (x, y) = (0, 0), \\ \frac{xy}{x^2 + y^2} & \text{sonst.} \end{cases} \tag{11}$$

f ist im $\mathbb{R}^2$ in beiden Variablen stetig (sogar nach beiden Variablen partiell
differenzierbar). Aber f ist in $(0, 0)$ unstetig.

E   Seien X, Y metrische Räume und $f\colon X \to Y$. Für $\xi \in X$ und $\delta > 0$ sei

$$\omega(\delta, \xi) := \sup \{\, d\big(f(x_1), f(x_2)\big) \mid x_1, x_2 \in B_\delta(x) \,\} \qquad \text{und} \tag{12}$$

$$\omega(\xi) := \lim_{\delta \to 0} \omega(\delta, \xi) . \tag{13}$$

$\omega(\xi)$ heißt *Schwankung* von f in ξ. Der Limes in (13) existiert in $\overline{\mathbb{R}}$, da $\omega(\delta, \xi)$
monoton von δ abhängt. Evt sind $\omega(\delta, \xi)$ und $\omega(\xi) = \infty$.

Es ist f genau dann stetig in ξ, wenn die Schwankung $\omega(\xi) = 0$ ist.
$\{\, \xi \in X \mid \omega(\xi) < \frac{1}{n} \,\}$ ist offen (Beweis?). Also ist

$$Unst(f) := \{\, \xi \in X \mid f \text{ unstetig in } \xi \,\} = \bigcup_{n \in N} \{\, \xi \in X \mid \omega(\xi) \geq \tfrac{1}{n} \,\} \tag{14}$$

eine F_σ-Menge.

Bemerkung: Die Menge $\mathbb{R}\backslash\mathbb{Q}$ der irrationalen Zahlen in $\mathbb{R}$ ist keine F_σ-Menge.
Siehe dazu Aufgabe 10.3.I. Also gibt es keine Funktion $f\colon \mathbb{R} \to \mathbb{R}$, die genau
in den irrationalen Punkten unstetig, bzw genau in den rationalen Punkten
stetig ist. Ein Beispiel einer Funktion $f\colon \mathbb{R} \to \mathbb{R}$, die genau in den irrationalen
Stellen $x \in \mathbb{R}\backslash\mathbb{Q}$ stetig ist, finden Sie in Aufgabe 3.3.2.C aus [RA1].

In beiden Fällen sind nur die konstanten Funktionen stetig.

• In $(\mathbb{N}, \mathcal{T}_{dis})$ sind die Einermengen $\{n\}$ offen und abgeschlossen, also auch ihre Urbilder unter einer stetigen Funktion $f \colon [0,1] \to (\mathbb{N}, \mathcal{T}_{dis})$. Ist f nicht konstant, so gibt es mindestens zwei nichtleere offen-und-abgeschlossene Teilmengen von $[0,1]$. Das ist in der euklidischen Topologie nicht möglich.

• Sei nun $f \colon [0,1] \to (\mathbb{N}, \mathcal{T}_{cf})$ stetig.

Die Einermengen $\{n\}$ sind auch in $(\mathbb{N}, \mathcal{T}_{cf})$ abgeschlossen, also auch die Urbilder $A_n := f^{-1}(n) \subset [0,1]$.

Ist $f \colon [0,1] \to \mathbb{N}$ eine nicht-konstante stetige Abbildung, so ist $[0,1] = f^{-1}(\mathbb{N})$ Vereinigung von mindestens zwei und höchstens abzählbar vielen disjunkten, abgeschlossenen, nichtleeren Mengen A_n. Dies ist nach Aufgabe 10.3.L nicht möglich.

Seien $f \colon X \to Y$ abgeschlossen, $A \subset X$ offen und $S \subset Y$ derart, dass $f^{-1}(S) \subset A$.

Sei $B := Y \backslash f(X \backslash A)$. Dann ist B offen wegen der Abgeschlossenheit von f.

Wegen $f^{-1}(S) \subset A$ ist $S \subset B$. Schließlich gilt

$$f^{-1}(B) = X \backslash f^{-1}\big(f(X \backslash A)\big) \subset X \backslash (X \backslash A) = A. \qquad (15)$$

Analog gilt und beweist man:

Seien $f \colon X \to Y$ offen, $A \subset X$ abgeschlossen und $S \subset Y$ derart, dass $f^{-1}(S) \subset A$. Dann gibt es eine abgeschlossene Menge $B \subset Y$ mit $S \subset B$ und $f^{-1}(B) \subset A$.

Seien X eine mindestens zweielementige Menge und $a \neq b \in X$.

Sei $\mathcal{T}_a := \{A \subset X \mid a \in A\} \cup \{\emptyset\}$ und analog $\mathcal{T}_b := \{B \subset X \mid b \in B\} \cup \{\emptyset\}$.

$\mathcal{T}_a$ und $\mathcal{T}_b$ sind Topologien und es gilt weder $\mathcal{T}_a \subset \mathcal{T}_b$ noch $\mathcal{T}_a \supset \mathcal{T}_b$. Aber

$$f \colon X \to X \quad \text{def. durch} \quad f(a) := b, \; f(b) := a, \; f(x) := x \text{ für } x \neq a, b \qquad (16)$$

ist ein Homöomorphismus von $(X, \mathcal{T}_a)$ auf $(X, \mathcal{T}_b)$.

• Stetige Bilder kompakter Mengen sind kompakt, also kann es keine stetige Abbildung von $[0,1]$ auf $]0,1[$ geben.

• Oder:
Stetige Bilder zusammenhängender Mengen sind zusammenhängend.
$[0,1] \backslash \{0\} =]0,1]$ ist zusammenhängend. Wäre $f \colon [0,1] \to]0,1[$ bijektiv und stetig, so müsste auch $]0,1[\backslash \{f(0)\}$ zusammenhängend sein. Widerspruch.

10   Aufgaben zu topologischen Eigenschaften

10.1   Trennungseigenschaften

(siehe auch 9.2.A, 9.2.D, 9.2.E, 10.3.H, 10.4.C, 10.6.D)

$\boxed{A}$ Beweisen Sie die in Satz 3.1-7 angegebenen Äquivalenzen zur T_1-Eigenschaft.

$\boxed{B}$ Beweisen Sie die in Satz 3.1-8 angegebenen Äquivalenzen zur T_2-Eigenschaft.

$\boxed{C}$ Beweisen Sie die in Satz 3.1-12 angegebenen Äquivalenzen zur T_4-Eigenschaft, insbesondere das Lemma von Urysohn.

$\boxed{D}$ Beweisen Sie die in Satz 3.1-1 angegebenen Implikationen zwischen den Trennungseigenschaften.

$\boxed{E}$ Die obere Halbebene mit der Halbkreistopologie (A.6-14) ist ein T_2-, aber kein T_3-Raum, also nicht regulär.

$\boxed{F}$ Die obere Halbebene mit der Tangentialkreistopologie (A.6-15) ist vollständig regulär, aber nicht normal.

$\boxed{G}$ $\mathbb{N}^{[0,1]}$ mit der Produkttopologie ist vollständig regulär, aber nicht normal.

$\boxed{H}$ $[0,1]^{[0,1]}$ mit der Produkttopologie ist normal, aber nicht vollständig normal.

$\boxed{I}$ Die Tychonoff-Planke $X := [0,\omega_1] \times [0,\omega]$ (A.6-11) ist normal.
Der Teilraum $Y := X \backslash \{(\omega_1, \omega)\}$ ist nicht normal.

$\boxed{J}$ 1) In einem Hausdorff-Raum hat jede Folge höchstens einen Grenzwert.

2) Gilt dies auch in T_1-Räumen?

3) Sei X ein Raum, in dem jede Folge höchstens einen Grenzwert hat. Ist X notwendig hausdorffsch?

$\boxed{K}$ $\mathbb{R}$ mit der halb-offenen-Intervall-Topologie $\mathcal{T}_{hI}$ ist vollständig normal.
Die Ebene $\mathbb{R}^2$ mit der halb-offenen-Rechtecks-Topologie $\mathcal{T}_{hR}$ ist nicht normal.
Also ist das Produkt vollständig normaler Räume nicht notwendig normal.

$\boxed{L}$ Die Ordnungstopologie auf einer linear geordneten Menge X ist regulär.

$\boxed{M}$ 1) Teilräume von vollständig normalen (T_5-) Räumen sind vollständig normal (T_5) und damit normal (T_4).

2) Ein Raum ist genau dann vollständig normal (T_5), wenn jeder Teilraum normal (T_4) ist.

3) Die Normalität vererbt sich auf abgeschlossene Unterräume.

ösungen:

Zu zeigen ist die Äquivalenz der Aussagen

  (i) $(X, \mathfrak{T})$ ist ein T_1-Raum.

  (ii) Einpunktige Mengen $\{x\} \subset X$ sind abgeschlossen.

  (iii) Jede Teilmenge $A \subset X$ ist gleich dem Durchschnitt ihrer Umgebungen.

  (iv) Jeder endliche Unterraum von X ist diskret.

  (v) $\mathfrak{T}$ ist feiner als die cofinite Topologie $\mathfrak{T}_{cf}$ auf X.

- $(i) \Rightarrow (ii)$ Sei X ein T_1-Raum und $x \in X$. Zu jedem $y \in X \backslash \{x\}$ gibt es eine (o.B.d.A. offene) Umgebung $U_y \in \mathfrak{U}(y)$ mit $x \notin U_y$. Dann ist $F_y := X \backslash U_y$ abgeschlossen, $x \in F_y$ und $y \notin F_y$. Also ist $\{x\} = \bigcap \{\, F_y \,|\, y \in X,\ y \neq x \,\}$ Durchschnitt abgeschlossener Mengen und damit selbst abgeschlossen.

- $(ii) \Rightarrow (i)$ Sind umgekehrt einpunktige Teilmengen abgeschlossen, so sind $U := X \backslash \{y\}$ und $V := X \backslash \{x\}$ offene Umgebungen von $x \neq y \in X$, die den jeweils anderen Punkt nicht enthalten. Also ist X ein T_1-Raum.

- $(i) \Rightarrow (iii)$ Sei X ein T_1-Raum, $A \subset X$ und $y \in X \backslash A$. Zu jedem $x \in A$ gibt es eine Umgebung U_x mit $y \notin U_x$. Dann ist $V_y := \bigcup \{\, U_x \,|\, x \in A \,\}$ eine Umgebung von A mit $y \notin V_y$.

Also ist $A = \bigcap \{\, V_y \,|\, y \in X \backslash A \,\}$ der Durchschnitt der Umgebungen von A.

- $(iii) \Rightarrow (i)$ Sei umgekehrt jede Teilmenge, insbesondere jede einelementige Teilmenge Durchschnitt ihrer Umgebungen. Dann gibt es zu $x \neq y \in X$ jeweils Umgebungen, die den anderen Punkt nicht enthalten.

- $(i) \Rightarrow (iv)$ Sei X ein T_1-Raum und $Y := \{x_1, \ldots, x_n\}$ ein endlicher Teilraum von X. Dann gibt es für $j = 2, \ldots, n$ (o.B.d.A. offene) Umgebungen U_j von x_1, die x_j nicht enthalten. Dann ist $U := U_2 \cap \ldots \cap U_n$ offen in X und $\{x_1\} = U \cap Y$ offen in Y. Also sind einelementige Teilmengen von Y offen, d.h. Y ist diskret.

- $(iv) \Rightarrow (i)$ Sind umgekehrt endliche, insbesondere zweielementige Teilräume von X diskret, so gibt es zu $x \neq y \in X$ jeweils Umgebungen, die den anderen Punkt nicht enthalten.

- $(ii) \Leftrightarrow (v)$ Klar! Sind einpunktige Mengen abgeschlossen, dann auch endliche, also coendliche offen. Sind umgekehrt alle coendlichen Mengen offen, dann sind alle endlichen, insbesondere alle einpunktigen Mengen abgeschlossen.

Zu zeigen ist die Äquivalenz der Aussagen

  (i) $(X, \mathfrak{T})$ ist hausdorffsch.

  (ii) Jede einelementige Teilmenge $\{x\} \subset X$ ist der Durchschnitt ihrer abgeschlossenen Umgebungen.

  (iii) Die Diagonale $\Delta = \{\, (x, x) \,|\, x \in X \,\}$ ist abgeschlossen in $X \times X$.

(iv) Jeder Filter auf X konvergiert gegen höchstens einen Punkt in X.

(v) Jedes Netz auf X konvergiert gegen höchstens einen Punkt in X.

• $(i) \Rightarrow (iv)$ Ein Filter $\mathcal{F}$ konvergiert genau dann gegen x, wenn $\mathcal{U}(x) \subset \mathcal{F}$.
Ist $x \neq y$ und X hausdorffsch, so gibt es disjunkte Umgebungen $U \in \mathcal{U}(x)$
und $V \in \mathcal{U}(y)$. Wäre auch $\mathcal{U}(y) \subset \mathcal{F}$, so müsste nach den Filtergesetzen auch
$\emptyset = U \cap V \in \mathcal{F}$ sein. Widerspruch.

• $(iv) \Rightarrow (ii)$ Sei $x \in X$ und $y \in \bigcap\{ \overline{U} \mid U \in \mathcal{U}(x) \}$. Dann ist y Berührungspunkt des Umgebungsfilters $\mathcal{U}(x)$.

Also gibt es einen feineren Filter $\mathcal{F} \supset \mathcal{U}(x)$, der gegen y konvergiert. Da aber
auch x ein Grenzwert von $\mathcal{F}$ ist, folgt $y = x$.

• $(ii) \Rightarrow (i)$ Seien $x \neq y \in X$. Nach Voraussetzung gibt es eine abgeschlos-
sene Umgebung $\overline{U} \in \mathcal{U}(x)$ mit $y \notin \overline{U}$. Dann ist $V := X \backslash \overline{U}$ eine zu $\overline{U}$
disjunkte Umgebung von y.

• $(i) \Rightarrow (iii)$ Sei X ein T_2-Raum. Wir zeigen $\overline{\Delta} = \Delta$.

Sei $(x,y) \in X \times X \backslash \Delta$ beliebig. Nach Voraussetzung gibt es disjunkte Umgebungen $U \in \mathcal{U}(x)$ und $V \in \mathcal{U}(y)$. Dann ist $U \times V$ eine Umgebung von (x,y)
mit $U \times V \cap \Delta = \emptyset$. Also ist $(x,y) \notin \overline{\Delta}$.

• $(iii) \Rightarrow (i)$ Sei Δ abgeschlossen und $x \neq y \in X$. Dann ist $(x,y) \notin \Delta$. Also
gibt es eine Umgebung der Form $U \times V$ von (x,y) mit $U \in \mathcal{U}(x)$, $V \in \mathcal{U}(y)$
und $(U \times V) \cap \Delta = \emptyset$.

Dann sind U und V disjunkte Umgebungen von x bzw y.

• $(iv) \Leftrightarrow (v)$ Ergibt sich aus dem Zusammenhang von Filter- und Netzkonvergenz (2.3-12).

────

$\boxed{\text{C}}$ Zu beweisen ist die Äquivalenz der Aussagen:

(i) X ist ein T_4-Raum, d.h. je zwei disjunkte abgeschlossene Mengen besitzen disjunkte Umgebungen.

(ii) Jede abgeschlossene Menge $F \subset X$ besitzt eine Umgebungsbasis aus
abgeschlossenen Umgebungen.

(iii) *Tietzescher Fortsetzungssatz*
Jede auf einer abgeschlossenen Teilmenge $F \subset X$ definierte stetige Funktion $f\colon F \to I$ von F in ein reelles Intervall $I \subset \mathbb{R}$ lässt sich zu einer
stetigen Funktion $\widehat{f}\colon X \to I$ fortsetzen.

(iv) *Urysohn'sches Lemma*
Zu disjunkten abgeschlossenen Mengen $F_1, F_2 \subset X$ gibt es eine stetige
Funktion $f\colon X \to [0,1]$ mit $f(F_1) = \{0\}$ und $f(F_2) = \{1\}$.

• $(i) \Rightarrow (iv)$:   Zunächst ein

○ *Hilfssatz:* Seien X ein T_4-Raum, F abgeschlossen, G offen und $F \subset G \subset X$.
Dann gibt es eine offene Menge U derart, dass $F \subset U \subset \overline{U} \subset G$.

Beweis: F und $X\backslash G$ sind disjunkt und abgeschlossen. Nach Voraussetzung gibt es (o.B.d.A. offene) Umgebungen U von F und V von $X\backslash G$.
Da $U \subset X\backslash V$ und $X\backslash V$ abgeschlossen ist, gilt $F \subset U \subset \overline{U} \subset X\backslash V \subset G$.

o Nun werden für alle $r \in B := \{\, \frac{m}{2^n} \,|\, n \in \mathbb{N}, \ m = 0, 1, \ldots, 2^n \,\}$ gewisse ineinandergeschachtelte offene Mengen $U(r)$ definiert.

Seien $\emptyset \neq F_1, F_2 \subset X$ disjunkt und abgeschlossen. Dann ist $G_1 := X\backslash F_2$ offen und $F_1 \subset G_1$. Nach dem Hilfssatz gibt es eine offene Menge $U = U(F_1, G_1)$ mit $F_1 \subset U \subset \overline{U} \subset G_1 := X\backslash F_2$. Setze $U(\frac{1}{2}) := U(F_1, G_1)$.
Wiederum nach dem Hilfssatz gibt es offene Mengen $U(\frac{1}{2^2})$ und $U(\frac{3}{2^2})$ mit

$$F_1 \subset U(\tfrac{1}{2^2}) \subset \overline{U(\tfrac{1}{2^2})} \subset U(\tfrac{1}{2}) \subset \overline{U(\tfrac{1}{2})} \subset U(\tfrac{3}{2^2}) \subset \overline{U(\tfrac{3}{2^2})} \subset G_1 \ . \tag{1}$$

Mit Induktion erhält man für alle $\frac{m}{2^n}$, $n \in \mathbb{N}$, $m = 1, \ldots, 2^n - 1$ offene Mengen $U(\frac{m}{2^n})$ derart, dass

$$F_1 \subset U(\tfrac{1}{2^n}) \subset \overline{U(\tfrac{1}{2^n})} \subset \ldots \subset U(\tfrac{m}{2^n}) \subset \overline{U(\tfrac{m}{2^n})} \subset \ldots \subset \overline{U(\tfrac{2^n-1}{2^2})} \subset G_1 \ . \tag{2}$$

Sei schließlich $U(0) := \emptyset$ und $U(1) := X$. Dann gilt

$$U(r) \subset \overline{U(r)} \subset U(s) \subset \overline{U(s)} \qquad \text{für alle } r < s \in B \ . \tag{3}$$

o Nun definiert man

$$f \colon X \to [0, 1] \quad ; \qquad f(x) := \inf \{\, r \in B \mid x \in U(r) \,\} \ . \tag{4}$$

Dann ist sicherlich $f(F_1) = \{0\}$ und $f(F_2) = \{1\}$. Zu zeigen bleibt die Stetigkeit von f. Sei $x \in X$ mit $0 < f(x) < 1$ und $\varepsilon > 0$ beliebig. Wähle $n \in \mathbb{N}$ mit $\frac{1}{2^n} < \varepsilon$ und $m \in \mathbb{N}$ derart, dass $\frac{m-1}{2^n} < f(x) \leq \frac{m}{2^n}$. Dann ist

$$x \notin U(\tfrac{m}{2^n}) \qquad \text{und} \qquad x \in U(\tfrac{m+1}{2^n}) \ . \tag{5}$$

Also ist $V := U(\frac{m+1}{2^n})\backslash\overline{U(\frac{m-1}{2^n})}$ eine Umgebung von x mit $f(V) \subset U_\varepsilon\big(f(x)\big)$.
Die Fälle $f(x) = 0$ und $f(x) = 1$ werden analog behandelt.

• $(iv) \Rightarrow (iii)$
Sei $F \subset X$ abgeschlossen, $I \subset \mathbb{R}$ ein Intervall und $f \colon F \to I$ stetig.
Sei zunächst $I := [-1, 1]$ und $\varepsilon := \frac{2}{3}$.

o *Beh.:* Es gibt eine Folge stetiger Funktionen $f_m \colon X \to I$ mit

(i) $|f_n(x)| \leq 1 - \varepsilon^n$ für alle $x \in X$,

(ii) $\big|f_n(x) - f(x)\big| \leq \varepsilon^n$ für alle $x \in F$,

(iii) $\big|f_{n+1}(x) - f_n(x)\big| \leq \frac{\varepsilon^n}{3}$ für alle $x \in X$.

$f_0(x) :\equiv 0$ erfüllt (i) und (ii) für $n = 0$.

Angenommen, $f_0, \ldots, f_m$ sind stetige Funktionen von X in $\mathbb{R}$ mit (i) und (ii) für $n \leq m$ und (iii) für $n < m$. Dann sind

$$A_m := \left\{ x \in F \mid f(x) - f_m(x) \geq \tfrac{\varepsilon^m}{3} \right\} \quad \text{und}$$
$$B_m := \left\{ x \in F \mid f(x) - f_m(x) \leq -\tfrac{\varepsilon^m}{3} \right\} \tag{6}$$

disjunkt und abgeschlossen. Nach Voraussetzung existiert eine stetige Funktion $g_m \colon X \to [0,1]$ mit $g_m(A_m) \subset \{0\}$ und $g_m(B_m) \subset \{1\}$. Sei

$$f_{m+1}(x) := f_m(x) - \tfrac{\varepsilon^m}{3} + g_m(x) \tfrac{2\,\varepsilon^m}{3} . \tag{7}$$

Dann ist f_m ebenfalls stetig und es gilt (i) und (ii) für $n \leq m+1$ und (iii) für $n \leq m$. Induktion liefert die gewünschte Folge (f_m).

o Aus Eigenschaft (iii) folgt nun für alle $x \in X$, $m \geq n$:

$$\begin{aligned} \left| f_m(x) - f_n(x) \right| &\leq \left| f_m(x) - f_{m-1}(x) \right| + \ldots + \left| f_{n+1}(x) - f_n(x) \right| \\ &\leq \varepsilon^n \frac{\varepsilon^{m-n-1} + \ldots + 1}{3} \leq \frac{\varepsilon^n}{3(1-\varepsilon)} = \varepsilon^n . \end{aligned} \tag{8}$$

Also bilden die f_n eine Cauchy-Folge im vollständigen Raum $C_b(X,\mathbb{R})$ der beschränkten stetigen Funktionen $g \colon X \to \mathbb{R}$. Die Grenzfunktion $\widehat{f} := \lim f_n$ ist ebenfalls stetig, stimmt auf F mit f überein und es gilt $\widehat{f}(X) \subset [-1,1]$.

o Sei nun $I \subset \mathbb{R}$ ein beliebiges Intervall. Durch $\varphi(t) := t/(1 + |t|)$ wird ein Homöomorphismus von $\mathbb{R}$ auf $]-1,1[$ definiert. Sei $\widehat{h}$ die nach dem ersten Teil existierende stetige Fortsetzung von $h := \varphi \circ f \colon F \to [-1,1]$. Dann ist $A := \widehat{h}^{-1}\big([-1,1]\backslash\varphi(I)\big)$ abgeschlossen und $A \cap F = \emptyset$. Sei $g \colon X \to [0,1]$ eine stetige Funktion mit $g \!\restriction_F \equiv 1$ und $g \!\restriction_A \equiv 0$.

Dann ist $\widehat{f} := g \cdot \widehat{h} \colon X \to I$ eine gesuchte stetige Fortsetzung von f.

• $(iii) \Rightarrow (i)$
Seien $A, B \subset X$ disjunkte abgeschlossene Teilmengen von X. Sei

$$f \colon A \cup B \to [0,1] ; \quad f(x) := 0 \ \text{ für } x \in A \ \text{ und } f(x) := 1 \ \text{ für } x \in B . \tag{9}$$

Dann ist f stetig und kann zu einer stetigen Funktion $\widehat{f} \colon X \to [0,1]$ fortgesetzt werden. Dann sind $U := f^{-1}\big(]-\infty, \tfrac{1}{2}[\big)$ und $V := f^{-1}\big(]\tfrac{1}{2}, \infty[\big)$ disjunkte offene Umgebungen von A bzw. B.

• $(i) \Leftrightarrow (ii)$
Sei X ein T_4-Raum, $A \subset X$ abgeschlossen und U eine offene Umgebung von A. Dann ist $B := X\backslash U$ abgeschlossen und disjunkt von A. Seien V und W disjunkte offene Umgebungen von A und B. Wegen $A \subset V \subset X\backslash W \subset U$ ist $X\backslash W$

eine abgeschlossene Umgebung von A in U. Also bilden die abgeschlossenen Umgebungen von A eine Umgebungsbasis von A.

Die Umkehrung rechnet man analog.

Zwischen den Trennungseigenschaften gelten die Implikationen:

vollst. normal	$\Rightarrow$	normal	$\Rightarrow$	vollst. regulär	$\Rightarrow$	regulär	$\Rightarrow$	T_2	$\Rightarrow$	T_1
$\Downarrow$		$\Downarrow$		$\Downarrow$		$\Downarrow$				$\Downarrow$
T_5	$\Rightarrow$	T_4		T_{3a}	$\Rightarrow$	T_3				T_0

Direkt aus den Definitionen folgen:

vollständig normal $\Rightarrow$ normal   regulär $\Rightarrow T_2 \Rightarrow T_1 \Rightarrow T_0$ $T_5 \Rightarrow T_4$

vollständig regulär $\Rightarrow T_{3a}$ normal $\Rightarrow T_4$

vollständig normal $\Rightarrow T_5$ regulär $\Rightarrow T_3$

Es folgen Beweise der restlichen Implikationen:

• normal $\Rightarrow$ vollständig regulär

Sei X ein normaler, also ein T_4- und ein T_1-Raum. Insbesondere sind in ihm einpunktige Mengen abgeschlossen (3.1-7).

Nach Urysohn (3.1-12) lassen sich in T_4-Räumen disjunkte abgeschlossene Mengen durch stetige Funktionen trennen. Also ist X vollständig regulär.

• $T_{3a} \Rightarrow T_3$ bzw vollständig regulär $\Rightarrow$ regulär

Sei X ein T_{3a}-Raum, $F \subset X$ abgeschlossen und $x \in X \backslash F$.
Nach Voraussetzung gibt es eine stetige Funktion $f \colon X \to [0,1]$ mit $f(x) = 1$ und $f \restriction_F \equiv 0$.

Dann sind $U := f^{-1}\left(]-\infty, \frac{1}{2}[\right)$ und $V := f^{-1}\left(]\frac{1}{2}, \infty[\right)$ disjunkte offene Umgebungen von F bzw x.

Sei H die abgeschlossene obere Halbebene $H := \{\, z \in \mathbb{C} \mid \operatorname{Im} z \geq 0 \,\} \subset \mathbb{C}$ mit der Halbkreistopologie $\mathcal{T}_{Hk}$. Die euklidischen ε-Umgebungen bilden eine Umgebungsbasis der Punkte $z \in H$ mit $\operatorname{Im} z > 0$. Für Punkte ξ auf der x-Achse $\mathbb{R} \subset H$ tun dies die 'Halbkreise'

$$U_{\xi,\varepsilon} := K_{\xi,\varepsilon} \cup \{\xi\} \quad \text{mit} \quad K_{\xi,\varepsilon} := \{\, z \mid \operatorname{Im} z > 0,\ |z - \xi| < \varepsilon \,\} \quad (\varepsilon > 0) . \quad (10)$$

Die Halbkreistopologie $\mathcal{T}_{Hk}$ ist eine Verfeinerung der euklidischen Topologie, insbesondere ist sie hausdorffsch.
Auf der x-Achse ist sie diskret, auf der offenen oberen Halbebene $H_0 := H \backslash \mathbb{R}$ ist sie gleich der euklidischen Topologie.

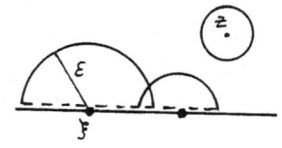

Sie ist nicht regulär. Z.B. ist $\mathbb{Q} \subset \mathbb{R}$ abgeschlossen in $\mathcal{T}_{Hk}$. Aber $\mathbb{Q}$ und $\pi \notin \mathbb{Q}$ besitzen keine disjunkten Umgebungen.

$\boxed{F}$ Sei H die abgeschlossene obere Halbebene $H := \{ z \in \mathbb{C} \mid \text{Im}\, z \geq 0 \} \subset \mathbb{C}$ mit der Tangentialkreistopologie $\mathcal{T}_{Tk}$. Die euklidischen ε-Umgebungen bilden eine Umgebungsbasis der Punkte $z \in H$ mit $\text{Im}\, z > 0$. Für Punkte ξ auf der x-Achse $\mathbb{R} \subset H$ tun dies die 'Tangentialkreise'

$$U_{\xi,\varepsilon} := K_{\xi,\varepsilon} \cup \{\xi\} \quad \text{mit} \quad K_{\xi,\varepsilon} := \{ z \mid \text{Im}\, z > 0,\ |z - (\xi + i\varepsilon)| < \varepsilon \} . \quad (11)$$

und $\varepsilon > 0$. Die Tangentialkreistopologie $\mathcal{T}_{Tk}$ ist eine Verfeinerung der euklidischen Topologie $\mathcal{T}_{eu}$, insbesondere ist sie hausdorffsch. Auf der reellen Achse ist sie diskret, auf der offenen oberen Halbebene $H_0 := H \backslash \mathbb{R}$ ist sie gleich der euklidischen Topologie, also vollständig regulär.

• $(H, \mathcal{T}_{Tk})$ ist vollständig regulär. Sei nämlich $F \subset H$ eine nicht-leere abgeschlossene Menge und $\zeta \in H \backslash F$. Für $\zeta \in H_0$ gibt es eine stetige Funktion

$$f : H \to [0,1] \quad \text{mit} \quad f(\zeta) = 1 \text{ und } f \upharpoonright_F \equiv 0 . \quad (12)$$

Ist $\xi \in \mathbb{R}$ so gibt es ein $\varepsilon > 0$ mit $U_{\xi,\varepsilon} \cap F = \emptyset$. Ist $z \in K_{\xi,\varepsilon}$, so sei $\varrho(z)$ der Radius derjenigen eindeutig bestimmten Kreislinie durch z, die die reelle Achse in ξ tangential berührt. Die durch

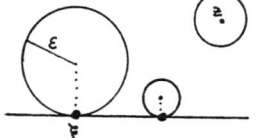

$$g : H \to \mathbb{R}^2 \ ; \quad g(\xi) := 0 \text{ und } g(z) := \begin{cases} \varrho(z) & \text{falls } z \in K_{\xi,\varepsilon} , \\ \varepsilon & \text{falls } z \notin U_{\xi,\varepsilon} \end{cases} \quad (13)$$

definierte Funktion g ist stetig und $f(z) := 1 - \frac{1}{\varepsilon} g(z)$ erfüllt Bedingung (12).

• $(H, \mathcal{T}_{Tk})$ ist nicht normal. Die abgeschlossenen Teilmengen $\mathbb{Q}$ und $\mathbb{R}\backslash\mathbb{Q}$ der reellen Achse lassen sich nicht trennen. Angenommen, es sind U und V disjunkte offene Umgebungen von $\mathbb{Q}$ bzw. $\mathbb{R}\backslash\mathbb{Q}$. Für $n \in \mathbb{N}$ sei

$$J_n := \{ \xi \in \mathbb{R}\backslash\mathbb{Q} \mid K_{\xi,1/n} \subset V \} . \quad (14)$$

Dann ist J_n eine euklidisch nirgends dichte Teilmenge von $\mathbb{R}$. Zu jedem $r \in \mathbb{Q}$ gibt es nämlich ein $0 < \varepsilon < \frac{2}{n}$ mit

$$U_{r,\varepsilon} = K_{r,\varepsilon} \cup \{r\} \subset U \quad \text{bzw} \quad U_{r,\varepsilon} \cap V = \emptyset . \quad (15)$$

Für so ein ε gilt dann $]r - \varepsilon, r + \varepsilon[\cap J_n = \emptyset$. Also liegt kein rationales r in der euklidischen Hülle von J_n, also ist J_n euklidisch nirgends dicht.

Dann ist aber $\mathbb{R} = \bigcup_{r \in \mathbb{Q}} \{r\} \cup \bigcup_{n \in \mathbb{N}} J_n$ abzählbare Vereinigung von euklidisch nirgends dichten Mengen und das ist ein Widerspruch zum Baireschen Kategoriensatz (3.3-20).

G Sei I eine überabzählbare Menge, z.B. $I := [0,1]$. Der diskrete Raum $\mathbb{N}$ ist ein hausdorffscher T_{3a}-Raum. Also ist dies auch der Produktraum $X := \mathbb{N}^I$. Aber X ist nicht normal! Der Beweis ist nicht einfach. Für $k = 1, 2$ sei

$$P_k := \{\, (x_i) \in \mathbb{N}^I \mid \forall i, j \in I \ \forall n \neq k \ : \ x_i = x_j \Rightarrow i = j \,\}. \tag{16}$$

Dann sind P_1 und P_2 disjunkt, da I überabzählbar ist. Sie sind auch abgeschlossen, da $X \backslash P_k = \bigcup \{\, \pi_i^{-1}(n) \cap \pi_j^{-1}(n) \mid i \neq j \in I, \ n \neq k \,\}$.

P_1 und P_2 besitzen aber keine disjunkten Umgebungen.

Seien U und V Umgebungen von P_1 bzw P_2. Für $x \in \mathbb{N}^I$ ist das Mengensystem $\{\, E(x) := \bigcap_{i \in E} \pi_i^{-1}(x_i) \mid E \subset I \text{ endlich} \,\}$ eine Umgebungsbasis von x.

Sei $x^{(1)} \in P_1$ definiert durch $x_i^{(1)} := 1$ für alle $i \in I$ und $E_0 := \emptyset$.

Angenommen, $x^{(n)} \in P_1$ und $E_{n-1} \subset I$ endlich seien bereits gewählt. Dann existiert endliches $E_{n-1} \subset E_n \subset I$ mit $E_n(x^{(n)}) \subset U$. Definiere $x^{(n+1)} \in P_1$ durch $x_i^{(n+1)} := i$ für $i \in E_n$ und $x_j^{(n+1)} := 1$ für $j \notin E_n$.

Sei $y \in P_2$ definiert durch $y_i := i$ für alle $i \in \bigcup_n E_n$ und $y_i := 2$ sonst. Sei $E \subset I$ endlich mit $E(y) \subset V$. Sei $m \in \mathbb{N}$ derart, dass $E \cap \bigcup_n E_n = E \cap E_m$.

Sei $z \in \mathbb{N}^I$ definiert durch $z_i := i$ für alle $i \in E_m$, $z_i := 1$ für alle $i \in E_{m+1} \backslash E_m$ und $z_i := 2$ sonst.

Dann ist $z \in E(y) \subset V$ und $z \in E_{m+1}(x^{(m+1)}) \subset U$, also $z \in U \cap V$.

H Das euklidische Einheitsintervall $I = [0,1]$ ist kompakt und hausdorffsch, also ist auch der Produktraum I^I ein kompakter T_2-Raum und damit normal.

I^I enthält einen nicht normalen Teilraum. Ist nämlich $A := \{\, \frac{1}{n} \mid n \in N \,\} \subset I$, so ist der Teilraum $A^I \subset I^I$ homöomorph zu $\mathbb{N}^I$ und $\mathbb{N}^I$ ist nach Aufgabe 10.1.G nicht normal.

Teilräume vollständig normaler Räume sind normal (10.1.M), also ist I^I nicht vollständig normal.

I Die Tychonoff-Planke $X := [0, \omega_1] \times [0, \omega]$ mit dem Produkt der Ordnungstopologien ist ein kompakter T_2-Raum, also normal (3.1-13(b) bzw 3.4-10).

Der Teilraum $Y := X \backslash \{(\omega_1, \omega)\}$ ist nicht normal. Die Teilmengen

$$A := \{\, (\omega_1, n) \mid n < \omega \,\} \quad \text{und} \quad B := \{\, (\alpha, \omega) \mid \alpha < \omega_1 \,\} \tag{17}$$

sind disjunkt und abgeschlossen in Y.

Beh.: A und B besitzen keine disjunkten Umgebungen.

Sei U irgendeine Umgebung von A. Für $n < \omega$ ist $(\omega_1, n) \in U$, also gibt es eine Ordinalzahl $\alpha_n < \omega_1$ mit $]\alpha_n, \omega_1] \times \{n\} \subset U$.

Die abzählbare Familie der α_n besitzt eine obere Schranke $\alpha < \omega_1$.
Also ist der Streifen $]\alpha, \omega_1] \times [0, \omega[\subset U$.

Dann muss aber jede Umgebung von $(\alpha + 1, \omega) \in B$ Punkte von U enthalten,
d.h. jede Umgebung V von B trifft U.

| J | **(J.1)**   In einem T_2-Raum $(X, \mathfrak{T})$ haben zwei verschiedene Punkte $x \neq y \in X$
disjunkte Umgebungen $U \in \mathcal{U}(x)$ bzw $V \in \mathcal{U}(y)$. Konvergiert eine Folge (x_n)
gegen x und y, so muss sie ab einem n_0 in U und in V liegen. Widerspruch.

(J.2)   Es gibt T_1-Räume mit Folgen, die mehrere Grenzwerte haben.

Z.B. ist $\mathbb{N}$ mit der cofiniten Topologie $\mathfrak{T}_{cf}$ (A.6-6) ein T_1-Raum. Die Folge (n)
konvergiert aber bzgl $\mathfrak{T}_{cf}$ gegen jedes $m \in \mathbb{N}$ (9.3.A).

(J.3)   Es gibt nicht-hausdorffsche Räume, in denen jede Folge höchstens einen
Grenzwert hat. Sei z.B. X überabzählbar und $\mathfrak{T}_{ca}$ die coabzählbare Topologie
auf X (A.6-6). Dann ist $(X, \mathfrak{T}_{ca})$ ein T_1-, aber kein T_2-Raum.

Eine konvergente Folge in $(X, \mathfrak{T}_{ca})$ ist ab einer Stelle konstant (9.3.A), kann
also nur einen Grenzwert haben.

| K | Die halboffene-Intervall-Topologie $\mathfrak{T}_{hI}$ wird von den Intervallen der Form $[a, b[$
erzeugt. Sie ist feiner als die euklidische, insbesondere ist sie hausdorffsch.

Beh. 1: $(\mathbb{R}, \mathfrak{T}_{hI})$ ist vollständig normal und damit auch normal.

Seien dafür $A, B \subset \mathbb{R}$ zwei Mengen mit $A \cap \overline{B} = \overline{A} \cap B = \emptyset$. Dabei ist $\overline{A}$ die
abgeschlossene Hülle in der Topologie $\mathfrak{T}_{hI}$. Zu jedem $a \in \mathbb{R} \backslash \overline{B}$ existiert ein x_a
mit $[a, x_a[\cap \overline{B} = \emptyset$. Sei $U_A := \bigcup_{a \in A} [a, x_a[$ und U_B analog.

Dann sind U_A und U_B disjunkte offene Umgebungen von A und B. Angenom-
men, es gibt $a \in A$ und $b \in B$ mit $[a, x_a[\cap [b, x_b[\neq \emptyset$, etwa (o.B.d.A.) $a < b$.
Dann wäre $b \in [a, x_a[\subset \mathbb{R} \backslash \overline{B}$. Widerspruch.

Beh. 2: $(\mathbb{R}^2, \mathfrak{T}_{hR})$ ist nicht normal.

Die Nebendiagonale $\Delta' := \{ (x, -x) \,|\, x \in \mathbb{R} \}$ und ihre Teilmengen

$$ F := \{ (x, -x) \,|\, x \text{ irrational} \} \quad \text{und} \quad F' := \{ (y, -y) \,|\, x \text{ rational} \} \quad (18) $$

sind abgeschlossen in $(\mathbb{R}^2, \mathfrak{T}_{hR})$. F und F' besitzen keine disjunkten Umgebungen!

Sei nämlich G eine Umgebung von F. Zu $(x, -x) \in F$ existiert ein $\varepsilon_x > 0$
derart, dass das halboffene Quadrat $[x, x + \varepsilon_x[^2 \subset G$ liegt. Sei

$$ S_n := \{ (x, -x) \in F \,|\, \varepsilon_x > 1/n \} . \quad (19) $$

Δ' ist abzählbare Vereingung der Mengen $\Delta' = F' \cup \bigcup S_n$. Nach BAIRE muss
es ein $n \in \mathbb{N}$ und eine Strecke $I \subset \Delta'$ geben, so dass I in der euklidischen

Hülle von S_n liegt. Dann kann aber kein Punkt $(y, -y) \in F' \cap I$ eine zu G disjunkte Umgebung besitzen.

Bemerkung: $(\mathbb{R}^2, \mathcal{T}_{hR})$ ist aber als Produkt von $(\mathbb{R}, \mathcal{T}_{hI})$ mit sich vollständig regulär!

Seien X linear geordnet, $F \subset X$ abgeschlossen in der Ordnungstopologie und $x \in X \backslash F$. Dann gibt es $a, b \in X$ mit $a < x < b$ und $]a, b[\cap F = \emptyset$. Sei

$$U_1 := \begin{cases}]-\infty, x[& \text{falls } a \in F, \\ ]-\infty, c[& \text{sonst,} \end{cases} \quad \text{und} \quad U_2 := \begin{cases}]x, \infty[& \text{falls } b \in F, \\ ]d, \infty[& \text{sonst.} \end{cases} \quad (20)$$

Dann sind $]a, b[$ und $U_1 \cup U_2$ disjunkte Umgebungen von x bzw F.

Die T_2-Eigenschaft zeigt man analog. Also ist $(X, \mathcal{T}_<)$ regulär

Bemerkung: Die Ordnungstopologie ist sogar vollständig normal (zum nicht einfachen Beweis siehe z.B. [STS Bsp 39]).

(M.1) Sei X ein T_5-Raum und $Y \subset X$. Seien $A, B \subset Y$ zwei Teilmengen mit $A \cap \overline{B}^Y = \overline{A}^Y \cap B = \emptyset$, die Hüllen in der Relativtopologie gebildet. Dann gilt auch in X, dass $A \cap \overline{B} = \overline{A} \cap B = \emptyset$ und damit

$$\overline{A \backslash B} \cap (\overline{B \backslash A}) = \emptyset \quad \text{und} \quad \overline{B \backslash A} \cap (\overline{A \backslash B}) = \emptyset. \quad (21)$$

Also gibt es in X disjunkte Umgebungen U von $\overline{B} \backslash \overline{A}$ und V von $\overline{A} \backslash \overline{B}$.

Dann sind $Y \cap U$ und $Y \cap V$ disjunkte Umgebungen von B bzw A in Y. Also ist auch Y ein T_5- und damit ein T_4-Raum.

(M.2) Sei nun jeder Unterraum von X ein T_4-Raum und seien $A, B \subset X$ zwei Teilmengen mit $A \cap \overline{B} = \overline{A} \cap B = \emptyset$.

Sei $Y := (X \backslash \overline{A}) \cup (X \backslash \overline{B})$. Dann ist $A^* := \overline{A} \backslash \overline{B} = \overline{A} \cap Y$ und $B^* := \overline{B} \backslash \overline{A} = \overline{B} \cap Y$. Also sind A^* und B^* zwei disjunkte abgeschlossene Teilmengen von Y. Es gibt also disjunkte offene Mengen $U, V \subset Y$ mit $A \subset A^* \subset U$ und $B \subset B^* \subset V$.

Da Y offen ist, sind U und V disjunkte offene Umgebungen von A bzw B in X. Also ist X ein T_5-Raum.

Da Unterräume von T_1-Räumen auch T_1-Räume sind, folgt aus dem bis jetzt Gezeigten auch, dass ein Raum X genau dann vollständig normal ist, wenn jeder Unterraum $Y \subset X$ normal ist. Deshalb nennt man vollständig normale Räume manchmal auch *erblich normal.*

(M.3) Ist $(X, \mathcal{T})$ normal und $Y \subset X$ abgeschlossen, so ist auch Y (mit der Relativtopologie) normal. Sind nämlich $A, B \subset Y$ disjunkt und abgeschlossen in Y, so sind sie auch abgeschlossen in X. Also gibt es in X offene Umgebungen U, V von A bzw B mit $U \cap V = \emptyset$. Dann sind $U \cap Y$ und $V \cap Y$ in Y offen und disjunkte Umgebungen von A und B in der Relativtopologie.

10.2 Zusammenhang

(siehe auch 9.2.A)

Im folgenden sei $(X, \mathcal{T})$ ein topologischer Raum.

A | X ist genau dann zusammenhängend, wenn es keine stetige, surjektive Abbildung von X auf den diskreten Raum $\{0, 1\}$ gibt.

B | X sei zusammenhängend und enthalte mehr als einen Punkt. Dann gilt:

Ist X ein T_1-Raum, so enthält X unendlich viele Punkte.
Ist X metrisch, so enthält X überabzählbar viele Punkte.

C | Sei $X := \bigcup_{i \in I} Z_i$ Vereinigung zusammenhängender Mengen Z_i. Für alle $i, j \in I$ sei $Z_i \cap Z_j \neq \emptyset$. Dann ist X zusammenhängend.

D | Seien $A, B \subset X$ und A zusammenhängend. Sei $A \cap B \neq \emptyset$ und $A \cap (X \backslash B) \neq \emptyset$. Dann enthält A auch Randpunkte von B.

E | Seien $F, G \subset X$ abgeschlossen, sowie $F \cap G$ und $F \cup G$ zusammenhängend. Dann sind F und G zusammenhängend.

Für nicht notwendig abgeschlossene Mengen F und G ist dies i.a. falsch.

F | Seien X und Y zusammenhängend, $A \subsetneqq X$ und $B \subsetneqq Y$. Dann ist das Komplement von $A \times B$ im Produktraum $X \times Y$ zusammenhängend.

G | 1) Der lokale Zusammenhang eines Raumes ist weder notwendig, noch hinreichend für den Zusammenhang.

2) Das stetige Bild eines lokal zusammenhängenden Raumes ist i.a. nicht lokal zusammenhängend.

H | Ist die Zusammenhangskomponente eines Punktes $x \in X$ gleich dem Durchschnitt aller offen-abgeschlossenen Mengen, die x enthalten?

I | 1) Hat X nur endlich viele Zusammenhangskomponenten, so sind diese offen.

2) Ist X lokal zusammenhängend, so sind seine Zusammenhangskomponenten offen.

J | Eine linear geordnete Menge ist in der Ordnungstopologie genau dann zusammenhängend, wenn sie ordnungsvollständig ist und keine Lücken besitzt.

K | Bestimmen Sie die Zusammenhangskomponenten von $\mathbb{R}$ in der Topologie $\mathcal{T}_{hI}$ der halboffenen Intervalle (Sorgenfrey-Topologie).

L | 1) Ist $\mathbb{N}$ mit der cofiniten Topologie (weg-) zusammenhängend ?

2) Ist $\mathbb{R}^2 \backslash \mathbb{Q}^2$ (weg-) zusammenhängend (in der euklidischen Topologie) ?

Lösungen:

A | Ist $f\colon X \to \{0,1\}$ eine stetige, surjektive Abbildung von X auf den diskreten Raum $\{0,1\}$, so ist $X = f^{-1}(0) \cup f^{-1}(1)$ eine Zerlegung von X in zwei disjunkte, offene, nichtleere Teilmengen. Also ist X nicht zusammenhängend.

Sei umgekehrt X nicht zusammenhängend. Dann gibt es eine Zerlegung von $X = A \cup B$ in zwei disjunkte, offene, nichtleere Teilmengen A und B.

$$f\colon A \cup B \to \{0,1\} \;;\quad f(x) := \begin{cases} 0 & \text{falls } x \in A, \\ 1 & \text{falls } x \in B \end{cases} \tag{1}$$

ist eine stetige, surjektive Abbildung von X auf den diskreten Raum $\{0,1\}$.

B | Ist X ein T_1-Raum, so sind einpunktige Mengen $\{x\} \subset X$ abgeschlossen. Enthält dann X mindestens zwei, aber nur endlich viele Punkte, so ist X diskret. Dann gibt es aber eine Zerlegung von X in zwei disjunkte, abgeschlossene, nichtleere Teilmengen. Also ist X nicht zusammenhängend.

Sei nun (X,d) ein zusammenhängender metrischer Raum und $a \neq b \in X$. Dann ist

$$f\colon X \to \mathbb{R} \;;\quad f(x) := \frac{d(x,a)}{d(b,a)} \tag{2}$$

eine stetige Abbildung von X in $\mathbb{R}$. Mit X ist auch $f(X)$ zusammenhängend. Wegen $0 = f(a) \in f(X)$ und $1 = f(b) \in f(X)$ folgt $[0,1] \subset f(X)$. Aber das Intervall $[0,1]$ ist überabzählbar. Also ist auch X überabzählbar.

C | • Seien zunächst Z_1, Z_2 zusammenhängend und $Z_1 \cap Z_2 \neq \emptyset$. Angenommen $Z_1 \cup Z_2$ ist nicht zusammenhängend. Dann gibt es offene Mengen G_1, G_2 mit $(Z_1 \cup Z_2) \cap G_i \neq \emptyset$, $(Z_1 \cup Z_2) \subset G_1 \cup G_2$ und $(Z_1 \cup Z_2) \cap G_1 \cap G_2 = \emptyset$. Dann gilt aber auch $Z_1 \subset G_1 \cup G_2$ und $Z_1 \cap G_1 \cap G_2 = \emptyset$. Da Z_1 zusammenhängend ist, muss $Z_1 \cap G_1 = \emptyset$ und damit $Z_1 \subset G_2$ sein oder umgekehrt. Dasselbe gilt für Z_2. Sei o.B.d.A. $Z_1 \subset G_2$. Wegen $Z_1 \cap Z_2 \neq \emptyset$ muss dann auch $Z_2 \subset G_2$ und $Z_2 \cap G_1 = \emptyset$ sein. Dann folgt aber $(Z_1 \cup Z_2) \cap G_1 = \emptyset$. Widerspruch zur Annahme.

• Sei nun $X := \bigcup_{i \in I} Z_i$ Vereinigung zusammenhängender Mengen Z_i und für alle $i, j \in I$ sei $Z_i \cap Z_j \neq \emptyset$.

Angenommen X ist nicht zusammenhängend. Dann ist X die disjunkte Vereinigung zweier nichtleerer offener Mengen $X = G_1 \cup G_2$. Sei $a \in G_1$, $b \in G_2$, etwa $a \in Z_i$, $b \in Z_j$. Für $A := Z_i \cup Z_j$ gilt dann

$$A \subset G_1 \cup G_2 \;;\quad A \cap G_1 \cap G_2 = \emptyset \;;\quad A \cap G_1 \neq \emptyset \neq A \cap G_2. \tag{3}$$

Also ist A nicht zusammenhängend. Widerspruch zum 1. Teil des Beweises.

$\boxed{\text{D}}$ Sei $A \subset X$ zusammenhängend und $A \cap B \neq \emptyset \neq A \cap (X \backslash B)$.
Annahme: $A \cap \partial B = \emptyset$.
Wegen $B \subset B^\circ \cup \partial B$ ist dann $A \cap B^\circ \neq \emptyset$. Wegen $\partial(X\backslash B) = \partial B$ folgt ebenso $A \cap (X\backslash B)^\circ \neq \emptyset$. Es ist

$$\partial(X\backslash B) \;=\; \partial B \;=\; \overline{B}\backslash B^\circ \;=\; X\backslash[B^\circ \cup (X\backslash B)^\circ]. \tag{4}$$

$G_1 := B^\circ$ und $G_2 := (X\backslash B)^\circ$ sind offen und es ist $A \cap G_1 \neq \emptyset \neq A \cap G_2$.
Wegen $A \cap \partial B = \emptyset$ ist $A \subset G_1 \cup G_2$ und sicherlich $G_1 \cap G_2 = \emptyset$.
Widerspruch zum Zusammenhang von A.

$\boxed{\text{E}}$ Seien $F, G \subset X$ abgeschlossen und $F \cap G$ sowie $F \cup G$ zusammenhängend. Zu zeigen ist der Zusammenhang von F und G.
Für $F \subset G$ oder $G \subset F$ ist nichts zu zeigen.
Seien also $F\backslash G \neq \emptyset \neq G\backslash F$.
Angenommen $F = (F\backslash G) \cup (F \cap G)$ ist nicht zusammenhängend. Dann gibt es nach Aufgabe 10.2.A
eine stetige, surjektive Abbildung f von F auf den
diskreten Raum $\{0,1\}$.

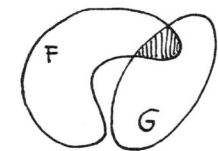

$F \cap G$ ist zusammenhängend. Sei o.B.d.A. $f(F \cap G) = \{0\}$. Dann ist

$$g\colon F \cup G \to \{0,1\}\ ;\quad g(x) := \begin{cases} f(x) & \text{falls } x \in F, \\ 0 & \text{sonst,} \end{cases} \tag{5}$$

eine stetige, surjektive Abbildung f von $F \cup G$ auf den diskreten Raum $\{0,1\}$.
Widerspruch zum Zusammenhang von $F \cup G$.

• Sind F und G nicht abgeschlossen, so ist die Behauptung i.a. falsch.

Sei z.B. $F := [0,1] \subset \mathbb{R}$ und $G := \mathbb{R}\backslash\{0\}$. Dann sind $F \cap G =]0,1]$ und $F \cup G = \mathbb{R}$ zusammenhängend. Aber G ist nicht zusammenhängend.

$\boxed{\text{F}}$ Seien X und Y zusammenhängend, $A \subsetneqq X$ und $B \subsetneqq Y$. Für beliebiges $x \in X$ ist der Teilraum $\{x\} \times Y \subset X \times Y$ homöomorph zu Y und daher zusammenhängend, ebenso $X \times \{y\}$ für beliebiges $y \in Y$. Seien $\alpha_0 \in X\backslash A$ und $\beta_0 \in Y\backslash B$ beliebig, aber fest gewählt.
Für alle $\alpha \in X\backslash A$ ist

$$(\alpha,\beta_0) \;\in\; (\{\alpha\} \times Y) \cap (X \times \{\beta_0\}) \;\neq\; \emptyset. \tag{6}$$

Daher ist

$$K_1 := \left(\bigcup_{\alpha\in X\backslash A}\{\alpha\} \times Y\right) \cup (X \times \{\beta_0\}) \tag{7}$$

zusammenhängend und ebenso

$$K_2 := (\{\alpha_0\} \times Y) \cup \left(\bigcup_{\beta\in Y\backslash B} X \times \{\beta\}\right). \tag{8}$$

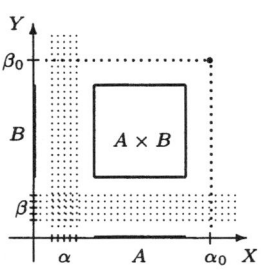

Wegen $(\alpha_0, \beta_0) \in K_1 \cap K_2$ ist daher auch das Komplement

$$K := (X \times Y) \backslash (A \times B) = \bigcup_{\alpha \in X \backslash A,\, \beta \in Y \backslash B} (\{\alpha\} \times Y) \cup (X \times \{\beta\})$$

$$= \Big(\bigcup_{\alpha \in X \backslash A} \{\alpha\} \times Y \Big) \cup \Big(\bigcup_{\beta \in Y \backslash B} X \times \{\beta\} \Big)$$ (9)

von $A \times B$ im Produktraum $X \times Y$ zusammenhängend.

(G.1)   Der sog. *topologische Sinus*

$$A := \underbrace{\{(0,0)\}}_{A_0} \cup \underbrace{\{ (x, \sin \tfrac{1}{x}) \mid 0 < x < 1 \}}_{A_1}$$ (10)

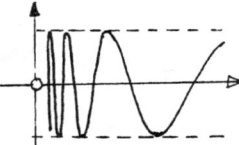

ist als Teilmenge von $\mathbb{R}^2$ zusammenhängend.

A_1 ist zusammenhängend als Bild des zusammenhängenden Intervalls $]0, 1]$ unter der stetigen Abbildung $x \mapsto (x, \sin \tfrac{1}{x})$.

Wegen $A_1 \subset A \subset \overline{A_1}$ ist dann auch A zusammenhängend.

A ist aber nicht lokal zusammenhängend, denn $(0,0) \in A$ besitzt (in A) keine Umgebungsbasis aus zusammenhängenden Mengen.

(G.2)   Diskrete Räume sind lokal zusammenhängend. Enthalten sie mehr als einen Punkt, sind sie nicht zusammenhängend.

(G.3) $\mathbb{N}_0 = \mathbb{N} \cup \{0\} \subset (\mathbb{R}, \mathcal{T}_{eu})$ ist diskret, also lokal zusammenhängend. $M := \{0\} \cup \{ \tfrac{1}{n} \mid n \in \mathbb{N} \} \subset (\mathbb{R}, \mathcal{T}_{eu})$ ist nicht lokal zusammenhängend, da 0 in M keine Umgebungsbasis aus zusammenhängenden Mengen besitzt. Durch

$$f : \mathbb{N}_0 \to \mathbb{R} \quad ; \qquad f(x) := \tfrac{1}{n} \text{ falls } x \neq 0 \; ; \quad f(0) := 0$$ (11)

wird $\mathbb{N}_0$ stetig auf M abgebildet.

- Die Komponente $K := K(x)$ eines Punktes $x \in X$ liegt im Durchschnitt aller gleichzeitig offenen und abgeschlossenen Mengen von X, die x enthalten!

Sei etwa $G \subset X$ eine offene und abgeschlossene Menge mit $x \in G$. Angenommen, es ist $K \not\subset G$. Dann gibt es ein $y \in K \backslash G$.

Also sind $G_1 := G$ und $G_2 := X \backslash G$ zwei offene Mengen mit

$$K \subset G_1 \cup G_2 \; ; \quad K \cap G_1 \neq \emptyset \neq K \cap G_2 \quad \text{und} \quad K \cap G_1 \cap G_2 = \emptyset \; .$$ (12)

Widerspruch zum Zusammenhang von K. Also ist $K \subset G$.

- I.a. ist K aber nicht gleich diesem Durchschnitt. Ein Beispiel dafür liefert der folgende Teilraum der euklidischen Ebene $(\mathbb{R}^2, \mathcal{T}_{eu})$:

$$X := \{(0,0), (0,1)\} \cup \bigcup_{n \in \mathbb{N}} \{ (\tfrac{1}{n}, y) \mid 0 \leq y \leq 1 \} \; .$$ (13)

Die Komponenten (in X) von $a := (0,0)$ und $b := (0,1)$ sind $K_a = \{a\}$ und $K_b = \{b\}$. Sie sind abgeschlossen, aber nicht offen in X.

Die Strecken $S_n := \left\{ \left(\frac{1}{n}, y\right) \mid 0 \leq y \leq 1 \right\}$ sind die anderen Zusammenhangskomponenten von X.

Sei nun $G \subset X$ irgendeine offen-abgeschlossene Menge mit $a \in G$. Dann enthält G ab einem n_0 auch alle Punkte $\left(\frac{1}{n}, 0\right)$.

Dann sind aber auch die Komponenten S_n dieser Punkte in G enthalten, also auch die Punkte $\left(\frac{1}{n}, 1\right)$ mit $n \geq n_0$. Da G abgeschlossen ist, muss auch $b = (0,1) \in G$ sein. Also ist

$$K_a = \{a\} \neq \bigcap \left\{ G \subset X \mid G \text{ offen u. abgeschlossen}, a \in G \right\} = \{a,b\} . \quad (14)$$

$\boxed{\text{I}}$ **(I.1)** Die Zusammenhangskomponenten eines topologischen Raumes sind abgeschlossen (3.2-4(c)). Besitzt X nur endlich viele Komponenten $K_1, \ldots, K_n$, so ist die Komponente

$$K_1 = X \backslash \bigcup_{j \neq 1} K_j \quad (15)$$

auch offen und ebenso die anderen Komponenten K_i für $i = 2, \ldots, n$.

(I.2) Sei X ein lokal zusammenhängender topologischer Raum und $x \in X$ beliebig. x besitzt eine zusammenhängende Umgebung $U(x)$ und diese liegt in der Zusammenhangskomponente $K(x)$. Also ist jedes $x \in X$ innerer Punkt seiner Komponente, d.h. die Zusammenhangskomponenten sind offen.

$\boxed{\text{J}}$ $(X, <)$ heißt *ordnungsvollständig*, wenn jede nichtleere nach oben beschränkte Menge in X ein Supremum besitzt.

Man sagt, dass $(X, <)$ eine *Lücke* besitzt, wenn es $a < b \in X$ gibt mit $]a, b[= \emptyset$.

• Sei $(X, <)$ nicht ordnungsvollständig und $\emptyset \neq Y \subset X$ eine nichtleere, nach oben beschränkte Teilmenge von X ohne Supremum. Sei

$$\begin{aligned} A &:= \left\{ a \in X \mid y < a \text{ für alle } y \in Y \right\} \quad \text{und} \\ B &:= \left\{ b \in X \mid b < y \text{ für ein } y \in Y \right\} . \end{aligned} \quad (16)$$

Dann ist $X = A \cup B$ eine Zerlegung von X in zwei disjunkte, nichtleere, abgeschlossene Mengen. Also ist $(X, \mathcal{T}_<)$ nicht zusammenhängend.

• Besitzt $(X, <)$ eine *Lücke* $]a, b[= \emptyset$, so ist $X =]-\infty, b[\cup]a, \infty[$ eine Zerlegung von X in zwei disjunkte, nichtleere, abgeschlossene Mengen. Also ist X nicht zusammenhängend.

• Sei nun $(X, \mathcal{T}_<)$ nicht zusammenhängend und $X = A \cup B$ eine Zerlegung von X in zwei disjunkte, nichtleere, abgeschlossene und damit auch offene Mengen. Sei $a \in A$ und $b \in B$ und o.B.d.A. $a < b$.

$c := \sup \{ \alpha \in A \mid \alpha < b \}$ existiert wegen der Ordnungsvollständigkeit.
Sowohl $c \in A$, als auch $c \in B$ führen zu einem Widerspruch.

K   Die Zusammenhangskomponenten von $\mathbb{R}$ in der von den halboffenen Intervallen
$[a, b[$ erzeugten Sorgenfrey-Topologie $\mathcal{T}_{hI}$ sind einelementig.

Beweis: Seien $x < y \in \mathbb{R}$ beliebig. Ist $x < a < y$, so sind

$$G_1 := \;] - \infty, a[\quad \text{und} \quad G_2 := [a, \infty[\tag{17}$$

zwei disjunkte, offene Mengen mit $G_1 \cup G_2 = \mathbb{R}$ und $x \in G_1$, $y \in G_2$. Also
gibt es keine zusammenhängende Menge, die x und y enthält.

L   **(L.1)** Zwei nichtleere offene Mengen $G \subset \mathbb{N}$ in der cofiniten Topologie $\mathcal{T}_{cf}$
haben nicht-leeren Durchschnitt. Also kann es zu $G \in \mathcal{T}_{cf}$ keine offenen Mengen
$G_{1,2}$ geben mit

$$G_1 \neq \emptyset \neq G_2 \; ; \quad G \subset G_1 \cup G_2 \; ; \quad G_1 \cap G_2 \cap G = \emptyset \; . \tag{18}$$

Also ist jede offene Menge $G \in \mathcal{T}_{cf}$ zusammenhängend. Also ist $(\mathbb{N}, \mathcal{T}_{cf})$ zusammenhängend und lokal zusammenhängend.

$(\mathbb{N}, \mathcal{T}_{cf})$ ist nicht wegzusammenhängend, denn jede stetige Abbildung des euklidischen Intervalls $[0, 1]$ in $(\mathbb{N}, \mathcal{T}_{cf})$ ist konstant (9.4.F).

(L.2) Seien $P_1 := (x_1, y_1)$ und $P_2 := (x_2, y_2)$ zwei beliebige Punkte aus
$\mathbb{R}^2 \backslash \mathbb{Q}^2$. Da $\mathbb{Q}^2$ nur abzählbar viele Punkte enthält, gibt es Geraden g_j durch
P_j, die nur Punkte aus $\mathbb{R}^2 \backslash \mathbb{Q}^2$ enthalten und für die $g_1 \cap g_2 \neq \emptyset$ ist.

Also ist $\mathbb{R}^2 \backslash \mathbb{Q}^2$ sogar wegzusammenhängend.

Bemerkung: Gezeigt wurde allgemeiner:

Ist $A \subset \mathbb{R}^2$ abzählbar, so ist $\mathbb{R}^2 \backslash A$ zusammenhängend.

10.3   Abzählbarkeitseigenschaften und Kategorien

(siehe auch 9.2.A, 9.2.D, 10.4.E, 10.5.A, 10.5.L, 10.6.I)

$\boxed{\text{A}}$ Die euklidischen Räume $\mathbb{R}^n$ sind A_2-Räume, ebenso der Folgenraum $\mathbb{R}^{\mathbb{N}}$ mit der Produkttopologie. Dagegen ist der Funktionenraum $\mathbb{R}^{\mathbb{R}}$ mit der Produkttopologie nicht einmal ein A_1-Raum.

$\boxed{\text{B}}$ 1) Welche Abzählbarkeitsaxiome erfüllt ein cofiniter Raum $(X, \mathcal{T}_{cf})$,

2) welche die Sorgenfrey-Gerade $(\mathbb{R}, \mathcal{T}_{hl})$,

3) welche die Ordinalzahlräume Ω und Ω_0 mit der Ordnungstopologie $\mathcal{T}_<$?

$\boxed{\text{C}}$ Sind stetige Bilder von A_1- und A_2-Räumen wieder A_1- bzw A_2-Räume?

$\boxed{\text{D}}$ Sind in einem topologischen Raum beliebige Durchschnitte offener Mengen wieder offen, so ist er ein A_1-Raum.

$\boxed{\text{E}}$ 1) Jeder A_2-Raum ist ein Lindelöf-Raum. Die Umkehrung ist i.a. falsch.

2) Jeder A_2-Raum ist separabel. Die Umkehrung ist i.a. falsch.

3) In (pseudo-) metrischen Räumen sind 2. Abzählbarkeitsaxiom, Lindelöf-Eigenschaft und Separabilität äquivalent.

$\boxed{\text{F}}$ Das stetige Bild eines separablen Raumes ist separabel.

$\boxed{\text{G}}$ 1) Sind Unterräume von Lindelöf-Räumen wieder Lindelöf-Räume?

2) Stetige Bilder von Lindelöf-Räumen sind Lindelöf-Räume.

3) Das Produkt von Lindelöf-Räumen braucht kein Lindelöf-Raum zu sein. Ist ein Produkt $\prod X_i$ ein Lindelöf-Raum, so auch jedes X_i.

$\boxed{\text{H}}$ T_3-Lindelöf-Räume sind T_4-Räume, also sind reguläre Lindelöf-Räume normal.

$\boxed{\text{I}}$ 1) $\mathbb{Q}$ ist eine F_σ-Menge, aber keine G_δ-Menge in $(\mathbb{R}, \mathcal{T}_{eu})$.

2) Es gibt keine Funktion $f \colon \mathbb{R} \to \mathbb{R}$, die genau in allen $x \in \mathbb{Q}$ stetig ist.

$\boxed{\text{J}}$ Sei X ein topologischer Raum, $f_n \colon X \to \mathbb{R}$ stetig und $f = \lim f_n$ (punktweise). Dann ist die Menge der Unstetigkeitsstellen von f mager in X.

$\boxed{\text{K}}$ *Prinzip der gleichmäßigen Beschränktheit:*

Sei (X, d) ein vollständiger metrischer Raum, Y ein normierter Raum und die Funktionenfamilie $\mathcal{F} \subset C(X, Y)$ punktweise beschränkt.

Dann ist $\mathcal{F}$ auf einer nichtleeren offenen Menge in X gleichmäßig beschränkt.

$\boxed{\text{L}}$ $I := [0, 1] \subset \mathbb{R}$ ist nicht Vereinigung von mindestens zwei und höchstens abzählbar vielen disjunkten, abgeschlossenen Mengen $A_n \neq \emptyset$.

Lösungen:

A $\mathbb{Q}^n$ ist abzählbar und dicht im $\mathbb{R}^n$. Daher ist

$$\{\ B_{1/k}(x)\ |\ x = (x_1, \ldots, x_n) \in \mathbb{Q}^n,\ k \in \mathbb{N}\ \} \tag{1}$$

eine abzählbare Basis der euklidischen Topologie im $\mathbb{R}^n$.

Abzählbare Produkte von A_2-Räumen sind A_2-Räume (9.2.A). Also ist der Folgenraum $\mathbb{R}^{\mathbb{N}}$ mit der Produkttopologie ein A_2-Raum. Also ist er auch ein A_1- und Lindelöf-Raum und separabel.

Die Aussage über $\mathbb{R}^{\mathbb{R}}$ ist ebenfalls ein Spezialfall von 9.2.A, kann aber auch leicht direkt bewiesen werden:

Angenommen ein $f \in \mathbb{R}^{\mathbb{R}}$ besitzt in der Produkttopologie eine abzählbare Umgebungsbasis $\{U_n\}$. Für jedes $n \in \mathbb{N}$ ist die Menge

$$E_n := \{\ t \in \mathbb{R}\ |\ \pi_t(U_n) = \{\ g(t)\ |\ g \in U_n\ \} \neq \mathbb{R}\ \} \tag{2}$$

endlich. Also ist $E := \bigcup_{n \in \mathbb{N}} E_n$ abzählbar.

Da $\mathbb{R}$ überabzählbar ist, existiert ein $\xi \in \mathbb{R} \backslash E$. Dann ist

$$U := \{\ g \in \mathbb{R}^{\mathbb{R}}\ |\ |g(\xi) - f(\xi)| < 1\ \} \tag{3}$$

eine Umgebung von f, die kein U_n enthält. Widerspruch.

B   **(B.1)**   Sei $X \neq \emptyset$ eine beliebige Menge und $\mathcal{T}_{cf}$ die cofinite Topologie auf X.

• Ist X endlich, so ist $\mathcal{T}_{cf} = \mathcal{P}(X)$ die diskrete Toplogie und alles trivial.

• Sei also X unendlich. Dann liegt jede unendliche Teilmenge von X, insbesondere jede abzählbar unendliche dicht in X. Also ist $(X, \mathcal{T}_{cf})$ separabel.

• Ist X abzählbar, so ist die Menge aller endlichen Teilmengen von X abzählbare Vereinigung von abzählbaren Mengen, also abzählbar (Diagonalverfahren). Also ist $\mathcal{T}_{cf}$ selbst abzählbar und $(X, \mathcal{T}_{cf})$ ein A_2- und damit auch ein A_1-Raum.

• Ist X überabzählbar, so ist $(X, \mathcal{T}_{cf})$ kein A_1- und damit auch kein A_2-Raum. Angenommen $\mathcal{B} = \{U_n\}$ ist abzählbare Umgebungsbasis eines $x \in X$. Die Komplemente $F_n := X \backslash U_n$ sind endlich, also ist $F := \bigcup F_n$ abzählbar. X ist überabzählbar, also existiert ein $\xi \in X \backslash F = \bigcap U_n$ mit $\xi \neq x$.

$(X, \mathcal{T}_{cf})$ ist ein T_1-Raum, also ist $\{\xi\}$ abgeschlossen und $U := X \backslash \{\xi\}$ eine Umgebung von x, die keine Basisumgebung U_n enthält. Widerspruch.

(B.2)   Zur Sorgenfrey-Topologie $\mathcal{T}_{hI}$ auf $\mathbb{R}$ siehe A.6-12.

• $(\mathbb{R}, \mathcal{T}_{hI})$ ist separabel. Z.B. ist $\mathbb{Q}$ eine abzählbare dichte Teilmenge.

• Zu jedem Punkt $x \in \mathbb{R}$ ist $\{\ [x, x + \frac{1}{n}[\ |\ n \in \mathbb{N}\ \}$ eine abzählbare Umgebungsbasis, also ist $(\mathbb{R}, \mathcal{T}_{hI})$ ein A_1-Raum.

- $(\mathbb{R}, \mathcal{T}_{hI})$ ist auch ein Lindelöf-Raum.

Sei nämlich $\mathfrak{U} = \{ U_i \,|\, i \in I \}$ eine $\mathcal{T}_{hI}$-offene Überdeckung von $\mathbb{R}$ und U_i° das euklidische Innere von U_i. Dann ist $\mathfrak{U}^\circ := \{U_i^\circ\}_{i \in I}$ eine euklidisch offene Überdeckung von $B := \bigcup_{i \in I} U_i^\circ \subset \mathbb{R}$.

In der euklidischen Topologie ist jeder Teilraum von $\mathbb{R}$ ein Lindelöf-Raum, also auch B. Also gibt es eine abzählbare Teilüberdeckung $\{U_{i_n}^\circ\}_{n \in \mathbb{N}} \subset \mathfrak{U}^\circ$. Die entsprechenden Mengen $U_{i_n} \in \mathfrak{U}$ überdecken ebenfalls B.

Das Komplement $A := \mathbb{R}\backslash B$ ist abzählbar. Zu jedem $a \in A$ gibt es nämlich ein $b_a > a$ mit $\,]a, b_a[\cap A = \emptyset$. Diese Intervalle sind disjunkt und da jedes eine rationale Zahl enthält, kann es nur abzählbar viele davon geben. Also wird auch A bereits durch eine abzählbare Teilüberdeckung aus $\mathfrak{U}$ überdeckt, und damit auch $\mathbb{R} = A \cup B$.

- $(\mathbb{R}, \mathcal{T}_{hI})$ ist kein A_2-Raum. Sonst müsste es eine abzählbare Basis der Form $\mathcal{B} = \{\, [x_n, y_n[\,\,|\,\, n \in \mathbb{N} \,\}$ geben **(E.1)**. Für $\xi \in \mathbb{R}$ mit $\xi \neq x_n$ für alle n ist aber z.B. $[\xi, \xi + 1[$ nicht Vereinigung von Mengen aus $\mathcal{B}$.

(B.3) • Die Intervalle $]\alpha, \beta[$ und $[0, \beta[$ mit $\alpha < \beta < \omega_1$ bilden eine Basis von $\mathcal{T}_<$ auf $\Omega_0 = [0, \omega_1[$. Also ist Ω_0 ein A_2- und damit auch A_1-Raum.

- Ω ist kein A_1- und damit auch kein A_2-Raum.

Sind nämlich $\beta_k < \omega_1$ abzählbar viele abzählbare Ordinalzahlen, so ist auch $\beta := \sup_k \beta_k < \omega_1$. Also kann ω_1 keine abzählbare Umgebungsbasis besitzen.

$\boxed{\text{C}}$ Die euklidische Gerade $(\mathbb{R}, \mathcal{T}_{eu})$ ist ein A_2-Raum. Durch

$$x \sim y \qquad :\Longleftrightarrow \qquad x = y \text{ oder } x, y \in \mathbb{N} \tag{4}$$

wird eine Äquivalenzralation auf $\mathbb{R}$ definiert. $\mathbb{R}_\sim$ mit der Quotiententopologie ist nicht mal ein A_1-Raum. $\mathbb{N} \in \mathbb{R}_\sim$ besitzt keine abzählbare Umgebungsbasis!

Beweis indirekt: Angenommen $\{U_n\}$ ist eine abzählbare Umgebungsbasis von $\mathbb{N} \in \mathbb{R}_\sim$. Sei $\pi \colon \mathbb{R} \to \mathbb{R}_\sim$ die kanonische Surjektion. Dann enthalten die Urbilder $\pi^{-1}(U_n)$ Kugeln $B_{\varepsilon_n}(n)$. Für $U := \bigcup_{n \in \mathbb{N}} B_{\varepsilon_n/2}(n)$ ist $\pi(U)$ offene Umgebung von $\mathbb{N} \in \mathbb{R}_\sim$, die keine Basisumgebung U_i enthält. Widerspruch.

Für ein anderes Beispiel siehe 9.2.D.2.

$\boxed{\text{D}}$ Sind in einem topologischen Raum beliebige Durchschnitte offener Mengen wieder offen, so besitzt jeder Punkt eine kleinste Umgebung, nämlich den Durchschnitt aller Umgebungen. Also besitzt jeder Punkt eine einelementige Umgebungsbasis und ist daher ein A_1-Raum.

$\boxed{\text{E}}$ **(E.1)**   Jeder A_2-Raum ist ein Lindelöf-Raum!

Sei $(X, \mathcal{T})$ ein topologischer Raum, der das 2. Abzählbarkeitsaxiom erfüllt. Sei $\mathcal{B} = \{G_n\}$ eine abzählbare Basis von $\mathcal{T}$ und $\mathfrak{U}$ eine Überdeckung von X.

Sei $\mathcal{B}' = \{ G_n \in \mathcal{B} \,|\, \exists U \in \mathfrak{U} \ : \ G_n \subset U \}$. Als Teilmenge von $\mathcal{B}$ ist $\mathcal{B}'$ ebenfalls abzählbar. Die $U \in \mathfrak{U}$ sind Vereinigung von Basismengen $G_n \in \mathcal{B}$. Also ist auch $\mathcal{B}'$ eine Überdeckung von X.

Zu jedem $G \in \mathcal{B}'$ wähle man ein $U_G \in \mathfrak{U}$ mit $G \subset U_G$. Diese bilden eine abzählbare Teilüberdeckung von $\mathfrak{U}$.

Bsp.: $(\mathbb{R}, \mathcal{T}_{hI})$ ist ein Lindelöf-, aber kein A_2-Raum **(B.2)**.

(E.2) Sei $(X, \mathcal{T})$ ein topologischer Raum mit abzählbarer Basis $\mathcal{B} = \{G_n\}$.

Wählt man aus jedem $G_n \neq \emptyset$ ein $x_n \in G_n$, so erhält man eine abzählbare dichte Teilmenge von X.

- $(\mathbb{R}, \mathcal{T}_{cf})$ ist separabel, aber kein A_1-, also auch kein A_2-Raum **(B.1)**. In diesem Raum liegt jede unendliche Teilmenge dicht.

Auch $(\mathbb{R}, \mathcal{T}_{hI})$ ist separabel und kein A_2-Raum **(B.2)**.

(E.3) • Sei (X, d) ein (pseudo-) metrischer Lindelöf-Raum. Für jedes $\varepsilon > 0$ existiert eine abzählbare Teilüberdeckung $\{ B_\varepsilon(x_{n,\varepsilon}) \,|\, n \in \mathbb{N} \}$ der offenen Überdeckung $\{ B_\varepsilon(x) \,|\, x \in X \}$ von X.

$A := \{ x_{n,1/k} \,|\, n, k \in \mathbb{N} \}$ ist abzählbar und dicht in X. Also ist X separabel.

Sei nämlich $G \subset X$ offen und $x \in G$. Sei $k \in \mathbb{N}$ derart, dass $B_{1/k}(x) \subset G$.

x liegt in einer Kugel $B_{1/k}(x_{n,1/k})$. Dann ist $x_{n,1/k} \in B_{1/k}(x) \subset G$.

Also ist $A \cap G \neq \emptyset$. Fertig.

- Sei (X, d) (pseudo-) metrisch und separabel. Sei $\{x_n\}$ eine abzählbare dichte Teilmenge von X. Dann ist $\mathcal{B} := \{ B_{1/k}(x_n) \,|\, n, k \in \mathbb{N} \}$ eine abzählbare Basis der Topologie von (X, d). Also ist (X, d) ein A_2-Raum.

Sei nämlich $G \subset X$ offen und $x \in G$. Sei $k \in \mathbb{N}$ derart, dass $B_{1/k}(x) \subset G$. Sei $n \in \mathbb{N}$ derart, dass $x_n \in B_{1/2k}(x)$.

Dann ist $x \in B_{1/2k}(x_n) \subset B_{1/k}(x) \subset G$ und $B_{1/2k}(x_n) \in \mathcal{B}$.

- Nach Aufgabe **(E.1)** ist jeder A_2-Raum ein Lindelöf-Raum.

F Seien X und Y topologische Räume und $f\colon X \to Y$ stetig und surjektiv.

Sei $A \subset X$ eine abzählbare dichte Teilmenge von X. Dann ist $f(A)$ abzählbar und wegen der Stetigkeit von f gilt (siehe 2.4-5(iv))

$$Y = f(\overline{A}) \subset \overline{f(A)} \subset Y \ . \tag{5}$$

Also ist $f(A)$ dicht in $Y = f(X)$. Also ist Y separabel.

G **(G.1)** Unterräume von Lindelöf-Räumen sind i.a. keine Lindelöf-Räume!

Sei z.B. X eine beliebige überabzählbare Menge und $\xi \in X$. Dann ist

$$\mathcal{T} := \{ G \subset X \,|\, \xi \notin G \text{ oder } X \backslash G \text{ abzählbar} \} \tag{6}$$

eine Topologie auf X und $(X, \mathfrak{T})$ ist ein Lindelöf-Raum.

Dagegen ist der offene Unterraum $X \backslash \{\xi\}$ kein Lindelöf-Raum, da die offene Überdeckung $\mathfrak{U} := \big\{ \{x\} \mid x \neq \xi \big\}$ keine abzählbare Teilüberdeckung enthält.

Ein anderes Beispiel liefert der Ordinalzahlraum $\Omega = [0, \omega_1]$ (A.6-10).

Er ist ein Lindelöf-Raum. Der offene Teilraum $\Omega_0 = [0, \omega_1[$ ist aber regulär und nicht parakompakt, kann also kein Lindelöf-Raum sein.

- Abgeschlossene Unterräume von Lindelöf-Räumen sind Lindelöf-Räume!

Sei X ein Lindelöf-Räum und $\mathfrak{U}$ eine offene Überdeckung des abgeschlossenen Unterraums $F \subset X$. Dann ist $\mathfrak{U} \cup \{X \backslash F\}$ eine offene Überdeckung von X und enthält daher eine abzählbare Teilüberdeckung $\mathfrak{U}'$ von X.

Dann ist $\mathfrak{U}' \backslash \{X \backslash F\}$ eine abzählbare Teilüberdeckung von $\mathfrak{U}$.

(G.2) Sei X ein Lindelöf-Raum und $f \colon X \to Y$ stetig und surjektiv.

Ist $\mathfrak{U}$ eine offene Überdeckung von Y, so ist $\big\{ f^{-1}(G) \mid G \in \mathfrak{U} \big\}$ eine offene Überdeckung von X. Sei $\{U_n\}$ eine abzählbare Teilüberdeckung von $\mathfrak{U}$.

Zu jedem U_n wähle man ein $V_n \in \mathfrak{U}$ mit $U_n = f^{-1}(V_n)$. Dann ist $\{V_n\}$ eine abzählbare Teilüberdeckung von $\mathfrak{U}$.

(G.3) Die Sorgenfrey-Gerade $(\mathbb{R}, \mathfrak{T}_{hI})$ ist ein Lindelöf-Raum **(B.2)**.

Dagegen ist ihr Produkt mit sich selbst, also die Ebene $\mathbb{R}^2$ mit der halboffenen Rechteckstopologie $\mathfrak{T}_{hR}$ kein Lindelöf-Raum. In ihr ist nämlich die Nebendiagonale $\Delta' := \big\{ (x, y) \mid y = -x \big\}$ abgeschlossen, diskret und überabzählbar, also kein Lindelöf-Raum. Nach Teil **(G.1)** sind aber abgeschlossene Unterräume von Lindelöf-Räumen ebenfalls Lindelöf-Räume.

- Das stetige Bild eines Lindelöf-Raumes ist ein Lindelöf-Raum **(G.2)**. Die kanonischen Projektionen $\pi_j \colon \prod X_i \to X_j$ sind stetig. Ist also ein Produkt $\prod X_i$ ein Lindelöf-Raum, so muss jedes X_i ein Lindelöf-Raum sein.

$\boxed{\text{H}}$ Wir zeigen, dass ein T_3-Lindelöf-Raum ein T_4-Raum ist.

Seien A und B disjunkte abgeschlossene Teilmengen des T_3-Lindelöf-Raums $(X, \mathfrak{T})$. Zu jedem $x \in A$ gibt es ein $G \in \mathfrak{T}$ mit $x \in G$ und $\overline{G} \cap B = \emptyset$. Analog für B. Also sind

$$\mathfrak{U} := \big\{ U \in \mathfrak{T} \mid \overline{U} \cap B = \emptyset \big\} \quad \text{und} \quad \mathfrak{V} := \big\{ V \in \mathfrak{T} \mid \overline{V} \cap A = \emptyset \big\} \qquad (7)$$

offene Überdeckungen von A bzw B. Da X ein Lindelöf-Raum ist, besitzen sie abzählbare Teilüberdeckungen $\{U_n\}$ und $\{V_n\}$. Seien

$$U'_n := U_n \backslash \bigcup \big\{ \overline{V_m} \mid m \leq n \big\} \quad \text{und} \quad V'_n := V_n \backslash \bigcup \big\{ \overline{U_m} \mid m \leq n \big\}. \qquad (8)$$

Dann gilt $U'_n \cap V'_m = \emptyset$ für alle $n, m \in \mathbb{N}$. Daher sind

$$U' := \bigcup \big\{ U'_n \mid n \in \mathbb{N} \big\} \quad \text{und} \quad V' := \bigcup \big\{ V'_n \mid n \in \mathbb{N} \big\} \qquad (9)$$

disjunkte (offene) Umgebungen von A bzw B.

Einpunktige Mengen sind abgeschlossen in $(\mathbb{R}, \mathcal{T}_{eu})$ (sogar in jedem T_1-Raum). Also ist jede abzählbare Menge und damit auch $\mathbb{Q}$ eine F_σ-Menge in $\mathbb{R}$.

Angenommen, $\mathbb{Q}$ ist eine G_δ-Menge, etwa $\mathbb{Q} = \bigcap_{n \in \mathbb{N}} G_n$ mit offenen Teilmengen $G_n \subset \mathbb{R}$. Dann gilt $\mathbb{Q} \subset G_n$ für alle n, also sind alle abgeschlossenen Komplemente $F_n := \mathbb{R} \backslash G_n$ nirgends dicht.

Sei (r_n) eine Abzählung von $\mathbb{Q}$. Dann ist auch $F_n \cup \{r_n\}$ nirgends dicht und

$$\mathbb{R} = (\mathbb{R} \backslash \bigcap G_n) \cup \mathbb{Q} = \bigcup_{n \in \mathbb{N}} (F_n \cup \{r_n\}) \tag{10}$$

mager (von 1. Kategorie). Widerspruch zum Kategoriensatz von Baire (4.4-6).

Die Menge der Unstetigkeitsstellen einer Funktion $f \colon X \to Y$ zwischen zwei metrischen Räumen ist eine F_σ-Menge. Siehe dazu Aufgabe 9.4.E. Also gibt es keine Funktion $f \colon \mathbb{R} \to \mathbb{R}$, die genau in den irrationalen Punkten unstetig, bzw genau in den rationalen Punkten stetig ist.

Sei X ein topologischer Raum und $f = \lim f_n$ punktweiser Limes stetiger Funktionen $f_n \colon X \to \mathbb{R}$. Sei

$$A_{n,m} := \bigcap_{k \geq n} \left\{ x \in X \mid |f_k(x) - f_n(x)| \leq \tfrac{1}{m} \right\}. \tag{11}$$

$A_{n,m}$ ist Durchschnitt abgeschlossener Mengen, also abgeschlossen. Also ist der Rand $\partial A_{n,m}$ nirgends dicht (9.1.I) und daher $A := \bigcup_{n,m} \partial A_{n,m}$ mager.

Im folgenden wird gezeigt, dass

$$Unst(f) := \left\{ \xi \in X \mid f \text{ unstetig in } \xi \right\} \subset A, \tag{12}$$

also ebenfalls mager ist. Sei f unstetig in $x \in X$. Also

$$\exists \varepsilon > 0 \; \forall U \in \mathcal{U}(x) \; \exists y \in U \; : \; |f(y) - f(x)| \geq \varepsilon. \tag{13}$$

Wähle $m \in \mathbb{N}$ mit $\tfrac{1}{m} < \tfrac{\varepsilon}{3}$. Wähle $n \in \mathbb{N}$ mit $|f_k(x) - f(x)| < \tfrac{1}{2m}$ für alle $k \geq n$. Dann gilt für alle $k \geq n$:

$$|f_k(x) - f_n(x)| \leq |f_k(x) - f(x)| + |f(x) - f_n(x)| \leq \tfrac{1}{m}. \tag{14}$$

Also ist $x \in A_{n,m}$.   *Annahme:* $x \in A_{n,m}^\circ$.
Dann existiert eine Umgebung $U \in \mathcal{U}(x) \subset A_{n,m}$. Wegen der Stetigkeit von f_n kann man nach evt. Verkleinerung von U annehmen, dass $|f_n(x) - f_n(y)| < \tfrac{1}{m}$ für alle $y \in U$. Dann gilt für alle $y \in U$:

$$|f(x) - f(y)| \leq |f(x) - f_n(x)| + |f_n(x) - f_n(y)| + |f_n(y) - f(y)|$$
$$\leq 3 \cdot \tfrac{1}{m} < \varepsilon. \tag{15}$$

Widerspruch zu (13).

K Sei (X, d) vollständiger metrischer Raum, Y normiert und $\mathcal{F} \subset C(X, Y)$ punktweise beschränkt, d.h. es ist

$$\sup \{ \, \|f(x)\| \mid f \in \mathcal{F} \, \} \; < \; \infty \qquad \text{für alle } x \in X \; . \tag{16}$$

Dann sind die Mengen

$$A_k \; := \; \bigcap_{f \in \mathcal{F}} \{ \, x \in X \mid \|f(x)\| \leq k \, \} \quad (k \in \mathbb{N}) \tag{17}$$

abgeschlossen und wegen der punktweisen Beschränktheit von $\mathcal{F}$ liegt jedes $x \in X$ in einem A_k.

Nach dem Baireschen Kategoriensatz (4.4-6) ist X nicht abzählbare Vereinigung nirgends-dichter Mengen. Also gibt es ein k_0 derart, dass das Innere $A_{k_0}^\circ \neq \emptyset$ ist. Wähle nun $x_0 \in A_{k_0}^\circ$ und $\varepsilon > 0$ mit $B_\varepsilon(x_0) \subset A_{k_0}^\circ$. Dann gilt

$$\big\| f(x) \big\| \; < \; k_0 \quad \text{für alle } f \in \mathcal{F} \text{ und alle } x \in X \text{ mit } d(x, x_0) < \varepsilon \; . \tag{18}$$

Also ist $\mathcal{F}$ auf der nichtleeren offenen Menge $B_\varepsilon(x_0)$ gleichmäßig beschränkt.

L Angenommen, $I := [0, 1]$ ist Vereinigung von mindestens zwei und höchstens abzählbar vielen disjunkten, abgeschlossenen Mengen $A_n \neq \emptyset$. Sei

$$B \; := \; \bigcup \partial A_n \; = \; [0, 1] \setminus \bigcup A_n^\circ \; . \tag{19}$$

Beh.1: B ist nirgends dicht in I.
Dafür reicht zu zeigen, dass jedes echte Intervall $J \subset I$ ein offenes Intervall $\emptyset \neq L \subset J$ enthält mit $L \cap B = \emptyset$.

Ein echtes Intervall $J \subset I$ ist von 2. Kategorie. Nach Baire liegt ein A_n dicht in einem offenen Teilintervall $\emptyset \neq L \subset J$.
Da A_n abgeschlossen ist, liegt $L \subset A_n^\circ$, also ist $L \cap B = \emptyset$.

Beh.2: Für jedes offene Intervall J gilt

$$J \cap \partial A_n \; \neq \; \emptyset \quad \Longrightarrow \quad J \cap \big(B \setminus \partial A_n\big) \; \neq \; \emptyset \; . \tag{20}$$

Ist $x \in J \cap \partial A_n$, so trifft J auch $I \setminus A_n$. Sei etwa $u \in J \cap I \setminus A_n$, etwa $u \in A_m$ mit einem $m \neq n$. Ist $u \in \partial A_m$, so sind wir fertig.

Ist $J \cap \partial A_m = \emptyset$, so ist $A_m^\circ \cap J \neq J$ eine nichtleere, offene und relativ abgeschlossene Teilmenge von J. In einem Intervall J gibt es so etwas nicht.
Also ist $J \cap \partial A_m \neq \emptyset$ und damit $J \cap \big(B \setminus \partial A_n\big) \neq \emptyset$.

Nun ist B als abgeschlossener Teilraum von $[0, 1]$ ein vollständiger metrischer Raum, also von zweiter Kategorie (in sich). Also muss ein ∂A_n in einer relativ offenen Teilmenge von B dicht sein. $B \cap J$ dicht sein. Es gibt also ein offenes Intervall J in $[0, 1]$ derart, dass $J \cap B \subset \overline{\partial A_n} = \partial A_n$.

Widerspruch zu Beh.2.

10.4 Kompaktheit

(siehe auch 10.5.M, 10.6.H, 11.3.H, 11.3.I)

Beweisen Sie die Äquivalenz der Kompaktheitsbedingungen aus Satz 3.4-4.

Durchschnitte kompakter Mengen sind i.a. nicht kompakt.
Durchschnitte kompakter abgeschlossener Mengen sind stets kompakt.

1) Abgeschlossene Teilmengen eines kompakten Raumes sind kompakt.

2) In T_2-, aber i.a. nicht in T_3-Räumen sind kompakte Mengen abgeschlossen.

3) Abgeschlossene Hüllen kompakter Teilmengen eines topologischen Raums sind i.a. nicht kompakt. In T_2- oder T_3-Räumen ist dies der Fall.

1) Aus der Kompaktheit folgt keins der Trennungsaxiome T_0 bis T_5.

2) Kompakte T_2-Räume sind normal und damit auch regulär.

3) Kompakte T_3-Räume sind auch T_4-Räume.

Kompakte Teilmengen metrischer Räume besitzen abzählbare dichte Teilmengen, sind also separabel. Für allgemeine topologische Räume ist dies falsch.

Seiem (X, d) ein metrischer Raum, $A \subset X$ kompakt und $\mathcal{U}$ eine offene Überdeckung von A. Dann gibt es ein $\delta > 0$ derart, dass jede δ-Umgebung eines Punktes $a \in A$ in einer Überdeckungsmenge $U \in \mathcal{U}$ enthalten ist.

Seien X, Y topologische Räume, Y hausdorffsch, X kompakt und $f: X \to Y$ stetig und injektiv. Dann ist $f^{-1}: f(X) \to X$ stetig.

Sei $(X, <)$ eine linear geordnete Menge. X ist bzgl der Ordnungstopologie genau dann kompakt, wenn $(X, <)$ beschränkt und ordnungsvollständig ist.

Jede kompakte Menge in $(\mathbb{R}, \mathcal{T}_{hI})$ ist abzählbar und euklidisch nirgends dicht.

Sei $X \neq \emptyset$. Welche Teilmengen von X sind bzgl der cofiniten oder der coabzählbaren Topologie $\mathcal{T}_{cf}$ bzw $\mathcal{T}_{ca}$ kompakt.

Sind unendlich viele X_i nicht kompakt, so ist jede kompakte Teilmenge des Produktraums $\prod X_i$ nirgends dicht.

Sei $R > 0$ und $\mathcal{A} := \left\{ \, F \subset \mathbb{R}^n \mid F \text{ kompakt}, \emptyset \neq F \subset \overline{B_R(0)} \, \right\}$ zusammen mit der Hausdorff-Metrik ϱ (10.6.J). Dann ist $(\mathcal{A}, \varrho)$ kompakt.

Lösungen:

$\boxed{\text{A}}$ Sei $(X, \mathfrak{T})$ ein topologischer Raum. Zu zeigen ist die Äquivalenz von

    (i) X ist (überdeckungs-) kompakt.

    (ii)   Jede Familie $\mathfrak{F} = \{\, F_j \mid j \in J \,\}$ abgeschlossener Teilmengen von X mit $\bigcap\{\, F_j \mid j \in J \,\} = \emptyset$ enthält eine endliche Teilfamilie $\{F_{j_1}, \ldots, F_{j_m}\}$ mit leerem Durchschnitt.

    (iii)   Jede Filterbasis aus abgeschlossenen Teilmengen von X hat einen nichtleeren Durchschnitt.

    (iv)   Jeder Filter auf X besitzt einen Berührungspunkt in X.

    (v)   Jedes Netz in X besitzt einen Häufungswert in X.

    (vi)   Jeder Ultrafilter auf X ist konvergent.

    (vii)   Jede Schachtelung abgeschlossener nichtleerer Teilmengen hat nichtleeren Durchschnitt.

- $(i) \Leftrightarrow (ii)$:   Durch Übergang zu Komplementen.

- $(ii) \Rightarrow (iii)$:   Indirekt. Endlich viele Elemente eines Filters haben stets nichtleeren Durchschnitt (2.2-1).

- $(iii) \Rightarrow (iv)$:   Direkt nach Def. 2.2-8 von Berührungspunkten von Filtern.

- $(iv) \Rightarrow (vi)$:   Die Berührungspunkte eines Ultrafilters sind genau seine Grenzwerte (9.3.F.3).

- $(vi) \Rightarrow (i)$:   Sei $\mathfrak{U}$ eine offene Überdeckung von X ohne endliche Teilüberdeckung. Dann ist

$$\mathfrak{B} := \left\{\, X \backslash \bigcup \mathfrak{C} \ \middle| \ \mathfrak{C} \text{ endliche Teilmenge von } \mathfrak{U} \,\right\} \tag{1}$$

eine Filterbasis, also in einem Ultrafilter $\mathfrak{F}$ enthalten. Nach Voraussetzung hat $\mathfrak{F}$ einen Grenzwert $x \in X$. So ein x ist Berührungspunkt von $\mathfrak{B}$. Da alle Elemente von $\mathfrak{B}$ abgeschlossen sind, ist $x \in \bigcap \mathfrak{F} = X \backslash \bigcup \mathfrak{U}$. Widerspruch.

- $(iv) \Rightarrow (v)$:   Sei $\{x_i\}_{i \in I}$ ein Netz in X. Die Endstücke $E_i := \{x_j\}_{j \geq i}$ besitzen die endliche Durchschnittseigenschaft, d.h. je endlich viele von ihnen haben nichtleeren Durchschnitt. Dann haben auch ihre Hüllen $\overline{E_i}$ diese Eigenschaft. Wegen (ii) gibt es ein $x \in X$ mit $x \in \overline{E_i}$ für alle $i \in I$. Nach Satz 2.3-9 ist so ein x Häufungswert des Netzes $\{x_i\}_{i \in I}$.

- $(v) \Rightarrow (iv)$:   Sei $\mathfrak{F}$ ein Filter auf X und $\Phi = \{x_F\}_{F \in \mathfrak{F}}$ ein zu $\mathfrak{F}$ gehörendes Netz. Dies besitzt nach Voraussetzung einen Häufungswert ξ in X. Ein solches ξ ist auch Häufungswert von $\mathfrak{F}$ (vgl 9.3.I.4).

- $(ii) \Rightarrow (vii)$:   Klar.

- $(vii) \Rightarrow (ii)$:   Sei $\mathfrak{F} = \{\, F_j \mid j \in J \,\}$ eine Familie abgeschlossener Teilmengen von X mit der endlichen Durchschnittseigenschaft, d.h. je endlich viele von ihnen haben nichtleeren Durchschnitt. Sei $\mathcal{M} \supset \mathcal{F}$ eine maximale Familie abgeschlossener Teilmengen von X mit der endlichen Durchschnittseigenschaft und $\mathcal{S}$ eine maximale Schachtelung in $\mathcal{M}$. Diese hat nach Voraussetzung nichtleeren Durchschnitt, also auch $\mathcal{F}$.

Der Durchschnitt zweier kompakter Teilmengen eines topologischen Raums ist i.a. nicht kompakt. Betrachte dafür das Produkt von $\mathbb{R}$ mit dem indiskreten Raum $\{0,1\}$ und die Teilmengen

$$D :=]0,1[\times\{0,1\} \; ;$$
$$D_0 := D \cup \{(0,0),(1,0)\} \; ; \qquad (2)$$
$$D_1 := D \cup \{(0,1),(1,1)\} \; .$$

Dann sind D_1 und D_2 kompakt, der Durchschnitt $D = D_1 \cap D_2$ nicht.

• Aber beliebige Durchschnitte abgeschlossener und kompakter Mengen sind abgeschlossen und kompakt. Dies folgt sofort aus **(C.1)**

• In T_2-Räumen sind beliebige Durchschnitte kompakter Mengen kompakt, da dort kompakte Mengen stets abgeschlossen sind.

(C.1)   Sei A abgeschlossene Teilmenge eines kompakten Raumes X. Ist $\mathcal{U}$ offene Überdeckung von A, so ist $\mathcal{U}' := \mathcal{U} \cup \{X \backslash A\}$ offene Überdeckung von X, besitzt also eine endliche Teilüberdeckung $\mathcal{U}'_e$. Dann ist $\mathcal{U}_e := \mathcal{U}'_e \backslash \{X \backslash A\}$ eine endliche Teilmenge von $\mathcal{U}$, die A überdeckt. Also ist A kompakt.

(C.2)   Sei X hausdorffsch, $K \subset X$ kompakt und $x \in X \backslash K$.
Zu jedem $y \in K$ gibt es (o.B.d.A. offene) Umgebungen U_y von y und V_y von x mit $U_y \cap V_y = \emptyset$. Dann ist $\mathcal{U} := \{U_y \mid y \in K\}$ eine offene Überdeckung von K. Da K kompakt ist, gibt es $y_1, \ldots, y_m \in K$ mit $K \subset U := \bigcup_{j=1}^{m} U_{y_j}$.
Dann ist $V := \bigcap_{j=1}^{m} V_{y_j}$ eine Umgebung von x mit $U \cap V = \emptyset$.

Insbesondere enthält das Komplement einer kompakten Teilmenge eines Hausdorff-Raums nur innere Punkte, ist also offen. Also sind kompakte Teilmengen von T_2-Räumen abgeschlossen.

• In T_3-Räumen sind kompakte Teilmengen i.a. nicht abgeschlossen.
Die indiskrete Topologie $\mathcal{T}_{ind} = \{\emptyset, X\}$ liefert triviale Beispiele.

(C.3)   Sei $(X_\infty, \mathcal{T}_\infty)$ abgeschlossene Erweiterung (A.6-4) eines unendlichen diskreten Raums $(X, \mathcal{T}_{dis})$. Dann ist $\{\infty\} \subset X_\infty$ kompakt.
Die Hülle $\overline{\{\infty\}} = X_\infty$ ist nicht kompakt.

• In T_2-Räumen kann so etwas nicht passieren, da eine kompakte Teilmenge eines Hausdorff-Raumes stets abgeschlossen ist (siehe **(C.2)**).

• Sei X ein T_3-Raum und $A \subset X$ kompakt. Dann ist auch $\overline{A}$ kompakt.

Beweis: Gezeigt wird zunächst, dass A eine Umgebungsbasis aus abgeschlossenen Mengen besitzt.

Sei W Umgebung von A. Da X T_3-Raum ist, gibt es zu jedem $x \in A$ eine offene Umgebung U_x mit $\overline{U_x} \subset W$. Da A kompakt ist, gibt es $x_1, \ldots x_n \in A$ mit

$$A \subset \bigcup_{j=1}^{m} U_{x_j} \subset \bigcup_{j=1}^{m} \overline{U_{x_j}} = \overline{\bigcup_{j=1}^{m} U_{x_j}} \subset W . \tag{3}$$

- Sei nun A kompakt und $\mathfrak{U}$ eine offene Überdeckung von $\overline{A}$ und damit von A. Seien $U_1, \ldots, U_m \in \mathfrak{U}$ mit $A \subset U := U_1 \cup \ldots \cup U_m$.

U ist eine Umgebung von A. Nach dem 1. Teil gibt es eine abgeschlossene Umgebung $V \subset U$ von A. Dann ist $\overline{A} \subset V \subset U$. Also ist $\{U_1, \ldots, U_m\} \subset \mathfrak{U}$ eine endliche Teilüberdeckung von $\overline{A}$.

D | **(D.1)**   Der indiskrete Raum $X_1 := \{0,1\}$ ist kompakt und weder T_0-, noch T_1-, noch T_2-Raum.

$X_2 := \{a,b,c\}$ mit der Topologie $\mathcal{T} := \big\{\emptyset, \{a\}, \{b\}, \{a,b\}, \{a,b,c\}\big\}$ ist kompakt, erfüllt aber keins der Trennungsaxiome T_1 bis T_5.

Die topologische Summe von X_1 und X_2 ist kompakt und erfüllt keins der Trennungsaxiome T_0 bis T_5.

(D.2)   Seien A, B zwei disjunkte abgeschlossene Teilmengen des kompakten T_2-Raumes X. Nach Aufgabe **(C.1)** sind sie kompakt. Nach dem Beweis von **(C.2)** gibt es zu jedem $a \in A$ offene Umgebungen U_a von a und V_a von B mit $U_a \cap V_a = \emptyset$.

$$\mathfrak{U} := \big\{ U_a \mid a \in A \big\} \tag{4}$$

ist eine offene Überdeckung von A, besitzt also eine endliche Teilüberdeckung $\{U_{a_1}, \ldots, U_{a_n}\}$. Dann sind

$$U := \bigcup_{j=1}^{n} U_{a_j} \quad \text{und} \quad V := \bigcap_{j=1}^{n} V_{a_j} \tag{5}$$

disjunkte Umgebungen von A und B. Also ist X normal und damit auch regulär.

(D.3)   Der Beweis läuft analog zur letzten Aufgabe. Seien A, B zwei disjunkte abgeschlossene Teilmengen des kompakten T_3-Raumes X. Nach Aufgabe **(C.1)** sind sie kompakt. Wegen der T_3-Bedingung gibt es zu jedem $a \in A$ offene Umgebungen U_a von a und V_a von B mit $U_a \cap V_a = \emptyset$. Wegen der Kompaktheit von A gibt es eine endliche Teilüberdeckung $\{U_{a_1}, \ldots, U_{a_n}\}$ von A. Wiederum sind die Mengen U, V aus (5) disjunkte Umgebungen von A und B. Also ist X ein T_4-Raum.

E | Sei $K \subset X$ eine kompakte Teilmenge des metrischen Raumes (X, d). Für jedes $n \in \mathbb{N}$ ist die Menge

$$\mathfrak{U}_n := \big\{ B_{1/n}(x) \mid x \in K \big\} \tag{6}$$

der $1/n$-Umgebungen eine offene Überdeckung von K, besitzt also eine endliche Teilüberdeckung $\mathfrak{E}_n = \{B_{1/n}(x_{n,1}), \ldots, B_{1/n}(x_{n,k_n})\}$.

Man kann o.B.d.A. annehmen, dass alle $B_{1/n}(x_{n,k}) \cap K \neq \emptyset$ sind. Wählt man aus jedem $B_{1/n}(x_{n,k})$ einen Punkt $y_{n,k} \in K$ aus, so ist

$$A := \{ y_{n,k} \mid n \in \mathbb{N}, \ k = 1, \ldots, k_n \} \tag{7}$$

eine abzählbare Vereinigung endlicher Mengen, also abzählbar.

A liegt dicht in K. Seien nämlich $x \in K$ und $\varepsilon > 0$ beliebig. Zu $1/n < \varepsilon/2$ gibt es ein $B_{1/n}(x_{n,k}) \in \mathfrak{E}_n$ mit $x \in B_{1/n}(x_{n,k})$. Wegen $B_{1/n}(x_{n,k}) \subset B_\varepsilon(x)$ liegt das entsprechende $y_{n,k} \in B_\varepsilon(x)$. Also ist $x \in \overline{A}$.

• Kompakte Teilmengen beliebiger topologischer Räume sind i.a. nicht separabel. Zum Beispiel ist die offene Erweiterung $(X_\infty, \mathfrak{T}_{c\infty})$ (A.6-3) eines überabzählbaren diskreten Raums kompakt, aber nicht separabel.

Sei $\mathfrak{U}$ eine offene Überdeckung einer kompakten Teilmenge $A \subset X$ eines metrischen Raumes (X, d). Wegen der Offenheit der Mengen $U \in \mathfrak{U}$ gibt es zu jedem $x \in A$ ein $\varepsilon = \varepsilon(x)$ derart, dass $B_{2\varepsilon(x)}(x) \subset U$ für ein $U \in \mathfrak{U}$.

$$\mathcal{B}' := \{ B_{\varepsilon(x)}(x) \mid x \in A \} \tag{8}$$

ist eine offene Überdeckung von A und besitzt eine endliche Teilüberdeckung $\{B_{\varepsilon(x_1)}(x_1), \ldots, B_{\varepsilon(x_n)}(x_n)\}$. Sei $\delta := \min\{\varepsilon(x_1), \ldots, \varepsilon(x_n)\}$.

Dann ist jede δ-Umgebung eines Punktes $x \in A$ in einer Überdeckungsmenge $U \in \mathfrak{U}$ enthalten.

Seien nämlich $x \in A$ und $y \in B_{\varepsilon_0}(x)$ beliebig. Sei o.B.d.A. $x \in B_{\varepsilon(x_1)}(x_1)$. Dann ist

$$d(y, x_1) \ \leq \ d(y, x) + d(x, x_1) \ \leq \ \delta + \varepsilon(x_1) \ \leq \ 2\varepsilon(x_1) , \tag{9}$$

also $y \in B_{2\varepsilon(x_1)}(x_1) \subset U$ für ein $U \in \mathfrak{U}$. Fertig.

Seien X und Y topologische Räume, Y hausdorffsch, X kompakt, $f: X \to Y$ stetig und injektiv.

Dann ist $f(X)$ als stetiges Bild der kompakten Menge X ebenfalls kompakt.

Sei A irgendeine abgeschlossene Teilmenge von X. Dann ist A kompakt und damit auch $f(A)$ kompakt. Als kompakte Teilmenge des Hausdorff-Raums Y ist $f(A)$ abgeschlossen.

Also ist das f^{-1}-Urbild $(f^{-1})^{-1}(A) = f(A)$ abgeschlossen. Da A beliebig war, ist die Umkehrfunktion $f^{-1}: f(A) \to X$ stetig.

Die Kompaktheit von X ist wesentlich ! Z.B. ist

$$f: [0, 2\pi[\to \mathbb{C} \quad ; \qquad f(t) := (\cos t, \sin t) \tag{10}$$

eine stetige und injektive Abbildung des nicht-kompakten Intervalls $[0, 2\pi[$ in den Hausdorff-Raum $\mathbb{C}$. Die Umkehrfunktion ist an der Stelle 1 nicht stetig.

$\boxed{\text{H}}$ Zur Ordnungen siehe Anhang A.1-5.

Die linear geordnete Menge $(X, <)$ ist genau dann beschränkt und ordnungsvollständig, wenn jede nichtleere Teilmenge $A \subset X$ ein Supremum und ein Infimum besitzt. Die *Ordnungs-Topologie* $\mathcal{T}_<$ (A.6-9) auf X wird erzeugt von der Subbasis

$$\mathcal{S} := \{ \,]a, \infty[\, \mid a \in X \, \} \cup \{ \,]-\infty, b[\, \mid b \in X \, \} \, . \tag{11}$$

Sei zunächst $\emptyset \neq A \subset X$ eine nichtleere Teilmenge ohne Supremum. Dann ist

$$\mathcal{U} := \{ \,]-\infty, a[\, \mid a \in A \, \} \cup \{ \,]b, \infty[\, \mid b > a \text{ für alle } a \in A \, \} \tag{12}$$

eine offene Überdeckung von X ohne endliche Teilüberdeckung. Also ist X nicht kompakt. Analog für Teilmengen $\emptyset \neq A \subset X$ ohne Infimum.

• Sei umgekehrt $(X, <)$ beschränkt und ordnungsvollständig. Sei $\mathcal{U}$ eine offene Überdeckung von X. Sei $a := \inf X$ und

$$Y := \{ \, x \in X \mid \mathcal{U} \text{ enthält eine endliche Teilüberdeckung von } [a, x[\, \} \, . \tag{13}$$

Sei $b := \sup Y$. Ist $b = \sup X$, so sind wir fertig. Sei also $b < \sup X$ und $b \in U \in \mathcal{U}$. Dann ist $U \subset Y$ und es existiert ein Intervall $]x, y[\subset U$ mit $x < b < y$. Dann ist aber auch $y \in Y$. Widerspruch.

$\boxed{\text{I}}$ Sei zunächst $A \subset \mathbb{R}$ euklidisch dicht etwa im Intervall $(a, b) \subset \mathbb{R}$. Dann gibt es eine streng monoton wachsende Folge (a_n) in A mit $a_n \in A \cap [b - \frac{1}{n}, b[$. Dann bilden die Intervalle

$$]-\infty, a_1[, \; [a_1, a_2[, \; [a_2, a_3[, \; \ldots, \; [b, \infty[\tag{14}$$

eine abzählbare offene Überdeckung von $(\mathbb{R}, \mathcal{T}_{hI})$ ohne endliche Teilüberdeckung. Also ist A nicht abzählbar-kompakt und auch nicht kompakt.

• Sei nun $A \subset \mathbb{R}$ überabzählbar und

$$\beta := \sup \{ \, x \in \mathbb{R} \mid A \cap [x, \infty[\text{ überabzählbar} \, \} \, . \tag{15}$$

Dann existiert eine streng monoton wachsende Folge (a_n) in A mit $a_n \to \beta$ (euklidisch). Ist $\beta < \infty$, so ist $\mathcal{U} := \{ \,]-\infty, a_1[, \; [\beta, \infty[, \; [a_1, a_2[, \; [a_2, a_3[\ldots \}$ eine offene Überdeckung von A ohne endliche Teilüberdeckung. Entsprechend für $\beta = \infty$.

• $K := \{0\} \cup \{ \frac{1}{n} \mid n \in \mathbb{N} \}$ ist ein Beispiel einer unendlichen, in $(\mathbb{R}, \mathcal{T}_{hI})$ kompakten Menge.

J Sei $X \neq \emptyset$. Für alle $\emptyset \neq G \in \mathcal{T}_{cf}$ ist $X \backslash G$ endlich. Also sind alle Teilmengen von X bzgl der cofiniten Topologie $\mathcal{T}_{cf}$ kompakt.

- Ist $A := \{a_n\}_{n \in \mathbb{N}}$ eine abzählbar unendliche Menge, so ist

$$\mathfrak{U} := \big\{ (X \backslash A) \cup \{a_n\} \mid n \in \mathbb{N} \big\} \tag{16}$$

eine $\mathcal{T}_{ca}$-offene Überdeckung von A ohne endliche Teilüberdeckung. Also sind bzgl $\mathcal{T}_{ca}$ genau die endlichen Teilmengen von X kompakt.

K Sei B eine kompakte Teilmenge von $X := \prod_{i \in I} X_i$ und x ein innerer Punkt von B. Dann enthält B eine Basisumgebung von x von der Form

$$U = \bigcap_{i \in J} \pi_i^{-1}(G_i) \quad \text{mit gewissen } G_i \in \mathcal{T}_i \text{ und } J \subset I \text{ endlich.} \tag{17}$$

Für alle $k \in I \backslash J$ ist dann $\pi_k(B) = X_k$ als stetiges Bild einer kompakten Menge B kompakt.

L Sei $R > 0$ und $\mathcal{A} := \big\{ F \subset \mathbb{R}^n \mid F \text{ kompakt}, \emptyset \neq F \subset B := \overline{B_R(0)} \big\}$ zusammen mit der Hausdorff-Metrik ϱ (vgl 10.6.J).

Wir zeigen die Folgenkompaktheit von $(\mathcal{A}, \varrho)$.

Sei nun (F_k) eine Folge in $\mathcal{A}$. Dann sind die Funktionen

$$f_k \colon B \to \mathbb{R} \quad ; \qquad f_k(x) := d(x, F_k) \tag{18}$$

gleichmäßig beschränkt und gleichgradig stetig (10.6.B).

Nach dem Satz von Arzela-Ascoli (4.5-14) gibt es eine Teilfolge (die wir wieder mit (f_k) bezeichnen), die auf der kompakten Kugel B gleichmäßig gegen eine stetige Grenzfunktion $f \in C(B)$ konvergiert.

Sei $A := \{ x \in B \mid f(x) = 0 \}$. Dann ist A abgeschlossen (als stetiges Urbild einer abgeschlossenen Menge) und nichtleer, also $A \in \mathcal{A}$.

Wäre nämlich $A = \emptyset$, so wäre $f(x) > \varepsilon > 0$ auf B für ein $\varepsilon > 0$. Dann müsste für hinreichend große k auch $f_k(x) > 0$ auf B sein. Widerspruch.

- *Beh:* Es ist $f(x) = d(x, A)$ für alle $x \in B$.

Bew: Für $a \in A$ und $k \to \infty$ gilt nach Aufgabe 10.6.B

$$|x - a| \geq d(x, F_k) - d(a, A_k) \to f(x) - f(a) = f(x), \tag{19}$$

also ist $f(x) \leq d(x, A)$.

Ist $x \in B \backslash A$ und $r < d(x, A)$, so ist $f \geq \varepsilon > 0$ auf $\overline{B_r(x)} \cap B$. Für große k ist daher dort auch $f_k > 0$, also $\overline{B_r(x)} \cap B \cap F_k = \emptyset$. Wegen $F_k \subset B$ folgt $\overline{B_r(x)} \cap F_k = \emptyset$ und daher $r \leq d(x, F_k) \to f(x)$. Also ist $f(x) \geq d(x, A)$.

- Nach Aufgabe 10.6.J folgt nun

$$\varrho(F_k, A) = \sup_{x \in B} \big| d(x, F_k) - d(x, A) \big| = \|f_k - f\|_\infty \to 0 \tag{20}$$

für $k \to \infty$ und damit die Folgenkompaktheit von $\mathcal{A}$.

10.5   Andere Kompaktheitsbegriffe

A   Welche Kompaktheitseigenschaften besitzen die Ordinalzahlräume $\Omega = [0, \omega_1]$
und $\Omega_0 = [0, \omega_1[$ (A.6-10) mit der Ordnungstopologie ?

B   Folgenkompakt ist weder stärker noch schwächer als kompakt.

C   Ein kompakter A_1-Raum ist folgenkompakt.

D   Ein folgenkompakter Raum ist abzählbar kompakt, aber nicht umgekehrt.
Für A_1-Räume gilt auch die Umkehrung.

E   Ein topologischer Raum X ist abzählbar kompakt genau dann, wenn jede Folge
in X einen Häufungswert in X besitzt.

F   Jeder kompakte Raum ist abzählbar kompakt. Die Umkehrung ist falsch!
Sie ist richtig in metrischen Räumen.

G   Mit der halboffenen Intervalltopologie ist $\mathbb{R}$ nicht σ-kompakt.

H   Ein Lindelöf-Raum ist genau dann kompakt, wenn er abzählbar kompakt ist.

I   Das stetige Bild eines lokalkompakten Raumes ist i.a. nicht lokalkompakt.

J   In lokalkompakten T_2-Räumen bilden die kompakten Umgebungen eines Punktes eine Umgebungsbasis.

Dies gilt nicht in allen lokalkompakten Räumen.

K   1) Lokalkompakte T_2-Räume sind vollständig regulär.

   2) Lokalkompakte T_3-Räume sind T_{3a}-Räume.

L   Lokalkompakte T_2-Räume sind Bairesche Räume.

M   Parakompakte, insbesondere kompakte T_2-Räume sind normal.

N   1) Sei X normal und $\mathfrak{U} = \{ U_i \mid i \in I \}$ eine lokal endliche offene Überdeckung
von X. Dann gibt es eine offene Überdeckung $\mathfrak{U}' = \{ V_i \mid i \in I \}$ von X
mit $\overline{V_i} \subset U_i$.

   2) Sei X normal und $\mathfrak{U} = \{ U_i \mid i \in I \}$ eine lokal endliche offene Überdeckung
von X. Dann gibt es eine $\mathfrak{U}$ untergeordnete Partition der Eins.

   3) Zu jeder offenen Überdeckung eines parakompakten T_2-Raumes gibt es eine
untergeordnete Partition der Eins.

ösungen:

Sei ω_1 die erste überabzählbare Ordinalzahl (siehe Anhang A.2).

Der Ordinalzahlraum $\Omega = [0, \omega_1] = \{ \alpha \mid 0 \le \alpha \le \omega_1 \}$ mit der Ordnungtopologie ist kompakt, denn er ist beschränkt und ordnungsvollständig, d.h. jede nichtleere Teilmenge besitzt ein Infimum und Supremum in Ω (10.4.H).

Ω ist ein Lindelöf-Raum, denn jede Umgebung von ω_1 läßt höchstens abzählbar viele Punkte von Ω aus. Also besitzt jede offene Überdeckung von Ω eine abzählbare Teilüberdeckung.

Dagegen ist die offene Teilmenge $\Omega_0 = \Omega \backslash \{\omega_1\} = [0, \omega_1[$ kein Lindelöf-Raum und damit weder σ-kompakt und noch kompakt. $\{ [0, \alpha[\, | \, \alpha < \omega_1 \}$ ist nämlich eine offene Überdeckung von Ω_0 ohne abzählbare Teilüberdeckung.

Ω und Ω_0 sind beide lokalkompakt. Jedes Element besitzt eine Umgebungsbasis aus kompakten Umgebungen der Form $[\alpha, \beta]$.

Ω_0 ist abzählbar kompakt. Sei nämlich $\mathfrak{U} = \{ U_n \, | \, n \in \mathbb{N} \}$ eine abzählbare offene Überdeckung von Ω_0. Angenommen, $\mathfrak{U}$ besitzt keine endliche Teilüberdeckung. Dann gibt es zu jedem $n \in \mathbb{N}$ ein $\alpha_n \in \Omega_0 \backslash \big(U_1 \cup \ldots \cup U_n \big)$. Die abzählbare Menge der α_n besitzt eine obere Schranke $\alpha < \omega_1$. Aber $[0, \alpha] \subset \Omega_0$ ist kompakt und kann daher durch endlich viele U_n überdeckt werden. Widerspruch.

Ω_0 ist ein A_1-Raum (10.3.B.3) und abzählbar kompakt (s.o.), also auch folgenkompakt (10.5.D).

Ω ist - weil kompakt - auch abzählbar kompakt. Ω ist zwar kein A_1-Raum, aber trotzdem folgenkompakt. Sei nämlich (α_n) eine Folge in Ω. Besitzt sie eine Teilfolge $(\alpha_{n_k})_k$ aus Ω_0, so besitzt diese wiederum eine in Ω_0 konvergente Teilfolge. Falls nicht, sind fast alle $\alpha_n = \omega_1$ und die entsprechende Teilfolge konvergiert gegen ω_1.

- $\Omega_0 := [0, \omega_1[$ ist folgenkompakt, aber nicht kompakt (10.5.A).

- Der Produktraum $X := [0, 1]^{[0,1]}$ ist kompakt, aber nicht folgenkompakt.

Elemente von X sind Funktionen $f \colon [0, 1] \to [0, 1]$ und eine Folge (f_n) derartiger Funktionen konvergiert genau dann in der Produkttopologie, wenn sie auf $[0, 1]$ punktweise konvergiert (1.3-C).

X ist als Produkt kompakter Räume ebenfalls kompakt (Tychonoff 3.4-15). Aber X ist nicht folgenkompakt, d.h. es gibt eine Folge in X ohne konvergente Teilfolge. Sei etwa $f_n \in X$ definiert durch

$$f_n(x) := n\text{-tes Glied der Dualbruchentwicklung von } x \, . \tag{1}$$

Sei $(f_{n_k})_k$ eine Teilfolge von (f_n). Sei $x \in [0, 1]$ definiert durch $f_{n_k}(x) = 0$, wenn k gerade ist und $f_{n_k}(x) = 1$ sonst. Dann kann $(f_{n_k})_k$ an der Stelle x nicht konvergieren.

$\boxed{\text{C}}$ Sei X ein kompakter A_1-Raum. Nach Aufgabe 10.5.F ist er abzählbar kompakt und nach **(D.3)** damit folgenkompakt.

$\boxed{\text{D}}$ Nach Def. 3.4-26 heißt $(X, \mathfrak{T})$ *abzählbar kompakt*, wenn jede abzählbare offene Überdeckung von X eine endliche Teilüberdeckung enthält.

(D.1)   *Annahme:* X ist folgenkompakt, aber nicht abzählbar kompakt.
Sei $\mathfrak{U} = \{U_n\}_{n \in \mathbb{N}}$ eine abzählbare offene Überdeckung von X ohne endliche Teilüberdeckung. Dann gibt es zu jedem $n \in \mathbb{N}$ ein $x_n \in X \backslash \bigcup_{m \leq n} U_m$.

Da X folgenkompakt ist, gibt es eine gegen ein $\xi \in X$ konvergente Teilfolge $(x_{n_k})_k$ von (x_n). ξ liegt in einer Überdeckungsmenge $U_j \in \mathfrak{U}$. In U_j liegt aber auch ein x_{n_k} mit $n_k \geq j$. Widerspruch.

(D.2)   Der Produktraum $[0,1]^{[0,1]}$ ist nicht folgenkompakt (10.5.B), aber kompakt und damit abzählbar kompakt (10.5.F).

(D.3)   Ist X abzählbar kompakt, so besitzt jede Folge in X einen Häufungswert $\xi \in X$ (10.5.E). Ist X auch ein A_1-Raum, so gibt es zu jedem Häufungswert ξ eine gegen ξ konvergente Teilfolge. Also ist X folgenkompakt.

$\boxed{\text{E}}$ • Sei X abzählbar kompakt und (x_n) eine Folge in X. Für $n \in \mathbb{N}$ sei

$$F_n := \overline{X \backslash \{ x_k \mid k \geq n \}} \quad \text{und} \quad G_n := X \backslash F_n . \qquad (2)$$

Die F_n sind abgeschlossen, die G_n offen. Ist $\mathfrak{U} := \{ G_n \mid n \in \mathbb{N} \}$ keine offene Überdeckung von X, so existiert ein $\xi \in X$ mit $\xi \in F_n$ für alle n und ein solches ξ ist Häufungswert von (x_n).

Andernfalls besitzt $\mathfrak{U}$ eine endliche Teilüberdeckung. Dann gibt es ein $n \in \mathbb{N}$ mit $G_n = X$ bzw $F_n = \emptyset$. Widerspruch zur Definition der F_n.

• Sei nun X nicht abzählbar kompakt. Sei $\mathfrak{U} = \{U_n\}_{n \in \mathbb{N}}$ eine abzählbare offene Überdeckung von X ohne endliche Teilüberdeckung. Dann gibt es zu jedem $n \in \mathbb{N}$ ein $x_n \in X \backslash \bigcup_{m \leq n} U_m$. Die Folge (x_n) hat keinen Häufungswert $\xi \in X$. Ein Häufungswert ξ würde in einer offenen Überdeckungsmenge $U_k \in \mathfrak{U}$ liegen und dann würde es auch ein $x_n \in U_k$ mit $n \geq k$ geben. Widerspruch.

$\boxed{\text{F}}$ Dass jeder kompakte Raum abzählbar kompakt ist, folgt aus den Definitionen 3.4-2 bzw 3.4-26. Die Umkehrung ist falsch!

Betrachte dafür den zweielementigen diskreten Raum $\{0,1\}$ und den Produktraum $X := \{0,1\}^{\mathbb{R}}$ aller 0-1-Funktionen auf $\mathbb{R}$ mit der Produkttopologie.

$$Y := \{ f \in X \mid \exists A \subset \mathbb{R} \text{ abzählbar mit } f{\restriction}_A \equiv 0 \text{ und } f{\restriction}_{\mathbb{R} \backslash A} \equiv 1 \} \qquad (3)$$

ist nicht kompakt. Für $x, \xi \in \mathbb{R}$ sei nämlich

$$G(x, \xi) := \begin{cases} \{0,1\} & \text{falls } x \neq \xi, \\ \{0\} & \text{sonst.} \end{cases} \quad \text{und} \quad G_\xi := \prod_{x \in \mathbb{R}} G(x, \xi) . \qquad (4)$$

Dann ist $G_\xi \subset X$ offen und $\mathfrak{U} := \{\, G_\xi \mid \xi \in \mathbb{R} \,\}$ eine offene Überdeckung von Y, die keine endliche Teilüberdeckung besitzt.

Andererseits besitzt jede Folge in Y einen Häufungswert in Y. Seien nämlich $f_n \colon \mathbb{R} \to [0,1]$ Elemente von Y und $A_n \subset \mathbb{R}$ die nach Definition existierenden abzählbaren Mengen mit $f_n \restriction_{A_n} \equiv 0$ und $f_n \restriction_{\mathbb{R} \setminus A_n} \equiv 1$.

Dann ist $A := \bigcup A_n$ abzählbar. Sei (a_k) eine Abzählung von A, d.h. jedes Element von A kommt in der Folge (a_k) genau einmal vor.

Liegt jedes Element a_k nur für endlich viele n in A_n, so ist $f :\equiv 1$ ein Häufungswert der Folge (f_n). Andernfalls sei $\alpha_1 := a_{k_1}$ das erste Element a_k, das für unendlich viele $n \in \mathbb{N}$ in A_n liegt.

Seien (f_n^1) die Teilfolge der Funktionen f_n mit $f_n(\alpha_1) = 0$ und A_n^1 die zugehörigen Mengen mit $f_n^1 \restriction_{A_n^1} \equiv 0$.

Liegen alle a_k mit $k > k_1$ nur für endlich viele n in A_n^1, so sei $f \in Y$ definiert durch $f(\alpha_1) := 0$ und $f(\alpha) := 1$ für alle $\alpha \neq \alpha_1$. Dann ist f ein Häufungswert der Folge (f_n). Andernfalls sei $\alpha_2 := a_{k_2}$ das erste Element a_k mit $k > k_1$, das für unendlich viele $n \in \mathbb{N}$ in A_n^1 liegt. Seien (f_n^2) die Teilfolge der Funktionen f_n^1 mit $f_n^1(\alpha_2) = 0$ und A_n^2 die zugehörigen Mengen mit $f_n^2 \restriction_{A_n^2} \equiv 0$.

Der Prozess wird iteriert. Bricht er ab, so ist die dann definierte Funktion f ein Häufungswert der Folge (f_n). Bricht er nicht ab, so erhält man eine Folge (α_k) in A und eine Folge von Teilfolgen (f_n^k) mit den Eigenschaften

$$(f_n^{k+1}) \text{ ist Teilfolge von } (f_n^k) \text{ und } f_n^k(\alpha_j) = \begin{cases} 0 & \text{für } j \leq k, \\ 1 & \text{sonst.} \end{cases} \tag{5}$$

Dann ist die durch $f(\alpha_k) := 0$ für alle k und $f(\alpha) := 1$ für $\alpha \neq \alpha_k$ definierte Funktion $f \in Y$ ein Häufungswert der Folge (f_n).

Mit der halboffenen Intervall-Topologie $\mathcal{T}_{hI}$ (A.6-12) ist $\mathbb{R}$ nicht σ-kompakt.

Jede in $\mathcal{T}_{hI}$ kompakte Menge ist nämlich in der euklidischen Topologie nirgends dicht (10.4.I). Wäre $\mathbb{R}$ σ-kompakt, so wäre $\mathbb{R}$ abzählbare Vereinigung von euklidisch nirgends dichten Mengen. Widerspruch zu Baire (3.3-20).

• Ist kompakt, so ist X auch abzählbar kompakt (10.5.F).

• Sei nun $(X, \mathcal{T})$ ein Lindelöf-Raum und $\mathfrak{U}$ eine offene Überdeckung von X. Nach Definition (3.4-27) besitzt $\mathfrak{U}$ eine abzählbare Teilüberdeckung $\mathfrak{U}'$.

Ist $(X, \mathcal{T})$ zusätzlich abzählbar kompakt, so hat $\mathfrak{U}'$ nach Definition (3.4-26) eine endliche Teilüberdeckung.

Der Raum $B := \{-1\} \cup\,]0,1] \subset \mathbb{R}$ ist lokal kompakt. Durch

$$f \colon B \to \mathbb{R}^2 \; ; \quad f(x) := \begin{cases} (0,0) & \text{falls } x = -1 \\ (x, \sin\tfrac{1}{x}) & \text{falls } 0 < x \leq 1 \end{cases} \tag{6}$$

wird B stetig abgebildet auf den nicht lokal kompakten Teilraum

$$A := \{ (0,0) \} \cup \{ (x, \sin \tfrac{1}{x}) \mid 0 < x < 1 \} \quad (7)$$

des $\mathbb{R}^2$.

Ein anderes Beispiel liefert die stetige Identität $\mathrm{id}\colon (\mathbb{Q}, \mathfrak{T}_{dis}) \to (\mathbb{Q}, \mathfrak{T}_{eu})$.
$(\mathbb{Q}, \mathfrak{T}_{dis})$ ist lokalkompakt, aber kein echtes Intervall in $(\mathbb{Q}, \mathfrak{T}_{eu})$ ist kompakt.

$\boxed{\text{J}}$ **(J.1)** Sei $(X, \mathfrak{T})$ hausdorffsch und U eine kompakte Umgebung von $x \in X$.
Als Unterraum von X ist U ein kompakter T_2-Raum, also regulär (10.4.D.2).
In U besitzt x also eine Umgebungsbasis $\mathcal{B}$ aus abgeschlossenen und damit kompakten Umgebungen. $\mathcal{B}$ ist auch kompakte Umgebungsbasis von $x \in X$.

(J.2) Als Beispiel betrachten wir $\mathbb{R}$ zusammen mit einem Punkt $\infty \notin \mathbb{R}$.

$$\mathfrak{T} := \{\emptyset, X\} \cup \{ A \subset \mathbb{R} \mid X \backslash A \text{ höchstens abzählbar} \} \quad (8)$$

ist eine Topologie auf $X := \mathbb{R} \cup \{\infty\}$. $(X, \mathfrak{T})$ ist kompakt (nicht T_2). Kein $x \in \mathbb{R} \subset X$ besitzt eine Umgebungsbasis aus kompakten Mengen.

Sei nämlich $U \subset \mathbb{R}$ eine beliebige Umgebung von (o.B.d.A.) $0 \in \mathbb{R}$. Sei (x_n) eine Folge in U mit paarweise verschiedenen Gliedern. Dann ist

$$\mathfrak{U} := \{ U \backslash \{ x_j \mid j \geq n \} \mid n \in \mathbb{N} \} \quad (9)$$

eine offene Überdeckung von U ohne endliche Teilüberdeckung.

$\boxed{\text{K}}$ **(K.1)** Lokalkompakte T_3-Räume sind T_{3a}-Räume.

Dies folgt mit dem Urysohn Lemma 3.1-10(iv) aus folgender Behauptung:

Seien $(X, \mathfrak{T})$ ein lokalkompakter T_3-Raum, $A \subset X$ abgeschlossen, $K \subset X$ kompakt und $A \cap K = \emptyset$. Dann existiert eine stetige Funktion $f\colon X \to [0,1]$ mit $f \restriction_A \equiv 0$ und $f \restriction_K \equiv 1$.

Beweis: Für jedes $x \in K$ sei U_x eine abgeschlossene kompakte Umgebung mit $U_x \cap A = \emptyset$ (warum existiert die?). Sei $\{U_{x_1}^\circ, \dots, U_{x_m}^\circ\}$ eine endliche Teilüberdeckung von $\mathfrak{U} := \{ U_x^\circ \mid x \in K \}$. Dann ist

$$K \subset \bigcup_{j=1}^m U_{x_j}^\circ \subset U := \bigcup_{j=1}^m U_{x_j} \subset X \backslash A . \quad (10)$$

U ist kompakt und abgeschlossen. Zu U gibt es analog wie oben ein kompakt und abgeschlossenes V mit $U \subset V^\circ \subset V \subset X \backslash A$. V ist kompakter T_3-, also auch T_4-Raum (10.4.D.3). Also gibt es eine stetige Funktion $g\colon V \to [0,1]$ mit $g(K) \subset \{0\}$ und $g(V \backslash V^\circ) \subset \{1\}$. Die durch $f(x) := g(x)$ für $x \in V$ und $f(x) := 1$ sonst definierte Funktion $f\colon X \to [0,1]$ leistet das Gewünschte.

Bemerkung: Lokalkompakte T_2- oder T_3-Räume sind i.a. keine T_4-Räume. Ein Beispiel liefert die Tychonoff-Planke A.6-11.

Dagegen sind kompakte T_2-Räume normal (10.4.D.2) und kompakte T_3-Räume sind T_4-Räume (10.4.D.3).

(K.2) Lokalkompakte T_2-Räume sind vollständig regulär.

Lokalkompakte T_2-Räume sind regulär (10.5.J, 3.1-9). Der Rest folgt aus **(K.1)**. Siehe auch 3.4-20 und 3.4-22.

Seien $(X, \mathfrak{T})$ ein lokalkompakter T_2-Raum, $G_n \subset X$ offene dichte Teilmengen von X und $G \subset X$ offen. Zu zeigen ist $G \cap \bigcap_{n \in \mathbb{N}} G_n \neq \emptyset$.

Da $G \cap G_1 \neq \emptyset$ gibt es eine nichtleere, relativ-kompakte offene Menge B_1 mit $\overline{B_1} \subset G \cap G_1$. Analog gibt es eine nichtleere, relativ-kompakte offene Menge B_2 mit $\overline{B_2} \subset B_1 \cap G_2$ usw.

Es gibt also eine absteigende Kette $B_1 \supset B_2 \supset B_3 \supset \dots$ von nichtleeren, relativ-kompakten offenen Mengen B_n mit $\overline{B_n} \subset B_{n-1} \cap G_n$.

Die Mengen $\overline{B_n}$ sind abgeschlossene Teilmengen der kompakten Menge $\overline{B_1}$ und haben die endliche Durchschnittseigenschaft. Also ist $D := \bigcap_{n \in \mathbb{N}} \overline{B_n} \neq \emptyset$.

Wegen $\overline{B_1} \subset G \cap G_1$ und $\overline{B_n} \subset G_n$ ist $D \subset G \cap \bigcap_{n \in \mathbb{N}} G_n$. Fertig.

Zu zeigen ist, dass disjunkte abgeschlossene Mengen disjunkte Umgebungen besitzen. Der Beweis ergibt sich durch zweimalige Anwendung der folgenden

Beh: Seien X parakompakt, $A, B \subset X$ disjunkt und abgeschlossen. Zu jedem $x \in A$ gebe es offene Umgebungen U_x von x und V_x von B mit $U_x \cap V_x = \emptyset$. Dann gibt es disjunkte Umgebungen von A und B.

Beweis: $X \backslash A$ bildet zusammen mit den U_x $(x \in A)$ eine offene Überdeckung von X. Sei $\mathfrak{U} := \{ G_i \mid i \in I \}$ eine lokal-endliche Verfeinerung dieser Überdeckung.

Ist $A \cap G_i \neq \emptyset$, so gibt es ein $x(i) \in A$ mit $G_i \in U_{x(i)}$.

$G := \bigcup \{ G_i \mid A \cap G_i \neq \emptyset \}$ ist eine offene Umgebung von A. Da $\mathfrak{U}$ lokal endlich ist, existiert zu jedem $y \in B$ eine Umgebung $W(y)$ derart, dass

$$J(y) := \{ j \in I \mid G_j \cap W(y) \neq \emptyset,\ G_j \cap A \neq \emptyset \} \tag{11}$$

endlich ist. Für $j \in J(y)$ ist $G_j \subset U_{x(j)}$ und daher $G_j \cap V_{x(j)} = \emptyset$.

Dann ist $\widetilde{W}(y) := W(y) \cap \bigcap_{j \in J(y)} V_{x(j)}$ und $W := \bigcup_{y \in B} \widetilde{W}(y)$ sind offene Umgebungen von y bzw B, die G nicht treffen.

(N.1) Sei X normal und $\mathfrak{U} = \{ U_i \mid i \in I \}$ eine lokal endliche offene Überdeckung von X. Wir betrachten Familien offener Mengen $A_i \subset X$ der Form

$$\mathcal{A} = \{ A_i \mid i \in J \} \quad \text{mit } J \subset I,\ \overline{A_i} \subset U_i \text{ und } \bigcup_{i \in J} A_i \cup \bigcup_{i \in I \backslash J} U_i = X . \tag{12}$$

Die Menge $\mathfrak{A}$ all dieser Familien $\mathcal{A}$ ist nichtleer ($J = \emptyset$ ist zugelassen). Durch

$$\mathcal{A}_1 = \{\, A_i^1 \,|\, i \in J_1 \,\} \;\leq\; \mathcal{A}_2 = \{\, A_i^2 \,|\, i \in J_2 \,\}$$
$$:\Longleftrightarrow \quad J_1 \subset J_2 \;\text{ und }\; A_i^1 = A_i^2 \;\text{ für alle } i \in J_1 \tag{13}$$

wird eine Halbordnung auf $\mathfrak{A}$ definiert.

Jede Kette in $(\mathfrak{A}, \leq)$ besitzt eine obere Schranke. Also besitzt $(\mathfrak{A}, \leq)$ nach dem Zornschen Lemma (A.1-10) ein maximales Element $\mathcal{A}^* = \{\, A_i^* \,|\, i \in J_0 \,\}$.

Für dieses ist $J_0 = I$ und $\mathfrak{U}' = \{\, A_i^* \,|\, i \in I \,\}$ eine offene Überdeckung von X mit $\overline{A_i^*} \subset U_i$.

(N.2) Sei X normal und $\mathfrak{U} = \{\, U_i \,|\, i \in I \,\}$ eine lokal endliche offene Überdeckung von X.

Nach **(N.1)** gibt es eine offene Überdeckung $\mathfrak{U} = \{\, V_i \,|\, i \in I \,\}$ von X mit $\overline{V_i} \subset U_i$. Zu V_i und U_i gibt es ein offenes W_i mit $\overline{V_i} \subset W_i \subset \overline{W_i} \subset U_i$. Nach Urysohn (3.1-12) gibt es eine stetige Funktion

$$g_i \colon X \to [0,1] \quad \text{mit} \quad g\big(\overline{V_i}\,\big) \subset \{1\} \;\text{ und }\; g\big(\overline{X \backslash W_i}\,\big) \subset \{0\} \;. \tag{14}$$

$g(x) := \sum_{i \in I} g_i(x)$ ist wohldefiniert und stetig. Ferner ist $g(x) \geq 1$ für alle $x \in X$. Also bilden die Funktionen $f_i(x) := g_i(x)/g(x)$ eine $\mathfrak{U}$ untergeordnete Partition der Eins.

(N.3) Sei X ein parakompakter T_2-Raum und $\mathfrak{U} = \{\, U_i \,|\, i \in I \,\}$ eine beliebige offene Überdeckung von X.

Nach Def. 3.4-31 gibt es eine lokal endliche Verfeinerung $\mathfrak{U}' = \{\, V_j \,|\, j \in J \,\}$ von $\mathfrak{U}$. Zu jedem $j \in J$ gibt es ein $\varphi(j) \in I$ mit $V_j \subset U_{\varphi(j)}$.

Nach Aufgabe 10.5.M und **(N.2)** gibt es eine $\mathfrak{U}'$ untergeordnete Partition der Eins $(g_j)_{j \in J}$. Für $i \in I$ sei

$$f_i \colon X \to [0,1] \;; \quad f_i(x) := \begin{cases} 0 & \text{falls } \varphi^{-1}(i) = \emptyset \;, \\ \sum_{\varphi(j)=i} g_j(x) & \text{sonst.} \end{cases} \tag{15}$$

Dann sind die f_i stetig, der Träger von f_i liegt in U_i und für alle $x \in X$ gilt

$$\sum_{i \in I} f_i(x) \;=\; \sum_{i \in I} \sum_{\varphi(j)=i} g_j(x) \;=\; \sum_{j \in J} g_j(x) \;=\; 1 \;. \tag{16}$$

10.6 Metrische Räume

(siehe auch 9.1.K, 10.2.B. 10.3.E, 10.3.K, 10.4.E, 10.4.F, 10.4.L, 10.5.F)

Im folgenden sei (X, d) ein metrischer bzw pseudo-metrischer Raum.

A Für alle $x, y, u, v \in X$ gilt $\quad |d(x, y) - d(u, v)| \leq d(x, u) + d(y, v)$.

B Sei $\emptyset \neq A \subset X$ fest und $\delta(x) := d(x, A)$. Dann ist $\delta \colon X \to \mathbb{R}$ Lipschitz-stetig mit einer Lipschitz-Konstanten $L \leq 1$.

C Für $x \in X$ und $A \subset X$ gilt
$$d(x, A) = 0 \iff x \in \overline{A} \qquad \text{und} \qquad \overline{A} = \bigcap \{ B_\varepsilon(A) \mid \varepsilon > 0 \} \ .$$

D Jeder pseudo-metrische Raum ist ein T_3-, T_4- und T_5-Raum.
Metrische Räume erfüllen alle T_j-Trennungsaxiome mit $j = 1, \ldots, 5$ (3.1-1).

E Sei $f \colon [0, \infty[\to [0, \infty[$ streng monoton wachsend und konkav, sowie $f(0) = 0$. Dann ist $\varrho(x, y) := f\big(d(x, y)\big)$ eine zu d äquivalente Metrik auf X.

F Es gibt äquivalente Metriken d_1 und d_2 auf $\mathbb{R}$ derart, dass $(\mathbb{R}, d_1)$ vollständig ist und $(\mathbb{R}, d_2)$ nicht.

G Im Cantorschen Durchschnittssatz (4.4-5), Baireschen Kategoriensatz (4.4-6) und Banachschen Fixpunktsatz (4.5-10) wird gefordert, dass die jeweiligen metrischen Räume vollständig sind.
Geben Sie Beispiele dafür an, dass die Vollständigkeit wesentlich ist!

H Ist das gleichmäßig-stetige Bild einer beschränkten Menge $B \subset X$ beschränkt?

I
1) Metrische Räume sind i.a. nicht separabel, total-beschränkte sind es.

2) Eine Teilmenge $A \subset X$ ist genau dann total-beschränkt, wenn jede Folge in A eine Cauchy-Folge als Teilfolge besitzt.

K Auf $\quad \mathcal{F} := \{ F \subset X \mid F \text{ abgeschlossen, beschränkt, } F \neq \emptyset \} \quad$ wird durch
$$\varrho(A, B) := \inf \{ \varepsilon > 0 \mid A \subset U_\varepsilon(B) \text{ und } B \subset U_\varepsilon(A) \}$$
eine Metrik - die sog. *Hausdorff-Metrik* - definiert.

L Sei Y eine nichtleere Menge. Auf $\quad B(Y, X) := \{ f \colon Y \to X \mid f \text{ beschränkt} \}$ wird durch $\quad d_\infty(f, g) := \sup \{ d(f(y), g(y)) \mid y \in Y \} \quad$ eine Metrik definiert.
Ist (X, d) vollständig, dann auch $\big(B(Y, X), d_\infty \big)$.

M Die sog. *Igel-Metrik* auf dem $\mathbb{R}^n$ wird definiert durch :
$$d(x, y) := \begin{cases} \|x - y\| & \text{falls } x, y \text{ linear abhängig,} \\ \|x\| + \|y\| & \text{sonst.} \end{cases}$$

$\boxed{\text{M}}$ 1) Jeder metrische Raum X ist isometrisch zu einem Teilraum des Raums $C_b(X, \mathbb{R})$ mit der Supremumsmetrik.

2) Man beweise damit Satz 4.4-8 von der Vervollständigung metrischer Räume.

$\boxed{\text{N}}$ Welchen Zusammenhang zwischen Metriken, Pseudometriken und Äquivalenzrelationen gibt es? Siehe Satz 4.1-2.

Lösungen:

$\boxed{\text{A}}$ Nach der Dreiecksungleichung gilt für alle $x, y, u, v \in X$:

$$d(x, y) \;\leq\; d(x, u) + d(u, y) \;\leq\; d(x, u) + d(u, v) + d(v, y) \;. \tag{1}$$

Also $d(x, y) - d(u, v) \;\leq\; d(x, u) + d(y, v)$.

Analog beweist man $d(u, v) - d(x, y) \;\leq\; d(x, u) + d(y, v)$.

Aus diesen beiden Ungleichungen folgt die sog. *Vierecks-Ungleichung*

$$|d(x, y) - d(u, v)| \;\leq\; d(x, u) + d(y, v) \;. \tag{2}$$

$\boxed{\text{B}}$ Sei $\emptyset \neq A \subset X$ fest und

$$\delta : X \to \mathbb{R} \quad \text{def. durch} \quad \delta(x) := d(x, A) = \inf \{\, d(x, a) \mid a \in A \,\} \;. \tag{3}$$

Seien $x, y \in X$ und $\varepsilon > 0$. Sei $a \in A$ mit $d(x, a) \leq \delta(x) + \varepsilon$.
Nach Dreiecksungleichung folgt

$$\delta(y) - \delta(x) \;\leq\; d(y, a) - d(x, a) + \varepsilon \;\leq\; d(y, x) + \varepsilon \;. \tag{4}$$

Aus Symmetriegründen folgt $|\delta(y) - \delta(x)| \leq d(x, y)$. Also ist δ Lipschitz-stetig mit einer Lipschitz-Konstanten $L \leq 1$.

Bemerkung: Man kann genau dann $L < 1$ wählen, wenn $\overline{A} = X$ ist. In diesem Fall ist $\delta \equiv 0$.

Andernfalls existiert ein $x \in X \backslash A$ und ein $\varepsilon > 0$ mit $B_\varepsilon(x) \cap A = \emptyset$. Also ist $\delta(x) > 0$. Zu jedem $\varepsilon > 0$ existiert ein $a \in A$ mit $d(x, a) \leq (1 + \varepsilon)\delta(x)$.
Dann folgt

$$|\delta(a) - \delta(x)| \;=\; \delta(x) \;\geq\; \tfrac{1}{1+\varepsilon}\, d(x, a) \;. \tag{5}$$

$\boxed{\text{C}}$ **(C.1)** Sei $A \subset X$. Nach Aufgabe 10.6.B ist $\delta : X \to \mathbb{R}$; $\delta(x) := d(x, A)$ Lipschitz-stetig und damit gleichmäßig stetig auf X . Also ist

$$F := \{\, x \in X \mid \delta(x) = 0 \,\} \tag{6}$$

als stetiges Urbild der abgeschlossenen Menge $\{0\} \subset \mathbb{R}$ abgeschlossen.
Wegen $A \subset F$ folgt $\overline{A} \subset F$.

Ist andererseits $x \notin \overline{A}$, so gibt es ein $\varepsilon > 0$ mit $B_\varepsilon(x) \cap A = \emptyset$. Dann ist
$\delta(x) = d(x, A) \geq \varepsilon$, also $x \notin F$. Es folgt $F \subset \overline{A}$ und damit $F = \overline{A}$.

(C.2) Ist $x \in \overline{A}$, so ist $B_\varepsilon(x) \cap A \neq \emptyset$ für alle $\varepsilon > 0$, also $x \in B_\varepsilon(A)$ für alle
$\varepsilon > 0$. Also ist $\overline{A} \subset \bigcap \{ B_\varepsilon(A) \,|\, \varepsilon > 0 \} =: C$.

Ist $x \in C$, so ist $d(x, A) = 0$, also nach Teil 1 der Aufgabe $x \in \overline{A}$.

- Seien (X, d) ein (pseudo-) metrischer Raum und $F_1, F_2 \subset X$ abgeschlossen
und disjunkt. Durch

$$\delta_1(x) := d(x, F_1) \qquad \text{bzw} \qquad \delta_2(x) := d(x, F_2) \tag{7}$$

werden zwei stetige Funktionen $\delta_i : X \to [0, \infty[$ definiert (10.6.B). Sei

$$G_1 := \{ x \mid \delta_1(x) - \delta_2(x) < 0 \} ; \quad G_2 := \{ x \mid \delta_1(x) - \delta_2(x) > 0 \} . \tag{8}$$

Dann sind die G_i offen als stetige Urbilder der offenen Mengen $]0, \infty[$ bzw
$]-\infty, 0[\subset \mathbb{R}$. Sie sind disjunkt und es gilt $F_i \subset G_i$ für $i = 1, 2$. Also ist X
ein T_4-Raum.

- Ist $F \subset X$ abgeschlossen und $\xi \in X \backslash F$, so ist $\varepsilon := d(\xi, F) > 0$ (10.6.C).
Analog wie oben sind

$$G_1 := \{ x \mid d(x, F) < \tfrac{\varepsilon}{2} \} ; \quad G_2 := \{ x \mid d(x, F) > \tfrac{\varepsilon}{2} \} \tag{9}$$

disjunkte offene Umgebungen von F bzw x. Also ist X ein T_3-Raum.

- Seien nun $A, B \subset X$ mit $\overline{A} \cap B = A \cap \overline{B} = \emptyset$. Dann gilt:

$$\begin{aligned} \forall a \in A \; \exists \varepsilon_a > 0 \; &: \; U_{\varepsilon_a}(a) \cap \overline{B} = \emptyset \quad \text{und} \\ \forall b \in B \; \exists \delta_b > 0 \; &: \; U_{\delta_b}(b) \cap \overline{A} = \emptyset . \end{aligned} \tag{10}$$

Dann sind

$$G_1 := \bigcup_{a \in A} U_{\varepsilon_a/2}(a) \quad \text{und} \quad G_2 := \bigcup_{b \in B} U_{\delta_b/2}(b) \tag{11}$$

disjunkte offene Umgebungen von A bzw B. Also ist X ein T_5-Raum.

- Da jeder metrische Raum ein pseudo-metrischer Hausdorffraum ist, ist damit
alles bewiesen.

Die positive Definitheit und Symmetrie von $\varrho(x, y) := f(d(x, y))$ sind klar.
Wegen $f(0) = 0$ und der Konkavität von f gilt für $0 \leq a, b \leq a + b$:

$$\begin{aligned} f(a) = f\left(\tfrac{a}{a+b}(a+b)\right) \geq \tfrac{a}{a+b} f(a+b) \; &; \quad f(b) \geq \tfrac{b}{a+b} f(a+b) \\ \implies \quad f(a) + f(b) \geq \tfrac{a}{a+b} f(a+b) &+ \tfrac{b}{a+b} f(a+b) = f(a+b) . \end{aligned} \tag{12}$$

Wegen der Monotonie von f folgt daraus die Dreiecksungleichung für ϱ :

$$\varrho(x,y) + \varrho(y,z) = f\big(d(x,y)\big) + f\big(d(y,z)\big) \geq f\big(d(x,y) + d(y,z)\big)$$
$$\geq f\big(d(x,z)\big) = \varrho(x,z) . \tag{13}$$

• Die Metriken d und ϱ sind äquivalent. Wegen der strengen Monotonie von f gilt nämlich $\varrho(x,y) < f(\varepsilon) \iff d(x,y) < \varepsilon$ für alle $\varepsilon > 0$. Also

$$B_\varepsilon^d(x) = \{\, y \mid d(x,y) < \varepsilon \,\} = \{\, y \mid \varrho(x,y) < f(\varepsilon) \,\} = B_{f(\varepsilon)}^\varrho(x) . \tag{14}$$

Also ist jede d-Umgebung auch eine ϱ-Umgebung und umgekehrt.

$\boxed{\text{F}}$ $\mathbb{R}$ ist mit der euklidischen Metrik $d(x,y) := |x-y|$ vollständig (Analysis I).

$\varrho(x,y) := \left| \frac{x}{1+|x|} - \frac{y}{1+|y|} \right|$ ist ebenfalls eine Metrik auf $\mathbb{R}$.

Sie ist äquivalent zu d. Es ist nämlich $\varrho(x,y) \leq d(x,y)$ und für alle x gibt es ein $m > 0$ derart, dass $m \cdot d(x,y) \leq \varrho(x,y)$ für $d(x,y) < 1$. Also gilt für hinreichend kleine $\varepsilon > 0$:

$$B_\varepsilon^d(x) \subset B_\varepsilon^\varrho(x) = \{\, y \mid \varrho(x,y) < \varepsilon \,\} \subset B_{\varepsilon/m}^d(x) . \tag{15}$$

(n) ist eine Cauchy-Folge in $(\mathbb{R}, \varrho)$, denn für $n < m \in \mathbb{N}$ gilt

$$\varrho(n,m) = \left| \frac{n}{1+n} - \frac{m}{1+m} \right| \leq \frac{|n-m|}{nm} \leq \frac{1}{n} . \tag{16}$$

(n) besitzt aber keinen Grenzwert in $\mathbb{R}$. Also ist $\mathbb{R}$ bzgl ϱ nicht vollständig.

$\boxed{\text{G}}$ Die euklidische Metrik $d(x,y) := |x-y|$ liefert die folgenden Gegenbeispiele:

• Die Intervalle $F_n :=]0, \frac{1}{n}]$ bilden eine Folge nichtleerer abgeschlossener Teilmengen von $(\,]0,1], d)$ derart, dass der Gesamtdurchschnitt $\bigcap F_n = \emptyset$ ist.

Also gilt der Cantorsche Durchschnittssatz (4.4-5) nicht in $(\,]0,1], d)$.

• $\mathbb{Q}$ ist darstellbar als abzählbare Vereinigung (bzgl d) nirgends-dichter einelementiger Mengen $\{r_n\}$.

Also gilt der Bairesche Kategoriensatz (4.4-6) nicht in $(\mathbb{Q}, d)$.

• Durch $f(x) := x/2$ wird eine Kontraktion des Intervalls $]0,1]$ ohne einen Fixpunkt $\xi \in]0,1]$ definiert.

Also gilt der Banachsche Fixpunktsatz (4.5-10) nicht in $(\,]0,1], d)$.

$\boxed{\text{H}}$ Sind X, Y metrische Räume, $D \subset X$ beschränkt und $f \colon D \to Y$ gleichmäßig stetig, so ist $f(D)$ i.a. nicht beschränkt.

Ist z.B. (X, d) diskret, so ist jede Teilmenge $D \subset X$ beschränkt und jede Abbildung $f \colon X \to Y$ gleichmäßig stetig. (Wähle etwa $\delta := \frac{1}{2}$.)
Aber i.a. ist $f(D)$ nicht beschränkt.

Aber: Stetige Bilder *kompakter* Mengen sind kompakt und damit beschränkt.

(I.1) $\mathbb{R}$ ist mit der diskreten Metrik ein nicht-separabler metrischer Raum.

Sei X total-beschränkt. Also gilt nach Definition:

$$\forall n \in \mathbb{N} \; \exists x_{n,1}, \ldots, x_{n,m_n} \in X \; : \; X \subset \bigcup_{k=1}^{m_n} B_{1/n}(x_{n,k}) \; . \tag{17}$$

$A := \big\{ \, x_{n,k} \mid n \in \mathbb{N}, \; k = 1, \ldots, m_n \, \big\}$ ist abzählbar und es ist $\overline{A} = X$.

(I.2) Sei $A \subset X$ total-beschränkt und (x_j) eine beliebige Folge in A.
Z.z.: (x_j) besitzt Cauchy-Folge $(x_{j_k})_k$ als Teilfolge.

Zu $n = 2$ gibt es $x_{2,1}, x_{2,2}, \ldots, x_{2,m_2} \in X$ mit $X \subset \bigcup_{k=1}^{m_2} B_{1/2}(x_{2,k})$.

Also existiert eine Teilfolge $(x_j^2)_j$ von (x_j) mit $|x_j^2 - x_i^2| < \frac{1}{2}$ für $i, j \in \mathbb{N}$.

Mit Induktion erhält man Teilfolgen $(x_j^n)_j$ von (x_j) derart, dass jeweils $(x_j^{n+1})_j$ eine Teilfolge von $(x_j^n)_j$ ist und derart, dass $|x_j^n - x_i^n| < \frac{1}{n}$ für alle $i, j \in \mathbb{N}$.

Die Diagonalfolge $(x_1^n)_n$ ist eine Teilfolge von (x_j) und eine Cauchy-Folge.

• Sei nun $A \subset X$ nicht total-beschränkt. Sei $\varepsilon > 0$ derart, dass endlich viele Umgebungen $B_\varepsilon(x)$ von Punkten $x \in A$ nicht ausreichen, A zu überdecken. Wähle $x_1 \in A$ beliebig. Dann ist $A \backslash B_\varepsilon(x_1) \neq \emptyset$. Wähle $x_2 \in A \backslash B_\varepsilon(x_1)$ usw.

Mit Induktion erhält man eine Folge (x_n) in A mit $x_{n+1} \notin \bigcup_{j=1}^n B_\varepsilon(x_j)$.

Dann ist (x_n) eine Folge in A, die keine Cauchy-Folge als Teilfolge enthält.

Sei $\mathcal{F} := \big\{ \, F \subset X \mid F \text{ abgeschlossen, beschränkt, } F \neq \emptyset \, \big\}$. Durch

$$\varrho(A, B) := \inf \big\{ \, \varepsilon > 0 \mid A \subset B_\varepsilon(B) \text{ und } B \subset B_\varepsilon(A) \, \big\} \tag{18}$$

wird eine Abbildung $\varrho \colon \mathcal{F} \times \mathcal{F} \to [0, \infty[$ definiert.

Sicherlich gilt $\varrho(A, B) = \varrho(B, A)$, d.h. ϱ ist symmetrisch.

Ferner $\varrho(A, B) = 0 \iff A = B$ (10.6.C). Also ist ϱ positiv definit.

Die Dreiecksungleichung gilt auch! Zu jedem $\delta > 0$ gibt es $\varepsilon_1, \varepsilon_2 > 0$ mit

$$\begin{aligned}
\varepsilon_1 &\leq \varrho(A, B) + \delta \, , \quad A \subset B_{\varepsilon_1}(B) \, , \quad B \subset B_{\varepsilon_1}(A) \quad \text{und} \\
\varepsilon_2 &\leq \varrho(B, C) + \delta \, , \quad B \subset B_{\varepsilon_2}(C) \, , \quad C \subset B_{\varepsilon_2}(B) \, .
\end{aligned} \tag{19}$$

Dann ist $A \subset B_{\varepsilon_1 + \varepsilon_2}(C)$ und $C \subset B_{\varepsilon_1 + \varepsilon_2}(A)$, also

$$\varrho(A, C) \leq \varepsilon_1 + \varepsilon_2 \leq \varrho(A, B) + \varrho(B, C) + 2\delta \, . \tag{20}$$

Da δ beliebig war, folgt $\varrho(A, B) + \varrho(B, C) \geq \varrho(A, C)$.

Also ist ϱ eine Metrik auf $\mathcal{F}$. Sie heißt *Hausdorff-Metrik* auf dem Raum der beschränkten, abgeschlossenen, nichtleeren Teilmengen von X.

Zusatzaufgabe: Ist (X, d) vollständig, dann auch $(\mathcal{F}, \varrho)$!

K   Sei X eine nichtleere Menge und (Y, d) ein vollständiger metrischer Raum. Seien $f, g: X \to Y$ beschränkt, d.h. es gibt eine Schranke $M > 0$ mit $d(f(x), f(y)) < M$ und $d(g(x), g(y)) < M$ für alle $x, y \in X$. Dann ist

$$d_\infty(f, g) \ := \ \sup \big\{ \, d(f(x), g(x)) \mid x \in X \, \big\} \tag{21}$$

wohldefiniert und besitzt die Eigenschaften einer Metrik (Def 4.1-1).

Ist (f_n) eine Cauchy-Folge in $B(X, Y)$ und $x \in X$, so ist $(f_n(x))$ eine Cauchy-Folge in Y. Da Y vollständig ist, existiert

$$f(x) \ := \ \lim_{n \to \infty} f_n(x) \ \in \ Y \ . \tag{22}$$

Dann ist auch $f \in B(X, Y)$ und es gilt $d_\infty(f_n, f) \to 0$.

L   Die sog. *Igel-Metrik* auf dem $\mathbb{R}^n$ ist definiert durch

$$d(x, y) \ := \ \begin{cases} \|x - y\| & \text{falls } x, y \text{ linear abhängig,} \\ \|x\| + \|y\| & \text{sonst.} \end{cases} \tag{23}$$

Sicherlich ist d symmetrisch und positiv-definit. Beweis der Dreiecksungleichung durch Fallunterscheidung:

Sind jeweils zwei der drei Vektoren $x, y, z \in \mathbb{R}^n$ linear unabhängig, so gilt

$$d(x, y) \ = \ \|x\| + \|y\| \ \leq \ \|x\| + \|z\| + \|y\| + \|z\| \ = \ d(x, z) + d(y, z) \ . \tag{24}$$

Sind jeweils zwei der drei Vektoren $x, y, z \in \mathbb{R}^n$ linear abhängig, so liegen alle drei auf einer Geraden durch 0. Auf so einer Geraden stimmt d mit dem euklidischen Abstand überein und die Dreiecksungleichung gilt ebenfalls.

M   **(M.1)** Sei (X, d) ein beliebiger metrischer Raum und $x_0 \in X$ fest gewählt. Für $x \in X$ sei $\varphi_x: X \to \mathbb{R}$ definiert durch

$$\varphi_x(t) \ := \ d(x, t) - d(x_0, t) \ . \tag{25}$$

Wegen 4.5-3(f) ist φ_x stetig und nach der Dreiecksungleichung ist

$$\big|\varphi_x(t)\big| \ = \ \big|d(x, t) - d(x_0, t)\big| \ \leq \ d(x, x_0) \ . \tag{26}$$

Also ist φ_x auch beschränkt und damit ein Element von $B(X) := B(X, \mathbb{R})$.

Für $x, y \in X$ und die Supremumsmetrik d_∞ auf $B(X)$ gilt (siehe (26))

$$d_\infty(x, y) \ = \ \sup_{t \in X} |\varphi_x(t) - \varphi_y(t)| \ = \ \sup_{t \in X} |d(x, t) - d(x_0, t)| \ \leq \ d(x, y) \ . \tag{27}$$

Andererseits gilt

$$d_\infty(x,y) = \sup_{t \in X} |\varphi_x(t) - \varphi_y(t)| \geq |\varphi_x(y) - \varphi_y(y)|$$
$$= |d(x,y) - d(x_0,y) - d(y,y,) + d(x_0,y)| = d(x,y) . \tag{28}$$

Also ist $d_\infty(x,y) = d(x,y)$ und damit ist $\varphi \colon X \to B(X)$, $\varphi(x) := \varphi_x$ eine Isometrie von X in $B(X)$.

(M.2)   Sei $\widehat{X} := \overline{\varphi(X)}$ mit der in **(M.1)** definierten Abbildung φ.

$B(X)$ ist vollständig, $\widehat{X} \subset B(X)$ ist abgeschlossen, also ist auch $\widehat{X}$ vollständig. Sicherlich ist $X_0 := \varphi(X)$ dicht in $\widehat{X}$.

Also ist $\widehat{X}$ eine Vervollständigung von X.

- Sei $X \neq \emptyset$ und $\sim$ eine Äquivalenzrelation auf X. Dann wird durch

$$d(x,y) := 1 \text{ falls } x \not\sim y \qquad \text{und} \qquad d(x,y) := 0 \text{ falls } x \sim y \tag{29}$$

eine Pseudometrik d auf X definiert.

Beweis: Offensichtlich ist $d(x,y) \geq 0$.

$d(x,y) = d(y,x)$ folgt aus der Symmetrie der Äquivalenzrelation.

$d(x,z) > d(x,y) + d(y,z)$ ist nur möglich für $d(x,y) = d(y,z) = 0$. Dann ist aber $x \sim y$ und $y \sim z$. Äquivalenzrelationen sind transitiv, also folgt $x \sim z$ und damit $d(x,z) = 0$.

Für d gilt $x \sim y \iff d(x,y) = 0$.

Ist $\sim$ die Gleichheitsrelation, so ist d die *diskrete Metrik* auf X.

Ist $\sim$ die Allrelation, so ist d die *indiskrete PseudoMetrik* auf X.

- Ist umgekehrt d eine Pseudometrik auf X, so wird durch

$$x \sim y \quad :\iff \quad d(x,y) = 0 \tag{30}$$

eine Äquivalenzrelation auf X erklärt.

Beweis: $x \sim x$ folgt aus $d(x,x) = 0$.

Die Symmetrie von $\sim$ folgt aus $d(x,y) = d(y,x)$ und die Transitivität aus

$$x \sim y,\ y \sim z \quad \Longrightarrow \quad d(x,y) = 0,\ d(y,z) = 0$$
$$\Longrightarrow \quad d(x,z) \leq d(x,y) + d(y,z) = 0 \tag{31}$$
$$\Longrightarrow \quad d(x,z) = 0 \quad \Longrightarrow \quad x \sim z .$$

- Man rechnet direkt nach, dass auf dem Faktorraum $X_\sim$ durch

$$d_\sim(x_\sim, y_\sim) := d(x,y) \tag{32}$$

eine Metrik definiert wird. Insbesondere muss man sich überlegen, dass diese Definition sinnvoll (unabhängig von der Wahl der Repräsentanten) ist.

$d_\sim$ erzeugt auf $X_\sim$ genau die Quotiententopologie.

11   Aufgaben zu normierten Räumen

11.1   Normen

(siehe auch 11.2, 11.3)

$\boxed{A}$ Seien E ein Vektorraum über $\mathbb{K}$, $A \subset E$ konvex und absorbierend (5.1-5).

1) Das *Minkowski-Funktional* p_A von A ist sublinear.

2) Ist A zusätzlich kreisförmig, so ist p_A eine Halbnorm auf E.

3) Ist A offen, so ist $A = p_A^{-1}([0,1[)$.

$\boxed{B}$ Sei E ein Vektorraum und $p\colon E \to [0,\infty[$ derart, dass

(i) $p(x) = 0 \iff x = 0$,

(ii) $\forall\, \lambda \in \mathbb{K} \;\forall\, x \in E \;:\; p(\lambda x) = |\lambda|\, p(x)$.

Dann ist p genau dann eine Norm, wenn $\{\, x \,|\, p(x) \le 1 \,\}$ konvex ist.

$\boxed{C}$ Seien $(E_i, \|.\|_i)$ normiert $(E_i \neq \{0\})$ und $E = \prod_{i \in I} E_i$.

1) Die Produkttopologie ist genau dann normierbar, wenn I endlich ist.

2) Auf $F := \left\{\, x \in \prod_{i \in I} E_i \;\middle|\; x_i \neq 0 \text{ für höchstens endlich viele } i \,\right\} \subset E$
wird durch $\|x\| := \sum \|x_i\|_i$ eine Norm definiert.
Ist die zugehörige Normtopologie auf F gleich der Produkttopologie?
Sind die Projektionen $\pi_k\colon F \to E_k$, $\pi_k(x) := x_k$ stetig bzgl $\|.\|$?

$\boxed{D}$ Welche der folgenden Normen auf $C^1[0,1]$ sind äquivalent?

$$\|f\|_1 := |f(0)| + \|f'\|_\infty \qquad \|f\|_2 := \max\left\{\left|\textstyle\int_0^1 f(t)\,dt\right|, \|f'\|_\infty\right\} \tag{1}$$
$$\|f\|_3 := \|f\|_\infty + \|f'\|_\infty \qquad \|f\|_4 := \left[\textstyle\int_0^1 |f(t)|^2\,dt + \int_0^1 |f'(t)|^2\,dt\right]^{1/2}$$

$\boxed{E}$ Sind die Normen $\|.\|_1$ und $\|.\|_2$ auf dem Vektorraum E äquivalent, so sind $(E, \|.\|_1)$ und $(E, \|.\|_2)$ topologisch isomorph. Die Umkehrung ist falsch.

$\boxed{F}$ Ist der $\mathbb{R}^2$ mit der Summennorm norm-isomorph (topologisch isomorph) zum $\mathbb{R}^2$ mit der Maximums-Norm bzw mit der euklidischen Norm?

$\boxed{G}$ Eine Folge $(x^{(n)})$ in ℓ^p $(1 \le p < \infty)$ konvergiert genau dann gegen $x \in \ell^p$, wenn sie koordinatenweise gegen x konvergiert und $\|x^{(n)}\|_p \to \|x\|_p$.
Für $p = \infty$ ist dies falsch!

$\boxed{H}$ Sind die Unterräume $U := \left\{\, (x_k) \in cs \,\middle|\, \forall j \in \mathbb{N} \;:\; x_{2j+1} = 0 \,\right\}$ und $G := \left\{\, (x_k) \in cs \,\middle|\, \forall j \in \mathbb{N} : x_{2j} = 0 \,\right\}$ abgeschlossen?
Ist $U + G$ abgeschlossen in $cs := \left\{\, x \in \mathbb{K}^{\mathbb{N}} \,\middle|\, \sum x_k \text{ konvergiert} \,\right\}$?

Lösungen:

A **(A.1)** Das *Minkowski-Funktional* von $A \subset E$ ist definiert durch

$$p_A \colon E \to [0, \infty] \quad ; \quad p_A(x) := \inf\{ \lambda > 0 \mid x \in \lambda A \} . \qquad (2)$$

Ist A absorbierend, so ist $p_A(x) < \infty$ für alle $x \in E$ (siehe 5.1-5).

Sicherlich gilt $p_A(\lambda x) = \lambda p_A(x)$ für $x \in E$ und $\lambda \geq 0$.

Seien $x, y \in E$ und $\varepsilon > 0$. Dann gibt es $\lambda, \mu > 0$ mit $\lambda \leq p_A(x) + \varepsilon$ bzw $\mu \leq p_A(y) + \varepsilon$ und $\frac{x}{\lambda} \in A$ bzw $\frac{y}{\mu} \in A$.

A ist konvex. Also ist $\frac{\lambda}{\lambda+\mu} \frac{x}{\lambda} + \frac{\mu}{\lambda+\mu} \frac{y}{\mu} \in A$, also $p_A(x + y) \leq \lambda + \mu \leq p_A(x) + p_A(y) + 2\varepsilon$.

$\varepsilon \to 0$ liefert $p_A(x + y) \leq p_A(x) + p_A(y)$, also ist p_A sublinear.

(A.2) Ist A zusätzlich kreisförmig (5.1-6), so gilt $p_A(\lambda x) = |\lambda| p_A(x)$ für $x \in E$ und $\lambda \in \mathbb{K}$. Also ist p_A sogar eine Halbnorm auf E.

(A.3) Ist $p_A(x) < 1$, so gibt es ein $\lambda < 1$ mit $\frac{x}{\lambda} \in A$. Da A absorbierend ist, liegt $0 \in A$ und wegen der Konvexität folgt $x = \lambda \frac{x}{\lambda} + (1 - \lambda)0 \in A$.

Für $p_A(x) \geq 1$ ist $\frac{x}{\lambda} \notin A$ für alle $\lambda < 1$. Für abgeschlossenes $E \backslash A$ folgt $x \notin A$.

B Ist p eine Norm, so ist die Einheitskugel $B := \{ x \mid p(x) \leq 1 \}$ konvex.

Sei umgekehrt B konvex. Seien o.B.d.A. $x, y \neq 0$.

Dann liegen $x_0 := x/p(x)$ und $y_0 := y/p(y)$ in B und es folgt

$$p\left(\frac{p(x)}{p(x)+p(y)} x_0 + \frac{p(y)}{p(x)+p(y)} y_0 \right) = \frac{1}{p(x)+p(y)} p(x + y) \leq 1 , \qquad (3)$$

also wie behauptet $p(x + y) \leq p(x) + p(y)$.

C **(C.1)** Seien $\left(E_i, \|.\|_i \right)$ normiert $(E_i \neq \{0\})$ und $E = \prod_{i \in I} E_i$.

Sei zunächst I unendlich. Nach Definition (1.3-6) bilden die Mengen

$$\prod_{i \in I} G_i \quad \text{mit} \quad G_i \text{ offen in } X_i \; ; \; 0 \in G_i \; ; \; G_i \neq X_i \text{ für fast alle } i \in I \qquad (4)$$

eine Umgebungsbasis von $0 \in E$ in der Produkttopologie.

Also enthält jede Null-Umgebung in der Produkttopologie einen nicht trivialen (sogar ∞-dimensionalen) Unterraum. Das ist in Normtopologien nicht möglich, also ist die Produkttopologie nicht normierbar.

- Sei jetzt I endlich, etwa $I = \{1, \ldots, n\}$. Dann ist z.B.

$$\|x\|_\infty := \max \{ \|x_i\|_i \mid i = 1, \ldots, n \} \qquad (5)$$

eine Norm auf E. Die von dieser Norm erzeugte Topologie ist genau die Produkttopologie auf E. (Beweis?)

(C.2) $F := \left\{ x \in \prod_{i \in I} E_i \mid x_i \neq 0 \text{ für höchstens endlich viele } i \right\} \subset E$ heißt
auch *direkte Summe* der E_i. Ist I endlich, so ist $F = \prod E_i = E$ und die von

$$\|x\| := \sum_{i \in I} \|x_i\|_i \tag{6}$$

erzeugte Topologie ist gleich der Produkttopologie.

Sei also im folgenden I unendlich. Die Normeigenschaften von $\|.\|$ rechnet man
nach. Insbesondere ist die Definition (6) sinnvoll, da für jedes $(x_i) \in F$ nur
endlich viele $x_i \neq 0$ sind.

Für die Projektionen $\pi_k \colon F \to E_k$ gilt

$$\|\pi_k(x)\|_k = \|x_k\|_k \leq \sum_{i \in I} \|x_i\|_i = \|x\| . \tag{7}$$

Also sind die Projektionen stetig. Die von der Produkttopologie erzeugte Relativtopologie $\mathcal{T}_P$ auf F ist daher gröber als die Normtopologie $\mathcal{T}_{\|.\|}$.

Jede Nullumgebung bzgl $\mathcal{T}_P$ enthält einen nicht-trivialen Unterraum von F und
das ist in der Normtopologie $\mathcal{T}_{\|.\|}$ nicht möglich. Also ist $\mathcal{T}_P \neq \mathcal{T}_{\|.\|}$.

Zur (Nicht-) Vollständigkeit von F siehe Aufgabe 11.3.F.

$\boxed{\text{D}}$ • $\|.\|_1, \dots, \|.\|_4$ sind in der Tat Normen auf $C^1[0,1]$. Nachrechnen!
Zur Vollständigkeit der Normen siehe Aufgabe 11.3.C.

•   Für alle $f \in C^1[0,1]$ gilt $\|f\|_1 := |f(0)| + \|f'\|_\infty \leq \|f\|_\infty + \|f'\|_\infty = \|f\|_3$.

Nach dem Hauptsatz der Analysis gilt $f(x) = f(0) + \int_0^x f'(t)\,dt$ für alle
$x \in [0,1]$. Also ist $\|f\|_\infty \leq |f(0)| + \|f'\|_\infty$ und daher $\|f\|_3 \leq 2\|f\|_1$.

Also sind $\|.\|_1$ und $\|.\|_3$ äquivalent.

•   Es ist $\left| \int_0^1 f(t)\,dt \right| \leq \int_0^1 |f(t)|\,dt \leq \|f\|_\infty$, also

$$\begin{aligned}
\|f\|_2 = \max\left\{ \left| \int_0^1 f(t)\,dt \right|, \|f'\|_\infty \right\} &\leq \max\left\{ \|f\|_\infty, \|f'\|_\infty \right\} \\
&\leq \|f\|_\infty + \|f'\|_\infty = \|f\|_3 .
\end{aligned} \tag{8}$$

Sei andererseits o.B.d.A. $x_0 \in [0,1]$ derart, dass $f(x_0) = \|f\|_\infty$.

Nach dem Hauptsatz gilt $|f(x) - f(x_0)| = \left| \int_{x_0}^x f' \right| \leq \|f'\|_\infty$.   Also ist

$$f(x) \geq f(x_0) - |f(x_0) - f(x)| \geq f(x_0) - \|f'\|_\infty = \|f\|_\infty - \|f'\|_\infty \tag{9}$$

und daher $\int_0^1 f(x)\,dx \geq \|f\|_\infty - \|f'\|_\infty$.   Es folgt

$$\|f\|_\infty \leq \|f'\|_\infty + \left| \int_0^1 f(t)\,dt \right| \leq 2\max\left\{ \left| \int_0^1 f \right|, \|f'\|_\infty \right\} \tag{10}$$

und damit $\|f\|_3 \leq 3\|f\|_2$.   Also sind $\|.\|_2$ und $\|.\|_3$ äquivalent.

- Für $f_n(t) := \frac{1}{\sqrt{n}} x^n$ gilt $\|f\|_\infty = \frac{1}{\sqrt{n}}$ und $\|f'\|_\infty = \sqrt{n}$, also $\|f_n\|_3 \to \infty$ für $n \to \infty$.

Aber $\|f_n\|_4$ ist beschränkt, denn $\int_0^1 |f|^2 + \int_0^1 |f'|^2 = \frac{1}{n(2n+1)} + \frac{n}{2n-1} \to \frac{1}{2}$.

Also sind $\|.\|_4$ und $\|.\|_3$ nicht äquivalent.

Übrigens ist $\int_0^1 |f|^2 \leq \|f\|_\infty^2$ und $\int_0^1 |f'|^2 \leq \|f'\|_\infty^2$, also

$$\|f\|_4 \;\leq\; \left(\|f\|_\infty^2 + \|f'\|_\infty^2\right)^{1/2} \;\leq\; \sqrt{2}\max\left\{\|f\|_\infty, \|f'\|_\infty\right\} \;\leq\; \sqrt{2}\,\|f\|_3 \;. \quad (11)$$

Dies ist kein Gegenbeispiel gegen den Zwei-Normen-Satz (8.2-6). Warum nicht?

E | Sind die Normen $\|.\|_1$ und $\|.\|_2$ auf E äquivalent, so ist $\mathrm{id}\colon (E, \|.\|_1) \to (E, \|.\|_2)$ ein topologischer Isomorphismus. Dies folgt direkt aus 6.1-5 und 6.1-7.

Jedoch können $(E, \|.\|_1)$ und $(E, \|.\|_2)$ topologisch isomorph sein, obwohl die Normen $\|.\|_1$ und $\|.\|_2$ nicht äquivalent sind. Betrachte z.B. den Raum c_c der abbrechenden Folgen und auf ihm die Normen

$$\begin{aligned}
\|x\|_1 &:= \sup\left\{|x_1|, 2|x_2|, |x_3|, 4|x_4|, |x_5|, \ldots\right\} \quad \text{und} \\
\|x\|_2 &:= \sup\left\{|x_1|, |x_2|, 3|x_3|, |x_4|, 5|x_5|, \ldots\right\} \;.
\end{aligned} \quad (12)$$

Diese Normen sind nicht äquivalent. Der lineare Operator

$$T\colon (c_c, \|.\|_1) \to (c_c, \|.\|_2) \;; \quad Tx := (x_1, 2x_2, \tfrac{1}{3}x_3, 4x_4, \tfrac{1}{5}x_5, \ldots) \;. \quad (13)$$

ist jedoch ein topologischer Isomorphismus.

Für $\|x\|_1 \leq 1$ gilt nämlich $|x_{2k+1}| \leq 1$ und $|x_{2k}| \leq \frac{1}{2k}$, also $\|Tx\|_2 \leq 1$. Daher ist T stetig und entsprechend für $T^{-1}y = (y_1, \tfrac{1}{2}y_2, 3y_3, \tfrac{1}{4}y_4, \ldots)$.

F | Je zwei endlich dimensionale normierte Räume gleicher Dimension sind topologisch isomorph (Satz 5.2-5), also ist der $\mathbb{R}^2$ mit der euklidischen Norm topologisch isomorph zum $\mathbb{R}^2$ mit irgendeiner anderen Norm.

Dagegen ist der $\mathbb{R}^2$ mit der Summennorm nicht norm-isomorph zum $\mathbb{R}^2$ mit der euklidischen Norm. Ein Vektorraum-Isomorphismus bildet nämlich Geraden auf Geraden ab. Der Rand des Einheitskreises in $\left(\mathbb{R}^2, \|.\|_1\right)$ besteht aus vier Strecken und kann daher nicht linear auf den Einheitskreisrand im euklidischen $\left(\mathbb{R}^2, \|.\|_2\right)$ abgebildet werden. (Die euklidische Norm im $\mathbb{R}^2$ ist *strikt konvex*, die Summennorm nicht!)

Der $\mathbb{R}^2$ mit der Summennorm $\|(x,y)\|_1 = |x| + |y|$ ist norm-isomorph zum $\mathbb{R}^2$ mit der Sup-Norm $\|(x,y)\|_\infty = \max\{|x|, |y|\}$. Die Drehstreckung

$$T\colon \left(\mathbb{R}_2, \|.\|_1\right) \to \left(\mathbb{R}_2, \|.\|_\infty\right) \;; \quad T(x,y) := \begin{pmatrix} 1 & 1 \\ -1 & 1 \end{pmatrix} \begin{pmatrix} x \\ y \end{pmatrix} \quad (14)$$

ist ein Norm-Isomorphismus.

G Konvergiert $(x^{(n)})$ in ℓ^p gegen $x \in \ell^p$, so gilt $|x_k^{(n)} - x_k| \leq \|x^{(n)} - x\|_p \to 0$, also konvergiert $(x^{(n)})$ koordinatenweise gegen x.

Wegen $\|x^{(n)}\|_p \leq \|x^{(n)} - x\|_p + \|x\|_p$ und $\|x\|_p \leq \|x^{(n)} - x\|_p + \|x^{(n)}\|_p$ folgt $\big| \|x^{(n)}\|_p - \|x\|_p \big| \leq \|x^{(n)} - x\|_p$, also konvergieren die Normen gegen $\|x\|_p$.

Diese Richtung gilt übrigens auch für $p = \infty$.

• Für die andere Richtung sei $\varepsilon > 0$ beliebig. Wegen $x \in \ell^p$ existiert ein k_0 mit $\sum_{k=k_0}^{\infty} |x_k|^p < \varepsilon$. Nach Voraussetzung existiert zu ε und k_0 ein n_0 mit

$$\sum_{k=1}^{k_0-1} |x_k^{(n)} - x_k|^p < \varepsilon \quad \text{und} \quad \Big| \sum_{k=1}^{k_0-1} |x_k^{(n)}| - \sum_{k=1}^{k_0-1} |x_k|^p \Big| < \varepsilon \ . \quad (15)$$

$x^{(n)} \to x$ folgt wegen

$$\|x^{(n)} - x\|_p \leq \Big(\sum_{k=1}^{k_0-1} |x_k^{(n)} - x_k|^p \Big)^{1/p} + \Big(\sum_{k=k_0}^{\infty} |x_k^{(n)}|^p \Big)^{1/p} + \Big(\sum_{k=k_0}^{\infty} |x_k|^p \Big)^{1/p}$$

$$\leq \varepsilon^{1/p} + 2\varepsilon^{1/p} + \varepsilon^{1/p} = 4\varepsilon^{1/p} \ . \quad (16)$$

• Für $p = \infty$ folgt die Normkonvergenz nicht aus der koordinatenweisen Konvergenz und der Konvergenz der Normen.

Z.B. gilt für die Einsfolge e und die Projektionen P_n dass $\|P_n e\|_\infty = 1 = \|e\|_\infty$ und $P_n e \to e$ koordinatenweise. Es ist aber $\|P_n e - e\|_\infty = 1$ für alle n.

H Man rechnet nach, dass durch $\|x\| := \sup_{n \in \mathbb{N}} \big| \sum_{k=1}^{n} x_k \big|$ eine Norm auf $cs := \big\{ x \in \mathbb{K}^{\mathbb{N}} \mid \sum x_k$ konvergiert $\big\}$ definiert wird. Wegen

$$\|x\| \geq \Big| \sum_{j=1}^{n+1} x_j \Big| \geq |x_{n+1}| - \Big| \sum_{j=1}^{n} x_j \Big| \implies |x_{n+1}| \leq \|x\| + \Big| \sum_{j=1}^{n} x_j \Big| \leq 2\|x\| \quad (17)$$

sind die Projektionen $\pi_n : x \mapsto x_n$ stetig.

Also sind die Urbilder $\pi_n^{-1}(\{0\}) = \{ x \in cs \mid x_n = 0 \}$ abgeschlossen.

Die Unterräume $U := \big\{ (x_k) \in cs \mid \forall j \in \mathbb{N} : x_{2j+1} = 0 \big\}$ und $G := \big\{ (x_k) \in cs \mid \forall j \in \mathbb{N} : x_{2j} = 0 \big\}$ sind daher Durchschnitte abgeschlossener Mengen, also ebenfalls abgeschlossen.

Es gilt $U \cap G = \{0\}$ und $U + G \neq cs$. Z.B. ist $((-1)^n/n) \in cs \backslash (U + G)$.

Aber $U + G$ liegt dicht in cs, d.h. $\overline{U + G} = cs$.

Sei nämlich $x \in cs$ und $\varepsilon > 0$ beliebig. Nach dem Cauchy-Konvergenz-Kriterium (6.2-4.(i)) gibt es ein $n_0 \in \mathbb{N}$ derart, dass $\big| \sum_{k=m}^{n} x_k \big| \leq \varepsilon$ für alle $n \geq m \geq n_0$. Seien

$$u_k := \begin{cases} x_k & \text{für } k \leq n_0, \ k \text{ gerade} \\ 0 & \text{sonst} \end{cases} \ ; \quad g_k := \begin{cases} x_k & \text{für } k \leq n_0, \ k \text{ ungerade} \\ 0 & \text{sonst} \end{cases}$$

Dann ist $u = (u_k) \in U$, $g = (g_k) \in G$ und $\|x - (u + g)\| \leq \varepsilon$.

11.2   Klassische Räume

(siehe auch 11.1.G, 11.1.H, 11.3)

A   Zu den Folgenräumen ℓ^p $(1 \leq p \leq \infty)$ siehe A.7-10.

1) $\|x\|_p := \left(\sum |x_k|^p \right)^{1/p}$ bzw $\|x\|_\infty := \sup |x_k|$ sind Normen auf ℓ^p bzw ℓ^∞.

2) Die Räume ℓ^p sind mit der p-Norm vollständig.

3) Für $1 \leq r < s < \infty$ liegt ℓ^r dicht in ℓ^s, aber nicht dicht in ℓ^∞.

4) Für $1 < s \leq \infty$ ist $\bigcup_{1 \leq r < s} \ell^r$ eine echte Teilmenge von ℓ^s.

   Für $1 \leq r < \infty$ ist ℓ^r ist eine echte Teilmenge von $\bigcap_{r < s \leq \infty} \ell^s$.

5) Für $1 \leq r < s \leq \infty$ ist ℓ^r von 1. Kategorie in ℓ^s.

   Insbesondere ist ℓ^r in ℓ^s bzgl der s-Norm nicht vollständig.

B   Sei $I \subset \mathbb{R}$ ein Intervall, $1 \leq p \leq \infty$ und $L^p := L^p(I)$ der klassische Funktionenraum bzgl des Lebesgue-Maßes (A.7-19).

1) Ist I beschränkt und $1 \leq r < \infty$, so ist $\bigcup_{1 \leq r < s} L^s \subsetneq L^r$.

   Für $1 < s \leq \infty$ ist $L^s \subsetneq \bigcap_{1 \leq r < s} L^r$.

2) Ist I unbeschränkt und $1 \leq r < s \leq \infty$, so ist $L^r \not\subset L^s$ und $L^s \not\subset L^r$.

3) $A_n := \left\{ f \in L^1 \mid \int_0^1 |f|^2 \, dx \leq n \right\}$ ist abgeschlossen in $L^1[0,1]$ und es ist $A_n^\circ = \emptyset$ für alle $n \in \mathbb{N}$.

4) Die Einbettung $\beta \colon L^2 \to L^1$ ist stetig, aber nicht surjektiv.

5) Aus 3) und 4) folgt, dass L^2 von 1. Kategorie in L^1 ist.

C $\|f\| := |f(a)| + V_a^b(f)$ ist eine Norm auf dem Raum $BV[a,b]$ der Funktionen $f \colon [a,b] \to \mathbb{K}$ von beschränkter Variation.

D $\|f\|_L := |f(0)| + \sup_{0 \leq s < t \leq 1} \left| \frac{f(s) - f(t)}{s - t} \right|$ ist eine Norm auf dem Raum $Lip[0,1]$ der Lipschitz-stetigen Funktionen $f \colon [0,1] \to \mathbb{K}$.

Es gilt $\|f\|_\infty \leq \|f\|_L$ und $\left(Lip[0,1], \|.\|_L \right)$ ist vollständig.

E   Die Folgenräume c und c_0 mit der Sup-Norm sind topologisch-, aber nicht isometrisch-isomorph.

F   Es gibt eine stetige, fixpunktfreie Abbildung der abgeschlossenen Einheitskugel $B := \left\{ x \in \ell^2 \mid \|x\|_2 \leq 1 \right\} \subset \ell^2$ in sich.

G   Jede stetige Abbildung des *Hilbert-Würfels* $W := \left\{ x \in \ell^2 \mid \forall n : |x_k| \leq \frac{1}{k} \right\}$ in sich besitzt einen Fixpunkt.

H   In ℓ^∞ gibt es Reihen, die unbedingt, aber nicht absolut konvergieren.

Lösungen:

A **(A.1)** Für $p = \infty$ ist $\ell^\infty = B(\mathbb{N}, \mathbb{K})$ gleich dem Raum der beschränkten Funktionen $x \colon \mathbb{N} \to \mathbb{K}$. Diese Räume sind mit der Sup-Norm (vollständige) normierte Vektorräume. Siehe dazu Aufgabe 11.3.A und 10.6.K.

Sei also im folgenden $1 \le p < \infty$ und

$$\ell^p := \left\{\, x = (x_k) \in \mathbb{K}^{\mathbb{N}} \;\middle|\; \sum |x_k|^p < \infty \,\right\}. \tag{1}$$

Mit $\lambda \in \mathbb{K}$ und $x \in \ell^p$ ist auch $\lambda x \in \ell^p$. Wegen

$$\begin{aligned}
\sum_{k=1}^\infty |x_k + y_k|^p &\le \sum_{k=1}^\infty \big(|x_k| + |y_k|\big)^p \le \sum_{k=1}^\infty \big(2\max\{|x_k|, |y_k|\}\big)^p \\
&\le 2^p \sum_{k=1}^\infty \big(|x_k|^p + |y_k|^p\big) = 2^p \left(\sum_{k=1}^\infty |x_k|^p + \sum_{k=1}^\infty |y_k|^p\right)
\end{aligned} \tag{2}$$

ist mit x und y auch $x + y = (x_k + y_k) \in \ell^p$.

Also ist ℓ^p mit den üblichen Operationen ein Vektorraum über $\mathbb{K}$.

Zu zeigen bleiben noch die Normeigenschaften von $\quad \|x\|_p := \big(\sum |x_k|^p\big)^{1/p}$.

Schwierigkeiten macht nur die Dreiecksungleichung

$$\|x + y\|_p \le \|x\|_p + \|y\|_p \qquad \textit{(Minkowski-Ungleichung).} \tag{3}$$

Für $p = 1$ folgt sie aus der Dreiecksungleichung in $\mathbb{K}$.

Für $1 < p < \infty$ ergibt sie sich durch Grenzübergang aus der Minkowski-Ungleichung für endliche Summen oder aus der *Hölder-Ungleichung* für Folgen (vgl z.B. [RA1 4.6.5.C]) :

$$\sum |x_k y_k| = \big\|(x_k y_k)\big\|_1 \le \big\|(x_k)\big\|_p \big\|(y_k)\big\|_q \tag{4}$$

für alle $1 < p < \infty$, $\frac{1}{p} + \frac{1}{q} = 1$, $(x_k) \in \ell^p$ und $(y_k) \in \ell^q$.

Die Hölder-Ungleichung gilt übrigens auch für $p = 1$ und $q = \infty$.

Man nennt die Exponenten p, q mit $\frac{1}{p} + \frac{1}{q} = 1$ *zueinander konjugiert*.

(A.2) Sei zunächst $1 \le p < \infty$ und $(x^{(n)})$ eine Cauchyfolge in ℓ^p. Wegen

$$|x_k^{(n)} - x_k^{(m)}| \le \big(\textstyle\sum_{j=1}^\infty |x_k^{(n)} - x_k^{(m)}|^p\big)^{1/p} = \|x^{(n)} - x^{(m)}\|_p \tag{5}$$

ist für jedes feste k die Folge der k-ten Folgenglieder eine Cauchyfolge in $\mathbb{K}$, also konvergent. Sei $x = (x_k) \in \mathbb{K}^{\mathbb{N}}$ definiert durch $x_k := \lim_n x_k^{(n)}$.

Beh.: $x \in \ell^p$ und $\|x^{(n)} - x\|_p \to 0$!

Beweis: Da $(x^{(n)})$ eine Cauchyfolge ist, gibt es zu jedem $\varepsilon > 0$ ein $N = N(\varepsilon) \in \mathbb{N}$ derart, dass für alle $n, m \geq N$

$$\|x^{(n)} - x^{(m)}\|_p = \left(\sum_{k=0}^{\infty} |x_k^{(n)} - x_k^{(m)}|^p\right)^{1/p} < \varepsilon . \tag{6}$$

Insbesondere folgt für alle M und alle $n, m \geq N$:

$$\left(\sum_{k=0}^{M} |x_k^{(n)} - x_k^{(m)}|^p\right)^{1/p} \leq \|x^{(n)} - x^{(m)}\|_p \leq \varepsilon . \tag{7}$$

Grenzübergang erst $m \to \infty$ und dann $M \to \infty$ liefert

$$\left(\sum_{k=0}^{M} |x_k^{(n)} - x_k|^p\right)^{1/p} \leq \varepsilon \quad \text{und} \quad \left(\sum_{k=0}^{\infty} |x_k^{(n)} - x_k|^p\right)^{1/p} \leq \varepsilon \tag{8}$$

für alle $n \geq N$. Damit folgt für $n = N$ zunächst $x - x^{(N)} \in \ell^p$ und damit auch $x = (x - x^{(N)}) + x^{(N)} \in \ell^p$.

Aus (8) folgt schließlich mit $\varepsilon \to 0$ dass $\|x^{(n)} - x\| \to 0$.

Also ist ℓ^p für $1 \leq p < \infty$ vollständig.

Zur Vollständigkeit von $\ell^\infty = B(\mathbb{N}, \mathbb{K})$ siehe 11.3.A. Dort wird gezeigt, dass die Funktionenräume $B(X, E)$ mit der Sup-Norm vollständig sind.

(A.3) Sei $1 \leq r < \infty$ und $x = (x_k) \in \ell^r$, also $\sum |x_k|^r < \infty$.
Dann geht $x_k \to 0$, also ist $|x_k| < 1$ ab einem k_0 und damit $x \in \ell^\infty$.

Für $r < s < \infty$ ist ab diesem k_0 $|x_k|^s < |x_k|^r$. Also $\sum |x_k|^s < \infty$ und damit $x \in \ell^s$.

Der Raum c_c der abbrechenden Folgen liegt in jedem ℓ^p mit $1 \leq p < \infty$ dicht bzgl der p-Norm, aber nicht dicht in ℓ^∞ bugl der Sup-Norm.

Also liegt ℓ^r für $1 \leq r < s < \infty$ dicht in ℓ^s bzgl der s-Norm.

Aber für die Einsfolge $e = (1, 1, 1, \ldots) \in \ell^\infty$ gibt es keine Folge $x = (x_k) \in \ell^r$ mit $\|x - e\|_\infty < \frac{1}{2}$. Also liegt ℓ^r für $1 \leq r < \infty$ nicht dicht in ℓ^∞.

(A.4) Für $s = \infty$ ist die Eins-Folge $e := (1, 1, 1, \ldots) \in \ell^\infty \setminus \bigcup_{1 \leq r < \infty} \ell^r$.

Für $1 < s < \infty$ ist die durch $x_1 := 1$ und $x_k := k^{-1/s}(\ln k)^{-2/s}$ für $k \geq 2$ definierte Folge $x = (x_k)$ ein Element von $\ell^s \setminus \bigcup_{1 \leq r < s} \ell^r$.

Für $1 \leq r < \infty$ ist $x = (k^{-1/r}) \in \bigcap_{1 \leq r < s} \ell^s \setminus \ell^r$.

(A.5) Für $1 \leq r < s \leq \infty$ ist ℓ^r von 1. Kategorie in ℓ^s.

Insbesondere ist ℓ^r in ℓ^s bzgl der s-Norm nicht vollständig.

Beweis analog zu Aufgabe **(B.5)**. Siehe auch 11.3.E.

B **(B.1)** Sei I beschränkt, o.B.d.A. $I = [0, 1]$.

Sei zunächst $1 \leq r < s < \infty$, also $p := s/r > 1$. Dann ist $q := \frac{s}{s-r}$ der konjugierte Exponent zu p, d.h. es ist $\frac{1}{p} + \frac{1}{q} = 1$.

Für $f \in L^s[0,1]$ folgt aus der Hölder-Ungleichung (A.5-7(b)) :

$$\int_0^1 |f|^r \leq \left(\int_0^1 |f|^{rp}\right)^{1/p}\left(\int_0^1 1^{rq}\right)^{1/q} = \left(\int_0^1 |f|^s\right)^{r/s} . \qquad (9)$$

Insbesondere ist $\|f\|_r \leq \|f\|_s$ und $L^s[0,1] \subset L^r[0,1]$.

- Analog zeigt man für $1 \leq r < \infty$, dass $L^\infty[0,1] \subset L^r[0,1]$ und

$$\|f\|_r \leq \|f\|_\infty \qquad \text{für alle } f \in L^\infty[0,1] . \qquad (10)$$

- Wegen $f(t) := \left(t \ln^2 \frac{t}{e}\right)^{-1/r} \in L^r \backslash L^s$, ist $\bigcup_{1 \leq r < s} L^s \subsetneq L^r$.
- Für $1 \leq r < s < \infty$ ist $g(t) := t^{-1/s} \in L^r \backslash L^s$, also $L^s \subsetneq \bigcap_{1 \leq r < s} L^r$.
- Für $1 \leq r < \infty$ ist $g(t) := (\ln t / e)^{-2} \in L^r \backslash L^\infty$, also $L^\infty \subsetneq \bigcap_{1 \leq r < \infty} L^r$.

(B.2) Sei nun I unbeschränkt, etwa (o.B.d.A.) $I = [0, \infty[$.

Für $1 \leq r < s \leq \infty$ ist $f(t) := (1+t)^{-r} \in L^s[0,\infty[\backslash L^r[0,\infty[$.

Für $1 \leq r < s < \infty$ ist $f(t) := t^{-s} \cdot \chi_{[0,1]} \in L^s \backslash L^r$.

Schließlich ist $f(t) :\equiv 1 \in L^\infty \backslash L^r$ für $1 \leq r < \infty$.

(B.3) Sei $L^p := L^p([0,1], \mathbb{K})$ und

$$A_n := \left\{ f \in L^2 \mid \|f\|_2^2 = \int_0^1 |f|^2 \, dx \leq n \right\} \subset L^1 . \qquad (11)$$

- A_n ist abgeschlossen in L^1 bzgl der 1-Norm !

Sei (f_k) eine Folge aus A_n und $f \in L^1$ derart, dass $\|f_k - f\|_1 \to 0$.

Nach Definition von A_n ist dann $\|f_k\|_2 \leq \sqrt{n}$ für alle $k \in \mathbb{N}$, d.h. (f_k) ist beschränkt im Hilbertraum L^2. Da L^2 reflexiv ist, existiert eine Teilfolge (f_{k_j}) von (f_k), die in L^2 schwach gegen ein $g \in L^2$ konvergiert.

Also $\|g\|_2 \leq \liminf_{j \to \infty} \|f_{k_j}\|_2 \leq \sqrt{n}$, d.h. $g \in A_n$.

Die Folge (f_{k_j}) konvergiert auch in L^1 schwach gegen g, denn ist x^* ein stetiges lineares Funktional auf L^1, so ist $x^* \restriction_{L^2}$ auch stetig auf $\left(L^2, \|.\|_2\right)$.

Aber (f_k) konvergiert auch schwach gegen f. Da die schwache Topologie hausdorffsch ist, folgt $f = g \in A_n$.

- L^2 ist ein echter linearer Teilraum von L^1 und hat daher leeres Inneres $(L^2)^\circ = \emptyset$ in L^1. Wegen $A_n \subset L^2 \subset L^1$ ist daher auch $A_n^\circ = \emptyset$.
- Wegen $L^2 = \bigcup A_n$ ist L^2 abzählbare Vereinigung von in L^1 nirgends dichten Mengen, also von 1. Kategorie in L^1.

(B.4) Nach **(B.1)** ist $L^2[0,1] \subsetneq L^1[0,1]$. Z.B. ist $x^{-1/2} \in L^1 \backslash L^2$.

Die Einbettung $\beta \colon L^2 \to L^1$ ist stetig, denn nach **(B.1)** ist $\|f\|_1 \leq \|f\|_2$.

Nach dem Open-Mapping-Theorem (8.2-4) kann $\beta(L^2) = L^2$ nicht von 2. Kategorie in L^1 sein. Also ist L^2 von 1. Kategorie in L^1.

Auch für stetige Funktionen $f\colon [a,b] \to \mathbb{K}$ ist die *totale Variation*

$$V_a^b(f) := \sup \left\{ \sum_{j=1}^{m} |f(t_j) - f(t_{j-1})| \ \Big| \ a = t_0 < t_1 < \ldots < t_m = b \right\} \quad (12)$$

evt gleich ∞ . Siehe dazu z.B. [RA2 8.2.3.c]. Mit den üblichen, argumentweise definierten Operationen ist

$$BV[a,b] := \left\{ f\colon [a,b] \to \mathbb{K} \mid V_a^b(f) < \infty \right\} \quad (13)$$

ein $\mathbb{K}$-Vektorraum, der Raum der Funktionen *beschränkter Variation* auf $[a,b]$. Dass mit $f, g \in BV[a,b]$ auch $f + g \in BV[a,b]$ ist, folgt z.B. wegen

$$\sum_{j=1}^{m} |(f+g)(t_j) - (f+g)(t_{j-1})| \leq \sum_{j=1}^{m} |f(t_j) - f(t_{j-1})| + \sum_{j=1}^{m} |g(t_j) - g(t_{j-1})| \quad (14)$$

aus der Dreiecksungleichung in $\mathbb{K}$.

Die Normeigenschaften von $\|f\| := |f(a)| + V_a^b(f)$ rechnet man nach, z.B.:

$$V_a^b(f) = 0 \ \Leftrightarrow \ f \equiv const , \quad \text{also} \quad \|f\| = 0 \ \Leftrightarrow \ f \equiv 0 . \quad (15)$$

Die Dreiecksungleichung in $BV[a,b]$ folgt wegen (14) aus der in $\mathbb{K}$ usw.

Die Norm-Eigenschaften von $\|f\|_L := |f(0)| + \sup_{0 \leq s < t \leq 1} \left| \frac{f(s) - f(t)}{s - t} \right|$ auf $Lip[0,1]$ rechnet man nach. Es gilt

$$\|f\|_\infty = \sup_s |f(s) - f(0) + f(0)| \leq |f(0)| + \sup_s \left| \frac{f(s) - f(0)}{s} \right| \leq \|f\|_L . \quad (16)$$

Ist daher (f_n) eine Cauchy-Folge in $Lip[0,1]$ bzgl $\|.\|_L$, dann auch bzgl $\|f\|_\infty$. Also gibt es eine stetige Funktion $f\colon [0,1] \to \mathbb{K}$ mit $\|f_n - f\|_\infty \to 0$, insbesondere mit $f_n(0) \to f(0)$.

Wegen $\sup_{0 \leq s < t \leq 1} \left| \frac{(f_n - f_m)(s) - (f_n - f_m)(t)}{s - t} \right| \to 0$ für $n, m \to \infty$ geht für $n \to \infty$ auch $\sup_{0 \leq s < t \leq 1} \left| \frac{(f_n - f)(s) - (f_n - f)(t)}{s - t} \right| \to 0$.

Also gilt $\|f_n - f\|_L \to 0$ und $\big(Lip[0,1], \|.\|_L \big)$ ist vollständig.

Achtung: Der gleichmäßige Grenzwert Lipschitz-stetiger Funktionen ist i.a. nicht Lipschitz-stetig.

Zu den Folgenräumen c und c_0 mit der Sup-Norm siehe A.7-4 und A.7-5.

(E.1) c und c_0 sind nicht isometrisch isomorph, denn die abgeschlossene Einheitskugel in c besitzt Extremalpunkte, die in c_0 nicht (12.4.G).

Die Dualräume $c^* \cong c_0^* \cong \ell^1$ sind isometrisch isomorph (siehe 12.2.A.1).

(E.2) Für $x = (x_k) \in c$ sei $\lambda x := \lim x_k$ und

$$T: c \to c_0 \quad \text{definiert durch} \quad Tx := (\lambda x, x_1 - \lambda x, x_2 - \lambda x, \ldots) . \tag{17}$$

Beh.: T ist ein topologischer Isomorphismus von c auf c_0.

Die Linearität von T ist klar. Die Bijektivität rechnet man nach.

Wegen $|\lambda x| = |\lim x_k| \le \sup |x_k| = \|x\|_\infty$ gilt

$$\begin{aligned}
\|Tx\|_\infty &= \sup \left[\{ |x_k - \lambda x| \mid k \ge 1 \} \cup \{|\lambda x|\} \right] \\
&\le \sup \{ |x_k| \mid k \ge 1 \} + |\lambda x| = \|x\|_\infty + |\lambda x| \le 2\|x\|_\infty .
\end{aligned} \tag{18}$$

Also ist T stetig und $\|T\| \le 2$.

Betrachte nun die spezielle Folge $x := (-1, 1, 1, \ldots) \in c$.

Es ist $\|x\|_\infty = 1$; $Tx = (1, -2, 0, 0, \ldots)$ und $\|Tx\|_\infty = 2$.

Also ist auch $\|T\| \ge 2$ und damit $\|T\| = 2$.

$$T^{-1}: c_0 \to c \quad ; \quad (y_n) \mapsto (y_{n+1} + y_1) \tag{19}$$

ist ebenfalls stetig, da $\|T^{-1}y\|_\infty \le 2\|y\|_\infty$.

$\boxed{\text{F}}$ Sei $B := \{ x \in \ell^2 \mid \|x\|_2 \le 1 \}$ die abgeschlossene Einheitskugel in ℓ^2.

Sei $f: B \to B$ definiert durch $f(x) := \left(1 - \|x\|_2^2, x_1, x_2, \ldots \right)$.
f ist stetig und fixpunktfrei.

Dies Beispiel ist kein Widerspruch zum Banachschen Fixpunktsatz 4.5-10.
B ist zwar ein vollständiger metrischer Raum, aber f ist keine Kontraktion.

Es ist auch kein Widerspruch zum Schauderschen Fixpunktsatz 4.5-12.
B ist zwar konvex, aber nicht kompakt in ℓ^2.

$\boxed{\text{G}}$ Dies Resultat ist ein Spezialfall des Fixpunktsatzes 4.5-12. Es wird oft beim Beweis dieses Satzes benutzt und muss dann unabhängig bewiesen werden.

Der Hilbert-Würfel $W := \{ x \in \ell^2 \mid \forall n : |x_n| \le \frac{1}{n} \}$ ist kompakt und konvex (11.3.H.2). Sei $f: W \to W$ stetig und

$$P_n: W \to W \quad ; \quad P_n(x_1, x_2, x_3, \ldots) := (x_1, \ldots, x_n, 0, 0, \ldots) . \tag{20}$$

$W_n := P_n(W)$ ist homöomorph zur abgeschlossenen Einheitskugel im $\mathbb{R}^n$. Nach dem Brouwerschen Fixpunktsatz hat die stetige Abbildung $P_n \circ f: W_n \to W_n$ einen Fixpunkt $y^{(n)} \in W_n \subset W$. Für ihn gilt

$$\left\| y^{(n)} - f(y^{(n)}) \right\|_2 \le \left(\sum_{k=n+1}^\infty \frac{1}{k^2} \right)^{1/2} \to 0 \quad \text{für } n \to \infty . \tag{21}$$

Da W kompakt ist, besitzt die Folge $(y^{(n)})$ eine in W konvergente Teilfolge. Der Grenzwert dieser Folge ist ein Fixpunkt von f.

$\boxed{\text{H}}$ Die Reihe $\sum_{k=1}^\infty \frac{(-1)^k}{k} e^{(k)}$ ist in ℓ^∞ nicht absolut konvergent.
Sie konvergent aber unbedingt gegen $x := (-1, \frac{1}{2}, -\frac{1}{3}, \ldots) \in \ell^\infty$.

11.3 Vollständigkeit und Kompaktheit

(siehe auch 10.6.K, 11.2.A, 11.2.D)

Für Banachräume E sind $B(X, E)$ und $C_b(X, E)$ mit der Sup-Norm vollständig.

$C[a, b]$ ist mit der Supremumsnorm vollständig, mit der p-Integralnorm nicht.

$C^1[0, 1] := \{\, f \colon [0, 1] \to \mathbb{R} \mid f \text{ stetig differenzierbar} \,\}$ ist mit den Normen $\|.\|_k$ aus Aufgabe 11.1.D vollständig, aber nicht bzgl $\|.\|_\infty$.

$BV[a, b]$ ist mit der Norm $\|f\| := |f(a)| + V_a^b(f)$ vollständig.

Man zeige direkt durch Angabe einer entsprechenden Cauchy-Folge, dass ℓ^r für $1 \le r < s \le \infty$ nicht vollständig in ℓ^s ist.

Sei $F = \bigoplus_{i \in I} E_i$ die direkte Summe der normierten Räume $(E_i, \|.\|_i)$ mit der in Aufgabe 11.1.C.2 betrachteten Summennorm.

Ist F ein Banachraum, so sind alle E_i Banachräume. Die Umkehrung ist falsch.

Sei X ein lokal kompakter Hausdorff-Raum. Dann ist $C_0(X)$ die Vervollständigung von $C_c(X)$ mit der Sup-Norm.

1) $A \subset \ell^p$ $(1 \le p < \infty)$ ist genau dann relativ kompakt, wenn A koordinatenweise beschränkt ist und $\lim_{n \to \infty} \sup_{x \in A} \sum_{k=n}^\infty |x_k|^p = 0$.

2) Der sog. *Hilbert-Würfel* $H_p := \{\, x \in \ell^p \mid \forall\, k \in \mathbb{N} \ : \ |x_k| \le \frac{1}{k} \,\}$ ist für $1 < p \le \infty$ kompakt in ℓ^p. Aber H_1 ist nicht kompakt in ℓ^1.

In den ℓ^p-Räumen $(1 \le p \le \infty)$ sind die abgeschlossenen Einheitskugeln nicht kompakt .

ösungen:

Sei $X \ne \emptyset$ eine beliebige Menge und E ein Banachraum über $\mathbb{K}$.

$$B(X, E) := \{\, f \colon X \to E \mid f \text{ beschränkt} \,\} \tag{1}$$

ist mit den üblichen Operationen und der Sup-Norm

$$\|f\|_\infty := \sup\{\, \|f(x)\| \mid x \in X \,\} \tag{2}$$

ein normierter $\mathbb{K}$-Vektorraum. Ist X ein topologischer Raum, so gilt dies auch für

$$C_b(X, E) := \{\, f \colon X \to E \mid f \text{ stetig und beschränkt} \,\} \subset B(X, E) . \tag{3}$$

Sei nun (f_n) eine Cauchyfolge in $B(X, E)$ bzw $C_b(X, E)$.

Dann ist für jedes $x \in X$ die Folge $(f_n(x))$ eine Cauchy-Folge in E.

Da E vollständig ist, gibt es ein $y =: f(x) \in E$ mit $f_n(x) \to f(x)$.

Die so definierte (punktweise) Grenzfunktion $f\colon X \to E$ ist auch gleichmäßiger Grenzwert, d.h. $\|f_n - f\|_\infty \to 0$. Für alle $x \in X$ gilt nämlich

$$\|f_n(x) - f_m(x)\| < \varepsilon \ \forall m, n \geq n_0 \quad \Longrightarrow \quad \|f_n(x) - f(x)\| \leq \varepsilon \ \forall n \geq n_0 . \quad (4)$$

Als gleichmäßiger Grenzwert von beschränkten (und stetigen) Funktionen ist f ebenfalls beschränkt (und stetig). Der entsprechende Beweis aus Analysis I (siehe z.B. [RA1 2.6.3.A]) kann übertragen werden.

Also besitzt jede Cauchyfolge in $B(X, E)$ bzw $C_b(X, E)$ einen Grenzwert in $B(X, E)$ bzw $C_b(X, E)$ und wir sind fertig.

B $C[a,b] = C_b([a,b], \mathbb{K})$ ist bzgl der Supremumsnorm $\|f\|_\infty$ vollständig. Das ergibt sich als Spezialfall aus Aufgabe 11.3.A.

Dagegen ist $C[a,b]$ bzgl der Integralnorm $\quad \|f\|_p := \left(\int_a^b |f(x)|^p \, dx \right)^{1/p} \quad$ nicht vollständig!

Wir geben eine Cauchy-Folge an, die in $C[a,b]$ nicht konvergiert.

Sei $c := (a+b)/2$ und $n_0 > 2/(b-a)$, also $\frac{1}{n} < \frac{b-a}{2}$ für $n \geq n_0$. Für diese n sei $f_n\colon [a,b] \to \mathbb{R}$ definiert durch

$$f_n(x) := \begin{cases} n(x - c) & \text{für } |x - c| \leq \frac{1}{n} \\ \operatorname{sgn}(x - c) & \text{sonst.} \end{cases} \quad (5)$$

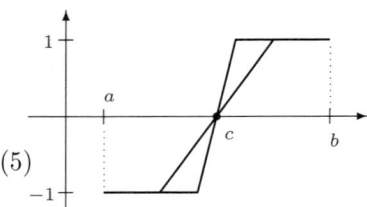

Es ist $\|f_n - f_m\|_p \leq (2/n)^{1/p}$ für $m \geq n \geq n_0$. Also ist (f_n) eine Cauchy-Folge.

Sie kann aber in $(C[a,b], \|.\|_p)$ nicht konvergieren. Eine stetige Grenzfunktion müsste nämlich auf jedem Teilintervall von $[a, c[$ konstant gleich -1 und auf jedem Teilintervall von $]c, b]$ konstant gleich 1 sein. Widerspruch.

C Wir betrachten zunächst die Norm $\|f\|_3 := \|f\|_\infty + \|f'\|_\infty$ auf $C^1[0,1]$.

Ist (f_n) eine Cauchy-Folge in $(C^1[0,1], \|.\|_3)$, so konvergiert sowohl die Folge (f_n), als auch die Folge (f_n') der Ableitungen gleichmäßig auf $[0,1]$. Nach einem Satz aus Analysis I [RA1 4.1.5] ist die Grenzfunktion $f := \lim f_n$ ebenfalls in $C^1[0,1]$ und es ist $f' = \lim f_n'$. Wegen $\|f - f_n\|_3 \to 0$ folgt die Vollständigkeit von $C^1[0,1]$ bzgl $\|.\|_3$ und wegen der Normäquivalenz auch bzgl $\|.\|_1$ und $\|.\|_2$.

Bzgl der Sup-Norm $\|f\|_\infty$ ist $C^1[0,1]$ nicht vollständig. Betrachte z.B. die Funktionen

$$f_n\colon [-1,1] \to \mathbb{R} \quad ; \quad f_n(x) := \begin{cases} \frac{n}{2}x^2 + \frac{1}{2n} & \text{für } |x| \leq \frac{1}{n}, \\ |x| & \text{sonst.} \end{cases} \quad (6)$$

Es gilt $f_n \in C^1[0,1]$ und $\sup |f_n(x) - |x|| \to 0$. Also
bilden die f_n eine Cauchy-Folge in $\left(C^1[0,1], \|.\|_\infty\right)$.

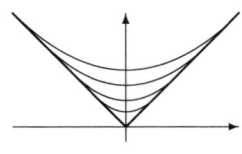

Diese Folge kann aber keinen Grenzwert $f \in C^1[0,1]$
besitzen. Für ihn müsste nämlich $f(x) = |x|$ für alle x
sein und $|x|$ ist in $x_0 = 0$ nicht differenzierbar.

Sei $f\colon [a,b] \to \mathbb{K}$ irgendeine komplex-oder reellwertige Funktion. Dann heißt

$$V_a^b(f) \; := \; \sup \left\{ \; \sum_{j=1}^{m} |f(t_j) - f(t_{j-1})| \; \bigg| \; a = t_0 < t_1 < \ldots < t_m = b \right\} \qquad (7)$$

die *totale Variation* von f im Intervall $[a,b]$. Evt ist $V_a^b(f) = \infty$.

Dass der Raum $BV := BV[a,b]$ der Funktionen $f\colon [a,b] \to \mathbb{K}$ beschränkter
Variation mit der Norm

$$\|f\|_v \; := \; |f(a)| + V_a^b(f) \qquad (8)$$

überhaupt ein normierter $\mathbb{K}$-Vektorraum ist, wird in Aufgabe 11.2.C gezeigt.
Sei (f_n) eine Cauchyfolge in $(BV, \|.\|_v)$. Wegen

$$\begin{aligned}
|f_n(x) - f_m(x)| \; &\leq \; |(f_n - f_m)(a)| + |(f_n - f_m)(a) - (f_n - f_m)(x)| \\
&\leq \; \|f_n - f_m\|_v
\end{aligned} \qquad (9)$$

ist für alle $x \in [a,b]$ die Folge $(f_n(x))$ der Funktionswerte eine Cauchy-
Folge in $\mathbb{K}$, also konvergent. Die durch $f(x) := \lim f_n(x)$ definierte Funktion
$f\colon [a,b] \to \mathbb{K}$ ist ebenfalls von beschränkter Variation. Wegen $\|f_n - f\|_v \to 0$
ist f Grenzwert der Cauchyfolge (f_n) in $(BV, \|.\|_v)$.

Sei $1 \leq r < s \leq \infty$. Zur Inklusion $\ell^r \subset \ell^s$ siehe 11.2.A.

Wir betrachten die abbrechenden Folgen $x^{(n)} \in c_c \subset \mathbb{K}^{\mathbb{N}}$ mit

$$x_k^{(n)} := k^{-r} \text{ für } 1 \leq k \leq n \quad \text{und} \quad x_k^{(n)} := 0 \text{ für } k > n . \qquad (10)$$

Dann gilt $\sum_{k=1}^{\infty} |x_k^{(n)}|^r = \sum_{k=1}^{n} \frac{1}{k} < \infty$, also liegen die Folgen $x^{(n)} \in \ell^r$.
Sei zunächst $1 \leq r < s < \infty$. Weil die Reihe $\sum (1/k)^{s/r}$ konvergiert, gibt es
zu jedem $\varepsilon > 0$ ein n_0 derart, dass für alle $m > n > n_0$ gilt

$$\left\| x^{(n)} - x^{(m)} \right\|_s \; = \; \left(\sum_{k=n+1}^{m} \left(\tfrac{1}{k} \right)^{s/r} \right)^{1/s} < \left(\sum_{k=n+1}^{\infty} \left(\tfrac{1}{k} \right)^{s/r} \right)^{1/s} \leq \varepsilon . \qquad (11)$$

Also ist $\left(x^{(n)} \right)$ eine Cauchy-Folge in $\ell^r \subset \ell^s$.

Es gibt aber keine Folge $x = (x_k) \in \ell^r$ mit $x^{(n)} \to x$. Für eine solche Folge
müsste nämlich $x_k = k^{-r}$ sein. Die harmonische Reihe ist aber divergent.

Für $s = \infty$ schließt man analog.

F   Durch $\|x\| := \sum_{i \in I} \|x_i\|_i$ wird auf

$$F := \bigoplus_{i \in I} E_i := \left\{ x \in \prod_{i \in I} E_i \;\middle|\; x_i \neq 0 \text{ für höchstens endlich viele } i \right\} \quad (12)$$

die sog. *Summennorm* definiert. Siehe dazu Aufgabe 11.1.C.2.

Beh. 1:   Ist F ein Banachraum, so sind alle E_i Banachräume.

Beweis: Sei F ein Banachraum. Sei $j \in I$ festgewählt und (a_n) eine Cauchy-Folge in E_j. Sei $x^{(n)} = \left(x_i^{(n)}\right) \in F$ definiert durch $x_j^{(n)} := a_n$ und $x_i^{(n)} := 0$ für $i \neq j$.

Dann ist $\left(x^{(n)}\right)$ eine nach Voraussetzung in F konvergente Cauchyfolge. Sei $x = (x_i) := \lim_n x^{(n)}$. Wegen

$$\left\|a_n - x_j\right\|_j = \left\|x_j^{(n)} - x_j\right\|_j \leq \sum_{i \in I} \left\|x_i^{(n)} - x_i\right\|_i = \|x_n - x\| \quad (13)$$

konvergiert (a_n) gegen $x_j \in E_j$. Also ist E_j vollständig.

Beh. 2:   Die Umkehrung ist falsch.

Beweis: Seien $I := \mathbb{N}$ und alle $E_i := \mathbb{R}$ mit der euklidischen Norm, also sicherlich Banachräume. Sei $F = \bigoplus E_i$ und

$$x^{(n)} = \left(x_i^{(n)}\right) \in F \quad \text{def. durch} \quad x_i^{(n)} := \begin{cases} 1/2^i & \text{falls } i \leq n, \\ 0 & \text{sonst.} \end{cases} \quad (14)$$

Für $m > n$ gilt $\|x^{(m)} - x^{(n)}\| = \sum_{i=n+1}^{m} 2^{-i} < 2^{-n}$. Also ist $(x^{(n)})$ eine Cauchyfolge in F.

Sie kann kann keinen Grenzwert $x \in F$ besitzen, also ist F nicht vollständig.

Für jedes $x = (x_i) \in F$ existiert nämlich ein k mit $x_k = 0$. Für alle $n \geq k$ gilt aber $x_k^{(n)} = 2^{-k}$. Also gilt $x^{(n)} \not\to x$, denn

$$\left\|x^{(n)} - x\right\| \geq \left|x_k^{(n)} - x_k\right| = 2^{-k} > 0 \qquad \text{für } n \geq k . \quad (15)$$

G   Sei X ein lokal kompakter Hausdorff-Raum. Eine Funktion $f \colon X \to \mathbb{K}$ *verschwindet in ∞*, wenn

$$\forall \varepsilon > 0 \; \exists K \subset X \text{ kompakt } \forall x \in X \backslash K \; : \; |f(x)| < \varepsilon . \quad (16)$$

Sei $C_0(X) := \left\{ f \in C(X) \mid f \text{ verschwindet in } \infty \right\}$ und $C_c(X) \subset C_0(X)$ der Unterraum der stetigen Funktionen $f \colon X \to \mathbb{K}$ mit kompaktem Träger $\operatorname{supp} f := \overline{\left\{ x \in X \mid f(x) \neq 0 \right\}}$.

Ist X kompakt, so ist $C(X) = C_c(X) = C_0(X)$.

- $C_0(X)$ ist mit der sup-Norm ein Banachraum !

Eine Cauchy-Folge (f_n) in $(C_0(X), \|.\|_\infty)$ konvergiert gleichmäßig auf X, insbesondere also punktweise. Ihr punktweiser Grenzwert f ist stetig. f verschwindet in ∞ (Beweis!) und es gilt $\|f_n - f\|_\infty \to 0$.

- $C_c(X)$ liegt dicht in $C_0(X)$!

Seien $f \in C_0(X)$ und $\varepsilon > 0$ beliebig vorgegeben. Dann gibt es ein kompaktes $K \subset X$ mit $|f(x)| < \varepsilon$ außerhalb von K.

Urysohn's Lemma (3.1-12) liefert eine Funktion $g \in C_c(X)$ mit $0 \leq g \leq 1$ und $g(x) = 1$ auf K. Sei $h := fg$. Dann ist $h \in C_c(X)$ und $\|f - h\|_\infty \leq \varepsilon$.

- Also ist $C_0(X)$ die bis auf Isometrie eindeutige Vervollständigung von $C_c(X)$.

(H.1) Ist $A \subset \ell^p$ $(1 \leq p < \infty)$ relativ kompakt, so ist A beschränkt und wegen der Stetigkeit der Projektionen auch koordinatenweise beschränkt.

Sei $\varepsilon > 0$. Da A totalbeschränkt ist, gibt es $x^{(1)}, \ldots, x^{(m)} \in \ell^p$ derart, dass $\forall x \in A \; \exists n \in \{1, \ldots, m\} : \|x - x^{(n)}\|_p < \varepsilon^{1/p}$.

Wähle n_0 so groß, dass $\sum_{k=n_0}^\infty |x_k^{(i)}|^p < \varepsilon$ für alle $1 \leq i \leq m$. Dann folgt für $x \in A$ und passendes n:

$$\Big(\sum_{k=n_0}^\infty |x_k|^p \Big)^{1/p} \leq \Big(\sum_{k=n_0}^\infty |x_k - x_k^{(n)}|^p \Big)^{1/p} + \Big(\sum_{k=n_0}^\infty |x_k^{(n)}|^p \Big)^{1/p} \leq 2\varepsilon^{1/p} . \quad (17)$$

Also ist $\lim_{n \to \infty} \sup_{x \in A} \sum_{k=n}^\infty |x_k|^p = 0$.

- Da ℓ^p vollständig ist, braucht man für die Umkehrung nur die Totalbeschränktheit von A zu zeigen.

Sei $\varepsilon > 0$ und m so groß, dass $\sup_{x \in A} \sum_{k=m+1}^\infty |x_k|^p < \varepsilon^p$.

Sei $P_m : \ell^p \to \mathbb{K}^m$ definiert durch $P_m x := (x_1, \ldots, x_m)$. Wegen der koordinatenweisen Beschränktheit von A ist $A_0 := P_m(A)$ in $(\mathbb{K}^m, \|.\|_p)$ beschränkt und damit totalbeschränkt. Es gibt daher $z^{(1)}, \ldots, z^{(n)} \in \mathbb{K}^m$ mit

$$\forall x \in A \; \exists n \in \{1, \ldots, n\} : \|P_m x - z^{(i)}\|_p < \varepsilon . \quad (18)$$

Für $i = 1, \ldots, n$ sei $y^{(i)} := (z_1^{(i)}, \ldots, z_m^{(i)}, 0, \ldots)$.

Dann sind die $y^{(i)} \in \ell^p$ und $A \subset \bigcup_{i=1}^n B_\varepsilon(y^{(i)})$.

(H.2) Für $1 < p < \infty$ ist $H_p := \{ x \in \ell^p \mid \forall k \in \mathbb{N} : |x_k| \leq \frac{1}{k} \}$ relativ kompakt in ℓ^p (siehe **(H.1)**). H_p ist aber abgeschlossen, also kompakt.

- H_1 ist wegen $\left\| (1, \ldots, \frac{1}{n}, 0, 0, \ldots) \right\|_1 \to \infty$ nicht einmal beschränkt in ℓ^1.

- H_∞ ist als abgeschlossene Teilmenge des vollständigen Raums ℓ^∞ auch vollständig. Also reicht zu zeigen, dass H_∞ totalbeschränkt ist.

Sei $\varepsilon > 0$ beliebig. Wähle $m \in \mathbb{N}$ mit $\frac{1}{m} < \varepsilon$.

Sei P_m definiert durch $P_m : \ell^\infty \to \mathbb{K}^m$; $P_m x := (x_1, \ldots, x_m)$. $P_m(H_\infty)$ ist beschränkt im $(\mathbb{K}^m, \|.\|_\infty)$, also totalbeschränkt.

Weiter wie im zweiten Teil von **(H.1)**.

(H.3) Oder man zeigt die Folgenkompaktheit von H_p :

Sei dafür $f := (x^{(n)})$ eine Folge in H_p.

Nach Definition von H_p gilt $|x_k^{(n)}| \leq \frac{1}{k}$ für alle $k, n \in \mathbb{N}$. Also ist die Folge $(x_1^{(n)})$ der ersten Koordinaten eine beschränkte Folge in $\mathbb{K}$. Sie besitzt deshalb eine konvergente Teilfolge $(x_1^{(n,1)})$. Sei $\xi_1 := \lim_{n \to \infty} (x_1^{(n,1)})$ und $f^{(1)} := (x^{(n,1)})$ die entsprechende Teilfolge von f.

Die zugehörige Folge $(x_2^{(n,1)})$ der zweiten Koordinaten ist ebenfalls beschränkt. Sie besitzt wiederum eine konvergente Teilfolge $(x_2^{(n,2)})$. Sei $\xi_2 := \lim_{n \to \infty} (x_2^{(n,2)})$ und $f^{(2)} := (x^{(n,2)})$ die entsprechende Teilfolge von $f^{(1)}$ usw.

Für die so gewonnene skalare Folge $\xi := (\xi_k)$ gilt $|\xi_k| \leq \frac{1}{k}$, also $\xi \in H_p$.

Aus der Folge der Teilfolgen $f^{(n)}$ bilden wir die Diagonalfolge $\tilde{f}_n^{(n)}$. Wir nehmen also aus der ersten Teilfolge das 1. Glied, aus der zweiten Teilfolge das 2. usw. und erhalten so eine Teilfolge der Ausgangsfolge f mit der Eigenschaft, dass für jedes k die Koordinatenfolge $\left(\tilde{f}^{(n)}(k) \right)_n$ gegen ξ_k konvergiert.

Beh.: $\tilde{f}^{(n)} \to \xi$ in ℓ^p.

Sei $\varepsilon > 0$ beliebig vorgegeben. Wähle k_0 so groß, dass $\sum_{k=k_0}^{\infty} (\frac{2}{k})^p < \frac{\varepsilon^p}{2}$ und anschließend $n_0 \in \mathbb{N}$ so, dass $|\tilde{f}^{(n)}(k) - \xi_k| < \varepsilon (2k_0)^{1/p}$ für $k = 1, \ldots, k_0$ und $n \geq n_0$. Dann gilt für $n \geq n_0$:

$$
\begin{aligned}
\sum_{k=1}^{\infty} \left| \tilde{f}^{(n)}(k) - \xi_k \right|^p &\leq \sum_{k=1}^{k_0} \left| \tilde{f}^{(n)}(k) - \xi_k \right|^p + \sum_{k=k_0+1}^{\infty} \left(\left| \tilde{f}^{(n)}(k) \right| + \left| \xi_k \right| \right)^p \\
&\leq \sum_{k=1}^{k_0} \frac{\varepsilon^p}{2k_0} + \sum_{k=k_0+1}^{\infty} (2/k)^p \leq \frac{\varepsilon^p}{2} + \frac{\varepsilon^p}{2} = \varepsilon^p .
\end{aligned}
\tag{19}
$$

Also ist $\left\| f_n^{(n)} - \xi \right\|_p < \varepsilon$ für $n \geq n_0$. Fertig.

⎯⎯⎯⎯

I Betrachte die Folge der *Einheitsfolgen* $e^{(n)} = (\delta_k^n)_k$. Sie ist eine Folge in der Einheitskugel B_1 von ℓ^p ohne Häufungswert in B_1.

Also ist B_1 nicht folgenkompakt und daher nicht kompakt, denn für metrische Räume sind Folgenkompaktheit und Überdeckungskompaktheit äquivalent.

Mit dem Lemma von Riesz (6.1-4) kann man zeigen, dass die Einheitskugel in einem normierten Raum E genau dann (bzgl der Normtopologie) kompakt ist, wenn $\dim E < \infty$.

11.4   Abzählbarkeitseigenschaften und Basen

A Sei X eine unendliche Menge und $B(X) = \{\, f \colon X \to \mathbb{K} \mid f \text{ beschränkt} \,\}$.
Mit der Sup-Norm ist $B(X)$ ein A_1-, aber kein A_2-Raum.

B Sind die folgenden normierten Räume separabel?

1) $B(X)$ mit der Sup-Norm $\|.\|_\infty$,

2) c_0 und c mit der Sup-Norm.

3) ℓ^p mit der p-Norm für $1 \le p \le \infty$,

C Ein normierter Raum E ist genau dann separabel, wenn seine Einheitskugel
bzw seine Einheitssphäre $S := \{\, x \mid \|x\| = 1 \,\}$ separabel sind.

D Sei E ein normierter Raum und $F \subset E$ ein abgeschlossener Unterraum.
Dann ist E genau dann separabel, wenn F und E/F separabel sind.

E Die Einheitsfolgen $e^{(n)}$ bilden eine Schauder-Basis in ℓ^p für $1 \le p < \infty$ und
in c_0, aber nicht in ℓ^∞.

Mit der Einsfolge $e := (1,1,1,\ldots)$ bilden sie eine Schauder-Basis in c.

F Ein normierter Raum ist genau dann separabel, wenn er eine abzählbare Fundamentalmenge enthält.

Räume mit einer Schauder-Basis sind notwendig separabel.

G Hamel-Basen unendlich dimensionaler Banachräume sind überabzählbar.

H Eine Folge (u_n) in einem Banachraum E ist genau dann eine Schauderbasis
von E, wenn die folgenden drei Bedingungen erfüllt sind:

(i) $u_n \neq 0$ für alle $n \in \mathbb{N}$,

(ii) $\overline{\mathrm{lin}} \, \{\, u_n \mid n \in \mathbb{N} \,\} = E$,

(iii) Es gibt ein $K > 0$ derart, dass $\left\| \sum_{i=1}^n \alpha_i u_i \right\| \le K \left\| \sum_{i=1}^m \alpha_i u_i \right\|$ für
alle $n < m \in \mathbb{N}$ und $(\alpha_i) \in \mathbb{K}^{\mathbb{N}}$.

I Die folgenden Funktionen bilden eine Schauderbasis von $C[0,1]$:

$$u_{01}(t) := t \, ; \qquad u_{02}(t) := 1 - t \, ;$$
$$u_{nj}(t) := \max\left\{ 0, \, 1 - 2^n |x - \tfrac{2j-1}{2^n}| \right\} \quad (n \ge 1, \ j = 1, \ldots, 2^{n-1}) \, . \tag{1}$$

J Für $1 \le p < \infty$ bilden die folgenden Funktionen zusammen mit $u_0 :\equiv 1$ eine
Schauderbasis von $L^p[0,1]$:

$$u_{nj} := \chi_{A_{n,2j-1}} - \chi_{A_{n,2j}} \quad (n \ge 1, \ j = 1, \ldots, 2^{n-1}, \ A_{n,k} := [\tfrac{k-1}{2^n}, \tfrac{k}{2^n}]) \, . \tag{2}$$

Lösungen:

[A] Nach Aufgabe 11.3.A ist $B(X)$ mit der Sup-Norm ein Banachraum. Als normierter und damit metrischer Raum erfüllt $B(X)$ das 1. Abzählbarkeitsaxiom. Die Kugelumgebungen

$$B_{1/n}(f) \;=\; \left\{\, g \in B(X) \mid \|f - g\|_\infty < \tfrac{1}{n} \,\right\} \qquad (n \in \mathbb{N}) \tag{3}$$

bilden eine abzählbare Umgebungsbasis von $f \in B(X)$.

Ist X unendlich, so ist $B(X)$ nicht separabel (11.4.B), also auch kein A_2-Raum (siehe Bemerkung 3.3-8(c)).

[B] **(B.1)** Sei zunächst X unendlich, $\{x_n\}$ eine abzählbar unendliche Teilmenge von X mit paarweise verschiedenen Elementen und $\{f_n\}$ irgendeine abzählbare Teilmenge von $B(X) = \left\{\, f\colon X \to \mathbb{K} \mid f \text{ beschränkt} \,\right\}$.

Dann sei $g \in B(X)$ definiert durch

$$g(x) \;:=\; \begin{cases} f_n(x_n) + 1 & \text{falls } |f_n(x_n)| \leq 1 \\ 0 & \text{sonst.} \end{cases} \tag{4}$$

Dann gilt $\|g - f_n\|_\infty \geq 1$, also kann $\{f_n\}$ nicht dicht in $B(X)$ liegen.

Analog kann man z.B. zeigen, dass $\big(C_b(\mathbb{R}), \|.\|_\infty\big)$ nicht separabel ist.

Ist $X = \{x_1, \ldots, x_n\}$ endlich, so ist $B(X) = \mathbb{K}^n$, also separabel.

(B.2) $\ell^\infty = B(\mathbb{N})$ ist nicht separabel nach **(B.1)**.

Für $1 \leq p < \infty$ ist ℓ^p separabel nach Aufgabe 11.4.E und 11.4.F.

Die abbrechenden Folgen mit Gliedern aus $\mathbb{Q}$ bzw. $\mathbb{Q} + i\mathbb{Q}$ bilden eine abzählbare dichte Teilmenge.

(B.3) Mit der gleichen Begründung sind c_0 und c separabel.

[C] Ist E separabel, so sind auch die Teilmengen $B := \left\{\, x \mid \|x\| \leq 1 \,\right\}$ und $S := \left\{\, x \mid \|x\| = 1 \,\right\}$ separabel. Dies gilt sogar für metrische Räume (4.3-1).

Sei umgekehrt die Einheitsspäre $S \subset E$ separabel und $\{x_j \mid j \in \mathbb{N}\}$ eine abzählbare dichte Teilmenge von S. Dann ist $\{r\,x_j \mid j \in \mathbb{N},\ r \in \mathbb{Q}\}$ bzw. $\{r\,x_j \mid j \in \mathbb{N},\ r \in \mathbb{Q} + i\mathbb{Q}\}$ eine abzählbare dichte Teilmenge von E.

[D] Ist E separabel, so ist auch $F \subset E$ separabel. Dies gilt für metrische Räume (4.3-1), aber nicht für beliebige topologische Räume.

Da stetige Bilder separabler Räume wieder separabel sind (10.3.F), ist mit E auch E/F separabel.

Für den Beweis der anderen Richtung seien $F \subset E$ ein abgeschlossener Unterraum sowie F und E/F separabel. Seien $\{y_j\}$ und $\{x_k + F\}$ abzählbare dichte Teilmengen von F bzw E/F. Dann ist $A := \{ x_k + y_j \mid k, j \in \mathbb{N} \}$ eine abzählbare dichte Teilmenge von E.

Seien nämlich $x \in E$ und $\varepsilon > 0$ beliebig. Dann gibt es ein x_k mit

$$\|(x + F) - (x_k + F)\| = \inf_{y \in F} \|x - x_k + y\| < \varepsilon . \tag{5}$$

Also gibt es ein $y \in F$ mit $\|x - x_k + y\| < \varepsilon$. Zu y gibt es ein y_j mit $\|y - y_j\| < \varepsilon$. Für diese x_k und y_j gilt dann

$$\|x - (x_k + y_j)\| \leq \|x - x_k + y\| + \|y - y_j\| < 2\varepsilon . \tag{6}$$

Sei E ein normierter Raum. Eine abzählbare Teilmenge $\mathcal{B} = \{ u_n \mid n \in \mathbb{N} \}$ ist nach Definition 6.2-10 eine *Schauder-Basis* von E, wenn sich jedes $x \in E$ auf eine und nur eine Weise darstellen lässt in der Form

$$x = \sum_{n \in \mathbb{N}} \lambda_n u_n \; ; \quad \lambda_n \in \mathbb{K}, \; u_n \in \mathcal{B} . \tag{7}$$

(E.1) $\mathcal{B} := \{ e^{(n)} \mid n \in \mathbb{N} \}$ ist eine abzählbar-unendliche, linear unabhängige Teilmenge der Folgenräume $E = c$, c_0 und ℓ^p.

- $E = \ell^p$ für $1 \leq p < \infty$: Ist $x = (x_k) \in \ell^p$, also $\sum |x_k|^p < \infty$, so gilt

$$\left\| x - \sum_{k=1}^{n} x_k e^{(k)} \right\|_p^p = \sum_{k=n+1}^{\infty} |x_k|^p \to 0 \quad \text{für } n \to \infty . \tag{8}$$

Also gilt $x = \sum_{k=1}^{\infty} x_k e^{(k)}$ in ℓ^p und diese Darstellung ist eindeutig.

- $E = c_0 = \{(x_n) \in \mathbb{K}^{\mathbb{N}} \mid x_n \to 0\}$: Ist $x = (x_k) \in c_0$, so gilt

$$\left\| x - \sum_{k=1}^{n} x_k e^{(k)} \right\|_\infty = \sup \{ |x_k| \mid k > n \} \to 0 \quad \text{für } n \to \infty . \tag{9}$$

Also gilt $x = \sum_{k=1}^{\infty} x_k e^{(k)}$ in c_0 und diese Darstellung ist eindeutig.

- $E = c = \{ (x_n) \in \mathbb{K}^{\mathbb{N}} \mid (x_n) \text{ konvergiert} \}$:

Sei $x = (x_k) \in c$, etwa $\lim x_n =: \lambda$. Dann gilt für $n \to \infty$

$$\left\| x - \left(\lambda e + \sum_{k=1}^{n}(x_k - \lambda)\, e^{(k)}\right) \right\|_\infty = \sup \{ |x_k - \lambda| \mid k > n \} \to 0 , \tag{10}$$

da $|x_k - \lambda| \to 0$. Also gilt in c mit der Supnorm:

$$x = \lambda e + \sum_{k=1}^{\infty}(x_k - \lambda)\, e^{(k)} \tag{11}$$

und diese Darstellung ist eindeutig.

Also bilden die Folgen $e^{(n)}$ zusammen mit der Einsfolge $e := (1, 1, 1, \ldots)$ eine Schauder-Basis in c.

- ℓ^∞ ist nicht separabel (11.4.B.3). Räume mit einer Schauder-Basis sind aber separabel (11.4.F). Also besitzt ℓ^∞ überhaupt keine Schauder-Basis (aber natürlich eine Hamel-Basis).

F Eine Teilmenge $A \subset E$ heißt *Fundamentalmenge* des normierten Raumes E, wenn die lineare Hülle von A dicht in E liegt (6.2-9).

Ist E separabel, so enthält E eine abzählbare dichte Teilmenge $A \subset E$ und so ein A ist natürlich eine abzählbare Fundamentalmenge.

Sei umgekehrt E ein normierter Raum mit abzählbarer Fundamentalmenge $\{u_n \mid n \in \mathbb{N}\}$. Sei Q eine abzählbare dichte Teilmenge des Grundkörpers $\mathbb{K}$, etwa $Q := \mathbb{Q}$ falls $\mathbb{K} = \mathbb{R}$ und $Q := \mathbb{Q} + i\mathbb{Q}$ falls $\mathbb{K} = \mathbb{C}$.

Dann bilden die endlichen Linearkombinationen

$$\sum_{n \leq m} \alpha_n u_n \quad ; \qquad m \in \mathbb{N}, \ \alpha_n \in Q \tag{12}$$

eine abzählbare dichte Teilmenge $A \subset E$.

Da jede Schauderbasis eine abzählbare Fundamentalmenge ist, sind wir fertig.

G Sei E ein unendlich dimensionaler Banachraum mit abzählbarer Hamel-Basis $\{e_i \mid i \in \mathbb{N}\}$. Dann ist E separiert und abzählbare Vereinigung der endlich dimensionalen Teilräume $X_j := \lin\{e_1, \ldots, e_j\}$.

Die X_j sind abgeschlossen und es ist $\overline{X_j}^{\circ} = X_j^{\circ} = \emptyset$ für alle j. Sonst wäre nämlich $E = X_j$ für ein j, also E endlich dimensional.

Also ist E abzählbare Vereinigung nirgends dichter Mengen und damit von 1. Kategorie in sich. Aber vollständige metrische Räume sind von 2. Kategorie (Baire). Widerspruch.

H Ist die Folge (u_k) eine Schauderbasis von E, so gelten nach Definition die Bedingungen

(i) $u_k \neq 0$ für alle $k \in \mathbb{N}$,
(ii) $\overline{\lin\{u_k \mid k \in \mathbb{N}\}} = E$.

Jedes $x \in E$ lässt sich eindeutig in der Form $x = \sum x_k u_k$ schreiben. Mit Hilfe des Satzes von der offenen Abbildung bzw des Prinzips der gleichmäßigen Beschränktheit zeigt man, dass die *Projektionen*

$$P_n : E \to E \quad ; \qquad P_n\left(\sum_{k=1}^{\infty} x_k u_k\right) := \sum_{k=1}^{n} x_k u_k \tag{13}$$

stetig sind und dass $\sup_n \|P_n\| < \infty$. Daraus folgt die Bedingung

(iii) Es gibt ein $K > 0$ derart, dass $\left\|\sum_{i=1}^{n} \alpha_i u_i\right\| \leq K \left\|\sum_{i=1}^{m} \alpha_i u_i\right\|$ für alle $n < m \in \mathbb{N}$ und $(\alpha_i) \in \mathbb{K}^{\mathbb{N}}$.

Erfüllt die Folge (u_k) in E umgekehrt die Bedingungen (i) und (iii), so folgt aus $\sum x_k u_k = 0$ dass alle $x_k = 0$ sind. Also hat jedes $x \in E$ höchstens eine solche Darstellung.

Aus (iii) folgt außerdem, dass der Unterraum der x mit einer solchen Entwicklung abgeschlossen ist. Wegen (ii) bilden die (u_k) eine Schauder-Basis.

Die Funktionen u_{nj} erfüllen die Kriterien aus Aufgabe 11.4.H !

(i) ist klar.

Die lineare Hülle der Funktionen u_{nj} sind die stückweise linearen Funktionen mit Knickstellen der Form $(\frac{j}{2^n}, y)$. Also ist Bedingung (ii) erfüllt.

Auf dem Intervall, auf dem u_{nj} nicht verschwindet, sind alle vorhergehenden $u_{n'j'}$ linear. Also gilt Bedingung (iii) mit $K = 1$.

Also bilden die u_{nj} eine Schauderbasis in $C[0,1]$.

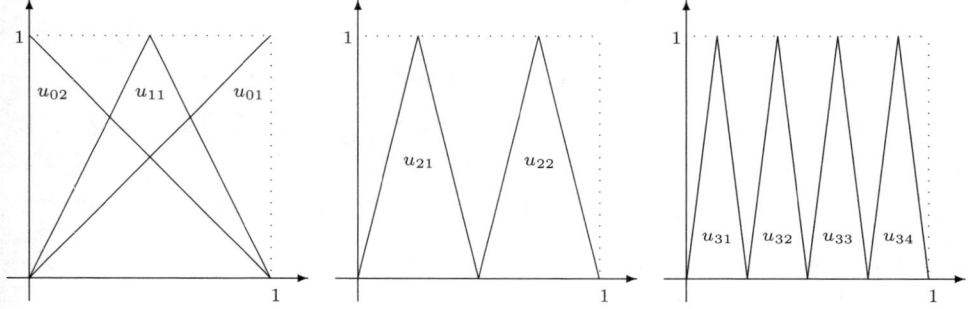

Beweis ebenfalls mit Hilfe des Kriteriums aus Aufgabe 11.4.H.

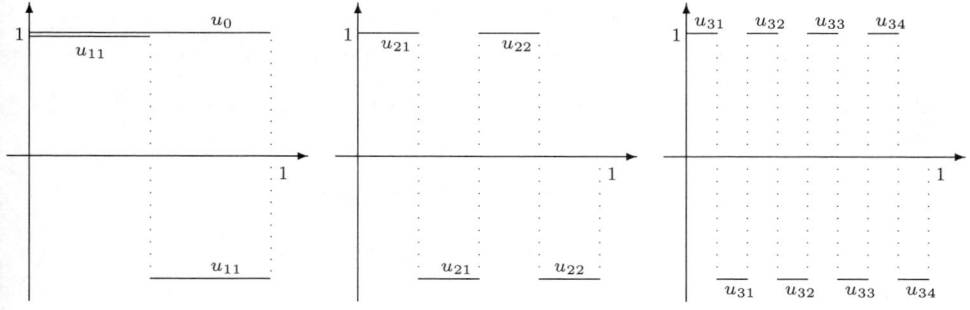

11.5   Normierte Algebren

Im folgenden sei A eine Algebra über $\mathbb{K}$, evt mit dem Einselement e.

$\boxed{A}$ Sei A eine komplexe Banachalgebra und $\varphi: A \to \mathbb{C}$ ein Algebra-Homo-
morphismus. Dann ist φ stetig mit $\|\varphi\| \leq 1$.

Hat A ein Einselement e mit $\|e\| = 1$, so ist $\|\varphi\| = 1$ oder $\varphi = 0$.

$\boxed{B}$ Ist A eine Algebra ohne Einselement, so gibt es eine Algebra A_1 mit Einselement
derart, dass $\dim A_1 / A = 1$.

Analog für normierte Algebren und für Banachalgebren.

$\boxed{C}$ Seien A eine Banachalgebra über $\mathbb{K}$ mit Einselement e und $a \in A$.

1) Ist $\lim \sqrt[n]{\|a^n\|} < 1$, so ist $(e-a)^{-1} = \sum_{k=0}^{\infty} a^k$ *(Neumannsche Reihe)*.

2) Die Menge der invertierbaren Elemente in A ist offen.

3) Für nicht vollständige Algebren sind diese Aussagen i.a. falsch.

$\boxed{D}$ 1) Der Banachraum $\ell^1(\mathbb{Z})$ der summierbaren (zweiseitigen) Folgen $x: \mathbb{Z} \to \mathbb{K}$
ist mit der Faltung

$$(x * y)_k := \sum_{n=-\infty}^{+\infty} x_{k-n}\, y_n \tag{1}$$

eine kommutative Banachalgebra mit Einselement.

2) Man bestimme alle Algebra-Homomorphismen $\varphi: \ell^1(\mathbb{Z}) \to \mathbb{C}$.

$\boxed{E}$ Der Banachraum $L^1(\mathbb{R})$ der Lebesgue-integrierbaren Funktionen $f: \mathbb{R} \to \mathbb{K}$
ist mit der *Faltung*

$$(f * g)(x) := \int_{-\infty}^{+\infty} f(x-y)\, g(y)\, dy \tag{2}$$

eine kommutative Banachalgebra ohne Einselement.

Lösungen:

$\boxed{A}$ Sei A eine komplexe Banachalgebra und $\varphi: A \to \mathbb{C}$ ein Algebra-Homo-
morphismus.

Wäre $1 < \|\varphi\| \leq \infty$, so gäbe es ein $a \in A$ mit $\|a\| < 1$ und $\varphi(a) = 1$.

Für $b := \sum_{k=1}^{\infty} a^k$ folgt $b = a + ab$.

Also $\varphi(b) = \varphi(a) + \varphi(a) \cdot \varphi(b) = 1 + \varphi(b)$. Widerspruch!

Ist $\varphi \neq 0$, so existiert ein $a \in A$ mit $\varphi(a) = 1$. Hat A ein Einselement e mit
$\|e\| = 1$, so folgt

$$1 = \varphi(a) = \varphi(e\,a) = \varphi(e) \cdot \varphi(a) = \varphi(e) . \tag{3}$$

Wegen $\|e\| = 1$ folgt $\|\varphi\| \geq 1$ und damit $\|\varphi\| = 1$.

Sei A eine Algebra ohne Einselement. Definiere $A_1 := A \times \mathbb{K}$ und

$$(x,\alpha) + (y,\beta) := (x+y, \alpha+\beta) \ ; \quad \beta(x,\alpha) := (\beta x, \beta \alpha) \tag{4}$$
$$(x,\alpha)(y,\beta) := (xy + \alpha y + \beta x, \alpha\beta) \ . \tag{5}$$

Man rechnet nach, dass mit diesen Operationen A_1 eine Algebra mit dem Eins-element $(0,1)$ ist, dass $\dim A_1/A = 1$ und dass A durch $x \mapsto (x,0)$ isomorph in A_1 eingebettet wird.

Ist A normiert, so wird A_1 mit

$$\|(x,\alpha)\| := \|x\| + |\alpha| \tag{6}$$

zu einer normierten Algebra. Z.B. ist dafür nachzuprüfen, dass

$$\begin{aligned}
\|(x,\alpha)(y,\beta)\| &= \|(xy + \alpha y + \beta x, \alpha\beta)\| = \|xy + \alpha y + \beta x\| + |\alpha\beta| \\
&\leq \|x\|\|y\| + |\alpha|\|y\| + |\beta|\|x\| + |\alpha\beta| = \|(x,\alpha)\| \, \|(y,\beta)\| \ .
\end{aligned} \tag{7}$$

Ist A eine Banachalgebra, so ist auch A_1 mit der Norm (6) vollständig.

(C.1) Sei A Banachalgebra mit Einselement e und $a \in A$ mit $\lim \sqrt[n]{\|a^n\|} < 1$. Wegen $\|a^n\| \leq \|a\|^n$ gilt dies speziell für $\|a\| < 1$.

Seien $b_m := \sum_{k=0}^{m} a^k$ die Partialsummen der Neumann-Reihe. Wähle $n_0 \in \mathbb{N}$ und $0 < \delta < 1$ mit $\|a^n\| \leq \delta^n$ für $n \geq n_0$. Dann gilt für $n_0 \leq m < l$:

$$\|b_l - b_m\| = \left\| \sum_{m < k \leq l} a^k \right\| \leq \sum_{m < k \leq l} \|a^k\| \leq \sum_{m < k \leq l} \delta^k \to 0 \tag{8}$$

für $m \to \infty$. Da A vollständig ist, existiert $b = \lim b_m \in A$. Für $m \to \infty$ gilt

$$(e-a)b_m \to (e-a)b \quad \text{und} \quad (e-a)b_m = \sum_{k=0}^{m} (a^k - a^{k+1}) = e - a^{m+1} \to e \ . \tag{9}$$

Ebenso zeigt man $b(e-a) = e$, also $b = \sum a^k = (e-a)^{-1}$.

Man beachte die Analogie zur geometrischen Reihe.

Ist $\lim \sqrt[n]{\|a^n\|} \geq 1$, so ist die Neumannsche Reihe $\sum a^k$ sicher divergent.

(C.2) Ist a invertierbar und $\|x - a\| < 1/\|a^{-1}\|$, so ist auch x invertierbar. Es gilt nämlich $x = a - (a - x) = a\left[e - a^{-1}(a-x)\right]$ und die beiden Faktoren rechts sind nach Voraussetzung bzw wegen $\|a^{-1}(a-x)\| \leq \|a^{-1}\| \cdot \|a-x\| < 1$ invertierbar.

Also ist die Menge der invertierbaren Elemente offen.

(C.3) Man betrachte im Banachraum ℓ^2 den nicht-vollständigen Unterraum

$$c_c := \big\{ (x_k) \in \ell^2 \mid \exists\, k_0 \; \forall\, k \geq k_0 \; : \; x_k = 0 \big\} \tag{10}$$

der abbrechenden Folgen mit der 2-Norm. Für $\alpha \in \mathbb{K}$ sei

$$T_\alpha : \ell^2 \to \ell^2 \qquad \text{def. durch} \qquad T_\alpha x := \big(0,\, \alpha x_1,\, \alpha x_2,\, \ldots\big) . \tag{11}$$

Dann sind $T_\alpha \in \mathcal{L}(\ell^2)$ und $T_\alpha \restriction c_c \in \mathcal{L}(c_c)$ stetige Endomorphismen mit $\|T_\alpha\| = |\alpha|$.

$\mathcal{L}(\ell^2)$ ist mit der Operatornorm eine Banachalgebra mit Einselement $I = \mathrm{id}_{\ell^2}$. Also gilt für $|\alpha| < 1$ und $e^{(1)} = (1, 0, 0, \ldots) \in c_c$:

$$(I - T_\alpha)^{-1} e^{(1)} = \textstyle\sum_{k=0}^{\infty} T_\alpha^k e^{(1)} = \big(1,\, \alpha,\, \alpha^2,\, \alpha^3,\, \ldots\big) \in \ell^2 \backslash c_c . \tag{12}$$

Also ist $T_\alpha \restriction c_c \in \mathcal{L}(c_c)$ nicht invertierbar und $\|I_c - (I_c - T_\alpha)\| = |\alpha|$ kann beliebig klein gewählt werden $(I_c := \mathrm{id}_{c_c})$.

D **(D.1)** Analog wie für den klassischen Folgenraum ℓ^1 zeigt man, dass

$$\ell^1(\mathbb{Z}) := \big\{ x : \mathbb{Z} \to \mathbb{K} \mid \textstyle\sum_{k \in \mathbb{Z}} |x_k| < \infty \big\} \tag{13}$$

mit der Norm $\|x\|_1 := \sum_{k \in \mathbb{Z}} |x_k|$ ein Banachraum über $\mathbb{K}$ ist. Die Faltung

$$(x * y)_k := \textstyle\sum_{n=-\infty}^{+\infty} x_{k-n}\, y_n \tag{14}$$

ist eine Operation auf $\ell^1(\mathbb{Z})$ und es gilt

$$\|x * y\|_1 = \sum_k \Big| \sum_n x_{k-n} y_n \Big| \leq \sum_n \Big(\sum_k |x_{k-n}| \Big) |y_n| = \|x\|_1 \|y\|_1 . \tag{15}$$

Die Bilinearität ist klar, ebenso die Kommutativität. $\ell^1(\mathbb{Z})$ ist also eine kommutative Banachalgebra.

Die zweiseitige Folge $e : \mathbb{Z} \to \mathbb{K}$ mit $e(0) := 1$ und $e(k) = 0$ für $k \neq 0$ ist ein Einselement.

(D.2) Zur Abkürzung seien $A := \ell^1(\mathbb{Z})$ und Homomorphismen stets komplexe Algebra-Homomorphismen.

Sei $z \in \mathbb{C}$ mit $|z| = 1$ und $\varphi_z(x) := \sum_{k \in \mathbb{Z}} x_k z^k$ für $x = (x_k) \in A$. Wegen

$$\begin{aligned}
\varphi_z(x * y) &= \sum_n (x * y)_n\, z^n = \sum_n \Big(\sum_k x_k y_{n-k} \Big) z^n \\
&= \sum_k x_k z^k \Big(\sum_n y_{n-k} z^{n-k} \Big) = \varphi_z(x) \cdot \varphi_z(y)
\end{aligned} \tag{16}$$

ist φ_z ein Homomorphismus.

Beh.: Jeder Homomorphismus φ von A ist gleich einem φ_z.

Bew.: Sei $\varphi \neq 0$ ein Homomorphismus von A. Nach 11.5.A ist $\|\varphi\| = 1$.

Für die Einheitsfolgen $e^{(k)}$ $(k \in \mathbb{Z})$ gilt $e^{(k)} * e^{(l)} = e^{(k+l)}$.

Für $z := \varphi(e^{(1)})$ folgt $\varphi(e^{(k)}) = z^k$. Insbesondere gilt

$$|z| = |\varphi(e^{(1)})| \leq \|e^{(1)}\| = 1 \; ; \quad |z^{-1}| = |\varphi(e^{(-1)})| \leq \|e^{(-1)}\| = 1 \; . \tag{17}$$

Also ist $|z| = 1$ und $\varphi(e^{(k)}) = \varphi_z(e^{(k)}) = z^k$ für alle $k \in \mathbb{Z}$.

Aber $\operatorname{lin} \{\, e^{(k)} \,|\, k \in \mathbb{Z} \,\}$ liegt dicht in A. Also ist $\varphi = \varphi_z$.

Zum Banachraum $L^1(\mathbb{R})$ der Lebesgue-integrierbaren Funktionen $f \colon \mathbb{R} \to \mathbb{K}$ mit der Einsnorm $\|f\|_1 = \int_{\mathbb{R}} |f|$ siehe Anhang A.7-19.

Die Faltung

$$(f * g)(x) := \int_{-\infty}^{+\infty} f(x - y)\, g(y)\, dy \tag{18}$$

ist bilinear und kommutativ. Integration von $|f(x - y)|\,|g(y)|$ erst nach x, dann nach y und Anwendung von Fubini bzw Tonelli (A.5-12) liefert

$$\begin{aligned}
\|f * g\|_1 &= \int_{\mathbb{R}} \left| \int_{\mathbb{R}} f(x - y)\, g(y)\, dy \right| dx \\
&\leq \int_{\mathbb{R}} \left(\int_{\mathbb{R}} |f(x - y)|\, dx \right) g(y)\, dy = \|f\|_1 \|g\|_1 \; .
\end{aligned} \tag{19}$$

Also ist mit $f, g \in L^1(\mathbb{R})$ auch $f * g \in L^1(\mathbb{R})$. Die Assoziativität von $*$ folgt ebenfalls mit Fubini.

Also ist $(L^1(\mathbb{R}), +, *)$ eine kommutative Banachalgebra.

Sie besitzt kein Einselement. Angenommen für ein e und alle $f \in L^1(\mathbb{R})$ wäre f.ü. $e * f = f$. Zu e gibt es ein $\delta > 0$ mit $\int_{-2\delta}^{2\delta} |e(t)|\, dt < 1$.

Sei $f := \chi_{[-\delta, \delta]}$. Dann ist $f \in L^1(\mathbb{R})$ und es gilt f.ü.:

$$f(x) = (e * f)(x) = \int_{\mathbb{R}} e(x - y) f(y)\, dy = \int_{-\delta}^{\delta} e(x - y)\, dy = \int_{x-\delta}^{x+\delta} e(t)\, dt \; . \tag{20}$$

Sei $x \in [-\delta, \delta]$ derart, dass $1 = f(x) = \int_{x-\delta}^{x+\delta} e(t)\, dt = f(x) = 1$.

Wegen $[x - \delta, x + \delta] \subset [-2\delta, 2\delta]$ folgt der Widerspruch

$$1 = \left| \int_{x-\delta}^{x+\delta} e(t)\, dt \right| \leq \int_{x-\delta}^{x+\delta} |e(t)|\, dt \leq \int_{-2\delta}^{2\delta} |e(t)|\, dt < 1 \; . \tag{21}$$

11.6   Topologische Vektorräume

(siehe auch 11.1.A, 11.1.C)

Im folgenden sei E ein (topologischer) Vektorraum über $\mathbb{K} = \mathbb{R}$ oder $\mathbb{C}$.

$\boxed{A}$ Die diskrete Topologie ist *keine* Vektorraumtopologie auf Räumen $E \neq \{0\}$.

$\boxed{B}$ Ist $\dim E = \infty$, so ist die Familie aller kreisförmigen absorbierenden Teilmengen von E keine Nullumgebungsbasis für eine Vektorraumtopologie auf E.

$\boxed{C}$ 1) Seien $A \subset G \subset E$, A kompakt und G offen. Dann gibt es eine 0-Umgebung U mit $A + U \subset G$.

2) Ist A kompakt und $B \subset E$ abgeschlossen, so ist $A + B$ abgeschlossen. Für abgeschlossene $A, B \subset E$ ist dies i.a. falsch.

3) Für Nullumgebungsbasen $\mathcal{V}$ und $A \subset E$ ist $\overline{A} = \bigcap \{ A + V \mid V \in \mathcal{V} \}$.

$\boxed{D}$ Topologische Vektorräume sind T_3-Räume.
Sie sind hausdorffsch genau dann, wenn $\{0\}$ abgeschlossen ist.

$\boxed{E}$ Sei $f \in E^* \backslash \{0\}$ und $N := \mathsf{Ker}\, f$. Ist $\mathbb{K} = \mathbb{C}$, so ist $E \backslash N$ zusammenhängend.
Ist $\mathbb{K} = \mathbb{R}$, so besitzt $E \backslash N$ genau zwei Zusammenhangskomponenten.

$\boxed{F}$ In metrischen Vektorräumen sind die Begriffe *metrisch beschränkt* und *topologisch beschränkt* i.a. nicht äquivalent, wohl aber in normierten Räumen.

$\boxed{G}$ Je zwei endlich-dimensionale hausdorffsche topologische Vektorräume gleicher Dimension über dem gleichen Grundkörper sind topologisch isomorph.

$\boxed{H}$ Ist F ein Unterraum von E, so ist die *Quotiententopologie* eine Vektorraumtopologie auf E/F. Sie ist lokalkonvex, wenn E lokalkonvex ist.
Sie ist hausdorffsch genau dann, wenn F abgeschlossen ist.
Die kanonische Surjektion $\varphi \colon E \to E/F$ ist offen.

$\boxed{I}$ 1) Für $i \in I$ seien E_i topologische Vektorräume und $f_i \colon E \to E_i$ linear. Die von $\{f_i\}$ erzeugte *Initialtopologie* ist eine Vektorraum-Topologie auf E.

2) Speziell ist die *Produkttopologie* eine Vektorraum-Topologie auf $\prod_{i \in I} E_i$.

3) Das Produkt lokalkonvexer Vektorräume ist lokalkonvex.

$\boxed{J}$ $\ell^p := \{ x \in \mathbb{K}^{\mathbb{N}} \mid \sum |x_k|^p < \infty \}$ ist für $0 < p < 1$ mit $d(x,y) := \sum |x_k - y_k|^p$ ein nicht lokalkonvexer metrischer Vektorraum.

$\boxed{K}$ Sei $X \neq \emptyset$ eine beliebige Menge. Ist der $\mathbb{K}^X$ mit der *Topologie der punktweisen Konvergenz* lokalkonvex, normierbar, metrisierbar, ein Fréchet-Raum?

$\boxed{L}$ Sei $\emptyset \neq G \subset \mathbb{R}^n$ offen. Ist $C(G)$ mit der *Topologie der kompakten Konvergenz* lokalkonvex, normierbar, metrisierbar, ein Fréchet-Raum?

Lösungen:

A| Sei E ein Vektorraum über $\mathbb{K} = \mathbb{R}$ oder $\mathbb{C}$ und $E \neq \{0\}$.

Dann ist die skalare Multiplikation $(\alpha, x) \mapsto \alpha x$ unstetig bzgl der diskreten Topologie $\mathcal{P}(E)$ auf E, der euklidischen Topologie auf $\mathbb{K}$ und der Produkttopologie auf $\mathbb{K} \times E$!

Sei nämlich $x \in E \backslash \{0\}$. Jede Umgebung V von $0 \in \mathbb{K}$ enthält ein $\alpha \neq 0$. Also gibt es zu der Umgebung $\{0\} \subset E$ von $0 \in E$ keine Umgebungen V von $0 \in \mathbb{K}$ und W von x mit $V \cdot W \subset \{0\}$.

Also ist die diskrete Topologie *keine* Vektorraumtopologie auf E.

Bemerkung: Die Addition $(x, y) \mapsto x + y$ ist stetig bzgl der diskreten Topologien auf E bzw $E \times E$.

B| Sei $\{ e_k \mid k \in \mathbb{N} \}$ eine linear unabhängige Teilmenge von E. Für $n \in \mathbb{N}$ sei

$$A_n := \Big\{ \sum_{k=1}^{n} \alpha_k e_k \ \Big| \ \alpha_k \in \mathbb{K}, \ |\alpha_k| \leq \tfrac{1}{n} \ \text{für } k = 1, \ldots n \Big\} , \quad A := \bigcup_{n=1}^{\infty} A_n . \ (1)$$

Sei $B \subset E$ ein komplementärer Unterraum zur linearen Hülle $\operatorname{lin} A$ von A. Man rechnet nach, dass $A + B$ absorbierend und kreisförmig ist.

Angenommen, es gibt eine absorbierende Menge $V \subset E$ mit $V + V \subset A + B$.

Dann gibt es zu jedem $k \in \mathbb{N}$ ein $\lambda_k > 0$ mit $\lambda_k e_k \in V$. Für alle $k \in \mathbb{N}$ ist dann $x_k := \lambda_1 e_1 + \lambda_k e_k \in V + V \subset A + B$.

Offensichtlich ist $x_k \in \operatorname{lin} \{ e_i \mid i \in \mathbb{N} \} = \operatorname{lin} A$, also $x_k \in A$. Also gibt es für jedes k ein $n_k \in \mathbb{N}$ mit $x_k \in A_{n_k}$.

Nach Definition von A_n und x_k gilt $n_k \geq k$ (da $\lambda_k > 0$) und $|\lambda_1| \leq 1/n_k$. $k \to \infty$ liefert $\lambda_1 = 0$. Widerspruch!

Also gibt es keine absorbierende Menge $V \subset E$ mit $V + V \subset A + B$. Die Familie aller kreisförmigen absorbierenden Teilmengen von E kann daher keine Nullumgebungsbasis einer Vektorraumtopologie auf E sein.

C| **(C.1)** Seien $A \subset G \subset E$, A kompakt und G offen. Angenommen, für alle $U \in \mathcal{U}(0)$ gibt es ein $x_U \in A$ mit $x_U + U \not\subset G$. Der Umgebungsfilter $\mathcal{U}(0)$ ist bzgl der Inklusion gerichtet. Sei $\xi \in A$ Häufungspunkt des Netzes $\{x_U\}_{U \in \mathcal{U}(0)}$.

Sei $W \in \mathcal{U}(0)$ beliebig und $V \in \mathcal{U}(0)$ mit $V + V \subset W$. Dann gibt es ein $U \in \mathcal{U}(0)$ mit $U \subset V$ und $x_U \in \xi + V$.

Wegen $x_U + U \not\subset G$ und $x_U + U \subset \xi + V + V \subset \xi + W$ ist $\xi + W \not\subset G$.

Widerspruch zur Offenheit von G.

(C.2) Seien $A \subset E$ kompakt, $B \in E$ abgeschlossen und $x \in E \backslash (A + B)$. Dann ist $x - A$ kompakt und $(x - A) \cap B = \emptyset$.

Nach **(C.1)** gibt es eine 0-Umgebung U mit $(x - A + U) \cap B = \emptyset$.
Dann ist $x + U$ eine Umgebung von x, die $A + B$ nicht trifft.

Da $x \in E \backslash (A + B)$ beliebig war, ist $A + B$ abgeschlossen.

- Die Summe zweier abgeschlossener Teilmengen ist i.a. nicht abgeschlossen.
Z.B. sind $A := \{-n \,|\, n \in \mathbb{N}\}$ und $B := \{n + \frac{1}{n} \,|\, n \in \mathbb{N}\}$ in $\mathbb{R}$ mit der
euklidischen Topologie abgeschlossen.

Aber $0 \in \overline{A + B} \backslash (A + B)$. Also ist $A + B$ nicht abgeschlossen.

In den Aufgaben 11.1.H und 11.7.A finden Sie Beispiele abgeschlossener Untervektorräume $A, B \subset E$, deren Summe nicht abgeschlossen ist.

(C.3) Sei $\mathcal{V}$ eine Nullumgebungsbasis in $(E, \mathcal{T})$ und $A \subset E$.

- $\overline{A} \subset D := \bigcap \{ A + V \,|\, V \in \mathcal{V} \}$!

Sei $x \in \overline{A}$ und $V \in \mathcal{V}$. Zu zeigen: $x \in A + V$!

Sei $U \subset V$ eine kreisförmige Nullumgebung. $x + U$ ist eine Umgebung von x.
Wegen $x \in \overline{A}$ ist $(x + U) \cap A \neq \emptyset$. Für $y \in U$ mit $x + y \in A$ folgt

$$x \in A - y \subset A + U \subset A + V . \tag{2}$$

- $\overline{A} \supset D := \bigcap \{ A + V \,|\, V \in \mathcal{V} \}$!

Sei W Umgebung von $x \in D$. Z.z.: $W \cap A \neq \emptyset$!

Die kreisförmigen Nullumgebungen bilden eine Nullumgebungsbasis.
Also existiert eine kreisförmige Nullumgebung U mit $x + U \subset W$.
Da $\mathcal{V}$ auch eine Nullumgebungsbasis ist, existiert ein $V \in \mathcal{V}$ mit $V \subset U$.
Wegen $x \in A + V$ gibt es ein $y \in V$ mit $x - y \in A$. Ferner

$$x - y \in x - V \subset x - U \subset x + U \subset W . \tag{3}$$

Also ist $x - y \in W \cap A$.

$\boxed{\text{D}}$ **(D.1)** Die T_3-Eigenschaft ist äquivalent dazu, dass jeder Punkt eine Umgebungsbasis aus abgeschlossenen Mengen besitzt (3.1-9).

Translationen $\{x \mapsto x + x_0\}$ sind topologisch. Also reicht zu zeigen, dass jede Nullumgebung U eine abgeschlossene Nullumgebung enthält.

Zu $U \in \mathcal{U}(0)$ gibt es $V \in \mathcal{U}(0)$ mit $V + V \subset U$. Zu V gibt es eine kreisförmige 0-Umgebung W mit $W \subset V$. Dann ist auch $W + W \subset U$ und es reicht zu zeigen, dass $\overline{W} \subset W + W$.

Sei $x \in \overline{W}$ beliebig. Dann ist $(x + W) \cap W \neq \emptyset$, denn $x + W$ ist eine Umgebung von x. Also existiert ein $w \in W$ mit $x + w \in W$.

Da W kreisförmig ist, folgt $x \in -w + W \subset -W + W \subset W + W \subset U$.

(D.2) In T_2-Räumen sind einelementige Mengen abgeschlossen. Das folgt bereits aus der T_1-Eigenschaft.

Sei umgekehrt die Einermenge $\{0\}$ abgeschlossen in E. Dann ist jede einelementige Menge abgeschlossen in E.

Es reicht zu zeigen, dass 0 und $x \in E\backslash\{0\}$ disjunkte Umgebungen besitzen.
Da $\{x\}$ abgeschlossen ist, ist $U := E\backslash\{x\}$ eine Umgebung von 0.
Wegen **(D.1)** gibt es eine abgeschlossene 0-Umgebung $V \subset U$.
Dann sind V und $E\backslash\overline{V}$ disjunkte Umgebungen von 0 und x.

$\boxed{\text{E}}$ Sei $f \in E^*$ und $N := \mathsf{Ker}\, f$.

•   Ist $\mathbb{K} = \mathbb{R}$, so besitzt $E\backslash N$ genau die zwei Zusammenhangskomponenten
$K_1 := \{\, x \in E \mid f(x) > 0 \,\}$ und $K_2 := \{\, x \in E \mid f(x) < 0 \,\}$!

Für $x_1, x_2 \in E$ gilt wegen der Linearität von f:

$$x = \lambda x_1 + (1 - \lambda)x_2 \quad\Longrightarrow\quad f(x) = \lambda f(x_1) + (1 - \lambda)f(x_2) \,. \tag{4}$$

Für $x_1, x_2 \in K_1$ gilt $f(x) > 0$ für alle x auf der Strecke $\overline{x_1, x_2}$. Also ist K_1
und analog K_2 konvex und damit erst recht zusammenhängend.

Andererseits sind $K_1 \neq \emptyset$ und $K_2 \neq \emptyset$ offen und es gilt $K_1 \cup K_2 = E\backslash N$.
Also ist $E\backslash N$ nicht zusammenhängend.

•   Seien nun $\mathbb{K} = \mathbb{C}$ und $x_1, x_2 \in E\backslash N$. Dann ist $f(x_j) \neq 0$ für $j = 1, 2$.
Ist $f(\lambda x_1 + (1-\lambda)x_2) \neq 0$ für alle $\lambda \in [0,1]$, so liegt die Strecke $\overline{x_1, x_2} \subset E\backslash N$.
Ist $x_0 := \lambda x_1 + (1 - \lambda)x_2 \in \overline{x_1, x_2}$ mit $f(x_0) = 0$, so ist $f(x_1) \neq f(x_2)$. In
diesem Fall betrachten wir den Weg γ mit der Parameterdarstellung

$$x\colon [0,1] \to E \;; \quad x(t) := x_0 + \big[(1-\lambda)(1-t) + t\lambda\big]\, e^{i\pi t}\,(x_1 - x_2) \,. \tag{5}$$

Es gilt $x(0) = x_1$ und $x(1) = x_0 - \lambda(x_1 - x_2) = x_2$. Für alle $0 < t < 1$ ist

$$\big|f(x(t))\big| = \big|(1 - \lambda)(1 - t) + t\lambda\big| \cdot \big|f(x_1 - x_2)\big| > 0 \,. \tag{6}$$

Also liegt γ in $E\backslash N$ und $E\backslash N$ ist sogar wegzusammenhängend.

$\boxed{\text{F}}$ •   Sei E ein metrischer Vektorraum mit translations-invarianter Metrik d und
$A \subset E$ topologisch beschränkt.

Dann gibt es zu $U := U_1(0)$ ein $n \in \mathbb{N}$ mit $A \subset nU$. D.h. jedes $a \in A$ ist
von der Form $a = nu$ für ein $u \in U$. Wegen

$$d(nu, 0) \leq \textstyle\sum_{k=1}^{n} d\big(ku, (k-1)u\big) = n\, d(u, 0) \leq n \tag{7}$$

ist A metrisch beschränkt.

•   Die Umkehrung ist falsch: Z.B. ist der Raum $s = \mathbb{K}^{\mathbb{N}}$ aller komplexen bzw.
reellen Folgen mit der Metrik

$$d(x, y) := \textstyle\sum_{k=1}^{\infty} \frac{1}{2^k} \frac{|x_k - y_k|}{1 + |x_k - y_k|} \tag{8}$$

ein vollständiger metrischer Vektorraum. Die Metrik d ist translations-invariant. Die induzierte Topologie ist genau die Produkttopologie, also die Topologie der punktweisen Konvergenz.

s ist als metrischer Raum beschränkt, da $d(x,y) < 1$ für alle $x,y \in s$.

Aber für die Nullumgebung $U := U_{1/4}(0)$ gilt $s \not\subset \alpha U$ für alle $\alpha \in \mathbb{K}$. Z.B. ist für $\alpha \neq 0$ die Folge $(|\alpha|, 0, \ldots) \in s \backslash \alpha U$.

Also ist s nicht topologisch beschränkt im Sinne von Definition 5.2-6.

• In normierten Räumen ist jede metrisch beschränkte Teilmenge auch topologisch beschränkt. Sei $A \subset U_R(0)$ und V eine beliebige 0-Umgebung.

Dann gibt es ein $\varepsilon > 0$ mit $U_\varepsilon(0) \subset V$ und $A \subset \frac{R}{\varepsilon} V$.

$\boxed{\text{G}}$ Für den Fall normierter Räume siehe z.B. auch [RA2 6.4.5.F].

Sei E ein n-dimensionaler hausdorffscher topologischer Vektorraum über $\mathbb{K}$.

Es reicht zu zeigen, dass E topologisch isomorph ist zum euklidischen $\mathbb{K}^n$.

Sei $e_1, \ldots, e_n$ eine Basis von E und $T \colon E \to \mathbb{K}^n$ definiert durch

$$T(x_1 e_1 + \ldots + x_n e_n) := (x_1, \ldots, x_n) . \tag{9}$$

T ist ein algebraischer Isomorphismus.

• T^{-1} ist stetig ! Es reicht die Stetigkeit in 0 zu zeigen.

Sei $U \subset E$ eine 0-Umgebung und $V \subset E$ eine kreisförmige 0-Umgebung derart, dass die n-fache Summe $V + \ldots + V \subset U$ liegt.

Sei $\alpha > 0$ derart, dass $\alpha e_j \in V$ für alle $j = 1, \ldots, n$. Dann gilt für alle $x \in \mathbb{K}^n$:

$$\begin{aligned}
\|x\|_2^2 = \sum |x_j|^2 < \alpha^2 &\implies |x_j| < \alpha \quad \text{für } j = 1, \ldots, n \\
&\implies T^{-1}(x) = \sum x_j e_j \in V + \ldots + V \subset U .
\end{aligned} \tag{10}$$

• T ist stetig ! Dafür reicht zu zeigen, dass es eine 0-Umgebung $U \subset E$ gibt mit beschränktem $T(U) \subset \mathbb{K}^n$.

Da E hausdorffsch ist, gibt es eine kreisförmige 0-Umgebung $U \subset E$ mit $e_j \notin U$ für $j = 1, \ldots, n$. Wegen der Regularität von E (11.6.D) kann man U als abgeschlossen voraussetzen.

Angenommen $T(U)$ ist nicht beschränkt in $\mathbb{K}^n$. Dann gibt es eine Folge $(x^{(k)})$ im $\mathbb{K}^n$ mit $\|x^{(k)}\|_2 = 1$ und $T^{-1}(x^{(k)}) \in \frac{1}{k} U$. Nach Übergang zu einer Teilfolge kann man annehmen, dass $x^{(k)}$ im $\mathbb{K}^n$ gegen ein $x_0 \neq 0$ konvergiert.

T^{-1} ist stetig. Also konvergiert $T^{-1}(x^{(k)})$ gegen $y_0 := T^{-1}(x_0) \neq 0$.

Wegen der Abgeschlossenheit von U liegt y_0 in allen $\frac{1}{k} U$.

Nach Konstruktion von U muss dann $y_0 = 0$ sein.   Widerspruch.

H Sei $(E, \mathcal{T})$ ein topologischer Vektorraum und F ein linearer Teilraum von E. Die *Quotiententopologie* $\mathcal{T}_q$ ist die feinste Topologie auf E/F, bzgl der die kanonische Surjektion φ von E auf E/F stetig ist (vgl. 1.3-11). Es ist

$$\mathcal{T}_q = \{\, A \subset E/F \mid \varphi^{-1}(A) \in \mathcal{T}\,\}\,. \tag{11}$$

(H.1) φ ist eine offene Abbildung bzgl $\mathcal{T}$ und $\mathcal{T}_q$!

Sei nämlich $B \subset E$ offen. Dann ist auch

$$B + F = \bigcup\{\, b + F \mid b \in B\,\} = \varphi^{-1}\big(\varphi(B)\big) \tag{12}$$

offen in E. Nach (11) ist $\varphi(B) \in \mathcal{T}_q$, d.h. φ bildet offene Mengen auf offene Mengen ab.

(H.2)   Die Quotiententopologie $\mathcal{T}_q$ ist eine Vektorraumtopologie auf E/F !

Gezeigt wird die Stetigkeit von Addition und skalarer Multiplikation (5.1-1).

• Sei zunächst W eine Umgebung von $x_1 + x_2 + Y \in E/F$. Wegen der Stetigkeit von φ ist $\varphi^{-1}(W)$ eine Umgebung von $x_1 + x_2 \in E$.

$(E, \mathcal{T})$ ist ein topologischer Vektorraum, also existieren Umgebungen U_j von x_j mit $U_1 + U_2 \subset \varphi^{-1}(W)$. φ ist linear, also folgt $\varphi(U_1) + \varphi(U_2) \subset W$.

$\varphi(U_1)$ und $\varphi(U_2)$ sind Umgebungen von $x_1 + F$ bzw $x_2 + F$, da φ offen ist.

• Sei nun W eine Umgebung von $\lambda(x + F) = \lambda x + F \in E/F$.

Dann ist $\varphi^{-1}(W)$ eine Umgebung von $\lambda x \in E$.

Es existieren $\delta > 0$ und eine Umgebung U von x mit $\mu U \subset \varphi^{-1}(W)$ für alle $|\mu - \lambda| < \delta$. Dann ist $\varphi(U)$ eine Umgebung von $x + Y$ mit $\mu\varphi(U) \subset W$ für alle $|\mu - \lambda| < \delta$.

(H.3) E/F ist genau dann ein Hausdorffraum, wenn F abgeschlossen ist !

Es ist $\varphi(F) = 0 + F$ und $\varphi^{-1}(0 + F) = F$. Da φ offen und stetig ist, gilt

$$F \text{ abgeschlossen in } E \iff \{0 + F\} \text{ abgeschlossen in } E/F\,. \tag{13}$$

Mit Aufgabe 11.6.D folgt die Behauptung.

(H.4)   Sei $(X, \mathcal{T})$ ein lokalkonvexer Raum und Y ein linearer Teilraum von X. Dann ist die Quotiententopologie $\mathcal{T}_q$ auf X/Y lokalkonvex !

Beweis: Die kanonische Surjektion $\varphi\colon E \to E/F$ ist offen **(H.1)**. Also ist $\varphi(U)$ eine konvexe Nullumgebung in X/Y, wenn U eine konvexe Umgebung von $0 \in X$ ist. Also ist die Quotiententopologie lokalkonvex.

(H.5)   Sei $\{\, p_\alpha \mid \alpha \in I\,\}$ eine saturierte Halbnormenschar, die die Topologie $\mathcal{T}$ auf E erzeugt. Dann wird $\mathcal{T}_q$ von der durch

$$\widetilde{p_\alpha}(x + F) := \inf_{y \in F} p_\alpha(x + y) \qquad (\alpha \in I,\ x \in E) \tag{14}$$

definierten Halbnormenschar $\{\,\widetilde{p_\alpha}\,|\,\alpha \in I\,\}$ erzeugt !

Beweis: Für $x \in E$ und $\lambda \in \mathbb{K}$ gilt

$$\widetilde{p_\alpha}(\lambda[x]) \;=\; \inf_{y \in F} p_\alpha(\lambda x + y) \;=\; |\lambda|\inf_{y \in F} p_\alpha(x + y) \;=\; |\lambda|\widetilde{p_\alpha}([x]) \; . \quad (15)$$

Für $x_1, x_2 \in E$ und $\varepsilon > 0$ existieren $y_1, y_2 \in F$ derart, dass $p_\alpha(x_1 + y_1) \le \widetilde{p_\alpha}(x_1 + F) + \frac{\varepsilon}{2}$ und $p_\alpha(x_2 + y_2) \le \widetilde{p_\alpha}(x_2 + F) + \frac{\varepsilon}{2}$.   Es folgt

$$\begin{aligned}
\widetilde{p_\alpha}([x_1] + [x_2]) &\le p_\alpha(x_1 + x_2 + y_1 + y_2) \;\le\; p_\alpha(x_1 + y_1) + p_\alpha(x_2 + y_2)\\
&\le\; \widetilde{p_\alpha}([x_1]) + \widetilde{p_\alpha}([x_2]) + \varepsilon \; .
\end{aligned} \quad (16)$$

Da $\varepsilon > 0$ beliebig war, folgt $\widetilde{p_\alpha}([x_1] + [x_2]) \le \widetilde{p_\alpha}([x_1]) + \widetilde{p_\alpha}([x_2])$.

Also sind die $\widetilde{p_\alpha}$ Halbnormen auf E/F.

• Da die Halbnormenschar $\{\,p_\alpha\,|\,\alpha \in I\,\}$ saturiert ist, bilden die Mengen $U := \{\,x \in X\,|\,p_\alpha(x) < \varepsilon\,\}$ in X eine 0-Umgebungsbasis aus offenen Mengen.

Die Bilder $\varphi(U)$ bilden eine 0-Umgebungsbasis der Quotiententopologie in E/F. Es ist $\varphi(U) = \{\,[x] \in E/F\,|\,\widetilde{p_\alpha}([x]) < \varepsilon\,\}$.

Also erzeugt die Halbnormenschar $\{\,\widetilde{p_\alpha}\,|\,\alpha \in I\,\}$ die Quotiententopologie.

$\boxed{\text{I}}$ **(I.1)**   Für jedes $i \in I$ sei $\mathcal{V}_i$ eine 0-Umgebungsbasis in E_i, die die Bedingungen (i) und (ii) von Satz 5.1-4 erfüllen. Dann sind

$$\mathcal{V} := \{\,\textstyle\bigcap_{j \in J} f_\alpha^{-1}(V_j)\,|\,J \subset I \text{ endlich},\;\; V_j \in \mathcal{V}_j\,\} \quad (17)$$

eine Umgebungsbasis von 0 und $x + \mathcal{V}$ eine Umgebungsbasis von $x \in E$ bzgl der von den $f_i \colon E \to E_i$ erzeugten *Initialtopologie* $\mathcal{T}_{ini}$.

Dann erfüllt auch $\mathcal{V}$ die Bedingungen von 5.1-4, also gibt es genau eine Vektorraumtopologie $\mathcal{T}$ auf E, die $\mathcal{V}$ als 0-Umgebungsbasis besitzt. Die Systeme $x + \mathcal{V}$ sind dann Umgebungsbasen von $x \in E$ sowohl bzgl $\mathcal{T}$ als auch bzgl $\mathcal{T}_{ini}$.

Also ist $\mathcal{T}_{ini} = \mathcal{T}$ und $\mathcal{T}_{ini}$ ist eine Vektorraumtopologie auf E.

(I.2)   Die Produkttopologie $\mathcal{T}_P$ auf $E := \prod E_i$ ist die von den Projektionen $\pi_i \colon E \to E_i$ erzeugte Initialtopologie. Nach **(I.1)** ist daher die Produkttopologie auf einem Produkt topologischer Vektorräume eine Vektorraumtopologie.

(I.3)   Für $i \in I$ seien E_i lokalkonvexe Vektorräume.

Nach Satz 5.3-5 gibt es zu jedem i eine Halbnormenschar $\{\,p_{i,\lambda}\,|\,\lambda \in L_i\,\}$, die die Topologie auf E_i erzeugt.

Sei $\pi_i \colon E \to E_i$ die Projektion des Produktraums $E := \prod E_i$ auf E_i. Dann ist $\{\,p_{i,\lambda} \circ \pi_i\,|\,i \in I,\;\lambda \in L_i\,\}$ eine Halbnormenschar, die die Produkttopologie auf E erzeugt. Nach Satz 5.3-4 ist E lokalkonvex.

Da Unterräume lokalkonvexer Räume ebenfalls lokalkonvex sind, gilt auch die Umkehrung.

$\boxed{\text{J}}$ Sei $0 < p < 1$. Symmetrie und positive Definitheit von

$$d(x,y) \; := \; \sum |x_n - y_n|^p \tag{18}$$

sind klar. Die Dreiecksungleichung folgt aus $(\alpha, \beta > 0)$

$$1 \; = \; \tfrac{\alpha}{\alpha+\beta} + \tfrac{\beta}{\alpha+\beta} \; \leq \; \left(\tfrac{\alpha}{\alpha+\beta}\right)^p + \left(\tfrac{\beta}{\alpha+\beta}\right)^p \; = \; \tfrac{\alpha^p + \beta^p}{(\alpha+\beta)^p} \; . \tag{19}$$

Die ε-Kugeln $B_\varepsilon := B_\varepsilon(0)$ sind absorbierend und kreisförmig.
Wegen $a^p + b^p \leq 2^p(a+b)^p$ für $0 \leq a, b$ gibt es zu jedem $\varepsilon > 0$ ein $\delta > 0$
mit $B_\delta + B_\delta \subset B_\varepsilon$. Nach Satz 5.1-4 ist die metrische Topologie $\mathcal{T}_d$ eine
Vektorraumtopologie auf ℓ^p.

Beh.: $\mathcal{T}_d$ ist nicht lokalkonvex.

Beweis indirekt: Angenommen U ist konvexe Null-Umgebung mit $U \subset B_1(0)$
und $\varepsilon > 0$ so gewählt, dass $B_\varepsilon \subset U$. Für die Folgen $x^{(i)} := \left(\tfrac{\varepsilon}{2}\right)^{1/p} e^{(i)} \in \ell^p$
gilt $d(x^{(i)}, 0) = \tfrac{\varepsilon}{2} < \varepsilon$, also $x^{(i)} \in B_\varepsilon$ für alle $i \in \mathbb{N}$.

Wähle $n \in \mathbb{N}$ mit $n^{1-p} \geq \tfrac{2}{\varepsilon}$ und betrachte $x := \tfrac{1}{n} \sum_{i=1}^{n} x^{(i)}$.
Es ist $x \in \operatorname{co} U$ und da U konvex ist, folgt $x \in U$. Andererseits ist

$$d(x,0) \; = \; \sum_{i=1}^{n} \left[\tfrac{1}{n} \left(\tfrac{\varepsilon}{2}\right)^{1/p} \right]^p \; = \; \tfrac{\varepsilon}{2} n^{1-p} \geq 1 \; , \tag{20}$$

also $x \notin B_1(0)$. Widerspruch und fertig.

$\boxed{\text{K}}$ Sei $X \neq \emptyset$ eine beliebige Menge. Auf $\mathbb{K}^X := \{ f \mid f \colon X \to \mathbb{K} \}$ wird durch

$$p_x \colon \mathbb{K}^X \to \mathbb{K} \quad ; \qquad p_x(f) \; := \; |f(x)| \qquad (x \in X) \tag{21}$$

eine Schar P von Halbnormen definiert. Die von ihr erzeugte Vektorraum-
Topologie $\mathcal{T}_{pw}$ ist lokalkonvex (Satz 5.3-4). Sie stimmt überein mit der Produkttopologie auf $\mathbb{K}^X$. Es gilt

$$\begin{aligned} f_n \to f \; \text{bzgl}\; \mathcal{T}_{pw} \; &\Longleftrightarrow \; p_x(f_n - f) \to 0 \; \text{für alle } x \in X \\ &\Longleftrightarrow \; f_n(x) \to f(x) \; \text{für alle } x \in X \; . \end{aligned} \tag{22}$$

Daher heißt $\mathcal{T}_{pw}$ auch *Topologie der punktweisen Konvergenz.*

- Ist $X = \{x_1, \ldots, x_n\}$ endlich, so ist $(\mathbb{K}^X, \mathcal{T}_{pw})$ topologisch isomorph zum
euklidischen $\mathbb{K}^n$.

- Ist $X = \{x_k\}_{k \in \mathbb{N}}$ abzählbar, so ist $(\mathbb{K}^X, \mathcal{T}_{pw})$ metrisierbar mit der translations-
invarianten Metrik

$$d(f,g) \; := \; \sum_{k=1}^{\infty} \frac{1}{2^k} \frac{|f(x_k) - g(x_k)|}{1 + |f(x_k) - g(x_k)|} \; . \tag{23}$$

$(\mathbb{K}^X, d)$ ist vollständig, also ist $(\mathbb{K}^X, \mathcal{T}_{pw})$ ein Fréchet-Raum.

• $(\mathbb{K}^X, \mathcal{T}_{pw})$ ist aber nicht normierbar. Sei nämlich $\varepsilon > 0$ beliebig. Dann gibt es ein $N \in \mathbb{N}$ derart, dass $\sum_{k=N}^{\infty} 2^{-k} < \varepsilon$.

Für jedes $f \in \mathbb{K}^X$ mit $f(x_k) = 0$ für $k = 1, \dots, N$ gilt dann $d(f, 0) < \varepsilon$.

Jede Kugel $B_\varepsilon(0)$ enthält somit echte Unterräume von $\mathbb{K}^X$ und das ist für Normkugeln nicht möglich. Siehe auch 11.1.C.

• Ist X überabzählbar, so ist $(\mathbb{K}^X, \mathcal{T}_{pw})$ nicht metrisierbar (vgl 9.2.A), also auch nicht normierbar.

L | Sei $\emptyset \neq G \subset \mathbb{R}^n$ offen. Auf $C(G) := \{\, f \colon G \to \mathbb{K} \mid f \text{ stetig} \,\}$ wird durch

$$p_K(f) := \sup\{\, |f(x)| \mid x \in K \,\} \,; \quad K \subset G \text{ kompakt} \qquad (24)$$

eine Schar von Halbnormen definiert. Die von ihr erzeugte Vektorraum-Topologie $\mathcal{T}_{kp}$ ist lokalkonvex (Satz 5.3-4).

Eine Folge (f_n) aus $C(G)$ konvergiert genau dann bzgl $\mathcal{T}_{kp}$, wenn (f_n) auf jedem Kompaktum $K \subset G$ gleichmäßig konvergiert, also wenn (f_n) *kompakt* konvergiert.

Jede offene Teilmenge $G \subset \mathbb{R}^n$ läßt sich durch eine Folge von Kompakta K_n ausschöpfen, d.h. es gibt eine Kette von kompakten Teilmengen K_n mit $K_1 \subset K_2 \subset \dots \subset G$ und $G = \bigcup K_n$.

Also wird die Topologie der kompakten Konvergenz auf $C(G)$ bereits durch eine abzählbare Schar von Halbnormen erzeugt und ist daher metrisierbar.
Für $f \in C(G)$ sei

$$\|f\|_n := p_{K_n}(f) = \sup\{\, |f(x)| \mid x \in K_n \,\} \quad \text{und}$$

$$d(f, g) := \sum_{n=1}^{\infty} \frac{1}{2^n} \frac{\|f - g\|_n}{1 + \|f - g\|_n}\,. \qquad (25)$$

Dann ist d eine translationsinvariante Metrik auf $C(G)$, die die Topologie $\mathcal{T}_{kp}$ der kompakten Konvergenz erzeugt. $(C(G), d)$ ist vollständig, also ist $(C(G), \mathcal{T}_{kp})$ ein Fréchet-Raum. Die konvexen Mengen

$$U_n := \{\, f \in C(G) \mid \|f\|_n \leq 1/n \,\} \qquad (26)$$

bilden eine abzählbare 0-Umgebungsbasis für $\mathcal{T}_{kp}$.

• $(C(G), \mathcal{T}_{kp})$ ist aber nicht normierbar. Sei nämlich $\varepsilon > 0$ beliebig. Dann gibt es ein $N \in \mathbb{N}$ derart, dass $\sum_{n=N}^{\infty} 2^{-n} < \varepsilon$.

Für jedes $f \in C(G)$ mit $f\!\restriction_{K_n} \equiv 0$ gilt dann $d(f, 0) < \varepsilon$.

Jede Kugel $B_\varepsilon(0)$ enthält somit echte Unterräume von $C(G)$ und das ist für Normkugeln nicht möglich.

11.7 Hilberträume

(siehe auch 12.1.I, 12.4.I, 12.3.D)

A Die Summe zweier abgeschlossener Unterräume eines Hilbertraums ist i.a. nicht abgeschlossen.

B Gesucht ist ein Praehilbertraum H mit einem Unterraum $Y \subset H$ derart, dass $Y^{\perp\perp} \neq \overline{Y}$ und $H \neq Y^\perp \oplus \overline{Y}$.

C Gesucht ist ein Praehilbertraum H mit einem Unterraum $Y \subset H$ derart, dass ein $x \in H$ keine beste Approximierende in Y besitzt.

D Die Supremumsnorm auf $C[0,1]$ wird von keinem inneren Produkt erzeugt.

E Seien H_n $(n \in \mathbb{N})$ Hilberträume und $H := \left\{ x \in \prod H_n \mid \sum \|x_n\|^2 < \infty \right\}$. Definieren Sie ein Skalarprodukt $\langle .,. \rangle$ so, dass $(H, \langle .,. \rangle)$ vollständig ist.

F Seien $x_0, \ldots, x_n \in [a,b]$ paarweise verschieden und $w_0, \ldots, w_n \in \mathbb{R}_{>0}$.

Dann wird durch $\langle f,g \rangle := \sum_{j=0}^n w_j \, f(x_j) \, \overline{g(x_j)}$ ein inneres Produkt auf dem Raum P_n der Polynome vom Grad $\leq n$ definiert.

Gilt dies auch für den Raum $C[a,b]$, oder für den Raum P_m mit $m > n$?

G 1) Sei $w \colon [0,1] \to \mathbb{R}$ stetig und $\langle f,g \rangle_w := \int_0^1 f(x) \, \overline{g(x)} \, w(x) \, dx$.
   Für welche w ist $\langle .,. \rangle_w$ ein Skalarprodukt auf $C[0,1]$?

   2) Wann ist $\langle .,. \rangle_w$ äquivalent zum "üblichen" Skalarprodukt mit $w \equiv 1$?

H 1) Sei $w(x) := (1 - x^2)^{-1/2}$. Dann ist $\langle f,g \rangle := \int_{-1}^1 f(x) \, \overline{g(x)} \, w(x) \, dx$ ein inneres Produkt auf $C[-1,1]$.

   2) Für $n \in \mathbb{N}_0$ sei $T_n(x) := \cos(n \arccos x)$ das n-te *Tschebyscheff-Polynom*.
   Dann ist $\left\{ \frac{1}{\sqrt{\pi}} T_0 \right\} \cup \left\{ \sqrt{\frac{2}{\pi}} T_n \, ; \, n \in \mathbb{N} \right\}$ ein ONS bzgl $\langle .,. \rangle$.

I Die *Legendre-Polynome* $P_n := \frac{d^n}{dx^n} (x^2 - 1)^n$ bilden eine orthogonale Folge im Praehilbertraum $C[-1,1]$ mit dem Skalarprodukt $\langle f,g \rangle := \int_{-1}^1 f(x) \, \overline{g(x)} \, dx$.

Bestimmen Sie zu $q(x) := x^2$ das Element bester Approximation aus dem Unterraum $Y := \lin \{P_0, P_1\}$.

J Sei $w(x) := e^{-x^2}$ und L_w^2 der Raum der messbaren Funktionen $f \colon \mathbb{R} \to \mathbb{K}$ mit $w \cdot |f|^2 \in L^2(\mathbb{R})$. Dann ist $\langle f,g \rangle_w := \int_{\mathbb{R}} w(t) \, f(t) \, \overline{g}(t) \, dt$ ein Skalarprodukt auf L_w^2 und $\left(L_w^2, \langle .,. \rangle_w \right)$ ein Hilbertraum.

Das Gram-Schmidtsche Orthonormalisierungsverfahren angewendet auf die Monome x^n $(n \in \mathbb{N}_0)$ liefert die *Hermiteschen Polynome*.

Lösungen:

$\boxed{A}$ Wir konstruieren ein Beispiel in einem beliebigen (nicht endlich dimensionalen) Hilbertraum $(H, \langle .,.\rangle)$.

Seien (x_n) und (y_n) zwei orthonormale Folgen in H derart, dass auch $x_n \perp y_m$ für alle $n, m \in \mathbb{N}$.

Für $n \in \mathbb{N}$ sei $\alpha_n := \sin(1/n)$, $\beta_n := \cos(1/n)$ und $z_n := \alpha_n x_n + \beta_n y_n$. Dann ist auch (z_n) eine orthonormale Folge.

Die Unterräume $Y := \overline{\lim \{y_n\}}$ und $Z := \overline{\lim \{z_n\}}$ von H sind abgeschlossen.

Wegen $\sum_{n \in \mathbb{N}} \alpha_n^2 < \infty$ existiert $x := \sum_{n \in \mathbb{N}} \alpha_n x_n \in H$.

Da alle $\alpha_n \neq 0$ sind, ist $x_n = \alpha_n^{-1}(z_n - \beta_n y_n) \in Y + Z$ für alle $n \in \mathbb{N}$. Also ist $x \in \overline{Y + Z}$.

Angenommen, es ist $x \in Y + Z$, etwa $x = y + z$ mit $y \in Y$ und $z \in Z$. Dann ist

$$
\begin{aligned}
\alpha_m &= \langle x, x_m\rangle = \langle y + z, x_m\rangle = \langle z, x_m\rangle = \Big\langle \Big(\sum_n \langle z, z_n\rangle z_n\Big), x_m\Big\rangle \\
&= \langle z, z_m\rangle \langle z_m, x_m\rangle = \langle z, z_m\rangle \alpha_m ,
\end{aligned}
\tag{1}
$$

also $\langle z, z_m\rangle = 1$ für alle m. Das ist ein Widerspruch dazu, dass die Fourierkoeffizienten $\langle z, z_m\rangle$ von z bzgl (z_n) gegen Null gehen müssen.

Ein Beispiel zweier solcher Unterräume in dem Banachraum cs (A.7-8) finden Sie in Aufgabe 11.6.C.2.

$\boxed{B}$ Sei c_c der Raum der abbrechenden Folgen mit dem Skalarprodukt $\langle x, y\rangle := \sum x_k \overline{y}_k$ und Y der Unterraum der Folgen $x \in c_c$ mit $\sum \frac{1}{k} x_k = 0$.

Dann ist $Y^\perp = \{0\}$. Sei nämlich $0 \neq x \in c_c$, etwa $x_m \neq 0$ und $n \in \mathbb{N}$ derart, dass $x_k = 0$ für alle $k \geq n$.

Dann ist $y := x_m (m e^{(m)} - n e^{(n)}) \in Y$ und $\langle x, y\rangle = |x_m|^2 \neq 0$, also $x \notin Y^\perp$.

Ferner ist Y abgeschlossen. Für das durch $\varphi(x) := \sum x_k/k$ definierte lineare Funktional $\varphi \colon c_c \to \mathbb{K}$ gilt nämlich nach Hölder :

$$
\|\varphi(x)\|^2 = \Big(\sum \tfrac{1}{k} x_k\Big)^2 \leq \Big(\sum \tfrac{1}{k^2}\Big)^2 \Big(\sum |x_k|^2\Big)^2 \leq M \|x\|^2 .
\tag{2}
$$

Also ist φ stetig und $Y = \mathsf{Ker}\,\varphi$ abgeschlossen. Damit gilt

$$
Y = \overline{Y} \subsetneqq Y^{\perp\perp} = c_c \qquad \text{und} \qquad Y^\perp \oplus \overline{Y} = \{0\} \oplus Y = Y \subsetneqq c_c .
\tag{3}
$$

$\boxed{C}$ Der gesuchte Unterraum $Y \subset H$ darf nicht vollständig sein (6.4-25).

Für den Raum $Y \subset c_c$ aus Aufgabe 11.7.B gilt: Keine abbrechende Folge $x \in Y^{\perp\perp}\backslash Y = c_c\backslash Y$ besitzt ein Element x_0 bester Approximation in Y.

Für ein solches $x_0 \in Y$ müsste nämlich $x - x_0 \in Y^\perp = \{0\}$ sein (6.4-25).

D   Eine Norm auf $C[0,1]$ wird genau dann von einem inneren Produkt erzeugt, wenn für alle $f, g \in C[0,1]$ die Parallelogramm-Regel (6.4-5) gilt:

$$\|f + g\|^2 + \|f - g\|^2 \ = \ 2\|f\|^2 + 2\|g\|^2 \ . \tag{4}$$

Diese Gleichung ist aber für die Sup-Norm und z.B. für $f(x) := 1 - x$ und $g(x) := x$ nicht erfüllt.

E   Die Skalarprodukte (und Normen) in den Hilberträumen H_n ($n \in \mathbb{N}$) seien alle gleich bezeichnet. Für $x = (x_n)$ und $y = (y_n)$ aus

$$H \ := \ \{ \ (x_n) \in \textstyle\prod H_n \ | \ \sum \|x_n\|^2 < \infty \ \} \tag{5}$$

definiert man

$$\langle x, y \rangle \ := \ \sum_{n=1}^{\infty} \langle x_n, y_n \rangle \ . \tag{6}$$

Diese Reihe konvergiert absolut wegen (Cauchy-Schwartz und Hölder)

$$\sum |\langle x_n, y_n \rangle| \ \leq \ \sum \|x_n\| \, \|y_n\| \ \leq \ \left(\sum \|x_n\|^2 \right)^{1/2} \left(\sum \|y_n\|^2 \right)^{1/2} \ < \ \infty \ . \tag{7}$$

Durch (6) wird ein Skalarprodukt auf H definiert und H ist vollständig bzgl dieses Produkts.

F   Gegeben seien $n+1$ verschiedene Punkte $x_0, \ldots, x_n \in [a,b]$ und $n+1$ positive Gewichte $w_0, \ldots, w_n \in \mathbb{R}_{>0}$. Man rechnet direkt nach, dass durch

$$\langle f, g \rangle \ := \ \sum_{j=0}^{n} w_j \, f(x_j) \, \overline{g(x_j)} \tag{8}$$

eine symmetrische Bilinearform auf $C[a,b]$ und damit auch auf P_n und P_m für $m > n$ definiert wird.

Für alle $f \in C[a,b]$ gilt auch $\langle f, f \rangle \geq 0$. Polynome $f \not\equiv 0$ vom Grad $\leq n$ haben höchstens n Nullstellen. Also gilt für $f \in P_n$:

$$\langle f, f \rangle = 0 \quad \Longrightarrow \quad f(x_j) = 0 \ \text{ für } \ j = 0, \ldots, n \quad \Longrightarrow \quad f \equiv 0 \ . \tag{9}$$

Also wird durch (8) ein Skalarprodukt auf P_n definiert.

P_n ist endlich dimensional, $\dim P_n = n + 1$. Da alle endlich dimensionalen normierten Räume vollständig sind, ist $\left(P_n, \langle ., . \rangle \right)$ ein Hilbertraum.

Auf $C[a,b]$ und P_m für $m > n$ ist (8) nicht positiv definit, denn dort gibt es Funktionen $f \neq 0$ mit $f(x_j) = 0$ für alle $j = 0, \ldots, n$.

G   **(G.1)**   Sei $w \colon [0,1] \to \mathbb{R}$ stetig und $\quad \langle f, g \rangle_w := \int_0^1 f(x) \, \overline{g(x)} \, w(x) \, dx$.

Dann ist $\langle ., . \rangle_w$ eine hermitische Sesquilinearform (6.4-1).

Ist $w(x) \geq 0$ auf $[0,1]$, so ist $\langle ., . \rangle_w$ positiv semidefinit.

$\langle .,.\rangle_w$ ist positiv definit - also ein Skalarprodukt - wenn zusätzlich w auf keinem echten Teilintervall von $[0,1]$ identisch verschwindet.

(G.2) w ist auf $[0,1]$ beschränkt, etwa $0 \le w(x) \le M$ für alle $0 \le x \le 1$.
Dann gilt für alle $f \in C[0,1]$

$$\|f\|_w \;=\; \langle f,f\rangle_w \;=\; \int_0^1 f(x)\,\overline{f(x)}\,w(x)\,dx \;\le\; M\,\langle f,f\rangle \;=\; M\|f\| \;. \tag{10}$$

Gilt zusätzlich $0 < m \le w(x)$ für ein $m > 0$ und alle $x \in [0,1]$, so gilt analog $\|f\|_w \ge m\|f\|$ für alle $f \in C[0,1]$.
In diesem Fall sind die Skalarprodukte $\langle .,.\rangle_w$ und $\langle .,.\rangle$ äquivalent.

Andernfalls gibt es ein $x_0 \in [0,1]$ mit $w(x_0) = 0$, sowie $\varepsilon, \delta > 0$ derart, dass $0 < w(x) < \varepsilon$ in einem Teilintervall $J \subset [0,1]$ der Länge δ. Zu jedem $m > 0$ findet man dann Funktionen $f_m \in C[0,1]$ mit $\|f_m\|_w < m\|f_m\|$.
In diesem Fall sind die Skalarprodukte $\langle .,.\rangle_w$ und $\langle .,.\rangle$ nicht äquivalent.

────

$\boxed{\text{H}}$ **(H.1)**   Sei $C[-1,1]$ der Raum der stetigen Funktionen $f \colon [-1,1] \to \mathbb{R}$. Für $f,g \in C[-1,1]$ ist das uneigentliche Integral

$$\langle f,g\rangle \;:=\; \int_{-1}^1 \frac{f(x)g(x)}{\sqrt{1-x^2}}\,dx \tag{11}$$

konvergent. Dies folgt z.B. aus dem Majoranten-Kriterium.
Wegen der Stetigkeit von f,g ist nämlich $f \cdot g$ beschränkt und das Integral $\int_{-1}^1 \frac{dx}{\sqrt{1-x^2}} = \arcsin x\big|_{x=-1}^{1} = \pi$ existiert. Aus der Linearität des Integrals folgt, dass durch (11) eine symmetrische Bilinearform definiert wird. Es ist $\langle f,f\rangle \ge 0$ für alle $f \in C[-1,1]$. Ferner gilt wegen der Stetigkeit von f

$$\langle f,f\rangle \;=\; \int_{-1}^1 \frac{f^2(x)}{\sqrt{1-x^2}}\,dx \;=\; 0 \qquad \Longrightarrow \qquad f \equiv 0 \;. \tag{12}$$

Also ist (11) ein inneres Produkt auf $C[-1,1]$.

(H.2)   Für $n \in \mathbb{N}_0$ ist $T_n(x) := \cos(n \arccos x)$ ein Polynom n-ten Grades, das sog. n–te *Tschebycheff–Polynom*. Siehe dazu z.B. [RA1 4.6.2.A].

Mit der Substitution $t = \arccos x$, $x = \cos t$, $dx = -\sin t\,dt$ folgt

$$
\begin{aligned}
\langle T_m, T_n\rangle &= \int_{-1}^1 \frac{\cos(m\arccos x)\cdot \cos(n\arccos x)}{\sqrt{1-x^2}}\,dx \\[2mm]
&= \int_\pi^0 \frac{\cos mt \cdot \cos nt}{\sqrt{1-\cos^2 t}}\,(-\sin t)\,dt \;=\; \int_0^\pi \cos mt \cdot \cos nt\,dt \tag{13} \\[2mm]
&= \frac{1}{2}\int_0^\pi \big(\cos(m+n)t + \cos(m-n)t\big)\,dt \;.
\end{aligned}
$$

Man erhält $\langle T_0, T_0\rangle = \pi$, $\langle T_n, T_n\rangle = \frac{\pi}{2}$ und $\langle T_m, T_n\rangle = 0$ für $m \ne n \ne 0$.

Also ist $\{\frac{1}{\sqrt{\pi}} T_0\} \cup \{\sqrt{\frac{2}{\pi}}\, T_n \,;\, n \in \mathbb{N}\}$ ein ONS in $\big(C[-1,1], \langle .,.\rangle\big)$.

| I |

Die Legendre-Polynome $P_n := \frac{d^n}{dx^n}(x^2-1)^n$ bilden eine orthogonale Folge im Praehilbertraum $C[-1,1]$ mit dem Skalarprodukt $\langle f,g\rangle := \int_{-1}^1 f(x)\,\overline{g(x)}\,dx$.

Es ist $P_0 = 1$, $P_1 = 2x$, $P_2 = 12x^2 - 4$ usw.

Die P_n sind nicht normiert!

Zu $q(x) := x^2$ wird ein Polynom $y_0 = \alpha P_1 + \beta P_0 \in Y = [P_0, P_1]$ gesucht mit $q - y_0 \perp Y$, also mit $\langle q - y_0, P_1\rangle = \langle q - y_0, P_0\rangle = 0$.

Es ist $\langle P_0, P_1\rangle = 0$, da die P_j orthogonal sind. Ferner ist

$$\langle q, P_1\rangle = \int_{-1}^1 x^2 \cdot P_1(x)\,dx = 0 , \tag{14}$$

da $x^2 \cdot P_1(x)$ ungerade ist. Man erhält

$$\langle q - \alpha P_1 - \beta P_0, P_1\rangle = -\alpha\langle P_1, P_1\rangle = 0 \iff \alpha = 0 . \tag{15}$$

Einsetzen in die 2. Gleichung $\langle q - y_0, P_0\rangle = 0$ liefert

$$\langle q - \beta P_0, P_0\rangle = \langle q, P_0\rangle - \beta\|P_0\|^2 = 0 \iff \beta = \tfrac{1}{\|P_0\|^2}\langle q, P_0\rangle . \tag{16}$$

$\|P_0\|^2 = \frac{2}{3}$ und $\langle q, P_0\rangle = 2$ liefert $\beta = \frac{1}{3}$.

Also ist $y_0 \equiv \frac{1}{3}$ die beste Approximierende aus Y zu $q(x) = x^2$.

| J |

Sei $w(x) := \mathrm{e}^{-x^2}$ und L_w^2 der Raum der messbaren Funktionen $f: \mathbb{R} \to \mathbb{K}$ derart, dass $w \cdot |f|^2 \in L^2(\mathbb{R})$. Funktionen, die f.ü. übereinstimmen werden wie üblich identifiziert. Analog zu $L^2(\mathbb{R})$ zeigt man, dass L_w^2 ein Vektorraum und mit dem Skalarprodukt

$$\langle f,g\rangle_w := \int_{\mathbb{R}} w(t)\,f(t)\,\overline{g(t)}\,dt , \tag{17}$$

ein Hilbertraum ist. Zur Abkürzung seien $D := \frac{d}{dx}$, $D^n = \frac{d^n}{dx^n}$,

$$H_n(x) := \frac{(-1)^n}{\sqrt[4]{\pi}\sqrt{2^n\,n!}}\,\mathrm{e}^{x^2}\,D^n\big(\mathrm{e}^{-x^2}\big) . \tag{18}$$

die Hermite-Polynome und

$$h_n(x) := \sqrt[4]{\pi}\sqrt{2^n\,n!}\cdot H_n(x) ; \qquad \varphi_n(x) := \mathrm{e}^{-x^2/2}\cdot h_n(x) . \tag{19}$$

Man rechnet direkt aus, dass $h_0(x) = 1$ und $h_1(x) = 2x$.

Aus der Leibniz-Formel $D^n(u\cdot v) = \sum_{k=0}^n \binom{n}{k} D^k u \cdot D^{n-k}v$ folgt die Rekursionsformel

$$\begin{aligned}
h_{n+1} &= (-1)^{n+1}\mathrm{e}^{x^2}D^n(-2x\cdot\mathrm{e}^{-x^2}) \\
&= (-1)^n\mathrm{e}^{x^2}\big(2x\,D^n\,\mathrm{e}^{-x^2} + 2n\,D^{n-1}\,\mathrm{e}^{-x^2}\big) \\
&= (-1)^n 2x\,\mathrm{e}^{x^2}D^n\,\mathrm{e}^{-x^2} - 2n(-1)^{n-1}\mathrm{e}^{x^2}D^{n-1}\,\mathrm{e}^{-x^2} \\
&= 2x\,h_n - 2n\,h_{n-1} .
\end{aligned} \tag{20}$$

Mit Induktion folgt daraus, dass die h_n und damit auch die H_n Polynome vom Grad n mit positivem Leitkoeffizienten sind, insbesondere, dass für alle n die lineare Hülle $\operatorname{lin}\{1, x, x^2, \ldots, x^n\} = \operatorname{lin}\{H_0, H_1, \ldots, H_n\}$ ist.

Aus der Rekursionsformel (20) erhält man für die Ableitungen

$$
\begin{aligned}
h_n' &= (-1)^n \, e^{x^2} \big(2x \, e^{x^2} D^n \, e^{-x^2} + e^{x^2} D^{n+1} \, e^{-x^2}\big) \;=\; 2x \, h_n - h_{n+1} \\
&= 2x \, h_n - \big(2x \, h_n - 2n \, h_{n-1}\big) \;=\; 2n \, h_{n-1} \ .
\end{aligned}
\tag{21}
$$

Daraus folgt, dass die h_n die sog. *Hermite-Dgl* lösen:

$$
\begin{aligned}
h_n'' - 2x \, h_n' + 2n \, h_n &= \big(2x \, h_n - h_{n+1}\big)' - 2x \, h_n' + 2n \, h_n \\
&= 2(n+1) \, h_n - h_{n+1}' \;=\; 0 \ .
\end{aligned}
\tag{22}
$$

Für die φ_n erhält man daraus

$$
\begin{aligned}
\varphi_n'' &= \big(\varphi_n'\big)' = \big(-x \, e^{-x^2/2} h_n + e^{-x^2/2} h_n'\big)' \\
&= -\varphi_n + x^2 \varphi_n + e^{-x^2/2}(h_n'' - 2x h_n') \;=\; (x^2 - 2n - 1) \, \varphi_n \ .
\end{aligned}
\tag{23}
$$

Daraus folgt wiederum $\varphi_n'' \varphi_m - \varphi_m'' \varphi_n = 2(m-n)\varphi_n \varphi_m$ und damit die Orthogonalität der Hermite-Polynome:

$$
\begin{aligned}
\langle h_n, h_m \rangle_w &= \int_{-\infty}^{\infty} \varphi_n \varphi_m = \tfrac{1}{2(m-n)} \int_{-\infty}^{\infty} \big(\; \varphi_n'' \;\; \varphi_m - \varphi_m'' \;\; \varphi_n \big) \\
&= \tfrac{1}{2(m-n)} \Big[\big(\varphi_n' \varphi_m - \varphi_n \varphi_m'\big)\Big|_{-\infty}^{\infty} - \int_{-\infty}^{\infty} \varphi_n' \varphi_m' + \int_{-\infty}^{\infty} \varphi_n' \varphi_m'\Big] \;=\; 0 \ .
\end{aligned}
\tag{24}
$$

Man beachte, dass die Terme φ_k, φ_k' von der Form $Polynom \cdot e^{-x^2/2}$ sind.

Die Norm der h_n berechnet sich zu

$$
\begin{aligned}
\|h_n\|^2 &= \langle h_n, h_n \rangle_w = \int_{-\infty}^{\infty} e^{-x^2} h_n h_n = (-1)^n \int_{-\infty}^{\infty} h_n \cdot D^n \, e^{-x^2} \\
&= \underbrace{(-1)^n h_n D^{n-1} e^{-x^2}\Big|_{-\infty}^{\infty}}_{=0} - (-1)^n \int_{-\infty}^{\infty} h_n' D^{n-1} \, e^{-x^2} \;= \\
&= 2n \int_{-\infty}^{\infty} 2n \, h_{n-1} \underbrace{\big[(-1)^{n-1} e^{x^2} D^{n-1} \, e^{-x^2}\big]}_{=h_{n-1}} \;=\; 2n \, \|h_{n-1}\|^2 \ .
\end{aligned}
\tag{25}
$$

Wegen $\quad \|h_0\|^2 = \int_{-\infty}^{\infty} e^{-x^2} \, dx = \sqrt{\pi} \quad$ folgt mit Induktion

$$
\|h_n\| = \sqrt[4]{\pi} \cdot \sqrt{2^n \cdot n!} \quad ; \qquad \|H_n\| = 1 \ .
\tag{26}
$$

Also bilden die H_n ein Orthonormalsystem in L^2_w (sogar eine ONB).

Wegen der Gleichheit der linearen Hüllen (s.o.) und der Eindeutigkeitsaussage von 6.4-23 folgt, dass das Gram-Schmidt-Verfahren angewendet auf die Monome x^k die Hermite-Polynome liefern muss!

12 Aufgaben zu linearen Funktionalen

12.1 Stetige Funktionale

(siehe auch 11.6.E, 12.2, 13.4.A)

$\boxed{\text{A}}$ Sei E ein topologischer Vektorraum und $\varphi\colon E \to \mathbb{K}$ $(\varphi \not\equiv 0)$ linear.
Man beweise die in Satz 7.1-3 angegebenen Äquivalenzen zur Stetigkeit von φ.

$\boxed{\text{B}}$ Ist $\varphi(x) := \sum_{k=1}^{\infty} x_k$ ein stetiges Funktional auf ℓ^1 bzgl $\|.\|_1$? (bzgl $\|.\|_\infty$?)

$\boxed{\text{C}}$ Ist $x \in [a,b]$, so ist die Punktauswertung $\pi_x\colon f \mapsto f(x)$ auf $C[a,b]$ bzgl der
Sup-Norm stetig, bzgl der Integralnorm unstetig.

$\boxed{\text{D}}$ $\varphi(f) := f(0) + f'(1)$ ist ein lineares Funktional auf $C^1[0,1]$. Berechne seine
Norm bzgl $\|f\|_1 := \|f\|_\infty + \|f'\|_\infty$ und bzgl $\|f\|_2 := \max\{\|f\|_\infty, \|f'\|_\infty\}$.

$\boxed{\text{E}}$ Sei $g \in C[0,1]$. Bestimme $\|\varphi\|$ für $\varphi\colon C[0,1] \to \mathbb{K}$; $\varphi(f) := \int_0^1 f(t)\,g(t)\,dt$.

$\boxed{\text{F}}$ Ein lineares Funktional $\varphi\colon \ell^\infty \to \mathbb{R}$ heißt *Banachlimes*, wenn gilt

   (i)   für den Links-Shift $S_l(x_1, x_2, \ldots) = (x_2, x_3, \ldots)$ ist $\varphi \circ S_l = \varphi$,

   (ii) sind alle $x_k \geq 0$, so ist $\varphi(x) \geq 0$,

   (iii) für die Eins-Folge $e = (1, 1, \ldots)$ ist $\varphi(e) = 1$.

Man beweise für Banachlimiten $\varphi\colon \ell^\infty \to \mathbb{R}$:

1) Für alle $x = (x_n) \in \ell^\infty$ gilt $\underline{\lim}\, x_n \leq \varphi(x) \leq \overline{\lim}\, x_n$.

2) φ ist stetig mit Norm $\|\varphi\| = 1$.

3) φ ist nicht multiplikativ, d.h. i.a. gilt $\varphi(x \cdot y) \neq \varphi(x)\,\varphi(y)$.

4) Es gibt Banachlimiten.

$\boxed{\text{G}}$ Sei $0 < p < 1$ und $L^p := \{\, f\colon [0,1] \to \mathbb{R} \mid f \text{ messbar}, \int_0^1 |f(t)|^p dt < \infty \,\}$.
Mit der Metrik $d(f,g) := \int_0^1 |f - g|^p$ ist L^p ein metrischer Vektorraum.
$\emptyset$ und L^p sind die einzigen offenen konvexen Teilmengen von L^p.
Auf L^p ist nur die Nullform stetig, d.h. es ist $(L^p)^* = \{0\}$.

$\boxed{\text{H}}$ Sei E ein topologischer Vektorraum. Dann ist $E^* \neq \{0\}$ genau dann, wenn es
eine konvexe offene Menge A gibt mit $\emptyset \neq A \subsetneqq E$.

$\boxed{\text{I}}$ Beweisen Sie den Darstellungssatz von Fréchet-Riesz (6.4-14) für Hilberträume.

In nicht-vollständigen Innenprodukt-Räumen ist dieser Satz i.a. falsch.

$\boxed{\text{J}}$ Nimmt $\varphi\colon c_0 \to \mathbb{K}$, $\varphi(x) := x_n/2^n$ seine Norm auf der abgeschlossenen Einheitskugel $B \subset c_0$ an?

Lösungen:

1 Seien E ein topologischer Vektorraum und $\varphi \in E'$, $\varphi \neq 0$.
Zu zeigen ist die Äquivalenz von:

(i) φ ist stetig.

(ii) $\mathsf{Ker}\,\varphi$ ist abgeschlossen.

(iii) $\mathsf{Ker}\,\varphi$ ist nicht dicht in E.

(iv) φ ist auf einer Null-Umgebung beschränkt.

(v)   Es gibt eine offene Teilmenge $\emptyset \neq G \subset E$ mit $\varphi(G) \neq \mathbb{K}$.

(vi) $\mathsf{Re}\,\varphi$ ist stetig.

$(i) \Rightarrow (ii)$: Ist φ stetig, so ist $N := \mathsf{Ker}\,\varphi$ als stetiges Urbild der abgeschlossenen Menge $\{0\} \subset \mathbb{K}$ abgeschlossen.

$(ii) \Rightarrow (iii)$: Ist $\varphi \neq 0$ und N abgeschlossen, so ist $\overline{N} = N \neq E$.

$(iii) \Rightarrow (iv)$: Ist $\overline{N} \neq E$, so gibt es ein $x \in E$ und eine kreisförmige Null-Umgebung U mit $(x + U) \cap N = \emptyset$. Dann muss φ auf U beschränkt sein.

Da U kreisförmig und absorbierend ist, wäre nämlich sonst $\varphi(U) = \mathbb{K}$.
Also gäbe es ein $u \in U$ mit $\varphi(u) = -\varphi(x)$ bzw $\varphi(x + u) = 0$.
Dies widerspricht $(x + U) \cap N = \emptyset$.

$(iv) \Rightarrow (i)$: Ist φ auf der Null-Umgebung U durch $M > 0$ beschränkt, so ist

$$\tfrac{\varepsilon}{M}\, U \subset \varphi^{-1}\big(\{\, t \mid |t| \leq \varepsilon \,\}\big) \ . \tag{1}$$

Also ist φ stetig in 0 und damit in ganz E.

$(i) \Rightarrow (v)$: Wenn φ stetig ist, so gibt es eine offene 0-Umgebung $G \subset E$ mit $\varphi(G) \subset B_1(0) \subsetneq \mathbb{K}$.

$(v) \Rightarrow (iii)$: Ist $\alpha \in \mathbb{K} \backslash \varphi(G)$, so ist $\varphi^{-1}(\alpha)$ nicht dicht in E. Für $a \in \varphi^{-1}(\alpha)$ ist $\mathsf{Ker}\,\varphi = \varphi^{-1}(0) = \varphi^{-1}(\alpha) - a$. Also ist auch $\mathsf{Ker}\,\varphi$ nicht dicht.

$(i) \Rightarrow (vi)$: folgt aus $(i) \Leftrightarrow (iv)$. Ist nämlich φ auf einer Null-Umgebung beschränkt, so auch $\mathsf{Re}\,\varphi$.

$(vi) \Rightarrow (i)$: klar wegen $\varphi(x) = \mathsf{Re}\,\varphi(x) - i\mathsf{Re}\,\varphi(ix)$ für alle $x \in E$.

3 Wie üblich sei $\ell^1 = \big\{\, x = (x_k) \in \mathbb{K}^{\mathbb{N}} \mid \sum |x_k| < \infty \,\big\}$. Dann ist

$$\varphi \colon \ell^1 \to \mathbb{K} \ ; \qquad \varphi(x) := \textstyle\sum_{k=1}^{\infty} x_k \ . \tag{2}$$

wohl-definiert und linear.

- Bzgl der Sup-Norm auf ℓ^1 ist φ ist aber nicht beschränkt, also nicht stetig!

Zum Beweis seien die Folgen $x^{(n)} = (x_k^n)_k \in \ell^1$ definiert durch

$$x_k^{(n)} := 1 \quad \text{für } k \leq n \quad \text{und} \quad x_k^{(n)} := 0 \ \text{sonst.} \tag{3}$$

Dann ist $\|x^{(n)}\|_\infty = 1$. Also liegen alle $x^{(n)}$ in der Einheitskugel von $(\ell^1, \|.\|_\infty)$.

Aber es gilt $\varphi(x^{(n)}) = \sum_k x_k^{(n)} = n \to \infty$. Also ist φ nicht beschränkt.

• Wegen $|\varphi(x)| \le \sum |x_k| = \|x\|_1$ ist φ bzgl der üblichen 1-Norm auf ℓ^1 beschränkt und damit stetig.

$\boxed{C}$ Sei $x \in [a,b]$ und $\pi_x(f) := f(x)$ für alle $f \in C[a,b]$.   Wegen

$$|\pi_x(f)| = |f(x)| \le \|f\|_\infty = \sup_{t \in [a,b]} |f(t)| \tag{4}$$

ist die Punktauswertung π_x stetig bzgl der Supremums-Norm.

Es gibt aber stetige Funktionen $f \in C[a,b]$ mit

$$\|f\|_1 = \int_a^b |f(t)|\, dt = 1 \tag{5}$$

und beliebig großem $f(x)$. Also ist π_x bzgl der Integralnorm unstetig.

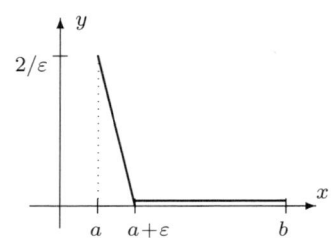

$\boxed{D}$ $\varphi(f) := f(0) + f'(1)$ ist ein Funktional auf $C^1[0,1]$.

• Bzgl $\|f\|_1 := \|f\|_\infty + \|f'\|_\infty$ ist φ stetig mit $\|\varphi\| = 1$!

Für $f \in C^1[0,1]$ gilt $|\varphi(f)| \le |f(0)| + |f'(1)| \le \|f\|_\infty + \|f'\|_\infty = \|f\|_1$.
Also ist $\|\varphi\| \le 1$.

Für $e(x) :\equiv 1$ gilt andererseits $\|e\|_1 = 1$ und $|\varphi(e)| = 1$, also ist $\|\varphi\| = \sup\{\, |\varphi(f)| \mid \|f\|_1 = 1 \,\} \ge 1$.

• Bzgl $\|f\|_2 := \max\{\|f\|_\infty, \|f'\|_\infty\}$ ist φ stetig mit $\|\varphi\| = 2$!

Für $f \in C^1[0,1]$ gilt $|\varphi(f)| \le |f(0)| + |f'(1)| \le \|f\|_\infty + \|f'\|_\infty \le 2\|f\|_2$.
Also ist $\|\varphi\| = \sup\{\, |\varphi(f)| \mid \|f\|_2 = 1 \,\} \le 2$.

Für $g(x) := (x - \frac{1}{2})^2 + \frac{3}{4}$ gilt andererseits $\|g\|_2 = 1$ und $|\varphi(g)| = 2$, also $\|\varphi\| \ge 2$.

Bemerkung: Die beiden Normen sind auf $C^1[0,1]$ äquivalent. Also ist φ genau dann bzgl der einen Norm stetig, wenn es bzgl der anderen stetig ist.

$\boxed{E}$ Sei $g \in C[0,1]$ und $M(g) := \int_0^1 |g(t)|\, dt$. Sei

$$\varphi \colon C[0,1] \to \mathbb{K} \quad \text{def. durch} \quad \varphi(f) := \int_0^1 f(t)\, g(t)\, dt \tag{6}$$

und $C[0,1]$ wie üblich mit der Sup-Norm versehen. Dann gilt für $f \in C[0,1]$

$$|\varphi(f)| \le \int_0^1 |f(t)|\, |g(t)|\, dt \le \|f\|_\infty \cdot M(g) . \tag{7}$$

Also ist $\|\varphi\| \le M(g)$. Für $\varepsilon > 0$ sei $f_\varepsilon(t) := \frac{\overline{g(t)}}{|g(t)|+\varepsilon}$. Dann ist $f_\varepsilon \in C[0,1]$
und $\|f_\varepsilon\|_\infty \le 1$. Ferner ist

$$|\varphi(f_\varepsilon)| = \int_0^1 \frac{|g(t)|^2}{|g(t)|+\varepsilon}\, dt \ge \int_0^1 \frac{|g(t)|^2 - \varepsilon^2}{|g(t)|+\varepsilon}\, dt = M(g) - \varepsilon . \tag{8}$$

Also ist $\|\varphi\| \ge M(g) - \varepsilon$.

Wir betrachten $\ell^\infty \subset \mathbb{R}^\mathbb{N}$ als Vektorraum über $\mathbb{R}$.

(F.1) Sei $\varphi\colon \ell^\infty \to \mathbb{R}$ ein Banachlimes, $M := \overline{\lim}\, x_n < \infty$ und $\varepsilon > 0$.
Dann ist $M + \varepsilon - x_n \ge 0$ ab einem n_0. Wegen $\varphi \circ S_l^{n_0} = \varphi$ ist

$$\varphi((M+\varepsilon)e - x) = (M+\varepsilon)\,\varphi(e) - \varphi(x) \ge 0 . \tag{9}$$

Da ε beliebig war, folgt $\varphi(x) \le M$. Analog zeigt man $\varphi(x) \ge \underline{\lim}\, x_n$.
Insbesondere gilt $\varphi(x) = \lim x_n$ für alle $x = (x_n) \in c \subset \ell^\infty$.

(F.2) Ist $\|x\|_\infty \le 1$, so ist $-1 \le \underline{\lim}\, x_n \le \overline{\lim}\, x_n \le 1$. Wegen **(F.1)** folgt
$|\varphi(x)| \le 1$. Also sind Banachlimiten φ stetig mit $\|\varphi\| \le 1$.
Wegen $\varphi(e) = 1$ ist $\|\varphi\| = 1$.

(F.3) Sei z.B. $x := (a,b,a,b,\dots)$ und $y := S_l x = (b,a,b,a,\dots)$. Dann
ist $\varphi(x) = \varphi(y)$ und $\varphi(x+y) = a + b$, also $\varphi(x) = \frac{a+b}{2}$. Aber i.a. ist
$(\varphi(x))^2 \ne \varphi(x \cdot y) = ab$. Also sind Banachlimiten nicht multiplikativ.

(F.4) Für $x = (x_k) \in \mathbb{R}^\mathbb{N}$ sei $\mu_x \in \mathbb{R}^\mathbb{N}$ definiert durch $\mu_x(n) := \frac{x_1+\dots+x_n}{n}$.
Es gilt ($\curvearrowright$ Analysis I) :

$$\lim_{n\to\infty} x_n \le \underline{\lim}_{n\to\infty} \mu_x(n) \le \overline{\lim}_{n\to\infty} \mu_x(n) \le \overline{\lim}_{n\to\infty} x_n . \tag{10}$$

$q\colon \ell^\infty \to \mathbb{R}$ sei definiert durch $q(x) := \overline{\lim}_{n\to\infty} \mu_x(n)$. q ist ein sublineares
Funktional auf ℓ^∞. Sei

$$Y := \{\, x \in \ell^\infty \mid \lim_{n\to\infty} \mu_x(n) \text{ existiert}\,\} \subset \ell^\infty \tag{11}$$

und $f\colon Y \to \mathbb{R}$ definiert durch $f(x) := \lim_{n\to\infty} \mu_x(n)$.
f ist ein stetiges lineares Funktional auf Y und es ist $f(x) \le q(x)$ für alle
$x \in Y$. Nach Hahn-Banach (7.2-2) existiert ein lineares Funktional $\varphi \in (\ell^\infty)^*$
mit $\varphi(x) \le q(x)$ für alle $x \in \ell^\infty$ und $\varphi(x) = f(x)$ für alle $x \in Y$.
Wegen (10) gilt $\varphi(e) = 1$ und $\varphi(x) \ge 0$ falls alle $x_n \ge 0$.
Ferner gilt $\varphi(x) \le q(x) \le \overline{\lim}\, x_n$ und

$$\underline{\lim}\, x_n = -\overline{\lim}(-x_n) \le -\overline{\lim}\, \mu_{-x}(n) = -q(x) \le -\varphi(-x) = \varphi(x) . \tag{12}$$

Dann muss aber $\varphi \circ S_l = \varphi$ sein. (Beweis!) Also ist φ ein Banachlimes.

G Dass $L^p := \{ f: [0,1] \to \mathbb{R} \mid f \text{ messbar}, \int_0^1 |f(t)|^p dt < \infty \}$ für $0 < p < 1$
mit der translationsinvarianten Metrik $d(f,g) := \int_0^1 |f - g|^p$ ein metrischer
Vektorraum ist, zeigt man analog wie für ℓ^p in Aufgabe 11.6.J.

(G.1) Sei $\emptyset \neq G \subset L^p$ offen und konvex und o.B.d.A. $0 \in G$. Sonst kann
man G verschieben. Sei $f \in L^p$ beliebig. Z.z. $f \in G$.

Sei $\varepsilon > 0$ derart, dass $B_\varepsilon(0) \subset G$.

Wegen $0 < p < 1$ gibt es ein $n \in \mathbb{N}$ mit $\|f\|_p := d(f,0) < \varepsilon\, n^{1-p}$.
(Achtung: $\|.\|_p$ ist für $0 < p < 1$ keine Norm!)

Wegen der Stetigkeit von $f \mapsto \int_0^x |f(t)|^p\, dt$ existiert eine Zerlegung

$$0 = x_0 < x_1 < \ldots < x_n = 1 \quad \text{mit} \quad \int_{x_{j-1}}^{x_j} |f(t)|^p\, dt = \tfrac{1}{n} \|f\|_p \qquad (13)$$

für $j = 1, \ldots, n$. Sei

$$f_j \in L^p \qquad \text{def. durch} \qquad f_j(t) := \begin{cases} n\, f(t) & \text{für } x_{j-1} \leq t \leq x_j, \\ 0 & \text{sonst.} \end{cases} \qquad (14)$$

Dann ist $\|f_j\|_p = n^{p-1}\|f\|_p < \varepsilon$, also $f_j \in G$.

Da G konvex ist, ist dann auch $f = \sum_{j=1}^n \tfrac{1}{n} f_j \in G$.

(G.2) Auf L^p ist nur die Nullform stetig, also $(L^p)^* = \{0\}$.

Dies folgt mit Aufgabe 12.1.H direkt aus **(G.1)**.

Bemerkung: Nach Hahn-Banach (7.2-6) gibt es in nicht-trivialen lokalkonvexen
Räumen stets stetige lineare Funktionale $\varphi \not\equiv 0$.

Also kann L^p nicht lokalkonvex sein. Dies kann man auch direkt wie in Aufgabe
11.6.J für ℓ^p zeigen.

Bemerkung: Auf dem Folgenraum ℓ^p mit $0 < p < 1$ (11.6.J) gibt es nicht-
triviale stetige Linearformen, z.B. sind die Projektionen $\pi_j(x) := x_j$ stetig.
Nachrechnen!

H Sei E ein topologischer Vektorraum.

Ist $\varphi \in E^*$, so ist $A := \{ x \in E \mid |\varphi(x)| < 1 \}$ nichtleer, offen und konvex. Ist
$\varphi \neq 0$, so ist $A \neq E$.

Sei umgekehrt $\emptyset \neq A \neq E$ offen und konvex. Sei zunächst $\mathbb{K} = \mathbb{R}$. Sei $y_0 \notin A$
und o.B.d.A. $0 \in A$. Sei $p_A: E \to [0, \infty]$ das Minkowski-Funktional (5.3-6)
von A, also

$$p_A(x) = \begin{cases} \inf\{\varrho > 0 \mid x \in \varrho A\} & \text{falls } \exists\, \varrho > 0 : x \in \varrho A, \\ \infty & \text{sonst.} \end{cases} \qquad (15)$$

Wegen $y_0 \notin A$ und der Konvexität von A ist $p_A(y_0) \geq 1$.

Nach 5.3-8 ist p_A stetig.

Sei Y der eindimensionale Unterraum $Y := \mathsf{lin}\{y_0\}$ und

$$\varphi \colon Y \to \mathbb{R} \qquad \text{def. durch} \qquad \varphi(t\,y_0) := t\,p_A(y_0) \ . \tag{16}$$

Dann ist $\varphi(y) \le p_A(y)$ für alle $y \in Y$, denn für $t \le 0$ ist $\varphi(ty_0) \le 0 \le p_A(ty_0)$ und für $t > 0$ ist $\varphi(ty_0) = p_A(ty_0)$.

Nach Hahn-Banach gibt es eine lineare Fortsetzung $\widehat{\varphi} \colon E \to \mathbb{R}$ von φ mit $\widehat{\varphi} \le p_A$. Nach 5.3-8 ist $\widehat{\varphi}$ stetig und wegen $\widehat{\varphi}(y_0) = p_A(y_0) \ge 1$ ist $\widehat{\varphi} \ne 0$.

Der Fall $\mathbb{K} = \mathbb{C}$ folgt mit Hilfe der Bemerkungen 7.1-12.

(I.1)   Sei H ein Hilbertraum und $y \in H$. Dann sei

$$Ty \colon H \to \mathbb{K} \quad \text{definiert durch} \quad Ty(x) := \langle x, y \rangle \ . \tag{17}$$

Die Linearität von Ty rechnet man nach. Die Stetigkeit folgt aus der Schwarzschen Ungleichung

$$|Ty(x)| = |\langle x, y \rangle| \le \|x\| \cdot \|y\| \ , \quad \text{also} \quad \|Ty\| \le \|y\| \ . \tag{18}$$

Also ist $Ty \in H^*$ und damit

$$T \colon H \to H^* \ ; \quad y \mapsto Ty \tag{19}$$

wohldefiniert. Dass T konjugiert linear ist, rechnet man direkt nach. Es ist

$$|Ty(y)| = \langle y, y \rangle = \|y\|^2 \ , \quad \text{und damit} \quad \|Ty\| \ge \|y\| \ . \tag{20}$$

Wegen (18) ist T isometrisch und infolgedessen auch injektiv.

Bleibt die Surjektivität von T zu zeigen. Darin steckt - wie oft bei Darstellungssätzen - die Hauptarbeit.

Sei $0 \ne x^* \in H^*$ und P die orthogonale Projektion auf den abgeschlossenen Unterraum $\mathsf{Ker}\,x^*$ (vgl 6.4-27). Wähle $y_1 \in H$ mit $x^*(y_1) = 1$ und definiere

$$y_2 := y_1 - Py_1 \ ; \qquad y := \tfrac{1}{\|y_2\|}\,y_2 \ . \tag{21}$$

Dann ist $x^*(y_2) = 1$ und $\langle z, y_2 \rangle = 0$ für alle $z \in \mathsf{Ker}\,x^*$. Für $x \in H$ folgt

$$x = x - x^*(x)y_2 + x^*(x)y_2 \ , \tag{22}$$

$$\langle x, x^* \rangle = \langle x^*(x)y_2, y_2 \rangle = x^*(x)\,\|y_2\|^2 \ , \tag{23}$$

$$x^*(x) = \langle x, \|y_2\|^{-2}y_2 \rangle = \langle x, y \rangle = Ty(x) \ . \tag{24}$$

Also ist $x^* = Ty$ und wir sind fertig.

(I.2)   Wir betrachten den (nicht vollständigen) Unterraum

$$c_c := \{\, x \in \ell^2 \mid x_k \neq 0 \text{ für höchstens endlich viele } k \,\} \subset \ell^2 \qquad (25)$$

mit dem üblichen inneren Produkt $\langle x, y \rangle = \sum x_k \overline{y_k}$. Durch

$$x^* : c_c \to \mathbb{K} \quad ; \quad x^*(x) := \sum_{k=0}^{\infty} \tfrac{1}{k}\, x_k \qquad (26)$$

wird ein stetiges lineares Funktional auf c_c definiert. Es ist die Einschränkung eines Funktionals $\varphi \in (\ell^2)^*$. Dies x^* lässt sich nicht in der Form $x^*(x) = \langle x, y \rangle$ mit einem $y \in c_c$ beschreiben.

Jedes $y \in c_c$ ist ja von der Bauart $y = \sum_{k=1}^{n} y_k e^{(k)}$ mit den Einheitsfolgen $e^{(k)}(j) = \delta_j^k$. Dann ist aber

$$\langle e^{(n+1)}, y \rangle \;=\; 0 \;\neq\; \tfrac{1}{n+1} \;=\; x^*(e^{(n+1)}) \,. \qquad (27)$$

$\boxed{\text{J}}$ $\varphi : c_0 \to \mathbb{K}, \ \varphi(x) := \sum x_k / 2^k$ nimmt seine Norm nicht auf der abgeschlossenen Einheitskugel von c_0 an.

Für die Einsfolge $e = (1, 1, 1, \ldots)$ und die Projektionen P_n (A.7-1) gilt nämlich $\|P_n e\|_\infty = 1$ und $\varphi(P_n e) = 1 - 2^{-n} \to 1$.

Es ist aber $|\varphi(x)| \leq \sum |x_k| / 2^k < 1$ für alle $x \in c_0$ mit $\|x\|_\infty \leq 1$.

12.2 Dualräume und Reflexivität

(siehe auch 12.1.H, 12.1.I, 12.4.N)

Beweisen Sie die folgenden Darstellungssätze:

1) $c^* \cong \ell^1$ und $c_0^* \cong \ell^1$,

2) $(\ell^p)^* \cong \ell^\infty$ für $0 \le p < 1$.

3) $(L^p(\mu))^* \cong L^q(\mu)$ für $1 \le p < \infty$, $\frac{1}{p} + \frac{1}{q} = 1$,

4) $C_0(X)^* \cong rca(X)$ für lokalkompakte Hausdorff-Räume X,

5) $(C[a,b])^* \cong NBV[a,b]$.

Es gibt keinen topologischen Isomorphismus von ℓ^1 auf $(\ell^\infty)^*$.

1) Ist $y = (y_n) \in \ell^1$, so ist $\varphi_y(x) := \sum x_k y_k$ ein Funktional aus $(\ell^\infty)^*$. Durch $\beta: y \mapsto \varphi_y$ wird ℓ^1 isometrisch isomorph in $(\ell^\infty)^*$ eingebettet.

2) Die Einbettung β ist nicht surjektiv.

3) Jedes Funktional $\varphi \in (\ell^\infty)^*$ lässt sich eindeutig in der Form $\varphi = \varphi_y + \varphi_0$ schreiben mit einem $y \in \ell^1$ und $\varphi_0 \in (\ell^\infty)^*$, $\varphi_0 \upharpoonright_{c_0} \equiv 0$.

4) Für diese Zerlegung gilt $\|\varphi\| = \|\varphi_y\| + \|\varphi_0\|$.

5) Jedes Funktional auf c_0 lässt sich eindeutig zu einem normgleichen Funktional auf ℓ^∞ fortsetzen.

Es gibt nicht isometrisch isomorphe Banachräume, deren Dualräume isometrisch isomorph sind.

Sei $(E, \|.\|)$ normiert. Ist E^* separabel, dann auch E. Die Umkehrung ist falsch.

Ist E reflexiv, so ist auch jeder abgeschlossene Unterraum von E reflexiv.

Ein Banachraum E ist genau dann reflexiv, wenn sein Dualraum reflexiv ist.

1) Ist E ein reflexiver Banachraum und $x^* \in E^*$, so existiert ein $x \in E$ mit $\|x\| = 1$ und $x^*(x) = \|x^*\|$.

2) Beweisen Sie damit, dass der Raum $(C[a,b], \|.\|_\infty)$ nicht reflexiv ist!

Sind die folgenden Räume reflexiv?

1) der Raum c_c der abbrechenden Folgen mit der Sup-Norm,

2) der Raum c_0 der Nullfolgen mit der Sup-Norm,

3) der Raum ℓ^p der p-summierbaren Folgen mit der p-Norm,

4) der Raum ℓ^∞ der beschränkten Folgen mit der Sup-Norm,

5) der Raum $BV[a,b]$ der Funktionen beschränkter Variation auf $[a,b]$?

Lösungen:

| A | **(A.1)** Wir schreiben die Elemente von ℓ^1 in der Form $a = (a_0, a_1, a_2, \ldots)$
und die von c in der Form

$$x = (x_1, x_2, \ldots) = \lambda e + \sum_{n=1}^{\infty}(x_n - \lambda)e^{(n)} \tag{1}$$

mit $\lambda = \lim x_n$, $e = (1, 1, 1, \ldots)$ und $e^{(1)} = (1, 0, 0, \ldots)$ usw. Durch

$$Ta(x) := a_0 \left(\lim_n x_n\right) + \sum_{n=1}^{\infty} a_n x_n \qquad (a \in \ell^1, \ x \in c) \tag{2}$$

wird eine Abbildung $T\colon \ell^1 \to c^*$ definiert.

- T ist linear, stetig und isometrisch bzgl der üblichen Normen

$$\|a\|_1 = \sum_{n=0}^{\infty} |a_n| \qquad \text{und} \qquad \|x\|_{\infty} = \sup |x_k| . \tag{3}$$

in ℓ^1 bzw c und der Operatornorm auf c^*. Insbesondere ist T injektiv.

- T ist surjektiv (hier steckt wie oft die Hauptschwierigkeit) !

Sei $\varphi \in c^*$ beliebig. Aus (1) erhält man

$$\varphi(x) = \lambda\varphi(e) + \sum_{n=1}^{\infty}(x_n - \lambda)\,\varphi(e^{(n)}) . \tag{4}$$

Es ist $\sum |\varphi(e^{(n)})| \le \|\varphi\| < \infty$ (Beweis!). Also ist die durch

$$a_0 := \varphi(e) - \sum \varphi(e^{(n)}) \qquad \text{und} \qquad a_k := \varphi(e^{(k)}) \quad \text{für } k \ge 1 \tag{5}$$

definierte Folge $a \in \ell^1$ und es ist $\varphi = Ta$.

- Ein Norm-Isomorphismus von ℓ^1 auf den Dualraum von c_0 ist z.B.

$$T\colon \ell^1 \to c_0^* \ ; \qquad Ta(x) := \sum a_k x_k \qquad (a \in \ell^1, \ x \in c_0) . \tag{6}$$

(A.2) ℓ^p ist für $0 < p < 1$ mit $d(x, y) := \sum_{k=1}^{\infty} |x_k - y_k|^p$ ein metrischer
Vektorraum, der nicht normierbar ist (11.6.J). Gezeigt wird die topologische
Isomorphie von $(\ell^p)^*$ mit der w^*-Topologie zu $(\ell^{\infty}, \|.\|_{\infty})$.

$$\Phi\colon \ell^{\infty} \to (\ell^p)^* \ ; \qquad (\Phi y)(x) := \sum x_k\, y_k \qquad (x \in \ell^p, \ y \in \ell^{\infty}) \tag{7}$$

ist ein algebraischer Isomorphismus von ℓ^{∞} auf $(\ell^p)^*$.

Zur Surjektivität: Sei $\varphi \in (\ell^p)^*$ und $y_k := \varphi(e^{(k)})$. Da φ in 0 stetig ist, gibt
es zu $\varepsilon := 1$ ein $\delta > 0$ derart, dass $|\varphi(x)| \le 1$ für $\sum_{k=1}^{\infty} |x_k|^p \le \delta$.
Es folgt $|y_k| \le \delta^{-1/p}$ und damit $y := (y_k) \in \ell^{\infty}$. Mit diesem y gilt $\varphi = \Phi y$.

- Φ ist stetig bzgl der w^*-Topologie auf $(\ell^p)^*$ und der Sup-Norm auf ℓ^∞ !

Sei nämlich $U := \big\{ \varphi \in (\ell^p)^* \mid |\varphi(x^{(j)})| \leq 1, \ j = 1, \ldots, m \big\}$ eine w^*-Basis-Nullumgebung in $(\ell^p)^*$ mit gewissen $x^{(j)} = (x_k^{(j)}) \in \ell^p$.

Sei $\delta > 0$ derart, dass $\delta \sum_{k=1}^{\infty} |x_k^{(j)}| \leq 1$ für $j = 1, \ldots, m$.

Dann ist $\Phi y \in U$ für alle $y \in \ell^\infty$ mit $\|y\|_\infty \leq \delta$.

(A.3) Sei (X, Σ, μ) ein Maßraum, $1 < p < \infty$ und $\frac{1}{p} + \frac{1}{q} = 1$. Dann ist

$$T: L^q(\mu) \to L^p(\mu)^* \quad ; \quad Tg(f) := \int_X f\, g\, d\mu \tag{8}$$

ein isometrischer Isomorphismus von $L^q(\mu)$ auf $L^p(\mu)^*$. Ist (X, Σ, μ) σ-endlich, so definiert (8) einen isometrischen Isomorphismus von $L^\infty(\mu)$ auf $L^1(\mu)^*$.

Beweisskizze für die Surjektivität: Sei $\varphi \in L^p(\mu)^*$ und zunächst $\mu(X) < \infty$. Dann definiert $\nu(A) := \varphi(\chi_A)$ ein Maß auf Σ. ν ist absolut stetig bzgl μ.

Nach Radon-Nikodym (A.5-13) gibt es eine messbare Funktion $g\colon X \to \mathbb{K}$ mit $\nu(A) = \int_A g\, d\mu$ für alle $A \in \Sigma$.

Es ist $g \in L^q(\mu)$ und es gilt $\varphi(f) = \int_X f\, g\, d\mu$ für alle $f \in L^p(\mu)$.

Der Fall $\mu(X) = \infty$ wird auf den endlichen Fall zurückgeführt.

Die ℓ^p-Räume sind Spezialfälle der $L^p(\mu)$-Räume. (Wähle $X = \mathbb{N}$ und μ als Zählmaß.)

(A.4) Sei X ein lokalkompakter Hausdorff-Raum und $C_0(X)$ der Raum der im Unendlichen verschwindenden stetigen Funktionen $f\colon X \to \mathbb{K}$. Der Dualraum $C_0(X)^*$ ist isometrisch isomorph zum Raum $rca(X)$ der regulären, σ-additiven Borelmaße auf X. Ein isometrischer Isomorphismus ist z.B.

$$T: rca(X) \to C_0(X)^* \quad ; \quad T\mu(f) := \int_X f\, d\mu \ . \tag{9}$$

Beweisskizze für die Surjektivität: Ist $\varphi \in C_0(X)^*$, so gibt es ein eindeutig bestimmtes 'positives' Funktional $\psi \in C_0(X)^*$ derart, dass $\|\psi\| = \|\varphi\|$ und $\psi(f) = \sup \big\{ |\varphi(g)| \mid g \in C_0(X), \ |g| \leq f \big\}$ für alle $f \in C_0(X)$ mit $f \geq 0$.

Für offene Mengen $G \subset X$ und Borelmengen $B \subset X$ definiert man

$$\begin{aligned} \nu(G) &:= \sup \big\{ \psi(h) \mid h \in C_c(X), \ h \leq 1, \ \operatorname{supp} h \subset G \big\} , \\ \nu(B) &:= \inf \big\{ \mu(G) \mid B \subset G, \ G \subset X \text{ offen} \big\} . \end{aligned} \tag{10}$$

Dann ist ν ein positives Maß und $\psi(f) = \int_X f\, d\nu$ für alle $f \in C_c(X)$.

φ kann eindeutig zu einem stetigen Funktional auf $L^1(\nu)$ fortgesetzt werden. Nach Darstellungssatz **(A.3)** gibt es ein $h \in L^\infty(\nu)$ mit $\|h\|_\infty \leq 1$ und $\varphi(f) = \int_X f\, h\, d\nu$ für alle $f \in C_c(X)$.

Dann definiert $\mu(B) := \int_B h\, d\nu$ das gesuchte Borelmaß μ mit $T\mu = \varphi$.

(A.5)   Nach **(A.4)** ist $C(X)^* \cong rca(X)$ für kompakte T_2-Räume X.

Für Intervalle $X = [a, b] \subset \mathbb{R}$ ist $(C[a, b])^*$ auch isometrisch isomorph zum Raum $NBV[a, b]$ der normierten Funktionen mit beschränkter Variation.

Beweisskizze: Sei $\varphi \in (C[a, b])^*$. Nach Hahn-Banach kann φ normgleich auf den Banachraum $B[a, b]$ fortgesetzt werden. $g : [a, b] \to \mathbb{K}$ sei definiert durch

$$g(a) := 0 \quad \text{und} \quad g(t) := \varphi(\chi_{[a,t]}) \quad \text{für } a < t \leq b . \tag{11}$$

Dann ist $g \in BV[a, b]$, für alle $f \in C[a, b]$ gilt $\varphi(f) = \int_a^b f(t)\, dg(t)$ *(Riemann-Stieltjes-Integral* und es ist $\|g\|_v = g(a) + V_a^b(g) = \|\varphi\|$.

Funktionen h von beschränkter Variation auf $[a, b]$ heißen *normiert*, wenn h rechtseitig stetig und $h(a) = 0$ ist. $NBV[a, b] \subset BV[a, b]$ sei der abgeschlossene Unterraum der normierten Funktionen beschränkter Variation.

Zu jeder Funktion $g \in BV[a, b]$ gibt es genau ein $g_0 \in NBV[a, b]$ mit $\int_a^b f(t)\, dg(t) = \int_a^b f(t)\, dg_0(t)$ für alle $f \in C[a, b]$, nämlich

$$g_0(a) := 0 \;, \quad g_0(b) := g(b) - g(a) \;, \quad g_0(t) := \lim_{s \to t^+} g(s) - g(a) \;. \tag{12}$$

$\varphi \mapsto g \mapsto g_0$ definiert eine Isometrie von $(C[a, b])^*$ mit der Operatornorm auf $NBV[a, b]$ mit der Variationsnorm $\|.\|_v$.

Zusammen mit **(A.4)** erhält man eine Isometrie von $rca[a, b]$ auf $NBV[a, b]$.

⬚B⬚   Folgt sofort aus 12.2.E. $(\ell^1, \|.\|_1)$ ist separabel, $(\ell^\infty, \|.\|_\infty)$ nicht. Also kann ℓ^1 nicht topologisch isomorph zu $(\ell^\infty)^*$ sein.

⬚C⬚   **(C.1)**   Sei $\beta : \ell^1 \to (\ell^\infty)^*$, $\beta(y) := \varphi_y$ definiert durch

$$\varphi_y(x) \; := \; \sum_{k=1}^\infty y_k x_k \quad \text{für } y = (y_k) \in \ell^1,\; x = (x_k) \in \ell^\infty \;. \tag{13}$$

β ist wohldefiniert, injektiv und linear. Bzgl der üblichen Normen

$$\|y\|_1 = \sum |y_k| \qquad ; \qquad \|x\|_\infty = \sup |x_k| \tag{14}$$

und der Operatornorm auf $(\ell^\infty)^*$ ist β normerhaltend, also isometrisch.

(C.2)   Der Raum c der konvergenten Folgen ist ein abgeschlossener Unterraum von $(\ell^\infty, \|.\|_\infty)$. $\varphi(x) := \lim x_k$ ist ein stetiges lineares Funktional auf c. Nach Hahn-Banach kann man φ stetig und norm-erhaltend auf ℓ^∞ fortsetzen.

Es ist $\varphi \neq \varphi_y$ für alle $y \in \ell^1$. Es ist nämlich $\varphi(e^{(n)}) = 0$ für alle Einheitsfolgen $e^{(n)}$. Wäre also $\varphi = \varphi_y$, so müsste $y_k = 0$ sein für alle $k \in \mathbb{N}$. Widerspruch! Also ist β nicht surjektiv.

(C.3) Sei $\varphi \in (\ell^\infty)^*$ beliebig. Sei $y_n := \varphi(e^{(n)})$ und $y := (y_n)$.

Dann ist $y \in \ell^1$!

Für $y = 0$ ist nichts zu zeigen. Sei also $y \neq 0$.

Die abbrechenden Folgen $x^{(n)} \in \ell^\infty$ seien definiert durch $x_k^{(n)} := \operatorname{sgn} \overline{y_k}$ für $1 \leq k \leq n$ und $x_k^{(n)} := 0$ für $k > n$.

Dann ist $\|x^{(n)}\|_\infty = 1$ ab einem n_0 und für $n \geq n_0$ gilt

$$\varphi(x^{(n)}) \;=\; \sum_{k=1}^n x_k^{(n)} \, \varphi(e^{(k)}) \;=\; \sum_{k=1}^n |y_k| \;\leq\; \|\varphi\| \;<\; \infty \,. \tag{15}$$

Also ist $\sum |y_k| < \infty$ und $y \in \ell^1$.

Sei $\varphi_0 := \varphi - \varphi_y$. Dann ist $\varphi_0 \in (\ell^\infty)^*$ und $\varphi_0 \restriction_{c_0} \equiv 0$.

Für abbrechende Folgen $x \in c_c$ gilt nämlich $\varphi(x) = \varphi_y(x)$, also $\varphi_0(x) = 0$.
Aber $\overline{c_c} = c_0$. Also auch $\varphi_0(x)$ für alle $x \in c_0$.

Die Eindeutigkeit der Zerlegung $\varphi = \varphi_y + \varphi_0$ ist klar.

(C.4) Für $\varphi = \varphi_y + \varphi_0$ gilt sicherlich $\|\varphi\| \leq \|\varphi_y\| + \|\varphi_0\|$.

Die Projektionen $P_n, R_n \colon \ell^\infty \to \ell^\infty$ seien definiert durch

$$P_n x := \sum_{k=1}^n x_k \, e^{(k)} = (x_1, \dots, x_n, 0, \dots) \quad \text{und} \quad R_n x := x - P_n x \,. \tag{16}$$

Sei $\varepsilon > 0$ beliebig. Seien $u, v \in \ell^\infty$ mit $\|u\|_\infty = \|v\|_\infty = 1$, $\varphi_y(u) > \|\varphi_y\| - \varepsilon$ und $\varphi_0(v) > \|\varphi_0\| - \varepsilon$.

Wegen $y \in \ell^1$ existiert ein $N \in \mathbb{N}$ mit $|\varphi_y(R_N u)| < \varepsilon$ und $|\varphi_y(R_N v)| < \varepsilon$.

Sei $w \in \ell^\infty$ definiert durch $P_N w := P_N u$ und $R_N w := R_N v$.

Dann ist $\|w\|_\infty \leq 1$ und

$$\begin{aligned} \varphi_y(w) &= \varphi_y(P_n w) + \varphi_y(R_n w) = \varphi_y(P_n u) + \varphi_y(R_n v) \\ &= \varphi_y(u) - \varphi_y(R_n u) + \varphi_v(R_n v) \,. \end{aligned} \tag{17}$$

Daher $\big| \|\varphi_y\| - \varphi_y(w) \big| \leq \big| \|\varphi_y\| - \varphi_y(u) \big| + \big| \varphi_y(R_N u) \big| + \big| \varphi_y(R_N v) \big| < 3\varepsilon$.

φ_0 verschwindet auf allen Nullfolgen, also auch auf allen abbrechenden Folgen.
Daher ist $\varphi_0(w) = \varphi_0(P_n w) + \varphi_0(R_n w) = \varphi_0(R_n w) = \varphi_0(R_n v) = \varphi_0(v)$.
Es folgt $\big| \|\varphi_0\| - \varphi_0(w) \big| = \big| \|\varphi_0\| - \varphi_0(v) \big| < \varepsilon$.

Zusammen $\big| \|\varphi_y\| + \|\varphi_0\| - \varphi(w) \big| < 4\varepsilon$. $\varepsilon \to 0$ liefert $\|\varphi\| \geq \|\varphi_y\| + \|\varphi_0\|$.

(C.5) Wegen $(c_0)^* \cong \ell^1$ ist jedes stetige Funktional auf c_0 von der Form $\varphi_y \restriction_{c_0}$ für ein $y \in \ell^1$. Eine normgleiche Fortsetzung auf ℓ^∞ ist natürlich φ_y .

Eine andere Fortsetzung muss von der Form $\varphi = \varphi_y + \varphi_0$ mit einem $\varphi_0 \not\equiv 0$ sein, kann also nicht normgleich sein.

| D |

c und c_0 sind nicht isometrisch isomorphe Banachräume (11.2.E).
Ihre Dualräume $c^* \cong \ell^1$ und $c_0^* \cong \ell^1$ sind isometrisch isomorph (12.2.A.1).

| E |

Teilräume separabler metrischer Räume sind separabel (4.3-1).
Sei E^* separabel und $\{x_n^*\}_{n \in \mathbb{N}}$ dicht in $S := \{\, x^* \mid \|x^*\| = 1 \,\} \subset E^*$.
Wähle $x_n \in E$ mit $\|x_n\| = 1$ und $\left|x_n^*(x_n)\right| \geq \frac{3}{4}$.

Sei $M := \overline{\mathrm{lin}}\{x_n\}$ die abgeschlossene lineare Hülle der x_n. Angenommen es
ist $M \neq E$ und $x_0 \in E \backslash M$.

Nach Korollar 7.2-7(c) von Hahn-Banach gibt es ein $x^* \in E^*$ mit $\|x^*\| = 1$
und $x^*(x_0) \neq 0$ und $x^*(x) = 0$ für alle $x \in M$. Also ist $x^*(x_n) = 0$ für alle
n und

$$\frac{3}{4} \leq \left|x_n^*(x_n)\right| \leq \left|x_n^*(x_n) - x^*(x_n)\right| + \left|x^*(x_n)\right| . \tag{18}$$

Also ist $\frac{3}{4} \leq \|x_n^* - x^*\|$ für alle n. Widerspruch zur Wahl der x_n^*.

Also ist $E = M$ und die Linearkombinationen der x_n mit Koeffizienten aus $\mathbb{Q}$
bzw $\mathbb{Q} + i\mathbb{Q}$ bilden eine abzählbare dichte Teilmenge von E.

Umgekehrt sind Dualräume separabler Räume i.a. nicht separabel.
Z.B. ist ℓ^1 separabel, aber $(\ell^1)^* = \ell^\infty$ nicht (11.4.B).

| F |

Sei E reflexiv und F ein abgeschlossener Unterraum von E. Sei $y^{**} \in F^{**}$.
Für $x^* \in E^*$ ist $\|x^* \restriction_F\| \leq \|x^*\|$. Daher ist $x^{**} \colon x^* \mapsto y^{**}(x^* \restriction_F)$ in E^{**}.

Da E reflexiv ist, existiert ein $x \in E$ mit $x^*(x) = y^{**}(x^* \restriction_F)$ für alle $x^* \in X^*$.

Es muss $x \in F$ sein! Sonst gibt es ein $x^* \in E^*$ mit $x^*(x) = 1$ und $x^* \restriction_F \equiv 0$
(7.2-7(c), F ist abgeschlossen). Für so ein x^* wäre aber $y^{**}(x^* \restriction_F) = 0$.
Widerspruch.

Schließlich gilt $y^{**}(y^*) = y^*(x)$ für alle $y^* \in F^*$. Sei nämlich $y^* \in F^*$ und
$x^* \in E^*$ eine normgleiche Fortsetzung von y^*. Dann gilt

$$y^{**}(y^*) = y^{**}(x^* \restriction_F) = x^*(x) = y^*(x) . \tag{19}$$

Also ist $y^{**} = Jx$ und F ist reflexiv.

| G |

Sei E reflexiv. Z.z.: Die kanonische Einbettung $J_{E^*} \colon E^* \to E^{***}$ ist surjektiv.
Sei $x^{***} \in E^{***}$. Dann ist $x^*(x) := x^{***}\big(J_E(x)\big)$ ein stetiges Funktional aus
E^*. Für dies x^* gilt $J_{E^*}(x^*) = x^{***}$!

E ist reflexiv. Also ist jedes $x^{**} \in E^{**}$ von der Form $x^{**} = J_E(x)$ für ein
$x \in E$. Dann gilt wie behauptet

$$x^{***}(x^{**}) = x^{***}\big(J_E(x)\big) = x^*(x) = \big(J_E(x)\big)(x^*) = x^{**}(x^*) . \tag{20}$$

(Für diese Richtung wurde die Vollständigkeit von E nicht benutzt.)

• Sei jetzt der Dualraum E^* reflexiv. Nach dem 1. Teil des Beweises ist dann
X^{**} reflexiv. Nach Aufgabe 12.2.F ist der abgeschlossene Unterraum $J_E(E)$
reflexiv und damit auch $E \cong J_E(E)$.

☐ **(H.1)** Sei E ein reflexiver Banachraum und $x^* \in E^*$. Nach Hahn-Banach (7.2-7(a)) angewendet auf E^* existiert ein $x^{**} \in E^{**}$ mit $\|x^{**}\| = 1$ und $x^{**}(x^*) = \|x^*\|$. Da E reflexiv ist, existiert ein $x \in E$ mit $x^{**} = Jx$. Es folgt $\|x\| = \|Jx\| = \|x^{**}\| = 1$ und $x^*(x) = x^{**}(x^*) = \|x^*\|$.

In einem reflexiven Banachraum nimmt also jedes stetige lineare Funktional sein Supremum auf der abgeschlossenen Einheitskugel an.

Die Umkehrung stimmt übrigens auch (2. Kriterium von James, 1957).

(H.2) Sei $\mathbb{K} = \mathbb{R}$ und $\varphi \in (C[0,1])^*$ definiert durch

$$\varphi(f) := \int_0^{1/2} f(t)\, dt - \int_{1/2}^1 f(t)\, dt . \tag{21}$$

Gezeigt wird, dass kein $f \in C[0,1]$ existiert mit $\|f\| = 1$ und $\varphi(f) = \|\varphi\|$. Aus **(H.1)** folgt dann, dass $C[0,1]$ nicht reflexiv ist. Aus

$$|\varphi(f)| \leq \left|\int_0^{1/2} f(t)\, dt\right| + \left|\int_{1/2}^1 f(t)\, dt\right| \leq \int_0^1 |f(t)|\, dt \leq \|f\|_\infty \tag{22}$$

folgt $\|\varphi\| \leq 1$. Für $0 < \varepsilon < \frac{1}{2}$ sei $f_\varepsilon \in C[0,1]$ definiert durch

$$f_\varepsilon(t) := \begin{cases} 1 & \text{falls } 0 \leq t \leq \frac{1}{2} - \varepsilon , \\ \frac{1}{\varepsilon}\left(\frac{1}{2} - t\right) & \text{falls } \frac{1}{2} - \varepsilon \leq t \leq \frac{1}{2} + \varepsilon, \quad (23) \\ -1 & \text{falls } \frac{1}{2} + \varepsilon \leq t \leq 1 . \end{cases}$$

Es ist $\|f_\varepsilon\|_\infty = 1$ und $\varphi(f_\varepsilon) = 1 - \varepsilon$. Also ist $\|\varphi\| \geq 1 - \varepsilon$. Da $\varepsilon > 0$ beliebig war, folgt $\|\varphi\| = 1$.

Angenommen, es gibt ein $f \in C[0,1]$ mit $\|f\| = 1$ und $\varphi(f) = \|\varphi\| = 1$. Dann folgt aus (22)

$$1 = \varphi(f) = \int_0^1 |f(t)|\, dt = \|f\|_\infty = 1 . \tag{24}$$

Es folgt $|f| \equiv 1$ und, da f stetig ist, auch $f \equiv const$.

Nach Definition von φ folgt $\varphi(f) = 0$. Widerspruch!

☐ **(I.1)** Der Raum c_c der abbrechenden Folgen mit der Sup-Norm ist nicht vollständig. Reflexive Räume müssen aber vollständig sein! (7.3-4(b))

(I.2) Der Banachraum c_0 ist nicht reflexiv,

• weil sein Dualraum ℓ^1 nicht reflexiv ist (vgl. 7.3-4(e)) oder

• weil c_0 separabel ist, sein Bidualraum $(c_0)^{**} \cong \ell^\infty$ aber nicht (vgl. 7.3-4(g)) oder

• weil die Einbettung $J\colon c_0 \to c_0^{**}$, $Jx(x^*) = x^*(x)$ nicht surjektiv ist!
Nach Aufgabe 12.2.A.1 wird nämlich durch

$$T\colon \ell^1 \to c_0^* \quad ; \quad Ty(x) := \sum_{k=1}^{\infty} x_k y_k \tag{25}$$

ein isometrischer Isomorphismus von ℓ^1 auf den Dualraum c_0^* definiert.
Sei $\varphi \in c_0^{**}$ definiert durch

$$\varphi(x^*) := \sum_{k=1}^{\infty} y_k \quad \text{wobei} \quad y = (y_k) = T^{-1}x^* . \tag{26}$$

Annahme: Es gibt ein $x = (x_k) \in c_0$ mit $Jx = \varphi$.

Für die Projektionen $\pi_n(a) := a_n$ ist $T^{-1}\pi_n = e^{(n)} = (\delta_k^n)_k$ und daher
$\varphi(\pi_n) = \sum_k \delta_k^n = 1$. Andererseits ist $Jx(\pi_n) = \pi_n(x) = x_n$. Also ist $x_n = 1$
für alle n. Widerspruch zu $x = (x_n) \in c_0$, also $x_n \to 0$.

Also ist $\varphi \in (c_0)^{**} \backslash J(c_0)$. Also ist J nicht surjektiv und damit c_0 nicht reflexiv.

(I.3) Der Folgenraum ℓ^p mit der p-Norm ist reflexiv. Dies ergibt sich aus dem
Darstellungssatz 12.2.A.2. Mit den dort vorgenommenen Identifizierungen ist
$(\ell^p)^* = \ell^q$ und $(\ell^p)^{**} = (\ell^q)^* = \ell^p$.

Die kanonische Abbildung $J\colon \ell^p \to (\ell^p)^{**}$ ist dann die Identität, insbesondere
also $J(\ell^p) = (\ell^p)^{**}$ und das ist die Reflexivität von ℓ^p für $1 < p < \infty$.

(I.4) ℓ^∞ ist nicht reflexiv! Sonst wäre nämlich auch der abgeschlossene
Teilraum c_0 reflexiv. Ist er aber nicht, siehe **(I.1)**.

(I.5) Banachräume sind genau dann reflexiv, wenn ihre Dualräume reflexiv
sind (7.3-4(e) oder 12.2.G).

Der Banachraum $C[a,b]$ ist nicht reflexiv (12.2.H). Also ist auch sein Dualraum
$C[a,b]^* \cong NBV[a,b]$ nicht reflexiv.

$NBV[a,b]$ ist ein abgeschlossener Unterraum von $BV[a,b]$.

Nach 12.2.F ist daher auch $BV[a,b]$ nicht reflexiv.

12.3 Schwache Topologien

(siehe auch 13.3.A)

Im folgenden sei $(E, \|.\|)$ normiert. Zu schwachen Topologien siehe 7.4.

A	Was ist die schwach abgeschlossene Hülle von $S := \{ x \in E \mid \|x\| = 1 \}$?

Schwach konvergente Folgen in E sind norm-beschränkt.

Es gilt $x_n \xrightarrow{\|\cdot\|} x \implies x_n \xrightarrow{w} x$. Die Umkehrung ist falsch.

In Innenprodukt-Räumen gilt: $x_n \xrightarrow{\|\cdot\|} x \iff x_n \xrightarrow{w} x$, $\|x_n\| \to \|x\|$.

Sei (x_n) eine Folge aus E, die schwach gegen $x_0 \in E$ konvergiert. Dann gibt es eine Folge von Konvexkombinationen der x_n, die im Sinne der Norm gegen x_0 konvergiert.

Seien $1 < p < \infty$ und $x^{(n)}, x \in \ell^p$. Dann gilt

1) $x^{(n)} \xrightarrow{w} x \iff (x^{(n)})$ ist beschränkt und $\forall k : x_k^{(n)} \to x_k$.

2) $x^{(n)} \xrightarrow{\|\cdot\|} x \iff x^{(n)} \xrightarrow{w} x$ und $\|x_n\| \to \|x\|$.

In ℓ^1 gilt: $x^{(n)} \xrightarrow{\|\cdot\|} x \iff x^{(n)} \xrightarrow{w} x$.

Eine beschränkte Folge in $C[0,1]$ konvergiert genau dann schwach gegen 0, wenn sie punktweise gegen 0 konvergiert.

In c_0 und $C[0,1]$ gibt es beschränkte Folgen ohne w-konvergente Teilfolgen.

$A \subset E$ ist genau dann norm-beschränkt, wenn A schwach beschränkt ist.

1) Schwache Cauchyfolgen sind norm-beschränkt.

2) Reflexive Räume sind schwach vollständig.

3) c_0 und $C[0,1]$ sind nicht schwach vollständig.

4) Es gibt schwach vollständige Banachräume, die nicht reflexiv sind.

Ist E separabel, so ist die abgeschlossene Einheitskugel in E^* nach Satz 7.4-15 w^*-folgenkompakt. Ist E nicht separabel, so ist dies i.a. falsch.

Aus dem Satz von Banach-Alaoglu folgt nicht, dass jede beschränkte Folge in E^* eine w^*-konvergente Teilfolge besitzt!

Jede w^*-kompakte konvexe Teilmenge von E^* ist (norm-) beschränkt.

Für beliebige w^*-kompakte Teilmengen ist dies falsch.

Lösungen:

[A] • Für $\dim X < \infty$ ist die schwache Topologie $\mathcal{T}_w = \sigma(X, X^*)$ gleich der Normtopologie $\mathcal{T}_{\|\cdot\|}$. Also ist in diesem Fall $\overline{S}^w = \overline{S}^{\|\cdot\|} = S$.

• Für $\dim X = \infty$ ist $\overline{S}^w = B = \{\, x \in X \mid \|x\| \leq 1 \,\}$ die w-abgeschlossene Hülle von S.

Sei nämlich $x \in B$ beliebig und V eine w-Nullumgebung, also $x + V$ eine w-Umgebung von x. Wegen $\dim X = \infty$ enthält V eine Gerade (sogar einen unendlich dimensionalen Unterraum). Es gibt also ein $x_0 \in X \backslash \{0\}$ derart, dass $\mathrm{lin}\, \{x_0\} = \{\, tx_0 \mid t \in \mathbb{R} \,\} \subset V$.

Wegen $\|x\| \leq 1$ und $\|x + tx_0\| \to \infty$ für $t \to \infty$ gibt es ein t mit $\|x + tx_0\| = 1$. Also trifft jede Umgebung von x die Sphäre S, d.h. $x \in \overline{S}^w$ und damit $B \subset \overline{S}^w$.

Andererseits ist B konvex und normabgeschlossen, also w-abgeschlossen (7.4-7). Es folgt

$$\overline{S}^w = \bigcap \{\, F \subset X \mid S \subset F,\ F \ w\text{-abgeschlossen} \,\} \subset \overline{B}^w = \overline{B}^{\|\cdot\|} = B \ . \qquad (1)$$

[B] $(x^{(n)})$ konvergiere schwach gegen $x \in E$. O.B.d.A. seien alle $x^{(n)} \neq x$.

Nach Hahn-Banach gibt es $\varphi_n \in E^*$ mit $\varphi_n(x^{(n)} - x) = \|x^{(n)} - x\|$ und $\|\varphi_n\| = 1$. Durch $\varphi_n^*(x^*) := x^*(x^{(n)} - x)$ wird eine Folge (φ_n^*) von stetigen linearen Funktionalen auf dem Banachraum E^* definiert.

Wegen $x^{(n)} \xrightarrow{\ w\ } x$ folgt $\overline{\lim}_n |\varphi_n^*(x^*)| < \infty$ für alle $x^* \in E^*$.

Nach Banach-Steinhaus (8.2-2) ist $M := \sup_n \|\varphi_n^*\| < \infty$. Also

$$\|x^{(n)} - x\| \ = \ \left| \varphi_n(x^{(n)} - x) \right| \ = \ |\varphi_n^*(\varphi_n)| \ \leq \ \|\varphi_n^*\| \cdot \|\varphi_n\| \ \leq \ M \ , \qquad (2)$$

und wegen $\|x^{(n)}\| \leq \|x^{(n)} - x\| + \|x\|$ ist die Folge $(x^{(n)})$ norm-beschränkt.

[C] • Aus der Norm-Konvergenz folgt die schwache Konvergenz!

Sei E normiert und (x_n) in E stark- bzw norm-konvergent gegen $x \in E$, d.h. $\|x_n - x\|_n \to 0$ für $n \to \infty$.

Wegen der Stetigkeit der linearen Funktionale $x^* \in E^*$ folgt $x^*(x_n - x) \to 0$ für alle $x^* \in E^*$, d.h. (x_n) konvergiert schwach gegen x.

• In ℓ^p mit $1 < p < \infty$ sind starke und schwache Konvergenz nicht äquivalent.

Wegen $\|e^{(n)} - e^{(m)}\|_p \geq 1$ für $n \neq m$ ist die Folge der Einheitsfolgen $e^{(n)}$ in ℓ^p nicht norm-konvergent.

Sie konvergiert aber schwach gegen 0. Jedes $\varphi \in (\ell^p)^*$ ist nämlich von der Form $\varphi(x) = \sum_k a_k x_k$ für ein $a = (a_n) \in \ell^q$, wobei $\frac{1}{p} + \frac{1}{q} = 1$. Siehe A.8.7.

Also gilt $\varphi(e^{(n)}) = \sum_k a_k e_k^{(n)} = a_n$. Für $(a_k) \in \ell^q$ gilt $a_n \to 0$, also $\varphi(e^{(n)}) \to 0$ für alle $\varphi \in (\ell^p)^*$, d.h. $e^{(n)} \xrightarrow{\ w\ } 0$.

Sei zunächst (x_n) eine Folge aus dem Innenprodukt-Raum H, die bzgl der zugehörigen Norm $\|.\|$ gegen x konvergiert.

Für alle $x^* \in H^*$ gilt dann $|x^*(x_n) - x^*(x)| \leq \|x^*\| \cdot \|x_n - x\| \to 0$.

Also konvergiert (x_n) schwach gegen x.

Ferner gilt $\big| \|x_n\| - \|x\| \big| \leq \|x_n - x\| \to 0$, also $\|x_n\| \to \|x\|$.

- Zum Beweis der Umkehrung gelte $x_n \overset{w}{\longrightarrow} x$ und $\|x_n\| \to \|x\|$.

Für alle $z \in H$ ist $\varphi_z(y) := \langle y, z \rangle$ ein stetiges lineares Funktional auf H. Aus $x_n \overset{w}{\longrightarrow} x$ folgt $\langle x_n, x \rangle \to \langle x, x \rangle = \|x\|^2$ und $\langle x, x_n \rangle = \overline{\langle x_n, x \rangle} \to \langle x, x \rangle$. Zusammen ergibt sich

$$\|x_n - x\|^2 = \langle x_n - x, x_n - x \rangle = \langle x_n, x_n \rangle - \langle x_n, x \rangle - \langle x, x_n \rangle + \langle x, x \rangle \to 0 . \quad (3)$$

Also $\|x_n \to x\| \to 0$, d.h. (x_n) konvergiert bzgl $\|.\|$ gegen x.

Sei $A := \overline{\mathrm{co}}\{x_n \mid n \in \mathbb{N}\}$ und $B := \{x_0\}$. Dann sind A, B konvex, A abgeschlossen und B kompakt.

Annahme: $x_0 \notin A$, also $A \cap B = \emptyset$. Aus dem Trennungssatz 7.2-9 folgt

$$\exists \varphi \in E^* \backslash \{0\} \; \forall a \in A \; : \; \mathsf{Re}\,\varphi(a) < \mathsf{Re}\,\varphi(x_0) . \quad (4)$$

Widerspruch zu $x_n \in A$ und $\varphi(x_n) \to \varphi(x_0)$ für $n \to \infty$.

Also ist $x_0 \in A = \overline{\mathrm{co}}\{x_n \mid n \in \mathbb{N}\}$.

Da E normiert ist, also das 1. Abzählbarkeitsaxiom erfüllt, gibt es eine Folge (y_n) aus $\mathrm{co}\{x_n \mid n \in \mathbb{N}\}$ mit $\|y_n - x_0\| \to 0$ für $n \to \infty$. Fertig!

(F.1)   Sei $1 \leq p \leq \infty$ und $(x^{(n)})$ eine in ℓ^p schwach gegen x konvergente Folge.

Die Projektionen $\pi_k \colon y \mapsto y_k$ sind stetige lineare Funktionale auf ℓ^p.

Nach Definition der schwachen Konvergenz (7.4-3) müssen die Folgen $\pi_k(x^{(n)})$ gegen $\pi_k(x) = x_k$ konvergieren ($n \to \infty$, k fest). Das ist die komponentenweise Konvergenz. Die Norm-Beschränktheit folgt aus 12.3.B.

- Sei nun $1 < p < \infty$ und $(x^{(n)})$ eine beschränkte, komponentenweise gegen x konvergente Folge in ℓ^p.

ℓ^p ist für $1 < p < \infty$ reflexiv. Sei $J \colon \ell^p \to (\ell^p)^{**}$ die kanonische Isometrie. Nach dem Darstellungssatz A.8.7 ist $(\ell^p)^* \cong \ell^q$ mit $\frac{1}{p} + \frac{1}{q} = 1$.

Die Einheitsfolgen $e^{(n)}$ bilden eine Fundamentalmenge in ℓ^q. Es gilt

$$(Jx^{(n)})(e^{(m)}) = \sum_k x_k^{(n)} e_k^{(m)} = x_m^{(n)} \to x_m \quad \text{für } n \to \infty . \quad (5)$$

Die Folge der Operatoren $Jx^{(n)} \in \mathcal{L}\big((\ell^p)^*, \mathbb{K}\big)$ konvergiert also auf einer Fundamentalmenge gegen Jx und ist nach Voraussetzung gleichmäßig beschränkt.

Nach Banach-Steinhaus konvergiert sie in $(\ell^p)^*$ punktweise gegen Jx, d.h.

$$(Jx^{(n)})(\varphi) = \varphi(x^{(n)}) \to \varphi(x) = (Jx)(\varphi) \quad \text{für alle } \varphi \in (\ell^p)^* . \tag{6}$$

Das ist genau die schwache Konvergenz von $x^{(n)}$ gegen x.

- Für $p = 1$ und $p = \infty$ ist die Richtung "$\Leftarrow$" falsch:

Z.B. ist $(e^{(n)})$ eine koordinatenweise gegen 0 konvergente Folge in ℓ^1 mit der Norm $\|e^{(n)}\|_1 = 1$. Sie ist nicht schwach-konvergent gegen 0. Für das Funktional $\varphi \in (\ell^1)^*$ mit $\varphi(x) := \sum x_k$ gilt $\varphi(e^{(n)}) = 1 \not\to \varphi(0) = 0$.

$x^{(n)} \in \ell^\infty$ sei definiert durch $x_k^{(n)} = 0$ für $k = 1, \ldots, n$ und $x_k^{(n)} = 1$ für $k > n$. Die Folge ist $(x^{(n)})$ eine koordinatenweise gegen 0 konvergente Folge in ℓ^∞ mit Sup-Norm $\|x^{(n)}\|_\infty = 1$. Sie konvergiert in ℓ^∞ nicht schwach gegen 0.

Ist z.B. $\varphi \in (\ell^\infty)^*$ ein Banachlimes (12.1.F), so gilt $\varphi(x^{(n)}) = 1 \not\to \varphi(0) = 0$.

(F.2) Seien $1 < p < \infty$ und $x, x^{(n)} \in \ell^p$ mit $x^{(n)} \xrightarrow{w} x$ und $\|x_n\|_p \to \|x\|_p$. Für alle $k_0 \in \mathbb{N}$ gilt dann $\sum_{k=k_0}^\infty |x_k^{(n)}|^p \to \sum_{k=k_0}^\infty |x_k|^p$ für $n \to \infty$.

Sei $\varepsilon > 0$ beliebig und k_0 so groß, dass $\sum_{k=k_0}^\infty |x_k^{(n)}|^p < (\frac{\varepsilon}{4})^p$. Wähle n_0 so groß, dass für alle $n \geq n_0$

$$\sum_{k=1}^{k_0-1} |x_k^{(n)} - x_k|^p < (\tfrac{\varepsilon}{4})^p \quad \text{und} \quad \Big| \sum_{k=k_0}^\infty |x_k^{(n)}|^p - \sum_{k=k_0}^\infty |x_k|^p \Big| < (\tfrac{\varepsilon}{4})^p . \tag{7}$$

Aus der Dreiecksungleichung in ℓ^p bzw der Minkowski-Ungleichung folgt

$$\|x^{(n)} - x\|_p \leq \Big(\sum_{k=1}^{k_0-1} |x_k^{(n)} - x_k|^p \Big)^{1/p} + \Big(\sum_{k=k_0}^\infty |x_k^{(n)}|^p \Big)^{1/p} + \Big(\sum_{k=k_0}^\infty |x_k|^p \Big)^{1/p}$$
$$< 4 \cdot \frac{\varepsilon}{4} = \varepsilon . \tag{8}$$

Die andere Richtung ist klar.

Diese Äquivalenz gilt nach Aufgabe 12.3.G übrigens auch für $p = 1$.

$\boxed{\text{G}}$ Sei $(x^{(n)})$ eine in ℓ^1 schwach gegen (o.B.d.A) $0 \in \ell^1$ konvergente Folge. Für alle Koordinaten gilt $x_k^{(n)} \to 0$. Annahme: $\|x^{(n)}\|_1 \not\to 0$.

Dann existiert ein $\varepsilon > 0$ mit $\overline{\lim} \|x^{(n)}\|_1 = \overline{\lim} \sum_{k=1}^\infty |x_k^{(n)}| > \varepsilon$.

Wähle j_1 mit $\sum_{k=1}^\infty |x_k^{(j_1)}| > \varepsilon$ und dazu k_1 mit $\sum_{k=k_1}^\infty |x_k^{(j_1)}| < \frac{\varepsilon}{5}$.

Seien $j_1 < j_2 < \ldots < j_{n-1}$; $k_1 < k_2 < \ldots < k_{n-1}$ bereits gewählt.

Dann wähle erst $j_n > j_{n-1}$, dann $k_n > k_{n-1}$ mit $\sum_{k=1}^\infty |x_k^{(j_n)}| > \varepsilon$, sowie

$$|x_k^{(j)}| < \frac{1}{k_{n-1}} \frac{\varepsilon}{5} \quad \forall j \geq j_n; \ k = 1, \ldots k_{n-1} \quad \text{und} \quad \sum_{k > k_n} |x_k^{(j_n)}| < \frac{\varepsilon}{5} . \tag{9}$$

Dann ist für alle $n \in \mathbb{N}$:

$$\varepsilon \; < \; \sum_{k=1}^{\infty} |x_k^{(j_n)}| \; = \; \underbrace{\sum_{k=1}^{k_{n-1}} \cdots}_{\leq \varepsilon/5} \; + \; \underbrace{\sum_{k=1}^{k_{n-1}} \cdots}_{=:S_n} \; + \; \underbrace{\sum_{k=1}^{k_{n-1}} \cdots}_{\leq \varepsilon/5} \; . \qquad (10)$$

Also ist $S_n \geq 3\frac{\varepsilon}{5}$. Sei $y \in \ell^\infty \cong (\ell^1)^*$ definiert durch $y_k := \operatorname{sgn}\big(\overline{x_k^{(j_n)}}\big)$ für $k_{n-1} < k \leq k_n$. Dann ist

$$\sum_{k=1}^{\infty} y_k x_k^{(j_n)} \; \geq \; S_k - \tfrac{\varepsilon}{5} - \tfrac{\varepsilon}{5} \; \geq \; \tfrac{\varepsilon}{5} \; . \qquad (11)$$

Widerspruch zur schwachen Konvergenz von $(x^{(n)})$.

H Die Auswertungen $\pi_t(f) := f(t)$ sind stetige Funktionale auf $(C[0,1], \|.\|_\infty)$. Jede schwach konvergente Folge (f_n) in $C[0,1]$ muss daher im Intervall $[0,1]$ punktweise konvergieren.

Sei umgekehrt (f_n) eine beschränkte, in $[0,1]$ punktweise gegen 0 konvergente Folge stetiger Funktionen. Nach dem Darstellungssatz 12.2.A.4 ist jedes stetige Funktional $\varphi \in (C[0,1])^*$ von der Form $\varphi(f) = \int_0^1 f \, d\mu$ mit einem regulären, σ-additiven Borelmaß μ auf $[0,1]$.

Nach dem Satz von der beschränkten Konvergenz (A.5-11) folgt $\varphi(f_n) \to 0$, also $f_n \xrightarrow{\;w\;} 0$.

I • Betrachte $x^{(n)} := P_n(e) = (1,\dots,1,0,0,\dots) \in c_0$. Wegen $\|x^{(n)}\|_\infty = 1$ für alle n ist die Folge $(x^{(n)})$ beschränkt. Die Projektionen $\pi_k(x) := x_k$ sind stetige Funktionale auf c_0. Jede schwach konvergente Teilfolge von $(x^{(n)})$ muss daher koordinatenweise konvergieren. Aber $e = (1,1,\dots)$ ist keine Nullfolge.

• Die Funktionen $f_n \in C[0,1]$ seien definiert durch

$$f_n(t) := \begin{cases} 1 - nt & \text{für } 0 \leq t \leq \frac{1}{n} , \\ 0 & \text{sonst.} \end{cases} \qquad (12)$$

Wegen $\|f_n\|_\infty = 1$ für alle n ist die Folge (f_n) beschränkt.

Die Punktauswertungen $\pi_t(f) := f(t)$ sind stetige Funktionale auf $C[0,1]$. Jede schwach konvergente Teilfolge von (f_n) muss daher in $[0,1]$ punktweise konvergieren. Aber der punktweise Limes ist in 0 unstetig.

• Zusammen mit Satz 7.3-5 folgt aus diesen Beispielen, dass c_0 und $C[a,b]$ nicht reflexiv sind.

J Für die schwache bzw die Norm-Topologie gilt $\mathcal{T}_w \subset \mathcal{T}_{\|.\|}$. Also ist jede normbeschränkte Teilmenge $A \subset E$ auch w-beschränkt.

Für die Umkehrung sei nun $A \subset E$ w-beschränkt. Die schwache Topologie wird durch die Halbnormen $|x^*|$ $(x^* \in E^*)$ erzeugt. Also ist für alle $x^* \in E^*$

die Bildmenge $x^*(A) \subset \mathbb{K}$ beschränkt, d.h.

$$\forall\, x^* \in E^* \; \exists\, M_{x^*} \; \forall\, x \in A \; : \; |x^*(x)| \; = \; \left|(Jx)(x^*)\right| \; \leq \; M_{x^*} \; . \qquad (13)$$

Dabei ist $J \colon E \to E^{**}$ die kanonische Einbettung (7.3-2). Also ist die Familie $\{Jx\}_{x \in A}$ auf dem Banachraum E^* punktweise beschränkt.

Nach dem Uniform Boundedness Principle (8.2-1) ist diese Familie auch gleich-mäßig beschränkt, d.h. es gibt ein M mit $\|Jx\| \leq M$ für alle $x \in A$.

Wegen $\|Jx\| = \|x\|$ folgt die Norm-Beschränktheit von A.

- Übrigens gilt auch für lokalkonvexe topologische Vektorräume $(E, \mathcal{T})$:

$A \subset E$ ist genau dann $\mathcal{T}$-beschränkt, wenn A schwach beschränkt ist.

⊡ K **(K.1)** Eine Folge (x_n) in einem normierten Raum E heißt *schwache Cauchy-folge*, wenn für alle $x^* \in E^*$ die Folge $\big(x^*(x_n)\big)$ eine Cauchyfolge in $\mathbb{K}$ ist. Dann ist für jedes $x^* \in E^*$ die Folge $\big(x^*(x_n)\big)$ in $\mathbb{K}$ beschränkt, d.h. (x_n) ist schwach beschränkt. Nach Aufgabe 12.3.J ist (x_n) in E norm-beschränkt.

(K.2) Sei E reflexiv und (x_n) eine schwache Cauchy-Folge in E.
Nach **(K.1)** ist (x_n) in E norm-beschränkt.

Da X reflexiv ist, besitzt (x_n) eine w-konvergente Teilfolge (7.3-5(iii)).

Eine schwache Cauchy-Folge mit einer schwach konvergenten Teilfolge muss aber schwach konvergent sein.

(K.3) • Die Folge $x^{(n)} := P_n(e) = (1, \ldots, 1, 0, 0, \ldots)$ aus Aufgabe 12.3.I ist in c_0 nicht schwach konvergent. Sie ist aber eine schwache Cauchy-Folge.

Für jede Folge $y \in \ell^1 \cong (c_0)^*$ gilt nämlich $\sum y_k\, x_k^{(n)} \to \sum y_k$.

• Die Folge (f_n) aus Aufgabe 12.3.I ist in $C[0,1]$ nicht schwach konvergent. Nach dem Satz von der Monotonen Konvergenz (A.5-8) gilt $\int f_n\, d\mu \to \mu(\{0\})$ für jedes Borel-Maß $\mu \in rca[0,1] \cong C[0,1]^*$. Also ist (f_n) eine schwache Cauchy-Folge.

(K.4) ℓ^1 ist nicht reflexiv, aber schwach vollständig.

⊡ L Sei $E := L^\infty([0,1])$. Für $0 < \varepsilon < 1$ sei

$$T_\varepsilon \colon E \to \mathbb{R} \quad \text{def. durch} \quad T_\varepsilon(f) := \tfrac{1}{\varepsilon} \int_0^\varepsilon f \; . \qquad (14)$$

Es ist $T_\varepsilon \in E^*$ und $\|T_\varepsilon\| = 1$.

Angenommen, es gibt eine positive Nullfolge (ε_n) und eine Linearform $T \in E^*$ derart, dass die Folge (T_{ε_k}) in E^* gegen T w^*-konvergiert. O.B.d.A. sei (ε_k) monoton fallend - sonst gehe man zu einer Teilfolge über. Sei

$$f \in E \quad \text{def. durch} \quad f(x) := (-1)^k \quad \text{für} \quad \varepsilon_{k+1} < x < \varepsilon_k \; . \qquad (15)$$

Dann ist $T_{\varepsilon_k} f = \frac{1}{\varepsilon_k} \left[(\varepsilon_k - \varepsilon_{k+1})(-1)^k + \int_0^{\varepsilon_{k+1}} f \right]$, also

$$\left| T_{\varepsilon_k} f - (-1)^k \right| \leq \frac{1}{\varepsilon_k} \left(\varepsilon_{k+1} + \int_0^{\varepsilon_{k+1}} |f| \right) \leq \frac{2\varepsilon_{k+1}}{\varepsilon_k} \to 0 \qquad (16)$$

für $k \to \infty$. Also hat $T_{\varepsilon_k} f$ die beiden Häufungswerte ± 1. Infolgedessen kann (T_{ε_k}) nicht w^*-konvergent sein.

Nach Satz 7.4-15 kann $E = L^\infty[0,1]$ nicht separabel sein.

|M| Die Projektionen $\pi_n : \ell^\infty \to \mathbb{K}$ mit $\pi_n(x) := x_n$ liegen in der abgeschlossenen Einheitskugel von $(\ell^\infty)^*$.

Die Folge (π_n) besitzt aber keine w^*-konvergente Teilfolge. Sei nämlich (π_{n_k}) eine beliebige Teilfolge. Sei $x = (x_n) \in \ell^\infty$ definiert durch $x_{n_k} := (-1)^k$ und $x_n := 0$ für $n \neq n_k$. Dann ist $\pi_{n_k}(x) = (-1)^k$ divergent.

Nach dem Satz von Banach-Alaoglu ist die abgeschlossene Einheitskugel in E^* zwar w^*-kompakt, aber daraus folgt nicht die Folgenkompaktheit!

|N| **(N.1)** Betrachte den Raum c_c der 'abbrechenden' Folgen mit der ℓ^1-Norm. c_c liegt dicht in ℓ^1. Also ist $(c_c)^* \cong (\ell^1)^* \cong \ell^\infty$. Die Funktionale $n\pi_n$ sind auf c_c bzw. ℓ^1 stetig, da $|n\pi_n(x)| = n|x_n| \leq n\|x\|_1$.

Die Folge $(n\pi_n)$ ist unbeschränkt, da $\|n\varphi_n\|_1 = n \to \infty$.

Sie konvergiert schwach* gegen 0. Zu zeigen ist $n\pi_n(x) = nx_n \to 0$ für alle Folgen $x \in c_c$. Das ist aber klar.

Also ist $F := \{ n\varphi_n \mid n \in \mathbb{N} \} \cup \{0\}$ eine schwach*-kompakte, aber nicht normbeschränkte Teilmenge von $(c_c)^*$.

(N.2) Sei $A \subset E^*$ konvex und $\sigma(E^*, E)$-kompakt.

Die Mengen $B_n^* := \{ x^* \in E^* \mid \|x^*\| \leq n \}$ $(n \in \mathbb{N})$ sind ebenfalls $\sigma(E^*, E)$-kompakt und es ist $A = \bigcup_{n \in \mathbb{N}} A \cap B_n^*$.

Dann gibt es ein $n \in \mathbb{N}$ derart, dass das relative $\sigma(E^*, E)$-Innere von $A \cap B_n^*$ nichtleer ist.

Sei $x_0^* \in A$ und V eine $\sigma(E^*, E)$-Nullumgebung in E^* mit $(x_0^* + V) \cap A \subset B_n^*$. $A - x_0^*$ ist $\sigma(E^*, E)$-kompakt, also insbesondere $\sigma(E^*, E)$-beschränkt.

Also gibt es ein $0 < \lambda < 1$ mit $\lambda(A - x_0^*) \subset V$. Dann folgt für $x^* \in A$:

$$(1-\lambda)x_0^* + \lambda x^* \in x_0^* + \lambda(A - x_0^*) \subset x_0^* + V \text{ und } (1-\lambda)x_0^* + \lambda x^* \in A$$

$$\implies (1-\lambda)x_0^* + \lambda x^* \in (x_0^* + V) \cap A \subset B_n^*$$

$$\implies \left\| (1-\lambda)x_0^* + \lambda x^* \right\| \leq n$$

$$\implies \|x^*\| = \frac{1}{\lambda}\|\lambda x^*\| \leq \frac{1}{\lambda}\left[n + (1-\lambda)\|x_0^*\| \right] =: M$$

$$\implies \forall\, x^* \in A : \|x^*\| \leq M , \quad \text{d.h. } A \text{ ist norm-beschränkt.}$$

12.4   Konvexe Mengen und Extremalpunkte

Im folgenden seien E ein topologischer Vektorraum und $A, B \subset E$.

$\boxed{A}$ 1) Ist $A \subset E$ kreisförmig, so ist $\overline{A}$ kreisförmig.

2) Ist $A \subset E$ kreisförmig und $0 \in A°$, so ist $A°$ kreisförmig.

$\boxed{B}$ 1) Ist A konvex, so auch $\overline{A}$ und $A°$.

2) Ist A konvex und $A° \neq \emptyset$, so ist $\overline{A°} = \overline{A}$.

3) Es ist $\mathrm{co}\,(A + B) = \mathrm{co}\,A + \mathrm{co}\,B$.

4) Ist $\overline{\mathrm{co}}\,A$ kompakt, so gilt $\overline{\mathrm{co}}\,(A + B) = \overline{\mathrm{co}}\,(A) + \overline{\mathrm{co}}\,(B)$.
   Es gibt Mengen $A, B \subset E$ mit $\overline{\mathrm{co}}\,(A + B) \neq \overline{\mathrm{co}}\,(A) + \overline{\mathrm{co}}\,(B)$.

$\boxed{C}$ 1) Ist E ein Banachraum und A kompakt, so ist auch $\overline{\mathrm{co}}\,A$ kompakt.

2) Ist E lokalkonvex und $A \subset E$ beschränkt, so ist auch $\mathrm{co}\,A$ beschränkt.

$\boxed{D}$ Je zwei offene konvexe Teilmengen des $\mathbb{R}^n$ sind homöomorph.

Gilt das auch für abgeschlossene Mengen?

$\boxed{E}$ Ist $A \subset \mathbb{R}^2$ kompakt und konvex, so ist die Menge der Extremalpunkte von A abgeschlossen. Im $\mathbb{R}^3$ ist dies falsch.

$\boxed{F}$ Sind kompakte konvexe Mengen die konvexe Hülle ihrer Extremalpunkte?

$\boxed{G}$ Bestimmen Sie die Extremalpunkte der abgeschlossenen Einheitskugeln in c_0 und c, sowie in $C([0,1], \mathbb{R})$ und $C([0,1], \mathbb{C})$.

$\boxed{H}$ Sei X ein lokalkompakter, aber nicht kompakter Hausdorffraum. Dann besitzt die abgeschlossene Einheitskugel in $C_0(X)$ keine Extremalpunkte.

$\boxed{I}$ Hilberträume sind gleichmäßig konvex.

$\boxed{J}$ ℓ^p ist für $2 \leq p < \infty$ gleichmäßig konvex.

$\boxed{K}$ Ist $\dim E < \infty$ und E strikt konvex, so ist E auch gleichmäßig konvex.
Für $\dim E = \infty$ ist dies falsch.

$\boxed{L}$ Finden Sie Beispiele disjunkter konvexer Mengen, die sich nicht durch Hyperebenen trennen lassen und die zeigen, dass man auf entsprechende Bedingungen in den Trennungssätzen 7.2-9 bis 7.2-11 nicht ersatzlos verzichten kann.

$\boxed{M}$ Sei F ein endlich-dimensionaler Teilraum des normierten Raums E.
Dann gibt es zu jedem $x \in E$ eine beste Approximation in F.

$\boxed{N}$ Sei $F := \left\{ f \in C[0,1] \ \middle| \ \int_0^{1/2} f(t)\,dt = \int_{1/2}^1 f(t)\,dt \right\}$.

$g(x) := x$ besitzt keine beste Approximation in F.

Lösungen:

A   Sei $\lambda \in \mathbb{K}$ mit $|\lambda| \leq 1$. Da A kreisförmig ist, gilt $\lambda A \subset A$.

Ist $\lambda = 0$, so gilt $\lambda \overline{A} = \{0\} \subset A \subset \overline{A}$ und $\lambda A^\circ = \{0\} \subset A^\circ$.

Für $\lambda \neq 0$ ist $\{x \mapsto \lambda x\}$ ein Homöomorphismus (5.2-4). Dann folgt

$$\lambda \overline{A} = \overline{\lambda A} \subset \overline{A} \quad \text{und} \quad \lambda(A^\circ) = (\lambda A)^\circ \subset A^\circ. \tag{1}$$

B   **(B.1)** A ist genau dann konvex, wenn $\lambda A + (1 - \lambda)A \subset A$ für $0 \leq \lambda \leq 1$.

• In topologischen Vektorräumen ist $\overline{\lambda A} = \lambda \overline{A}$ für alle $\lambda \in \mathbb{K} \backslash \{0\}$.
Also ist mit A auch $\overline{A}$ konvex.

• Um zu zeigen, dass der innere Kern A° einer konvexen Menge A ebenfalls konvex ist, kann man den Beweis aus [RA2 Aufg. 6.4.5.H] übertragen:

Zu zeigen ist, dass mit $x, y \in A^\circ$ auch die Strecke $\overline{x, y}$ in A° liegt.

Sei dafür $z := \lambda x + (1 - \lambda)y$ ein beliebiger Punkt der Verbindungsstrecke.

Die Nullumgebung U sei so gewählt, dass die Umgebungen $x + U$ und $y + U$ in A liegen. Dann liegt auch die Umgebung $z + U$ von z in A!

Sei nämlich $w \in E$ derart, dass $w \in z + U$. Dann liegen $x + (w - z) \in x + U$ und $y + (w - z) \in y + U$ und damit in A. Also liegt auch ihre Verbindungsstrecke in A, insbesondere also

$$\lambda(x + (w - z)) + (1 - \lambda)(y + (w - z)) = z + (w - z) = w \in A. \tag{2}$$

(B.2) O.B.d.A. sei $0 \in A^\circ$ (sonst verschiebe man alles um ein festes x_0).

• Sei $U \in \mathfrak{U}(0)$ mit $U \subset A$ und $x \in A$ beliebig. Da A konvex ist, gilt

$$\forall 0 \leq \lambda \leq 1 : (1 - \lambda)U + \lambda x \subset (1 - \lambda)A + \lambda A \subset A. \tag{3}$$

Also ist $(1 - \lambda)U + \lambda x$ für $0 \leq \lambda < 1$ eine Umgebung von λx, die in A liegt. Also ist $\lambda x \in A^\circ$ für $0 \leq \lambda < 1$.

• Sei nun $y \in \overline{A}$ und V eine offene Umgebung von y. Sei $z \in V \cap A$. Dann ist V auch eine Umgebung von z. Also gibt es $0 \leq \lambda < 1$ mit $\lambda z \in V$ (Stetigkeit der skalaren Multiplikation). Wegen $\lambda z \in A^\circ$ folgt $y \in \overline{A^\circ}$.

• Die Inklusion $\overline{A^\circ} \subset \overline{A}$ ist klar.

(B.3) Mit $\mathrm{co}(A)$ und $\mathrm{co}(B)$ ist auch $\mathrm{co}(A) + \mathrm{co}(B)$ konvex.

Wegen $A + B \subset \mathrm{co}(A) + \mathrm{co}(B)$ folgt $\mathrm{co}(A + B) \subset \mathrm{co}(A) + \mathrm{co}(B)$, denn nach Definition ist $\mathrm{co}(M)$ die *kleinste* konvexe Obermenge einer Menge M.

Ist andererseits $x \in \mathrm{co}(A) + \mathrm{co}(B)$, so ist x von der Form

$$x = \sum_{i=1}^{n} \lambda_i a_i + \sum_{j=1}^{m} \mu_j b_j \quad \text{mit} \quad \lambda_i, \mu_j \geq 0, \ \sum \lambda_i = 1, \ \sum \mu_j = 1. \tag{4}$$

Umformung liefert

$$x = \sum_{i=1}^{n} \lambda_i \left(\sum \mu_j \right) a_i + \sum_{j=1}^{m} \mu_j \left(\sum \lambda_i \right) b_j = \sum_{i,j} \lambda_i \mu_j (a_i + b_j) \qquad (5)$$

mit $\lambda_i \mu_j \geq 0$, $\sum_{i,j} \lambda_i \mu_j = 1$.   Also ist $x \in \mathrm{co}\,(A + B)$.

(B.4) $\overline{\mathrm{co}}\,A$ ist kompakt, $\overline{\mathrm{co}}\,B$ ist abgeschlossen, also ist $\overline{\mathrm{co}}\,A + \overline{\mathrm{co}}\,B$ abgeschlossen (11.6.C.2).

$\overline{\mathrm{co}}\,A$ und $\overline{\mathrm{co}}\,B$ sind konvex, also auch $\overline{\mathrm{co}}\,A + \overline{\mathrm{co}}\,B$.

Also ist $\overline{\mathrm{co}}\,(A + B) \subset \overline{\mathrm{co}}\,A + \overline{\mathrm{co}}\,B$ nach Definition von $\overline{\mathrm{co}}$.

Andererseits ist die Addition stetig, also gilt $\overline{X} + \overline{Y} \subset \overline{X + Y}$ für beliebige Teilmengen $X, Y \subset E$. Es folgt

$$\overline{\mathrm{co}}\,(A + B) = \overline{\mathrm{co}\,(A + B)} = \overline{\mathrm{co}\,A + \mathrm{co}\,B} \supset \overline{\mathrm{co}}\,A + \overline{\mathrm{co}}\,B . \qquad (6)$$

- Die Teilmengen $A := \{\,(x, 0) \mid x \in \mathbb{R}\,\}$ und $B := \{\,(x, y) \mid x > 0,\ y \geq \frac{1}{x}\,\}$ des $\mathbb{R}^2$ sind konvex und abgeschlossen.

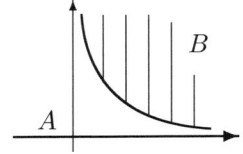

Es ist $\overline{\mathrm{co}}\,A + \overline{\mathrm{co}}\,B = A + B = \{\,(x, y) \mid y > 0\,\}$ und $\overline{\mathrm{co}}\,(A + B) = \{\,(x, y) \mid y \geq 0\,\} \neq \overline{\mathrm{co}}\,A + \overline{\mathrm{co}}\,B$.

C

(C.1) In metrischen Räumen ist *kompakt* äquivalent zu *vollständig und total beschränkt*. $\overline{\mathrm{co}}\,A$ ist abgeschlossen im vollständigen metrischen Raum E, also selber vollständig.

$\overline{\mathrm{co}}\,A$ ist auch total beschränkt! Sei $\varepsilon > 0$ beliebig. Da A total beschränkt ist, gibt es endlich viele $z_1, \ldots, z_n \in A$ mit $A \subset \bigcup_{i=1}^{n} B_{\varepsilon/4}(z_i)$. Sei

$$K := \mathrm{co}\,(\{z_1, \ldots, z_n\}) = \{\,x = \sum_{i=1}^{n} a_i z_i \mid a_i \geq 0,\ \sum a_i = 1\,\} . \qquad (7)$$

Sicherlich ist $\overline{\mathrm{co}}\,A \subset \bigcup_{z \in \mathrm{co}\,A} B_{\varepsilon/4}(z)$.

Jedes $y \in \mathrm{co}\,A$ ist von der Form $y = \sum_{i=1}^{m} a_i y_i$ mit $y_i \in A$, $a_i \geq 0$ und $\sum a_i = 1$. Sei $v \colon A \to \{1, \ldots, n\}$ so definiert, dass $\|x - z_{v(x)}\| < \varepsilon/4$ für alle $x \in A$. Dann gilt

$$\left\| y - \sum_{i=1}^{m} a_i z_{v(y_i)} \right\| = \left\| \sum_{i=1}^{m} a_i (y_i - z_{v(y_i)}) \right\| < \varepsilon/4 . \qquad (8)$$

Also ist $\overline{\mathrm{co}}\,A \subset \bigcup_{z \in K} B_{\varepsilon/2}(z)$.

Andererseits ist $\psi \colon (a_1, \ldots, a_n) \mapsto \sum_{i=1}^{n} a_i z_i$ eine stetige Abbildung der kompakten Menge $\{\,(a_1, \ldots, a_n) \mid a_i \geq 0,\ \sum a_i = 1\,\} \subset \mathbb{K}^n$ auf K.

Also ist K kompakt und damit total beschränkt. Also existieren endlich viele $\zeta_i \in K$ mit $K \subset \bigcup_{i=1}^{m} B_{\varepsilon/2}(\zeta_i)$.

Also ist $\overline{\mathrm{co}}\,A \subset \bigcup_{i=1}^{m} B_{\varepsilon}(z_i)$ und $\overline{\mathrm{co}}\,A$ ist total beschränkt.

(C.2) Lokal-konvexe Topologien werden von einer Familie $\{p_\gamma; \gamma \in I\}$ von Halbnormen p_γ erzeugt (5.3-4).

Nach 5.3-9 ist eine Menge $A \subset E$ genau dann beschränkt, wenn alle erzeugenden Halbnormen auf A beschränkt sind, d.h. wenn

$$\forall \gamma \in I \, \exists c_\gamma \, \forall a \in A \; : \; p_\gamma(a) \leq c_\gamma \,. \tag{9}$$

Für Konvexkombinationen $\sum_j \lambda_j a_j$ mit $\sum_j \lambda_j = 1$, $\lambda_j \geq 0$ und $a_j \in A$ gilt dann

$$p_\gamma\left(\sum_j \lambda_j a_j\right) \leq \sum_j \lambda_j p_\gamma(a_j) \leq \sum_j \lambda_j c_\gamma = c_\gamma \,. \tag{10}$$

Also ist mit A auch co A beschränkt.

Schwache Topologien sind lokalkonvex, also gilt dies insbesondere für schwach beschränkte Mengen.

Es reicht zu zeigen, dass jede offene konvexe Teilmenge $A \subset \mathbb{R}^n$ zur offenen Einheitskugel $B_1 = \{\, x \mid \|x\| < 1 \,\} \subset \mathbb{R}^n$ homöomorph ist.

Translationen sind Homöomorphismen. Also kann man o.B.d.A. annehmen, dass $0 \in A$. Für $x \in A$, $x \neq 0$ sei

$$f(x) := \sup\{\, \lambda \in \mathbb{R} \mid \lambda x \in A \,\} \quad ; \quad g(x) := \tfrac{f(x)}{1+f(x)} \,. \tag{11}$$

g ist eine stetige Funktion von x. Es ist $1 < f(x) \leq \infty$ und $0 < g(x) \leq 1$. Schließlich sei

$$\varphi \colon A \to B_1 \; ; \quad \varphi(x) := \tfrac{g(x)}{\|x\|} x \quad \text{für } x \neq 0 \quad \text{und} \quad \varphi(0) := 0 \,. \tag{12}$$

Dann ist φ ein Homöomorphismus von A auf B_1.

Für abgeschlossene konvexe Mengen ist die Aussage falsch. Z.B. ist die Einermenge $\{0\}$ nicht homöomorph zur abgeschlossenen Kreisscheibe.

Sei $K \subset \mathbb{R}^2$ kompakt und konvex. Angenommen, es ist $P_0 \in \overline{\text{ext } K} \backslash \text{ext } K$. Dann ist $P_0 \in \partial K$ und daher Konvexkombination von 2 Extremalpunkten $P_1 \neq P_2$ (Beweis!). Dann liegt P_0 in der offenen Strecke $]P_1, P_2[\subset \partial K$. Dann gibt es aber eine ganze Umgebung von P_0 ohne Extremalpunkte.

• Betrachte im $\mathbb{R}^3$ die konvexe Hülle A der beiden Punkte $(0, 0, \pm 1)$ und der Kreislinie

$$K := \{\, (x, y, z) \mid z = 0, \, (x-1)^2 + y^2 = 1 \,\} \,.$$

Dann ist $0 = (0, 0, 0)$ kein Extremalpunkt von A. Alle anderen Punkte von K sind aber welche.

F Sei A die abgeschlossene konvexe Hülle der Folgen $y^{(n)} := \frac{1}{n}\,e^{(n)}$ in $(\ell^\infty, \|.\|_\infty)$.
Die Extremalpunkte von A sind die Folgen $y^{(n)}$ und die Nullfolge 0.
A ist kompakt und enthält alle Folgen der Form

$$x = \sum_{n=0}^\infty \lambda_n \frac{1}{n} e^{(n)} \quad \text{mit} \quad \lambda_n \geq 0 \quad \text{und} \quad \sum \lambda_n = 1 . \tag{13}$$

Sind aber alle $\lambda_n > 0$, so ist x keine Konvexkombination der Extremalpunkte.

G **(G.1)**   Sei B die abgeschlossene Einheitskugel in $(c_0, \|.\|_\infty)$.
Dann ist $\operatorname{ext} B = \emptyset$. (Spezialfall der nächsten Aufgabe 12.4.H)

(G.2)   Für die abgeschlossene Einheitskugel B in $(c, \|.\|_\infty)$ gilt

$$\operatorname{ext} B = \left\{ x = (x_k) \in c \mid \forall k \in \mathbb{N} \ : \ |x_k| = 1 \right\} ! \tag{14}$$

Sei nämlich $x \in B$ und $|x_m| < 1$ für ein $m \in \mathbb{N}$. Definiere $x^{(1)}, x^{(2)} := x \pm \frac{\varepsilon}{2} e^{(m)}$.
Dann sind $x^{(1)}, x^{(2)} \in B$ und es gilt $x = \frac{1}{2}(x^{(1)} + x^{(2)})$. Also kann x kein
Extremalpunkt sein.

Sei andererseits $x \in c$ mit $|x_k| = 1$ für alle k und $x = \frac{1}{2}(x^{(1)} + x^{(2)})$ mit
gewissen $x^{(1)}, x^{(2)} \in B$. Dann gilt $x_k = \frac{1}{2}(x_k^{(1)} + x_k^{(2)})$ für alle k und wegen
$|x_k| = 1$, $|x_k^{(1)}|, |x_k^{(2)}| \leq 1$ folgt $x_k^{(1)} = x_k^{(2)} = x_k$.
Also $x^{(1)} = x^{(2)}$ und x ist Extremalpunkt.

(G.3)   Sei B die abgeschlossene Einheitskugel in $(C[0,1], \|.\|_\infty)$.

Ist $f \in B$ und $|f(\xi)| < 1$ für ein $\xi \in [0,1]$, dann ist f kein Extremalpunkt
von B. Beweis analog zu 12.4.H.

Ist $|f(x)| = 1$ für alle $x \in [0,1]$, so ist $f \in \operatorname{ext} B$. Aus $g, h \in B$ und
$f = \lambda g + (1-\lambda)h$ folgt nämlich $1 = |f(x)| \leq \lambda|g(x)| + (1-\lambda)|h(x)| \leq 1$.

In dieser Ungleichungskette muss überall "=" gelten. Also ist $f = g = h$.

Für $C([0,1], \mathbb{C})$ ist daher $\operatorname{ext} B = \left\{ f \mid \forall 0 \leq t \leq 1 \ : \ |f(t)| = 1 \right\}$. Für
$C([0,1], \mathbb{R})$ besteht $\operatorname{ext} B$ nur aus den beiden konstanten Funktionen $f_{1,2} \equiv \pm 1$.

H Sei X ein lokalkompakter Hausdorffraum, aber nicht kompakt. Dann hat die
abgeschlossene Einheitskugel B von $(C_0(X), \|.\|_\infty)$ keine Extremalpunkte.

Sei $f \in B$. Zu $\varepsilon := \frac{1}{3}$ gibt es ein Kompaktum $K \subset X$ derart, dass $|f(x)| \leq \frac{1}{3}$
außerhalb von K. Da X nicht kompakt ist, gibt es ein $x_0 \in X \backslash K$.

Da X ein lokalkompakter Hausdorffraum ist, gibt es kompakte Umgebungen $\overline{U}$
und $\overline{V}$ von x_0 mit $x_0 \in \overline{V} \subset \overline{U}^\circ \subset \overline{U} \subset X \backslash K$.

Kompakte T_2-Räume sind normal, also gibt es eine stetige Funktion $g : X \to$
$[0,1]$ mit $g\!\upharpoonright_{\overline{V}} \equiv 1$ und $g\!\upharpoonright_{X \backslash U} \equiv 0$.

Dann ist g und damit auch $f_{1,2} := f \pm \frac{1}{3} g \in C_0(X)$.

Ferner ist $f_1, f_2 \in B$ und $f = \frac{1}{2}(f_1 + f_2)$.   Also ist $f \notin \operatorname{ext} B$.

$\boxed{\text{I}}$ In einem Hilbertraum H gilt die *Parallelogramm-Regel* (6.4-5). Aus ihr folgt
für $0 < \varepsilon < 1$, $\|x\|, \|y\| \le 1$, $\|x - y\| \ge \varepsilon$:

$$
\begin{aligned}
\left(\tfrac{\|x+y\|}{2}\right)^2 &= \tfrac{1}{2}\big(\|x\|^2 + \|y\|^2 - \|x - y\|^2\big) \;\le\; 1 - \tfrac{1}{2}\|x - y\|^2 \\
\tfrac{\|x+y\|}{2} &\le \left(1 - \tfrac{\varepsilon^2}{2}\right)^{1/2} \;\le\; 1 - \tfrac{\varepsilon^2}{4} \; .
\end{aligned}
\tag{15}
$$

Also gilt für alle $\varepsilon > 0$:

$$
\exists\, \delta > 0 \;\forall\, x, y \in H \;:\; \|x\|, \|y\| \le 1,\; \|x - y\| \ge \varepsilon \;\Longrightarrow\; \|\tfrac{x+y}{2}\| \le 1 - \delta \tag{16}
$$

und das ist die gleichmäßige Konvexität.

$\boxed{\text{J}}$ ℓ^p ist übrigens auch für $1 < p < 2$ gleichmäßig konvex, wird hier aber nicht
bewiesen.

ℓ^2 ist ein Hilbertraum und damit gleichmäßig konvex (12.4.I).

Für $2 < p < \infty$ und $x, y \in \ell^p$ gilt

$$
\|x + y\|_p^p + \|x - y\|_p^p \;\le\; 2^{p-1}\big(\|x\|_p^p + \|y\|_p^p\big) \; . \tag{17}
$$

(Für $p = 2$ ist dies die bekannte *Parallelogrammgleichung*.)

Die *Jensensche Ungleichung* $(\alpha^p + \beta^p)^{1/p} \le (\alpha^2 + \beta^2)^{1/2}$ für $\alpha, \beta \ge 0$, $p \ge 2$
liefert

$$
\big(|x+y|^p + |x-y|^p\big)^{1/p} \;\le\; \big(|x+y|^2 + |x-y|^2\big)^{1/2} \;=\; \sqrt{2}\big(|x|^2 + |y|^2\big)^{1/2} \; . \tag{18}
$$

Aus der *Hölderungleichung* folgt für $p > 2$:

$$
\begin{aligned}
|x|^2 + |y|^2 &\le \big[(|x|^2)^{p/2} + (|y|^2)^{p/2}\big]^{2/p} \cdot [1 + 1]^{(p-2)/p} \\
&= \big(|x|^p + |y|^p\big)^{2/p} \cdot 2^{(p-2)/p} \; .
\end{aligned}
\tag{19}
$$

Aus (18) und (19) folgt die Behauptung (17) durch Summation über die Koordinaten. Es folgt

$$
\frac{\|x+y\|_p^p}{2^p} + \frac{\|x-y\|_p^p}{2^p} \;\le\; \tfrac{1}{2}\big(\|x\|_p^p + \|y\|_p^p\big) \;\le\; \tfrac{1}{2}\cdot(1+1) \;=\; 1 \; . \tag{20}
$$

Also geht $\|x - y\|_p \to 0$ für $\|\tfrac{x+y}{2}\|_p \to 1$ in $B = \{\, x \in \ell^p \mid \|x\|_p \le 1 \,\}$.

$\boxed{\text{K}}$ **(K.1)** Sei E strikt konvex und $\varepsilon > 0$ beliebig.

Ist $\dim X < \infty$, so ist die Einheitskugel $B = \{\, x \mid \|x\| \le 1 \,\}$ kompakt.

Also ist auch $K := \{\, (x,y) \in B \times B \mid \|x - y\| \ge \varepsilon \,\}$ kompakt in $E \times E$.

Die stetige Funktion $\{(x,y) \mapsto \tfrac{1}{2}\|x + y\|\}$ nimmt ihr Maximum M auf K an.

Wegen der strikten Konvexität ist $M < 1$, also $M < 1 - \delta$ mit einem $\delta > 0$.

(K.2) Sei $E := \ell^1$ mit der Norm $\|x\| := \|x\|_1 + \|x\|_2 = \sum |x_k| + \left(\sum |x_k|^2\right)^{1/2}$
und B die abgeschlossene Einheitskugel in B.

- Dann ist E strikt konvex! Angenommen es ist $\|x\| = \|y\| = 1$ und

$$2 = \|x+y\| = \|x+y\|_1 + \|x+y\|_2 \le \|x\|_1 + \|y\|_1 + \|x\|_2 + \|y\|_2 = 2 \ . \quad (21)$$

Dann muss $\|x+y\|_2 = \|x\|_2 + \|y\|_2$ sein. Also gibt es ein $\lambda > 0$ mit $x = \lambda y$.
Wegen $\|x\| = \|y\|$ folgt $x = y$.

- E ist aber nicht gleichmäßig konvex! Z.B. gilt für die Folgen

$$x^{(n)} := \frac{\sqrt{n}}{1+\sqrt{n}} \sum_{k=1}^n \frac{1}{n} \quad \text{und} \quad y^{(n)} := \frac{\sqrt{n}}{1+\sqrt{n}} \sum_{k=n+1}^{2n} \frac{1}{n} \ , \quad (22)$$

dass $\|x^{(n)}\| = \|y^{(n)}\| = 1$ und $\|x^{(n)} + y^{(n)}\| = \|x^{(n)} - y^{(n)}\| = \frac{2\sqrt{n}+\sqrt{2}}{\sqrt{n}+1} \to 2$.

$\boxed{\text{L}}$ $A := \big(\mathbb{R}\times]0,\infty[\big)\cup\big(]0,\infty[\times\{0\}\big)$ und $B := \{(0,0)\}$ sind disjunkte und konvexe
Teilmengen des $\mathbb{R}^2$. A ist weder offen noch abgeschlossen. B ist kompakt. Jede
Hyperebene H, die $(0,0)$ enthält, trifft auch A.

Dies Beispiel zeigt, dass die Offenheit von A
in den Trennungssätzen von Eidelheit (7.2-9)
und Mazur (7.2-10) wesentlich ist.
Es zeigt außerdem, dass man auf die Abgeschlossenheit von A im strengen Trennungssatz (7.2-11) nicht verzichten kann.

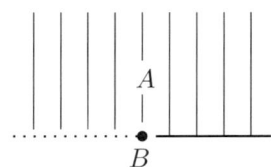

$\boxed{\text{M}}$ Sei E ein normierter Raum, $F \subset E$ ein endlich-dimensionaler Teilraum und
$x \in E$ beliebig.

Sei $\delta := d(x,F)$. Dann ist $K := B_{\delta+1}(x) \cap F$ beschränkt und abgeschlossen
in F. Da F endlich dimensional ist, ist $K \ne \emptyset$ kompakt. Die stetige Funktion
$\{y \mapsto d(x,y)\}$ nimmt ihr Minimum in K an, etwa in $y_0 \in K$. Dann ist
$\|x - y\| \ge \|x - y_0\|$ für alle $y \in K$. Für $y \in F\backslash K$ gilt aber

$$\|x - y\| \ \ge \ \delta + 1 \ > \ \|x - y_0\| \ . \quad (23)$$

Also ist y_0 eine beste Approximation zu x in F.

$\boxed{\text{N}}$ Gegeben ist $g(x) := x$ und die abgeschlossene Hyperebene

$$F := \left\{ f \in C[0,1] \ \Big| \ \int_0^{1/2} f(t)\, dt = \int_{1/2}^1 f(t)\, dt \right\} \ . \quad (24)$$

<u>Beh. 1:</u>   Es gibt kein $f \in F$ mit $\|f - g\|_\infty \le \frac{1}{4}$.

Annahme: $f \in F$ und $\|f - g\|_\infty \le \frac{1}{4}$. Dann ist

$$f(x) \le x + \frac{1}{4} \quad \forall\, 0 \le x \le \frac{1}{2} \quad \text{und} \quad f(x) \ge x - \frac{1}{4} \quad \forall\, \frac{1}{2} \le x \le 1 \ . \quad (25)$$

Also ist

$$\int_0^{1/2} f(x)\,dx \ \le\ \int_0^{1/2}(x+\tfrac14)\,dx \ =\ \tfrac14\ , \qquad (26)$$

$$\int_{1/2}^1 f(x)\,dx \ \ge\ \int_{1/2}^1(x-\tfrac14)\,dx \ =\ \tfrac14\ . \qquad (27)$$

Wegen $f \in F$ muss $\int_0^{1/2} f = \int_{1/2}^1 f = \tfrac14$ sein.

Gilt aber $f(x) < x + \tfrac14$ für ein einziges $x \in [0,\tfrac12]$, so ist wegen der Stetigkeit von f das Integral $\int_0^{1/2} f < \tfrac14$. Also ist $f(x) = x + \tfrac14$ für alle $x \in [0,\tfrac12]$ und analog $f(x) = x - \tfrac14$ für alle $x \in [\tfrac12,1]$. Widerspruch zur Stetigkeit von f.

<u>Beh. 2:</u>   Zu jedem $\varepsilon > 0$ existiert ein $f \in F$ mit $\|f - g\|_\infty < \tfrac14 + \varepsilon$.

Sei f_P definiert durch die nebenstehende Zeichnung. Insbesondere haben die schraffierten Dreiecke gleichen Flächeninhalt und es ist $f_P \in F$. Lässt man $P \to (\tfrac12,\tfrac34)$ und damit $P' \to (\tfrac12,\tfrac14)$ gehen, so geht $\|f_P - g\|_\infty \to \tfrac14$.

Aus Beh. 2 folgt $d(g,F) = \tfrac14$ und nach Beh. 1 kann es keine beste Approximierende zu g in F geben.

Zusammen mit Satz 7.3-7 folgt daraus, dass $C[0,1]$ nicht reflexiv ist!

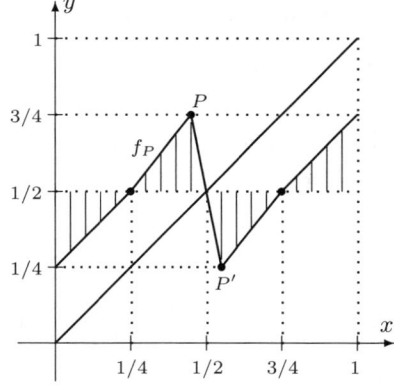

13   Aufgaben zu linearen Operatoren

13.1   Theoretisches

A Kann man die Werte stetiger Operatoren auf Schauderbasen beliebig vorgeben?

B Sei E ein Banachraum, F normiert und (T_n) eine punktweise konvergente Folge in $\mathcal{L}(E, F)$. Dann konvergiert (T_n) kompakt gegen einen stetigen Operator T mit $\|T\| \leq \liminf_{n \to \infty} \|T_n\| < \infty$.

Die Vollständigkeit von E ist dabei wesentlich und (T_n) konvergiert i.a. nicht in der Operatornorm.

C Die Abbildung $T \mapsto T^*$ von $\mathcal{L}(E, F)$ nach $\mathcal{L}(F^*, E^*)$ ist linear und isometrisch. Sie ist i.a. nicht surjektiv.

Insbesondere ist $S \in \mathcal{L}(F^*, E^*)$ genau dann ein adjungierter Operator, wenn $S^* J_E(E) \subset J_F(F)$.

D E und F seien Banachräume und $T \colon A \to B$ sowie $S \colon F^* \to E^*$ linear. Für alle $x \in E$ und $y^* \in F^*$ gelte $\langle Tx, y^* \rangle = \langle x, Sy^* \rangle$.

Dann sind T und S stetig.

E Man beweise den Satz vom abgeschlossenen Komplement (8.3-20).

F Seien $E \neq \{0\}$ normiert und $S, T \in \mathcal{L}(E)$. Dann ist $ST - TS \neq I$.

G Sei $(E, \|.\|)$ ein separabler Banachraum, $\dim E = \infty$ und $\{e_i \mid i \in I\}$ eine normierte Hamel-Basis von E. $\|x\|_1 := \sum |x_i|$ für $x := \sum x_i e_i$ definiert eine weitere Norm auf E. Der Operator $T \colon (X, \|.\|) \to (X, \|.\|_1)$ mit $Tx := x$ ist nicht stetig, aber $\operatorname{graph} T$ ist abgeschlossen.

H Sei F ein Banachraum, E normiert und $D \subset E$ ein dichter Teilraum. Dann kann man jede stetige lineare Abbildung $T \colon D \to F$ auf genau eine Weise zu einer stetigen Abbildung $\widetilde{T} \colon E \to F$ fortsetzen. Die Fortsetzung $\widetilde{T}$ ist linear und es ist $\|\widetilde{T}\| = \|T\|$.

I Sei E normiert und $T \in \mathcal{L}(E)$. Konvergiert $\sum T^n$ in $\mathcal{L}(E)$, so ist $I - T$ invertierbar mit $(I - T)^{-1} = \sum_{n=0}^{\infty} T^n$.

J Seien E ein normierter Raum über $\mathbb{K}$ und $\emptyset \neq G \subset \mathbb{K}$. Für alle $\lambda \in G$ sei $A_\lambda \colon E \to E$ linear und es gelte $A_\lambda - A_\mu = (\mu - \lambda) A_\lambda A_\mu$ für alle $\lambda, \mu \in G$. Für wenigstens ein $\lambda \in G$ sei A_λ injektiv. Dann gilt

1) Alle A_λ sind injektiv und haben denselben Wertebereich $R := A_\lambda(E)$.

2) Es gibt ein $T \in \operatorname{Hom}(R, E)$ mit $\lambda - T = A_\lambda^{-1}$ für alle $\lambda \in G$.

3) Ist A_μ für ein μ abgeschlossen, so sind T und alle A_λ abgeschlossen.

Lösungen:

$\boxed{\text{A}}$ Nein! Z.B. ist $\{\, e^{(n)} \,|\, n \in \mathbb{N} \,\}$ eine Schauderbasis von ℓ^1. Es gibt keinen stetigen Operator $T \in \mathcal{L}(\ell^1)$ mit $T(e^{(n)}) = n e^{(n)}$.

$\boxed{\text{B}}$ **(B.1)** Die Behauptung ist Teil des Satzes von Banach-Steinhaus (8.2-2).

Sind die $T_n \colon E \to F$ linear und $Tx := \lim\limits_{n\to\infty} T_n x$, so ist T linear.

Die punktweise konvergente Folge (T_n) ist punktweise beschränkt.

Ist E vollständig, so folgt aus dem Satz von der gleichmäßigen Beschränktheit (8.2-1), dass (T_n) auf der Einheitskugel in E gleichmäßig beschränkt ist.

Also gibt es eine Schranke $M \in \mathbb{R}$ mit $\|T_n\| \leq M$ bzw $\|T_n x\| \leq M\|x\|$ für alle $x \in E$. Dann gilt aber auch $\|Tx\| \leq M\|x\|$ für alle $x \in E$.

Also ist $\|T\| \leq M$, d.h. T ist beschränkt und damit stetig .

T ist punktweiser Limes jeder Teilfolge von (T_n), also $\|T\| \leq \varliminf\limits_{n\to\infty} \|T_n\| < \infty$.

Angenommen $K \subset E$ ist kompakt und (T_n) konvergiert nicht gleichmäßig auf K. Dann gilt

$$\exists\, \varepsilon > 0 \;\forall\, n \in \mathbb{N} \;\exists\, x_n \in K \;:\; \|T_n x_n - T x_n\| \geq \varepsilon \, . \tag{1}$$

Da K kompakt ist, kann man o.B.d.A. annehmen, dass die Folge (x_n) gegen ein $x_0 \in K$ konvergiert. Man rechnet

$$\begin{aligned}
\|T_n x_n - T x_n\| &\leq \|T_n x_n - T_n x_0\| + \|T_n x_0 - T x_n\| \\
&\leq M\,\|x_n - x_0\| + \|T_n x_0 - T x_n\| \;\to\; 0 \, .
\end{aligned} \tag{2}$$

Widerspruch!

(B.2) Als Beispiel betrachten wir den nicht vollständigen Unterraum $c_c \subset \ell^\infty$ der abbrechenden Folgen aus $\mathbb{K}^{\mathbb{N}}$. Sei

$$T \colon c_c \to c_c \quad \text{definiert durch} \quad T(x_1, x_2, x_3, \dots) := (x_1, 2x_2, 3x_3, \dots) \, . \tag{3}$$

Dann ist T linear, aber nicht stetig. Die Operatoren

$$T_n \colon c_c \to c_c \,; \quad (T_n x)(k) := \begin{cases} k \cdot x_k & \text{falls } k \leq n, \\ 0 & \text{sonst} \end{cases} \tag{4}$$

sind stetig und konvergieren punktweise gegen T.

(B.3) Im Banachraum ℓ^1 betrachten wir die Projektionen

$$P_n \colon \ell^1 \to \ell^1 \;\; ; \quad (P_n x)(k) := \begin{cases} x_k & \text{falls } k \leq n, \\ 0 & \text{sonst.} \end{cases} \tag{5}$$

Die P_n sind stetig. Für festes $x \in \ell^1$ konvergiert $(P_n x) \to x$, denn

$$\|P_n x - x\|_1 = \sum_{k=n+1}^{\infty} |x_k| \to 0 \qquad \text{für } n \to \infty . \tag{6}$$

(P_n) konvergiert also punktweise gegen den stetigen Operator $I := \mathrm{id}_{\ell^1}$.
Für die Einheitsfolgen $e^{(n)} \in \ell^1$ gilt

$$P_n e^{(n+1)} = 0 \ ; \quad \|(P_n - I)e^{(n+1)}\| = 1 , \tag{7}$$

also $\|P_n - I\| \geq 1$ für alle n. (P_n) konvergiert also nicht gleichmäßig, d.h. nicht in der Operatornorm.

$\boxed{\text{C}}$ Seien E, F normierte Räume und $\Phi \colon \mathcal{L}(E, F) \to \mathcal{L}(F^*, E^*)$ definiert durch $\Phi T := T^*$, also $(\Phi T y^*)(x) := y^*(Tx)$ für alle $x \in E$, $y^* \in F^*$.

Die Linearität von Φ rechnet man nach.

Wegen $\|T^* y^*\| = \|y^* \circ T\| \leq \|y^*\| \cdot \|T\|$ ist $\|T^*\| \leq \|T\|$. Die Isometrie von Φ folgt aus

$$\begin{aligned}
\|T\| &= \sup_{\|x\| \leq 1} \|Tx\| = \sup_{\|x\| \leq 1} \sup_{\|y^*\| \leq 1} \|y^*(Tx)\| \\
&= \sup_{\|y^*\| \leq 1} \sup_{\|x\| \leq 1} \|y^*(Tx)\| = \sup_{\|y^*\| \leq 1} \|T^*(y^*)\| = \|T^*\| .
\end{aligned} \tag{8}$$

Für die kanonischen Einbettungen $J_E \colon E \to E^{**}$ und J_F gilt

$$(T^{**} J_E x)(y^*) = (J_E x)(T^* y^*) = (T^* y^*)(x) = y^*(Tx) = (J_F Tx)(y^*) , \tag{9}$$

also $T^{**} \circ J_E = J_F \circ T$. Identifiziert man wie üblich $E \cong J_E(E)$ usw, so folgt: $S \in \mathcal{L}(F^*, E^*)$ ist genau dann ein adjungierter Operator, wenn $S^*(E) \subset F$.
Für $E := F := c_0$ ist $E^* := F^* := \ell^1$ und $E^{**} := F^{**} := \ell^\infty$. Für $S \in \mathcal{L}(\ell^1)$, $S(y) := (\sum y_k, 0, 0, \ldots)$ gilt $S^*(z)(z_1, z_1, \ldots)$ für alle $z \in \ell^\infty$.
Also ist $S^*(c_0) \not\subset c_0$ und S kann kein adjungierter Operator sein.

$\boxed{\text{D}}$ Sei $J \colon F \to F^{**}$ die kanonische Einbettung von F in seinen Bidual, also $\langle y^*, Jy \rangle = \langle y, y^* \rangle$ für alle $y \in F$. Dann gilt

$$\sup_{\|x\| \leq 1} \langle y^*, JTx \rangle = \sup_{\|x\| \leq 1} \langle Tx, y^* \rangle = \sup_{\|x\| \leq 1} \langle x, Sy^* \rangle = \|Sy^*\| . \tag{10}$$

Nach dem Satz von Banach-Steinhaus (8.2-2) folgt $\sup_{\|x\| \leq 1} \|JTx\| < \infty$ und da J eine Isometrie ist auch $\sup_{\|x\| \leq 1} \|Tx\| < \infty$. Also ist T stetig. Wegen

$$|\langle x, Sy^* \rangle| \leq \|T\| \cdot \|x\| \cdot \|y^*\| \quad \text{bzw} \quad \|Sy^*\| \leq \|T\| \cdot \|y^*\| \tag{11}$$

ist dann auch S stetig.

Sei E ein Banachraum und $F_1 \subset E$ ein abgeschlossener linearer Teilraum. Sei $F_2 \subset E$ ein Teilraum mit $E = F_1 \oplus F_2$.

Ist P eine stetige Projektion von E auf F_1 mit $\mathsf{Ker}\, P = F_2$, so ist Z als stetiges Urbild von $\{0\} \subset E$ abgeschlossen.

Sei umgekehrt F_2 abgeschlossenes Komplement von F_1 und $\widetilde{E}$ der Banachraum

$$\widetilde{E} := F_1 \times F_2 \quad ; \quad \|(y,z)\|_\sim := \|y\| + \|z\| . \tag{12}$$

Sei $T \colon \widetilde{E} \to E$ definiert durch $T(y,z) := y+z$. Dann ist T linear und bijektiv.

$P_1 \colon E \to F_1$ und $P_2 \colon E \to F_2$ seien definiert durch $T^{-1}x = (P_1 x, P_2 x)$.

Wegen $T^{-1}y = (0,y)$ für $y \in F_1$ ist $P_1 = \mathrm{id}_{F_1}$, d.h. P_1 ist Projektion auf F_1.

Wegen $\|P_1 x\| \leq \|T^{-1}x\|$ ist P_1 stetig, falls T^{-1} stetig ist.

Wegen $\|T(z,y)\| \leq \|(z,y)\|$ ist T stetig.

Die Stetigkeit von T^{-1} folgt mit dem Satz von der inversen Abbildung (8.2-7).

Seien $E \neq \{0\}$ ein normierter Raum und $S, T \in \mathcal{L}(E)$. Angenommen es ist $ST - TS = I$. Wegen

$$ST^{n+1} - T^{n+1}S = \left(ST^n - T^n S\right) T + T^n \left(ST - TS\right) \tag{13}$$

folgt $ST^{n+1} - T^{n+1}S = (n+1)T^n$.

Dies ist ein Widerspruch, falls $T^{n+1} = 0$ und $T^n \neq 0$ für ein $n \in \mathbb{N}$.

Ist $T^n \neq 0$ für alle n, so folgt der Widerspruch für $n \to \infty$ aus

$$(n+1)\|T^n\| \leq 2\,\|S\| \cdot \|T\| \cdot \|T^n\| . \tag{14}$$

Es ist $\|e_i\| = 1$ für alle $i \in I$. Also gilt für $x = \sum x_i\, e_i$:

$$\|x\| = \left\| \sum x_i\, e_i \right\| \leq \sum |x_i|\, \|e_i\|\| \leq \sum |x_i| = \|x\|_1 . \tag{15}$$

Also ist $T^{-1} \colon (X, \|.\|_1) \to (X, \|.\|)$ stetig.

Nach 2.5-5 ist $\operatorname{graph} T^{-1}$ und damit auch $\operatorname{graph} T$ abgeschlossen.

T ist nicht stetig! Sonst wäre nämlich T ein topologischer Isomorphismus und mit $(X, \|.\|)$ wäre auch $(X, \|.\|_1)$ separabel.

Aber $\{\, e_i \,|\, i \in I \,\}$ ist überabzählbar (11.4.G) und es ist $\|e_i - e_j\|_1 = 2$ für $i \neq j$. Also kann es keine abzählbare $\|.\|_1$-dichte Teilmenge geben.

Dies widerspricht nicht dem Satz vom abgeschlossenen Graphen (8.2-10), da $(X, \|.\|_1)$ nicht vollständig ist.

$\boxed{\text{H}}$ Seien F ein Banachraum, E normiert, $D \subset E$ ein dichter Teilraum und $T\colon D \to F$ stetig und linear. Die Normen in E, F und $\mathcal{L}(D, F)$ werden gleich bezeichnet.

Sei $x \in E$ und (x_n) eine Folge in D mit $x_n \to x$. Dann ist (x_n) eine Cauchy-Folge und für alle $\varepsilon > 0$ gibt es ein $n_0 \in \mathbb{N}$ mit

$$\forall\, n, m \geq n_0 \;:\; \|Tx_n - Tx_m\| \;\leq\; \|T\|\,\|x_n - x_m\| \;<\; \varepsilon \,. \tag{16}$$

Also ist (Tx_n) eine Cauchy-Folge. Im Banachraum F existiert $\widetilde{T}x := \lim Tx_n$. Ist (x_n') eine andere Cauchy-Folge mit $x_n' \to x$, so ist $\lim Tx_n' = \lim Tx_n$. Also ist $\widetilde{T}\colon E \to F$ wohldefiniert.

Die Linearität von $\widetilde{T}$ rechnet man nach. Ebenso

$$\|\widetilde{T}x\| \;=\; \|\lim Tx_n\| \;=\; \lim \|Tx_n\| \;\leq\; \|T\| \cdot \lim \|x_n\| \;=\; \|T\| \cdot \|x\| \,. \tag{17}$$

Also ist $\widetilde{T}$ stetig und es ist $\|\widetilde{T}\| \leq \|T\|$. Die andere Ungleichung ist klar, da $\widetilde{T}$ eine Fortsetzung von T ist.

Die Eindeutigkeit der Fortsetzung ergibt sich aus der Folgenstetigkeit von T.

$\boxed{\text{I}}$ Sei E normiert und $T \in \mathcal{L}(E)$. Für die Partialsummen $S_n := \sum_{k=0}^{n} T^k$ gilt $(I - T)S_n = S_n(I - T) = I - T^{n+1}$.

Konvergiert die Reihe $\sum T^k$, so gehen die Summanden $T^k \to 0$. Für festes $R \in \mathcal{L}(E)$ ist $\{S \mapsto SR\}$ ein stetiger Operator auf $\mathcal{L}(E)$. Also

$$I \;=\; \lim(I - T^{n+1}) \;=\; \lim(I - T)S_n \;=\; (I - T)\lim S_n \tag{18}$$

und analog $I = (\lim S_n)(I - T)$. Also $(I - T)^{-1} = \lim S_n = \sum_{k=0}^{\infty} T^k$.

$\boxed{\text{J}}$ **(J.1)** Seien $\lambda, \mu \in G$ und A_λ injektiv. Ist $A_\mu x = 0$, so folgt

$$A_\lambda x - A_\mu x = (\mu - \lambda)A_\lambda A_\mu x = 0 \quad \Longrightarrow \quad A_\lambda x = 0 \quad \Longrightarrow \quad x = 0 \,. \tag{19}$$

Also ist A_μ injektiv.

(J.2) Für $x \in \mathsf{Rg}\, A_\mu$ folgt

$$\begin{aligned} (A_\lambda - A_\mu)A_\mu^{-1}x \;&=\; (\mu - \lambda)A_\lambda A_\mu A_\mu^{-1}x \;=\; (\mu - \lambda)A_\lambda x \\ \Longrightarrow \quad x \;&=\; A_\lambda\big(A_\mu^{-1} + \lambda - \mu\big)x \;\in\; \mathsf{Rg}\, A_\lambda \,. \end{aligned} \tag{20}$$

Also haben alle A_λ denselben Wertebereich $R := \mathsf{Rg}\, A_\lambda$.

(J.3) Es folgt $A_\lambda^{-1} = A_\mu^{-1} + \lambda - \mu$ und damit $\lambda - A_\lambda^{-1} = \mu - A_\mu^{-1}$ für alle $\lambda, \mu \in G$. Setzt man also $T := \mu - A_\mu^{-1} \in \mathrm{Hom}\,(R, E)$ für ein μ, so gilt $\lambda - T = A_\lambda^{-1}$ für alle $\lambda \in G$.

(J.4) Wegen $T = \lambda - A_\lambda^{-1}$ folgt

$$A_\lambda \text{ abgeschlossen} \iff A_\lambda^{-1} \text{ abgeschlossen} \iff T \text{ abgeschlossen} \,. \tag{21}$$

13.2 Beispiele

(siehe auch 13.3)

A] Bestimmen Sie die Adjungierten der folgenden Operatoren:

1) $S_l\colon \ell^p \to \ell^p$, $S_l(x_1, x_2, x_3, \ldots) := (x_2, x_3, \ldots)$ $(1 \leq p < \infty)$,

2) $T_p\colon L^p[0,1] \to L^p[0,1]$, $T_p(f) := f\,h$ $(h \in L^\infty[0,1],\ 1 \leq p < \infty)$,

3) $T\colon L^2[0,1] \to L^2[0,1]$, $(Tf)(s) := \int_0^1 k(s,t)\,f(t)\,dt$ $(k \in L^2([0,1]^2))$,

4) $J\colon E \to E^{**}$, $(Jx)(x^*) := x^*(x)$ *(kanonische Einbettung)*.

B] Sei $T \in \mathcal{L}(\ell^\infty, c_0)$ definiert durch $T\colon (x_n) \mapsto (x_n/n)$.

Dann ist T nicht offen, nicht surjektiv und es gilt $\overline{T(\ell^\infty)} = c_0$.

C] Sei $T\colon C^1[0,1] \to C[0,1]$ definiert durch $Tf := f'$.

Dann ist T ein unstetiger linearer Operator mit abgeschlossenem Graphen.

D] Sei $I\colon (C[a,b], \|.\|_\infty) \to (C[a,b], \|.\|_1)$ definiert durch $I(f) := f$.

Dann ist I stetig, die Umkehrung I^{-1} aber unstetig.

E] $T\colon C[0,1] \to C[0,1]^*$ sei definiert durch $(Tf)(g) := \int_0^1 f(t)\,g(t)\,dt$.

Ist T wohldefiniert, injektiv, surjektiv bzw normerhaltend?

F] $\mathcal{L}(c_0)$ ist norm-isomorph zu dem Matrizenraum

$$\mathfrak{M} := \left\{ \mathbf{A} = (a_{nk}) \in \mathbb{K}^{\mathbb{N} \times \mathbb{N}} \mid \sup_n \sum_k |a_{nk}| < \infty,\ \forall k\ \lim_n a_{nk} = 0 \right\} \qquad (1)$$

mit der Norm $\|\mathbf{A}\| := \sup_n \sum_k |a_{nk}|$.

G] Gesucht ist ein defektendlicher Operator S mit $\operatorname{ind}(S) \neq 0$.

H] Sei $T \in \mathcal{L}(c, c_0)$ mit $T{\restriction}_{c_0} = \operatorname{id}_{c_0}$. Dann ist $\|T\| \geq 2$.

Gibt es überhaupt so einen Operator T ?

I] Die *Fouriertransformation*

$$T\colon L^1(\mathbb{R}^n) \to C_0(\mathbb{R}^n) \quad ; \quad Tf(x) := (2\pi)^{-n/2} \int_{\mathbb{R}^n} f(t)\,\mathrm{e}^{-ixt}\,dt \qquad (2)$$

ist ein stetiger Operator mit $\|T\| \leq (2\pi)^{-n/2}$.

J] Es gibt keine stetige Projektion von ℓ^∞ auf c_0.

Lösungen:

$\boxed{A}$ **(A.1)** Sei $1 \leq p < \infty$ und $\frac{1}{p} + \frac{1}{q} = 1$. Wir identifizieren $(\ell^p)^*$ mit ℓ^q.

Der Adjungierte S_l^* des Links-Shifts $S_l(x_1, x_2, \dots) := (x_2, x_3, \dots)$ ist der *Rechts-Shift*: $S_r : \ell^q \to \ell^q$, $S_r(x_1, x_2, x_3, \dots) := (0, x_1, x_2, \dots)$.

Für alle $x \in \ell^p$, $y \in \ell^q \cong (\ell^p)^*$ gilt nämlich

$$(S_l^* y)(x) = y(S_l x) = \sum_{k=1}^{\infty} x_{k+1} y_k = \sum_{k=2}^{\infty} x_k y_{k-1} = (S_r y)(x). \quad (3)$$

Analog zeigt man, dass $S_r^* = S_l$. Für $1 < p < \infty$ folgt dies auch aus $S_l^{**} = S_l$.

(A.2) Sei $1 \leq p < \infty$ und $\frac{1}{p} + \frac{1}{q} = 1$. Wir identifizieren $(L^p[0,1])^*$ mit $L^q[0,1]$.

Für $h \in L^\infty[0,1]$ sei $T_h : L^p[0,1] \to L^p[0,1]$, $T_h(f) := f\,h$ der sog. *Multiplikationsoperator*. Sein Adjungierter ist $T_h^* : L^q[0,1] \to L^q[0,1]$.

Für alle $f \in L^p[0,1]$, $g \in L^q[0,1]$ gilt nämlich

$$(T_h^* g)(f) = g(T_h f) = \int_0^1 g(t)\, h(t)\, f(t)\, dt = (T_h g)(f). \quad (4)$$

(A.3) Wir identifizieren $(L^2[0,1])^* \cong L^2[0,1]$. Sei $k \in L^2([0,1]^2)$.
$T : L^2[0,1] \to L^2[0,1]$, $(Tf)(s) := \int_0^1 k(s,t)\, f(t)\, dt$, heißt *Fredholm-Operator mit Kern k*. Sein Adjungierter $T^* : L^2[0,1] \to L^2[0,1]$ ist der Fredholm-Operator mit dem Kern $k^*(s,t) := k(t,s)$.

Für alle $f, g \in L^2[0,1]$ gilt nämlich

$$\begin{aligned}
(T^* g)(f) = g(Tf) &= \int_{s=0}^{1} g(s) \Big(\int_{t=0}^{1} k(s,t) f(t)\, dt \Big)\, ds \\
&= \int_{s=0}^{1} f(s) \Big(\int_{t=0}^{1} k^*(s,t) g(t)\, dt \Big)\, ds.
\end{aligned} \quad (5)$$

Der *Hilbertraum-Adjungierte* von T ist übrigens der Fredholm-Operator mit dem Kern $k^*(s,t) := \overline{k(t,s)}$.

(A.4) Sei E normiert und $J : E \to E^{**}$, $(Jx)(x^*) := x^*(x)$ die *kanonische Einbettung* von E in seinen Bidualraum (7.3-2).

Ihr Adjungierter $J^* : E^{***} \to E^*$ ist die Einschränkung $J^*(y^{***}) = y^{***} \upharpoonright_{E^*}$. Für alle $y^{***} \in E^{***}$ gilt nämlich $(J^* y^{***})(x) = y^{***}(Jx)$.

$\boxed{B}$ Wir betrachten wie üblich ℓ^∞ und c_0 mit der Sup-Norm.

$$T : \ell^\infty \to c_0 ; \quad T : (x_k) \mapsto (x_k/k) \quad (6)$$

ist linear und wegen $\|Tx\|_\infty \leq \|x\|_\infty$ auch stetig. Wegen $Te^{(1)} = e^{(1)}$ ist übrigens $\|T\| = 1$.

T ist nicht surjektiv. Z.B. gibt es zur Nullfolge $y := (k^{-1/2}) \in c_0$ keine beschränkte Folge $x \in \ell^\infty$ mit $Tx = y$.

T kann nicht offen sein, sonst wäre T surjektiv. Man sieht auch direkt, dass das Bild der Einheitskugel $T(B_1) = \{ (y_k) \in c_0 \mid \forall k \in \mathbb{N} : y_k < \frac{1}{k} \}$ keine Nullumgebung in c_0 ist.

Es ist $\overline{T(\ell^\infty)} = c_0$. Seien nämlich $y = (y_k) \in c_0$ und $\varepsilon > 0$ beliebig. Ab einem m gilt $|y_k| < \varepsilon$. Sei $x = (x_k) \in \ell^\infty$ definiert durch

$$x_k := k\, y_k \;\text{ für } k = 1, \ldots, m \quad \text{ und } \quad x_k := 0 \;\text{ für } k > m . \tag{7}$$

Dann ist $\;\|Tx - y\|_\infty \;\le\; \sup_{k>m} |y_k| \;\le\; \varepsilon$.

Durch $Tf := f'$ wird ein linearer Operator $T \colon C^1[0,1] \to C[0,1]$ definiert. Für $n \in \mathbb{N}$ sei

$$f_n \in C^1[0,1] \subset C[0,1] \qquad \text{def. durch} \qquad f_n(x) := x^n . \tag{8}$$

Dann ist $Tf_n(x) = f_n'(x) = n x^{n-1}$. Man erhält

$$\|f_n\|_\infty = \sup_{x \in [0,1]} |x^n| = 1 \qquad \text{und} \qquad \|Tf_n\|_\infty = \|f_n'\|_\infty = n . \tag{9}$$

Also ist $\sup_{\|f\|=1} \|Tf\| = \infty$ und daher T nicht beschränkt und unstetig bzgl der Sup-Norm in Ziel- und Ausgangsraum.

Aber $\operatorname{graph} T$ ist abgeschlossen! Beweis:

Sei (f_n) eine Folge in $C^1[0,1]$, die in der Sup-Norm, also gleichmäßig auf $[0,1]$ gegen f konvergiert. Ferner gelte $Tf_n = f_n' \to g$ in $(C[0,1], \|.\|_\infty)$.

Dann konvergieren die stetigen Ableitungen f_n' auf $[0,1]$ gleichmäßig gegen g. Nach einem Satz aus Analysis I (siehe z.B. [RA1 4.1.5]) ist g stetig und f differenzierbar mit

$$f' = \left(\lim_{n\to\infty} f_n \right)' = \lim_{n\to\infty} f_n' = g . \tag{10}$$

Also ist $f \in C^1[0,1]$ und $Tf = g$. Nach Satz 2.5-4 ist $\operatorname{graph} T$ abgeschlossen.

$I \colon (C[a,b], \|.\|_\infty) \to (C[a,b], \|.\|_1)$ ist linear und bijektiv. Für $f \in C[a,b]$ ist

$$\|If\|_1 = \int_a^b |f(t)|\, dt \;\le\; (b-a) \sup_{a \le t \le b} |f(t)| = (b-a)\|f\|_\infty . \tag{11}$$

Also ist I beschränkt und damit stetig.

$$I^{-1} \colon \big(C[a,b], \|.\|_1\big) \to \big(C[a,b], \|.\|_\infty\big) \tag{12}$$

ist nicht beschränkt und damit unstetig, denn es gibt $f \in C[a,b]$ mit $\|f\|_1 = 1$ und beliebig großer Sup-Norm (siehe Zeichnung).

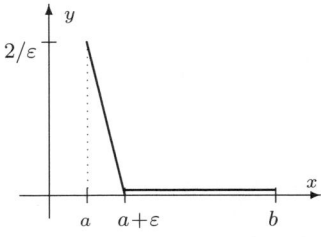

Bemerkung 1: Da I^{-1} unstetig ist, kann I nicht offen sein. Dies ist kein Widerspruch zum Satz von der offenen Abbildung (8.2-5), denn $(C[a,b], \|.\|_1)$ ist nicht vollständig.

Bemerkung 2: Aus dem Beweis folgt, dass jede Integral-Norm-Kugel eine Sup-Norm-Kugel enthält, aber nicht umgekehrt, bzw dass die Sup-Norm-Topologie echt schwächer ist als die Integral-Norm-Topologie.

| E | Ist $f \in C[0,1]$, so wird durch

$$Tf \colon C[0,1] \to \mathbb{K} \quad ; \qquad (Tf)(g) := \int_0^1 f(t)\,g(t)\,dt \tag{13}$$

ein lineares Funktional auf $C[0,1]$ definiert. Tf ist stetig, denn

$$\left| (Tf)(g) \right| \ \le\ \int_0^1 |f(t)|\,|g(t)|\,dt \ \le\ \|f\|_\infty \cdot \|g\|_\infty \tag{14}$$

und daher $\|Tf\| \le \|f\|_\infty$. Infolgedessen ist $T \colon C[0,1] \to C[0,1]^*$ wohldefiniert. Die Linearität von T rechnet man nach.

- T ist injektiv, denn wegen der Stetigkeit von f gilt

$$Tf = 0 \quad \Longrightarrow \quad (Tf)(\overline{f}) = \int_0^1 |f(t)|^2\,dt = 0 \quad \Longrightarrow \quad f \equiv 0 . \tag{15}$$

- T ist nicht normerhaltend !
Sei etwa $f \in C[0,1]$ definiert durch $f(t) := 2t - 1$ für $\frac{1}{2} \le t \le 1$ und $f(t) = 0$ sonst.
Dann ist $\|f\|_\infty = 1$ und für alle $g \in C[0,1]$ gilt

$$\left| (Tf)(g) \right| \ \le\ \int_{1/2}^1 |g(t)|\,dt \ \le\ \tfrac{1}{2}\,\|g\|_\infty . \tag{16}$$

Also ist $\|Tf\| \le \frac{1}{2}$.

- T ist nicht surjektiv. Z.B. ist die Punktauswertung $\varphi_0(g) := g(0)$ ein stetiges lineares Funktional aus $C[0,1]^*$ mit $\varphi_0 \ne Tf$ für alle $f \in C[0,1]$.
Betrachte etwa die Funktionen

$$g_n \in C[0,1] \quad ; \quad g_n(x) := \begin{cases} 1 - nx & \text{für } 0 \le x \le 1/n, \\ 0 & \text{sonst.} \end{cases} \tag{17}$$

Für alle $n \in \mathbb{N}$ und $f \in C[0,1]$ gilt dann

$$\varphi_0(g_n) = 1 \quad \text{und} \quad \left| (Tf)(g_n) \right| \ \le\ \int_0^{1/n} |f(t)|\,dt \ \le\ \tfrac{1}{n}\,\|f\|_\infty . \tag{18}$$

Also gibt es für alle f ein n mit $\varphi_0(g_n) \ne (Tf)(g_n)$.

| F | Die sog. *Zeilensummen-Norm* $\|\mathbf{A}\| := \sup_n \sum_k |a_{nk}|$ ist in der Tat eine Norm auf dem $\mathbb{K}$-Vektorraum

$$\mathcal{M} := \left\{ \mathbf{A} = (a_{nk}) \in \mathbb{K}^{\mathbb{N} \times \mathbb{N}} \ \middle| \ \lim_n a_{nk} = 0, \ \sum_k |a_{nk}| < \infty \right\} . \tag{19}$$

Ist $x = (x_k) \in c_0$, so ist auch $\mathbf{A}x := \left(\sum_{k=1}^{\infty} a_{nk} x_k\right)_n \in c_0$. Also wird durch $T_{\mathbf{A}}(x) := \mathbf{A}x$ eine Abbildung $T_{\mathbf{A}} : c_0 \to c_0$ definiert.

Diese Abbildung $T_{\mathbf{A}}$ ist linear und stetig, also ist die Zuordnung

$$\Phi : \mathcal{M} \to \mathcal{L}(c_0) \; ; \quad \Phi\mathbf{A} := T_{\mathbf{A}} \tag{20}$$

sinnvoll erklärt. Φ ist linear, injektiv und stetig und es gilt $\|\Phi\mathbf{A}\| = \|\mathbf{A}\|$.

Für den Beweis der Surjektivität sei $S \in \mathcal{L}(c_0)$ beliebig. Jedes $x \in c_0$ ist von der Form $x = (x_k) = \sum_{k=1}^{\infty} x_k e^{(k)}$. Die Folgen $S(e^{(k)})$ liegen in c_0 und wegen $S \in \mathcal{L}(c_0)$ gilt

$$S(x) = \sum_{k=1}^{\infty} x_k S(e^{(k)}) . \tag{21}$$

Die Matrix $\mathbf{A} = \left(S(e^{(k)})(n)\right)_{n,k}$ liegt in $\mathcal{M}$ und es ist $S = T_{\mathbf{A}}$.

Hierbei wird das Prinzip von der gleichmäßigen Beschränktheit (8.2-1) benutzt.

Die Offenheit ist klar nach dem Satz von der offenen Abbildung (8.2-5). $\mathcal{M}$ und $\mathcal{L}(c_0)$ sind Banachräume !

Für weitere derartige Darstellungssätze für lineare Operatoren zwischen Folgenräumen siehe z.B. [MDX 7.1].

Zu Defekten siehe Abschnitt 8.3-10.

Rechts- und Links-Shift $S_r, S_l : \mathbb{K}^{\mathbb{N}} \to \mathbb{K}^{\mathbb{N}}$ sind definiert durch

$$S_r(x_1, x_2, \ldots) := (0, x_1, x_2, \ldots) \; ; \quad S_l(x_1, x_2, \ldots) := (x_2, x_3, \ldots) . \tag{22}$$

Der Rechts-Shift ist injektiv, also ist der Nulldefekt $\alpha(S_r) = \dim \mathrm{Ker}\, S_r = 0$. Der Bildraum hat die Codimension $\beta(S_r) = \mathrm{codim}\, \mathrm{Rg}\, S_r = 1$. S_r ist also defektendlich mit dem Index $\mathrm{ind}\,(S_r) := \alpha(S_r) - \beta(S_r) = -1$.

Für den Links-Shift gilt analog $\mathrm{ind}\,(S_l) := \alpha(S_l) - \beta(S_l) = 1 - 0 = 1$.

(H.1) Es gibt einen solchen stetigen Operator $T : c \to c_0$!

Betrachte etwa die Schauderbasen $\mathcal{B}_0 := \{ e^{(k)} \mid k \in \mathbb{N} \}$ und $\mathcal{B} := \mathcal{B}_0 \cup \{e\}$ von c_0 bzw. c (11.4.E). Dabei ist $e = (1, 1, 1, \ldots)$ die Eins-Folge. Jedes $x \in c$ besitzt eine eindeutige Darstellung der Form $x = \lambda e + \sum x_k e^{(k)}$.

$$T : c \to c_0 \quad \text{def. durch} \quad T\left(\lambda e + \sum x_k e^{(k)}\right) := \sum x_k e^{(k)} \tag{23}$$

ist stetig und leistet das Gewünschte.

(H.2) Sei $T \in \mathcal{L}(c, c_0)$ mit $T \restriction_{c_0} = \mathrm{id}_{c_0}$. Dann gilt $T(x - e) = x - Te$ für $x \in c_0$, also

$$\|T\| \geq \{ \|x - Te)\|_{\infty} \mid x \in c_0, \, \|x - e\|_{\infty} \leq 1 \} . \tag{24}$$

Sei $2 > \varepsilon > 0$, $Te = (z_j)$ und $n \in \mathbb{N}$ derart, dass $|z_n| < \varepsilon$. Dann gilt

$$\|2e^{(n)} - e\|_\infty \leq 1 \quad \text{und} \quad \|T(2e^{(n)} - e)\| \geq |2 - z_n| \geq 2 - \varepsilon \,. \tag{25}$$

Also ist $\|T\| \geq 2$.

$\boxed{\text{I}}$ Für $f \in L^1(\mathbb{R}^n)$ und $x \in \mathbb{R}^n$ ist

$$Tf(x) \; = \; \hat{f}(x) \; := \; \frac{1}{(2\pi)^{n/2}} \int_{\mathbb{R}^n} f(t)\, \mathrm{e}^{-ixt}\, dt \tag{26}$$

wohldefiniert. $Tf \colon \mathbb{R}^n \to \mathbb{R}$ ist messbar und T ist linear. Es gilt

$$|Tf(x)| \; \leq \; \frac{1}{(2\pi)^{n/2}} \int_{\mathbb{R}^n} |f(t)|\, |\mathrm{e}^{-ixt}|\, dt \; \leq \; (2\pi)^{-n/2} \|f\|_{L^1} \,. \tag{27}$$

Bleibt zu zeigen, dass Tf stetig ist und im Unendlichen verschwindet.

Sei $(\xi^{(k)})$ eine Folge im $\mathbb{R}^n$ mit $\xi^{(k)} \to \xi$. Dann gilt für alle $x \in \mathbb{R}^n$:

$$\left| \mathrm{e}^{-ix\xi^{(k)}} - \mathrm{e}^{-ix\xi} \right| \; \to \; 0 \,. \tag{28}$$

Nach dem Satz von der beschränkten Konvergenz (A.5-11) folgt

$$\left| Tf(\xi^{(k)}) - Tf(\xi) \right| \; \leq \; \frac{1}{(2\pi)^{n/2}} \int_{\mathbb{R}^n} |f(t)| \cdot |\mathrm{e}^{-ix\xi^{(k)}} - \mathrm{e}^{-ix\xi}|\, dt \; \to \; 0 \,, \tag{29}$$

da die Integranden durch $2|f|$ majorisiert werden. Also ist Tf stetig.

Der Raum $C_c^\infty(\mathbb{R}^n)$ der unendlich oft differenzierbaren Funktionen mit kompaktem Träger liegt dicht in $L^1(\mathbb{R}^n)$. Wegen der Stetigkeit von T reicht zu zeigen, dass $\lim\limits_{|x|\to\infty} |Tf(x)| = 0$ für alle $f \in C_c^\infty(\mathbb{R}^n)$.

Seien also $f \in C_c^\infty(\mathbb{R}^n)$, $M > 0$, und $|x| \geq M$. Dann gibt es eine Koordinate x_j mit $|x_j| \geq M/\sqrt{n}$. Mit partieller Integration folgt für $M \to \infty$ (beachte, dass die Randterme verschwinden)

$$\begin{aligned} |Tf(x)| \; &= \; \left| \frac{-1}{(2\pi)^{n/2}} \int_{\mathbb{R}^n} \frac{\partial}{\partial t_j} f(t) \cdot \frac{1}{-ix_j}\, \mathrm{e}^{-itx}\, dt \right| \\ &\leq \; \frac{1}{(2\pi)^{n/2}} \left\| \frac{\partial}{\partial t_j} f \right\|_{L^1} \frac{\sqrt{n}}{M} \; \to \; 0 \,. \end{aligned} \tag{30}$$

$\boxed{\text{J}}$ Angenommen, es gibt eine stetige Projektion von ℓ^∞ auf c_0. Dann gibt es einen abgeschlossenen Teilraum $N \subset \ell^\infty$ mit $\ell^\infty = c_0 \oplus N$ und $\ell^\infty/c_0 \cong N$.

Wir sagen, ein normierter Raum X habe die Eigenschaft $\circledast$, wenn X^* eine abzählbare *totale* Teilmenge besitzt, d.h.

$$\exists \{ \varphi_j \mid j \in \mathbb{N} \} \subset X^* \; \forall x \in X \; : \; \forall i \in \mathbb{N}\; \varphi_i(x) = 0 \implies x = 0 \,. \tag{31}$$

ℓ^∞ hat die Eigenschaft $\circledast$, denn die Projektionen $\pi_j \colon (x_n) \mapsto x_j$ bilden eine abzählbare totale Teilmenge von $(\ell^\infty)^*$.

Die Einschränkungen $\pi_j \upharpoonright_N$ bilden eine abzählbare totale Teilmenge von N^*. Also besitzt auch N die Eigenschaft $\circledast$.
(Die Eigenschaft $\circledast$ vererbt sich auf Unterräume.)

($\dagger_1$) ℓ^∞/c_0 hat nicht die Eigenschaft $\circledast$!

Dies ist ein Widerspruch zu $\ell^\infty/c_0 \cong N$ und der Beweis ist geführt.

Zum Beweis von $\dagger_1$ ist folgendes mengentheoretische Lemma hilfreich:

($\dagger_2$) Sei A eine abzählbar unendliche Menge. Dann existiert eine überabzählbare Familie $\{ U_\alpha \mid \alpha \in I \} \subset \mathcal{P}(A)$ von Teilmengen derart, dass $|U_\alpha| = \infty$ und $|U_\alpha \cap U_\beta| < \infty$ für alle $\alpha \neq \beta \in I$.

Sei (o.B.d.A.) $A := \mathbb{Q} \cap \,]0, 1[$ und $I := \,]0, 1[\,\backslash\mathbb{Q}$. Für $\alpha \in I$ sei $(r_n^\alpha)_n$ eine Folge aus A mit $r_n^\alpha \to \alpha$ für $n \to \infty$. Die Mengen $U_\alpha := \{ r_n^\alpha \mid n \in \mathbb{N} \}$ leisten das Gewünschte.

Zum Beweis von ($\dagger_1$) wähle man $\{ U_\alpha \mid \alpha \in I \} \subset \mathcal{P}(\mathbb{N})$ wie in ($\dagger_2$). Für $\alpha \in I$ sei $f_\alpha := \chi_{U_\alpha} + c_0 \in \ell^\infty/c_0$. Da $\chi_{U_\alpha} \notin c_0$, sind die $f_\alpha \neq 0$ in ℓ^∞/c_0.

Es gilt ($\dagger_3$): Für alle $g \in (\ell^\infty/c_0)^*$ ist $\{ f_\alpha \mid g(f_\alpha) \neq 0 \}$ abzählbar !

Ist nun $G := \{ g_j \mid j \in \mathbb{N} \}$ eine abzählbare Teilmenge von $(\ell^\infty/c_0)^*$, so gibt es wegen ($\dagger_3$) nur abzählbar viele f_α mit $g_j(f_\alpha) \neq 0$ für ein $j \in \mathbb{N}$.

Also gibt es ein $f_\alpha \neq 0$ mit $g_j(f_\alpha) = 0$ für alle j.

Also kann G nicht total sein. Fertig bis auf den

Beweis von ($\dagger_3$): Die Mengen $F_n := \{ f_\alpha \mid |g(f_\alpha)| \geq \frac{1}{n} \}$ sind endlich.

Seien nämlich $f_1, \ldots, f_m \in F_n$ und $b_j := \operatorname{sgn} g(f_j) = \overline{g(f_j)}/|g(f_j)|$.

Dann ist $x := \sum_{j=1}^m b_j f_j \in \ell^\infty/c_0$ und $\|x\| = 1$.

Ist nämlich $x = \sum b_j \chi_{U_j} + c_0$, so gibt es ein $n_0 \in \mathbb{N}$ derart, dass jedes $n \geq n_0$ in höchstens einem U_j liegt. $h \in c_0$ sei definiert durch $h(n) := \sum b_j \chi_{U_j}(n)$ für $n = 1, \ldots, n_0$ und $h(n) := 0$ für $n > n_0$. Dann ist $\|x\| \leq \| \sum b_j \chi_{U_j} - h \|_\infty \leq 1$.

Andererseits gibt es beliebig große n mit $| \sum b_j \chi_{U_j}(n) | = 1$. Zu beliebigen $h \in c_0$ und $\varepsilon > 0$ gibt es n_0 mit $|g(n)| < \varepsilon$ für $n \geq n_0$.

Zu n_0 gibt es ein $n > n_0$ mit $| \sum b_j \chi_{U_j}(n) - g(n)| > 1 - \varepsilon$.

Also ist $\| \sum b_j \chi_{U_j} - g \|_\infty \geq 1 - \varepsilon$, $\|x\| \geq 1 - \varepsilon$ und da $\varepsilon > 0$ beliebig war auch $\|x\| \geq 1$.

Also ist $\|g\| \geq |g(x)| \geq \frac{m}{n}$, bzw $m \leq n \|g\|$.

13.3   Kompakte Operatoren in Banachräumen

Im folgenden seien E, F normierte Räume über $\mathbb{K} = \mathbb{R}$ oder $\mathbb{C}$.

$\boxed{\text{A}}$ Ist E reflexiv, so ist $T \in \mathcal{L}(E, F)$ genau dann kompakt, wenn für alle Folgen (x_n) aus E gilt: $x_n \xrightarrow{w} 0 \implies Tx_n \xrightarrow{\|\cdot\|} 0$.

$\boxed{\text{B}}$ Nukleare Operatoren $T \colon E \to F$ sind kompakt.

$\boxed{\text{C}}$ Beweisen Sie die Umkehrung des Satzes von Schauder (8.3-7).

$\boxed{\text{D}}$ Ist $T \colon \ell^p \to \ell^p$ definiert durch $Tx := (x_k/k)$ kompakt?

$\boxed{\text{E}}$ Ist $T \colon C[0,1] \to C[0,1]$ definiert durch $Tf(s) := \int_0^s f(t)\, dt$ kompakt?

$\boxed{\text{F}}$ Sei $\tau \colon [0,1] \to [0,1]$ stetig und $T \colon C[0,1] \to C[0,1]$ definiert durch $Tf := f \circ \tau$. Dann ist T kompakt genau dann, wenn τ konstant ist.

$\boxed{\text{G}}$ Nach Aufgabe 13.2.F sind die Operatoren $T \in \mathcal{L}(c_0)$ von der Form $Tx = \mathbf{A}x$ mit gewissen Matrizen $\mathbf{A} \in \mathbb{K}^{\mathbb{N} \times \mathbb{N}}$. Wann ist T kompakt?

$\boxed{\text{H}}$ Der *Fredholm-Operator mit Kern* $k(s,t)$ ist (in verschiedenen Räumen) definiert durch $Tf(s) := \int_a^b k(s,t) f(t)\, dt$.

   1) Bestimmen Sie die Norm von $T \colon C[a,b] \to C[a,b]$ für stetigen Kern k.

   2) Für $1 < p < \infty$ und $k \in L^\infty\big([a,b]^2\big)$ ist $T \colon L^p[a,b] \to L^p[a,b]$ kompakt.

   3) Die *Fredholm-Gleichung* $(I - T)f = g$ ist auch für stetige $g \colon [a,b] \to \mathbb{K}$ und $k \colon [a,b]^2 \to \mathbb{K}$ nicht immer lösbar.

     Finden Sie eine hinreichende Bedingung für die eindeutige Lösbarkeit.

$\boxed{\text{I}}$ Der *Volterra-Operator mit Kern* $k(s,t)$ ist (in verschiedenen Räumen) definiert durch $Tf(s) := \int_a^s k(s,t) f(t)\, dt$.

   1) Ist k stetig, so ist $T \colon C[a,b] \to C[a,b]$ kompakt.

   2) Seien g und k stetig sowie $\lambda \in \mathbb{K}$. Dann hat die *Volterra-Gleichung* $(I - \lambda T)f = g$ genau eine Lösung $f \in C[a,b]$.

     Stellen Sie diese Lösung durch eine *Neumannsche Reihe* dar.

Lösungen:

$\boxed{\text{A}}$ • Zunächst sei $T \in \mathcal{L}(E, F)$ kompakt.

Sei (x_n) eine Folge in E, die schwach gegen 0 konvergiert. Insbesondere ist (x_n) beschränkt. Da T kompakt ist, existiert eine Teilfolge $(x_{n_k})_k$ und ein $y \in F$ mit $Tx_{n_k} \xrightarrow{\|\cdot\|} y$. Für alle $y^* \in F^*$ gilt

$$0 = \lim_{k \to \infty} (T^* y^*)(x_{n_k}) = \lim_{k \to \infty} y^*(Tx_{n_k}) = y^*(y). \tag{1}$$

Also ist $y = \lim T x_{n_k} = 0$.

Würde $(T x_n)$ nicht gegen 0 konvergieren, so gäbe es ein $\varepsilon > 0$ und eine Teilfolge (x_{n_k}) mit $\liminf \|T x_{n_k}\| \geq \varepsilon$. Mit den gleichen Überlegungen wie oben führt dies zum Widerspruch.

• Sei nun umgekehrt T ein Operator derart, dass für jede schwach gegen 0 konvergente Folge (x_n) aus E die Folge $(T x_n)$ in der Norm gegen 0 konvergiert.

Sei (x_n) eine beliebige beschränkte Folge. Da E reflexiv ist, existiert eine Teilfolge (x_{n_k}), die schwach gegen ein $x \in E$ konvergiert (Satz 7.3-5).

Also ist $(x_{n_k} - x)$ eine schwache Nullfolge.

Nach Voraussetzung folgt $\|T x_{n_k} - T x\| \to 0$, d.h. $T x_{n_k} \to T x$ in der Norm.

Sei E ein normierter linearer Raum und F ein Banachraum. Ein nuklearer Operator $T \in \mathcal{L}(E, F)$ ist definitionsgemäß von der Form

$$T x := \sum_{k=1}^{\infty} \alpha_k \cdot x_k^*(x) \cdot y_k . \tag{2}$$

Dabei sind $x_k^* \in E^*$ mit $\|x_k^*\| \leq 1$, $y_k \in F$ mit $\|y_k\| \leq 1$ und $\alpha_k \in \mathbb{K}$ mit $\sum |\alpha_k| < \infty$. Die Operatoren

$$T_n \in \mathcal{L}(E, F) ; \quad T_n x := \sum_{k=1}^{n} \alpha_k \cdot x_k^*(x) \cdot y_k \tag{3}$$

sind kompakt, da $\dim \mathsf{Rg}\, T_n < \infty$. Ferner gilt für $x \in E$

$$\|(T_n - T) x\| \leq \sum_{k=n+1}^{\infty} |\alpha_k| \cdot |x_k^*(x)| \cdot \|y_k\| \leq \|x\| \cdot \sum_{k=n+1}^{\infty} |\alpha_k| . \tag{4}$$

Es folgt $\|T_n - T\| \leq \sum_{k=n+1}^{\infty} |\alpha_k| \to 0$ für $n \to \infty$.

Also ist T Limes einer Folge kompakter Operatoren und damit selbst kompakt.

Sei E ein normierter Raum, F ein Banachraum und $T \in \mathcal{L}(E, F)$ derart, dass der adjungierte Operator $T^*: F^* \to E^*$ kompakt ist.
Seien $J_E: E \to E^{**}$ und $J_F: F \to F^{**}$ die kanonischen Einbettungen von E bzw F in ihre Bidualräume.

$T^{**} := (T^*)^* : E^{**} \to F^{**}$ sei der Bi-Adjungierte von T.

Nach dem Satz von Schauder (8.3-7) ist mit T^* auch T^{**} kompakt.

Für $x \in E$ gilt $T^{**} J_E x = J_F T x$, denn für alle $y^* \in F^*$ gilt

$$\langle y^*, T^{**} J_E x \rangle = \langle T^* y^*, J_E x \rangle = \langle x, T^* y^* \rangle = \langle T x, y^* \rangle = \langle y^*, J_F T x \rangle . \tag{5}$$

Also gilt $T^{**} J_E = J_F T$. Da J_E stetig und T^{**} kompakt ist, ist auch $T^{**} J_E : E \to F^{**}$ kompakt (8.3-4(b)).

$J_F(F)$ ist ein Banachraum, da F einer ist. Ferner gilt $T^{**} J_E(E) \subset J_F(F)$. Also ist $T^{**} J_E : E \to J_F(F)$ kompakt und damit auch $T = J_F^{-1} T^{**} J_E : E \to F$.

⏥ D   Sei $1 \le p \le \infty$ und $T : \ell^p \to \ell^p$ definiert durch

$$T(x_1, x_2, \ldots, x_n, \ldots) := (x_1, \tfrac{1}{2}x_2, \ldots, \tfrac{1}{n}x_n, \ldots) \,. \tag{6}$$

T ist kompakt, denn für $n \in \mathbb{N}$ und $T_n(x) := (x_1, \tfrac{1}{2}x_2, \ldots, \tfrac{1}{n}x_n, 0, 0, \ldots)$ gilt

$$\left\| (T - T_n)x \right\|_p = \left(\sum_{j=n^1}^{\infty} \tfrac{1}{j} |x_j|^p \right)^{1/p} \le \tfrac{1}{n+1} \|x\|_p \,. \tag{7}$$

Also ist T Häufungspunkt der kompakten Operatoren T_n von endlichem Rang.

⏥ E $T : C[0,1] \to C[0,1]$ definiert durch

$$Tf(s) := \int_0^s f(t)\, dt \,, \quad f \in C[0,1], \ s \in [0,1] \,. \tag{8}$$

ist ein spezieller *Volterra-Operator*. Er ist linear, stetig und kompakt.

Zum Beweis siehe Aufgabe 13.3.I.

⏥ F   Sei $\tau : [0,1] \to [0,1]$ stetig. Sei $E := C[0,1]$ mit der Sup-Norm.

$$T : E \to E \qquad \text{def. durch} \qquad Tf := f \circ \tau \tag{9}$$

ist wohldefiniert und linear. Wegen $\|Tf\|_\infty \le \|f\|_\infty$ ist $\|T\| \le 1$.

Ist τ konstant, so ist $T(E)$ eindimensional und damit T kompakt.

Annahme, T ist kompakt und τ ist nicht konstant.

Dann existiert o.B.d.A. ein $\xi \in\,]0,1[$ und eine Folge $x_n \to \xi$ derart, dass $0 \le \eta := \tau(\xi) < \tau(x_n) \le 1$. Ab einer Stelle ist $\eta + \tfrac{1}{j} < 1$.

Die Folge (f_j) aus E sei für diese j definiert durch nebenstehende Zeichnung.
Es ist $\|f_j\|_\infty = 1$.
Da T kompakt ist, besitzt (Tf_j) eine in E, also bzgl $\| \cdot \|_\infty$. konvergente Teilfolge, etwa $Tf_{j_k} \to f \in E$ in der Sup-Norm und damit auch punktweise. Wegen $\tau(x_n) > \eta$ gilt für alle n

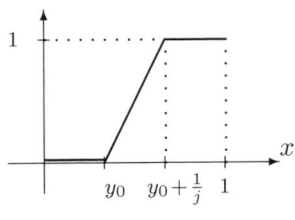

$$f(x_n) = \lim_k Tf_{j_k}(x_n) = \lim_k f_{j_k}(\tau(x_n)) = 1 \,. \tag{10}$$

Außerdem $f(\xi) = \lim_k f_{j_k}(\tau(\xi)) = \lim_k f_{j_k}(\eta) = 0$.

Also $\lim_n f(x_n) = 1 \ne 0 = f(\lim_n x_n) = f(\xi)$.

Widerspruch zur Stetigkeit von f .

⏥ G   Nach Aufgabe 13.2.F ist der Raum $\mathcal{L}(c_0)$ der beschränkten Operatoren von c_0 auf sich norm-isomorph zu dem Matrizenraum

$$\mathcal{M} := \big\{ \mathbf{A} = (a_{nk}) \in \mathbb{K}^{\mathbb{N} \times \mathbb{N}} \ \big| \ \sup_n \sum_k |a_{nk}| < \infty, \ \forall k \ \lim_n a_{nk} = 0 \big\} \tag{11}$$

mit der Norm $\|\mathbf{A}\| := \sup_n \sum_k |a_{nk}|$.

Der Isomorphismus ist dabei kanonisch definiert durch

$$Tx = T(x_k) = \mathbf{A}x = \left(\sum_{k=1}^{\infty} a_{nk}x_k\right)_{n\in\mathbb{N}} . \tag{12}$$

• Gilt $\sum_k |a_{nk}| \to 0$ für $n \to \infty$, so ist T kompakt.

Sei $P_m : c_0 \to c_0$ die durch $P_m(y) := (y_1, \ldots, y_m, 0, 0, \ldots)$ definierte Projektion und $T_m := P_m \circ T$. Dann ist T_m kompakt, weil von endlichem Rang.

Sei $\varepsilon > 0$ beliebig und n_0 derart, dass $\sum_{k=1}^{\infty} |a_{nk}| < \varepsilon$ für alle $n \geq n_0$. Dann gilt für alle $x \in c_0$:

$$\|(T_m - T)x\|_\infty = \sup_{n>m} \left|\sum_k a_{nk}x_j\right| \leq \left(\sup_{n>m} \sum_k |a_{nk}|\right)\|x\|_\infty < \varepsilon\cdot\|x\|_\infty \tag{13}$$

für alle $m > n_0$. Also ist T Häufungspunkt von kompakten Operatoren, also selbst kompakt.

• Sei nun T kompakt und (n_j) eine Folge mit $\sum_k |a_{n_j k}| \geq \varepsilon > 0$.

Dann gibt es $x^{(j)} \in c_0$ mit $\|x^{(j)}\|_\infty = 1$ und $\left\|\sum_k a_{n_j k}x_k^{(j)}\right\|_\infty \geq \varepsilon$.

Wegen der Kompaktheit von T besitzt $(Tx^{(j)})$ eine in c_0 konvergente Teilfolge. Diese bezeichnen wir wieder mit $(Tx^{(j)})$.

Sei $y := \lim Tx^{(j)}$. Wegen $y = (y_n) \in c_0$ gilt $|y_n| < \frac{\varepsilon}{3}$ ab einem n_0.

Dann ist aber $\|Tx^{(j)} - y\|_\infty \geq \left|\sum_k a_{n_j k}x_k^{(j)} - y_{n_j}\right| \geq \varepsilon - \frac{\varepsilon}{3} = \frac{\varepsilon}{3} > 0$ für alle $n_j \geq n_0$. Widerspruch!

(H.1) Sei $k : [a, b] \times [a, b] \to \mathbb{R}$ stetig und

$$T : C[a, b] \to C[a, b] \quad \text{def. durch} \quad Tf(s) := \int_a^b k(s, t)f(t)\, dt . \tag{14}$$

Nach Aufgabe 12.1.E gilt für $f \in C[a, b]$ mit $\|f\|_\infty \leq 1$:

$$\begin{aligned}
\|T\| &= \sup_{\|x\|_\infty \leq 1} \|Tf\|_\infty = \sup_{\|x\|_\infty \leq 1} \sup_{0 \leq s \leq 1} |Tf(s)| \\
&= \sup_{0 \leq s \leq 1} \sup_{\|x\|_\infty \leq 1} \left|\int_a^b k(s, t)f(t)\, dt\right| = \sup_{0 \leq s \leq 1} \int_a^b |k(s, t)|\, dt .
\end{aligned} \tag{15}$$

Also ist $\|T\| = \sup_s \int_a^b |k(s, t)|\, dt =: M(k) \leq \|k\|_\infty$.

(H.2) Seien $[a, b] \subset \mathbb{R}$, λ das Lebesgue-Maß auf $\mathbb{R}$ bzw $\mathbb{R}^2$, $1 < p < \infty$, $\frac{1}{p} + \frac{1}{q} = 1$ und $L^p := L^p([a, b], \lambda, \mathbb{K})$. Sei $k : [a, b] \times [a, b] \to \mathbb{K}$ λ–messbar und $M > 0$ derart, dass

$$\int_a^b |k(s, t)|^q dt \leq M \quad \text{für fast alle } s \in [a, b] . \tag{16}$$

Für $f \in L^p$ und fast alle $s \in [a, b]$ gilt nach Hölder:

$$|Tf(s)| = \left| \int_a^b k(s,t)f(t)\, dt \right| \le \int_a^b |k(s,t)| \cdot |f(t)|\, dt$$

$$\le \left(\int_a^b |k(s,t)|^q\, dt \right)^{1/q} \cdot \left(\int_a^b |f(t)|^p\, dt \right)^{1/p} \le M^{1/q} \cdot \|f\|_p \tag{17}$$

$$\implies \int_a^b |Tf(s)|^p\, ds \le M^{p/q} \cdot \|f\|_p^p \cdot (b-a) . \tag{18}$$

Also ist $Tf \in L^p$ und $\|Tf\|_p \le M^{1/q}(b-a)^{1/p}\|f\|_p$.

Also ist T ein stetiger Operator auf L^p.

Die Kompaktheit von T zeigen wir mit Hilfe von Aufgabe 13.3.A.

Sei (f_n) eine schwach gegen 0 konvergente Folge in L^p. Insbesondere ist sie beschränkt. Sei $K > 0$ derart, dass $\|f_n\|_p \le K$ für alle $n \in \mathbb{N}$.

Wegen (16) liegt für fast alle $s \in [a,b]$ die Funktion $\{t \mapsto k(s,t)\}$ in L^q.

Mit dem Darstellungssatz für stetige lineare Funktionale auf L^q (A.8.3) folgt

$$Tf_n(s) = \int_a^b k(s,t)f_n(t)\, dt \to 0 \qquad \text{für } n \to \infty . \tag{19}$$

Also konvergiert (Tf_n) fast überall punktweise gegen 0. Nach (17) gilt

$$\left| Tf_n(s) \right| \le M^{1/q} \cdot \|f_n\|_p \le M^{1/q} \cdot M \quad \text{für alle } n \text{ und fast alle } s . \tag{20}$$

Mit dem Satz von der beschränkten Konvergenz (A.5-11) folgt

$$\lim_{n \to \infty} \|Tf_n\|^p = \lim_{n \to \infty} \int_a^b \left| Tf_n(s) \right|^p ds = \int_a^b \lim_{n \to \infty} \left| Tf_n(s) \right|^p ds = 0 . \tag{21}$$

(H.3) • Die Fredholm-Gleichung $f(s) - \int_0^1 f(t)\, dt = s$ mit dem stetigen Kern $k(s,t) \equiv 1$ besitzt keine Lösung in $C[0,1]$.

Für eine Lösung f wäre nämlich $f(s) - s \equiv c := \int_0^1 f(t)\, dt$. Einsetzen in die Integralgleichung liefert $c - \int_0^1 (t+c)\, dt = 0$ und das ist ein Widerspruch.

• Seien $g\colon [a,b] \to \mathbb{R}$ und $k\colon [a,b] \times [a,b] \to \mathbb{R}$ stetig und

$$M(k) := \sup_{s \in [a,b]} \int_a^b |k(s,t)|\, dt < 1 . \tag{22}$$

Dann hat die Gleichung $(I - T)f = g$ wegen **(H.1)** und Satz 6.3-10 die eindeutig bestimmte stetige Lösung *(Neumannsche Reihe)*

$$f = (I - T)^{-1}g = \sum_{k=0}^{\infty} T^k g . \tag{23}$$

(I.1) • Sei $a < b$ und $k \colon [a, b] \times [a, b] \to \mathbb{R}$ stetig. Der Volterra Operator $T \colon C[a, b] \to C[a, b]$ mit Kern k ist definiert durch

$$Tf(s) := \int_a^s k(s, t) f(t) \, dt \quad (\, f \in C[a, b] \, , \; s \in [a, b] \,) . \tag{24}$$

Für alle $f \in C[a, b]$ gilt

$$\|Tf\|_\infty = \sup_{a \le s \le b} |Tf(s)| = \sup_{a \le s \le b} \left| \int_a^s k(s, t) f(t) \, dt \right|$$

$$\le \sup_{a \le s \le b} \left| \int_a^s k(s, t) f(t) \, dt \right| \le \sup_{a \le s \le b} \int_a^s |k(s, t)| \cdot \|f\|_\infty \, dt \tag{25}$$

$$\le \|f\|_\infty \cdot \sup_{a \le s \le b} \int_a^b |k(s, t)| \, dt .$$

$$\|T\| \le \sup_{a \le s \le b} \int_a^b |k(s, t)| \, dt =: M(k) . \tag{26}$$

• Im allgemeinen gilt aber $\|T\| < M(k)$. Sei z.B. $[a, b] := [0, 1]$ und $k(s, t) := (1 - s)$. Dann ist

$$M(k) = \max_{0 \le s \le 1} \int_0^1 (1 - s) \, dt = \max_{0 \le s \le 1} (1 - s) = 1 . \tag{27}$$

Für $f \in C[0, 1]$ gilt aber

$$|Tf(s)| \le \int_0^s (1 - s) |f(t)| \, dt = (1 - s) \int_0^s |f(t)| \, dt \le (1 - s)s \|f\|_\infty . \tag{28}$$

Also $\|Tf\|_\infty \le \|f\|_\infty \cdot \max_s s(1 - s) = \frac{1}{4} \|f\|_\infty$ und daher $\|T\| \le \frac{1}{4} < M(k)$.
• Die Kompaktheit von T zeigen wir mit dem Satz von Arzela-Ascoli (4.5-14): Sei $A \subset C[a, b]$ beschränkt, etwa $\|f\|_\infty < M_1$ für alle $f \in A$. Wegen

$$|Tf(s)| \le \int_a^s |f(t)| \, |k(s, t)| \, dt \le \|f\|_\infty \le M_1 \cdot M(k) \tag{29}$$

für alle $f \in A$, $s \in [a, b]$ ist $T(A)$ punktweise beschränkt. Wegen

$$|Tf(s) - Tf(s')| \le \int_{s'}^s |f(t) \, k(s, t)| \, dt \le |s' - s| \cdot M_1 \cdot M(k) \tag{30}$$

für alle $f \in A$, $s, s' \in [0, 1]$ ist $T(A)$ gleichgradig stetig.
Also ist $T(A)$ relativ kompakt.

(I.2)   Seien $[a, b] \subset \mathbb{R}$, und $k \colon [a, b] \times [a, b] \to \mathbb{R}$ stetig.

Für die eindeutige Lösbarkeit der Volterra Gleichung $(I - \lambda T)f = g$ reicht zu zeigen, dass $\lim\limits_{n \to \infty} \|T^n\|^{1/n} = 0$. Dann wird nämlich nach Satz 6.3-10 die eindeutig bestimmte Lösung durch die Neumannsche Reihe

$$f = (I - \lambda T)^{-1}g = \left(\sum_{n=0}^{\infty} \lambda^n T^n \right) g \tag{31}$$

dargestellt.

Da k stetig ist, existiert $M := \sup\limits_{a \leq t \leq s \leq b} |k(s, t)|$.

Dann gilt für $f \in C[a, b]$ und $a \leq s \leq b$:

$$|Tf(s)| = \left| \int_a^s k(s, t) \, f(t) \, dt \right| \leq M \cdot \|f\|_\infty \cdot (s - a) \,, \tag{32}$$

$$\begin{aligned} |T^2 f(s)| &= \left| \int_a^s k(s, t) \, Tf(t) \, dt \right| \leq M \int_a^s |Tf(t)| \, dt \\ &\leq M^2 \cdot \|f\|_\infty \int_a^s (t - a) \, dt = M^2 \cdot \|f\|_\infty \cdot \tfrac{(s-a)^2}{2} \,, \end{aligned} \tag{33}$$

$$|T^n f(s)| \leq M^n \cdot \|f\|_\infty \cdot \tfrac{(s-a)^n}{n!} \,, \tag{34}$$

$$\|T^n f\|_\infty = \max_{a \leq s \leq b} |T^n f(s)| \leq M^n \|f\|_\infty \tfrac{(b-a)^n}{n!} \,, \tag{35}$$

$$\|T^n\| \leq M^n \tfrac{(b-a)^n}{n!} \,. \tag{36}$$

Also wie behauptet $\lim_{n \to \infty} \|T^n\|^{1/n} = 0$.

13.4   Operatoren in Hilberträumen

Im folgenden seien $H, H_1, H_2, \ldots$ Hilberträume über $\mathbb{K}$.

A Sei S eine Orthonormalbasis von H und $\varphi \colon H \to \mathbb{K}$ ein lineares Funktional. Ist φ beschränkt, so ist $\|\varphi\|^2 = \sum_{u \in S} |\varphi(u)|^2$.

B Symmetrische Operatoren $T \colon H \to H$ sind stetig.

C Sei H komplex und $T \in \mathcal{L}(H)$ selbstadjungiert.
Dann sind $T \pm i$ invertierbar, $U := (T+i)(T-i)^{-1}$ unitär, $I - U$ invertierbar und es ist $T = -i(I + U)(I - U)^{-1}$.

D Für positive $T \in \mathcal{L}(H)$ gilt $\big|\langle Tx, y\rangle\big|^2 \le \langle Tx, x\rangle \cdot \langle Ty, y\rangle$ für alle $x, y \in H$.

E Ist der Rechts-Shift $S_r \colon \ell^2 \to \ell^2$; $S_r x := (0, x_1, x_2, \ldots)$ normal?
Bestimmen Sie invariante und reduzierende Unterräume von S_r .

F Operatoren von endlichem Rang liegen dicht in $\mathcal{K}(H)$.

G Man beweise Satz 8.4-10 über orthogonale Projektionen.

H Sei S eine Orthonormalbasis von H_1 . $T \in \mathcal{L}(H_1, H_2)$ heißt *Hilbert-Schmidt-Operator*, falls $\{ u \in S \mid Tu \ne 0 \}$ abzählbar ist und $\sum_{u \in S} \|Tu\|^2 < \infty$.

1) Hilbert-Schmidt-Operatoren sind kompakt.

2) $T \in \mathcal{L}(H_1, H_2)$ ist genau dann ein Hilbert-Schmidt-Operator, wenn der Adjungierte T^* ein Hilbert-Schmidt-Operator ist.

3) Für Hilbert-Schmidt-Operatoren T ist $\|T\|_{HS} := \big(\sum_{u \in S} \|Tu\|^2 \big)^{1/2}$ unabhängig von der Wahl der Orthonormalbasis S von H_1 .
Es gilt $\|T\| \le \|T\|_{HS} = \|T^*\|_{HS}$.

4) Die Menge $\mathcal{HS}(H_1, H_2)$ der Hilbert-Schmidt-Operatoren in $\mathcal{L}(H_1, H_2)$ ist mit $\|.\|_{HS}$ ein Hilbertraum.

I Sei $L^2 := L^2[a, b]$ und $T \in \mathcal{L}\big(L^2\big)$.

1) T ist genau dann ein Hilbert-Schmidt-Operator, wenn T ein Fredholm-Operator mit einem Kern $k \in L^2\big([a, b]^2\big)$ ist.

2) Sei T ein selbstadjungierter Hilbert-Schmidt-Operator und (λ_n) die Folge der Eigenwerte von T , wobei jeder so oft vorkommt, wie es seine Vielfachheit angibt. Dann ist die Reihe $\sum |\lambda_n|^2$ konvergent.

3) Sei (u_n) eine entsprechende Folge von Eigenvektoren und $k \in L^2\big([a, b]^2\big)$ der nach Aufgabe **(I.1)** zu T gehörende Kern.
Dann gilt $k(s, t) = \sum_n \lambda_n\, u_n(s)\overline{u_n(t)}$ für fast alle $s, t \in [a, b]$.

Lösungen:

$\boxed{A}$ Ist $\varphi\colon H \to \mathbb{K}$ beschränkt, so gilt nach Fréchet-Riesz (6.4-14)

$$\exists z \in H : \quad \|z\| = \|\varphi\| \quad \text{und} \quad \varphi(x) = \langle x, z \rangle \quad \text{für alle } x \in H . \qquad (1)$$

Nach der Parsevalschen Gleichung (6.4-21(vi)) gilt

$$\sum_{u \in S} |\varphi(u)|^2 = \sum_{u \in S} |\langle u, z \rangle|^2 = \|z\|^2 = \|\varphi\|^2 . \qquad (2)$$

$\boxed{B}$ Sei $T\colon H \to H$ ein symmetrischer Operator eines Hilbertraumes H, d.h. es gilt $\langle x, Tz \rangle = \langle Tx, z \rangle$ für alle $x, z \in H$. Für die Stetigkeit von T reicht es nach dem Closed-Graph-Theorem 8.2-10 zu zeigen, dass T abgeschlossen ist. Strebt $x_n \to x$ und $Tx_n \to y$, so folgt wegen der Stetigkeit des Skalarprodukts

$$\langle Tx_n, z \rangle \to \langle y, z \rangle \quad \text{und} \quad \langle Tx_n, z \rangle = \langle x_n, Tz \rangle \to \langle x, Tz \rangle = \langle Tx, z \rangle \qquad (3)$$

für jedes $z \in H$. Also ist $y = Tx$ und T abgeschlossen nach Satz 2.5-4.

$\boxed{C}$ Sei H komplex und $T \in \mathcal{L}(H)$ selbstadjungiert. Dann gilt

$$\|(T \pm i)x\|^2 = \|Tx\|^2 \pm \langle Tx, ix \rangle \mp \langle T^*x, ix \rangle + \|x\|^2 = \|Tx\|^2 + \|x\|^2 . \qquad (4)$$

Also ist $T \pm i$ bijektiv und $(T \pm i)^{-1}$ ist stetig.

Aus (4) folgt ferner $\|(T + i)x\| = \|(T - i)x\|$ für alle $x \in H$.

Also ist $U := (T + i)(T - i)^{-1}$ ein isometrischer Endomorphismus von H und damit unitär. U heißt auch *Cayley Transformierte* von T.

Für $y = (T + i)x$ gilt $(I + U)y = 2Tx$ und $(I - U)y = 2ix$. Also ist mit $T + i$ auch $I - U$ invertierbar und $(I + U)(I - U)^{-1}2ix = 2Tx$ und damit $T = -i(I + U)(I - U)^{-1}$.

$\boxed{D}$ Für symmetrische T gilt $\langle Tx, y \rangle = \langle x, Ty \rangle = \overline{\langle Ty, x \rangle}$ für alle $x, y \in H$, insbesondere also $\langle Tx, x \rangle \in \mathbb{R}$ für alle $x \in H$. Ist T zusätzlich positiv, so gilt für alle $\alpha \in \mathbb{K}$ und $x, y \in H$:

$$0 \le \langle T(x + \alpha y), x + \alpha y \rangle = \langle Tx, x \rangle + \alpha \overline{\langle Tx, y \rangle} + \overline{\alpha} \langle Tx, y \rangle + |\alpha|^2 \langle Ty, y \rangle . \qquad (5)$$

Ist $\langle Tx, x \rangle = \langle Ty, y \rangle = 0$, so folgt $|\langle Tx, y \rangle|^2 = 0$ mit $\alpha := -\langle Tx, y \rangle$.

Für $\langle Ty, y \rangle > 0$ setze man $\alpha := -\langle Tx, y \rangle / \langle Ty, y \rangle$ und erhält

$$|\langle Tx, y \rangle|^2 \le \langle Tx, x \rangle \cdot \langle Ty, y \rangle \qquad \text{für alle } x, y \in H . \qquad (6)$$

Ist $\langle Ty, y \rangle = 0$ und $\langle Tx, x \rangle > 0$, so vertausche man x und y in (5).

Für $T = \mathrm{id}$ ist (6) die übliche Cauchy-Schwarz-Ungleichung.

| E |

(E.1)   Invariante Unterräume von ℓ^2 für $S_r\, x := (0, x_1, x_2, \ldots)$ sind zum Beispiel die Räume

$$X_n := \left\{ x \in \ell^2 \mid x_1 = \ldots = x_n = 0 \right\} . \tag{7}$$

Die einzigen reduzierenden Unterräume sind jedoch $\{0\}$ und ℓ^2.

Sei nämlich $Y \subset \ell^2$ ein reduzierender Unterraum und $0 \neq y \in Y$. Dann ist Y invariant unter S_r und dem adjungierten Operator $S_r^* = S_l$.

Sei $y = \sum_{k=m}^{\infty} y_k e^{(k)}$ mit $y_m \neq 0$. Wegen $z := S_r^m (S_r^*)^m y \in Y$ ist auch $y - z = y_m e^{(m)} \in Y$ und damit $e^{(m)} \in Y$.

Wegen $S_r^{n-1}(S_r^*)^{m-1} e^{(m)} = e^{(n)}$ folgt $e^{(n)} \in Y$ für alle n, also $Y = \ell^2$.

(E.2)   Der Adjungierte von S_r ist der Links-Shift $S_r^* = S_l$ (13.2.A.1).
S_r ist nicht normal, da z.B. $S_r S_r^* e^{(1)} = 0 \neq S_r^* S_r e^{(1)} = e^{(1)}$.

Bemerkung: Man kann den Rechts-Shift aber auch im zweiseitigen Folgenraum $\ell^2(\mathbb{Z}) := \left\{ x \colon \mathbb{Z} \to \mathbb{K} \mid \sum_{k=-\infty}^{\infty} |x_k|^2 < \infty \right\}$ betrachten.

Der entsprechend definierte Rechts-Shift $S_r \colon \ell^2(\mathbb{Z}) \to \ell^2(\mathbb{Z})$ ist sogar unitär, also erst recht normal.

Sein Adjungierter ist der Links-Shift und es gilt $S_r \circ S_l = \mathrm{id} = S_l \circ S_r$.

| F |

Sei H ein Hilbertraum, $T \in \mathcal{K}(H)$ und $B := \{ x \in H \mid \|x\| \leq 1 \}$ die abgeschlossene Einheitskugel in H.

Da T kompakt ist, ist $\overline{T(B)}$ eine kompakte Teilmenge von H, insbesondere also separabel. Dann ist auch $\overline{T(H)}$ separabel. Sei $\{ u_n \mid n \in \mathbb{N} \}$ eine abzählbare Orthonormalbasis von $\overline{T(H)}$.

Sei P_n die orthogonale Projektion von $\overline{T(H)}$ auf $\mathrm{lin}\, \{u_1, \ldots, u_n\}$. Es ist

$$\|P_n\| = 1 \quad \text{und} \quad P_n(x) = \sum_{k=1}^{n} \langle x, u_k \rangle u_k \quad \text{für alle } x \in \overline{T(H)} . \tag{8}$$

Für $T_n := P_n \circ T$ gilt dann $T_n(x) = \sum_{k=1}^{n} \langle Tx, u_k \rangle u_k$ für alle $x \in H$.

Wegen $T_n(H) \subset \mathrm{lin}\, \{u_1, \ldots, u_n\}$ hat T_n endlichen Rang.

Zu zeigen bleibt $T_n \to T$ in der Operatornorm. Zunächst gilt für alle $x \in H$:

$$\lim_{n \to \infty} T_n(x) = \lim_{n \to \infty} \sum_{k=1}^{n} \langle Tx, u_k \rangle u_k = \sum_{k=1}^{\infty} \langle Tx, u_k \rangle u_k = Tx , \tag{9}$$

d.h. (T_n) konvergiert punktweise gegen T.

Sei nun $\varepsilon > 0$ beliebig. Da T kompakt ist, ist $T(B)$ total beschränkt. Es existieren also $x_1, \ldots, x_r \in B$ derart, dass $T(B) \subset \bigcup_{j=1}^{r} B_{\varepsilon/3}(Tx_j)$.

Sei $N \in \mathbb{N}$ so groß, dass $\|T_n x_j - T x_j\| < \frac{\varepsilon}{3}$ für alle $n \geq N$, $j = 1, \ldots, r$.

Sei $x \in B$ und $j \in \{1, \dots, r\}$ derart, dass $\|Tx - Tx_j\| < \frac{\varepsilon}{3}$. Es folgt

$$\|Tx - T_n x\| \leq \|Tx - Tx_j\| + \|Tx_j - T_n x_j\| + \|P_n(Tx_j - Tx)\|$$
$$\leq 2 \cdot \|Tx - Tx_j\| + \|Tx_j - T_n x_j\| < 2\frac{\varepsilon}{3} + \frac{\varepsilon}{3} = \varepsilon \tag{10}$$

für alle $n \geq N$. Da $x \in B$ beliebig war, folgt $\|T - T_n\| \leq \varepsilon$ für alle $n \geq N$.

G | Sei $0 \neq P \in \mathcal{L}(H)$ eine Projektion, also $P^2 = P$. Dann sind äquivalent:

(i) P ist orthogonal, d.h. $\operatorname{Rg} P \perp \operatorname{Ker} P$,

(ii) $\|P\| = 1$,

(iii) P ist selbstadjungiert,

(iv) P ist normal,

(v) P ist positiv, d.h. $\langle Px, x \rangle \geq 0$ für alle $x \in H$.

$(i) \implies (ii)$:   Projektionssatz 6.4-27.

$(ii) \implies (i)$:   Für alle $x \in \operatorname{Ker} P$, $y \in \operatorname{Rg} P$, $\lambda \in \mathbb{C}$ ist $P(x + \lambda y) = \lambda y$.

Also $\|\lambda y\|^2 = \|P(x + \lambda y)\|^2 \leq \|x + \lambda y\|^2 = \|x\|^2 + 2\operatorname{Re} \overline{\lambda}\langle x, y \rangle + \|\lambda y\|^2.$

Es folgt $\operatorname{Re}\langle x, y \rangle = \operatorname{Im}\langle x, y \rangle = 0$.

$(i) \implies (iii)$:   Wegen $y - Py \in \operatorname{Ker} P \perp \operatorname{Rg} P$ ist
$\langle Px, y \rangle = \langle Px, Py + (y - Py) \rangle = \langle Px, Py \rangle = \langle Px + (x - Px), Py \rangle = \langle x, Py \rangle.$

$(iii) \implies (iv)$ ist klar.

$(iv) \implies (i)$ Wegen $0 = \langle (P^*P - PP^*)x, x \rangle = \|Px\|^2 - \|P^*x\|^2$ ist
$\operatorname{Ker} P = \operatorname{Ker} P^* = (\operatorname{Rg} P)^{\perp}$.

$(iii) \implies (v)$ $\forall x \in H$: $\langle Px, x \rangle = \langle P^2 x, x \rangle = \langle Px, Px \rangle = \|Px\|^2 \geq 0$.

$(v) \implies (i)$ Ist P positiv, so gilt für alle $x \in \operatorname{Ker} P$, $y \in \operatorname{Rg} P$, $\lambda \in \mathbb{R}$:
$0 \leq \langle P(x + \lambda y), x + \lambda y \rangle = \langle \lambda y, x + \lambda y \rangle = \lambda^2 \|y\|^2 + \lambda \langle y, x \rangle$.
Also $\langle y, x \rangle \geq -\lambda \|y\|^2$ für alle $\lambda > 0$ und $\langle y, x \rangle \leq -\lambda \|y\|^2$ für alle $\lambda < 0$.
Also $\langle y, x \rangle = 0$ und damit $\operatorname{Ker} P \perp \operatorname{Rg} P$.

H | **(H.1)**   Seien H_1, H_2 Hilberträume und S eine Orthonormalbasis von H_1.

Für alle $x \in H_1$ gilt $x = \sum_{u \in S}\langle x, u \rangle\, u$, für stetige Operatoren $T \in \mathcal{L}(H_1, H_2)$
also $Tx = \sum_{u \in S}\langle x, u \rangle\, Tu$. Sei T ein Hilbert-Schmidt-Operator.

Ist $S' := \{u \in S \,|\, Tu \neq 0\}$ endlich, so ist T von endlichem Rang, also
kompakt. Sei also $S' = \{u_k \,|\, k \in \mathbb{N}\}$ abzählbar unendlich und damit
$Tx = \sum_{k=1}^{\infty}\langle x, u_k \rangle\, Tu_k$ für alle $x \in H_1$. Für $n \in \mathbb{N}$ sei

$$T_n \colon H_1 \to H_2 \qquad \text{def. durch} \qquad T_n x := \sum_{k=1}^{n}\langle x, u_k \rangle\, Tu_k . \tag{11}$$

Dann ist T_n von endlichem Rang, also kompakt. Ferner gilt

$$\left\| Tx - T_n x \right\|^2 = \left\| \sum_{k=n+1}^{\infty} \langle x, u_k \rangle \, Tu_k \right\|^2 \leq \left(\sum_{k=n+1}^{\infty} |\langle x, u_k \rangle| \, \|Tu_k\| \right)^2$$

$$\leq \left(\sum_{k=n+1}^{\infty} |\langle x, u_k \rangle|^2 \right) \cdot \left(\sum_{k=n+1}^{\infty} \|Tu_k\|^2 \right) \leq \|x\|^2 \cdot \left(\sum_{k=n+1}^{\infty} \|Tu_k\|^2 \right) \tag{12}$$

nach Cauchy-Schwarz- und Bessel. Wegen $\sum_{k=1}^{\infty} \|Tu_k\|^2 < \infty$ folgt

$$\|T - T_n\|^2 \leq \sum_{k=n+1}^{\infty} \|Tu_k\|^2 \rightarrow 0 \qquad \text{für } n \rightarrow \infty . \tag{13}$$

Da $\mathcal{K}(H_1, H_2)$ abgeschlossen ist, folgt $T \in \mathcal{K}(H_1, H_2)$.

(H.2) Seien S_1 eine Orthonormalbasis (ONB) von H_1 und S_2 eine von H_2. Sei $\sum_{u \in S_1} \|Tu\|^2 < \infty$. Nach Parseval gilt

$$\sum_{u \in S_1} \|Tu\|^2 = \sum_{u \in S_1} \sum_{v \in S_2} |\langle Tu, v \rangle|^2 = \sum_{u \in S_1} \sum_{v \in S_2} |\langle u, T^* v \rangle|^2$$

$$= \sum_{v \in S_2} \sum_{u \in S_1} |\langle T^* v, u \rangle|^2 = \sum_{v \in S_2} \|T^* v\|^2 . \tag{14}$$

Also ist mit T auch der Adjungierte T^* ein Hilbert-Schmidt-Operator.

Wegen $T^{**} = T$ gilt auch die Umkehrung.

(H.3) Seien $T \in \mathcal{L}(H_1, H_2)$ ein Hilbert-Schmidt-Operator, S_1 und $\widetilde{S}_1$ Orthonormalbasen von H_1 und S_2 eine ONB von H_2. Dann folgt wie in (14):

$$\sum_{w \in \widetilde{S}_1} \|Tw\|^2 = \sum_{v \in S_2} \|T^* v\|^2 = \sum_{u \in S_1} \|Tu\|^2 . \tag{15}$$

Also ist die sog. *Hilbert-Schmidt-Norm* $\quad \|T\|_{HS} := \left(\sum_{u \in S} \|Tu\|^2 \right)^{1/2}$ unabhängig von der Wahl der Orthonormalbasis S von H_1.

$\|T\|_{HS} = \|T^*\|_{HS}$ wurde in (14) gezeigt.

Für $x \in H_1$ gilt $\quad x = \sum_{u \in S_1} \langle x, u \rangle \, u \quad$ und $\quad \|T\| \leq \|T\|_{HS}$ folgt wegen

$$\|Tx\|^2 \leq \left(\sum_{u \in S_1} |\langle x, u \rangle| \, \|Tu\| \right)^2 \leq \left(\sum_{u \in S_1} |\langle x, u \rangle|^2 \right) \cdot \left(\sum_{u \in S_1} \|Tu\|^2 \right) \tag{16}$$

$$\leq \|x\|^2 \cdot \|T\|_{HS} .$$

(H.4) Die Normeigenschaften von $\|.\|_{HS}$ rechnet man nach.

Ebenso, dass die Menge der Hilbert-Schmidt-Operatoren aus $\mathcal{L}(H_1, H_2)$ einen Untervektorraum $\mathcal{HS}(H_1, H_2)$ bilden.

Durch $\quad \langle T, \widetilde{T} \rangle := \sum_{u \in S_1} \langle Tu, \widetilde{T} u \rangle \quad$ wird ein inneres Produkt auf $\mathcal{HS}(H_1, H_2)$ definiert, das die Hilbert-Schmidt-Norm $\|.\|_{HS}$ erzeugt.

Dass $\mathcal{HS}(H_1, H_2)$ vollständig ist, rechnet man wiederum nach.

I   **(I.1)**   Sei $S = \{\, u_n \mid n \in \mathbb{N} \,\}$ eine ONB in $L^2 := L^2[a,b]$ und $T \in \mathcal{L}\left(L^2\right)$.

• Sei zunächst $k \in L^2([a,b]^2)$ und $f \in L^2$ fest.

Nach Fubini wird durch $g(s) := \int_a^b k(s,t)\, f(t)\, dt$ eine auf $[a,b]$ integrierbare, also erst recht messbare Funktion auf $[a,b]$ definiert. Nach Cauchy-Schwarz gilt

$$|g(s)|^2 \;\leq\; \left(\int_a^b |k(s,t)|\,|f(t)|\, dt \right)^2 \;\leq\; \int_a^b |k(s,t)|^2\, dt \cdot \int_a^b |f(t)|^2\, dt \qquad (17)$$

für alle $s \in [a,b]$. Es folgt $g \in L^2$ und

$$\|g\|^2 = \int_a^b |g(s)|^2\, ds \leq \int_a^b |f(t)|^2\, dt \cdot \int_a^b \int_a^b |k(s,t)|^2\, dt\, ds = \|k\|^2\, \|f\|^2. \qquad (18)$$

Also wird durch $Tf(s) := \int_a^b k(s,t)\, f(t)\, dt$ ein stetiger Operator $T \in \mathcal{L}(L^2)$ mit $\|T\| \leq \|k\|$ definiert.

Für fast alle $s \in [a,b]$ ist $a_k(s) := \int_a^b \overline{k(s,t)} \cdot u_k(t)\, dt$ der k-te Fourier-Koeffizient der L^2-Funktion $\{t \mapsto \overline{k(s,t)}\}$. Nach Parseval gilt für fast alle $s \in [a,b]$:

$$\int_a^b |k(s,t)|^2\, dt \;=\; \sum_{k=1}^{\infty} |a_k(s)|^2 \;=\; \sum_{k=1}^{\infty} \left| \int_a^b \overline{k(s,t)} \cdot \overline{u_k(t)}\, dt \right|^2. \qquad (19)$$

Mit Satz von der beschränkten Konvergenz (A.5-11) folgt

$$\|k\|^2 \;=\; \sum_{k=1}^{\infty} \int_a^b \left| \int_a^b k(s,t)\, u_k(t)\, dt \right|^2 ds \;=\; \sum_{k=1}^{\infty} \|Tu_k\|^2 \;<\; \infty . \qquad (20)$$

Also ist T ein Hilbert-Schmidt-Operator.

• Sei nun $T \in \mathcal{L}(L^2[a,b])$ und $\sum_{k=1}^{\infty} \|Tu_k\|^2 < \infty$.

Für $n,m \in \mathbb{N}$ sei $w_{n,m}(s,t) := \overline{u_n(t)}\, u_m(s)$. Die Funktionen $w_{n,m}$ bilden ein Orthonormalsystem in $L^2([a,b]^2)$. Sei $a_{n,m} := \langle Tu_n, u_m \rangle$.

Nach Parseval konvergiert die Reihe

$$\sum_{m=1}^{\infty} |a_{n,m}|^2 \;=\; \sum_{m=1}^{\infty} \left| \langle u_n, u_m \rangle \right|^2 \;=\; \|Tu_n\|^2 , \qquad (21)$$

also konvergiert die Fourierreihe $k := \sum_{n,m=1}^{\infty} a_{n,m} w_{n,m} \in L^2([a,b]^2)$.

Für $f \in L^2$ und fast alle $s \in [a,b]$ gilt

$$\int_a^b k(s,t)\, f(t)\, dt \;=\; \sum_{n,m=1}^{\infty} a_{n,m}\, u_m(s) \int_a^b f(t)\, \overline{u_n(t)}\, dt$$

$$= \sum_{n,m=1}^{\infty} a_{n,m} u_m(s) \langle f, u_n \rangle \;=\; \left[\sum_{n,m=1}^{\infty} a_{n,m} \langle f, u_n \rangle\, u_m \right](s) . \qquad (22)$$

Ferner

$$\sum_{n,m=1}^{\infty} a_{n,m} \langle f, u_n \rangle u_m = \sum_{n,m=1}^{\infty} \langle T u_n, u_m \rangle \langle f, u_n \rangle u_m$$

$$= \sum_{n=1}^{\infty} \langle f, u_n \rangle \sum_{m=1}^{\infty} \langle T u_n, u_m \rangle u_m = \sum_{n=1}^{\infty} \langle f, u_n \rangle T u_n = T f \,. \tag{23}$$

Also $T f(s) = \int_a^b k(s,t) f(t)\, dt$ für fast alle $s \in [a,b]$.

(I.2)   Sei H ein Hilbertraum und T ein selbstadjungierter Hilbert-Schmidt-Operator in $\mathcal{L}(H)$. (λ_n) sei die Folge der Eigenwerte von T, wobei jeder so oft vorkommt, wie es seine Vielfachheit angibt.

Nach dem Entwicklungssatz (8.5-15) für kompakte selbstadjungierte Operatoren gibt es eine ONB $\{u_1, u_2, \ldots\}$ von $N(T)^{\perp} = \overline{R(T)}$ mit $T u_n = \lambda_n u_n$ und $Tx = \sum_n \lambda_n \langle x, u_n \rangle u_n$ für alle $x \in H$.

Man kann $\{u_1, u_2, \ldots\}$ zu einer ONB S von H ergänzen und erhält

$$\|T\|_{HS}^2 = \sum_{u \in S} \|Tu\|^2 \geq \sum_{n \in \mathbb{N}} \|T u_n\|^2 = \sum_{n \in \mathbb{N}} |\lambda_n|^2 \,. \tag{24}$$

Also ist die Reihe $\sum |\lambda_n|^2$ konvergent.

(I.3)   Sei $T \in \mathcal{L}(L^2[a,b])$ ein selbstadjungierter Hilbert-Schmidt-Operator und $S = \{ u_n \mid n \in \mathbb{N} \}$ eine ONB aus Eigenvektoren.

Nach **(I.1)** gibt es einen Kern $k \in L^2([a,b]^2)$ derart, dass für jedes $f \in L^2[a,b]$

$$T f(s) = \int_a^b k(s,t) f(t)\, dt \quad \text{für fast alle } s \in [a,b] \,. \tag{25}$$

Also gilt nach dem Entwicklungssatz (8.5-15)

$$T f(s) = \int_a^b k(s,t) f(t)\, dt = \sum_n \lambda_n \left(\int_a^b f(t) \overline{u_n(t)}\, \right) u_n(s) \,. \tag{26}$$

Nach dem Beweis von Aufgabe **(I.1)** wird T auch von dem Kern

$$\tilde{k}(s,t) := \sum_{n,m} \langle T u_n, u_m \rangle \overline{u_n(t)}\, u_m(s) = \sum_n \lambda_n \overline{u_n(t)}\, u_n(s) \tag{27}$$

erzeugt. Kerne sind durch die Operatoren (bis auf Nullmengen) eindeutig bestimmt. Also ist $k = \tilde{k}$.

13.5   Spektraltheorie

A Bestimmen Sie das Spektrum der folgenden Operatoren:

   1) $T\colon C(K) \to C(K)$; $Tf(s) := sf(s)$ ($\emptyset \neq K \subset \mathbb{C}$ kompakt) ,

   2) $T\colon \ell^p \to \ell^p$; $T(x) := (\alpha_k x_k)$ ($1 \leq p \leq \infty$, $\alpha = (\alpha_k) \in \ell^\infty$) ,

   3) $S_l\colon \ell^p \to \ell^p$; $S_l(x) := (x_2, x_3, \ldots)$ ($1 \leq p \leq \infty$) ,   (Links-Shift),
      ebenso für den Rechts-Shift $S_r\colon \ell^p \to \ell^p$; $S_r(x) := (0, x_1, x_2, \ldots)$,
      sowie $S_r \circ S_l$ und $S_l \circ S_r$.

   4) $S_r \circ T\colon \ell^p \to \ell^p$ mit den Operatoren T und S_r aus Aufgabe 2) und 3).

   5) $T\colon C[0,1] \to C[0,1]$; $Tf(s) := \int_0^s f(t)\,dt$

   6) $T\colon C[0,1] \to C[0,1]$; $Tf(s) := \int_0^1 s\,t\,f(t)\,dt$

B Jede kompakte Menge $\emptyset \neq K \subset \mathbb{C}$ ist Spektrum eines stetigen Operators.

C Sei E ein Banachraum, $T \in \mathcal{L}(E)$ und T^* der adjungierte Operator zu T. Dann
   haben T und T^* dasselbe Spektrum und damit dieselbe Resolventenmenge.

   Ist E ein Hilbertraum und T^* der Hilbert-Adjungierte, so gilt $\sigma(T^*) = \overline{\sigma(T)}$.

   Ferner gilt $R(\overline{\lambda}; T^*) = R(\lambda; T)^*$ bzw $R(\lambda; T^*) = R(\overline{\lambda}; T)^*$.

D Sei E ein Banachraum und $T\colon E \to E$ ein abgeschlossener linearer Operator.

   Ist λ ein Randpunkt des Spektrums von T, so ist λ ein approximativer Eigenwert von T.

E Sei $E = C[a,b]$ der (komplexe) Vektorraum der komplexwertigen stetigen
   Funktionen auf dem Intervall $[a,b]$. Bestimme das Spektrum von

   $$T\colon D(T) \to C[a,b] ;   (Tf)(t) := f'(t) \text{ für } a \leq t \leq b ; \qquad (1)$$

   für verschiedene Definitionsbereiche $D(T) \subset E$.

F Sei A eine Banachalgebra mit Einselement und $a \in A$ nilpotent, d.h. $a^n = 0$
   für ein $n \in \mathbb{N}$. Dann ist $\sigma(a) = \{0\}$.

G In einer Banachalgebra A ist für $a, b \in A$ i.a. $\sigma(ab) \neq \sigma(ba)$.

   Aber in Banachalgebren mit Einselement gilt $\sigma(ab)\backslash\{0\} = \sigma(ba)\backslash\{0\}$.

H Sei X ein kompakter T_2-Raum. Für Funktionen $f\colon X \to \mathbb{C}$ aus der Banachalgebra $C(X)$ ist $\sigma f = f(X)$.

Lösungen:

A **(A.1)** Sei $\emptyset \neq K \subset \mathbb{C}$ kompakt und $T: C(K) \to C(K)$, $Tf(s) := sf(s)$.

- Es ist $\mathbb{C}\backslash K \subset \varrho(T)$, also $\sigma(T) \subset K$!

Für $\lambda \notin K$ und $g \in C(K)$ gilt nämlich $\frac{1}{\lambda - s} g(s) \in C(K)$ und

$$(\lambda - T)f = g \quad \Longleftrightarrow \quad f(s) = \frac{1}{\lambda - s} g(s) \quad \text{für alle } s \in K \ . \qquad (2)$$

Also ist $\lambda - T$ ein stetiger bijektiver Operator des Banachraums $C(K)$ auf sich mit der stetigen Inversen $R(\lambda; T) = (\lambda - T)^{-1} : g \mapsto \frac{1}{\lambda - s} g$ (Inverse-Mapping-Theorem 8.2-7).

- Es ist $K \subset \sigma(T)$ und $\sigma_c(T) = \emptyset$!

Ist $\lambda \in K$, so ist $(\lambda - T)f(\lambda) = 0$, also $\mathsf{Rg}\,(\lambda - T) \subset \{\, h \in C(K)\,|\, h(\lambda) = 0\,\}$ und damit $\overline{\mathsf{Rg}\,(\lambda - T)} \neq C(K)$.

- Schließlich ist das Punktspektrum $\sigma_p(T)$ von T die Menge der isolierten und das Residualspektrum $\sigma_r(T)$ die Menge der nicht-isolierten Punkte von K.

Ist nämlich λ ein isolierter Punkt von K, so ist

$$f: K \to \mathbb{C} \qquad \text{def. durch} \qquad f(\lambda) := 1 \ , \quad f(s) := 0 \quad \text{sonst} \qquad (3)$$

stetig und wegen $Tf = \lambda f$ ist f eine Eigenfunktion zu λ.

(A.2) Sei $\alpha = (\alpha_k) \in \ell^\infty$ und $T: \ell^p \to \ell^p$ definiert durch $Tx := (\alpha_k\, x_k)$. Sei $A := \{\, \alpha_k \,|\, k \in \mathbb{N}\,\}$.

- Für alle k ist $(\alpha_k - T)e^{(k)} = 0$, also ist $A \subset \sigma_p(T)$.

- Ist $\lambda x = Tx$, so folgt $\lambda x_k = \alpha_k\, x_k$ für alle k. Also ist $\lambda = \alpha_k$ für ein k, oder es ist $x = 0$. Also ist $A = \sigma_p(T)$, insbesondere $A \subset \sigma(T)$.

- $\mathbb{C}\backslash\overline{A} \subset \varrho(T)$ und da $\varrho(T)$ offen ist, folgt $\mathbb{C}\backslash\overline{A} = \varrho(T)$ bzw $\overline{A} = \sigma(T)$.

Es gilt nämlich $(\lambda - T)x = y \Longleftrightarrow (\lambda - \alpha_k)x_k = y_k$ für alle k. Ist $\lambda \notin \overline{A}$, so ist mit $y \in \ell^p$ auch die durch $x_k := \frac{1}{\lambda - \alpha_k} y_k$ definierte Folge $x \in \ell^p$.

Also ist $\lambda - T$ ein stetiger bijektiver Operator des Banachraums ℓ^p auf sich mit der stetigen Inversen $R(\lambda; T) = (\lambda - T)^{-1} : y \mapsto \left(\frac{1}{\lambda - \alpha_k} y_k\right)$.

- Für $1 \leq p < \infty$ ist $\sigma_c(T) = \overline{A}\backslash A$ und damit $\sigma_r(T) = \emptyset$.

Ist nämlich $\lambda \in \overline{A}\backslash A$, so ist jede abbrechende Folge in $\mathsf{Rg}\,(\lambda - T)$. Die abbrechenden Folgen liegen für $1 \leq p < \infty$ dicht in ℓ^p, also ist $\overline{\mathsf{Rg}\,(\lambda - T)} = \ell^p$.

- Für $p = \infty$ ist $\sigma_r(T) = \overline{A}\backslash A$ und damit $\sigma_c(T) = \emptyset$.

Sei nämlich $\varepsilon > 0$ und $x = (x_k) \in \ell^\infty$ eine Folge mit $|x_k| \geq \varepsilon$. Dann ist $x \notin \mathsf{Rg}\,(\lambda - T)$, also $\overline{\mathsf{Rg}\,(\lambda - T)} \neq \ell^\infty$ für $\lambda \in \overline{A}\backslash A$.

(A.3) • Der *Links-Shift* $S_l\colon \ell^p \to \ell^p$ ist definiert durch $S_l x := (x_2, x_3, \ldots)$.

Sei zunächst $1 \le p < \infty$. Für $|\lambda| < 1$ ist $x := (1, \lambda, \lambda^2, \ldots) \in \ell^p$ und $S_l x = \lambda x$. Also ist jedes $\lambda \in \mathbb{C}$ mit $|\lambda| < 1$ Eigenwert von S_l.

Ist umgekehrt $S_l x = \lambda x$ so ist $x_k = \lambda^{k-1} x_1$ für alle k. Daher ist kein λ mit $|\lambda| \ge 1$ Eigenwert von S_l. Also ist $\sigma_p(S_l) = \{\lambda \in \mathbb{C} \mid |\lambda| < 1\} =: \mathbb{E}$.

Es ist $\|S_l^n\| = 1$ für alle n. Also ist der Spektralradius $r(S_l) = 1$.

Da $\varrho(S_l)$ offen ist, folgt $\sigma(S_l) = \overline{\mathbb{E}}$. (Das kann man auch direkt beweisen.)

Für $\lambda \ne 0$ ist $(\lambda - S_l)\colon \mathbb{K}^n \to \mathbb{K}^n$ surjektiv. Also gehört jede abbrechende Folge zum Bildraum $(\lambda - S_l)(\ell^p)$. Diese Folgen liegen dicht in ℓ^p, also ist $\sigma_r(S_l) = \emptyset$ und damit $\sigma_c(S_l) = \sigma(S_l) \backslash \sigma_r(S_l) = \partial \mathbb{E}$.

Für $p = \infty$ ist $\sigma(S_l) = \sigma_p(S_l) = \overline{\mathbb{E}}$ und $\sigma_r(S_l) = \sigma_c(S_l) = \emptyset$.

• Der *Rechts-Shift* $S_r\colon \ell^p \to \ell^p$; $S_r(x) = (0, x_1, x_2, \ldots)$ ist ein Spezialfall von **(A.4)** mit $\alpha = e = (1, 1, \ldots)$. Man erhält:

$$\sigma(S_r) = \overline{\mathbb{E}} \; ; \quad \sigma_p(S_r) = \emptyset \; ; \quad \sigma_r(S_r) = \mathbb{E} \; ; \quad \sigma_c(S_r) = \partial \mathbb{E} \; . \tag{4}$$

• Es ist $S_l \circ S_r = \mathrm{id}$ und das ist ein Spezialfall von **(A.2)**.

Es ist $\sigma(\mathrm{id}) = \sigma_p(\mathrm{id}) = \{1\}$, $\sigma_c(\mathrm{id}) = \sigma_r(\mathrm{id}) = \emptyset$ und $\varrho(\mathrm{id}) = \mathbb{C} \backslash \{1\}$.

• Es ist $Tx := (S_r \circ S_l)x = (0, x_2, x_3, \ldots)$ und das ist ebenfalls ein Spezialfall von **(A.2)** und zwar mit $\alpha = (\alpha_k) = (0, 1, 1, \ldots)$.

Es ist $\sigma(T) = \sigma_p(T) = \{0, 1\}$, $\sigma_c(T) = \sigma_r(T) = \emptyset$ und $\varrho(T) = \mathbb{C} \backslash \{0, 1\}$.

(A.4) Sei $1 \le p < \infty$, $\alpha = (\alpha_k) \in \ell^\infty$ und $T\colon \ell^p \to \ell^p$ definiert durch $T(x) := (0, \alpha_1 x_1, \alpha_2 x_2, \ldots)$.

Kein $\lambda \ne 0$ ist Eigenwert von T und $\lambda = 0$ ist genau dann Eigenwert von T, wenn es ein $k \in \mathbb{N}$ gibt mit $\alpha_k = 0$. Dann ist nämlich $e^{(k)}$ Eigenvektor.

Sind alle $a_k \ne 0$, so ist $\sigma_p(T) = \emptyset$, aber wegen $\overline{\mathrm{Rg}\,T} \ne \ell^p$ ist $0 \in \sigma_r(T) \subset \sigma(T)$.

Es ist $\|T^n\| \le \|\alpha\|_\infty^n$ und daher $\sigma(T) \subset \{\lambda \mid |\lambda| \le \|\alpha\|_\infty\}$.

Weitere allgemeine Aussagen sind nur schwer möglich.

Für $\alpha = e$ ist $T = S_r$.

Für $\alpha = -e$ erhält man $\sigma(T) = \sigma_r(T) = \overline{\mathbb{E}}$, $\sigma_c(T) = \sigma_p(T) = \emptyset$.

Für $\alpha_k = \frac{1}{k}$ erhält man $\|T^n\| \le (n!)^{-1}$, also $\varrho(T) = \mathbb{C} \backslash \{0\}$.
Wegen $\overline{\mathrm{Rg}\,T} \ne \ell^p$ ist $\sigma(T) = \sigma_r(T) = \{0\}$ und $\sigma_c(T) = \sigma_p(T) = \emptyset$.

(A.5) $T\colon C[0,1] \to C[0,1]$; $Tf(s) := \int_0^s f(t)\,dt$ ist ein spezieller *Volterra-Operator*, insbesondere also kompakt (13.3.I).

Für alle $\lambda \ne 0$ besitzt der Operator $(\lambda - T)$ nach Aufgabe 13.3.I eine stetige Inverse. Für $\mathbb{K} = \mathbb{C}$ ist $\sigma(T) \ne \emptyset$, also $\sigma(T) = \{0\}$.

Wegen $(Tf)' = f$ ist T injektiv. Also ist $\lambda = 0$ kein Eigenwert.

Es ist $Tf(0) = 0$ für alle $f \in C[0,1]$. Also ist $\overline{\operatorname{Rg} T} \neq C[0,1]$ und $\sigma_r(T) = \{0\}$, sowie $\sigma_c(T) = \emptyset$.

(A.6) Sei $T: C[0,1] \to C[0,1]$; $(Tf)(s) := \int_0^1 s\,t\,f(t)\,dt = Cs$ mit $C := \int_0^1 t\,f(t)\,dt$. T ist ein spezieller *Fredholm-Operator* mit dem stetigen Kern $k(s,t) = s \cdot t$, insbesondere also kompakt (13.3.H).

Ist f Eigenfunktion von T zum Eigenwert λ, so gilt $Tf(s) = Cs = \lambda f(s)$ für alle $s \in [0,1]$.

Für $\lambda = 0$ folgt $f \equiv 0$. Also ist 0 kein Eigenwert von T.

Ist $\lambda \neq 0$, so ist $f(s) = \frac{C}{\lambda} s$, also

$$C = \int_0^1 t\,f(t)\,dt = \frac{C}{\lambda} \int_0^1 t^2\,dt = \frac{C}{3\lambda} . \tag{5}$$

Also ist $\lambda = \frac{1}{3}$ Eigenwert von T, z.B. mit der Eigenfunktion $f(s) = s$.

Weitere Eigenwerte besitzt T nicht und nach dem Spektralsatz für kompakte Operatoren (8.5-10) folgt $\sigma(T) = \{0, \frac{1}{3}\}$.

B Folgt sowohl aus Aufgabe **(A.1)** und auch aus **(A.2)** und Aufgabe 13.5.H.

C Im Banachraum-Fall folgt dies aus der Tatsache, dass ein Operator genau dann ein Isomorphismus ist, wenn es sein Adjungierter ist (8.1-13).

Im Hilbertraum-Fall beachte man (8.4-2)

$$\left((\lambda - T)^{-1}\right)^* = \left((\lambda - T)^*\right)^{-1} = (\overline{\lambda} - T^*)^{-1} . \tag{6}$$

D Sei $\lambda \in \partial\sigma(T)$. Dann ist $\lambda \in \sigma(T)$, da $\varrho(T)$ offen ist.

Zu zeigen: $\lambda - T$ besitzt keine stetige Inverse.

Sei (λ_n) eine Folge aus $\varrho(T)$ mit $\lambda_n \to \lambda$.

Für $n \in \mathbb{N}$ sei $A_n := R(\lambda_n; T) = (\lambda_n - T)^{-1}$.

Aus der Resolventengleichung

$$R(\lambda; T) - R(\mu; T) = (\mu - \lambda)R(\lambda; T)R(\mu; T) \tag{7}$$

folgt

$$\|A_n - A_m\| \leq |\lambda_n - \lambda_m| \cdot \|A_n\| \cdot \|A_m\| \quad \text{für alle } n, m \in \mathbb{N} . \tag{8}$$

Wir nehmen an, $\lambda - T$ besitzt eine stetige Inverse.

Die Abbildung $\mu \mapsto \|(\mu - T)^{-1}\|$ ist in einer Umgebung von λ stetig (6.3-6). Also ist die Folge $(\|A_n\|)$ beschränkt.

Da (λ_n) eine Cauchyfolge ist, muss auch $(\|A_n\|)$ eine Cauchyfolge in $\mathcal{L}(E)$ sein. Da E vollständig ist konvergiert sie gegen ein $A \in \mathcal{L}(E)$.

Aus der Resolventengleichung folgt weiterhin

$$A_n - R(\mu;T) = (\mu - \lambda_n) \cdot R(\mu;T)A_n \quad \text{für alle } n \in \mathbb{N},\ \mu \in \varrho(T). \tag{9}$$

Mit $n \to \infty$ ergibt sich

$$A - R(\mu;T) = (\mu - \lambda) \cdot R(\mu;T)A \quad \text{für alle } \mu \in \varrho(T). \tag{10}$$

Dann folgt aber $\mathsf{Rg}\,(\lambda - T) = D(A) = E$. Widerspruch zu $\lambda \notin \varrho(T)$.

$\boxed{\text{E}}$ Sei $E = C[a,b]$ der (komplexe) Vektorraum der komplexwertigen stetigen Funktionen auf dem Intervall $[a,b]$.

$$T: D(T) \to C[a,b] \quad ; \qquad Tf(t) := f'(t)\ (a \le t \le b) \tag{11}$$

ist sinnvoll definiert für Unterräume $D(T) \subset C^1[a,b] \subset E$.

Für $D(T) := C^1[a,b]$ ist $\sigma(T) = \sigma_p(T) = \mathbb{C}$.

Für $D(T) := \{\, f \in C^1[a,b] \mid f(0) = 0 \,\}$ ist $\varrho(T) = \mathbb{C}$.

Für $D(T) := \{\, f \in C^1[a,b] \mid f(0) = f(1) \,\}$ ist $\sigma_p(T) = \{\, 2\pi n \mid n \in \mathbb{N} \,\}$.
Außerdem ist $\sigma_c(T) = \sigma_r(T) = \emptyset$.

$\boxed{\text{F}}$ Sei A eine Banachalgebra mit Einselement und $a \in A$ nilpotent, d.h. $a^n = 0$ für ein $n \in \mathbb{N}$. Dann ist der Spektralradius $r(a) = \lim \|a^n\|^{1/n} = 0$ und daher $\sigma(a) \subset \{\, \lambda \mid |\lambda| \le r(a) \,\} = \{0\}$ (8.5-3).

Da a nicht invertierbar ist folgt $\sigma(a) = \{0\}$.

$\boxed{\text{G}}$ Nach Aufgabe **(A.3)** gilt für die Shift-Operatoren S_l und S_r aus der Banachalgebra $\mathcal{L}(\ell^p)$: $\sigma(S_l S_r) = \{1\} \ne \sigma(S_r S_l) = \{0,1\}$.

Seien nun A eine Banachalgebra mit Einselement e und $a,b \in A$.

Zu $\lambda \in \varrho(ab)\backslash\{0\}$ gibt es ein $c \in A$ mit $c(\lambda - ab) = (\lambda - ab)c = e$. Dann ist $c(ab) = (ab)c$ und daher

$$(e + bca)(\lambda - ba) = (\lambda - ba)(e + bca) = \lambda e. \tag{12}$$

Also ist $\lambda - ba$ invertierbar und damit $\lambda \in \varrho(ba)\backslash\{0\}$.

$\boxed{\text{H}}$ Sei X ein kompakter T_2-Raum und $f \in C(X)$.

Ist $\lambda = f(x_0)$, so hat $f - \lambda$ eine Nullstelle, kann also in $C(X)$ nicht invertierbar sein. Also ist $f(X) \subset \sigma f$.

Ist $\lambda \notin f(X)$, so ist $(f - \lambda)^{-1} \in C(X)$, also $f - \lambda$ in $C(X)$ invertierbar.

Anhang

A.1 Mengen, Relationen und Funktionen

Rechenregeln und Definitionen der naiven Mengenlehre werden vorausgesetzt.

A.1-1 Einige Schreibweisen

$X \subset Y \ :\Longleftrightarrow \ X$ ist Teilmenge von $Y \ \Longleftrightarrow \ $ für alle $\ x \in X \ $ gilt $\ x \in Y$.

$\emptyset$ ist die leere Menge.

$\mathcal{P}(X) := \{\, Y \mid Y \subset X \,\}$ heißt *Potenzmenge* der Menge X.

Ist $\ \mathfrak{A} \subset \mathcal{P}(X)\ $ eine Menge von Teilmengen von X, so heißen

$$
\begin{aligned}
\bigcup \mathfrak{A} &:= \{\, x \in X \mid \exists A \in \mathfrak{A} : x \in A \,\} \quad \text{und} \\
\bigcap \mathfrak{A} &:= \{\, x \in X \mid \forall A \in \mathfrak{A} : x \in A \,\}
\end{aligned}
\tag{1}
$$

Vereinigung bzw *Durchschnitt des Mengensystems* $\mathfrak{A}$. Insbesondere setzt man

$$
\bigcup \emptyset := \emptyset \quad \text{und} \quad \bigcap \emptyset := X .
\tag{2}
$$

Zu cartesischen Produkten siehe 1.3-5.

Ist X eine endliche Menge, so sei $|X|$ die Anzahl der Elemente von X. Für unendliche Mengen X sei $|X| := \infty$.

A.1-2 Überdeckungen und Partitionen

Sei $\mathfrak{A}$ eine Menge von Teilmengen von X, also $\ \mathfrak{A} \subset \mathcal{P}(X)$.

$\mathfrak{A}$ heißt *Überdeckung* einer Menge $B \subset X$, wenn $\ B \subset \bigcup \mathfrak{A}$.

$\mathfrak{A}$ heißt *Partition* oder *Zerlegung* von X, wenn $\ X = \bigcup \mathfrak{A}$ und die Elemente von $\mathfrak{A}$ nichtleer und paarweise disjunkt sind.

A.1-3 Relationen

Eine *Relation* R auf einer Menge $\ X \neq \emptyset$ ist eine Teilmenge von $X \times X$. Statt $\ (x, y) \in R\ $ schreibt man meist $\ xRy$.

Eine Relation R auf X heißt:

- (i) *reflexiv*, wenn $\ \forall x \in X \ : \ xRx$.
- (ii) *symmetrisch*, wenn $\ \forall x, y \in X \ : \ xRy \ \Longrightarrow \ yRx$.
- (iii) *antisymmetrisch*, wenn $\ \forall x, y \in X \ : \ xRy$ und $yRx \ \Longrightarrow \ x = y$.
- (iv) *asymmetrisch*, wenn $\ \forall x, y \in X \ : \ xRy \ \Longrightarrow \ $ nicht yRx .
- (v) *transitiv*, wenn $\ \forall x, y, z \in X \ : \ xRy$ und $yRz \ \Longrightarrow \ xRz$.
- (vi) *konnex (total)*, wenn $\ \forall x, y \in X \ : \ xRy$ oder yRz .

A.1-4 Äquivalenzrelation

Eine Relation $\sim$ auf einer nichtleeren Menge X heißt *Äquivalenzrelation* auf X, wenn $\sim$ reflexiv, symmetrisch und transitiv ist.

Ist $\sim$ eine Äquivalenzrelation auf X und $x \in X$, so heißt

$$x_\sim := [x] := \{\, y \in X \mid x \sim y \,\} \tag{3}$$

die *Äquivalenzklasse* von x.

Die Menge $X_\sim := \{\, x_\sim \mid x \in X \,\}$ der Äquivalenzklassen heißt auch *Quotientenmenge* von X nach $\sim$. Sie ist eine *Zerlegung* von X.

Ordnungen

A.1-5 Halbordnung

Eine Relation $\leq$ auf einer nichtleeren Menge X heißt *Halbordnung* auf X, wenn $\leq$ reflexiv, antisymmetrisch und transitiv ist.

Es ist klar, wie die zu einer Halbordnung $\leq$ gehörenden Relationen $<, >$ und $\geq$ definiert werden. $<$ ist transitiv und asymmetrisch.

Manchmal werden auch die Relationen $<$ als Halbordnungen bezeichnet und die zugehörigen Relationen $\leq$ usw entsprechend eingeführt.

A.1-6 Lineare Ordnung

Eine *lineare (totale) Ordnung* auf X ist eine totale Halbordnung auf X, also eine transitive, antisymmetrische, reflexive und totale Relation auf X.

Eine linear geordnete Teilmenge einer halbgeordneten Menge heißt auch *Kette*.

A.1-7 Schranken, Maximum, Supremum

Sei $(X, \leq)$ eine halbgeordnete Menge, $A \subset X$ und $x \in X$. Dann heißt

(i) x *obere Schranke von* A, wenn $a \leq x$ für alle $a \in A$,

(ii) x *Maximum von* oder *größtes Element von* A, wenn $x \in A$ und x obere Schranke von A ist.

(iii) x *Supremum von* A, wenn x kleinste obere Schranke von A ist, d.h. x ist obere Schranke und ist y ebenfalls obere Schranke von A, so ist $x \leq y$.

Analog werden *untere Schranken, Minima* und *Infimum* definiert.

$A \subset X$ heißt *(nach oben bzw unten) beschränkt*, wenn A entsprechende Schranken besitzt.

A.1-8 Ordnungsvollständigkeit

Eine Halbordnung $\leq$ auf einer Menge X heißt *ordnungsvollständig*, wenn jede nichtleere, nach oben beschränkte Teilmenge von X ein Supremum besitzt.

Dies ist äquivalent dazu, dass jede nichtleere, nach unten beschränkte Teilmenge von X ein Infimum besitzt.

A.1-9   Intervalle

Sei $(X, \leq)$ eine linear geordnete Menge. *Intervalle* in X sind Teilmengen der Form

(i) $\emptyset$ = leere Menge oder $X =: \,] - \infty, \infty[$,

(ii) $\{a\}$ für ein $a \in X$,

(iii) $] - \infty, b] := \{\, x \in X \mid x \leq b \,\}$, $\quad] - \infty, b[:= \{\, x \in X \mid x < b \,\}$,
$\quad\quad]a, \infty[:= \{\, x \in X \mid x > a \,\}$ oder $[a, \infty[:= \{\, x \in X \mid x \geq a \,\}$
$\quad\quad$ für gewisse $a, b \in X$,

(iv) $[a, b] := \{\, x \in X \mid a \leq x \leq b \,\}$, $\quad [a, b[:= \{\, x \in X \mid a \leq x < b \,\}$,
$\quad\quad]a, b] := \{\, x \in X \mid a < x \leq b \,\}$ oder $]a, b[:= \{\, x \in X \mid a < x < b \,\}$
$\quad\quad$ für gewisse $a < b \in X$.

A.1-10   Zornsches Lemma

Ist $X \neq \emptyset$ eine halbgeordnete Menge, in der jede Kette eine obere Schranke besitzt, so besitzt X ein maximales Element.

Eine typische Anwendung des Zornschen Lemmas ist der Beweis, dass jeder Vektorraum eine Basis besitzt (siehe z.B. [RLA2 1.2.2]).

Das Zornsche Lemma ist ein Axiom der Mengenlehre. Es ist äquivalent zum *Auswahlaxiom* A.1-14 und zum *Wohlordnungsprinzip* A.2-2.

Funktionen

A.1-11   Funktionen

Im folgenden seien X, Y zwei nichtleere Mengen und $f \colon X \to Y$ eine Funktion. $\mathsf{Df}\,(f) = X$ heißt *Definitionsbereich*, Y *Zielbereich* und
$\mathsf{Rg}\,(f) := f(X) := \{\, f(x) \mid x \in X \,\}$ *Wertebereich* von $f \colon X \to Y$.
$\operatorname{graph} f := \{\, (x, y) \in X \times Y \mid y = f(x) \,\}$ ist der *Graph* von f.

Y^X bezeichnet die Menge aller Funktionen von X in Y.

Die Funktion $\operatorname{id} = \operatorname{id}_X \colon X \to X$, $\operatorname{id}_X(x) := x$ heißt *Identität* auf X.

$f \equiv g$ ist eine suggestive Schreibweise für $f(x) = g(x)$ für alle $x \in \mathsf{Df}\,(f) = \mathsf{Df}\,(g)$.

Die *Einschränkung* von f auf $A \subset X$ bezeichnen wir mit

$$f \restriction_A \colon A \to Y \,; \quad f \restriction_A(a) = f(a) \quad \text{für alle } a \in A \,. \tag{4}$$

Die *charakteristische Funktion* χ_A von A bzgl X ist definiert durch

$$\chi_A \colon X \to \{0, 1\} \,; \quad \chi_A(x) = \begin{cases} 1 & \text{für } x \in A, \\ 0 & \text{sonst.} \end{cases} \tag{5}$$

Die Definitionen von *injektiv, surjektiv, bijektiv* werden nicht wiederholt.

A.1-12   Bild und Urbild

Sei $f\colon X \to Y$ eine Funktion.

Für $A \subset X$ heißt $f(A) := \{\, f(a) \mid a \in A \,\}$ das *Bild* von A unter f.

Für $B \subset Y$ heißt $f^{-1}(B) := \{\, a \in X \mid f(a) \in B \,\}$ das *Urbild* von B unter f, also ist der Definitionsbereich $X = f^{-1}(Y)$ von f das Urbild des Zielbereichs.

Für einelementige Mengen $\{y\}$ schreibt man $f^{-1}(y)$ statt $f^{-1}(\{y\})$.
Jedes $x \in f^{-1}(y)$ heißt auch *ein* Urbild von y.

A.1-13   Umkehrfunktion

Ist f injektiv und $y \in f(X) \subset Y$, so gibt es genau ein $x \in X$ mit $f(x) = y$. Dies eindeutig bestimmte Urbild wird mit $f^{-1}(y)$ bezeichnet, und die dadurch definierte Funktion $f^{-1}\colon f(X) \to X$ heißt *Umkehrfunktion* von f.

Achtung: In manchen Vorlesungen wird die *Umkehrfunktion* nur für bijektive Funktionen definiert. Dies führt kaum zu Missverständnissen. Jede injektive Funktion $f\colon X \to Y$ ist eine Bijektion von X auf $f(X)$.

A.1-14   Auswahlaxiom

Ist I eine beliebige Indexmenge und $(X_i)_{i \in I}$ eine Familie nichtleerer Mengen, so gibt es ein $f\colon I \to \bigcup_{i \in I} X_i$ mit $f(i) \in X_i$ für alle $i \in I$.

Das Auswahlaxiom ist unabhängig von den anderen Axiomen der Mengenlehre und äquivalent zum Zornschen Lemma und Wohlordnungsprinzip.

Das Auswahlaxiom besagt insbesondere, dass die Produktmenge $\prod_{i \in I} X_i$ für beliebige Indexmengen I und $X_i \neq \emptyset$ nichtleer ist.

A.2   Ordinal- und Kardinalzahlen

Wir verzichten auf eine axiomatische Einführung der Ordinalzahlen und beschränken uns auf folgenden intuitiven Zugang:

A.2-1   Wohlordnung

Eine totale Ordnung $\leq$ auf X heißt *Wohlordnung* auf X, wenn jede nichtleere Teilmenge A von X ein kleinstes Element besitzt.

Z.B. ist $\mathbb{N}$ mit der üblichen linearen Ordnung wohlgeordnet.

Teilmengen wohlgeordneter Mengen sind wohlgeordnet.

A.2-2   Wohlordnungsprinzip

Jede Menge kann wohlgeordnet werden.

A.2-3   Ordnungsisomorphismen

Zwei wohlgeordnete Mengen $(X, \leq)$ und $(Y, \leq)$ heißen *ordnungsisomorph*, geschrieben $X \approx Y$, wenn es eine bijektive Abbildung $f \colon X \to Y$ gibt mit $x \leq y \Rightarrow f(x) \leq f(y)$.

A.2-4   Ordinalzahlen

Es gibt Mengen, *Ordinalzahlen* genannt, derart dass jede wohlgeordnete Menge $(X, \leq)$ zu genau einer Ordinalzahl, die man mit $\operatorname{ord} X$ bezeichnet, ordnungsisomorph ist.

$\omega := \operatorname{ord} \mathbb{N}$ ist die Ordinalzahl von $\mathbb{N}$ (mit der üblichen Ordnung).

Man schreibt auch $0 := \operatorname{ord} \emptyset$, $n := \operatorname{ord} \{1, 2, \ldots, n\}$.

Achtung: Die *Menge aller Ordinalzahlen* gibt es ebensowenig wie die Menge aller Kardinalzahlen. Ihre Existenz führt zu Widersprüchen.

A.2-5   Ordnung der Ordinalzahlen

Ist X wohlgeordnet und $x \in X$, so heißt $A_x := \{y \in X \mid y < x\}$ *Anfangsstück.* Anfangsstücke wohlgeordneter Mengen sind wohlgeordnet. Man definiert

$$\operatorname{ord} X < \operatorname{ord} Y \quad :\Longleftrightarrow \quad \exists\,\text{Anfangsstück } A_x \text{ von } X \; : \; Y \approx A_x \qquad (1)$$

Dadurch wird jede Menge von Ordinalzahlen linear geordnet und jede Menge der Form $\{\operatorname{ord} Y \mid \operatorname{ord} Y < \operatorname{ord} X\}$ wohlgeordnet.

Es gibt eine kleinste nicht-abzählbare Ordinalzahl. Sie wird mit ω_1 bezeichnet.

A.2-6   Vorgänger, Nachfolger, Limeszahlen

Zu jeder Ordinalzahl α gibt es eine nächst größere. Sie heißt *(direkter) Nachfolger von* α und wird mit $\alpha + 1$ bezeichnet.

Ordinalzahlen $\alpha > 0$, die keinen direkten Vorgänger besitzen, die also nicht von der Form $\beta + 1$ sind, heißen *Limeszahlen.*

$\omega = \operatorname{ord} \mathbb{N}$ ist die kleinste Limeszahl. Die nächst größere ist $\omega \cdot 2 = \omega + \omega$.

A.2-7 Addition und Multiplikation

Addition, Multiplikation und Potenzen von Ordinalzahlen definiert man durch transfinite Induktion.

Für eine elementare Einführung siehe z.B. *Halmos: Naive Mengenlehre.*

Eine naive Vorstellung der Summe $\alpha+\beta$ ist die disjunkte Vereinigung von α und β. Sie ist mit den Wohlordnungen auf α und β und $a < b$ für alle $a \in \alpha$, $b \in \beta$ ebenfalls wohlgeordnet.

Die Addition ist nicht kommutativ. Z.B. ist $1 + \omega = \omega \neq \omega + 1$.

Eine naive Vorstellung des Produkts $\alpha \cdot \beta$ ist das cartesische Produkt von α und β mit der durch

$$(a,b) < (c,d) \quad :\Longleftrightarrow \quad b < d \text{ oder } (\; b = d \text{ und } a < c \;) \tag{2}$$

für $(a,b), (c,d) \in \alpha \times \beta$ definierten *lexikographischen Wohlordnung von rechts.*

Die Multiplikation ist ebenfalls nicht kommutativ. Das linksseitige Distributivgesetz gilt, aber nicht das rechtsseitige!

Z.B. gilt $(1+1)\omega = 2\omega = \omega \neq \omega 2 = \omega + \omega$.

Eine vage Vorstellung des Ordinalzahlraums $\Omega := [1, \omega_1]$ (A.6-10) ist damit

$$0 < 1 < 2 < \ldots < \omega < \omega + 1 < \ldots < \omega + \omega = \omega 2 < \ldots < \omega 3 < \ldots$$
$$\ldots < \omega\omega = \omega^2 < \omega^2 + 1 < \ldots < \omega^2 + \omega < \ldots < \omega^2 + \omega^2 < \ldots \tag{3}$$
$$\ldots < \omega^3 < \ldots < \omega^\omega < \ldots < \omega_1 \; .$$

A.2-8 Kardinalzahlen

In der axiomatischen Mengenlehre (mit Auswahlaxiom) werden Kardinalzahlen als spezielle Ordinalzahlen eingeführt. Für die Analysis reicht der folgende intuitive Zugang:

Es gibt Mengen, *Kardinalzahlen* genannt, derart dass jede Menge X zu genau einer Kardinalzahl, die man mit card X bezeichnet, gleichmächtig ist.

Dabei heißen zwei Mengen X und Y heißen *gleichmächtig*, wenn es eine bijektive Abbildung von X auf Y gibt.

Die Kardinalzahl der natürlichen Zahlen wird mit $\aleph_0 := \operatorname{card} \mathbb{N}$, die der reellen Zahlen mit $\mathfrak{c} := \operatorname{card} \mathbb{R}$ bezeichnet.

Ferner schreibt man $0 := \operatorname{card} \emptyset$, $n := \operatorname{card} \{1, 2, \ldots, n\}$.

Achtung: Die *Menge aller Kardinalzahlen* gibt es nicht. Ihre Existenz würde zu Widersprüchen führen.

A.2-9 Endliche und abzählbare Mengen

Eine Menge X heißt *endlich*, wenn $\operatorname{card} X < \aleph_0$. Anderenfalls heißt sie *unendlich.*

X heißt *abzählbar*, wenn $\operatorname{card} X \leq \aleph_0$. Anderenfalls heißt sie *überabzählbar*.

Ist X abzählbar, so ist die Menge der endlichen Teilmengen von X abzählbar. Allgemein hat für alle X die Menge aller endlichen Teilmengen die gleiche Kardinalzahl wie X.

Abzählbare Vereinigungen abzählbarer Mengen sind ebenfalls abzählbar.

A.2-10   Ordnung der Kardinalzahlen

Für Kardinalzahlen definiert man

$$\operatorname{card} X \leq \operatorname{card} Y \quad :\Longleftrightarrow \quad \exists\, f\colon X \to Y \;:\; f \text{ injektiv.} \tag{4}$$

Dadurch wird jede Menge von Kardinalzahlen linear geordnet.

Für alle Mengen X ist $\operatorname{card} X < \operatorname{card} \mathcal{P}(X)$. Insbesondere ist die Potenzmenge jeder abzählbaren Menge überabzählbar.

A.2-11   Kontinuumshypothese

Es gilt $\aleph_0 < \mathfrak{c}$. Die sog. *Kontinuumshypothese* besagt, dass es keine Kardinalzahl gibt, die echt zwischen $\aleph_0$ und $\mathfrak{c}$ liegt.

Die Kontinuumshypothese ist unabhängig von den üblichen Axiomen der Mengenlehre.

Grundlegend ist der

A.2-12   Satz von Schröder-Bernstein

$$\operatorname{card} X \leq \operatorname{card} Y \quad \text{und} \quad \operatorname{card} Y \leq \operatorname{card} X \quad \Longrightarrow \quad \operatorname{card} X = \operatorname{card} Y . \tag{5}$$

A.3   Algebren und Maße

Es folgen einige Grundlagen aus der Maßtheorie. Man beachte, dass die Definitionen in der Literatur nicht einheitlich sind.

Wir betrachten zunächst nur Maße mit Werten in $[0, \infty]$. Zu signierten und komplexen Maßen siehe Abschnitt A.4. Auf vektorwertige und Banachraumwertige Maße gehen wir nicht ein.

A.3-1   Mengenalgebren, messbare Räume

Sei $X \neq \emptyset$ eine beliebige Menge und $\emptyset \neq \mathfrak{A} \subset \mathcal{P}(X)$.

$\mathfrak{A}$ heißt *(Mengen-) Algebra* auf X, wenn für alle $A, B \in \mathfrak{A}$ auch $A \cup B \in \mathfrak{A}$ und $X \backslash A \in \mathfrak{A}$. Für jede Algebra $\mathfrak{A}$ auf X gilt $\emptyset, X \in \mathfrak{A}$.

Eine Algebra $\mathfrak{A}$ heißt σ-*Algebra*, wenn für alle Folgen (A_j) aus $\mathfrak{A}$ auch die abzählbare Vereinigung $\bigcup_{j \in \mathbb{N}} A_j \in \mathfrak{A}$ ist, wenn also $\mathfrak{A}$ gegenüber abzählbaren Vereinigungen.

X zusammen mit einer σ-Algebra auf X heißt auch *messbarer Raum*.

Wegen $A \cap B = A \backslash (A \backslash B)$ sind $(\sigma\text{-})$ Algebren auch abgeschlossen gegenüber (abzählbaren) Durchschnitten.

A.3-2   Beispiele

(a) Ist $X \neq \emptyset$, so sind $\mathcal{P}(X)$ und $\{\emptyset, X\}$ σ-Algebren auf X.

(b) $\mathfrak{A} := \{ A \subset \mathbb{R}^n \mid A \text{ ist endliche Vereinigung von Intervallen} \}$ ist eine Algebra auf dem $\mathbb{R}^n$, die keine σ-Algebra ist.

A.3-3   Die von einem Mengensystem erzeugte σ-Algebra

Ist $\emptyset \neq \mathcal{A} \subset \mathcal{P}(X)$, so heißt

$$\Sigma(\mathcal{A}) := \bigcap \{ \, \mathfrak{M} \mid \mathfrak{M} \ \sigma\text{-Algebra auf } X, \ \mathcal{A} \subset \mathfrak{M} \, \} \ . \tag{1}$$

die von $\mathcal{A}$ erzeugte σ-Algebra. Sie ist die kleinste σ-Algebra über X, die $\mathcal{A}$ enthält. Entsprechend für Algebren.

A.3-4   Borel-Algebra

Ist $(X, \mathcal{T})$ ein topologischer Raum, so heißt die von der Topologie $\mathcal{T}$ erzeugte σ-Algebra $\mathfrak{B}(X) = \Sigma(\mathcal{T})$ die *Borel-Algebra* über X und ihre Elemente die *Borel-Mengen* von X. $\mathfrak{B}(X)$ enthält insbesondere alle F_σ-, $F_{\sigma\delta}$-Mengen usw. Sie wird auch von den abgeschlossenen Mengen erzeugt.

Die Intervalle der Form $\,]-\infty, a]\,$ erzeugen die Borel-Algebra $\mathfrak{B}(\mathbb{R})$ auf $\mathbb{R}$.

A.3-5   Prämaße

Sei $\mathfrak{A}$ eine Algebra auf X. Eine Mengenfunktion $\mu \colon \mathfrak{A} \to [0, \infty]$ heißt *(endlich) additiv*, wenn für endlich viele $A_1, \ldots, A_n \in \mathfrak{A}$ gilt

$$A_i \cap A_j = \emptyset \ \text{ für } i \neq j \quad \Longrightarrow \quad \mu\big(\textstyle\bigcup_{j=1}^n A_j\big) \ = \ \sum_{j=1}^n \mu(A_j) \ . \tag{2}$$

$\mu\colon \mathfrak{A} \to [0,\infty]$ heißt *Prämaß* auf $\mathfrak{A}$, wenn μ additiv und $\mu(\emptyset) = 0$ ist.
Die letzte Bedingung schließt nur den trivialen Fall $\mu \equiv \infty$ aus.

A.3-6 Maße

Sei (X,Σ) ein messbarer Raum, also Σ eine σ-Algebra auf X. Eine Mengen-funktion $\mu\colon \Sigma \to [0,\infty]$ heißt *(positives) Maß* auf Σ, wenn $\mu(\emptyset) = 0$ und μ σ-*additiv* ist, d.h. für abzählbar viele Mengen $A_j \in \Sigma$ gilt

$$A_i \cap A_j = \emptyset \ \text{für } i \neq j \quad \Longrightarrow \quad \mu\left(\bigcup_{j\in\mathbb{N}} A_j\right) = \sum_{j\in\mathbb{N}} \mu(A_j) \ . \tag{3}$$

Ein Maß ist also eine erweitert-reellwertige, nicht-negative, σ-additive Mengen-funktion auf einer σ-Algebra Σ.

Ist μ ein Maß auf Σ, so heißen die Mengen $A \in \Sigma$ μ-*messbar*, und (X,Σ,μ) heißt ein *Maßraum*.

Ein Maßraum (X,Σ,μ) heißt *endlich*, wenn $\mu(X) < \infty$. Er heißt σ-*endlich*, wenn X abzählbare Vereinigung von Mengen mit endlichem Maß ist.

Ein *Wahrscheinlichkeits-Raum* ist ein endlicher Maßraum mit $\mu(X) = 1$.

A.3-7 Beispiele

(a) Das *diskrete Maß* oder *Zählmaß* $\mu\colon \mathcal{P}(X) \to \mathbb{N}_0 \cup \{\infty\}$ auf einer Menge $X \neq \emptyset$ ist definiert durch $\mu(A) := |A| = $ Anzahl der Elemente von A .

(b) Ist $x \in X$, so ist das *Dirac-Maß* δ_x auf X definiert durch

$$\delta_x\colon \mathcal{P}(X) \to \{0,1\} \ ; \quad \delta_x(A) \ := \ \begin{cases} 1 & \text{falls } x \in A \\ 0 & \text{sonst.} \end{cases} \tag{4}$$

(c) Sei $\mu\colon \mathcal{P}(\mathbb{N}) \to [0,\infty]$ definiert durch

$$\mu(A) \ := \ \begin{cases} \sum_{k\in A} 2^{-k} & \text{falls } A \text{ endlich,} \\ \infty & \text{sonst.} \end{cases} \tag{5}$$

Dann ist μ eine endlich-additive, aber nicht σ-additive Mengenfunktion. μ ist also ein Prämaß, das kein Maß ist.

(d) Zum klassischen *Lebesgue-Maß* im $\mathbb{R}^n$ siehe A.3-14.ff oder [RA2 9.3].

A.3-8 Folgerungen

Im folgenden sei (X,Σ,μ) ein Maßraum. Dann gilt

(a) μ ist *monoton*, d.h. es gilt

$$A, B \in \Sigma, \ A \subset B \quad \Longrightarrow \quad \mu(A) \leq \mu(B) \ . \tag{6}$$

(b) μ ist σ-*subadditiv*, d.h. es gilt

$$A, B_i \in \Sigma, \; A \subset \bigcup_{i \in \mathbb{N}} B_i \;\; \Longrightarrow \;\; \mu(A) \le \sum_{i \in \mathbb{N}} \mu(B_i) \;. \tag{7}$$

Umgekehrt gilt auch: σ-subadditive Prämaße sind σ-*additiv*.

(c) *Stetigkeit von oben bzw. unten*
Sei $A_1 \subset A_2 \subset \ldots$ eine aufsteigende Kette in Σ. Dann ist

$$A := \bigcup A_j \in \Sigma \qquad \text{und} \qquad \mu(A) = \lim_{j \to \infty} \mu(A_j) \;. \tag{8}$$

Für absteigende Ketten $A_1 \supset A_2 \supset \ldots$ mit einem $\mu(A_n) < \infty$ gilt

$$A := \bigcap A_j \in \Sigma \qquad \text{und} \qquad \mu(A) = \lim_{j \to \infty} \mu(A_j) \;. \tag{9}$$

A.3-9 *Nullmengen*

Seien (X, Σ, μ) ein Maßraum und $N \in \Sigma$.

Ist $\mu(N) = 0$, so heißt N μ-*Nullmenge*.

Abzählbare Vereinigungen von Nullmengen sind wiederum Nullmengen. Teilmengen von Nullmengen sind Nullmengen, wenn sie messbar sind.

A.3-10 *Vollständige Maße*

Ein Maßraum (X, Σ, μ) bzw ein Maß μ auf Σ heißt *vollständig*, wenn gilt

$$N \in \Sigma, \; \mu(N) = 0, \; E \subset N \;\; \Longrightarrow \;\; E \in \Sigma \;. \tag{10}$$

Maße, die auf der gesamten Potenzmenge $\mathcal{P}(X)$ definiert sind, wie z.B. das Zählmaß und das Dirac-Maß, sind trivialerweise vollständig.

Das klassische Lebesgue-Maß im $\mathbb{R}^n$ ist vollständig, die Einschränkung des Lebesgue-Maßes auf die Borel-Algebra nicht.

Man kann jedes Maß zu einem vollständigen Maß fortsetzen.

Manchmal wird die Vollständigkeit von Maßen schon in der Definition gefordert.

A.3-11 *Fast überall, μ-a.e.*

Sei (X, Σ, μ) ein Maßraum. Man sagt, eine Eigenschaft gilt μ-*fast überall* (μ-a.e. - almost everywhere) in X, wenn sie außerhalb einer μ-Nullmenge gilt.

Ist z.B. $\mathcal{F}$ eine beliebige Menge von Funktionen auf X, so wird durch

$$\begin{aligned} f \sim_\mu g \;\; &\Longleftrightarrow \;\; f = g \; \mu\text{-a.e.} \\ &\Longleftrightarrow \;\; \exists N \in \Sigma \; : \; \mu(N) = 0 \; \text{und} \; \forall x \in X \backslash N \; : \; f(x) = g(x) \end{aligned} \tag{11}$$

eine Äquivalenzrelation auf $\mathcal{F}$ definiert.

A.3-12 Reguläre Maße

Sei Σ eine σ-Algebra auf einem topologischen Raum X. Ein Maß μ auf Σ heißt *regulär*, wenn

(i) $\mu(K) < \infty$ für alle kompakten $K \subset X$,

(ii) $\forall A \in \Sigma$: $\mu(A) = \inf \{ \mu(G) \mid G$ offen, $A \subset G \subset X \}$,

(iii) $\forall G \subset X$ offen : $\mu(G) = \sup \{ \mu(K) \mid K$ kompakt, $K \subset G \subset X \}$.

Ist X ein topologischer Raum, so ist das Zählmaß auf X (außer in trivialen Fällen) nicht regulär. Im diskreten Fall ist es regulär.

Dirac-Maße auf einem Hausdorff-Raum sind regulär. Ebenso ist das Lebesgue-Maß im $\mathbb{R}^n$ regulär.

A.3-13 Inhaltsproblem

Das sog. *Inhaltsproblem* besteht darin, ein auf $\mathcal{P}(\mathbb{R}^n)$ definiertes bewegungsinvariantes Prämaß zu finden. Es ist für Dimensionen $n \geq 3$ nicht lösbar. Für $n = 1$ und $n = 2$ gibt es solche Prämaße.

Ein bewegungsinvariantes *Maß* auf der ganzen Potenzmenge gibt es für kein $n \geq 1$. Man muss sich auf echte Teilalgebren von $\mathcal{P}(\mathbb{R}^n)$ beschränken.

A.3-14 Lebesgue-Maß im $\mathbb{R}^n$

Das Lebesgue-Maß $\lambda_n =: \lambda$ im $\mathbb{R}^n$ kann wie folgt konstruiert werden:

Der euklidische Inhalt n-dimensionaler Intervalle wird zunächst kanonisch zu einem Prämaß auf der Algebra $\mathfrak{A}$ der endlichen Vereinigungen von disjunkten, 'halboffenen' Intervallen erweitert. Dies wird durch

$$\lambda^*(B) := \inf \{ \sum \lambda(A_j) \mid A_j \in \mathfrak{A}, \ B \subset \bigcup A_j \} \tag{12}$$

zu einem sog. *äußeren Maß* λ^* (kein Maß!) auf der gesamten Potenzmenge $\mathcal{P}(\mathbb{R}^n)$ fortgesetzt.

$$\mathfrak{M}^n := \{ A \subset \mathbb{R}^n \mid \forall Z \subset \mathbb{R}^n : \lambda^*(Z) = \lambda^*(Z \cap A) + \lambda^*(Z \backslash A) \} \tag{13}$$

ist eine σ-Algebra auf dem $\mathbb{R}^n$, und die Einschränkung $\lambda = \lambda^* \restriction \mathfrak{M}^n$ ist das *Lebesgue-Maß* auf $\mathbb{R}^n$.

A.3-15 Eigenschaften des Lebesgue-Maßes

λ ist vollständig und regulär.

Der Maßraum $(\mathbb{R}^n, \mathfrak{M}^n, \lambda)$ ist σ-endlich.

Die Borel-Mengen sind Lebesgue-messbar, d.h. es ist $\mathfrak{B}(\mathbb{R}^n) \subset \mathfrak{M}^n$.

Die Einschränkung $\lambda \restriction \mathfrak{B}(\mathbb{R}^n)$ des Lebesgue-Maßes auf die Borel-Algebra heißt das *Lebesgue-Borel-Maß*. Es ist *nicht vollständig*.

Das Lebesgue-Maß auf $\mathfrak{M}^n$ ist die Vervollständigung des Lebesgue-Borel-Maßes auf $\mathfrak{B}(\mathbb{R}^n)$.

Das Lebesgue-Maß ist translationsinvariant, d.h. für alle $A \subset \mathbb{R}^n$, $x \in \mathbb{R}^n$ gilt

$$A \in \mathfrak{M}^n \implies x + A \in \mathfrak{M}^n \text{ und } \lambda(A) = \lambda(x + A) . \tag{14}$$

Für alle $A \subset \mathbb{R}^n$ und $\alpha \in \mathbb{R}$ gilt

$$A \in \mathfrak{M}^n \implies \alpha A \in \mathfrak{M}^n \text{ und } |\alpha| \lambda(A) = \lambda(\alpha A) . \tag{15}$$

A.3-16 Lebesgue-messbare Mengen

Sei $A \subset \mathbb{R}^n$ und λ^* das äußere und λ das Lebesgue-Maß auf $\mathbb{R}^n$.
Dann sind äquivalent:

(i) A ist Lebesgue-messbar, d.h. $A \in \mathfrak{M}^n$,

(ii) $\forall \varepsilon > 0 \; \exists G \subset X$ offen : $A \subset G$ und $\lambda^*(G \backslash A) < \varepsilon$,

(iii) $\forall \varepsilon > 0 \; \exists F \supset X$ abgeschlossen : $A \supset F$ und $\lambda^*(A \backslash F) < \varepsilon$,

(iv) $\exists G_\delta$-Menge G : $A \subset G$ und $\lambda^*(G \backslash A) = 0$,

(v) $\exists F_\sigma$-Menge F : $A \supset F$ und $\lambda^*(A \backslash F) = 0$.

Wegen (iv) und (v) sagt man auch: Jede Lebesgue-messbare Menge ist fast eine Borelmenge. Genauer:

$$\forall A \in \mathfrak{M}^n \; \exists B \in \mathfrak{B}(\mathbb{R}^n) \; : \; \lambda(A \Delta B) = \lambda(A \backslash B) + \lambda(B \backslash A) = 0 . \tag{16}$$

Es gibt nicht-Lebesgue-messbare Mengen. Mit Hilfe des Auswahlaxioms kann man zeigen, dass jede Lebesgue-messbare Menge $A \subset \mathbb{R}^n$ mit positivem Maß $\lambda(A) > 0$ eine nicht-messbare Teilmenge enthält. Siehe z.B. [RA2, 9.5.4.A].

A.4 Signierte und komplexe Maße

Will man Vektorräume von Maßen betrachten, muss man Maße mit Werten in $\mathbb{K}$ zulassen.

A.4-1 Signierte Maße

Sei $X \neq \emptyset$ und Σ eine σ-Algebra auf X. Ein *signiertes Maß* auf (X, Σ) ist eine σ-additive Funktion $\mu \colon \Sigma \to \widehat{\mathbb{R}} = \mathbb{R} \cup \{\pm\infty\}$ mit $\mu(\emptyset) = 0$, die höchstens einen der beiden Werte $\pm\infty$ annimmt. Nimmt es keinen von ihnen an, so heißt μ *endliches signiertes* oder *reelles Maß*.

A.4-2 Beispiele

Die in A.3-6 betrachteten positiven Maße sind spezielle signierte Maße.

Sind μ_1, μ_2 positive Maße und ist eines von ihnen endlich, so ist $\mu := \mu_1 - \mu_2$ ein signiertes Maß. Jedes signierte Maß ist von dieser Form (vgl. A.4-3).

Ist (X, Σ, μ) ein Maßraum und $f \in \mathcal{L}(\mu)$, so wird durch

$$\nu(A) := \int_A f \, d\mu \tag{1}$$

ein signiertes Maß auf Σ definiert.

A.4-3 Jordan Zerlegung signierter Maße

Sei μ ein signiertes Maß auf (X, Σ). Dann gibt es eindutig bestimmte positive Maße μ^+, μ^- auf Σ derart, dass $\mu = \mu^+ - \mu^-$.

Mindestens eins dieser Maße ist endlich und für $A \in \Sigma$ ist

$$\begin{aligned}
\mu^+(A) &= \sup\{\, \mu(B) \mid B \in \Sigma, \ B \subset A \,\} \quad \text{und} \\
\mu^-(A) &= \inf\{\, \mu(B) \mid B \in \Sigma, \ B \subset A \,\}\,.
\end{aligned} \tag{2}$$

A.4-4 Hahn'sche Zerlegung des Raums bzgl eines signierten Maßes

Sei μ ein signiertes Maß auf (X, Σ). Dann gibt es $P, N \in \Sigma$ mit $P \cup N = X$, $P \cap N = \emptyset$ und

$$\forall A \in \Sigma \ : \ A \subset P \ \Rightarrow \ \mu(A) \geq 0\,; \quad \forall B \in \Sigma \ : \ B \subset N \ \Rightarrow \ \mu(B) \leq 0\,. \tag{3}$$

P heißt *Positiv-* und N *Negativ-Menge* für μ. Das Paar (P, N) heißt *Hahn'sche Zerlegung* von (X, Σ, μ).

A.4-5 Bemerkung

Man erhält die Jordan'sche Zerlegung $\mu = \mu^+ - \mu^-$ von μ auch aus einer Hahn'schen Zerlegung (P, N) von (X, Σ, μ) vermöge

$$\mu^+(A) := \mu(A \cap P) \quad \text{und} \quad \mu^-(A) := -\mu(A \cap N)\,. \tag{4}$$

A.4-6   Komplexe Maße

Sei $X \neq \emptyset$ und Σ eine σ-Algebra auf X. Eine σ-additive Funktion $\mu \colon \Sigma \to \mathbb{C}$ heißt *komplexes Maß* auf X. Entsprechend für *komplexe Prämaße*.

Der Wert ∞ ist für komplexe Maße nicht zugelassen.

A.4-7   Jordan Zerlegung komplexer Maße

Sei $\mathfrak{A}$ eine Mengen-Algebra auf X und μ ein komplexes Prämaß auf $\mathfrak{A}$.
Dann gibt es reelle Prämaße $\mu_j \geq 0$ mit $\mu = (\mu_1 - \mu_2) + i(\mu_3 - \mu_4)$.
Entsprechend für σ-Algebren und Maße.

A.4-8   Variation von Maßen und Prämaßen

Sei $\mathfrak{A}$ eine Mengen-Algebra auf X und μ ein Prämaß auf $\mathfrak{A}$. Für $A \in \mathfrak{A}$ sei

$$
\begin{aligned}
|\mu|(A) &:= \sup \left\{ \left. \sum_{k=1}^{n} |\mu(A_k)| \ \right| \ A_k \in \mathfrak{A}, \ A_k \subset A, \ A_k \cap A_j = \emptyset \text{ für } k \neq j \right\} \\
&= \sup \left\{ \left. \sum_{k=1}^{\infty} |\mu(A_k)| \ \right| \ A_k \text{ messbare Zerlegung von } A \right\} .
\end{aligned}
\tag{5}
$$

$|\mu|$ ist ein positives Prämaß auf $\mathfrak{A}$. Ist $\mathfrak{A}$ eine σ-Algebra und μ ein Maß, so ist $|\mu|$ ein Maß auf $\mathfrak{A}$. $|\mu|$ heißt die *(totale) Variation* von μ.

Man beachte, dass für $A \in \mathfrak{A}$ i.a. $|\mu|(A) > |\mu(A)|$.

μ heißt von *beschränkter Variation*, wenn $|\mu|(X) < \infty$.

Ist μ ein signiertes Maß und μ^+, μ^- die in A.4-3 betrachtete Jordan-Zerlegung von μ, so ist $|\mu| = \mu^+ + \mu^-$.

Man kann zeigen, dass komplexe Maße stets von beschränkter Variation sind.

A.4-9   Singuläre und absolut stetige Maße

Seien μ ein ein positives und ν ein positives, signiertes oder komplexes Maß auf einer σ-Algebra Σ. Man sagt, dass ν absolut stetig bzgl μ ist und schreibt $\nu \ll \mu$, wenn für alle $A \in \Sigma$ gilt $\mu(A) = 0 \implies \nu(A) = 0$.

Man sagt, dass ν auf $A \in \Sigma$ *konzentriert* ist, wenn $\nu(B) = \nu(B \cap A)$ für alle $B \in \Sigma$, bzw wenn $\nu(B) = 0$ für alle $B \in \Sigma$ mit $B \cap A = \emptyset$.

Man sagt, dass zwei Masse ν_1 und ν_2 *zueinander singulär* sind, wenn sie auf disjunkten Mengen konzentriert sind. In diesem Fall schreibt man $\nu_1 \perp \nu_2$.

A.4-10   Bemerkungen

Seien μ ein positives und ν, ν_1, ν_2 beliebige Maße auf einer σ-Algebra Σ. Dann gilt:

(i)   Ist ν konzentriert auf $A \in \Sigma$, so auch $|\nu|$.

(ii) $\nu_1 \perp \nu_2 \implies |\nu_1| \perp |\nu_2|$,

(iii) $\nu_1 \perp \mu, \ \nu_2 \perp \mu \implies \nu_1 + \nu_2 \perp \mu$,

(iv) $\nu_1 \ll \mu,\ \nu_2 \ll \mu \implies \nu_1 + \nu_2 \ll \mu$,

(v) $\nu \ll \mu \implies |\nu| \ll \mu$,

(vi) $\nu_1 \ll \mu,\ \nu_2 \perp \mu \implies \nu_1 \perp \nu_2$,

(vii) $\nu \ll \mu,\ \nu \perp \mu \implies \nu = 0$.

A.4-11 Lebesgue Zerlegung

Seien μ ein ein positives σ-endliches und ν ein komplexes Maß auf einer σ-Algebra Σ.

Dann gibt es eine eindeutig bestimmte sog *Lebesgue Zerlegung* $\nu = \nu_a + \nu_s$ von ν in zwei komplexe Maße ν_a und ν_s derart, dass $\nu_a \ll \mu$ und $\nu_s \perp \mu$.

Ist ν positiv und endlich, so auch ν_a und ν_s.

A.4-12 Produktmaße

Seien $\big(X_1, \Sigma_1, \mu_1\big)$ und $\big(X_2, \Sigma_2, \mu_2\big)$ σ-endliche Maßräume. Sei $\Sigma_1 \otimes \Sigma_2$ die von den cartesischen Produkten $A_1 \times A_2$ $(A_i \in \Sigma_i)$ erzeugte σ-Algebra auf $X_1 \times X_2$.

Dann gibt es genau ein (i.a. nicht vollständiges) Maß μ auf $\Sigma_1 \otimes \Sigma_2$ mit $\mu(A_1 \times A_2) = \mu_1(A_1) \cdot \mu_2(A_2)$ für alle $A_i \in \Sigma_i$.

Man schreibt $\mu = \mu_1 \otimes \mu_2$ und nennt μ das *Produktmaß* von μ_1 und μ_2.

Ist λ_d das Lebesgue-Maß auf dem $\mathbb{R}^d$, so ist λ_{n+m} die Vervollständigung von $\lambda_n \otimes \lambda_m$.

A.5 Messbare Funktionen und Integration

Im folgenden sei (X, Σ, μ) ein vollständiger Maßraum, insbesondere μ ein positives Maß. Ist X zusätzlich ein topologischer Raum, so sei μ regulär.

Die Integrier- und Messbarkeit von Funktionen bezieht sich immer auf diesen Maßraum. Bzgl signierter und komplexer Maße wird sie mit Hilfe der Jordan-Zerlegungen A.4-3 und A.4-7 eingeführt.

Wir beschränken uns auf Funktionen $f\colon X \to \widetilde{\mathbb{K}}$ mit Werten in $\widetilde{\mathbb{K}} = \mathbb{R}$ bzw $\widetilde{\mathbb{K}} = \mathbb{C}$ oder $\widetilde{\mathbb{K}} = \widehat{\mathbb{R}} := \mathbb{R} \cup \{\pm\infty\}$ mit der Topologie als 2-Punkt-Kompaktifizierung von $\mathbb{R}$.

Man beachte die üblichen Schwierigkeiten im Fall $\infty - \infty$. Wie in der Maßtheorie setzt man $0 \cdot \infty := 0$.

A.5-1 *Messbare Funktionen*

Eine Abbildung $f\colon X \to \widetilde{\mathbb{K}}$ heißt Σ-*messbar* oder auch einfach *messbar*, wenn die Urbilder offener Mengen $G \subset \widetilde{\mathbb{K}}$ in X messbar, also Elemente von Σ sind. Dies gilt genau dann, wenn die Urbilder aller Borelmengen messbar sind.

Eine reellwertige Funktion $f\colon X \to \mathbb{R}$ ist z.B. genau dann *messbar*, wenn die Urbilder $f^{-1}\big(]-\infty, a]\big)$ für alle $a \in \mathbb{R}$ in Σ liegen.

Eine erweitert-reellwertige Funktion $f\colon X \to \widehat{\mathbb{R}}$ ist genau dann *messbar*, wenn für alle $a \in \mathbb{R}$ die Urbilder $f^{-1}\big([-\infty, a]\big) \in \Sigma$ sind.

A.5-2 *Borel- und Lebesgue-messbare Funktionen*

$f\colon \mathbb{R}^n \to \widetilde{\mathbb{K}}$ heißt *Lebesgue-messbar*, wenn die Urbilder offener Mengen aus $\widetilde{\mathbb{K}}$ Lebesgue-messbar im $\mathbb{R}^n$ sind, also

$$f\colon \mathbb{R}^n \to \widetilde{\mathbb{K}} \text{ Lebesgue-messbar} \quad\Longleftrightarrow\quad f^{-1}(G) \in \mathfrak{M}^n \quad \forall B \in \mathfrak{B}(\widetilde{\mathbb{K}}) . \quad (1)$$

Ist X zusätzlich ein topologischer Raum und μ regulär, so heißt $f\colon X \to \widetilde{\mathbb{K}}$ *Borel-messbar*, wenn die Urbilder offener Mengen aus $\widetilde{\mathbb{K}}$ Borel-Mengen in X sind, also

$$f\colon X \to \widetilde{\mathbb{K}} \text{ Borel-messbar} \quad\Longleftrightarrow\quad f^{-1}(B) \in \mathfrak{B}(X) \quad \forall B \in \mathfrak{B}(\widetilde{\mathbb{K}}) . \quad (2)$$

Also sind stetige Funktionen $f\colon X \to \widetilde{\mathbb{K}}$ trivialerweise Borel-messbar.

Wegen $\mathfrak{B}(\mathbb{R}^n) \subset \mathfrak{M}^n$ sind Borel-messbare Funktionen $f\colon \mathbb{R}^n \to \widetilde{\mathbb{K}}$ auch Lebesgue-messbar.

Monotone Funktionen $f\colon [a, b] \to \mathbb{R}$ sind Borel-messbar.

A.5-3 *Rechenregeln*

Sei weiterhin (X, Σ, μ) ein vollständiger Maßraum, *messbar* bedeute Σ-*messbar*. Dann gilt

(a) Ist $f \colon X \to \widetilde{\mathbb{K}}$ messbar und $g \colon Y \to \widetilde{\mathbb{K}}$ Borel-messbar, so ist $g \circ f$ messbar. Insbesondere sind mit f auch $|f|^\alpha$ ($\alpha \in \mathbb{R}$) und f^2 messbar.

Dagegen ist die Verknüpfung zweier beliebiger messbarer Funktionen i.a. nicht messbar. Für ein Beispiel siehe [RA2 9.5.4.G].

(b) Sind $f, g \colon X \to \widetilde{\mathbb{K}}$ messbar und $\alpha \in \mathbb{K}$, so sind auch αf, $f + g$ und $f \cdot g$ messbar.

(c) Sind $f, g \colon X \to \widehat{\mathbb{R}}$ messbar, so sind auch $\max\{f, g\}$ und $\min\{f, g\}$ sowie $f^+ := \max\{f, 0\}$ und $f^- := \max\{-f, 0\}$ messbar.

(d) Ist $f \colon X \to \widetilde{\mathbb{K}}$ messbar und $g = f$ μ-a.e., so ist auch g messbar.

Es ist bei vollständigen Maßen also sinnvoll, von messbaren Funktionen zu reden, die nur μ-a.e. definiert sind.

(e) Sind $f_k \colon X \to \widehat{\mathbb{R}}$ messbar, so sind auch $\sup f_k$, $\inf f_k$, $\limsup f_k$ und $\liminf f_k$ messbar. Existiert $\lim f_k$ μ-a.e., so ist auch $\lim f_k$ messbar.

Ein nützliches Hilfsmittel sind die sog. *einfachen Funktionen*:

A.5-4 *Einfache Funktionen*

Sei weiterhin (X, Σ, μ) ein vollständiger Maßraum. $f \colon X \to \mathbb{K}$ heißt *einfach* (*Treppenfunktion*), wenn f nur endlich viele Werte annimmt, also von der Form

$$f = \sum_{k=1}^m \alpha_k \chi_{A_k} \quad \text{mit} \quad m \in \mathbb{N}, \ \alpha_k \in \mathbb{K}, \tag{3}$$

ist. Sie ist messbar, wenn die Mengen A_k messbar sind.

Auch diese Definition ist in der Literatur bei weitem nicht eindeutig. Manchmal bezeichnet man auch solche Funktionen als *einfach*, die μ-a.e. mit einer einfachen Funktion in unserem Sinn übereinstimmen. Manchmal werden auch Werte in $\widehat{\mathbb{R}}$ zugelassen usw.

Die messbaren einfachen Funktionen bilden den $\mathbb{K}$-Vektorraum

$$\mathcal{E} := \mathcal{E}(X, \mu) := \{ f \colon X \to \mathbb{K} \mid f \text{ einfach und messbar} \}. \tag{4}$$

Zu jeder messbaren Funktion gibt es eine Folge messbarer einfacher Funktionen $f_k \in \mathcal{E}$, die punktweise gegen f konvergiert.

Ist $f \geq 0$, so kann die Folge (f_k) monoton wachsend gewählt werden.

A.5-5 *Einführung des Integrals bzgl eines Maßes μ*

Sei weiterhin (X, Σ, μ) ein vollständiger Maßraum, also μ ein vollständiges, positives Maß auf der σ-Algebra Σ. Als Integranden betrachten wir nur erweitert reell- und komplexwertige Funktionen, also nur Funktionen $f \colon X \to \widetilde{\mathbb{K}}$.

Es folgt eine der vielen Möglichkeiten, das Integral $\int f \, d\mu$ einzuführen. Zunächst wird das Integral für einfache Funktionen definiert und dann schrittweise fortgesetzt.

(a) *Integral für einfache Funktionen*

   Sei $f = \sum_{k=1}^{m} \alpha_k \chi_{A_k}$ eine messbare einfache Funktion. Dann setzt man

$$\int f \, d\mu \; := \; \int_X f \, d\mu \; := \; \sum_{k=1}^{m} \alpha_k \cdot \mu(A_k) \; . \tag{5}$$

   Diese Definition ist unabhängig von der Darstellung von f in der Form (3).

(b) *Integral für messbare nicht-negative Funktionen*

   Als nächstes definiert man für messbares $f \colon X \to [0, \infty]$

$$\int f \, d\mu \; := \; \sup \left\{ \; \int g \, d\mu \; \middle| \; g \in \mathcal{E}(X, \mu), \; 0 \leq g \leq f \; \right\} \; . \tag{6}$$

   Evt ist $\int f \, d\mu = \infty$. Ist $\int f \, d\mu < \infty$, so heißt f *μ-integrierbar*.

   In diesem Fall nimmt f den Wert ∞ höchstens auf einer μ-Nullmenge an.

(c) *Integral für integrierbare Funktionen*

   $f \colon X \to \widehat{\mathbb{R}}$ heißt *μ-integrierbar*, wenn f^+ und f^- μ-integrierbar sind. In diesem Fall setzt man kanonischerweise

$$\int f \, d\mu \; := \; \int f^+ \, d\mu - \int f^- \, d\mu \; . \tag{7}$$

   $f \colon X \to \mathbb{C}$ heißt *μ-integrierbar*, wenn $\mathsf{Re}\, f$ und $\mathsf{Im}\, f$ μ-integrierbar sind. In diesem Fall setzt man

$$\int f \, d\mu \; := \; \int \mathsf{Re}\, f \, d\mu + i \int \mathsf{Im}\, f \, d\mu \; . \tag{8}$$

   Die integrierbaren Funktionen $f \colon X \to \widetilde{\mathbb{K}}$ bilden den $\mathbb{K}$-Vektorraum

$$L^1(\mu) \; := \; \{ \, f \colon X \to \mathbb{K} \mid f \; \mu\text{-integrierbar} \, \} \tag{9}$$

   Weiteres zu den L^p-Räumen siehe A.7-19.

(d) *Integral über Teilmengen*

   Für messbare Teilmengen $A \in \Sigma$ heißt $f \colon X \to \mathbb{K}$ integrierbar über A, wenn $f \cdot \chi_A \in L^1(\mu)$. In diesem Fall setzt man

$$\int_A f \, d\mu \; := \; \int_X f \cdot \chi_A \, d\mu \; . \tag{10}$$

   Ist f nur auf A definiert, so wird f durch $f(x) := 0$ für $x \in X \backslash A$ zu einer Funktion auf X fortgesetzt.

A.5-6   Rechenregeln für das μ-Integrals

(a) Das Integral ist eine lineare Abbildung von $L^1(\mu)$ nach $\mathbb{K}$.

(b) *Monotonie:*   Für erweitert reellwertige $f, g \in L^1(\mu)$ (und positive μ) gilt

$$f \leq g \; \mu\text{-a.e.} \quad \Longrightarrow \quad \int f \, d\mu \leq \int g \, d\mu \; . \tag{11}$$

(c) Es ist $f \in L^1(\mu)$ genau dann, wenn $|f| \in L^1(\mu)$. In diesem Fall gilt

$$\left| \int f \, d\mu \right| \leq \int |f| \, d\mu \; . \tag{12}$$

(d) $f \in L^1(\mu)$, $f = g \; \mu$-a.e. $\Longrightarrow g \in L^1(\mu)$ und $\int f \, d\mu = \int g \, d\mu$.

Man kann daher Funktionen integrieren, die nur μ-a.e. definiert sind.

A.5-7   Wichtige Ungleichungen

Sei weiterhin (X, Σ, μ) ein vollständiger Maßraum.

Betrachtet man z.B. das Zählmaß μ (A.3-7(a)) auf $(\mathbb{N}, \mathcal{P}(\mathbb{N}))$, so gehen die Integral-Ungleichungen in entsprechende Reihen-Ungleichungen über.

(a) *Hölder-Ungleichung*

Für $1 < p, q < \infty$, $\frac{1}{p} + \frac{1}{q} = 1$ und messbare $f, g \colon X \to \mathbb{K}$ gilt

$$\int |f \cdot g| \, d\mu \leq \left(\int |f|^p \, d\mu \right)^{1/p} \cdot \left(\int |g|^q \, d\mu \right)^{1/q} \; . \tag{13}$$

Für $p = q = 2$ ist dies die sog. *Cauchy-Schwarz-Ungleichung* im Hilbertraum $L^2(\mu)$.

(b) *Minkowski-Ungleichung*

Für $1 < p \leq \infty$ und messbare $f, g \colon X \to \mathbb{K}$ gilt

$$\left(\int |f + g|^p \, d\mu \right)^{1/p} \leq \left(\int |f|^p \, d\mu \right)^{1/p} + \left(\int |g|^p \, d\mu \right)^{1/p} \; . \tag{14}$$

Dies ist die Dreiecksungleichung in den normierten Räumen $L^p(\mu)$ (A.7-19).

(c) *Jensen-Ungleichung*

Sei $\mu(X) = 1$, $I \subset \mathbb{R}$ ein Intervall, $f \colon X \to I$ integrierbar und $\varphi \colon I \to \mathbb{R}$ konvex. Dann gilt $\varphi\left(\int f \, d\mu \right) \leq \int \varphi \circ f \, d\mu$.

Die folgenden *Konvergenz- bzw Vertauschungssätze* A.5-8 bis A.5-11 gehören zu den wichtigsten Sätze der Integrationstheorie.

A.5-8   Satz von der monotonen Konvergenz (Beppo Levi)

Die Funktionen $f_n \colon X \to [0, \infty]$ seien messbar und die Folgen $(f_n(t))$ seien μ-a.e. monoton wachsend. Dann ist $\lim_n f_n$ μ-a.e. auf X definiert, und es gilt

$$\int \left(\lim_n f_n \right) d\mu = \lim_n \left(\int f_n \, d\mu \right) . \tag{15}$$

Insbesondere ist $\lim_n f_n$ genau dann integrierbar, wenn die Folge $\left(\int f_n \, d\mu \right)$ der Integrale in $\mathbb{R}$ nach oben beschränkt ist.

Aus dem Satz von monotonen Konvergenz folgt das entsprechende Resultat für Reihen und das Lemma von Fatou:

A.5-9 Beppo-Levi für Reihen

Die Funktionen $f_n \colon X \to [0, \infty]$ seien messbar. Dann ist $\sum_n f_n$ μ-a.e. auf X definiert, und es gilt $\int \left(\sum_n f_n \right) d\mu = \sum_n \left(\int f_n \, d\mu \right)$.

A.5-10 Lemma von Fatou

Sei (f_n) eine Folge messbarer Funktionen $f_n \colon X \to [0, \infty]$. Dann gilt

$$\int \left(\liminf{}_n f_n \right) d\mu \; \leq \; \liminf{}_n \left(\int f_n \, d\mu \right) . \tag{16}$$

Es gibt Beispiele, für die das $<$-Zeichen gilt (siehe z.B. [RA2 9.5.5.D.2]).

A.5-11 Satz von Lebesgue von der beschränkten Konvergenz

Die Funktionen $f_n, g \colon X \to \mathbb{K}$ seien integrierbar. Es sei $|f_n| \leq g$ μ-a.e., und der Grenzwert $f(t) := \lim_{n \to \infty} f_n(t)$ existiere μ-a.e..

Dann ist f integrierbar, und es gilt

$$\lim{}_n \left(\int f_n \, d\mu \right) \; = \; \int \left(\lim{}_n f_n \right) d\mu . \tag{17}$$

Im Fall $\mu(X) < \infty$ ist die Voraussetzung insbesondere erfüllt, wenn

$$\exists M \geq 0 \; \forall n \in \mathbb{N} \; : \; |f_n| \leq M \; \mu\text{-a.e.} . \tag{18}$$

A.5-12 Satz von Fubini

Wir formulieren diesen Satz nur für die Lebesgue-Theorie im $\mathbb{R}^n$. Ein entsprechender Satz gilt für allgemeine Maßräume (vgl A.4-12).

Sei $f \colon \mathbb{R}^{n+m} \to \mathbb{R}$ messbar. Dann gilt:

(i) Für alle $x \in \mathbb{R}^n$ und $y \in \mathbb{R}^m$ sind die Funktionen $\{y \mapsto f(x,y)\}$ bzw $\{x \mapsto f(x,y)\}$ und $\{x \mapsto \int_{\mathbb{R}^m} |f(x,y)| \, dy\}$ bzw $\{y \mapsto \int_{\mathbb{R}^n} |f(x,y)| \, dx\}$ messbar.

(ii) Ist $\int_{\mathbb{R}^n} \left(\int_{\mathbb{R}^m} |f(x,y)| \, dy \right) dx < \infty$, so ist f integrierbar.

(iii) Ist f integrierbar, so ist $\{y \mapsto f(x,y)\}$ für fast alle $x \in \mathbb{R}^n$ integrierbar und es gilt

$$\int_{\mathbb{R}^{n+m}} f(x,y) \, d(x,y) \; = \; \int_{\mathbb{R}^n} \left(\int_{\mathbb{R}^m} f(x,y) \, dy \right) dx . \tag{19}$$

Die Rollen von x und y dürfen vertauscht werden.

Die Aussage (ii) bezeichnet man auch manchmal als *Satz von Tonelli*.

A.5-13   Satz von Radon-Nikodym

Seien μ ein positives und ν ein positives, signiertes oder komplexes Maß auf einer σ-Algebra Σ.

Dann ist ν genau dann absolut stetig bzgl μ (vgl A.4-9), wenn es eine μ-integrierbare Funktion $f \colon X \to \mathbb{K}$ gibt derart, dass $\nu(A) = \int_A g\,d\mu$ für alle $A \in \Sigma$.

Diese bis auf μ-Nullmengen eindeutig bestimmte Funktion heißt die *Radon-Nikodym-Ableitung* $f = \frac{d\nu}{d\mu}$ von $\nu \ll \mu$ nach μ.

A.5-14   Riemann-Stieltjes-Integral

Das Riemann-Stieltjes-Integral auf einem reellen Intervall wird analog zum Riemann-Integral eingeführt. Die Länge von Teilintervallen wird nicht euklidisch, sondern mit Hilfe einer Funktion g von beschränkter Variation gemessen.

Für $g(x) \equiv x$ stimmt das Riemann-Stieltjes-Integral mit dem klassischen Riemann-Integral überein.

Sei $[a,b] \subset \mathbb{R}$, $f \colon [a,b] \to \mathbb{R}$ reellwertig und $g \colon [a,b] \to \mathbb{K}$ von beschränkter Variation. Ist $Z := \{a = x_0 < x_1 < \ldots < x_n = b\}$ eine Zerlegung von $[a,b]$, so heißen

$$\underline{S}(f,Z,g) := \sum_{j=1}^{n} \inf\left\{\, f(t) \mid x_{j-1} \le t \le x_j \,\right\} \cdot \left(g(x_j) - g(x_{j-1})\right) \quad \text{und}$$

$$\overline{S}(f,Z,g) := \sum_{j=1}^{n} \sup\left\{\, f(t) \mid x_{j-1} \le t \le x_j \,\right\} \cdot \left(g(x_j) - g(x_{j-1})\right) \tag{20}$$

Unter- bzw *Obersumme von f zu g und Z.*

f heißt auf $[a,b]$ bzgl g *Riemann-Stieltjes-integrierbar*, wenn es zu jedem $\varepsilon > 0$ eine Zerlegung Z von $[a,b]$ gibt mit $\overline{S}(f,Z,g) - \underline{S}(f,Z,g) < \varepsilon$.

In diesem Fall heißt

$$\int_a^b f\,dg := \sup_Z \underline{S}(f,Z,g) = \inf_Z \overline{S}(f,Z,g) \tag{21}$$

das *Riemann-Stieltjes-Integral von f über $[a,b]$ bzgl g.*

Die Verallgemeinerung auf komplexwertige f ist klar.

Insbesondere sind stetige Funktionen $f \colon [a,b] \to \mathbb{K}$ Riemann-Stieltjes-integrierbar bzgl beliebigem g von beschränkter Variation.

A.6 Beispiele topologischer Räume

Zu Beispielen normierter und topologischer Vektorräume siehe A.7.

A.6-1 *Diskrete Topologie* $\mathcal{T}_{dis}$

Die feinste Topologie auf einer Menge $X \neq \emptyset$ ist die sog. *diskrete Topologie* $\mathcal{T}_{dis} := \mathcal{P}(X)$. Sie wird erzeugt durch die *diskrete Metrik*

$$d(x,y) := 1 \quad \text{für } x \neq y \quad ; \qquad d(x,x) := 0 \ . \tag{1}$$

In diskreten Räumen sind alle Teilmengen offen und abgeschlossen.
Diskrete Räume sind kompakt genau dann, wenn sie endlich sind.
Diskrete Räume sind total unzusammenhängend.

Ist X ein diskreter und Y ein beliebiger topologischer Raum, so ist jede Abbildung $f: X \to Y$ stetig.

A.6-2 *Indiskrete Topologie* $\mathcal{T}_{ind}$

Die gröbste Topologie auf einer Menge $X \neq \emptyset$ ist die *indiskrete Topologie* $\mathcal{T}_{ind} := \{\emptyset, X\}$. Sie wird erzeugt durch die Pseudometrik

$$d(x,y) := 0 \qquad \text{für alle } x, y \in X \ . \tag{2}$$

In indiskreten Räumen sind $\emptyset$ und X die einzigen offenen und damit auch die einzigen abgeschlossenen Teilmengen.
Indiskrete Räume sind kompakt und zusammenhängend.
Indiskrete Räume mit mehr als einem Element erfüllen nicht die Trennungsaxiome T_0 - T_2, aber trivialerweise T_3 - T_5.

Ist X ein beliebiger und Y ein indiskreter topologischer Raum, so ist jede Abbildung $f: X \to Y$ stetig.

A.6-3 *Offene Erweiterung* $\mathcal{T}_{c\infty}$

Sei $(X, \mathcal{T})$ ein topologischer Raum und $\infty \notin X$ ein ausgezeichneter Punkt. Dann ist

$$\mathcal{T}_{c\infty} := \mathcal{T} \cup \{X_\infty\} \tag{3}$$

eine Topologie auf $X_\infty := X \cup \{\infty\}$. Die offenen Mengen in $\mathcal{T}_{c\infty}$ (außer X_∞ selbst) sind genau die offenen Mengen aus $\mathcal{T}$. Daher heißt $(X_\infty, \mathcal{T}_{c\infty})$ auch manchmal *offene Erweiterung* von $(X, \mathcal{T})$.

Offene Erweiterungen sind kompakt, aber nicht hausdorffsch. Die offene Erweiterung $\mathcal{T}_{c\infty}$ von $(\mathbb{R}, \mathcal{T}_{dis})$ ist ein A_1- und Lindelöf-Raum, aber nicht separabel (10.3.B).

A.6-4 *Abgeschlossene Erweiterung* $\mathcal{T}_\infty$

Sei $(X, \mathcal{T})$ ein topologischer Raum und $\infty \notin X$ ein ausgezeichneter Punkt. Dann ist

$$\mathcal{T}_\infty := \{\, G \cup \{\infty\} \mid G \in \mathcal{T} \,\} \cup \{\emptyset\} \tag{4}$$

eine Topologie auf $X_\infty := X \cup \{\infty\}$. Die abgeschlossenen Mengen in X_∞ (außer X_∞ selbst) sind genau die abgeschlossenen Mengen aus X. Daher heißt $(X_\infty, \mathcal{T}_\infty)$ auch manchmal *abgeschlossene Erweiterung* von $(X, \mathcal{T})$.

Die abgeschlossene Erweiterung $\mathcal{T}_\infty$ von $(\mathbb{R}, \mathcal{T}_{dis})$ ist ein separabler A_1-Raum, aber kein Lindelöf-Raum (10.3.B).

A.6-5   Sierpinski-Raum

Der zweielementige Raum $X := \{a, b\}$ mit der Topologie $\{\emptyset, \{a\}, \{a, b\}\}$ heißt auch *Sierpinski-Raum*. Er ist die offene Erweiterung des einelementigen Raums $\{a\}$ und die abgeschlossene Erweiterung des einelementigen Raums $\{b\}$.

Er ist ein T_0-, T_4- und T_5-Raum, aber kein T_1-, T_2-, T_3- und T_{3a}-Raum.

Er ist kompakt. Die Teilmenge $\{a\}$ ist kompakt, aber nicht abgeschlossen.

A.6-6   Cofinite Topologie $\mathcal{T}_{cf}$

Die sog. *cofinite (coendliche) Topologie* auf einer Menge $X \neq \emptyset$ ist

$$\mathcal{T}_{cf} := \big\{ A \subset X \mid X \backslash A \text{ endlich } \big\} \cup \{\emptyset\} . \tag{5}$$

Abgeschlossen sind also die endlichen Teilmengen und ganz X.

Ist X endlich, so ist $\mathcal{T}_{cf}$ diskret. Für unendliches X gilt

(i) $(X, \mathcal{T}_{cf})$ ist ein T_1-Raum, aber $(X, \mathcal{T}_{cf})$ erfüllt keins der Trennungsaxiome T_j mit $j \geq 2$. Insbesondere ist $(X, \mathcal{T}_{cf})$ nicht hausdorffsch.

(ii)   Bzgl der cofiniten Topologie sind alle Teilräume von X kompakt.

(iii) $(X, \mathcal{T}_{cf})$ ist zusammenhängend und lokal zusammenhängend.

(iv)   Ist X überabzählbar, so ist $(X, \mathcal{T}_{cf})$ weder A_1- noch A_2-Raum.

(v)   Jede unendliche Teilmenge $A \subset X$ liegt dicht in X, also ist X separabel.

Analog wird die *coabzählbare Topologie* $\mathcal{T}_{ca}$ auf einer Menge $X \neq \emptyset$ definiert:

$$\mathcal{T}_{ca} := \big\{ G \subset X \mid X \backslash G \text{ abzählbar } \big\} \cup \{\emptyset\} . \tag{6}$$

Ist X abzählbar, so ist $\mathcal{T}_{ca}$ diskret. Für überabzählbares X ist $(X, \mathcal{T}_{ca})$ ein T_1-Raum, erfüllt aber keins der Trennungsaxiome T_j mit $j \geq 2$. Insbesondere ist $(X, \mathcal{T}_{ca})$ nicht hausdorffsch.

A.6-7   Fort-Topologie

Sei X eine unendliche Menge und $0 \in X$ ein ausgezeichneter Punkt. Dann ist

$$\mathcal{T} := \big\{ G \subset X \mid 0 \notin G \text{ oder } X \backslash G \text{ endlich } \big\} \tag{7}$$

eine Topologie auf X. Sie heißt *Fort-Topologie mit Fernpunkt* 0. Die Relativ-Topologie auf $X \backslash \{0\}$ ist diskret.

A.6-8   Arens-Topologie $\mathcal{T}_{Ar}$

Sei $X := \mathbb{N}_0 \times \mathbb{N}_0$ und $G \subset \mathcal{T}_{Ar}$ genau dann, wenn $(0,0) \notin G$ oder G enthält für fast alle $m \in \mathbb{N}_0$ fast alle $(m,n) \in X$. $\mathcal{T}_{Ar}$ heißt *Arens-Topologie* (auch *Arens-Fort-Topologie*) auf X.

Sie ist eine Verfeinerung der Fort-Topologie auf X mit Fernpunkt $(0,0)$.

Die Relativ-Topologie auf $X^* := X \setminus \{(0,0)\}$ ist diskret.

Es ist $(0,0) \in \overline{X^*}$, aber keine Folge in X^* konvergiert gegen $(0,0)$ (9.3.C).

A.6-9   Ordnungstopologie $\mathcal{T}_<$

Sei $\leq$ eine lineare Ordnung auf einer mindestens zweielementigen Menge X. Die sog. *Ordnungs-* oder *Intervall-Topologie* $\mathcal{T}_<$ auf X wird von den Intervallen

$$]a, \infty[:= \{\, x \in X \mid a < x \,\} \quad \text{und} \quad]-\infty, b[:= \{\, x \in X \mid x < b \,\} \qquad (8)$$

erzeugt. Insbesondere sind Intervalle $]a, b[= \{\, x \in X \mid a < x < b \,\}$ offen.

Ordnungstopologien sind vollständig normal, erfüllen also alle Trennungsaxiome T_0 bis T_5 (10.1.L).

X ist bzgl. $\mathcal{T}_<$ genau dann kompakt, wenn $(X, \leq)$ beschränkt und ordnungsvollständig ist, d.h. wenn jede nichtleere Teilmenge $A \subset X$ ein Supremum und ein Infimum besitzt (10.4.H).

Mit der üblichen Ordnung von $\mathbb{N}$ ist $(\mathbb{N}, \mathcal{T}_<)$ diskret. Ein weiteres Beispiel ist der

A.6-10   Ordinalzahlraum $\Omega = [0, \omega_1]$

Sei $\Omega = [0, \omega_1]$ die wohlgeordnete Menge aller Ordinalzahlen α kleiner oder gleich der ersten überabzählbaren Ordinalzahl ω_1, versehen mit der Ordnungstopologie $\mathcal{T}_<$. Zu Ordinalzahlen siehe Anhang A.2.

Die Intervalle der Form $[0, \alpha[$ und $]\alpha, \omega_1]$ bilden eine Subbasis von $\mathcal{T}_<$.

$\Omega_0 := \Omega \setminus \{\omega_1\}$ ist die Menge der abzählbaren Ordinalzahlen, und für jedes $\beta < \omega_1$ ist $[0, \beta]$ abzählbar.

Ω_0 ist ein A_2- und damit auch A_1-Raum. Ω ist kein A_1- und damit auch kein A_2-Raum. ω_1 besitzt keine abzählbare Umgebungsbasis. Siehe 10.3.B.3.

ω_1 ist Berührungspunkt von Ω_0, d.h. $\omega_1 \in \overline{\Omega_0}$, aber es gibt keine Folge aus Ω_0, die gegen ω_1 konvergiert.

$$f : \Omega \to \Omega \qquad \text{def. durch} \qquad f(\omega_1) := 1 \text{ und } f(\alpha) := 0 \text{ für } \alpha < \omega_1. \qquad (9)$$

erfüllt das Folgenkriterium für Stetigkeit (2.4-3), ist aber in ω_1 unstetig.

$\Omega = [0, \omega_1]$ ist kompakt, denn Ω ist beschränkt und ordnungsvollständig.

Ω_0 ist folgenkompakt und abzählbar kompakt, aber nicht kompakt (10.5.B).

Ω ist normal, aber nicht vollständig normal.

Ω ist sowohl Alexandroff- als auch Stone-Čech-Kompaktifizierung von Ω_0.

A.6-11   Tychonoff Planke $[0, \omega_1] \times [0, \omega]$

Sei ω die erste unendliche und ω_1 die erste überabzählbare Ordinalzahl.
$\Omega = [0, \omega_1]$ und $[0, \omega]$ seien mit der Ordnungstopologie versehen.
Dann heißt $T := \Omega \times [0, \omega]$ mit der Produkttopologie auch *Tychonoff Planke*.
T ist normal, aber der Unterraum $S := T \backslash \{(\Omega, \omega)\}$ ist zwar regulär, aber
nicht normal (10.1.I). Die abgeschlossenen Teilmengen $A := [0, \omega_1[\times \{\omega\} \subset S$
und $B := [0, \omega[\times \{\omega_1\} \subset S$ sind disjunkt, besitzen aber keine disjunkten
Umgebungen.

A.6-12   Sorgenfrey Topologie $\mathfrak{T}_{hI}$

Die Intervalle der Form $[a, b[$ erzeugen auf $\mathbb{R}$ die sog. *Topologie der halboffenen
Intervalle* $\mathfrak{T}_{hI}$. Sie heißt auch *Sorgenfrey-Topologie* und besitzt die folgenden
Eigenschaften:

(i) $(\mathbb{R}, \mathfrak{T}_{hI})$ erfüllt die Trennungsaxiome $T_0, \dots, T_5$.
      Insbesondere ist $(\mathbb{R}, \mathfrak{T}_{hI})$ hausdorffsch, regulär und normal.

(ii) $(\mathbb{R}, \mathfrak{T}_{hI})$ ist ein Lindelöf-Raum, separabel und ein A_1-, aber kein A_2-
      Raum (10.3.B.2). Infolgedessen ist er nicht metrisierbar (10.3.E).

(iii) $(\mathbb{R}, \mathfrak{T}_{hI})$ ist parakompakt, aber weder σ-kompakt, noch lokalkompakt
      oder abzählbar kompakt. Also ist er auch nicht kompakt oder folgen-
      kompakt (10.5.G).

(iv) Intervalle der Form $]-\infty, a[$, $[a, b[$ oder $[b, \infty[$ sind offen und abge-
      schlossen. Insbesondere ist $(\mathbb{R}, \mathfrak{T}_{hI})$ vollständig unzusammenhängend.

A.6-13   Topologie der halboffenen Rechtecke $\mathfrak{T}_{hR}$

Die *Topologie der halboffenen Rechtecke* $\mathfrak{T}_{hR}$ auf $\mathbb{R}^2$ wird
durch die halboffenen Rechtecke $[a, b[\times [c, d[$ erzeugt.
$\mathfrak{T}_{hR}$ ist die von der halboffenen Intervalltopologie $\mathfrak{T}_{hI}$ auf
$\mathbb{R}^2$ erzeugte Produkttopologie.
$(\mathbb{R}^2, \mathfrak{T}_{hR})$ besitzt die folgenden Eigenschaften:

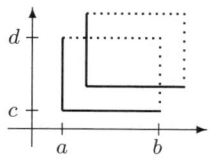

(i) $(\mathbb{R}^2, \mathfrak{T}_{hR})$ ist hausdorffsch, regulär und vollständig regulär.

(ii) $(\mathbb{R}^2, \mathfrak{T}_{hR})$ ist nicht normal, aber Produkt des normalen Raum $(\mathbb{R}, \mathfrak{T}_{hI})$
      mit sich.

(iii) $(\mathbb{R}^2, \mathfrak{T}_{hR})$ ist separabel und ein A_1-, aber kein A_2-Raum. Er ist kein
      Lindelöf-Raum, aber Produkt zweier Lindelöf-Räume.
      Der Teilraum $\{ (x, -x) \mid x \in \mathbb{R} \}$ von $(\mathbb{R}^2, \mathfrak{T}_{hR})$ ist diskret und
      überabzählbar, also nicht separabel.

(iv) Quadrate $[a, b[^2$ mit $a, b \in \mathbb{R}$ sind offen und abgeschlossen.
      Insbesondere ist $(\mathbb{R}^2, \mathfrak{T}_{hR})$ vollständig unzusammenhängend.

A.6-14   Halbkreistopologie $\mathfrak{T}_{Hk}$

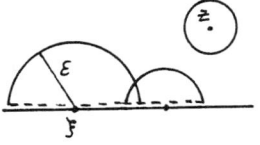

Die euklidische Topologie $\mathfrak{T}_{eu}$ auf der abgeschlossenen oberen Halbebene $H := \{ (x,y) \in \mathbb{R}^2 \mid y \geq 0 \}$
bildet zusammen mit den 'Halbkreisen'

$$D_{\xi,\varepsilon} := \{ (x,y) \in H \mid y > 0,\ (x - \xi)^2 + y^2 < \varepsilon^2 \} \cup \{(\xi,0)\} \qquad (10)$$

für $\xi \in \mathbb{R}$ und $\varepsilon > 0$ eine Subbasis der sog. *Halbkreistopologie* $\mathfrak{T}_{Hk}$ auf H. Sie
hat u.a. die folgenden Eigenschaften:

(i) $(H, \mathfrak{T}_{Hk})$ ist ein T_2-, aber kein T_3-Raum, also nicht regulär oder normal
      (10.1.E). Der Punkt $0 \in H$ und die abgeschlossene Menge $\mathbb{R} \setminus \{0\}$ besitzen
      keine disjunkten Umgebungen.

(ii) $(H, \mathfrak{T}_{Hk})$ ist separabel, besitzt aber einen nicht separablen Teilraum. ($\mathbb{Q} \times$
      $\mathbb{Q}) \cap H$ liegt dicht in H. Die reelle Achse $L = \{ (x,0) \mid x \in \mathbb{R} \} \subset H$
      mit der Spurtopologie ist diskret, also nicht separabel.

(iii) $(H, \mathfrak{T}_{Hk})$ ist kein Lindelöf-Raum. Er erfüllt das 1. aber nicht das 2.
      Abzählbarkeitsaxiom.

(iv) $(H, \mathfrak{T}_{Hk})$ ist zusammenhängend und wegzusammenhängend.

(v) $(H, \mathfrak{T}_{Hk})$ ist weder kompakt noch lokalkompakt.

A.6-15   Tangentialkreis-Topologie $\mathfrak{T}_{Tk}$

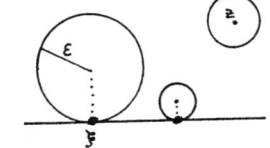

Die *'Tangentialkreise'* $K_{\xi,\varepsilon}$ in der abgeschlossenen
oberen Halbebene $H := \{ (x,y) \in \mathbb{R}^2 \mid y \geq 0 \}$
seien für $\xi \in \mathbb{R}$ und $\varepsilon > 0$ definiert durch

$$K_{\xi,\varepsilon} := \{ (x,y) \in H \mid (x - \xi)^2 + (y - \varepsilon)^2 < \varepsilon^2 \} \cup \{(\xi,0)\} . \qquad (11)$$

Die euklidische Topologie $\mathfrak{T}_{eu}$ bildet zusammen mit den Tangentialkreisen $K_{\xi,\varepsilon}$
eine Subbasis der sog. *Tangentialkreis-Topologie* $\mathfrak{T}_{Tk}$ auf H.

Der topologische Raum $(H, \mathfrak{T}_{Tk})$ heißt auch manchmal *Moore-Ebene*. Sie besitzt
die folgenden Eigenschaften:

(i) $\mathfrak{T}_{Tk}$ ist eine Verfeinerung der euklidischen Topologie $\mathfrak{T}_{eu}$, also ist $(H, \mathfrak{T}_{Tk})$
      hausdorffsch.

(ii) $(H, \mathfrak{T}_{Tk})$ ist regulär und vollständig regulär, aber nicht normal (10.1.F).

(iii) $(H, \mathfrak{T}_{Tk})$ ist separabel, besitzt aber einen nicht separablen Teilraum.

      Die reelle Achse $L = \{ (x,0) \mid x \in \mathbb{R} \} \subset H$ mit der Spurtopologie ist
      diskret, also nicht separabel. $(\mathbb{Q} \times \mathbb{Q}) \cap H$ liegt dicht in H.

(iv) $(H, \mathfrak{T}_{Tk})$ ist kein Lindelöf-Raum. Er erfüllt das 1. aber nicht das 2.
      Abzählbarkeitsaxiom.

(v) $(H, \mathfrak{T}_{Tk})$ ist zusammenhängend und wegzusammenhängend.

(vi) $(H, \mathfrak{T}_{Tk})$ ist weder kompakt noch lokalkompakt.

A.6-16 $(\mathbb{Q}, \mathcal{T}_{eu})$

$\mathbb{Q}$ mit der euklidischen Spurtopologie ist ein metrischer Raum und damit sicherlich ein A_1-Raum. Da $\mathbb{Q}$ abzählbar ist, ist er trivialerweise separabel und damit auch ein A_2-Raum.

$\mathbb{Q}$ ist weder kompakt noch lokalkompakt.

$\mathbb{Q}$ ist total unzusammenhängend, alle Zusammenhangskomponenten sind einelementig.

A.7 Klassische Räume der Funktionalanalysis

A.7-A Folgenräume

A.7-1 Bezeichnungen

Reelle bzw komplexe Folgen sind Abbildungen $x \colon \mathbb{N} \to \mathbb{K}$, also Elemente von $\mathbb{K}^{\mathbb{N}}$ mit $\mathbb{K} = \mathbb{R}$ oder $\mathbb{C}$. Folgen bezeichnen wir mit $x = (x_k) = \big(x(k) \big)$. Spezielle Folgen sind die sog. *Einheitsfolgen* $e^{(n)}$ mit

$$e^{(n)}(k) \;=\; e_k^{(n)} \;=\; \delta_k^n \;=\; \begin{cases} 1 & \text{falls } n = k, \\ 0 & \text{sonst,} \end{cases} \tag{1}$$

sowie die *Einsfolge* $e := (1,1,1,\dots)$ und die *Nullfolge* $0 = (0,0,0,\dots)$.

Die *Projektionen (Punktauswertungen)* $\pi_k(x) := x_k$ sind lineare Funktionale, also lineare Abbildungen des jeweiligen Folgenraums in den Grundkörper $\mathbb{K}$.

Die Operatoren $P_n \colon \mathbb{K}^{\mathbb{N}} \to \mathbb{K}^n$, $P_n(x) := (x_1, \dots, x_n, 0, 0, \dots)$ projizieren den $\mathbb{K}^{\mathbb{N}}$ linear auf einen zum $\mathbb{K}^n$ isomorphen n-dimensionalen Unterraum.

Der Operator $S_l \colon \ell^p \to \ell^p$; $S_l(x) := (x_2, x_3, \dots)$ heißt *Links-Shift*, und $S_r \colon \ell^p \to \ell^p$; $S_r(x) := (0, x_1, x_2, \dots)$ heißt *Rechts-Shift*.

A.7-2 Folgenräume sind spezielle Funktionenräume

Folgen sind Abbildungen $x \colon \mathbb{N} \to \mathbb{K}$. Also sind Folgenräume spezielle Funktionenräume. Z.B. sind die ℓ^p-Folgenräume Spezialfälle der $L^p(\mu)$-Funktionen-Räume mit geeignetem Maßraum.

Bzgl der euklidischen Metrik in $\mathbb{K}$ und der diskreten Metrik in $\mathbb{N}$ sind alle $\mathbb{K}$-Folgen stetig. Bzgl des Zählmaßes $\mu(A) = |A|$ auf $\mathcal{P}(\mathbb{N})$ sind sie messbar. Also sind Folgenräume auch Räume von stetigen bzw messbaren Funktionen.

A.7-3 $s := \mathbb{K}^{\mathbb{N}} = \big\{ \, (x_k) \mid x_k \in \mathbb{K} \, \big\}$; $d(x,y) := \sum_{k=1}^{\infty} \frac{1}{2^k} \frac{|x_k - y_k|}{1 + |x_k - y_k|}$

Auf dem Raum s aller Folgen in $\mathbb{K}$ wird durch die Metrik d eine lokalkonvexe Vektorraumtopologie erzeugt. d ist translations-invariant, und s ist bzgl d vollständig, also ein Fréchet-Raum.

s ist als metrischer Raum beschränkt, da $d(x,y) < 1$ für alle x, y .

s ist aber nicht als topologischer Vektorraum beschränkt im Sinne von Definition 5.2-6 (siehe 11.6.F). (s, d) ist nicht normierbar.

A.7-4 $c := \big\{ \, x \in \mathbb{K}^{\mathbb{N}} \mid (x_k) \text{ konvergiert} \, \big\}$; $\|x\|_\infty := \sup |x_k|$

Der Raum c aller konvergenten Folgen in $\mathbb{K}$ ist mit der Sup-Norm ein abgeschlossener Unterraum des Banachraums ℓ^∞, also ebenfalls ein Banachraum.

Die Einheitsfolgen $e^{(n)}$ bilden zusammen mit der Einsfolge e eine Schauder-Basis von c. c ist nicht reflexiv (z.B. weil sein Dualraum nicht reflexiv ist).

Der Dualraum c^* von c ist norm-isomorph zum Folgenraum ℓ^1 (12.2.A.1).

A.7-5 $c_0 := \left\{\, x \in \mathbb{K}^{\mathbb{N}} \mid x_k \to 0 \,\right\}$; $\|x\|_\infty := \sup |x_k|$

Der Raum c_0 aller Nullfolgen aus $\mathbb{K}^{\mathbb{N}}$ ist ein abgeschlossener Unterraum von c und damit von ℓ^∞. c_0 ist ein nicht-reflexiver Banachraum (12.2.I.2).

Sein Dualraum c_0^* ist norm-isomorph zum Folgenraum ℓ^1 (12.2.A.1).

Es ist $c_0 = C_0(\mathbb{N})$, wenn man $\mathbb{N}$ mit der diskreten Topologie versieht.

A.7-6 $c_c := \left\{\, x \in \mathbb{K}^{\mathbb{N}} \mid \exists\, k_0 \ \forall k \ge k_0 \ : \ x_k = 0 \,\right\}$

Der Raum c_c der *'abbrechenden Folgen'* aus $\mathbb{K}^{\mathbb{N}}$ ist ein unendlich dimensionaler Vektorraum mit abzählbarer Hamelbasis. Er liegt dicht in c_0 bzgl der Sup-Norm. Er liegt dicht in ℓ^p $(1 \le p < \infty)$ bzgl der p-Norm, aber nicht in ℓ^∞.

Es ist $c_c = C_c(\mathbb{N})$, wenn man $\mathbb{N}$ mit der diskreten Topologie versieht.

A.7-7 $bs := \left\{\, x \in \mathbb{K}^{\mathbb{N}} \mid \sup_{n \in \mathbb{N}} \left| \sum_{k=1}^{n} x_k \right| < \infty \,\right\}$;

A.7-8 $cs := \left\{\, x \in \mathbb{K}^{\mathbb{N}} \mid \sum x_k \text{ konvergiert} \,\right\}$;

bs und cs sind mit der Norm $\|x\| := \sup_{n \in \mathbb{N}} \left| \sum_{k=1}^{n} x_k \right|$ nicht reflexive Banachräume.

A.7-9 $bv := \left\{\, x \in \mathbb{K}^{\mathbb{N}} \mid \sum |x_k - x_{k+1}| < \infty \,\right\}$; $\|x\|_{var} := \sum |x_k - x_{k+1}|$

Der Banachraum bv der Folgen mit beschränkter Variation ist nicht reflexiv.

Der 1-codimensionale Unterraum bv_0 der Nullfolgen mit beschränkter Variation ist isometrisch isomorph zu ℓ^1.

A.7-B ℓ^p-Räume

$$\ell^p := \ell^p(\mathbb{K}) := \left\{\, x \in \mathbb{K}^{\mathbb{N}} \mid \sum |x_k|^p < \infty \,\right\} \qquad (0 < p < \infty) \qquad (2)$$

A.7-10 $0 < p < 1$; $d(x,y) := \sum_{k=1}^{\infty} |x_k - y_k|^p$

ℓ^p ist für $0 < p < 1$ ein vollständiger metrischer Vektorraum, der nicht lokalkonvex, also nicht normierbar ist (vgl 5.3-7(d), 11.6.J).

Sein Dualraum ist algebraisch isomorph zu ℓ^∞ (12.2.A.2).

A.7-11 $p = 1$; $\|x\|_1 := \sum |x_k|$

ℓ^1 ist mit der *Summennorm* ein separabler, nicht reflexiver Banachraum.

Sein Dualraum ist $\ell^{1^*} = \ell^\infty$.

A.7-12 $1 < p < \infty$; $\|x\|_p := \left(\sum |x_k|^p \right)^{1/p}$

ℓ^p ist für $1 < p < \infty$ mit der p-Norm ein separabler, gleichmäßig konvexer, reflexiver Banachraum. Sein Dualraum ist ℓ^q mit $\frac{1}{p} + \frac{1}{q} = 1$.

ℓ^2 ist ein Hilbertraum mit dem inneren Produkt $\langle x, y \rangle := \sum x_k \overline{y_k}$.

A.7-13 $\ell^\infty := \ell^\infty(\mathbb{K}) := \left\{ x \in \mathbb{K}^\mathbb{N} \mid \sup |x_k| < \infty \right\}$; $\|x\|_\infty := \sup |x_k|$

Der Raum $\ell^\infty = B(\mathbb{N})$ der beschränkten Folgen ist mit der Sup-Norm ein nicht separabler, nicht reflexiver Banachraum (11.4.B).

Sein Dualraum $(\ell^\infty)^*$ ist norm-isomorph zum Raum $ba(\mathbb{N})$ der beschränkten additiven Mengenfunktionen auf $\mathbb{N}$. Zu $(\ell^\infty)^*$ siehe auch 12.2.C.

A.7-14 $\ell^p(E_n)$ *und* $\ell^p(I)$

Für $n \in \mathbb{N}$ sei E_n ein Banachraum. Dann bilden die Folgen $x = (x_n)$ mit $x_n \in E_n$ und $\sum \|x_n\|^p < \infty$ eine Verallgemeinerung der ℓ^p-Räume.

Ebenso die p-summierbaren Familien $x \colon I \to \mathbb{K}$ mit beliebiger Indexmenge I (6.4-9(d)).

A.7-C Räume beschränkter Funktionen

A.7-15 $B(X) := \left\{ f \colon X \to \mathbb{K} \mid f \text{ beschränkt} \right\}$; $\|f\|_\infty := \sup \left\{ |f(t)| \mid t \in X \right\}$

Sei X eine beliebige Menge. Dann ist der Raum $B(X) = B(X, \mathbb{K})$ der *beschränkten Funktionen* auf X mit der Sup-Norm vollständig.

Für $|X| < \infty$ ist $B(X) = \mathbb{K}^{|X|}$. Für $X = \mathbb{N}$ ist $B(\mathbb{N}) = \ell^\infty$.

Statt $\mathbb{K}$-wertiger kann man auch Banachraum-wertige Funktionen betrachten.

A.7-16   *Funktionen beschränkter Variation*

Sei $[a, b]$ ein reelles Intervall und $g \colon [a, b] \to \mathbb{K}$ beliebig. Dann heißt

$$V_a^b(g) := \sup \left\{ \sum_{j=1}^m |g(t_j) - g(t_{j-1})| \mid m \in \mathbb{N}, \ a = t_0 < t_1 < \ldots < t_m = b \right\} \tag{3}$$

die *totale Variation* von g im Intervall $[a, b]$.

Ist $V_a^b(g) < \infty$, so heißt g *von beschränkter Variation*.

Funktionen $g \colon [a, b] \to \mathbb{K}$ von beschränkter Variation besitzen in jedem Punkt $x \in [a, b]$ die einseitigen Grenzwerte $f(x+)$ bzw $f(x-)$.

Eine reellwertige Funktion $g \colon [a, b] \to \mathbb{R}$ ist genau dann von beschränkter Variation in $[a, b]$, wenn sie als Differenz $g = g_1 - g_2$ zweier monoton wachsender Funktionen $g_1, g_2 \colon [a, b] \to \mathbb{R}$ darstellbar ist.

Eine Funktion $g \colon [a, b] \to \mathbb{C}$ ist genau dann von beschränkter Variation in $[a, b]$, wenn $\mathsf{Im}\, g$ und $\mathsf{Re}\, g$ von beschränkter Variation sind.

A.7-17 $BV[a, b] := \left\{ f \colon [a, b] \to \mathbb{K} \mid V_a^b(f) < \infty \right\}$; $\|f\|_v := |f(a)| + V_a^b(f)$

A.7-18 $NBV[a, b] := \left\{ f \in BV[a, b] \mid f \text{ rechtsseitig stetig, } f(a^+) = 0 \right\}$;

Der Raum $BV[a, b]$ der Funktionen beschränkter Variation auf $[a, b]$ ist mit der Variationsnorm $\|f\|_v$ vollständig. Er ist ebenso wie der abgeschlossene Unterraum $NBV[a, b]$ der normalisierten Funktionen nicht reflexiv.

Er enthält insbesondere alle monotonen, alle absolut stetigen und alle Lipschitz-stetigen Funktionen. Es gibt stetige Funktionen, die nicht von beschränkter Variation sind. Zum Beispiel ist $f(x) := x^2 \cos(\pi/x^2)$ auf $[0,1]$ stetig (ergänzbar), aber nicht von beschränkter Variation.

Zum Zusammenhang von $BV[a,b]$ bzw $NBV[a,b]$ mit Maß-Räumen $ba([a,b], \Sigma)$ siehe Anhang A.7-30.

Der Raum $NBV[a,b]$ der normalisierten Funktionen beschränkter Variation ist isometrisch isomorph zum Dualraum $C[a,b]^*$ (siehe Aufgabe 12.2.A.5).

A.7-D L^p-Räume

Zu Grundlagen der Integration in Maßräumen siehe Anhang A.5.

A.7-19 L^p-Räume

Sei (X, Σ, μ) ein vollständiger Maßraum. Für messbare $f \colon X \to \mathbb{K}$ setzt man

$$\|f\|_p := \left(\int |f(x)|^p \, d\mu \right)^{1/p} \qquad (1 \le p < \infty)$$

$$\|f\|_\infty := \operatorname{ess\,sup} |f| := \inf \left\{ \, \alpha \in [0, \infty] \mid |f| \le \alpha \ \mu\text{-a.e.} \, \right\} \tag{4}$$

$$L^p(\mu) := L^p(X, \Sigma, \mu, \mathbb{K}) := \left\{ \, f \colon X \to \mathbb{K} \mid f \text{ messbar und } \|f\|_p < \infty \, \right\} .$$

Meist werden zwei integrierbare Funktionen identifiziert, wenn sie μ-a.e. übereinstimmen, genauer: Durch

$$f \sim_\mu g \qquad :\Longleftrightarrow \qquad f = g \ \ \mu\text{-a.e.} \tag{5}$$

wird eine Kongruenzrelation $\sim_\mu$ auf $L^p(\mu)$ definiert.

Die Kongruenzklasse von f wird meist wieder mit f, der Raum der Kongruenzklassen wieder mit $L^p(\mu)$ bezeichnet.

Beachte: $\|.\|_p$ ist eine Norm auf dem Raum der Äquivalenzklassen. Auf dem Raum der Funktionen ist $\|.\|_p$ nur eine Halbnorm. Die Punktauswertungen $x \mapsto f(x)$ sind keine Funktionale auf dem Raum der Äquivalenzklassen!

$L^p(\mu)$ ist mit der p-Norm vollständig, also ein Banachraum. Das ist die Kernaussage des *Satzes von Riesz-Fischer*.

Die Dreiecksungleichung für $\|.\|_p$ ist die Minkowski-Ungleichung

$$\left(\int |f+g|^p \, d\mu \right)^{1/p} \le \left(\int |f|^p \, d\mu \right)^{1/p} + \left(\int |g|^p \, d\mu \right)^{1/p} \qquad bzw$$

$$\|f+g\|_p \le \|f\|_p + \|g\|_p \, . \tag{6}$$

Sie wird meist mit Hilfe der Hölder-Ungleichung bewiesen:

$$\int |f \cdot g| \, d\mu \le \left(\int |f|^p \, d\mu \right)^{1/p} \cdot \left(\int |g|^q \, d\mu \right)^{1/q} \qquad \text{für } \tfrac{1}{p} + \tfrac{1}{q} = 1 \, . \tag{7}$$

Für $p = 2$ wird die p-Norm durch das innere Produkt $\langle f, g \rangle := \int f(x) \overline{g(x)} \, d\mu$ erzeugt. $L^2(\mu)$ ist also ein Hilbertraum.

Mit dem Lebesgue-Maß λ und der Faltung $f * g(x) = \int_{\mathbb{R}^n} f(x - y) g(y) \, d\lambda$ ist $L^1(\lambda)$ eine kommutative Banach-Algebra ohne Einselement (11.5.E). Für $1 < p < \infty$, $\frac{1}{p} + \frac{1}{q} = 1$ ist $(L^p(\mu))^* \cong L^q(\mu)$ (12.2.A.3).

Ist (X, Σ, μ) σ-endlich, so gilt dies auch für $p = 1$ und $q = \infty$.

Für $p = \infty$ und $q = 1$ ist es falsch.

Zu den ähnlich definierten Räumen $L^p(\mu)$ für $0 < p < 1$ siehe 5.3-7(d).

A.7-20   Einige Eigenschaften der L^p-Räume

(a) Für $1 \leq p < \infty$ liegen die messbaren einfachen Funktionen dicht in $L^p(\mu)$:

$$\forall f \in L^p(\mu) \ \forall \varepsilon > 0 \ \exists g \in \mathcal{E}(X, \mu) \ : \ \|f - g\|_p \leq \varepsilon \ . \tag{8}$$

Speziell ist der von den charakteristischen Funktionen kompakter Intervalle im $\mathbb{R}^n$ erzeugte Unterraum dicht in $L^p(\lambda)$.

(b) Sei speziell X ein lokalkompakter Hausdorff-Raum und μ ein vollständiges reguläres Borelmaß auf X. Dann liegen für $1 \leq p < \infty$ die stetigen Funktionen mit kompaktem Träger dicht in $L^p(\mu)$.

Für $p = \infty$ gilt dagegen $\overline{C_c(X)} = C_0(X)$ (11.3.G) und außer in trivialen Räumen gilt $C_0(X) \subsetneq L^\infty(\mu)$.

(c) Sei $1 \leq p < \infty$, X ein kompakter metrischer Raum oder $X \subset \mathbb{R}^n$ offen und μ ein reguläres Borel-Maß auf X. Dann ist $L^p(X, \mu)$ separabel.

$L^\infty(X, \lambda_n)$ ist i.a. nicht separabel (11.4.B.3).

(d) Gilt $\|f_k - f\|_p \to 0$ $(1 \leq p \leq \infty)$, so gibt es eine Teilfolge mit $f_{k_i} \to f$ μ-a.e.. Dagegen konvergiert $(f_k(x))$ evt für kein $x \in X$.

A.7-E Räume und Algebren stetiger Funktionen

Zu Fréchet-Räumen stetiger Funktionen mit der Topologie der kompakten Konvergenz siehe 11.6.L.

Zu einem Raum Lipschitz-stetiger Funktionen siehe Aufgabe 11.2.D.

A.7-21 $C(X) := \{ f \colon X \to \mathbb{K} \mid f \ stetig \} \ ; \ \|f\|_\infty := \sup \{ |f(t)| \mid t \in X \}$

Ist X ein kompakter Hausdorff-Raum, so ist $C(X) = C(X, \mathbb{K})$ mit der Sup-Norm und den wie üblich definierten Verküpfungen eine Banach-Algebra (mit Einselement), insbesondere ein Banachraum.

$C(X)$ ist ein abgeschlossener Teilraum von $B(X)$ (A.7-15).

$C(X)$ ist unendlich dimensional, wenn X unendlich viele Elemente besitzt. Seine Norm wird außer in trivialen Fällen von keinem inneren Produkt erzeugt (siehe [RA2, 6.4.6.B]).

Sein Dualraum ist $C(X)^* = rca(X)$, der Raum der regulären, σ-additiven Maße (Mengenfunktionen) auf X (12.2.A.4).

Für $X = [a, b] \subset \mathbb{R}$ ist $C[a, b]$ nicht reflexiv (12.3.I; 12.4.N). Sein Dualraum ist $(C[a, b])^* = BV[a, b]$ (12.2.A.5).

Ist X nicht kompakt, so sind stetige Funktionen auf X i.a. nicht beschränkt, die Sup-Norm also nicht für alle $f \in C(X)$ definiert. Man kann dann folgende Räume mit der Sup-Norm betrachten:

A.7-22 $C_b(X) := C_b(X, \mathbb{K}) := \{ f\colon X \to \mathbb{K} \mid f$ stetig u. beschränkt $\}$

$C_b(X)$ ist bzgl der Sup-Norm vollständig.

$C_b(X)$ ist genau dann separabel, wenn X ein kompakter Hausdorff-Raum ist.

A.7-23 $C_0(X) := C_0(X, \mathbb{K}) := \{ f \in C(X) \mid f$ verschwindet in $\infty \}$

Man sagt, eine Funktion $f\colon X \to \mathbb{K}$ *verschwindet in* ∞, wenn

$$\forall \varepsilon > 0 \ \exists K \subset X \text{ kompakt } \forall x \in X \backslash K \ : \ |f(x)| < \varepsilon . \tag{9}$$

$C_0(X)$ ist bzgl der Sup-Norm vollständig.

Mit der diskreten Topologie auf $\mathbb{N}$ ist $C_0(\mathbb{N}) = c_0$.

A.7-24 $C_c(X) := \{ f \in C(X) \mid \operatorname{supp} f$ kompakt $\}$

Der Raum der stetigen Funktionen $f\colon X \to \mathbb{K}$ mit kompaktem Träger $\operatorname{supp} f := \overline{\{ x \in X \mid f(x) \neq 0 \}}$ ist mit der Sup-Norm i.a. nicht-vollständig.

Ist X ein lokal-kompakter T_2-Raum, so liegt $C_c(X)$ dicht in $C_0(X)$ (11.3.G).

Es ist $C_c(X) \subset C_0(X) \subset C_b(X) \subset B(X)$.

Ist X kompakt, so ist $C_c(X) = C_0(X) = C_b(X) = C(X)$.

Ist X ein lokal-kompakter T_2-Raum, so ist $C_c(X)^* = rca(X)$ (12.2.A.4).

A.7-F Räume differenzierbarer Funktionen

A.7-25 $C^1[a, b] := \{ f\colon [a, b] \to \mathbb{K} \mid f$ *stetig differenzierbar* $\}$

ist ein Untervektorraum vom $C[a, b]$. Bzgl. der Sup-Norm ist er nicht vollständig, insbesondere ist er nicht abgeschlossen in $C[a, b]$.

Er ist ein Banach-Raum bzgl der Norm $\|f\|_s := \|f\|_\infty + \|f'\|_\infty$ (11.3.C).

Allgemeiner betrachtet man die Räume

$$C^r(\overline{G}) := \left\{ f\colon G \to \mathbb{K} \ \middle| \ \begin{array}{l} f \ r\text{-mal stetig differenzierbar und} \\ \text{alle } D^\alpha f \text{ mit } |\alpha| \leq r \text{ können stetig auf } \overline{G} \\ \text{fortgesetzt werden} \end{array} \right\} \tag{10}$$

Dabei ist $G \subset \mathbb{R}^n$ offen und beschränkt und $\alpha = (\alpha_1, \ldots, \alpha_n)$ ein Multiindex.

$C^r(\overline{G})$ ist ein Banachraum mit der Norm $\|f\|_{C^r} := \sum_{|\alpha| \leq r} \|\partial^\alpha f\|_\infty$.

A.7-26 $H^\infty := \{ f\colon \mathbb{E} \to \mathbb{C} \mid f$ *holomorph und beschränkt* $\}$

Dabei ist $\mathbb{E} := \{ z \mid |z| < 1 \}$ die offene Einheitskreisscheibe in $\mathbb{C}$.

H^∞ ist mit der Sup-Norm eine Banachalgebra von holomorphen Funktionen.

Gleichmäßige Limiten holomorpher Funktionen sind holomorph ($\to$ Funktionentheorie), also ist H^∞ ein abgeschlossener Unterraum des Banachraums $B(\mathbb{E})$, also ebenfalls ein Banachraum.

A.7-27 $A(\mathbb{E}) := \{\, f \colon \overline{\mathbb{E}} \to \mathbb{C} \mid f \text{ stetig und } f \restriction_{\mathbb{E}} \text{ holomorph} \,\}$

$A(\mathbb{E})$ ist eine abgeschlossene Unteralgebra von H^∞, also ebenfalls vollständig.

A.7-28 Schwartzraum

Eine Funktion $f \colon \mathbb{R} \to \mathbb{R}$ heißt *schnell fallend*, wenn $f \in C^\infty(\mathbb{R})$ und $\|f\|_{m,n} := \sup \{\, |x^m f^{(n)}(x)| \mid x \in \mathbb{R} \,\} < \infty$ für alle $m, n \in \mathbb{N}$. $\mathscr{S} := \mathscr{S}(\mathbb{R})$ sei der Raum aller schnell fallenden Funktionen in $\mathbb{R}$. Analog im $\mathbb{R}^n$.

Die Funktionen $\|.\|_{m,n}$ sind Halbnormen auf $\mathscr{S}$ und $\mathscr{S}$ ist mit der erzeugten lokalkonvexen Topologie ein Fréchet-Raum. Er heißt *Schwartzraum*.

A.7-29 Distributionen

Sei $G \subset \mathbb{R}^n$ offen und $K \subset G$ kompakt. Sei

$$\mathcal{D}_K(G) := \{\, f \colon G \to \mathbb{K} \mid f \in C^\infty(G), \ \operatorname{supp} f \subset K \,\} \ . \tag{11}$$

Die Halbnormen $p_\alpha(\varphi) := \sup_{x \in G} |(D^\alpha \varphi)(x)|$ (dabei ist $\alpha = (\alpha_1, \dots, \alpha_n) \in \mathbb{N}_0^n$ ein Multi-Index) erzeugen eine lokalkonvexe Topologie $\mathcal{T}_K$ auf $\mathcal{D}_K(G)$.

Sei $\mathcal{D}(G) := \bigcup_{K \subset G} \mathcal{D}_K(G)$. Die Menge P aller Halbnormen p auf $\mathcal{D}(G)$, für die alle Restriktionen $p \restriction_{\mathcal{D}_K}$ stetig bzgl $\mathcal{T}_K$ sind, erzeugen eine lokalkonvexe Topologie $\mathcal{T}$ auf $\mathcal{D}(G)$.

Der Dualraum $\mathcal{D}'(G)$ von $\big(\mathcal{D}(G), \mathcal{T}\big)$ heißt Raum der *Distributionen* auf G.

A.7-G Räume von Maßen und Prämaßen

Zu Grundbegriffen der Maßtheorie siehe Anhang A.3.

A.7-30 $ba(X, \mathfrak{A}) := \{\, \mu \colon \mathfrak{A} \to \mathbb{K} \mid \mu \text{ beschränktes Prämaß auf } \mathfrak{A} \,\}$;

Sei X eine Menge und $\mathfrak{A} \subset \mathcal{P}(X)$ eine Algebra auf X. Dann bilden die beschränkten Prämaße auf $\mathfrak{A}$ mit der totalen Variation $\|\mu\| := |\mu|(X)$ als Norm den Banachraum $ba(X, \mathfrak{A})$ (b(ounded)-a(dditive)).

Z.B. ist $ba(\mathbb{N}, \mathcal{P}(\mathbb{N}))$ isometrisch isomorph zu dem Dualraum $(\ell^\infty)^*$.

Sei $\mathfrak{A}$ die von den Intervallen $]c, d]$ und $[a, d]$ mit $a < c < d \leq b$ erzeugte Mengen-Algebra auf dem Intervall $[a, b]$. Dann ist $ba([a, b], \mathfrak{A})$ isometrisch isomorph zu dem Banachraum $BV[a, b]$.

A.7-31 $rca(X) := \{\, \mu \mid \mu \text{ vollständiges reguläres Borel-Maß auf } X \,\}$;

Sei X ein topologischer Raum. Dann bilden die vollständigen regulären reellen bzw komplexen Borelmaße auf X mit der totalen Variation $\|\mu\| := |\mu|(X)$ als Norm den Banachraum $rca(X)$ *(r(egular)-c(ountably)-a(dditive))*.

A.8 Darstellungssätze für Dualräume

Es folgt eine Sammlung von Darstellungssätzen, d.h. kanonischen Beschreibungen der Dualräume. Die klassischen Räume der Funktionalanalysis sind dabei auf die übliche Weise normiert bzw. metrisiert (siehe Anhang A.7).

1. $H^* \cong H$ für Hilberträume H ; $\qquad$ Satz von Fréchet-Riesz (6.4-14)

   $\Phi \colon H \to H^*$; $(\Phi y)(x) := \langle x, y \rangle$ ist konjugiert-lineare Isometrie.

2. $\left(L^p[0,1]\right)^* = \{0\}$ für $0 < p < 1$ $\hfill$ (12.1.G)

3. $\left(L^p(\mu)\right)^* \cong L^q(\mu)$ für Maßräume (X, Σ, μ), $1 < p < \infty$, $\frac{1}{p} + \frac{1}{q} = 1$

   $\Phi \colon L^q \to \left(L^p\right)^*$; $\Phi f(g) := \int_X f\,g\,d\mu$ ist Isometrie.

4. $\left(L^1(\mu)\right)^* \cong L^\infty(\mu)$ für σ-endliche Maßräume (X, Σ, μ).

5. $\left(L^\infty(X)\right)^* \cong ba(X)$ für σ-endliche Maßräume (X, Σ, μ).

   $\Phi \colon ba(\mu) \to (\ell^\infty)^*$; $\Phi\mu(f) = \int_X f\,d\mu$ ist Isometrie.

6. $(\ell^p)^* \cong \ell^\infty$ für $0 \le p < 1$ $\hfill$ (12.2.A.2)

   $\hfill$ mit der analogen Isometrie wie in (7).

7. $(\ell^p)^* \cong \ell^q$ für $1 \le p < \infty$, $\frac{1}{p} + \frac{1}{q} = 1$, $q = \infty$ falls $p = 1$.

   $\Phi \colon \ell^q \to \left(\ell^p\right)^*$; $\Phi x(y) := \sum y_k x_k$ ist Isometrie.

8. $(\ell^\infty)^* \cong ba(\mathbb{N}, \mathcal{P}(\mathbb{N}))$ $\hfill$ (Spezialfall von (5))

9. $c_0^* \cong \ell^1 \cong rca(\mathbb{N})$ $\hfill$ (12.2.A.1, Spezialfall von (11))

   $\hfill$ mit der analogen Isometrie wie in (7).

10. $c^* \cong \ell^1$ $\hfill$ (12.2.A.1)

    $\Phi \colon \ell^1 \to c^*$; $\Phi y(x) := y_1(\lim_k x_k) + \sum_{k=1}^\infty y_{k+1} x_k$ ist Isometrie.

11. $\left(C_0(X)\right)^* \cong rca(X)$ für lokal kompakte T_2-Räume X $\hfill$ (12.2.A.4)

    $\Phi \colon rca(X) \to C_0(X)^*$; $\Phi\mu(f) = \int_X f\,d\mu$ ist Isometrie.

12. $\left(C[a,b]\right)^* \cong NBV[a,b]$ $\hfill$ (12.2.A.5)

    $\Phi \colon NBV[a,b] \to \left(C[a,b]\right)^*$; $\Phi f(g) := \int_{[a,b]} g\,df$ ist Isometrie.

Literaturverzeichnis

ALT H.W. Alt, *Lineare Funktionalanalysis*, Springer 1985

CON J.B. Conway, *A course in Functional Analysis*, Springer 1985

DUG J. Dugundji, *Topology*, Allyn & Bacon, Boston 1966

DUN N. Dunford / J.T. Schwartz, *Linear Operators I, II, III*,
J.Wiley & Sons, New York 1957

EDW R.E. Edwards, *Functional Analysis*,
Holt, Rinehart & Winston, New York 1965

HAL P.R. Halmos, *Introduction to Hilbert Spaces*, Chelsea (1951)

HIS F. Hirzebruch / W. Scharlau, *Einführung in die Funktionalanalysis*,
BI 1971

HH H. Heuser, *Funktionalanalysis*, Teubner 1986

HEI J. Heine, *Topologie und Funktionalanalysis*, Oldenbourg 2002

HU S.T. Hu, *Introduction to General Topology*, Holden-Day 1966

KEL J.L. Kelley, *General Topology*, Springer 1955

KNA J.L. Kelley / I. Namioka, *Linear Topological Spaces*, Springer 1963

KÖT G. Köthe, *Topologische Lineare Räume*, Springer 1960

MDX I.J. Maddox, *Elements of Functional Analysis*,
Cambridge University Press 1970

QUE B. von Querenburg, *Mengentheoretische Topologie*, Springer 1976

RA S. Timmann, *Repetitorium der Analysis I,II*, Binomi Verlag 1993

RLA M. Holz / D. Wille , *Repetitorium der Linearen Algebra I,II*,
Binomi Verlag 1993

RUD W. Rudin, *Real and Complex Analysis*, McGraw-Hill 1987

STS L.A. Steen / J.A. Seebach jr., *Counterexamples in Topology*,
Holt, Rinehart & Winston, New York 1970

TAY A.E. Taylor, *Introduction to Functional Analysis*,
J.Wiley & Sons 1958

WER D. Werner, *Funktionalanalysis*, Springer 2000

YOS K. Yosida, *Functional Analysis*, Springer 1965

Bezeichnungen

364

Index